MONOGRAPHIEN AUS DEM GESAMTGEBIET DER PHYSIOLOGIE DER PFLANZEN UND DER TIERE

HERAUSGEGEBEN VON

F. CZAPEK-PRAG† · M. GILDEMEISTER-BERLIN · R. GOLDSCHMIDT-BERLIN · C. NEUBERG-BERLIN · J. PARNAS-LEMBERG
W. RUHLAND-LEIPZIG

DRITTER BAND

DIE BIOGENEN AMINE

VON

M. GUGGENHEIM

BERLIN
VERLAG VON JULIUS SPRINGER
1924

DIE BIOGENEN AMINE

UND IHRE BEDEUTUNG FÜR DIE PHYSIOLOGIE UND PATHOLOGIE DES PFLANZLICHEN UND TIERISCHEN STOFFWECHSELS

VON

M. GUGGENHEIM

ZWEITE
UMGEARBEITETE UND VERMEHRTE AUFLAGE

BERLIN
VERLAG VON JULIUS SPRINGER
1924

ISBN-13:978-3-642-88799-4 e-ISBN-13:978-3-642-90654-1
DOI: 10.1007/978-3-642-90654-1

SOFTCOVER REPRINT OF THE HARDCOVER 2ND EDITION 1924

Vorwort zur ersten Auflage.

Die Grundlagen dieses Buches bilden Literatur-Zusammenstellungen, welche gelegentlich verschiedener Laboratoriumsarbeiten auf dem Gebiete der Eiweißchemie von mir gemacht wurden. Ihre Veröffentlichung wäre voraussichtlich unterblieben, wenn mir nicht durch einen schweren Unfall die Fortsetzung eigener experimenteller Arbeiten unmöglich gemacht worden wäre. Es lag ja auch bereits die vortreffliche Monographie von G. Barger „The Simpler Natural Bases", Longmans, Green and Co. London 1914 vor, welche dasselbe Arbeitsgebiet behandelt. Ich hoffte aber mit dieser neuen Darstellung nicht bloß auf einem mir liebgewordenen Gebiet nach Möglichkeit weiter zu arbeiten, sondern auch durch eine übersichtliche und vollständige Zusammenstellung nach der einen oder anderen Richtung neue Anregungen zu geben. Wenn es mir möglich geworden, diese meine Absicht trotz der großen äußeren Schwierigkeiten — ich mußte mir alles vorlesen lassen — auszuführen, so verdanke ich es vor allem der gewissenhaften und geduldigen Mitarbeit von Fräulein Ilse Schramm. Zu großem Dank verpflichtet bin ich auch Herrn Prof. Dr. M. Cloëtta für die Durchsicht des pharmakologischen Teiles, sowie meiner Frau und Herrn Dr. E. Hug für das Lesen der Korrekturen.

Basel, im Juni 1919.

M. Guggenheim.

Vorwort zur zweiten Auflage.

Trotzdem die vor drei Jahren erschienene erste Auflage dieses Buches freundliche Aufnahme und wohlwollende Beurteilung gefunden hatte, war mir bewußt, daß es bei einer neuen Ausgabe nötig sein würde, zahlreiche und zum Teil nicht unwesentliche Mängel zu beseitigen. Von dieser Erkenntnis geleitet sind verschiedene Kapitel einer tiefergreifenden Umgestaltung und Neubearbeitung unterworfen worden, die im allgemeinen darauf gerichtet war, das ausgedehnte und mannigfaltige Material einheitlicher und übersichtlicher zu gruppieren. In der gleichen Absicht wurden auch die früher nach einzelnen Kapiteln geordneten Literaturhinweise in ein einziges alphabetisches Verzeichnis zusammengefaßt. Die in der Zwischenzeit erschienenen einschlägigen Veröffentlichungen haben bis Anfang 1923 Berücksichtigung gefunden. Bei all dieser Arbeit hat Fräulein G. Maulbetsch mit viel Fleiß und anerkennenswerter Ausdauer mitgeholfen. Wenn aber die zweite Auflage frei ist von zahlreichen, sinnstörenden Fehlern und Ungenauigkeiten, wenn die Literaturzitate fast durchwegs an Hand der Originale berichtigt wurden, so verdanke ich dies allein dem außerordentlichen Entgegenkommen von Professor G. Barger in Edinburg, welcher durch eine sorgfältige und sachverständige Korrektur dem Werke, das seinen „Simpler Natural Bases“ nachgefolgt und nachgebildet war, die wertvollste Hilfe angedeihen ließ.

Basel, im Juni 1923.

M. Guggenheim.

Inhaltsverzeichnis.

Einleitung.

Die Biochemie hat sich bemüht, die analytisch ermittelten stickstoffhaltigen Produkte des Pflanzen- und Tierreichs in wenige, durch spezifische physiologische Funktionen gekennzeichnete Gruppen einzureihen. In der Tat gelingt es ohne Schwierigkeiten, alle bisher aufgefundenen Stickstoffderivate in die Klassen der Eiweißkörper, der Phosphatide und Nucleinsäuren zu ordnen oder sie zu diesen als Bausteine oder Stoffwechselendprodukte in Beziehung zu bringen. Die eingehendere Forschung verband aber nicht bloß diese großen Etappen durch das Studium der Zwischenreaktionen und durch die Isolierung intermediärer Stoffwechselprodukte, sondern sie brachte auch die Erkenntnis, daß diesen Zwischenstufen nicht immer nur die passive Rolle einer Übergangsstation zukommt, sondern daß sie imstande sind, die Stoffwechselprozesse und die gesamten Lebensvorgänge in fundamentaler Weise zu beeinflussen.

Vom biologischen und chemischen Gesichtspunkte aus läßt sich nun eine Reihe solcher intermediärer Stickstoffprodukte in eine Gruppe zusammenfassen, die in dem vorliegenden Buche kurz mit dem Namen *biogene Amine* bezeichnet werden sollen. Diese vielleicht wenig charakterisierende Bezeichnung mußte deshalb gewählt werden, weil sich für die in Betracht kommenden Verbindungen weder auf physiologischer noch auf chemischer Grundlage eine definiertere Benennung finden läßt. Wiewohl die größere Zahl der in Frage kommenden Substanzen nachgewiesenermaßen im engen Zusammenhang mit dem Eiweiß und den Eiweißbausteinen steht, so daß sich für diese der früher vorgeschlagene Name *proteinogene Amine* rechtfertigen ließe, so ist es doch kaum richtig, sämtlichen hierher gehörigen Substanzen eine direkte Beziehung zu den Eiweißkörpern zuzuschreiben.

Ebensowenig läßt sich auf chemischer Basis eine einheitliche und näher bezeichnende Nomenklatur für alle hier in Betracht kommenden Substanzen finden. Die biogenen Amine sind sowohl primäre, wie sekundäre, tertiäre und quaternäre Amine, welche der aliphatischen, fettaromatischen oder heterocyclischen Reihe entstammen. Das einzige allen Gliedern Gemeinsame ist eine auf die Gegenwart einer oder mehrerer Aminogruppen beruhende, mehr oder weniger ausgesprochene basische Natur, welche ihnen größtenteils analoge physikalisch-chemische Eigenschaften, Löslichkeits- und Fällungsverhältnisse verleiht. Die verschiedenen Substanzen werden deshalb schon rein methodisch in unmittelbaren Konnex gebracht, so daß sich bereits aus diesem Grunde eine gemeinsame und umfassende Bearbeitung rechtfertigt.

Die biologische Bedeutung der einzelnen Substanzen ist ja sicher eine sehr verschiedene. Lebenswichtige Bausteine finden sich neben Stoffwechselendprodukten, Substanzen von größter chemischer Reaktionsfähigkeit, welche schon durch Luftsauerstoff oder durch Erhitzen in wäßriger Lösung verändert werden, neben solchen, die gegenüber den oxydativen und reduzierenden Kräften pflanzlicher und tierischer Organismen fast indifferent erscheinen, äußerst aktive Prinzipien, die noch in größter Verdünnung vitale Reaktionen auslösen, neben solchen, die auch noch in konzentrierteren Lösungen kaum eine merkliche Wirkung ausüben. Nicht selten trifft man alle diese Übergänge in einer und derselben homologen Reihe. Um so verlockender und aussichtsreicher erscheint es, diese Mannigfaltigkeit einheitlich zu bearbeiten und an den zum Teil einfachen chemischen Substanzen die Gesetzmäßigkeiten zu studieren, die zwischen physiologischer Wirkung und chemischer Konstitution bestehen.

Entstehung biogener Amine.

Die mehr oder minder ausgeprägte Basizität, welche die allen biogenen Aminen gemeinsame Eigenschaft darstellt, beruht auf der Anwesenheit einer primären, sekundären, tertiären oder quaternären Aminogruppe, welche an einen aliphatischen, fettaromatischen oder heterocyclischen Kohlenwasserstoffrest gebunden ist. Die Bildung solcher Amine in der Natur erfolgt entweder durch Synthese oder durch Abbau.

Wir bezeichnen die Entstehung eines biogenen Amins als synthetisch, wenn Ammoniak in ein stickstoffreies oder nicht basisches Molekül eintritt, ihm so die Grundeigenschaft der biogenen Amine, die Basizität, verleihend. Im wesentlichen handelt es sich dabei um die Verbindung eines Alkyl- oder Phenylalkylrestes mit

Ammoniak, das als Nährstoff oder als Produkt des regressiven Eiweißabbaues den synthetisierenden Zellen zur Verfügung steht. Wenn man die biochemischen Verhältnisse berücksichtigt, ist diese Vereinigung nach zwei verschiedenen chemischen Vorgängen möglich, je nachdem man in einem Alkohol oder Aldehyd die in Reaktion tretende stickstoffreie Komponente erblickt. Nach der ersteren Annahme vollzieht sich die Bildung des Amins nach der einfachen Gleichung:

$$\underset{\text{Alkohol}}{R \cdot OH} + NH_3 = \underset{\text{Amin}}{R \cdot NH_2} + H_2O$$

Die zweite Annahme setzt die Bildung eines intermediären Additionsproduktes, eines Aldehydammoniaks (Hydramins) voraus, aus welchem dann durch einen reduktiven Vorgang das biogene Amin hervorgeht.

$$\underset{\text{Aldehyd}}{R \cdot C \begin{smallmatrix} \diagup H \\ \diagdown O \end{smallmatrix}} + NH_3 \rightarrow \underset{\text{Hydramin}}{R \cdot CH \begin{smallmatrix} \diagup NH_2 \\ \diagdown OH \end{smallmatrix}} \xrightarrow{+H_2} \underset{\text{Amin}}{R \cdot CH_2 \cdot NH_2} + H_2O$$

vergl. auch S. 8.

Es ist noch unentschieden, welche der beiden synthetischen Bildungsweisen vom biologischen Gesichtspunkte aus die wahrscheinlichere ist, da sowohl Alkohole wie Aldehyde im Stoffwechsel der Pflanzen und Tiere intermediär auftreten. Chemische Analogien besitzen wir für beide Reaktionen. Daß sich Methylalkohol und Ammoniumchlorid bei höherer Temperatur (300°) unter Bildung von Methylamin vereinigen können, ist schon von Berthelot beobachtet worden. Die Vereinigung des Aminrestes mit dem Alkohol-Radikal wird durch katalytische Kräfte erleichtert. So entsteht aus Benzylalkohol und Ammoniak beim Überleiten über Thoroxyd bei 300—350° Benzylamin (Sabatier und Mailhe):

$$C_6H_5 \cdot CH_2 \cdot OH + NH_3 = C_6H_5 \cdot CH_2 \cdot NH_2 + H_2O$$

Das anorganische Oxyd wirkt bei diesem Vorgang als Katalysator, vielleicht unter intermediärer Esterbildung (vgl. auch Turner und Howald).

Eine zweite Möglichkeit, die Entstehung eines Amins aus Aldehyd und Ammoniak, illustriert die Darstellung von Methylamin aus Formaldehyd und Ammoniak (Brochet und Cambier; Werner).

$$\underset{\text{Formaldehyd}}{HCHO} + NH_3 \rightarrow \underset{\text{Aldehyd-ammoniak}}{HCH \begin{smallmatrix} \diagup NH_2 \\ \diagdown OH \end{smallmatrix}} \xrightarrow{+H_2} \underset{\text{Methylamin}}{CH_3 \cdot NH_2} + H_2O$$

Die Reduktion des intermediär gebildeten Hydramins zum Methylamin erfolgt durch ein zweites Molekül Formaldehyd, welches sich dabei zu Ameisensäure oxydiert. Formaldehyd, der als Assimilationsprodukt in der Pflanze, als Oxydationsprodukt im Tierkörper auftritt, kann daher als methylierendes Agens sehr wohl in Betracht gezogen werden (Pictet; Löb; Thompson).

Das in der einen oder anderen Weise gebildete primäre biogene Amin kann nun durch Eintritt weiterer Alkylreste in ein sekundäres, tertiäres und quaternäres Amin verwandelt werden. In der Regel beschränkt sich diese fortschreitende Alkylierung auf eine Methylierung, d. h. auf den Eintritt des Methylrestes, der in der Form von Methylalkohol oder Formaldehyd zur Verfügung steht. Die erschöpfende Methylierung veranschaulicht sich durch folgendes Schema:

$$\underset{\text{primäres}}{R\cdot NH_2} \xrightarrow[CH_2O]{CH_3OH} \underset{\text{sekundäres}}{R\cdot NH\cdot CH_3} \xrightarrow[CH_2O]{CH_3OH} \underset{\text{tertiäres}}{R\cdot N\begin{matrix}\diagup CH_3\\ \diagdown CH_3\end{matrix}} \xrightarrow{CH_3OH} \underset{\text{quaternäres Amin}}{R\cdot N\begin{matrix}\diagup CH_3\\ -CH_3\\ \diagdown CH_3\\ \diagup OH\end{matrix}}$$

in welchem entweder der Methylalkohol oder der Formaldehyd als methylierendes Agens auftritt. In letzterem Falle ist jeweils ein unbeständiges Hydramin als Zwischenprodukt einzuschalten.

Die fortschreitende Methylierung zeigt sich in verschiedenen Gruppen der biogenen Amine. Ein typisches Beispiel für erschöpfende Methylierung bildet die Entstehung von Cholin

$$\underset{\text{Glykol}}{HO\cdot CH_2\cdot CH_2OH} \rightarrow \underset{\text{Colamin}}{H_2N\cdot CH_2\cdot CH_2OH} \rightarrow \underset{\text{Cholin}}{(CH_3)_3\underset{OH}{\underset{|}{N}}\cdot CH_2\cdot CH_2OH}$$

auf die S. 61 noch näher eingegangen wird.

In anderen Fällen, wie beim Adrenalin oder Kreatinin bleibt die Methylierung schon beim sekundären Amin stehen, während beim Hordenin S. 278 und beim Trimethylamin die tertiäre Base das Endstadium des Methylierungsprozesses darstellt.

Ein Spezialfall der erschöpfenden Methylierung ist die Betainbildung. Hier fällt der Methylierung nicht ein primäres Amin, sondern eine Aminosäure anheim.

$$\underset{\text{Glykokoll}}{H_2N\cdot CH_2\cdot COOH} \rightarrow \underset{\text{Betain}}{(CH_3)_3\underset{OH}{\underset{|}{N}}\cdot CH_2\cdot COOH}$$

Durch den Übergang der primären Aminogruppe in ein quaternäres Ammoniumderivat wird die Basizität des Stickstoffs wesentlich erhöht. Der Einfluß der sauren Carboxylgruppe wird aufgehoben und die amphoter oder schwach sauer reagierende Aminosäure nimmt basischen Charakter an (vgl. S. 235).

Während in den Betainen die basische Natur dadurch zum Ausdruck gelangt, daß das am selben Molekül befindliche Carboxyl durch innere Salzbildung gleichsam außer Funktion gesetzt wird, ergibt sich in anderen Fällen durch innere Anhydridbildung eine Zurückdrängung der sauren Eigenschaften und damit ein Vorwalten der basischen Natur. So wird das wenig basische Kreatin durch intramolekulare Wasserabspaltung und Ringschließung zum basischen Kreatinin:

$$\underset{\text{Kreatin}}{H_2N \cdot C(:NH) \cdot N(CH_3) \cdot CH_2 \cdot COOH} \rightarrow \underset{\text{Kreatinin}}{\underbrace{HN \cdot C(:NH)N(CH_3) \cdot CH_2 \cdot CO}} + H_2O$$

Die Monoaminosäuren können auch durch Eintritt weiterer Ammoniak- oder Aminreste basische Natur erwerben. Es besteht zwar wenig Wahrscheinlichkeit, daß sich eine Monoaminosäure z. B. α-Aminovaleriansäure $CH_3 \cdot CH_2 \cdot CH_2 \cdot CH(NH_2) \cdot CO_2H$ durch Eintritt von Ammoniak direkt in eine Diaminosäure, α, δ-Diaminovaleriansäure (Ornithin) verwandeln kann. Hingegen werden beim Aufbau und Umbau des Proteinmoleküls die sauren Carboxylgruppen der Monoaminosäuren oft mit Ammoniak verankert.

$$\underset{\text{Aminosäure}}{R \cdot CH(NH_2) \cdot CO_2H} \xrightarrow{NH_3} \underset{\text{Aminosäureamid}}{R \cdot CH(NH_2) \cdot CONH_2}$$

Solche Aminosäureamide sind das Asparagin und das Glutamin, ersteres das Amid der Asparaginsäure, letzteres das der Glutaminsäure. Auch die Polypeptide, Peptone und Albumosen sind bekanntlich amidartig verkettete Aminosäuren. Die Amidbildung erhöht jedoch die Basizität nur in geringem Maße.

Den im vorstehenden besprochenen Bildungsweisen biogener Amine liegen synthetische Prozesse zugrunde. Doch ist es der lebenden Zelle auch möglich, durch Abbau eines komplizierter gebauten stickstoffhaltigen Moleküls zu basischen Körpern zu gelangen. Am einfachsten geschieht dies durch eine Hydrolyse, die sich an esterartigen oder amidartig verknüpften Molekülen nach folgendem Schema betätigt:

$$-\overset{+}{R} \cdot CO \cdot \overset{-}{R} \cdot CO - + HOH = -\overset{+}{R} \cdot H + HOOC \cdot \overset{-}{R} \cdot CO -$$

wo $\overset{+}{R}$ eine mehr basische Komponente und $\overset{-}{R}$ eine mehr saure Komponente bedeutet. In der nicht veränderten Substanz waren die sauren und basischen Eigenschaften einigermaßen im Gleichgewicht, d. h. die Substanz reagierte amphoter. Durch die hydrolytische Loslösung des sauren Restes werden die basischen Eigenschaften des anderen manifest. In dieser Weise entstehen biogene Amine, wenn unter dem Einfluß phosphatidspaltender Fermente Aminoäthylalkohol oder Cholin aus den Lecithinen frei wird, wenn durch proteolytische Fermente aus dem amphoteren Eiweißmolekül basische Aminosäuren, Arginin, Histidin, Lysin losgelöst werden.

Was sich bei der Hydrolyse von Proteinen und Phosphatiden an einem Molekularkomplex abspielt, nämlich die Abtrennung der basischen von neutralisierenden sauren Gruppen, vollzieht sich bei der Decarboxylierung der Aminosäuren am einzelnen Molekül.

$$R \cdot CH(NH_2) \cdot CO_2H \rightarrow R \cdot CH_2NH_2 + CO_2$$

Was bei der Amidierung und Methylierung nur in beschränktem Maße erreicht wird, die Entfaltung der im Aminosäuremolekül latenten basischen Eigenschaften, wird hier in weit wirksamerem Maße durch vollständige Eliminierung der Carboxylgruppe erzielt. Der Decarboxylierungsprozeß ist denn auch eine hervorragende Quelle biogener Amine. Namentlich die Mikroorganismen sind imstande, die Aminosäuren in dieser Weise zu verändern. Doch ist diese Fähigkeit keineswegs auf die Bakterienwelt beschränkt. Sie findet sich, wenn schon in minder hervortretendem Maße, auch in höheren Pflanzen und ist auch den Tieren nicht abzusprechen. Die Isolierung von außerhalb der Zelle wirksamen, die Aminosäuren decarboxylierenden Fermenten ist bis jetzt nicht gelungen. Ob dies an methodischen Schwierigkeiten liegt, oder ob die Wirksamkeit dieser Decarboxylasen an eine feinere Struktur der Plasmabestandteile gebunden ist, welche bei jeder Aufarbeitung des Materials geschädigt werden, muß die weitere Forschung entscheiden.

Die biogenen Amine in der Pflanzen- und Tierwelt.

Bei den höheren Pflanzen und Tieren bilden sich die biogenen Amine, soweit sie nicht auf synthetischem Wege entstehen, meistens durch hydrolytische Vorgänge. Im Eiweißmolekül liegen die Möglichkeiten zur Entstehung biogener Amine in der Protamingruppe, deren Bausteine, die Hexonbasen (Histidin, Arginin und Lysin) ausgesprochene basische Eigenschaften besitzen. Änderungen in der Menge und im Verhältnis dieser basischen Aminosäuren besitzen eine große Bedeutung für die Ernährung und das Wachstum, sowie für andere physiologische und pathologische Vorgänge, bei welchen das komplizierte Eiweißmolekül einen oft tiefgreifenden Umbau erleidet (vgl. S. 150).

Der hydrolytische Abbau der Nucleinsäuren führt zu den Purin- und Pyrimidinbasen. Die Phosphatide liefern bei ihrer Zerlegung Cholin und Aminoäthylalkohol. Einzelne biogene Amine sind Sekretionsprodukte gewisser Drüsen, welche im tierischen Organismus die Rolle von Hormonen vollziehen, d. h. entfernt von ihren Bildungsstätten physiologische Wirkungen auslösen. Sicher nachgewiesen ist diese Funktion für das Adrenalin, das spezifische Prinzip der Nebenniere, vielleicht auch für das von der Dünndarmschleimhaut abgesonderte Cholin (vgl. S. 65). Ob auch die, von anderen innersekretorischen Drüsen, wie Hypophyse und Schilddrüse, an die Blutbahn abgegebenen spezifischen Produkte zu den biogenen Aminen gehören, ist noch nicht entschieden (vgl. S. 338), ebensowenig wie die Natur der im Serum und verschiedenen Organextrakten vorhandenen und bei der Blutgerinnung und bei Blutplättchenzerfall gebildeten pharmakodynamisch-aktiven Stoffe (Freund; Handovsky, vgl. auch S. 221).

Die Methylierung der Aminosäuren ist namentlich in der Pflanzenwelt häufig und führt dort zu der mannigfaltigen Reihe der Betaine. Durch Ringschließung und Methylierung werden verschiedene Aminosäuren in heterocyclische Ringsysteme (Pyrrol- und Pyrrolidin, Pyridin-, Piperidin- und Isochinolinderivate) verwandelt, die mit den Betainen als einfachste Alkaloide — Protoalkaloide — aufgefaßt werden können.

Auch die im Tierkörper entstehenden oder ihm zugeführten biogenen Amine können der Methylierung anheimfallen. Hierfür spricht nicht nur das Auftreten methylierter Stickstoffverbindungen, wie Kreatin, Methyl- und Dimethylguanidin, Adrenalin, Cholin und Betain, sondern man kann den Vorgang der Methylierung auch experimentell beobachten, wenn man den Tieren gewisse Stickstoffverbindungen wie Pyridin und Nicotinsäure verabreicht, welche dann in Form ihrer Methylierungsprodukte — Methylpyridiniumhydroxyd, Trigonellin — im Harn ausgeschieden werden (vgl. S. 248). Im allgemeinen betätigen sich aber an den biogenen Aminen, welche nicht als Bausteine der Protamine oder Phosphatide Verwendung finden, mehr die oxydativen Fähigkeiten des Tierkörpers, und zwar, entsprechend der Lebhaftigkeit des Stoffwechsels beim Warmblüter mehr als beim Kaltblüter, beim Carnivoren mehr als beim Pflanzenfresser.

Beim Abbau der biogenen Amine vollziehen sich die reziproken Vorgänge wie bei der S. 3 und 4 geschilderten Synthese. Diese bestehen im wesentlichen in einer Loslösung des Ammoniaks von den substituierenden Alkylresten. Am leichtesten erfolgt diese Trennung bei den primären Aminen, schwieriger bei den sekundären, am schwierigsten bei den tertiären. Den Mechanismus der Reaktion kann man sich auch hier in zweierlei Weise erklären, entweder vollzieht sich eine Hydrolyse, welche das Amin in Ammoniak und Alkohol zerlegt $R \cdot NH_2 + H_2O = ROH + NH_3$, oder es entsteht unter Eintritt von Sauerstoff zunächst ein Hydramin als intermediäres Zwischenprodukt, das dann in Ammoniak und Aldehyd zerfällt.

$$R \cdot CH_2 \cdot NH_2 \xrightarrow{O} R \cdot CHOH \cdot NH_2 \rightarrow R \cdot CHO + NH_3$$

Die Entmethylierung des Trimethylamins verläuft nach letzterer Annahme in folgenden Phasen:

$$N(CH_3)_3 \xrightarrow{O} (CH_3)_2N \cdot CH_2 \cdot OH \rightarrow (CH_3)_2NH + HCHO$$

$$NH(CH_3)_2 \xrightarrow{O} CH_3 \cdot NH \cdot CH_2OH \rightarrow CH_3 \cdot NH_2 + HCHO$$

$$CH_3 \cdot NH_2 \xrightarrow{O} CH_2OH \cdot NH_2 \rightarrow HCHO + NH_3$$

Die bei der Oxydation gebildeten stickstoffreien Spaltstücke (Alkohole oder Aldehyde) können verbrannt werden oder sie dienen ebenso wie das freigewordene Ammoniak als Material für neue Synthesen.

Biogene Amine und Fäulnis.

Bei den Bakterien tritt, wie dies schon S. 6 hervorgehoben wurde, die Bildung biogener Amine durch Decarboxylierung von Aminosäuren in den Vordergrund. Dieser Prozeß spielt daher bei den physiologischen Vorgängen eine bedeutende Rolle. Das Auftreten alkaloidähnlicher, mehr oder weniger giftiger Bestandteile in faulenden Pflanzen und Tieren wurde schon frühe wiederholt beobachtet (Dupré; Bergmann und Schmiedeberg; Zuelzer und Sonnenschein). Die ersten aber, welche gelegentliche Befunde zu einer systematischen Forschung erweiterten, waren Selmi und Gautier, welche beide fast gleichzeitig durch gerichtlich-chemische Fragestellungen auf dieses Arbeitsgebiet gelenkt wurden. Bei Anwendung der für die Alkaloidgewinnung ausgearbeiteten Extraktionsverfahren auf große Mengen faulenden tierischen und pflanzlichen Materials, gelangten sie zu einigermaßen definierten basischen Substanzen. Es ist namentlich das Verdienst von Gautier, die Trennung dieser Gemische mit Hilfe der verschieden löslichen Platin- und Goldsalze bis zu einem gewissen Grade ermöglicht und durch deren Elementaranalyse eine exaktere Grundlage für ihre Charakterisierung und Identifizierung gegeben zu haben (vgl. auch Oechsner de Coninck). Brieger hat diese Methode erheblich verbessert durch Verwendung neuer Fällungs- und Trennungsmittel zur Reindarstellung und Identifizierung der Ptomaine, welche bis heute das Fundament der Fäulnischemie geblieben sind.

Wenn man das Wesen der Fäulnis in einer Zerlegung komplizierter organischer Stickstoffverbindungen durch aerobe und anaerobe Bakterien erblickt, so ist es begreiflich, daß die zunehmenden Erfahrungen der Bakteriologie und die sich stetig entwickelnde Eiweiß-, Phosphatid- und Nucleinchemie bis heute einen andauernden Fortschritt in der Erkenntnis der Fäulnisvorgänge bedeuten.

Man hat die mannigfaltigen Umwandlungen, welchen das Eiweiß und seine Bausteine unter der Einwirkung der Mikroorganismen anheimfällt, erst allmählich genauer kennen gelernt. Zwar gelang es schon früh aus faulendem Eiweißmaterial definierte Abbauprodukte zu erhalten und diese auch in genetische Beziehung zu den Eiweißbausteinen zu bringen (Baumann; Salkowski; Nencki). Diese grundlegenden Arbeiten erfuhren durch Brieger, Emmerling, Bienstock, Rettger u. a. insofern einen Ausbau als diese Forscher die Fäulnis der Eiweißkörper nicht durch ein buntes Gemisch ubiquitärer Bakterien, sondern durch bestimmte Reinkulturen herbeiführten. Die Entwicklung der Eiweißchemie, welche zur Isolierung der verschiedenen Aminosäuren führte, bedingte einen weiteren Fortschritt, indem man die Fäulnisversuche mit bestimmten Aminosäuren ausführte, zunächst unter Verwendung von Mischkulturen (Ellinger; Ackermann; Neuberg), dann mit bestimmten Mikroorganismen (F. Ehrlich; Berthelot; Mellanby; Sasaki und Mitarbeiter). Die in diesen systematisch fortgeführten Arbeiten gewonnene Erkenntnis der Fäulnisvorgänge läßt sich kurz etwa folgendermaßen zusammenfassen: Bei der bakteriellen Zersetzung wird das Eiweiß zunächst durch die proteolytischen Fermente der Bakterien in die konstituierenden Mono- und Diaminosäuren zerlegt (Sasaki; Mito; Otsuka). Diese werden weiter umgewandelt, entweder unter Loslösung des Stickstoffes (Desamidierung) oder durch Verkürzung der Kohlenstoffkette oder es findet gleichzeitig Desamidierung und Verkürzung der Kohlenstoffkette statt. Die hierdurch gebotenen mannigfachen Möglichkeiten seien durch nachstehende Formeln an dem Beispiel des Leucins illustriert:

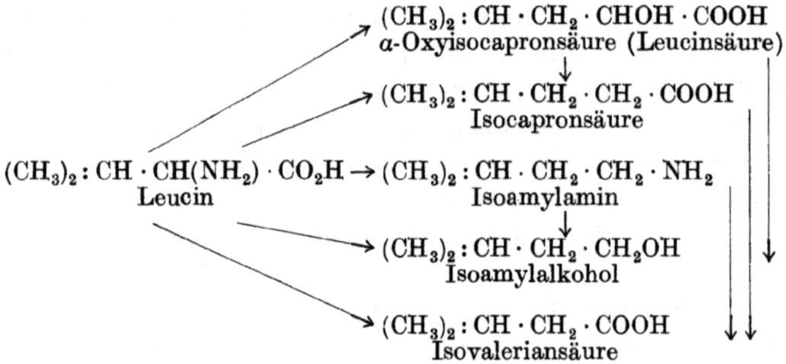

Wenn auch beim Leucin selbst nicht alle diese Übergänge experimentell realisiert wurden, so geben doch die bei der Fäulnis anderer Aminosäuren gemachten Feststellungen genügend Anhaltspunkte für die Aufstellung obigen Schemas. So gelang es bei Fäulnis von Isoleucin $\genfrac{}{}{0pt}{}{CH_3}{C_2H_5}>CH\cdot CH(NH_2)\cdot COOH$ die durch die reduktive Desamidierung entstehende optisch aktive Capronsäure (Methyläthylpropionsäure) $\genfrac{}{}{0pt}{}{CH_3}{C_2H_5}>CH\cdot CH_2\cdot COOH$, nachzuweisen, die ihrerseits durch Oxydation in die optisch aktive Valeriansäure (Methyläthylessigsäure) $\genfrac{}{}{0pt}{}{CH_3}{C_2H_5}>CH\cdot COOH$ übergeht (Neuberg, Neuberg und Rosenberg). Die Umwandlung der Leucine in die entsprechenden Amylalkohole (Gärungsamylalkohol) ist durch die Arbeiten von F. Ehrlich erwiesen, dem auch die Überführung von Histidin in Imidazolyläthylalkohol, von Tyrosin in Tyrosol, von Tryptophan in Tryptophol gelungen ist. Weitere Beispiele für Desamidierung bilden der Übergang von Valin $(CH_3)_2:CH\cdot CH(NH_2)\cdot COOH$ in Isovaleriansäure $(CH_3)_2:CH\cdot CH_2\cdot COOH$ (Neuberg und Rosenberg; Neuberg und Karczag), von Prolin in δ-Aminovaleriansäure und n-Valeriansäure (Neuberg). Beispiele von Decarboxylierung sind die Bildung von Putrescin aus Ornithin (Ellinger), von Cadaverin aus Lysin (Ellinger), von Histidin in Histamin (Ackermann), von Phenylalanin in Phenyläthylamin (Nencki), von Tyrosin in Oxyphenyläthylamin (Tyramin) (Sasaki), von Tryptophan in Indoläthylamin (Tryptamin) (Ewins und Laidlaw), von Glutaminsäure in γ-Aminobuttersäure (Ackermann), von Asparaginsäure in β-Alanin (Ackermann). Beispiele für reduktive Desamidierung und gleichzeitige Decarboxylierung liegen in der Bildung von Bernsteinsäure $HOOC \cdot CH_2 \cdot CH_2 \cdot COOH$ und Propionsäure $CH_3 \cdot CH_2 \cdot COOH$ aus Asparaginsäure $HOOC \cdot CH_2 \cdot CH(NH_2) \cdot COOH$ (Neuberg und Cappezzuoli), von Buttersäure $CH_3 \cdot CH_2 \cdot CH_2 \cdot COOH$, aus Glutaminsäure $HOOC \cdot CH_2 \cdot CH_2 \cdot CH(NH_2) \cdot COOH$ (Neuberg), von δ-Aminovaleriansäure $H_2N \cdot CH_2 \cdot CH_2 \cdot CH_2 \cdot CH_2 \cdot COOH$ aus Ornithin, von ε-Aminocapronsäure $H_2N \cdot CH_2 \cdot CH_2 \cdot CH_2 \cdot CH_2 \cdot CH_2 \cdot COOH$ aus Lysin.

Die Umwandlung der Aminosäuren in die entsprechenden Oxysäuren ist ebenfalls von F. Ehrlich studiert worden, der sie namentlich durch gewisse Pilze herbeiführte, zum Beispiel die Überführung von Tyrosin $HO \cdot C_6H_4 \cdot CH_2 \cdot CH(NH_2) \cdot COOH$ in Oxyphenylmilchsäure $HO \cdot C_6H_4 \cdot CH_2 \cdot CHOH \cdot COOH$, von Tryptophan in Indolmilchsäure[1]).

Eine genauere Kenntnis der Verhältnisse, unter welchen die Bildung dieser Oxysäuren durch Bakterien erfolgt, sowie der Bedingungen, unter welchen eine Decarboxylierung der Aminosäuren stattfindet, verdanken wir den neueren Arbeiten japanischer Forscher, Sasaki; Amatsu und Tsudji; Hirai; Arai. In diesen wurde nämlich an den Beispielen des d- und l-Tyrosins, Phenylalanins, Histidins festgestellt, daß die Bildung der Oxysäuren durch B. proteus, B. coli und B. subtilis namentlich bei schwach alkalischer Reaktion stattfindet, speziell bei der Reaktion, wie sie durch das sog. Hendersonsche Phosphatgemisch aus $^9/_{10}$ Dinatriumphosphat und $^1/_{10}$ Mononatriumphosphat ($P_H = 7,7$) erzeugt wird. Sorgt man umgekehrt durch Mitvergährung von Lactose für die Entstehung saurer Reaktion, so findet vorzugsweise Decarboxylierung und Bildung von Aminen statt. Zugabe einer kleinen Menge frisch gefällten Uranylphosphates übt einen katalytischen Einfluß aus.

[1]) Wahrscheinlich geht der Weg von den Aminosäuren über die entsprechenden Ketosäuren.

Biogene Amine in der Pathologie.

Die vorstehende gedrängte Übersicht über die mannigfaltigen Veränderungen, welchen die Aminosäuren unter der Einwirkung der Mikroorganismen unterliegen können und welche in den nachstehenden Kapiteln zum Teil noch eingehender besprochen werden sollen, sowie der Umstand, daß der bakterielle Abbau bei den einzelnen Stufen nicht stille steht, sondern unter Desamidierung bzw. Oxydation schließlich bis zur Ameisen- und Kohlensäure fortschreitet, machen es begreiflich, daß die unmittelbaren Decarboxylierungsprodukte, die Amine zunächst nur in Ausnahmefällen aufgefunden werden konnten.

Es war eine verlockende Aufgabe die in der Bakteriologie und Mykologie gewonnenen chemischen Erkenntnisse auch in anderen Forschungsgebieten anzuwenden. Vor allem lag es nahe, die akuten Vergiftungserscheinungen bei den Infektionskrankheiten auf die Bildung toxischer Stoffwechselprodukte unter der Einwirkung spezifischer Bakterien zurückzuführen. Lassen sich bestimmte alkaloidartige Produkte als spezifische Bakterientoxine definieren? Diese Frage hat eine Reihe von Forschern beschäftigt. Allerdings zunächst ohne den gewünschten Erfolg. Es war natürlich kaum möglich, bei dem damaligen Stand der Chemie an ein Problem zu gehen, welches eine gründliche Kenntnis der biochemischen Dynamik und der Eiweißchemie voraussetzt und gänzlich aussichtslos war es, durch Ermittlung eines die Harntoxizität ausdrückenden urotoxischen Koeffizienten (Bouchard) oder durch die Isolierung mangelhaft definierter Verbindungen aus Harn und anderen Körperflüssigkeiten (Pouchet; Griffith) eine eindeutige Antwort auf die gestellte Frage zu erhalten.

Es mag auch heute noch zweifelhaft erscheinen, ob es möglich sein wird, die durch bakterielle Infektionen ausgelösten pathologischen Symptome ganz oder teilweise auf eine chemische Grundlage zurückzuführen. Immerhin haben die diesbezüglichen Arbeiten der letzten Jahre manche Resultate gebracht. Das Auftreten von Diaminen im Harn und Kot bei Cystinurie (Udránszky und Baumann) mag zwar nur in entfernterem Zusammenhang mit dieser Erkrankung stehen, ebenso wie die reichliche Bildung von Tetramethylendiamin im Cholerastuhl und in den Reinkulturen von Cholerabacillen. Wenn es aber gelingt, durch bestimmte biogene Amine eine gleiche Veränderung des Blutbildes zu erzeugen, wie bei gewissen Formen von anämischen Erkrankungen (Heß und Müller), wenn bei diesen Anämien andererseits im Darm eine pathologische Bakterienflora festgestellt werden kann (Rettger, Herter), wenn es ferner gelingt, aus dem Darm bei gewissen Enteritiden das toxische Imidazolyläthylamin zu isolieren und im Kot derselben Patienten ein Bacterium aufzufinden, das in außerordentlichem Maße begabt ist, die an sich völlig ungiftige Aminosäure, Histidin, in dieses Gift zu verwandeln (Berthelot und Bertrand; Bertrand und Berthelot; Mellanby und Twort), so kann eine engere kausale Beziehung zwischen biogenen Aminen und infektiösen Erkrankungen nicht mehr bestritten werden, und die von Metschnikoff vertretene Lehre von der intestinalen Autointoxikation braucht nicht mehr allein an die Indol- und Phenolbildung zu appellieren (vgl. Schiff und Kochmann).

Nicht immer wird es möglich sein, die von der Darmwand aus resorbierten basischen Abbauprodukte im Organismus nachzuweisen, da sich der Körper bemüht, die auf die glatte Muskulatur und auf das Nervensystem äußerst wirksamen Stoffe, sei es durch Oxydation, sei es durch Paarung, möglichst rasch unschädlich zu machen. Nur in ganz besonderen Fällen, bei Stauungserscheinungen oder wenn die entgiftenden Funktionen der Organe nicht mehr ausreichen, wird es zu eigentlichen Toxämien und Toxurien kommen (Gerard, Harington). In den meisten Fällen aber wird die Aufgabe darin bestehen, die durch Oxydation oder Kuppelung harnfähig und unwirksam gewordenen Substanzen nachzuweisen. Wenn in Zukunft auch diese Produkte neben der Indoxyl- und den Phenolschwefelsäuren die gebührende Beachtung der klinischen Medizin finden werden, so darf man mit Recht erwarten, daß manche pathologischen Erscheinungen als Folge einer akuten oder chronischen Zufuhr von Fäulnisbasen erkannt werden.

Auf Grund gewisser Analogien hat man auch versucht, verschiedene Störungen des Stoffwechsels auf die Bildung oder Mobilisation biogener Amine zurückzuführen. So hat man bei dem als Vagotonie oder Sympathikotonie bezeichneten Symptomenkomplex an die endogene Entstehung von Aminen gedacht, welche das sympathische oder parasympathische Nervensystem in einen abnormen Tonus versetzen (vgl. S. 66) und die Stoffwechselvorgänge — Stickstoffumsatz und Gasstoffwechsel — in charakteristischer Weise beeinflussen (Abelin). Bei Eklampsie und anderen Schwangerschaftstoxikosen sollen die innersekretorischen Drüsen, namentlich aber die Placenta giftige, aminähnliche Stoffe in das materne Blut abgeben (Hüssy), während bei der Anaphylaxie die Ursache des Shocks in dem Freiwerden histaminähnlicher Substanzen vermutet wird (vgl. S. 184 u. 221). Die Quelle für diese toxischen Spaltprodukte kann im Eiweiß und in den Phosphatiden gesucht werden. Man kann auch die Toxinbildung mit physikalisch-chemischen Vorgängen verknüpfen und annehmen, daß ein an die Kolloide adsorbiertes Amin bei der pathologischen Schädigung infolge Änderung der Oberflächenspannung frei wird. Aber nur wenn es gelingt, diese basischen Substanzen zu isolieren und zu charakterisieren, wird es möglich sein, die vermuteten Zusammenhänge tatsächlich aufzuklären und die weitausschauenden Hypothesen in positive Erkenntnis zu wandeln.

Chemisches Verhalten der biogenen Amine.

Die typischen Reaktionen der Amine sind vor allem durch die Aminogruppe bedingt und verschieden, je nachdem diese primär, sekundär oder tertiär ist, d. h. je nachdem ein, zwei oder drei Wasserstoffatome des Ammoniaks durch Alkylradikale substituiert sind. Die wichtigsten dieser allgemeinen Aminreaktionen seien nachstehend kurz beschrieben:

Die Nitritreaktion. Primäre Amine reagieren mit Nitriten in saurer Lösung oder mit salpetriger Säure unter Abspaltung der Aminogruppe nach folgender Gleichung:

$$R \cdot CH_2N\boxed{H_2 + N}\boxed{O}OH = R \cdot CH_2OH + N_2 + H_2O$$

Es wird also unter Stickstoffentwicklung das Amin in den entsprechenden primären Alkohol verwandelt. Diese Reaktion liegt einer äußerst bequemen, von van Slyke für die Aminosäuren, ausgearbeiteten quantitativen Methode zugrunde, welche den abgespaltenen Stickstoff volumetrisch bestimmt. Sie läßt sich in vielen Fällen auch für die Bestimmung der eigentlichen primären Amine anwenden (vgl. z. B. S. 90).

Die sekundären Amine reagieren mit salpetriger Säure in folgender Weise unter Bildung von Nitrosaminen:

$$\left.\begin{array}{l} R \cdot CH_2 \\ R'CH_2 \end{array}\right\rangle N\boxed{H + NO}\boxed{OH} = \left.\begin{array}{l} R \cdot CH_2 \\ R'CH_2 \end{array}\right\rangle N \cdot NO + H_2O \text{ z. B.:}$$

$$\underset{\textbf{Dimethylamin}}{\left.\begin{array}{l} CH_3 \\ CH_3 \end{array}\right\rangle NH} + NOOH = \underset{\textbf{Nitrosodimethylamin}}{\left.\begin{array}{l} CH_3 \\ CH_3 \end{array}\right\rangle N \cdot NO} + H_2O$$

Die Nitrosamine sind ziemlich beständig, bei den niederen Gliedern mit Wasserdampf destillierbar. Mit Salzsäure bilden sie das entsprechende primäre Amin zurück. Erwärmt man die Nitrosamine mit Phenol und konzentrierter Schwefelsäure und übersättigt die mit Wasser verdünnte Probe mit Kali- oder Natronlauge, so treten intensiv blaue bis blauviolette Färbungen auf (Liebermannsche Reaktion).

Tertiäre Amine reagieren nicht, oder nur sehr schwierig mit salpetriger Säure.

Die Isonitrilreaktion. Erwärmt man ein primäres Amin in alkoholischer Lösung mit Ätzkali und einigen Tropfen Chloroform, so findet folgende Reaktion statt:

$$C_2H_5 \cdot NH_2 + CHCl_3 + 3\,KOH = C_2H_5 \cdot NC + 3\,KCl + 2\,H_2O$$

Es entsteht ein Isonitril, dessen intensiver und charakteristischer Geruch sich vortrefflich eignet, um die Anwesenheit eines primären Amins qualitativ nachzuweisen.

Bei der Verwendung alkoholischer Kalilauge ist es manchmal nicht ausgeschlossen, daß das primäre Amin erst unter der hydrolytischen Einwirkung dieses Reagenses gebildet wird. Man kann diesen Fehler dadurch vermeiden, daß man die auf das primäre Amin zu prüfende Flüssigkeit auf ein kleines Volumen bringt und die Isonitrilreaktion mit Hilfe von Kaliumcarbonat in wäßriger Lösung vornimmt (Folin).

Die Senfölreaktion. Sie dient ebenfalls vorzugsweise zur Erkennung der primären Amine. Schwefelkohlenstoff wirkt auf primäre und sekundäre Amine im Sinne der Gleichungen:

$$CS_2 + 2\,NH_2 \cdot C_2H_5 \rightarrow CS\begin{cases} NH \cdot C_2H_5 \\ SH \cdot NH_2C_2H_5 \end{cases}$$

Äthylamin — Äthyldithiocarbaminsaures Äthylamin

$$CS_2 + 2\,NH(C_2H_5)_2 \rightarrow CS\begin{cases} N(C_2H_5)_2 \\ SH \cdot NH(C_2H_5)_2 \end{cases}$$

Diäthylamin — Diäthyldithiocarbaminsaures Diäthylamin

unter Bildung von Aminsalzen der Alkyldithiocarbamidsäuren. Von diesen spalten die aus den primären Aminen hervorgegangenen Additionsprodukte mit schwefelabspaltenden Reagenzien (alkoholische Quecksilberchlorid- oder Eisenchloridlösungen) Schwefelwasserstoff ab und es bilden sich die stechend riechenden Senföle nach der Gleichung:

$$CS\begin{cases} NH \cdot C_2H_5 \\ SH \cdot NH_2 \cdot C_2H_5 \end{cases} \rightarrow S{:}C{:}N \cdot C_2H_5 + H_2S + NH_2 \cdot C_2H_5$$

Äthylsenföl

Die Senföle besitzen insofern Interesse, als sie in der Pflanzenwelt speziell bei den Cruciferen häufig vorkommen. Ihre Bildungsweise ist noch keineswegs aufgeklärt, doch läßt sich vermuten, daß sie aus Eiweiß unter intermediärer Bildung von primären Aminen entstehen. Die Senföle, welche durch Hydrolyse mit Wasser oder mit Säure wieder die Amine zurückbilden, wie z. B. das Isobutylsenföl das Isobutylamin nach der Gleichung:

$$\underset{\text{Isobutylsenföl}}{\begin{matrix}CH_3\\C_2H_5\end{matrix}\!\!>\!CH\cdot N:C:S} + 2\,H_2O = \underset{\text{Isobutylamin}}{\begin{matrix}CH_3\\C_2H_5\end{matrix}\!\!>\!CH\cdot NH_2} + CO_2 + H_2S$$

können andererseits auch als Bildungsmaterial für die in den Pflanzen aufgefundenen Amine in Betracht kommen.

Ninhydrinreaktion. Die primären Amine reagieren wie die α-Aminosäuren und die Ammoniumsalze mit Triketohydrinden, dem sog. Ninhydrin unter Entwicklung einer blauen Färbung (Neuberg; Harding und Mc Lean). Es bildet mit den Ammoniumsalzen Diketohydrindiliden-diketohydrindamin über folgende Stufen:

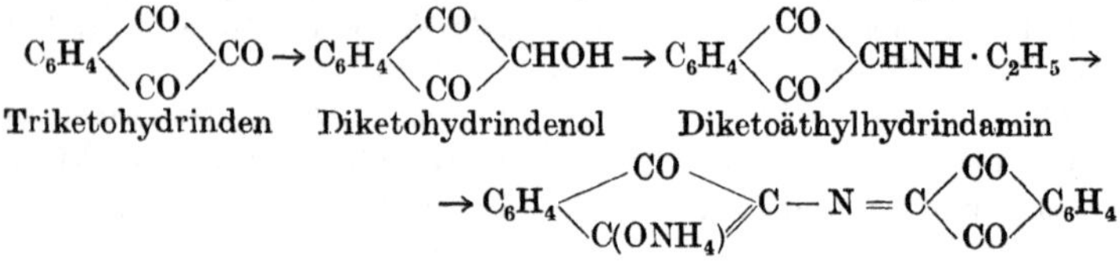

Durch Zusatz von Pyridin wird die Reaktion empfindlicher und ist noch in Lösungen positiv, die nur 0,05 mg N pro ccm enthalten. Sekundäre und tertiäre Amine geben die Reaktion nicht. Sie ist auch negativ mit sauren Amiden, cyclischen Imiden und Guanidinderivaten.

Die primäre Aminogruppe befähigt die Amine zur Addition von Cyansäure HO·CN, sowie deren Substitutionsprodukte, Phenyl- und Naphthylcyanat. Es bilden sich dann substituierte Harnstoffe z. B.:

$$CH_3\cdot CH_2\cdot NH_2 + \underset{\text{Cyansäure}}{HOCN} = \underset{\text{Monoäthylharnstoff}}{CH_3\cdot CH_2\cdot NH\cdot CO\cdot NH_2}$$

$$CH_3\cdot NH_2 + \underset{\text{Phenylisocyanat}}{C_6H_5N:CO} = \underset{\text{Methylphenylharnstoff}}{CH_3\cdot NH\cdot CO\cdot NH\cdot C_6H_5}$$

Auch das Amid der Cyansäure, das Cyanamid, $CN\cdot NH_2$, besitzt wie die Cyansäure die Fähigkeit, sich an primäre Amine anzulagern. Die entstandenen Additionsprodukte sind die in Gruppe V besprochenen Guanidinderivate

$$CH_3 \cdot NH_2 + CN \cdot NH_2 = CH_3 \cdot NH \cdot C(:NH) \cdot NH_2$$
Methylguanidin

Mit Aldehyden reagieren die primären Amine unter Wasseraustritt und Bildung der sog. Schiffschen Basen

$$CH_3 \cdot CH_2 \cdot NH_2 + H \cdot CHO = CH_2 : N \cdot CH_2 \cdot CH_3 + H_2O$$
Methylenäthylamin

Wahrscheinlich hat man als Zwischenprodukt bei der Schiffschen Reaktion die Bildung eines Aldehydammoniaks (Hydramins)

$$CH_3 \cdot CH_2 \cdot NH \cdot CH_2OH$$

anzunehmen, welches so entsteht, daß der doppelt gebundene Sauerstoffrest der Aldehydgruppe $C\langle{}^{H}_{O}$ unter Anlagerung des Aminrestes in eine Alkoholgruppe verwandelt wird. Ähnliche Schiffsche Basen entstehen bei Einwirkung anderer Aldehyde, z. B. aus Methylamin und Benzaldehyd das Benzalmethylamin $C_6H_5CH:N \cdot CH_3$. Die Schiffschen Basen sind in saurer Lösung unbeständig, indem sie das primäre Amin und den Aldehyd wieder regenerieren.

Primäre und sekundäre Amine können sich wie das Ammoniak mit anorganischen oder organischen Säuren unter Bildung von Amiden vereinigen. Trialkylamine, welche kein ersetzbares Wasserstoffatom mehr enthalten, sind zur Amidbildung nicht befähigt. Die entstehenden Amide entsprechen den Typen:

$$R \cdot N\langle{}^{H}_{Ac} \qquad R \cdot N\langle{}^{Ac}_{Ac_1} \qquad {}^{R}_{R'}\rangle NAc$$

R und R′ bedeuten beliebige Alkyl-, Ac und Ac_1 beliebige Acylreste. Die Entstehung dieser Verbindungen läßt sich allgemein so denken, daß die Hydroxylgruppen der anorganischen und organischen Säuren mit einem bezw. zwei Wasserstoffatomen des Amins unter Wasseraustritt reagieren, z. B.

$$CH_3 \cdot NH_2 + HO \cdot Cl = CH_3 \cdot NH \cdot Cl + H_2O$$
Unterchlorige Säure — Methylchloramin

$$CH_3 \cdot NH_2 + HO \cdot NO_2 = CH_3 \cdot NH \cdot NO_2 + H_2O$$
Salpetersäure — Methylnitramin

$$(CH_3)_2NH + HO \cdot OC \cdot CH_3 = (CH_3)_2N \cdot OC \cdot CH_3 + H_2O$$
Essigsäure — Acetyldimethylamid

$$CH_3 \cdot CH_2 \cdot NH_2 + HO \cdot O_2S \cdot C_6H_4 \cdot CH_3 = CH_3 \cdot CH_2 \cdot NH \cdot O_2S \cdot C_6H_4 \cdot CH_3 + H_2O$$
Toluolsulfosäure — Toluolsulfäthylamid

Die S. 16 erwähnten Nitrosamine können von diesem Gesichtspunkte aus als Amide der salpetrigen Säure betrachtet werden.

Die leicht zersetzlichen Chlor-, Brom- und Jodalkylamine erscheinen als Derivate der unterchlorigen, unterbromigen oder unterjodigen Säure. Auch die tertiären Amine sind imstande, mit Brom und Jod Additionsprodukte zu bilden, welche der Formel

$$(Alkyl)_3NBr_2 \text{ und } (Alkyl)_3N \cdot J_2$$

bezw. deren Salzen

$$(Alkyl)_3NBr_2 \cdot HBr \text{ und } (Alkyl)_3NJ_2 \cdot HJ$$

entsprechen.

Bei der Oxydation der Amine mit Kaliumpermanganat wird der Alkylrest vom Stickstoff getrennt und gleichzeitig zum entsprechenden Aldehyd oder zur entsprechenden Säure oxydiert, z. B. entsteht Acetaldehyd aus Äthylamin, Ameisensäure aus Trimethylamin

$$CH_3 \cdot CH_2 \cdot NH_2 + O = CH_3 \cdot CHO + NH_3$$
$$(CH_3)_3N + 3\,O_2 = 3\,HCOOH + NH_3$$

Beim Erhitzen mit konzentrierter Schwefelsäure unter den Bedingungen der Kjeldahlschen Stickstoffbestimmungsmethode geben die biogenen Amine ihren gesamten Stickstoff als Ammoniak ab. Zur quantitativen Desamidierung muß bei den einzelnen Aminen die Kjeldahl-Verbrennung verschiedentlich modifiziert werden (Folin; Erdmann; Sörensen und Anderson).

Eine Abtrennung der Alkylreste von der Amingruppe, eine Entalkylierung, läßt sich nicht bloß auf oxydativem Wege, sondern auch durch Anwendung höherer Temperaturen auf die Haloidsalze der Amine erzielen; hierbei treten die Alkylreste mit dem Halogenatom der Alkylhalogenide aus:

$$N(C_2H_5)_3 \cdot HCl = NH(C_2H_5)_2 + C_2H_5Cl$$
$$NH:(C_2H_5)_2 \cdot HCl = NH_2(C_2H_5) + C_2H_5Cl$$
$$NH_2(C_2H_5) \cdot HCl = NH_3 + C_2H_5Cl$$

Auf diesem Vorgang beruht im Prinzip die Methode von Herzig und Meyer zur Bestimmung von Stickstoffalkylgruppen. Die in die Jodhydrate übergeführten Alkylamine werden auf hohe Temperatur erhitzt. Das sich abspaltende und sich verflüchtigende Alkyljodid wird in Silbernitratlösung aufgefangen, mit welchem es unter Bildung von Silberjodid reagiert. Die Menge des gebildeten Silberjodids erlaubt dann einen Rückschluß auf die Anwesenheit von Stickstoffalkylresten.

Eine Entmethylierung der Amine läßt sich auch bequem nach der von v. Braun ausgearbeiteten Bromcyanmethode erzielen.

Ein der Entalkylierung entgegengesetzter Prozeß ist die erschöpfende Alkylierung. Diese beruht auf der Tatsache, daß in ein primäres Amin mittels Jodalkyl oder Alkylsulfat in alkalischer Lösung weitere Alkylreste eingeführt werden können, so daß das primäre Amin in ein sekundäres und tertiäres Amin und schließlich in die quaternäre Ammoniumbase übergeht. Der Vorgang ist also völlig analog der S. 4 erwähnten erschöpfenden Methylierung.

Die erschöpfende Methylierung des Methylamins verläuft z. B. in nachstehender Reaktionsfolge:

$$CH_3 \cdot NH_2 + CH_3J + KOH = (CH_3)_2{:}NH + KJ + H_2O$$
$$(CH_3)_2NH + CH_3J + KOH = (CH_3)_3N + KJ + H_2O$$
$$(CH_3)_3N + CH_3J = (CH_3)_4NJ$$

Durch Analyse der als Endprodukt resultierenden quaternären Ammoniumbase läßt sich ermitteln, wie manche Alkylgruppen in das der erschöpfenden Alkylierung unterworfene Amin eingetreten sind, wodurch sich ein Rückschluß auf dessen Konstitution ergibt.

Isolierung und Trennung der biogenen Amine.

Von den intermediären Stoffwechselprodukten, die im weiteren Sinne als biogene Amine aufgefaßt werden können, hat die Gruppe der Alkaloide zuerst eingehende Beachtung und Bearbeitung gefunden. Der Grund hierfür liegt nicht bloß in der praktischen Bedeutung dieser Körperklasse, sondern vor allem in den methodischen Verhältnissen. Die ausgesprochene basische Natur, die Wasserlöslichkeit der Salze, die Löslichkeit der freien Basen in organischen Lösungsmitteln, ihre große Krystallisationsfähigkeit, ihre Fällbarkeit durch spezifische Reagenzien, ihr relativ reichliches Auftreten in den Pflanzen und ihre besonderen Farbenreaktionen, dies alles waren Umstände, welche die Isolierung und Reindarstellung und damit die ganze Forschung außerordentlich erleichterten. Für alle übrigen biogenen Amine liegen die Verhältnisse weit ungünstiger. Die freien Basen sind nicht oder schwierig krystallisierbar, sie sind wenig löslich in organischen Lösungsmitteln, sie kommen meistens in geringer Menge vor und oft gemeinsam mit anderen Derivaten von ähnlichen Eigenschaften. Der Isolierung und Reindarstellung der biogenen Amine standen daher unverhältnismäßig große Schwierigkeiten entgegen.

Die Grundlagen für eine systematische Aufteilung der in Pflanzen- und Tierwelt vorkommenden biogenen Amine liegt in der verschiedenen Löslichkeit ihrer Salze und Doppelsalze. Unter letzteren sind namentlich die Verbindungen mit Platinchlorid $PtCl_4$ und Goldchlorid $AuCl_3$ zu erwähnen. Erstere sind fast immer nach dem Typus $(Am \cdot HCl)_2PtCl_4$, letztere nach dem Typus $(Am \cdot HCl)AuCl_3$ aufgebaut; Am = einsäuriges Amin. Auch andere Schwermetallsalze (Zinkchlorid $ZnCl_2$, Quecksilberchlorid $HgCl_2$, Silbernitrat $AgNO_3$, Cadmiumchlorid $CdCl_2$ usw.) und Schwermetalldoppelverbindungen (Kaliumwismutjodid $KBiJ_4$, Kaliumquecksilberjodid $KHgJ_3$) addieren sich an die Amine. Die Zusammensetzung dieser Additionsverbindungen ist aber nicht so gleichmäßig wie die der Gold- und Platindoppelsalze. Sie variiert nicht nur bei verschiedenen Basen, sondern auch bei demselben Amin, je nach den Fällungs- und Konzentrationsverhältnissen, in welchen die Reagenzien angewendet werden. Die Verbindungen mit Phosphorwolframsäure: $24\,WO_3 \cdot P_2O_5 \cdot 46\frac{1}{2}\,H_2O$ entsprechen in der Regel der Formel: $Am_3H_3PO_4$, $12\,WO_3$, XH_2O (Drummond), diejenigen mit Wismutjodidwasserstoffsäure $HBiJ_4$ der Formel $3\,AmJ\,2\,BiJ_3$ (Neuberg).

Die Methoden zur Isolierung und Bestimmung der biogenen Amine sollen in den einzelnen Gruppen ausführlicher besprochen werden. Hier seien nur einige allgemeine, für sämtliche Amine geltende Tatsachen erwähnt.

Bei der Isolierung der biogenen Amine handelt es sich entweder um die Abtrennung aus Extraktivstoffen, Fäulnisgemischen oder Hydrolysaten pflanzlicher oder tierischer Herkunft. Das gewöhnlich in wäßrigen Auszügen zur Untersuchung gelangende Material wird zunächst durch die üblichen Enteiweißungsverfahren von den gelösten Proteinen befreit, falls dieselben nicht durch eine vorhergehende Totalhydrolyse zerstört worden sind. Dies wird zum größten Teil durch Hitzekoagulation bei schwach saurer Reaktion gelingen. Die noch in Lösung verbleibenden komplexen Proteinsubstanzen (Albumosen, Peptone) können auf verschiedenen Wegen entfernt werden. Die Ausfällung mit kolloidalen Enteiweißungsmitteln — Mastix, kolloidales Eisenhydroxyd, kolloidales Aluminiumhydroxyd — ist wohl nur in Ausnahmefällen anzuwenden, da die hierbei entstehenden Niederschläge, infolge der stark entwickelten Oberfläche, die Amine in beträchtlicher Menge festhalten. Die adsorbierten Amine können nur schwierig, bisweilen gar nicht mehr ausgewaschen werden. Verluste durch Adsorption treten auch sonst auf, wenn Aminlösungen mit fein verteilten, amorphen oder krystallinischen Niederschlägen (Talkum, Kaolin, Blutkohle, Bariumsulfat, Bleisulfid usw.) in Berührung kommen, ein Umstand, auf den bei der Aufarbeitung von Amingemischen stets zu achten ist.

Als Spezialfall einer kolloiden Ausflockung kann die, namentlich von Kutscher und von Ackermann häufig angewendete Tanninmethode betrachtet werden.

Man fällt die zu behandelnde Lösung bei schwach saurer Reaktion mit einer konzentrierten (50%) wäßrigen Tanninlösung so lange, als noch ein Niederschlag entsteht. Ein Überschuß ist zu vermeiden, da ein solcher auf die ausgeflockten Kolloide wieder lösend einzuwirken vermag. Das Filtrat der Tanninfällung wird von gelöster Gerbsäure durch Zugabe warmer Barytlösung befreit. Man fügt von letzterer so viel zu, bis die überstehende Flüssigkeit eine leichte Rotfärbung zeigt, filtriert und entfernt den Überschuß von Baryt mit Schwefelsäure. Die überschüssige Schwefelsäure wird gleichzeitig mit einer noch vorhandenen geringen Menge gelösten Tannins dadurch entfernt, daß man frisch gefälltes Bleioxyd bis zur schwach alkalischen Reaktion zufügt.

Durch diese Behandlung befreit man die Lösung nicht bloß von Peptonen und Albumosen, sondern auch von Pigmenten und anderen Substanzen, deren Anwesenheit die Abtrennung und Reindarstellung der biogenen Amine wesentlich erschweren kann. Dagegen ist das Verfahren nicht frei von dem Nachteil der anderen kolloiden Enteiweißungsmittel. Die im Gerbsäureniederschlag durch Adsorption festgehaltene Aminmenge vergrößert sich noch bei Anwesenheit von basischen Substanzen, die mit Gerbsäure ziemlich schwer lösliche Salze bilden (Krimberg; Gulewitsch). Dieser Fehler soll jedoch nur gering sein, wenn die Tanninfällung bei schwach saurer Reaktion erfolgt.

Zur Reinigung der Extrakte wird häufig auch Bleiacetat verwendet, die Fällung wird gewöhnlich mit einer konzentrierten Lösung von Bleiacetat bei schwach essigsaurer Reaktion vorgenommen. Der Niederschlag — ein Gemisch der Bleiverbindungen von Zucker und anderen Kohlenhydraten, niedrigen und hochmolekularen Fettsäuren — reißt ebenfalls die zu entfernenden Kolloid- und Farbstoffe nieder. Die Abscheidung des überschüssigen Bleies als Bleisulfid oder als Sulfat, bisweilen auch als Oxalat, vermag dann im Filtrat noch eine weitere Reinigung zu bewirken.

Eine Trennung der krystalloiden biogenen Amine von hochmolekularen wasserlöslichen Kolloiden wird sich in einzelnen Fällen auch durch Dialyse erzielen lassen. Man wird aber diese Methode weniger häufig benützen, da sie auf große Flüssigkeitsmengen im Laboratorium nicht gut anzuwenden ist und ziemlich viel Zeit in Anspruch nimmt. Letzterer Umstand bedingt auch sekundäre, fermentative oder bakterielle Prozesse, die aus anwesendem stickstoffhaltigem Material Amine zu bilden oder vorhandene Amine zu zerstören vermögen.

Der in der einen oder anderen Weise gereinigte Extrakt wird oft, ehe man an die Fraktionierung der Amine geht, von anorganischen Substanzen und gewissen Aminosäuren dadurch befreit, daß man die zum Sirup eingedickte, schwach essig-, salz- oder schwefelsaure Lösung mit 90%igem Weingeist extrahiert. Dieser nimmt fast alle biogenen Amine auf und läßt die anorganischen und nicht aminartigen organischen Verbindungen im Rückstand. Noch vollständiger wird die Extraktion bei Verwendung von Methylalkohol oder von Aceton als Extraktionsmittel. Man kann die zum Sirup eingedickten Extrakte auch durch ein feinkörniges, oder pulveriges Material — Gips, Sand — aufsaugen und dieses in einem Extraktionsapparat mit dem geeigneten organischen Lösungsmittel ausziehen (Barger und Walpole; Torquati; Fränkel).

Nach diesen mehr vorbereitenden Operationen beginnt die eigentliche Aminbestimmung bezw. -Isolierung in der Regel durch die Ausfällung der Amine vermittels der durch Drechsel in die Biochemie eingeführten Phosphorwolframsäure. Die Ausfällung erfolgt manchmal in neutraler, häufiger aber in 3—5%iger salz- oder schwefelsaurer Lösung. Die meisten biogenen Amine bilden unter diesen Bedingungen schwer lösliche, sich leicht absetzende flockige oder krystallinische Phosphorwolframate (vgl. S. 20). Man fügt so viel von dem Reagens hinzu, daß die Lösung etwa 2—3% überschüssige Phosphorwolframsäure enthält. Ein größerer Überschuß ist wegen dessen lösender Wirkung auf bereits gefällte Phosphorwolframate zu vermeiden. Da auch Ammoniak und Kalisalze mit der Phosphorwolframsäure schwer lösliche Salze geben, trennt man die Ammonium- und Kaliumsalze zweckmäßig vor der Ausfällung mit Phosphorwolframsäure so weit als möglich ab. Die Abtrennung des Ammoniaks erfolgt mit den anderen flüchtigen Aminen — Methyl-, Dimethyl-, Trimethyl-, Butyl-, Amylamin — durch Destillation in schwach alkalischer Lösung (Baryt, Magnesia) (vgl. S. 50). Die Kaliumsalze bleiben größtenteils bei der vorerwähnten Extraktion mit Alkohol oder Aceton im unlöslichen Rückstand.

Die nach etwa 24 Stunden abfiltrierten, gut ausgewaschenen Phosphorwolframate werden durch fein gepulvertes oder gelöstes Barythydrat wieder zerlegt. Dabei bildet sich schwerlösliches Bariumphosphorwolframat, während die Basen mit überschüssigem Baryt in die wäßrige Lösung gehen. Um die Zerlegung zu erleichtern, kann man die Phosphorwolframate vor dem Zusatz des Baryts mit Aceton oder Acetonwasser behandeln (4 Teile Aceton, 3 Teile Wasser). Die meisten sind darin leicht löslich (Wechsler) und setzen sich dann rascher und vollständiger mit dem Baryt um, als bei der bloßen Digestion oder beim Zerreiben. Auch eine Zerlegung in saurer Lösung ist unter Umständen vorteilhaft. Zu diesem Zwecke fügt man zu den Phosphorwolframaten Salz- oder Schwefelsäure und extrahiert die freie Phosphorwolframsäure mit Äther oder einem Gemisch von Amylalkohol und Äther (Jacobs, van Slyke), in welchem sie leicht löslich ist.

Hat man die Zerlegung mit Baryt vorgenommen, so wird die resultierende barytalkalische Aminlösung durch Einleiten von Kohlensäure oder durch Schwefelsäure von Barium befreit. Nach Zerlegung durch Säuren neutralisiert man mittels Baryt. Die vom Bariumcarbonat oder -sulfat filtrierte Lösung enthält die Amine als Carbonate oder Sulfate.

Man fügt nun zur neutralisierten Basenlösung Silbernitrat. Hierbei erfolgt bei Anwesenheit von Chloriden Abscheidung von Silberchlorid. Bei Gegenwart von Purinbasen (Hypoxanthin, Adenin usw.) werden diese als Silberverbindungen — Silberniederschlag I — ausgefällt.

Um die im Filtrat des Silberniederschlages I befindlichen biogenen Amine voneinander zu trennen, sind verschiedene Methoden ausgearbeitet worden. Grundlegend für alle ist das Verfahren von Kossel und Kutscher. Dieses teilt die Basen in drei Fraktionen, in die Histidinfraktion, fällbar durch eine neutrale oder sehr schwach alkalische Silbernitratlösung, in die Argininfraktion, fällbar durch eine stark barytalkalische Silbernitratlösung, und in die Lysinfraktion, welche durch Silbernitrat nicht gefällt wird. Die Lysinfraktion läßt sich dann ihrerseits noch weiter aufteilen: in Basen, welche schwer lösliche Pikrate geben (Diaminfraktion), und in die mit Sublimat abscheidbaren Ammoniumbasen der Cholin- und Betaingruppe. (Näheres siehe S. 27, 86, 142 und 189.)

Das ursprüngliche Kossel-Kutschersche Verfahren war hauptsächlich für Eiweißhydrolysate ausgearbeitet worden. Seine

Anwendung auf die komplizierteren Gemische der Extraktivstoffe der Fäulnis und Harnbasen machten eine Reihe von Modifikationen notwendig (Kutscher, Ackermann), die namentlich darin bestehen, daß die drei Hauptfraktionen durch Quecksilber-, Platin-, Gold- und Cadmiumsalze, Pikrolon- und Pikrinsäure weiter aufgeteilt werden.

Gulewitsch und Krimberg fällen aus der Lysinfraktion die Ammoniumbasen (Betaine und Cholin) als schwerlösliche Wismutjodiddoppelsalze mit Hilfe des Krautschen oder Dragendorffschen Reagens, Kaliumwismutjodid.

Zur Herstellung von Krautschem Reagens löst man einerseits 80 g basisches Wismutnitrat in 200 ccm reiner Salpetersäure 1,18 spez. Gew., andererseits 227 g Jodkalium in wenig Wasser und gießt die Wismutlösung langsam und unter Umschütteln in die Jodkaliumlösung, wobei sich der anfangs entstehende braune Niederschlag zur gelbroten Flüssigkeit löst. Nachdem man durch starke Abkühlung den gebildeten Salpeter zur Krystallisation gebracht hat, trennt man die Flüssigkeit ab und verdünnt auf 1 l. Das in dieser Weise hergestellte Reagens zeigt jedoch gewisse Nachteile wegen seines Gehaltes an Nitrationen, welche aus den mit ihm erzielten Basenniederschlägen und auch aus deren Filtraten nicht entfernt werden können. Neuberg empfiehlt daher statt dessen die Anwendung einer Lösung von Wismutjodidjodbarium $4\,BiJ_3 \cdot 3\,BaJ_2$ oder Wismutjodidjodammonium $2\,BiJ_3 \cdot 3\,NH_4J$. Zur Herstellung des Bariumsalzes löst man 118 g BiJ_3 in einer konzentrierten Lösung von 65 g Jodbarium und verdünnt eventuell unter Zusatz einiger Tropfen HJ und HCl auf 500 ccm. Zur Herstellung des Ammoniumsalzes trägt man 118 g BiJ_3 in eine Lösung von 43,5 g NH_4J in 200 ccm Wasser und verdünnt auf 500 ccm. Statt von BiJ_3 kann man auch von Wismuthydroxyd oder Wismutcarbonat ausgehen, indem man diese in der eben nötigen Menge Salzsäure löst und dann dem in einer kleinen Probe titrimetrisch ermittelten Chlorgehalte entsprechend mehr BaJ_2 bezw. NH_4J zufügt.

Die Wismutjodidverbindungen (vgl. S. 20) werden durch Bleioxyd zerlegt, die Basen von Bleioxydjodid abfiltriert, in alkoholische Lösung übergeführt und mit Sublimat gefällt (vgl. S. 87).

Nur in speziellen Fällen wird man darauf verzichten, die Gesamtheit der Basen aus den vorgereinigten Extrakten oder Hydrolysaten durch die Seite 22 erwähnte sog. erste Phosphorwolframsäurefällung niederzuschlagen. Immerhin sind einige ältere und neuere Methoden beschrieben, die dieses Reagens umgehen und durch andere Fällungsreagenzien eine Aufteilung des Basengemisches erzielen.

Hier ist namentlich das Verfahren von Brieger zu nennen, welches die biogenen Amine in Form ihrer Chloride in alkoholische

Lösung überführt. Mit alkoholischer Sublimatlösung erfolgt dann eine Fraktionierung in schwer lösliche (fällbare) und leicht lösliche (in Lösung verbleibende) Quecksilberdoppelverbindungen. Aus diesen beiden Fraktionen werden die Chloride wieder regeneriert und mit Hilfe ihrer verschieden löslichen Platin- und Golddoppelsalze weiter getrennt. Schulze und seine Mitarbeiter verwendeten das Briegersche Verfahren speziell zur Isolierung von Cholin und Betain (vgl. S. 86).

Auf einer Fällung der Quecksilberdoppelsalze beruht auch das Verfahren von Engeland und Kutscher. Dieses verwertet die Tatsache, daß die Abscheidung der Basen eine weit vollständigere wird, wenn man gleichzeitig mit der Sublimatlösung Natriumacetat zusetzt. Man fügt abwechselnd die gesättigten wäßrigen Lösungen dieser beiden Reagenzien so lange zu, bis eine abfiltrierte Probe der Flüssigkeit bei weiterer Zugabe eines großen Überschusses von kalt gesättigter wäßriger Quecksilberchlorid- und Natriumacetatlösung, auch nach längerem Stehen keine Trübung mehr absetzt. Der körnige Niederschlag wird mit einem Gemisch von Sublimat- und Natriumacetatlösung gewaschen, in verdünnter heißer Salzsäure gelöst, filtriert, das Filtrat von Quecksilber befreit, zum Sirup eingedampft und durch Methylalkohol von anorganischen Beimengungen getrennt. Der Rückstand des methylalkoholischen Extraktes enthält dann neben Ammoniumchlorid fast die Gesamtheit der biogenen Amine, welche durch Ausfällung mit alkoholischer Sublimat- und Cadmiumchloridlösung und durch Herstellung der Platin- und Golddoppelsalze voneinander getrennt werden.

Außer diesen allgemeinen Verfahren, nach denen es mehr oder weniger gut gelingt, in einem Analysengang eine Trennung fast sämtlicher bekannter biogener Amine zu erzielen, existieren noch andere einfachere Methoden, welche weniger eine systematische Trennung, als die Isolierung bestimmter Amine oder Amingruppen bezwecken. Eine Erwähnung dieser Verfahren soll aber erst im speziellen Teil erfolgen.

Einteilung der biogenen Amine.

I. Die Alkylamine (Methyl-, Dimethyl-, Trimethyl-, Äthyl-, Butyl-, Amylamin).

II. Die Alkanolamine (Aminoäthylalkohol, Cholin, Muscarin, Sphingosin und Glucosamin).

III. Die Alkylenamine (Neurin, Allylamin).
IV. Die Diamine (Putrescin, Cadaverin, Ornithin und Lysin).
V. Die Guanidinverbindungen (Guanidin, Methylguanidin, Agmatin, Arginin, Kreatin und Kreatinin).
VI. Die Imidazolverbindungen (β-Imidazoläthylamin, Histidin und Carnosin).
VII. Die Betaine und ω-Aminosäuren.
VIII. Die Phenylalkyl- und Phenylalkanolamine (Phenyläthylamin, Oxyphenyläthylamin, Adrenalin).
IX. Indoläthylamin.
X. Biogene Amine unbekannter Konstitution.

Die vorstehende, auf chemischer Grundlage stehende Einteilung, war einer biologischen Gruppierung vorzuziehen. Eine solche hätte entweder die Muttersubstanzen oder die physiologische Bedeutung der biogenen Amine ins Auge zu fassen. Ersteres ist deshalb schwierig, weil es von vielen Aminen nicht feststeht, ob sie von Phosphatiden oder von Eiweißsubstanzen abzuleiten sind, oder ob sie einem synthetischen Prozesse ihre Entstehung verdanken. Je nach dem Ort oder der Art des Auftretens ist die eine oder die andere Möglichkeit in Erwägung zu ziehen. Noch schwieriger und unsicherer erscheint eine auf die biologische Bedeutung gestützte Klassifikation. Die Frage, ob ein Amin als Stoffwechselendprodukt (Aporrhegmen), als Baustein oder Energiequelle, als Reizstoff (Hormon) oder als Toxin (Ptomain) aufzufassen ist, kann oft kaum entschieden werden und die Antwort wird eine grundverschiedene, je nachdem man den Stoffwechsel der Bakterien, der Pflanzen oder der Tiere berücksichtigt. Da die einzelnen Amine in buntem Gemisch nebeneinander auftreten, würde auch das Vorkommen in Fäulnisprodukten, pflanzlichen und tierischen Extrakten, in Blut, Harn, Gewebssäften kein übersichtliches Einteilungsprinzip darstellen.

Dagegen schafft die gewählte chemische Einteilung nicht nur einen systematischen Bearbeitungsplan, sondern sie berücksichtigt auch die physiologischen Zusammenhänge und die hauptsächlichsten Methoden, welche zur Isolierung und Trennung der biogenen Amine angewandt worden sind (vgl. S. 22).

Zu den Alkylaminen gehören die flüchtigen Basen, welche aus alkalischer Lösung abdestilliert werden können, vgl. S. 50. Die Imidazolverbindungen sind fällbar durch Quecksilbersalze und Silbernitrat bei neutraler Reaktion, die Guanidinderivate durch barytalkalische Silbernitratlösung, vgl. S. 189.

Die Diamine sind fällbar durch Phosphorwolframsäure und nicht fällbar durch barytalkalische Silbernitratlösung, vgl. S. 142, die Betain- und Cholingruppe fällbar durch alkoholische Sublimatlösung und durch Kaliumwismutjodid.

Grundlegend für die vorliegende Darstellung waren aber weder systematische noch methodische Rücksichtnahme, sondern vor allem das Bestreben, die einzelnen Substanzen, vom chemischen Gesichtspunkte aus, zu charakterisieren, ihre pharmakologischen Eigenschaften, soweit sie bekannt sind, wiederzugeben, die genetischen Beziehungen bestmöglichst aufzuklären und aus all diesen Tatsachen Anhaltspunkte für ihre physiologische Bedeutung zu gewinnen.

I. Gruppe.

Die Alkylamine.

Die in diese Gruppe gehörenden biogenen Amine lassen sich in einfacher Weise von den Aminosäuren der Fettreihe ableiten. Sie entstehen aus ihnen durch Abspaltung der endständigen Carboxylgruppe (vgl. S. 11). Von den bisher bekannten Monoaminofettsäuren liefert Glykokoll das Methylamin, Alanin das Äthylamin, Valin das Isobutylamin, die Leucine die Isoamylamine. Diese Umwandlung der Aminosäuren, die sich chemisch nur durch hohe Temperaturen, durch Erhitzen mit starken Säuren oder Alkalien erzwingen läßt, ist ein in die Stoffwechselvorgänge der Bakterien eingeschalteter Prozeß. Man hat diese Amine demgemäß hauptsächlich bei Fäulnisprozessen beobachtet. Sie bilden sich dort in wechselndem Verhältnis je nach der Art des faulenden Eiweißmaterials, der Fäulniserreger und sonstigen Versuchsbedingungen (vgl. S. 10). Da der bakterielle Abbau der Aminosäuren bei der Aminstufe nicht stehen bleibt, sondern voraussichtlich unter Desamidierung und Oxydation über die Alkohole zunächst zu den entsprechenden Fettsäuren — Ameisen-, Essig-, Butter-, Propion-, Valeriansäure — fortschreitet, ist es begreiflich, daß die Decarboxylierungsprodukte der weniger verbreiteten Aminosäuren nur in Ausnahmefällen aufgefunden werden konnten. Dazu kam noch der Umstand, daß keine einfachen Methoden bekannt waren, um die verschiedenen, unter sich sehr ähnlichen Alkylamine voneinander zu trennen. Wenn etwa mit Hilfe der verschieden löslichen Platin- und Goldsalze eine Aufteilung der flüchtigen Basen erstrebt wurde (Brieger), so war es keineswegs ausgeschlossen, daß bei der fraktionierten Krystallisation die in geringerer Menge vorhandenen Alkylamine übersehen wurden.

Neben der Decarboxylierung kann auch ein hydrolytischer Vorgang zur Bildung aliphatischer Amine führen. In allen Stickstoffverbindungen, in denen nicht bloß eine primäre Aminogruppe, sondern eine sekundäre oder tertiäre Aminogruppe oder eine quaternäre Ammoniumbase vorliegt, können die substituierten Aminreste auf hydrolytischem Wege losgelöst werden. Dieser Vorgang sei durch folgende Beispiele illustriert:

$$\underset{\text{Sarkosin}}{CH_3NH \cdot CH_2COOH} + H_2O = \underset{\text{Methylamin}}{CH_3NH_2} + \underset{\text{Glykolsäure}}{OH \cdot CH_2COOH}$$

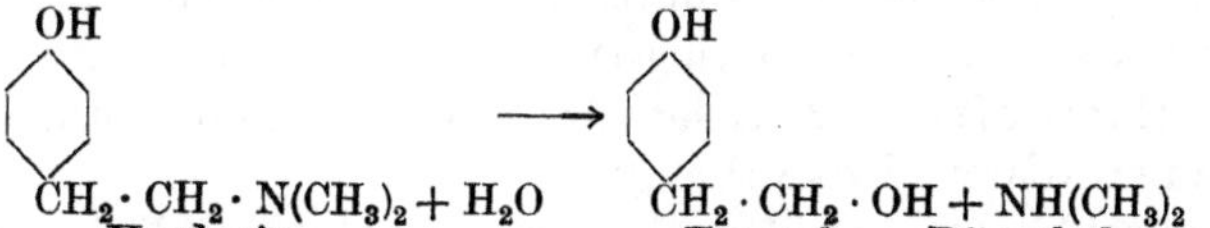

Hordenin Tyrosol Dimethylamin

$$\underset{\text{Cholin}}{(CH_3)_3N(OH) \cdot CH_2CH_2OH} = \underset{\text{Trimethylamin}}{(CH_3)_3N} + \underset{\text{Glykol}}{HO \cdot CH_2 \cdot CH_2OH}$$

Die hydrolytischen Vorgänge, die sich ebensowohl bei Bakterien, wie in höheren Organismen abspielen, kommen nur für die Bildung von Methylamin, Dimethylamin und Trimethylamin in Betracht.

Die niedrigen Alkylamine sind unter gewöhnlichen Verhältnissen Gase oder Flüssigkeiten, die höheren, von C_{10} an fest; bis zur Kohlenstoffzahl 7 sind sie in Wasser leicht oder ziemlich leicht löslich. Die wäßrigen Lösungen reagieren stark alkalisch, indem sich die Amine analog wie das Ammoniak unter Bildung entsprechender Ammoniumbasen mit den Bestandteilen des Wassers vereinigen, z. B.

$$\underset{\text{Methylamin}}{CH_3NH_2} + HOH = \underset{\text{Methylammoniumhydroxyd}}{CH_3NH_3 \cdot OH}$$

Durch den Eintritt der Alkylradikale in den Ammoniakrest wird die Basizität, d. h. das elektrolytische Leitvermögen wenigstens in den Anfangsgliedern noch erhöht. Entsprechend der basischen Natur fällen die wäßrigen Lösungen der Amine aus verschiedenen Schwermetallsalzen die Metalle in Form ihrer Hydroxyde aus; mit einigen Oxyden und Salzen, z. B. des Silbers, Zinks, Cadmiums u. a., vereinigen sie sich zu komplexen Verbindungen. Mit organischen und anorganischen Säuren treten die Amine zu Salzen zusammen, die in Wasser und zum Teil auch in Alkohol leicht löslich sind. Schwerer löslich sind die Phosphorwolframsäureverbindungen, die Pikrate, Pikrolonate und die Gold- und Quecksilberdoppelsalze. Sie werden deshalb auch zur Isolierung und Trennung verwendet (vgl. S. 48 und 53).

Methylamin $CH_3 \cdot NH_2$. In vielen Fällen, wo eiweißhaltiges Material der bakteriellen Zersetzung unterliegt, läßt sich Methylamin unter den flüchtigen Stoffwechselprodukten nachweisen. So entsteht es bei der Einwirkung von Streptococcus longus auf Fibrin (Emmerling), von Bac. fluorescens liquefaciens auf Handelsgelatine (Emmerling und Reiser), in Tetanuskulturen (Brieger), bei der Fäulnis des Leims durch Proteus und gewisse Sarcinaarten (Ssadikow), in der Heringslake (Bocklisch), in autolysierter Hefe (Iwanoff), in gewissen Konserven (Bigelow und Bacon), in fauler Wurst (Ehrenberg).

Obwohl das so gebildete Methylamin wahrscheinlich dem Glykokoll entstammt, fehlt ein strikter Beweis, daß Fäulnisbakterien imstande sind, Glykokoll zu decarboxylieren; denn Glykokoll hat, wenn es für sich ohne andere Stickstoffquellen der Zersetzung durch Misch- oder Reinkulturen unterworfen worden ist, kein Methylamin geliefert. Ackermann, der 20 g Glykokoll in sodaalkalischer Lösung 33 Tage der Fäulnis überließ, fand 18 g der Aminosäure unverändert wieder. Methylamin war nicht anwesend.

Das bei der Fäulnis von Proteinen gebildete Methylamin kann auch anderen Stickstoffprodukten entstammen, welche unter der Einwirkung von Bakterien eine vorgebildete Methylaminogruppe abspalten. Methylierte Aminosäuren, wie Sarkosin, sind zwar als Bausteine des Eiweißes bis jetzt nicht nachgewiesen worden (Burn). Doch kann sich aus dem im Muskel enthaltenen Kreatin $NH_2 \cdot C(:NH)N \cdot (CH_3)CH_2COOH$ und aus dem Methylguanidin $CH_3NH \cdot C(:NH)NH_2$ Methylamin entwickeln. Auch das Adrenalin spaltet möglicherweise unter der Einwirkung von Mikroorganismen (Kahmhefe, Oidium lactis) Methylamin ab (F. Ehrlich). Außerdem kann sich aus Trimethylamin durch sukzessive Entmethylierung Methylamin bilden. Aus einer solchen Quelle stammt das von Ackermann und Schütze in Prodigiosuskulturen nachgewiesene Methylamin. Hasebroek fand die Base neben Ammoniak unter den Zersetzungsprodukten der anaeroben Fäulnis von Cholin und Mörner wies sie im „schwedischen Gärfisch" nach.

Ferner können auch N-alkylierte Alkaloide als Muttersubstanzen in Betracht kommen. Nicotin z. B. spaltet sich schon bei der Einwirkung des Sonnenlichtes unter Bildung von Methylamin (Ciamician und Silber). Schittenhelm hat beim Studium der bakteriellen Zersetzung der Nucleinsubstanzen ein flüchtiges primäres Amin nachgewiesen. Wahrscheinlich wurde Methylamin aus methylierten Purinen abgespalten, eine Möglichkeit, die aus der Betrachtung der Konstitutionsformeln methylierter Purine — Theobromin, Coffein —

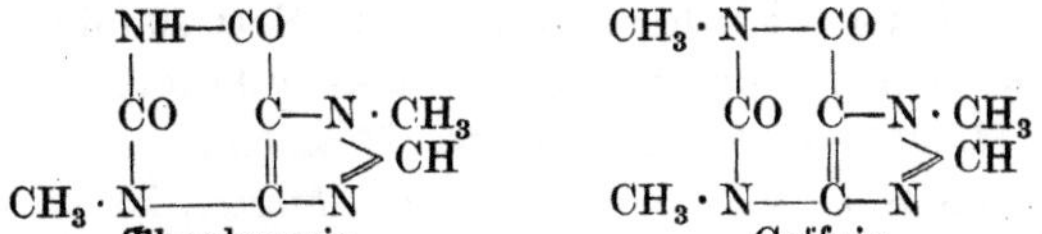

Theobromin Coffein

ohne weiteres ersichtlich ist.

In einigen Pflanzen (Mercurialis annua, Mercurialis perennis), sowie in der Calamuswurzel findet sich freies Methylamin (Trier). Ob es hier aus Glykokoll durch Decarboxylierung oder durch Synthese aus Methylalkohol bezw. Formaldehyd und Ammoniak entsteht, ist unentschieden.

Als tierisches Stoffwechselprodukt hat zuerst Schiffer das Methylamin im Harn kreatiningefütterter Kaninchen und Hunde aufgefunden. Dieses Methylamin bildet sich aber erst sekundär aus dem Harnkreatin oder -kreatinin, welches bei der angewandten Methode — Destillation mit Natronlauge — zersetzt wird (Folin). Doch kann man auch unter Bedingungen, die eine solche sekundäre Bildung ausschließen, Methylamin im Harn nachweisen. Es findet sich in jedem normalen Harn in einer Menge, die schätzungsweise 3—4% des Harnstickstoffs beträgt (Folin). Von der Kreatininfütterung scheint das Auftreten dieses Amins im Harn unabhängig zu sein. Nach Folin erfolgt bei der hydrolytischen Spaltung und Desamidierung der Eiweißkörper neben dem normalen, ammoniakliefernden Desamidierungsvorgang

$$\begin{array}{r|l} \equiv C-CH_2 & NH_2 \\ OH & H \end{array}$$

ein methylaminliefernder hydrolytischer Prozeß nach dem Schema

$$\begin{array}{r|l} \equiv C- & CH_2 \cdot NH_2 \\ OH & H \end{array}$$

Auch eine intensive hydrolytische Spaltung von Eiweißkörpern oder deren Bausteinen (Witte-Pepton, Asparaginsäure, Kreatin, Glykokoll, Hippursäure), wie sie z. B. bei der Verbrennungsmethode nach Kjeldahl erfolgt, vermag neben Ammoniak ebenfalls geringe Mengen primärer Amine zu liefern. Wiewohl Erdmann die Befunde Folins nicht durchwegs bestätigen konnte, ist der Gedanke, daß im Tierkörper normalerweise ein geringer Teil der Eiweißsubstanzen dieser Spaltung anheimfällt und daß dieser

Anteil sich bei gesteigerten Verbrennungsprozessen vergrößert, nicht von der Hand zu weisen. Schließlich ist ja auch die Decarboxylierung der Aminosäuren nur ein Spezialfall dieser allgemeinen Reaktion. Blaha erkannte das Methylamin als Ursache des eigentümlichen Geruches des Wasserhuhnfettes und konnte es aus den Muskeln dieses Tieres nach Wasserdampfdestillation als Platinsalz isolieren. Von biologischem Interesse ist auch die Entstehung des Methylamins aus Nitromethan $CH_3 \cdot NO_2$ unter dem Einfluß lebender obergäriger Hefe bei Gegenwart von Rohrzucker (Neuberg und Welde).

Dimethylamin $(CH_3)_2 \cdot NH$. Als Muttersubstanzen für dieses Amin kommen hauptsächlich das Cholin und das Betain in Betracht. Auf einer Zersetzung des Cholins beruht das Vorkommen in gefaultem Fleisch (Ehrenberg), in der Heringslake (Bocklisch), in zersetztem Fischfleisch (Mörner). Es ist zwar möglich, daß methylierte Aminosäuren wie das Sarkosin durch bakterielle Decarboxylierung und tertiäre Amine wie das Hordenin durch hydrolytische Abspaltung Dimethylamin liefern (Ehrlich). Doch liegt ein experimenteller Beweis für eine derartige Entstehung nicht vor. Im Kaninchenharn findet sich Dimethylamin nach Verfütterung von Trimethylaminoxyd $(CH_3)_3NO$ (vgl. S. **34** und **39**).

Trimethylamin $(CH_3)_3N$. Betain und Cholin spalten unter der Einwirkung hydrolytischer und oxydativer Agenzien leicht Trimethylamin ab. Auch hier ist es die bakterielle Lebenstätigkeit, welche diese Veränderung vorzugsweise hervorruft. Da Lecithin und Cholin in jeder lebenden Zelle, Betaine in den Pflanzen sehr verbreitet sind, erklärt sich ohne weiteres die häufig beobachtete Bildung von Trimethylamin bei der Verarbeitung von organischem Material. So erklärt sich das Vorkommen von Trimethylamin in der faulenden oder autolysierten Hefe (Müller), im gefaulten Weizenmehl (Emmerling), im faulen Fleisch (Gautier und Etard), im Mutterkorn (Brieger), in Flechten (Zopf), in der Heringslake (Bocklisch), im faulen Fischfleisch (Mörner), im Fischrogen (Yoshimura), im Lebertran (Gautier und Mourgues), in dem durch Streptococcus longus zersetzten Fibrin (Emmerling), in der durch Bacillus liquefaciens gefaulten Handelsgelatine (Emmerling und Reiser), in Kulturen von Proteus vulgaris auf Fleisch (Carbone), im Gorgonzolakäse (Malenchini).

Einen eindeutigeren Zusammenhang mit dem Bildungsmaterial ergeben die Versuche von Ackermann und Schütze, welche in Kartoffelkulturen von Bacillus prodigiosus nach Zugabe von Lecithin und Cholin eine Bildung von Trimethylamin beobachteten, während eine solche bei Wegfall dieses Zusatzes ausblieb. Glykokollbetain liefert unter diesen Bedingungen kein Trimethylamin, wohl aber vermögen andere Bakterienarten aus Betain Trimethylamin abzuspalten (Ackermann). Auch die Untersuchungen von F. Ehrlich und Lange zeigen, daß Betain unter der Einwirkung von Mikroorganismen (Willia anomala, Oidium lactis) wahrscheinlich in Trimethylamin und Glykolsäure zerfällt.

Die Bildung von Trimethylamin aus trimethylierten, quaternären Vorstufen erfolgt aber nicht bloß unter der Einwirkung von Bakterien- und Pilzfermenten, sondern vollzieht sich auch in den Zellen höherer Pflanzen und Tiere. Während bei ersteren sowohl Cholin wie Betain als Muttersubstanz in Betracht kommt, ist die Entstehung des Trimethylamins im Tierkörper hauptsächlich auf die Zerlegung von Cholin zurückzuführen. Hingegen kann Glykokollbetain auch im Organismus von Säugetieren (Hunden, Kaninchen) unter Abspaltung von Trimethylamin teilweise zerlegt werden (Kohlrausch). Andere Betaine, wie das Trimethylserin, Trimethylaminoglutarsäure, Hexamethylornithin und Stachydrin, spalten im Tierkörper kein Trimethylamin ab.

Im Pflanzenreich findet sich das Trimethylamin in den Blättern von Chenopodium vulvaria (Dessaignes), in den Blüten von Crataegus oxyacantha (Wicke), in der Arnica montana.

Aus Blut und Harn konnte Dessaignes mittels Kalkmilch Trimethylamin austreiben, 3,7 g freie Base aus 65 l Harn. Filippo de Filippi fand mit Hilfe einer quantitativen Methode im normalen Tagesharn bei gemischter Kost 18—26 mg. Ähnliche Werte erhielten Doróo und Colla nach einer modifizierten Methode. Bei gewissen Nervenkrankheiten ist diese Menge nach Bauer infolge des vermehrten Cholin- und Lecithinzerfalles erhöht, bei Tabes 51 mg, bei Myelitis 59 und bei Paralysis 37 mg.

Der Trimethylamingehalt des normalen Blutes beträgt 0,001 bis 0,0018%. Bei Urämie sind die Werte etwas höher. Auch in der Cerebrospinalflüssigkeit konnte Trimethylamin festgestellt werden.

Ein großer Teil des nach Filippi bestimmbaren Trimethylamins ist nach Takeda nicht als solches im Harn enthalten, sondern bildet sich erst im Verlaufe der Verarbeitung aus cholin- oder betainartigen Muttersubstanzen als Produkt chemischer oder bakterieller Zersetzungen. Auch Kinoshita sowie Erdmann sind zu ähnlichen Feststellungen gelangt. Vielleicht können das von Guggenheim und Löffler, sowie von Hunt im Harn nachgewiesene Cholin und das Carnitin (vgl. S. 65 und 251) als solche Vorstufen in Betracht gezogen werden.

Trimethylaminoxyd $(CH_3)_3N=O$. Suwa entdeckte diese Base in beträchtlichen Mengen neben Betain in den Muskelextrakten des Dornhaies. Henze fand sie ebenfalls neben Betain in den Muskelextrakten von Cephalopoden. Das Trimethylaminoxyd ist voraussichtlich ein regelmäßiger Bestandteil der Extraktivstoffe dieser Tiere, da es auch in ganz frischen Muskelextrakten nachgewiesen werden konnte. Möglicherweise entsteht es durch Oxydation aus Trimethylamin, welches sich auch in vitro mit Wasserstoffsuperoxyd in Trimethylaminoxyd verwandelt.

Die Isolierung erfolgte über die Phosphorwolframsäureverbindung. Dem nach Entfernung der mit Silbernitrat und Baryt fällbaren Amine (vgl. S. 189) verbleibenden Basengemisch wurde das Trimethylaminoxyd in Form seines Carbonats mittels Alkohol entzogen und aus der alkoholischen Lösung mittels Pikrinsäure ausgefällt.

Äthylamin $C_2H_5 \cdot NH_2$. Ebensowenig wie beim Methylamin ist die biogene Entstehung von Äthylamin aus der entsprechenden α-Aminopropionsäure einwandfrei bewiesen. Bei der trockenen Destillation von Alanin bildet sich jedoch kein Äthylamin (Limpricht und Schwanert). Aus Alanin, das 35 Tage der Einwirkung eines Gemisches von Fäulniserregern (faule Pankreasflocke) überlassen wurde, entstand kein Äthylamin (Ackermann). Da aber äthylierte Amine vom Typus

$$CH_3CH_2 \cdot NHR,$$

wo R ein beliebiges Radikal bedeutet, in der Natur nicht vorkommen, so kann die beim Methylamin diskutierte hydrolytische Bildung nach dem Schema

$$CH_3CH_2NHR + HOH = ROH + CH_3CH_2NH_2$$

ausgeschlossen werden, und man darf das aus faulender Hefe (Müller und Hesse), aus zersetztem Weizenmehl (Sullivan) isolierte und unter den flüchtigen Riechstoffen des Zibets (Nivière) vermutete Äthylamin auf eine Decarboxylierung des α-Alanins zurückführen, sofern man nicht annehmen will, daß eine Verwechslung mit anderen Aminen oder Amingemischen von elementar gleicher Zusammensetzung das Auftreten von Äthylamin vorgetäuscht hat. Allerdings vermöchte auch β-Alanin $NH_2 \cdot CH_2 \cdot CH_2 \cdot CO_2H$ durch Decarboxylierung in Äthylamin überzugehen. Eine solche Umwandlung scheint in der Regel nicht stattzufinden (vgl. S. 252). Wie Nitromethan wird auch Nitroäthan $CH_3 \cdot CH_2 \cdot NO_2$ bei Gegenwart von Rohrzucker unter dem Einfluß von obergäriger Hefe zu Äthylamin reduziert. Das nach 3 Tagen gebildete Amin läßt sich aus dem Gemisch nach Zusatz von KOH abdestillieren. Aus 20 g Nitroäthan wurden etwa 3 g salzsaures Äthylamin erhalten. Abgetötete Hefe vermag diese Reduktion nicht auszuführen.

Diäthylamin $(C_2H_5)_2NH$ ist angeblich von Ehrenberg in den Nährflüssigkeiten von Bazillenkulturen und in giftigen Würsten aufgefunden worden.

Triäthylamin $(C_2H_5)_3N$ fand Brieger als bakterielles Zersetzungsprodukt des Fischfleisches (Stockfisch). Ehrenberg wies die Base unter den Fäulnisgiften nach, welche der von ihm isolierte Wurstgiftbacillus aus Eingeweide und Fleischpepton zu bilden vermag.

Propylamine C_3H_9N. Von den beiden Propylaminen der Formel C_3H_9N hat Brieger das n-Propylamin $CH_3 \cdot CH_2 \cdot CH_2 \cdot NH_2$ in den Gelatinekulturen von menschlichen Faecesbakterien nachgewiesen. Als Muttersubstanz hierfür könnte man n-α-Aminobuttersäure $CH_3 \cdot CH_2 \cdot CH(NH_2) \cdot CO_2H$ annehmen, die allerdings bis jetzt als Eiweißbaustein noch nicht nachgewiesen worden ist. Eventuell darf man auch an eine Decarboxylierung der γ-Aminobuttersäure $H_2N \cdot CH_2 \cdot CH_2 \cdot CH_2 \cdot CO_2H$ denken (vgl. S. 250).

Für die Entstehung von Isopropylamin $\begin{matrix} CH_3 \\ CH_3 \end{matrix}\!\!>\!CH \cdot NH_2$ käme die α-Aminoisobuttersäure $(CH_3)_2C(NH_2) \cdot COOH$ (Mörner) in Betracht.

Butylamine $C_4H_{11}N$. Das von Gautier und Mourgues im Lebertran aufgefundene n-Butylamin $CH_3 \cdot CH_2 \cdot CH_2 \cdot CH_2 \cdot NH_2$ läßt sich von einer in der Natur noch nicht nachgewiesenen n-α-Aminovaleriansäure $CH_3 \cdot CH_2 \cdot CH_2 \cdot CH(NH_2) \cdot COOH$ ableiten. Als weitere Muttersubstanz für das n-Butylamin kommt das Arginin in Betracht. Dieses liefert beim bakteriellen Abbau δ-Aminovaleriansäure $H_2N \cdot CH_2 \cdot CH_2 \cdot CH_2 \cdot CH_2 \cdot COOH$, aus welcher bei Decarboxylierung das n-Butylamin entstehen kann.

Auch das Pyrrolidin 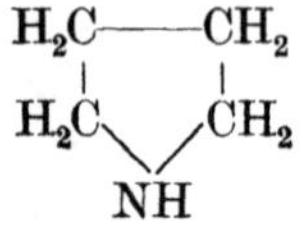 und seine Derivate wie das Prolin 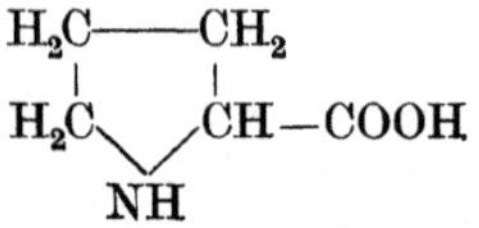 vermögen bei reduktiver Aufspaltung in n-Butylamin überzugehen. Daß eine solche reduktive Aufspaltung des Prolins durch bakterielle Einwirkung tatsächlich vorkommt, haben Neuberg, sowie Ackermann dargetan. Nach ersterem entsteht hierbei δ-Amino-n-valeriansäure, nach letzterem α-Amino-n-valeriansäure (vgl. hierzu S. 253).

Isobutylamin $\frac{CH_3}{CH_3}\!\!>\!CH\cdot CH_2\cdot NH_2$ entsteht bei der Fäulnis von α-Amino-isovaleriansäure (Neuberg und Karczag). Diese wurde bei schwach sodaalkalischer Reaktion und Gegenwart von etwas Magnesiumsulfat und Natriumphosphat 4 Wochen lang der Einwirkung eines Gemisches von Fäulniserregern unterworfen. Nachdem die gebildeten flüchtigen Fettsäuren in schwefelsaurer Lösung mit Wasserdämpfen abgetrieben waren, wurde das Amin aus dem alkalinisierten Destillationsrückstand mit Äther ausgezogen.

Auf eine intermediäre Bildung von Isobutylamin weist ferner das in Fagara xanthoxyloides Lam. und in X. macrophyllum (vgl. Goodson) vorkommende Fagaramid, welches das Isobutylamid der Piperonylacrylsäure ist (Thoms und Thümen), sowie das Spilanthol, das scharfe Prinzip der Parakresse (Spilanthes oleracea), das Isobutylamid einer Decylensäure (Asahina und Asano).

Vom sekundären Butylamin $C_2H_5\cdot CH(NH_2)\cdot CH_3$ kommt ein Derivat, das Butylsenföl 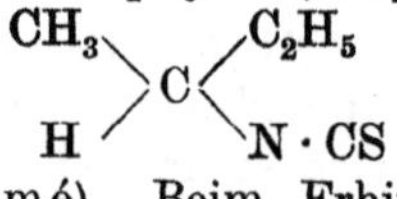 in Cochlearia officinalis vor (Gadamer; Thomé). Beim Erhitzen mit verdünnter Schwefelsäure wird daraus optisch aktives sekundäres Butylamin abgespalten.

Das tertiäre Butylamin $(CH_3)_3C\cdot NH_2$ ist in der Natur nicht nachgewiesen worden.

Amylamine $C_5H_{13}N$. Von den acht bekannten Amylaminen ist nur das Isoamylamin $\frac{CH_3}{CH_3}\!>\!CH \cdot CH_2 \cdot CH_2 \cdot NH_2$ in der Natur aufgefunden worden. Es verdankt seine Entstehung vorzugsweise der Einwirkung von Mikroorganismen auf Leucin.

Arai hat die Bedingungen für seine Umwandlungen in Isoamylamin festgelegt. Diese findet namentlich bei saurer Reaktion statt, welche durch Zusatz von Lactose herbeigeführt wird. 2 g Leucin werden mit 1 g Lactose, 25 ccm Glycerin, 5 g NaCl, 2 g KH_2PO_4, 1 g $(NH_4)_2CO_3$, 1 g $MgSO_4$ in 1 l Wasser gelöst, und 0,5 g frisch gefälltes Uranylphosphat als Katalysator zugegeben. Die Impfung erfolgt mit 20 Agarkulturen von B. proteus. Nach 18tägigem Stehen bei 37° wurde die Fäulnisflüssigkeit eingedampft und der Rückstand mit Aceton extrahiert. Aus der wäßrigen Lösung des Acetonrückstandes ließen sich mit Äther bei saurer Reaktion etwa 1 g Bernsteinsäure, bei stark sodaalkalischer Reaktion wenig Isoamylamin (entsprechend 0,1 g Oxalat) extrahieren. Läßt man in der Fäulnisflüssigkeit die Lactose weg, verwendet als Nährlösung pro Liter 1,0 g KCl, 1,0 g Na_4Cl, 0,1 g $MgSO_4$ und 25 ccm Glycerin und ersetzt einen entsprechenden Teil des Wassers durch 170 ccm des Hendersonschen Phosphatgemisches (vgl. S. 11), so wird das Leucin hauptsächlich in α-Oxyisocapronsäure (Leucinsäure) verwandelt, und zwar entsteht bei Fäulnis durch B. proteus l-Leucinsäure, während durch B. subtilis d-Leucinsäure gebildet wird (vgl. S. 10).

Müller und Hesse isolierten das Isoamylamin aus gefaulter Hefe; Gautier fand die Base in faulem Fleisch, ebenso Barger und Walpole. Rosenheim wies nach, daß die blutdrucksteigernde Wirkung, welche an gewissen Plazentaextrakten festgestellt worden war, zum Teil auf das Vorkommen von Isoamylamin zurückzuführen ist, und daß diese Base in frischen Plazenten nicht vorkommt. Bain konnte Isoamylamin aus verschiedenen Harnen isolieren. Ein bestimmter Zusammenhang mit pathologischen Erscheinungen ergab sich jedoch nicht. Nach den Versuchen von Guggenheim und Löffler ist es zweifelhaft, ob das von Bain aufgefundene Isoamylamin im frischen Harn präformiert war (vgl. S. 40).

Nach F. Ehrlich und Lange sind es nicht immer spezifische Fäulnisbakterien, welche die Decarboxylierung der α-Aminosäuren veranlassen. Auch ubiquitäre Gärungserreger, wie der Bacillus casei, können diese Umwandlung herbeiführen. Auf dessen Lebenstätigkeit ist wahrscheinlich auch das von Nencki beobachtete Vorkommen von Isoamylamin im Roquefortkäse zurückzuführen. Daß auch Pilze Leucin in Isoamylamin verwandeln können, beweist das Auftreten von Isoamylamin im Mutterkorn (Barger und

Dale), und in Boletus edulis (Reuter). Schließlich ist das Isoamylamin auch in den grünen Tabakblättern neben flüchtigen Pyrrolidinbasen nachgewiesen worden (Ciamician und Ravenna).

Das optisch aktive Isoamylamin $\begin{matrix} CH_3 \\ C_2H_5 \end{matrix} \!\!> CH \cdot CH_2 \cdot NH_2$ ist das Decarboxylierungsprodukt des Isoleucins, aus welchem es bei trockener Destillation entsteht (F. Ehrlich).

Das n-Amylamin $CH_3 \cdot CH_2 \cdot CH_2 \cdot CH_2 \cdot CH_2 \cdot NH_2$ kann sich möglicherweise aus dem von Abderhalden und Weil beobachteten n-Leucin $CH_3 \cdot CH_2 \cdot CH_2 \cdot CH_2 \cdot CH(NH_2) \cdot COOH$ bilden, vielleicht auch aus Lysin über die ε-Aminocapronsäure $H_2N \cdot CH_2 \cdot CH_2 \cdot CH_2 \cdot CH_2 \cdot CH_2 \cdot COOH$.

Auch Pyridin kann durch reduktive Aufspaltung in n-Amylamin übergehen. Auf chemischem Wege gelang es Sabatier und Mailhe eine solche Aufspaltung durch Überleiten von Pyridindämpfen und Wasserstoff über feinverteiltes Nickel durchzuführen

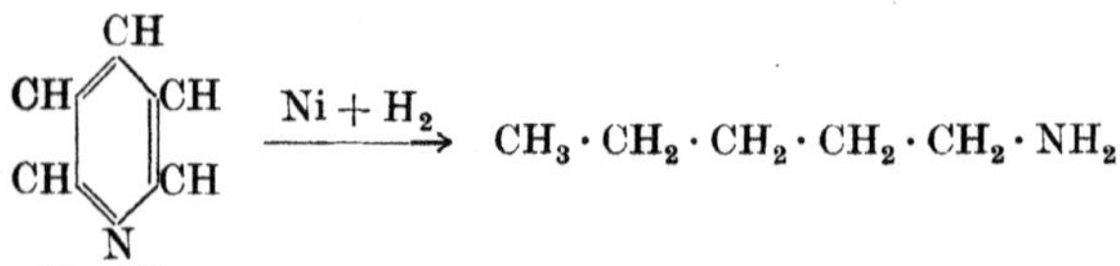

Pyridin

Auch durch oxydative Vorgänge gelingt es, den Pyridinring aufzuspalten (Neuberg).

Für die übrigen Amylamine: das 1-Amino-2·2-dimethylpropan $\begin{matrix} CH_3 \\ CH_3 \\ CH_3 \end{matrix} \!\!> C \cdot CH_2 \cdot NH_2$, das 2-Amino-pentan $\begin{matrix} CH_3 \\ CH_3 \cdot CH_2 \cdot CH_2 \end{matrix} \!\!> CH \cdot NH_2$, das 3-Amino-pentan $(C_2H_5)_2CH \cdot (NH_2)$, das 3-Amino-2-Methylbutan $\begin{matrix} CH_3 \\ (CH_3)_2 \cdot CH \end{matrix} \!\!> CH \cdot NH_2$ und das 2-Amino-2-Methylbutan $\begin{matrix} (CH_3)_2 \\ C_2H_5 \end{matrix} \!\!> C \cdot NH_2$ ist, wenigstens nach den bisherigen Feststellungen, kaum die Möglichkeit für das natürliche Vorkommen gegeben.

Hexylamine $C_6H_{15}N$. Ein Amin von der Zusammensetzung des Hexylamins ist von Müller und Hesse in gefaulter Bierhefe und von Gautier und Mourgues unter den Basen des Lebertrans aufgefunden worden. Die Abtrennung von den übrigen Basen geschah durch fraktionierte Destillation (vgl. S. 55).

Biochemisches Verhalten der Alkylamine.

Die Alkylamine sind intermediäre Stoffwechselprodukte, d. h. sie unterliegen im Organismus, in dem sie auftreten, einer weiteren Veränderung. Sie fallen dabei vorzugsweise einer oxydativen Hydrolyse anheim, der Stickstoff wird aus dem Molekül als Ammoniak abgespalten und der Alkylrest zur entsprechenden oder zur niedrigeren homologen Säure oxydiert. Am genauesten sind die verschiedenen Phasen dieser Umwandlung bei den Mikroorganismen studiert. Diese haben es vorzugsweise auf den Stickstoff abgesehen, welchen sie nach Loslösung aus dem Molekül des Alkylamins zum Aufbau ihrer Körpersubstanz verwerten. Der stickstoffreie Rest dient nur dann als Energiequelle, wenn keine Kohlenhydrate zur Verfügung stehen.

Bei der Züchtung von Aspergillus niger auf einer mit verschiedenen Alkylaminen versetzten Nährlösung, zeigte sich eine Verwertbarkeit der verschiedenen Alkylamine für den Aufbau der Pilzsubstanz (Czapek). Je 50 ccm einer Lösung, die in 1 Liter Wasser 0,5 g $MgSO_4$, 1,0 g KH_2PO_4, 0,5 g KCl und 0,01 g $FeSO_4$ enthielt, wurden entweder zu 4% mit der zu prüfenden Stickstoffverbindung oder aber zu 3% mit Rohrzucker und zu 1% mit der betr. Stickstoffverbindung versetzt und dann mit der annähernd gleichen Menge von Konidien von Aspergillus niger geimpft. Die Pilzernte und deren Stickstoffgehalt erhöhte sich mit der Länge der Kohlenstoffkette der verwendeten Alkylamine, jedoch vermochten auch die niedrigen im Verein mit Zucker eine gute Pilzvegetation hervorzurufen. Quaternäre Ammoniumbasen erwiesen sich als giftig und erzielten kein normales Wachstum. In gleicher Weise vermögen Preßhefereinkulturen Lösungen von Methyl- und Äthylamin als Stickstoffquelle auszunützen, wenn diese zu etwa 0,1% der Nährlösung (Leitungswasser, 2% Glucose, 0,2% KH_2PO_4, 0,1% $MgSO_4$) zugesetzt wurden (Waterman). Intermediär abgespaltenes Methyl-, Dimethyl- und Trimethylamin scheint von Pilzen restlos verwertet zu werden (F. Ehrlich). Wird z. B. Betain unter der Einwirkung von Kahmhefe, Willia anomala oder Oidium lactis, zersetzt, so bildet sich neben Glykolsäure Trimethylamin. Dieses läßt sich aber in der Kulturflüssigkeit nicht nachweisen, da es sofort nach seiner Abspaltung assimiliert wird. Das gleiche Schicksal erleidet das aus Adrenalin abgespaltene Methylamin und das Dimethylamin aus Hordenin.

Nicht so rasch verläuft die Assimilation der Alkylamine bei den Bakterien. Die aus den Muttersubstanzen abgespaltenen Alkylamine werden nur zum Teil weiter oxydiert. Am unvollständigsten ist der Abbau bei den mehrfach alkylierten Aminen. Trimethylaminoxyd wird durch Fäulnisbakterien zu Trimethylamin reduziert (Suwa). Das aus Cholin und Betain abgespaltene Trimethylamin wird nur zum Teil entmethyliert, so daß sich in den Fäulnisflüssigkeiten neben Ammoniak noch Methyl-, Dimethyl- und Trimethylamin vorfinden (Hasebroek, Bocklisch). Daß auch primäre Amine gegenüber den Bakterien eine gewisse Resistenz darbieten, beweist deren häufiges Vorkommen bei verschiedenen, oft über lange Zeit ausgedehnten Fäulnisprozessen.

Für höhere Pflanzen scheinen die Alkylamine keine geeignete Stickstoffquelle darzubieten. In Lösungen, die neben Mineralsubstanzen noch Glucose enthielten, bedingte Zusatz von 0,01, 0,1 und 1% Methyl-, Dimethyl- und Trimethylamin, Äthyl- und Propylamin keine Zunahme der Trockensubstanz keimender Radieschensamen (Molliard). An Bohnen wird durch die höheren Alkylamine — Isoamylamin, n-Butylamin — in gleicher Weise wie durch Nicotin die als Albinismus bezeichnete Vergiftungserscheinung hervorgerufen (Ciamician und Ravenna).

Der Tierkörper bemüht sich, die Alkylamine, die von gewisser Konzentration an Giftwirkungen auslösen, möglichst rasch zu desamidieren und so unschädlich zu machen. Dies gelingt ihm in weitgehendem Maße bei den primären Aminen. Deshalb werden auch große Dosen primärer Amine ohne hervorragende Giftwirkung vertragen. Nach Verfütterung von 1—2 g Amylaminchlorhydrat pro kg Kaninchen, oder nach intravenöser Infusion von 1,5 g, läßt sich im Harn der Versuchstiere keine unveränderte Base mehr nachweisen (Guggenheim und Löffler). Die Desamidierung erfolgt vorzugsweise in der Leber, wo auch das abgespaltene Ammoniak in Harnstoff umgewandelt wird. Sie findet auch im isolierten künstlich durchströmten Organ statt.

Die rasche Oxydation, welche die primären Amine im Tierkörper erleiden, läßt es als zweifelhaft erscheinen, ob das von Bain in verschiedenen pathologischen Harnen beobachtete Amylamin (vgl. S. 37) in denselben präformiert war. Auch große Mengen enteral oder parenteral gebildetes Amin würden die Nieren kaum unzersetzt passieren, und es scheint, daß gelegentliche Befunde im Harn auf sekundäre Prozesse zurückzuführen sind.

Dimethyl- und Trimethylamin verursachen in der überlebenden Leber ebenfalls eine gesteigerte Harnstoffbildung (Löffler). Dies deutet darauf hin, daß zum mindesten ein Teil dieser Basen desamidiert wird. Trimethylaminoxyd passiert den Körper des Kaninchens zum Teil unverändert, zum Teil wird es zerstört unter Bildung von Dimethyl- und Trimethylamin (Suwa). Die Salze des Tetramethylammoniums werden von der Niere rasch und unverändert ausgeschieden, auch Bakterien greifen sie nicht an (Ackermann).

Der bei der Desamidierung der Alkylamine abgespaltene Alkylrest unterliegt je nach den Bedingungen einem verschiedenen Schicksal. Im Tierkörper verbrennt er bei ungehemmter Oxydationskraft zunächst zur entsprechenden Carbonsäure, die dann in der Regel bis zur Kohlensäure oxydiert wird. In der überlebenden Leber von Hunden und Kaninchen, wo die Oxydationsbedingungen nicht so günstig sind, kann man den größten Teil der gebildeten Carbonsäure nachweisen. Nach der Perfusion mit Amylamin z. B. finden sich in der Durchströmungsflüssigkeit reichliche Mengen von Isovaleriansäure. Vom intakten Tier werden auch noch relativ große Mengen von Amylamin so vollständig verbrannt, daß Valeriansäure im Harn nicht mehr nachweisbar ist. Immerhin können in gewissen Fällen die im Harn von Pflanzenfressern aufgefundenen Fettsäuren den Alkylresten der Amine entstammen (Schotten); denn wiewohl sich ein Teil der Fettsäuren durch reduktive oder oxydative Desaminierung aus den Aminosäuren direkt bildet (vgl. S. 10), so erscheint es andererseits möglich, daß der Bildung der Fettsäuren in gewissen Fällen die Entstehung von Aminen vorausgeht. Eine direkte Beziehung der im Harn auftretenden Ameisensäure zu verfüttertem Methylamin hat Pohl nachgewiesen, während die nach Verfütterung von Cholin auftretende Ameisensäure offenbar dem Trimethylamin entstammt.

Bei Pilzen und Hefen findet sich der aus dem Amin abgespaltene Alkylrest häufig als Alkohol (F. Ehrlich und Pistschimuka). Die Bildung des Gärungsamylalkohols beruht jedoch auf gleichzeitiger Desamidierung und Decarboxylierung der entsprechenden Leucine.

Die Verwertung der Alkylamine zu Synthesen tritt neben der oxydativen Entalkylierung nur wenig in den Vordergrund. Im Tierkörper vollzieht sich z. B. nach Verabreichung von primären Aminen in geringem Maße die Bildung substituierter Harnstoffe nach folgenden Gleichungen:

$$C_2H_5 \cdot NH_2 + NH_3 + CO_2 = CO\begin{matrix}\diagup NH_2 \\ \diagdown NH \cdot C_2H_5\end{matrix} + H_2O$$

Monoäthylharnstoff

$$2\,C_2H_5 \cdot NH_2 + CO_2 = CO\begin{matrix}\diagup NH \cdot C_2H_5 \\ \diagdown NH \cdot C_2H_5\end{matrix} + H_2O$$

Diäthylharnstoff

So beobachtete Folin in normalen und pathologischen Harnen geringe Mengen von Methylharnstoff, der wahrscheinlich aus intermediär gebildetem Methylamin herstammt (vgl. S. 31). Salkowski dagegen konnte nach Eingabe von 0,1—0,15 g Methylamin die Bildung von Methylharnstoff nicht feststellen. Die Isolierung von Monoäthylharnstoff nach Verabreichung von 0,1—0,15 g Äthylamincarbonat gelang Schmiedeberg. Salkowski fand unter gleichen Bedingungen nur Äthylamin. Auch Amylamin scheint unter gewissen Umständen zur Bildung geringer Mengen von Amylharnstoff zu führen (Schmiedeberg).

Auf die Verwendung der Alkylamine zu synthetischen Prozessen in den Pflanzen deutet das Vorkommen von Fagaramid und Spilanthol (vgl. S. 36) und das Auftreten von sec. Butylsenfölen (vgl. S. 15). Schließlich ist es möglich, daß n-Butylamin unter Ringschließung in Pyrrolidinderivate übergeht, ein Vorgang, für welchen wir z. B. in der Umwandlung des n-Butyl-methylamins in Methylpyrrolidin ein chemisches Analogon besitzen (Löffler und Freytag). In gleicher Weise können sich n-Amylamin oder seine Substitutionsprodukte in Piperidin und dessen Derivate verwandeln (vgl. S. 38).

Pharmakologisches Verhalten der Alkylamine.

Die primären, sekundären und tertiären Alkylamine besitzen wie die Ammoniumsalze hauptsächlich eine zentrale Wirkung, die sich in narkotischen Symptomen und Lähmungserscheinungen äußert. In großen Dosen treten auch periphere curareartige Lähmungen auf, doch sind diese wenig ausgeprägt und lassen sich selten von einer gleichzeitig bestehenden Muskelvergiftung trennen (Brown und Fraser). Nach Desgrez und Dorléans erzeugt intravenöse Injektion von 0,005—0,01 g Methylamin pro kg Kaninchen eine Blutdrucksenkung zwischen 14 und 16 mm Hg. Am überlebenden Meerschweinchendarm wirkt das Methylaminchlorhydrat erst in höheren Konzentrationen. Nach Einführung von 3—4 g Dimethylaminchlorhydrat per os und nach 1,6 g Dimethylamin intravenös wurde am Kaninchen Steigerung der Respirationsfrequenz und ein gewisser Erregungszustand beobachtet (Nebelthau). Sodann stellten sich vorübergehend abnorme Blässe der Ohren, leichte Reflexsteigerung, späterhin eine ausgesprochene Erschlaffung ein, 4 g per os erwiesen sich als tödlich. Bei Fröschen zeigte sich nach Injektion in den Lymphsack allgemeine, dauernd zunehmende Erschlaffung, die anfangs ab und zu von einer einzelnen leichten Zuckung unterbrochen wurde. Die Herzaktion wurde sehr verlangsamt und äußerst schlaff. Die Erregbarkeit der Muskulatur für den faradischen Strom erwies sich als sehr herabgesetzt. Ähnlich wie Dimethyl- und Diäthylamin wirken die höheren sekundären Alkylamine: Dipropylamin, Diisobutyl- und Diisoamylamin (Hildebrandt).

Die acylierten Alkylamine — Methylbenzamid, Äthylbenzamid, Dimethylbenzamid, Diäthylbenzamid, Dimethylsalicylamid — besitzen die narkotischen Wirkungen der Säureamide, durchkreuzt von Krampfwirkungen, die aber erst in den späteren Stadien der Vergiftung auftreten und den narkotischen Effekt erheblich abschwächen (Nebelthau). Auch bei gesonderter Verabreichung erweisen sich Dimethylamin und Diäthylamin gegenüber narkotisierenden Substanzen wirksam. So rief eine sicher narkotisierende Dosis von Chloralhydrat (2 g) bei gleichzeitiger Verabreichung von 0,66 g Dimethylamin an einem Kaninchen keinen Schlaf hervor.

2 g Trimethylaminchlorhydrat, einem Hund intravenös gegeben, bewirkten eine geringe Herzverlangsamung und Temperatursenkung (Rabuteau). Um am Hund eine minimale Blutdrucksteigerung zu erzielen, muß man 0,005 g pro kg injizieren; die letale Dosis für den Frosch beträgt 0,15—0,2 g, für das Kaninchen bei intravenöser Verabreichung 0,40 g, bei subkutaner 0,80, bei intrarektaler 0,80—1,30 g pro kg. Abelous und Bardier geben an, daß die Wirkung des Trimethylamins auf den Blutdruck, auf die Respiration und auf die Speichelsekretion qualitativ gleich ist wie die Wirkung der im Harn enthaltenen unbekannten Base Urohypertensin.

Die Chlorhydrate des Methyl-, Trimethyl- und Triäthylamins aktivieren in 1%iger Lösung die Wirkung der Pankreasamylase auf eine 2%ige Stärkelösung. Ammoniumchlorid ist ohne Wirkung, die freien Amine und Ammoniak hemmen (Desgrez und Moog). Die Aktivität der Bakterienlipase wird durch Trimethylamin wie durch Ca- und Mg-Ionen gefördert (Söhngen). Die Alkylamine (Methyl-, Äthyl-, Butyl- und Trimethylamin) fördern als schwache Basen die Sauerstoffatmung und damit auch die Parthenogenese von Seeigeleiern, die sich in einer Lösung von $NaCl + KCl + CaCl_2$ befinden; starke Basen — NaOH, Tetraäthylammoniumhydroxyd — wirken weniger ausgesprochen (Loeb und Wasteneys).

Bei den höheren Alkylaminen treten Wirkungen auf, die von Barger und Dale als sympathomimetische bezeichnet werden. Es ist dies die Fähigkeit, am Säugetier gewisse Reaktionen hervorzurufen, welche auch durch Sympathikusreizung oder durch Verabreichung von Adrenalin ausgelöst werden. Als Kennzeichen einer sympathomimetischen Wirkung gilt vor allem eine durch periphere Gefäßkontraktion bedingte Steigerung des Blutdruckes und eine Reizung der sympathischen Innervation des Katzenuterus. Dieser ist im nichtgraviden Zustand mit motorisch hemmenden sympathischen Fasern innerviert, wird also durch ein sympathomimetisches Gift entspannt. Im graviden Zustand prävalieren die motorisch fördernden sympathischen Fasern, und das Amin wirkt kontraktionsfördernd. Neben diesen hauptsächlich zutage tretenden Wirkungen äußern sich die sympathomimetischen Eigenschaften auch noch in einer Reizung des Pupillendilatators, in einer Kontraktion des Orbitalmuskels, in einer durch Atropin nicht verhinderten Förderung der Speichel- und Tränensekretion, in einer Erschlaffung des Darmtonus usw.

Wenn man die Wirksamkeit auf den Blutdruck und auf den Katzenuterus als Maßstab wählt, zeigen sich die primären Amine wirksamer als die sekundären und tertiären. Die niedrigen Glieder, bis zum n-Butylamin, wirken erst in größeren Dosen. Die Amine mit verzweigter Kohlenstoffkette sind weniger aktiv als die mit gerader, z. B. ist das Isobutylamin deutlich weniger wirksam als das n-Butylamin (vgl. auch Hanzlik). Die sympathomimetische Wirksamkeit steigt an bis zum n-Hexylamin. Dieses ist die aktivste Verbindung der Reihe. Bei den höheren Alkylaminen treten neben den sympathomimetischen Eigenschaften noch andere, mehr toxische Wirkungen (depressive Wirkung auf das Herz und das Zentralnervensystem) in den Vordergrund, die einen Vergleich der Wirksamkeit erschweren. Immerhin läßt sich noch beim Tridecylamin eine Blutdruckwirkung deutlich erkennen. Die Wirkung des Cyclohexylamins 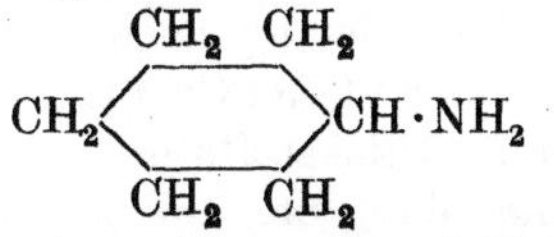 ist ähnlich wie die des n-Hexylamins, etwas langsamer, dafür andauernder.

Das Isoamylamin ist am eingehendsten studiert worden (Dale und Dixon). Seine sympathomimetische Wirkung überragt diejenige der niedrigeren Alkylamine erheblich, steht aber immerhin hinter derjenigen des p-Oxyphenyläthylamins um das 4fache, hinter derjenigen des Adrenalins um das 100fache zurück (vgl. S. 292). Der blutdrucksteigernden Wirkung geht eine geringe Senkung voraus. Der Anstieg ist nicht sehr rapide. Die Blutdrucksteigerung ist zum Teil auf ein vermehrtes Schlagvolumen des Herzens zurückzuführen. Isoamylamin bewirkt zuerst eine ausgesprochene Verminderung im Tempo und der Stärke des Herzschlages und kann bei genügend großer Dose sogar Stillstand hervorrufen. Diese Hemmung kommt bei der Messung des Karotisblutdruckes als primäre Senkung zum Ausdruck und ist wahrscheinlich auf eine direkte Muskelwirkung und nicht auf eine Vaguswirkung zurückzuführen, da Atropin keinen Einfluß hat. Der Koronarkreislauf ist primär stark verlangsamt. Durch plethysmographische Messungen an Lunge, Hinterbeinen und Darm und durch Bestimmung der Ausflußgeschwindigkeit an überlebenden Gefäßen läßt sich die peripher kontrahierende Wirkung des Isoamylamins deutlich dartun. Die Vasokonstriktion ist bei kleineren Dosen (1 ccm $^1/_{10}$ normal) von einer Dilatation gefolgt, bei größeren Dosen ist die Kontraktion länger andauernd. Am überlebenden Meerschweinchendarm bewirkt Isoamylamin in einer Konzentration von etwa 1:100000 eine Tonussteigerung (Guggenheim und Löffler), am Kaninchendarm eine Tonussenkung (Dale und Dixon), ebenso an der Blase. Auf den Katzenuterus wirkt Isoamylamin kontrahierend. Die Wirkung auf die hemmenden und sympathischen Fasern ist nur schwach, weshalb die für das Adrenalin charakteristische Hemmung am virginellen Katzenuterus hier weniger ausgeprägt ist. Subkutane Injektionen von Isoamylaminchlorhydrat üben auf den Gaswechsel und den Kohlehydratumsatz der Ratte keinen fördernden Einfluß aus, wodurch sich das Isoamylamin von Phenyläthylamin und Oxyphenyläthylamin unterscheidet (Abelin).

Die quaternären Derivate der Alkylamine lähmen wie Curare vor allem die peripheren Nervenendigungen. Die curareartige Wirkung findet sich auch in den anderen Gruppen biogener Amine, wenn das in ihnen enthaltene Stickstoffatom durch Alkylierung in den fünfwertigen Zustand übergeht. Da bei den quaternären Derivaten dieser Gruppe, in der die Alkylreste selber keine anderen Substituenten tragen, die Verhältnisse vom chemischen Gesichtspunkte aus am einfachsten liegen, sollen ihre pharmakologischen Wirkungen hier etwas näher berücksichtigt werden. Dasselbe Wirkungsbild wird sich dann nach der einen oder anderen Richtung variiert, verstärkt oder abgeschwächt bei den Ammoniumbasen der anderen Gruppen (vgl. S. 71 und 116) wiederfinden.

Der Angriffspunkt curareartig wirkender Substanzen ist das sog. Nervenende. Als solches ist nach Jacoby derjenige Punkt zu betrachten, an welchem die impermeable isolierende Cholesterin-Keratin-Schicht der Markscheide die Kernleitung mit ihrer phosphatidhaltigen Hülle so austreten läßt, daß sie den Molekülen der Ammoniumbasen zugänglich wird. Die Ammoniumbasen würden dann an den haptophoren Phosphorsäuregruppen der die Nervenfibrillen umhüllenden Phosphatide angreifen, wodurch eine Änderung des Ionisations- und Dissoziationszustandes herbeigeführt wird. Durch die beim Ausgleich dieses Potentials hervorgerufenen elektrolytischen Vorgänge wird das Gewebe des Erfolgsorgans erregt und dadurch seine spezifische Funktion ausgelöst.

Neben der spezifischen Lähmungswirkung auf die intramuskulären Nervenendigungsapparate besitzen die quaternären Ammoniumverbindungen muscarinähnliche Eigenschaften, vor allem die Fähigkeit, die intracardialen hemmenden Vagusendigungen zu reizen und dadurch einen Herzstillstand herbeizuführen. Schaltet man die Herzwirkung durch Atropin aus, so kommen die Curarewirkungen rein zum Ausdruck und lassen sich bei den verschiedenen Basen einigermaßen quantitativ vergleichen. Von Tetramethylammoniumhydroxyd $(CH_3)_4N \cdot OH$, dessen Chlorid von Ackermann als Ersatz für die oft ungleichmäßig zusammengesetzten Curarepräparate empfohlen wird, genügt 1 mg um die motorischen Nervenendigungen des Frosches zu lähmen. Die Lähmung greift zuerst die Nackenmuskeln, dann die Vorder- und zuletzt die Hinterbeine an. Wenige Minuten vor völliger Lähmung treten heftige fibrilläre Zuckungen und dyspnoische Atmung auf.

Bei ganz großen Dosen zeigte sich auch eine zentrale Wirkung (Santesson und Koraen). Nach Jodlbauer soll Injektion von 0,00001 g pro g Frosch völlige 4 Stunden andauernde Lähmung herbeiführen. Bei Verwendung der doppelten Dose erfolgt fast sofort nach der Einverleibung Atemstillstand und allgemeine Lähmung und nach $1^1/_2$ Tagen Erholung. Am Hunde bewirkten 0,5 g von Tetramethylammoniumjodid Respirationslähmung und fibrilläre Zuckungen, darauf Herzverlangsamung und Stillstand, 0,25 g verursachten Sekretion, Pupillenerweiterung, starke und mühselige Atmung und Lähmung, Wiederherstellung nach etwa einer halben Stunde. Erst bei hohen Dosen werden neben Nervenendigungen auch die Muskelfasern gelähmt (Rabuteau).

Viel schwächer wirkt die Tetraäthylammoniumbase. Hier ist auch die direkte Muskelwirkung stärker ausgeprägt. 0,2 g Tetraäthylammoniumchlorid auf 50 g Frosch machen sowohl die Nervenendigungen wie die Muskelsubstanz völlig unreizbar. Im Gegensatz zum Verhalten des Tetramethylammoniumchlorids scheinen die von der Äthylverbindung affizierten Präparate sich nicht schnell zu erholen (Santesson und Koraen). In bezug auf seine Herzwirkung verhält sich das Tetramethylammoniumchlorid am intakten Frosch anders als am überlebenden Herzen. An ersteren bewirken schon 0,3 mg Herzstillstand, am isolierten Herzen bedarf es hierzu größerer Mengen. Offenbar findet am unversehrten Tier neben der Reizung der intracardialen Hemmungsapparate auch eine Reizung der Vaguszentren statt.

Amyltrimethylammoniumhydroxyd (Amylarin) $(CH_3)_2\cdot CH\cdot CH_2\cdot CH_2\cdot N(CH_3)_3OH$ besitzt wie das ungesättigte Pentenyltrimethylammoniumhydroxyd (Valearin) $C_5H_9N(CH_3)_3OH$ (vgl. S. 118) neben der Curarewirkung muscarinähnliche Eigenschaften, die beim Hexyltrimethylammoniumhydroxyd wieder hinter den allgemeinen Lähmungserscheinungen zurücktreten (Schmiedeberg und Harnack; Jordan). Külz bestimmte für verschiedene homologe Trimethyl- und Triäthylammoniumbasen die zur Hervorrufung einer peripheren Lähmung bezw. Herzhemmung erforderliche minimale Konzentration in Bruchteilen von Normallösungen und gelangte dabei zu nachstehender tabellarischer Übersicht:

	Curarewirkung eben lähmend	Herzhemmung
$(CH_3)_4NJ$	$^1/_{5000}$—$^1/_{6000}$	$^1/_{2000}$—$^1/_{3000}$
$(CH_3)_3(C_2H_5)NJ$	$^1/_{2000}$	$^1/_{20}$—$^1/_{50}$
$(CH_3)_3(C_3H_7)NJ$	$^1/_{700}$	$^1/_{300}$—$^1/_{600}$
$(CH_3)_3(C_4H_9)NJ$	$^1/_{8000}$	$^1/_{20000}$
$(CH_3)_3(C_5H_{11})NJ$	$^1/_{10000}$	$^1/_{3000}$—$^1/_{4000}$
$(CH_3)_3(C_7H_{15})NJ$	$^1/_{10000}$	Reizen nicht, lähmen den Vagus, Wirkung steigend mit höherem Alkyl
$(CH_3)_3(C_8H_{17})NJ$	$^1/_{10000}$—$^1/_{12000}$	
$(C_2H_5)_3(CH_3)NJ$	$^1/_{200}$—$^1/_{300}$	
$(C_2H_5)_4NJ$	$^1/_{200}$—$^1/_{300}$	
$(C_2H_5)_3(C_3H_7)NJ$	$^1/_{500}$	
$(C_2H_5)_3(C_4H_9)NJ$	$^1/_{2000}$	
$(C_2H_5)_3(C_5H_{11})NJ$	$^1/_{4000}$	
$(C_2H_5)_3(C_8H_{17})NJ$	$^1/_{15000}$	

Eigenschaften und Salze, Nachweis und Isolierung der Alkylamine.

Methylamin $CH_3 \cdot NH_2$, farbloses Gas von ammoniakalischem Geruch, Siedepunkt (755 mm) —6,7°. Mit gelber Flamme brennbar. 1 Volumen Wasser löst bei 12,5° 1150 Volumen und bei 25° 959 Volumen. Leicht löslich in Äthyl- und Methylalkohol. — Chlorhydrat, $CH_3 \cdot NH_2 \cdot HCl$, Schmelzpunkt 226—227°, zerfließliche Blätter, löslich in Alkohol, unlöslich in Chloroform. — Pikrat, $CH_3NH_2 \cdot C_6H_2(NO_2)_3OH$, Prismen oder Tafeln, Schmelzpunkt 207°, 215° (Ries). 1,3 Teile in 100 Teilen Wasser löslich. — Pikrolonat $CH_3 \cdot NH_2 \cdot C_{10}H_8N_4O_5$, blaßgelbe Nadeln. Zersetzungspunkt 244°. Löslich in 1073 Teilen kaltem, in 369 Teilen kochendem Wasser, in 4717 Teilen kaltem, in 133 Teilen siedendem Alkohol. — Chloroplatinat $(CH_3 \cdot NH_2 \cdot HCl)_2PtCl_4$, goldgelbe, hexagonale Tafeln, Schmelzpunkt 224°. Unlöslich in absolutem Alkohol. 100 Teile Wasser lösen bei 13,5° 1,97—2,14 Teile. — Chloraurat $CH_3 \cdot NH_2 \cdot HCl \cdot AuCl_3 + H_2O$, Tetraeder, wasserfrei ist es monoklin. In Wasser leicht löslich.

Dimethylamin $(CH_3)_2NH$, Siedepunkt 7,2—7,3°, spez. Gew. 0,6865 bei —5,8°. — Chlorhydrat $(CH_3)_2NH \cdot HCl$, löslich in Chloroform, Schmelzpunkt 171°. Fällt mit KJ_3 bis zur Verdünnung 1:1000. — Pikrat $(CH_3)_2NH \cdot C_6H_3O_7N_3$. Glänzende Tafeln 155—156°. In kaltem Wasser wenig löslich, löslich in 56 Teilen heißem Wasser. — Pikrolonat $(CH_3)_2NH \cdot C_{10}H_8N_4O_5$, hellgelbe, feine Nadeln, Zersetzungspunkt 222°. Löslich in 764 Teilen kaltem, in 33 Teilen siedendem Wasser, in 853 Teilen kaltem, in 38 Teilen heißem Alkohol (Otori). — Perjodid $(CH_3)_2NH \cdot HJ \cdot J_3$, hexagonale Tafeln. Schmelzpunkt 83—85° (Bertheaume). — Chloroplatinat $[(CH_3)_2NH \cdot HCl]_2 \cdot PtCl_4$, dimorph rhombisch, Schmelzpunkt 206°. Leicht löslich in heißem, weniger in kaltem Wasser. In Alkohol löslicher als das Methylaminsalz. — Chloraurat $(CH_3)_2NH \cdot HCl \cdot AuCl_3$, monokline Tafeln, Schmelzpunkt 202°.

Trimethylamin $(CH_3)_3N$, fischartig riechende Flüssigkeit. Siedepunkt 3,2—3,8°. Spez. Gew. 0,602 bei —5,2°. In Wasser sehr leicht löslich. Mit dem Geruchsinn läßt sich noch $^1/_{500}$ mg Trimethylamin nachweisen, dabei zeigt sich das Phänomen des Geruchumschlages (Kauffmann und Vorländer). Der anfänglich charakteristische Geruch des Trimethylamins löst nachträglich dieselbe Geruchsempfindung wie Monomethylamin und Ammoniak aus. — Chlorhydrat $N(CH_3)_3 \cdot HCl$, Schmelzpunkt 271—275° unter Zersetzung. Löslich in heißem Chloroform. — Pikrat $(CH_3)_3N \cdot C_6H_3O_7N_3$, hellgelbe Prismen, Schmelzpunkt 216°, löslich in 77 Teilen heißem Wasser. — Pikronolat $(CH_3)_3N \cdot C_{10}H_8N_4O_5$, Zersetzungspunkt 250—252°. Hellgelbe, rhombische Täfelchen. Löslich in 1121 Teilen kaltem, 166 Teilen siedendem Wasser, in 794 Teilen kaltem, in 233 Teilen siedendem Alkohol (Otori). — Phosphorwolframat $(CH_3)_3N \cdot H_3PO_4 \cdot 12\,WO_3$, aus verdünnter Lösung als amorphes Pulver, mikroskopische Oktaeder aus heißem Wasser. Leicht löslich in Aceton (Drummond.) — Chloroplatinat $[N(CH_3)_3HCl]_2PtCl_4$, reguläre, orangefarbene Krystalle. Schmelzpunkt 190°, Zersetzungspunkt 240—245°. In absolutem Alkohol löslicher als das Di methylamin- und Methylaminsalz. — Perjodid $(CH_3)_3N \cdot HJ \cdot J_4$, hexagonale Tafeln. Schmelzpunkt 65°. Fällbarkeitsgrenze einer wäßrigen Lösung bei 1:50000, bei Gegenwart von NH_4Cl bei 1:1000000. — Chloraurat $N(CH_3)_3 \cdot HCl \cdot AuCl_3$, gelbe, monokline Krystalle. Der Schmelzpunkt ist verschieden angegeben, 228°, 253° und 270°. Wenig löslich in Wasser, leichter in Alkohol.

Trimethylaminoxyd $(CH_3)_3N:O$, ist wie das Tetramethylamoniumhydroxyd eine starke Base, die aus ihren Salzen durch Silberoxyd in Freiheit gesetzt wird. Sie bildet ein wohl charakterisiertes Hydrat $(CH_3)_3N:O + H_2O$ vom Schmelzpunkt 96°. Durch Reduktion in alkalischer Lösung mit Zinkstaub verwandelt sich das Oxyd in Trimethylamin. Andererseits bildet sich Trimethylaminoxyd bei der Oxydation von Trimethylamin mit Wasserstoffsuperoxyd. — Chlorhydrat $C_3H_9NO \cdot HCl$ schmilzt bei 205—210° unter Zersetzung. — Pikrat $C_3H_9NO \cdot C_6H_2(NO_2)_3OH$, sehr geeignet zur Isolierung, da es in Äthylalkohol und kaltem Wasser schwer löslich ist. Schmelzpunkt 197°. — Chloroplatinat $[(CH_3)_3NO]_2 2HCl \cdot PtCl_4$, glänzende, rhombische Plättchen, Schmelzpunkt 214°. Nach Henze krystallisiert das Platinsalz mit 2 Molekülen H_2O und schmilzt bei 245—247°. — Chloraurat $C_3H_9NO \cdot HCl \cdot AuCl_3$, in kaltem Wasser schwer, in heißem Wasser leicht löslich, Schmelzpunkt 250°.

Äthylamin $C_2H_5 \cdot NH_2$, stark ammoniakalisch riechende Flüssigkeit, Siedepunkt 19—20°. Spez. Gew. 0,6892 bei 15°. Mit Wasser mischbar. Aus der wäßrigen Lösung wird es durch KOH ölig abgeschieden. Löst Aluminiumhydroxyd. — Chlorhydrat $C_2H_5 \cdot NH_2 \cdot HCl$, zerfließliche Blätter, Schmelzpunkt 76—80°. Löslich in Alkohol. — Pikrat $C_2H_7N \cdot C_6H_3O_7N_3$, gelbe Krystalle aus Alkohol, Schmelzpunkt 165°. Ein Teil löst sich bei 16° in 66,7 Teilen Wasser und in 30,7 Teilen Alkohol. — Pikronolat $C_2H_5 \cdot NH_2 \cdot C_{10}H_8N_4O_5$, bräunt sich bei 220° und zersetzt sich bei 244°. Löst sich in 3846 Teilen kaltem, in 93 Teilen siedendem Wasser, in 1700 Teilen kaltem und in 76 Teilen siedendem Alkohol. — Chloroplatinat $(C_2H_5 \cdot NH_2 \cdot HCl)_2PtCl_4$, orangegelbe, flache Rhomboeder, Schmelzpunkt 218° unter Zersetzung. — Chloraurat $C_2H_5 \cdot NH_2HCl \cdot AuCl_3$ goldgelbe, monokline Prismen in Wasser leicht löslich. Schmelzpunkt 194—196°.

Diäthylamin $(C_2H_5)_2NH$, farblose Flüssigkeit, Siedepunkt 55,5°. — Chlorhydrat $(C_2H_5)_2NH \cdot HCl$, nicht zerfließlich. Krystalle aus Alkohol und Äther, leicht löslich in Chloroform. Schmelzpunkt 176°. — Pikrat, in Wasser leicht löslich. — Pikrolonat $(C_2H_5)_2NH \cdot C_{10}H_8N_4O_5$, zersetzt sich gegen 260°. Löst sich in 3788 Teilen kaltem und 402 Teilen siedendem Wasser und in 2941 Teilen kaltem und 213 Teilen heißem Alkohol. — Chloroplatinat $[(C_2H_5)_2NH \cdot HCl]_2PtCl_4$, orangegelbe, monokline Krystalle. — Chloraurat $(C_2H_5)_2 \cdot NH \cdot HCl \cdot AuCl_3$, trimetrische Krystalle.

Triäthylamin $(C_2H_5)_3N$, Öl vom Siedepunkt 89—89,5°, in Wasser wenig löslich. — Pikrat, Nadeln, Schmelzpunkt 173°, in Wasser wenig löslich.

Propylamine C_3H_9N, n-Propylamin $CH_3 \cdot CH_2 \cdot CH_2 \cdot NH_2$, siedet bei 49°, das Isopropylamin $(CH_3)_2 \cdot CH \cdot NH_2$, bei 31,5°. Beide Amine sind in Wasser leicht löslich.

Butylamine $C_4H_{11}N$, das n-Butylamin $CH_3 \cdot CH_2 \cdot CH_2 \cdot CH_2 \cdot NH_2$. Siedepunkt 75,5°, das Isobutylamin $(CH_3)_2CH \cdot CH_2 \cdot NH_2$ siedet bei 68—69°. Mit Wasser in allen Verhältnissen mischbar. — Hydrochlorid $C_4H_9NH_2 \cdot HCl$, Schmelzpunkt 160°. — Chloroplatinat $(C_4H_{11}N \cdot HCl)_2PtCl_4$, orangefarbene Säulen, Zersetzungspunkt 225°. — Fagaramid $C_{14}H_{17}O_3N$ (vgl. S. 36). Krystalle aus Alkohol, Schmelzpunkt 119—120°. Wird erst durch 5%ige heiße, alkoholische Kalilauge in Piperonylacrylsäure und Isobutylamin zersetzt.

Das sek. Butylamin $C_2H_5 \cdot CH(NH_2) \cdot CH_3$ siedet bei 63°. Das aus dem Butylsenföl abgespaltene Amin ist optisch aktiv, $[\alpha]_D^{20} = +7,44°$ (Thomé), $+6,42°$ (Gadamer). Die Salze sind linksdrehend. Das Butylsenföl siedet bei 159,5°.

Amylamine $C_5H_{13}N$, N-Amylamin, Siedepunkt bei 104°.

Isoamylamin, $(CH_3)_2 \cdot CH \cdot CH_2 \cdot CH_2 \cdot NH_2$. Flüssigkeit vom Siedepunkt 95—96°. Spez. Gew. bei 18° 0,750. — Chlorhydrat, bitter schmeckende, zerfließliche Krystalle. — Hydrobromid, Blättchen, Schmelzpunkt 225°. — Das saure Oxalat aus Alkohol und Aceton, Schmelzpunkt 169°. — Das neutrale Oxalat, Schmelzpunkt 200—207°. — Chloroplatinat $(C_5H_{11} \cdot NH_2 \cdot HCl)_2PtCl_4$, goldgelbe Blättchen, in siedendem Wasser leicht löslich. — Chloraurat $C_5H_{13}NH \cdot AuCl_4$, breite, dünne Blättchen aus Wasser, Schmelzpunkt 145°.

Aktives Amylamin $\genfrac{}{}{0pt}{}{CH_3}{C_2H_5}\!\!>CH \cdot CH_2 \cdot NH_2$, siedet bei 96—97°, Spez. Gew. bei 18° 0,2550, $[\alpha]_D = -5,16°$ (F. Ehrlich).

n-Hexylamin Siedepunkt 128—130°.

Methyl- Dimethyl- und Trimethylamin, sowie auch die höheren aliphatischen Amine Äthyl-, Propyl-, Butyl-, Amylamin, sind in alkalischer Lösung mit Wasserdampf flüchtig. Sie lassen sich daher aus einem Gemisch von Extraktivstoffen, das durch Natron- oder Kalilauge, Kalk, Baryt, Magnesia oder Soda alkalisch gemacht worden ist, abdestillieren. Um sekundäre Reaktionen zu vermeiden, erfolgt die Alkalinisierung besser mit einem milden Alkali, Magnesia oder Soda und die Destillation unter vermindertem Druck und bei niedrigerer Temperatur (vgl. S. 33). Das unter diesen Bedingungen im Destillat erhaltene flüchtige Amin läßt sich auf

Grund der verschiedenen Eigenschaften der primären, sekundären und tertiären Amine, sowie deren Salze (vgl. S. 14) voneinander trennen.

Qualitativer Nachweis. Wäßrige Lösungen der Aminchlorhydrate, die mit verdünnter Kalilauge versetzt sind, geben mit dem Neßlerschen Reagens, eine alkalische Lösung von Mercurikaliumjodid: $(HgJ_4)K_2$, charakteristische Niederschläge, die zur Erkennung der einzelnen Amine dienen können (Charitschkow; Dorée und Golla). Größere Mengen von Ammoniak erzeugen eine braune Fällung

$$2(HgJ_4)K_2 + 3KOH + NH_4OH = O\langle{}^{Hg}_{Hg}\rangle NH_2 - J + 3H_2O + 7KJ.$$

Geringe Spuren von Ammoniak bewirken eine Gelbfärbung. Mit Methylamin entsteht eine in Wasser unlösliche gelbe oder orangefarbene Fällung (erstere besitzt die Zusammensetzung $NJ_2Hg_2C_2H_{10}$, letztere $\left(Hg\langle{}^{NH(CH_3)}_{J}\right)$. Dimethylamin erzeugt einen rotbraunen Niederschlag, Trimethylamin einen weißen, der in mehr Wasser löslich ist. Mit Äthylamin entsteht ebenfalls ein weißer Niederschlag $HgJ_2Hg\langle{}^{NH(C_2H_5)}_{Hg\cdot NH(C_2H_5)}$, mit Propylamin ein schokoladefarbiger $NJ\langle{}^{NH(C_3H_7)}_{Hg\cdot Hg - Hg\cdot J\cdot 2H_2O}$.

Zur Herstellung des Neßlerschen Reagenses löst man 6 g Merkurichlorid in 50 ccm ammoniakfreiem Wasser, fügt 7,4 g Jodkalium, in 50 ccm Wasser gelöst, hinzu, läßt erkalten, gießt die überstehende Flüssigkeit ab und wäscht 3mal durch Dekantation mit je 20 ccm kaltem Wasser. Durch Zugabe von weiteren 5 g Kaliumjodid und etwas Wasser bringt man das Mercurijodid in Lösung. Man fügt zur Lösung 20 g Natronlauge und verdünnt nach dem Erkalten auf 100 ccm.

Der Nachweis von Ammoniak neben Methylamin gelingt am besten nach François mit Hilfe einer eigens hergestellten Quecksilberjodidjodkaliumlösung. Eine solche Lösung, welche ziemlich arm an Alkalilauge und ziemlich reich an Jodkalium ist, fällt in der Kälte weder Methylamin, noch Ammoniak, in der Hitze jedoch Ammoniak ohne Methylamin.

Das Reagens von François enthält im Liter genau 22,7 g Quecksilberjodid, 33 g KJ und 35 g Natronlauge. Man löst 0,1 g des fraglichen Methylaminchlorhydrates in 15 ccm Wasser, setzt 5 ccm Reagens hinzu und erhitzt langsam bis zum Auftreten kleiner Gasblasen. Bei Gegenwart von 0,1% NH_4Cl bleibt die Flüssigkeit in der Hitze noch klar, bei Gegenwart von 0,2% NH_4Cl entsteht in der Hitze, bei Gegenwart von größeren Mengen NH_4Cl bereits in der Kälte, ein braunroter Niederschlag.

Eine neutrale oder schwach saure Lösung von Kaliumquecksilberjodid — Mayer's Reagens — gibt mit tertiären Aminen — Trimethylamin und Triäthylamin — Niederschläge. Am besten verwendet man eine n-Lösung, welche 45 g HgJ_2 und 33 g KJ auf 100 ccm enthält. Eine solche Lösung gibt mit Ammoniak und Alkalisalzen keinen Niederschlag. Die Dialkylaminsalze werden erst in konzentrierten 0,4—2,0%igen Lösungen gefällt, während Trimethylamin bereits in 0,01 n-Lösungen gelbe Nadeln von der Zusammensetzung $(CH_3)_3 \cdot N \cdot HJ \cdot HgJ_2$ und vom Schmelzpunkt 136° abscheidet. In konzentrierteren Lösungen fällt die Verbindung sofort als leichter gelber Niederschlag, und zwar ist zur Fällung von 59 mg Trimethylamin 1 ccm des Mayerschen Reagens nötig (Woodward und Alsberg).

Neutralisiert man eine Lösung von Mono-, Di- oder Trimethylamin mit HCl, dampft zur Trockne, löst in 95%igem Alkohol und erwärmt 5 ccm dieser Lösung mit einigen Milligramm Tetrachlorchinon auf 70—75°, so tritt Violettfärbung ein (Tsalaptani). Mit Ammoniak bezw. NH_4Cl erhält man unter diesen Bedingungen keine Farbenreaktion.

Quantitative Bestimmung und Trennung. Zur Trennung der Alkylamine von Ammoniak benützt man am besten das Verfahren von François. Es beruht auf der Beobachtung, daß sich gelbes HgO mit Ammoniak zu Ammoniummercurioxyd verbindet, während es mit den primären, sekundären und tertiären Aminen nicht reagiert.

Zur Reinigung auf trocknem Wege leitet man das Gasgemisch über eine lange Schicht von gekörntem, gelben HgO; zur Reinigung auf nassem Wege schüttelt man die wäßrige Aminlösung mit überschüssigem gelben HgO ununterbrochen eine Stunde lang. 430 g HgO absorbieren 16 g Ammoniak. Man dekantiert die Flüssigkeit durch ein Filter, wäscht das HgO mit Wasser, versetzt das Filtrat mit etwas Natronlauge und gesättigter Sodalösung, schüttelt es nochmals eine Stunde mit HgO und filtriert, ohne das HgO auszuwaschen. Das Reinigungsverfahren auf trockenem Wege liefert völlig ammoniakfreie Amine, ist aber etwas langwierig, da auf diese Weise höchstens 150 g Chlorhydrat pro Tag gereinigt werden können. Das Reinigungsverfahren auf nassem Wege arbeitet weit schneller und liefert ein Amin mit höchstens 0,2% Ammoniak.

Bis zu einem gewissen Grade lassen sich Chloride der Alkylamine auch durch Extraktion mit Alkohol von Ammonchlorid trennen. Die Trennung ist jedoch keine genaue und führt z. B. bei Gemischen von Salmiak und Methylaminchlorhydrat stets zu salmiakhaltigem Methylamin (Bertheaume). Besser sollen die Resultate sein, wenn man statt der Chloride die Sulfate mit Alkohol extrahiert, da die Löslichkeit des Ammonsulfats in Alkohol geringer ist als die des Ammonchlorids (Fleck).

Zur Bestimmung von Ammoniak neben Methyl-, Dimethyl- und Trimethylamin hat man in den älteren Arbeiten (Brieger; Bocklisch; Emmerling) oft die verschiedene Löslichkeit der Platin- und Goldsalze verwertet. Nach dem Sublimatverfahren von Brieger (vgl. S. 24) fanden sich diese Basen je nach den Fällungsverhältnissen bald unter den in Alkohol schwer löslichen Sublimatverbindungen, bald im löslichen Anteil. Die in die Chloride übergeführten Basen wurden dann mit alkoholischer Platinchlorid- oder mit Goldchloridlösung versetzt und fraktioniert krystallisiert.

Um die vier Basen voneinander zu trennen, kann man auch das Verfahren von Bertheaume anwenden, man zerlegt das in Form der Chlorhydrate vorliegende Basengemisch zunächst in zwei Gruppen a) Ammoniak und Methylamin, b) Dimethylamin und Trimethylamin. Sodann läßt sich eine weitere Zerlegung der in Chloroform unlöslichen Aminchlorhydrate (Ammoniak und Methylamin) nach dem Verfahren von François (vgl. S. 52) erzielen. Die chloroformlöslichen Aminchlorhydrate (das Dimethylamin- und das Trimethylaminchlorhydrat) trennt man auf Grund der verschiedenen Löslichkeit ihrer Perjodide in Wasser. Das abgeschiedene schwerer lösliche Trimethylaminperjodid löst man in Natriumbisulfit und destilliert das durch Natronlauge in Freiheit gesetzte Trimethylamin ab. Aus der Mutterlauge des Trimethylaminperjodids kann man das Dimethylamin in gleicher Weise isolieren. Das Verfahren von François ist in Gegenwart eines sehr großen Ammoniaküberschusses nicht anwendbar. Um den Ammoniaküberschuß zu entfernen, hat Bertheaume das Verfahren in geeigneter Weise modifiziert. Weitere Verbesserungen sind von Franzen und Schneider vorgeschlagen worden.

Will man ohne Rücksicht auf andere noch vorhandene Amine das Trimethylamin bestimmen, so läßt sich mit Erfolg das Verfahren von Filippi anwenden. Dieses beruht darauf, daß Natriumhypobromit (dargestellt durch Eintropfen von 25 ccm Brom in 500 ccm einer 20%igen NaOH-Lösung) bei gewöhnlicher Temperatur das Chlorammonium, Methylamin- und Dimethylamin-, Äthylamin- und Diäthylaminhydrochlorid usw. sofort und vollständig zerstört, während das Trimethylamin zunächst unangegriffen bleibt. Wird der Überschuß an Hypobromit, sobald die durch die Reaktion des Hypobromits auf das Ammoniak und die primären und sekundären Amine bedingte Entwicklung von Stickstoff aufgehört hat, durch HCl zerstört, so kann die schädliche Wirkung des Hypobromits auf das Trimethylamin aufgehoben werden. Man macht die Lösung dann alkalisch und destilliert das Trimethylamin in titrierte Säure.

Dorée und Golla verbesserten das Filippische Verfahren, indem sie die Destillation der Harnbasen in barytalkalischer Lösung und bei gelinder Temperatur vornahmen. Nach der Oxydation des Ammoniaks, der primären und sekundären Amine mit Natriumhypobromit entfernen sie das überschüssige NaOBr durch Zugabe von Natriumarsenit.

Zur Trennung von Trimethylamin und Ammoniak benützt Bauer die Fähigkeit der Ammonsalze, mit Formaldehyd unter Freiwerden formoltitrierbarer Säure zu reagieren, während die Salze des Trimethylamins unverändert bleiben. Er bestimmt zunächst die Menge des formoltitrierbaren Stickstoffs, zerlegt sodann die gebildeten Methylenaminoverbindungen mit Salzsäure, konzentriert die Lösung, macht alkalisch und destilliert das Ammoniak gemeinsam mit dem Trimethylamin in titrierte Säure. Durch Subtraktion des durch Formoltitration ermittelten Ammoniakgehaltes von der Summe des Ammoniaks und Trimethylamins berechnet man die Menge des Trimethylamins.

Auf der Reaktion mit Formaldehyd beruht auch ein Verfahren, das von Delépine zur Trennung von Methyl-, Di- und Trimethylamin ausgearbeitet worden ist. Löst man das Gemisch der Aminsalze in 40%iger Formaldehydlösung und versetzt mit dem gleichen Volumen Kalilauge, so reagieren nur Methyl- und Dimethylamin mit dem Formaldehyd. Letzteres bildet Tetramethylmethylendiamin $CH_2[N(CH_3)_2]_2$ und Dimethylaminomethanol $(CH_3)_2N \cdot CH_2 \cdot OH$, ersteres Trimethyltrimethylentriamin $(CH_2{:}NCH_3)_3$. Bei der Destillation geht zuerst das unveränderte Trimethylamin über; bei 80—85° siedet das Tetramethylmethylendiamin, während das Trimethyltrimethylentriamin bei 166° überdestilliert. In einem Gemisch von Ammoniak und primären Aminen reagiert Formaldehyd mit ersterem unter Bildung von Hexamethylentetramin, mit letzterem unter Bildung von Ameisensäure, welche die primären Amine neutralisiert. Der Nachweis der gebildeten Ameisensäure mittels Quecksilberbromid läßt sich unter Innehaltung gewisser Reaktionsbedingungen als Indikator für die Anwesenheit von Alkylaminen verwenden (Woodward und Alsberg). Über die Reaktion von Ammoniak und Formaldehyd vgl. auch Brochet und Cambier, Eschweiler, Knudsen, Werner.

Außer diesen speziell für Methyl-, Dimethyl- und Trimethylamin ausgearbeiteten Bestimmungs- und Trennungsverfahren existieren mehrere allgemeine Methoden, die es ermöglichen, ein Gemisch primärer, sekundärer und tertiärer Basen quantitativ voneinander zu scheiden. Diese Verfahren gründen sich auf das verschiedenartige Verhalten der primären, sekundären und tertiären Amine gegenüber salpetriger Säure (vgl. S. 14), Benzolsulfochlorid (Hinsberg), Oxalsäureester, Grignardschem Reagens (Hibbert und Wise; Sudborough). Da sie in ausführlicheren Lehrbüchern der organischen Chemie (vgl. z. B. Meyer und Jacobson „Lehrbuch der organischen Chemie" II. Auflage, Leipzig: Veit & Co. 1907, S. 359 u. ff.) beschrieben sind und zur Trennung der biogenen Alkylamine bis jetzt kaum Anwendung gefunden haben, seien sie hier bloß der Vollständigkeit halber erwähnt.

Die höheren biogenen Alkylamine: Butyl-, Amyl- und Hexylamin kann man dem Untersuchungsmaterial statt durch Wasserdampfdestillation auch durch Extraktion mit einem organischen Lösungsmittel (Äther, Amylalkohol) entziehen. Man wird zu diesem Zweck das zu verarbeitende Material zuerst von Proteinen, Fetten und Lipoiden befreien (vgl. S. 21) und die gereinigten Produkte der Extraktion unterwerfen. Die in den organischen Lösungsmitteln gefundenen Basen isoliert man entweder durch fraktionierte Destillation (Gautier) oder durch Überführung in charakteristische Salze und Derivate (Oxalate, Benzoyl- und Benzolsulfoverbindungen).

Da die Siedepunkte der höheren Alkylamine nicht sehr weit auseinanderliegen (vgl. S. 50), wird eine fraktionierte Destillation nur dann zum Ziele führen, wenn größere Mengen der Basen zur Verfügung stehen. Über die Trennung des Amylamins von Phenyläthylamin und Oxyphenyläthylamin (Barger und Walpole) vgl. S. 326.

II. Gruppe.

Die Alkanolamine (Alkamine).

Die Alkanolamine unterscheiden sich von der Gruppe der Alkylamine durch das Vorhandensein eines alkoholischen Hydroxyls. Zu den Alkanolaminen gehören demnach die bereits S. 3

erwähnten Hydramine, welche durch Addition von Ammoniak bezw. Aminen an Aldehyde entstehen und die gewöhnlich auch als Aldehydammoniake bezeichnet werden, z. B.

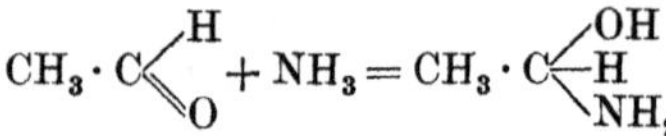

Acetaldehyd Acetaldehydammoniak

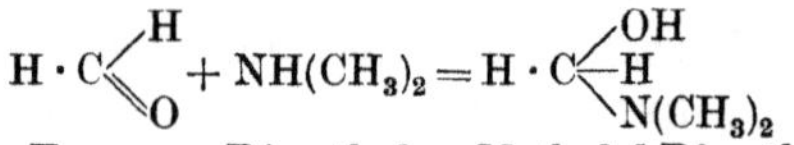

Form-aldehyd Dimethyl-amin Methylol-Dimethylamin oder Carbinol-Dimethylamin

Diese Hydramine, welche Oxygruppen und Aminogruppen an demselben Kohlenstoffatom tragen, sind als Zwischenstufen bei dem oxydativen Abbau bezw. reduktiven Aufbau der Alkylamine aufgefaßt worden. In der Natur spielen sie höchstens als intermediäre Produkte eine Rolle, da sie infolge ihrer Labilität — eine Anzahl Verbindungen sind im Laboratorium synthetisch hergestellt und studiert worden — kaum in nachweisbarer Menge auftreten.

Auch die beständigen Alkanolamine, welche Aminogruppe und Oxygruppe nicht an demselben Kohlenstoffatom tragen, finden sich in der Natur gewöhnlich nicht in freiem Zustande, sondern als Ester, in welchen das alkoholische Hydroxyl mit sauren Gruppen verankert ist. Dies gilt vor allem für den Aminoäthylalkohol $HO \cdot CH_2 \cdot CH_2 \cdot NH_2$ und sein Methylierungsprodukt, das Cholin $HO \cdot CH_2 \cdot CH_2 \cdot \underset{\underset{\displaystyle OH}{|}}{N}(CH_3)_3$.

Aminoäthylalkohol (Colamin) und Cholin.

Durch Veresterung mit Glycerinphosphorsäure bezw. deren Fettsäurederivaten bilden diese beiden Basen die **Lecithine**. Als schematische Formel für das Lecithin wird gewöhnlich folgende angegeben:

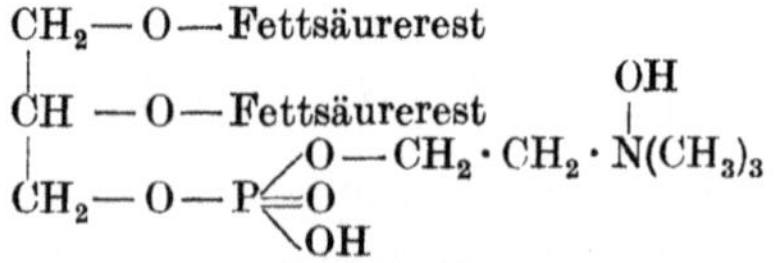

Cholinlecithin

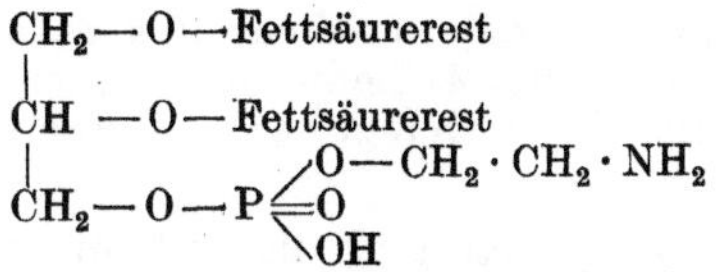

Aminoäthylalkohollecithin oder Kephalin

Die in den pflanzlichen und tierischen Zellen allgemein verbreiteten Lecithine entsprechen im wesentlichen den obigen beiden Typen, welche in den verschiedenen Geweben in wechselndem Verhältnis nebeneinander auftreten. Das gewöhnlich als Lecithin bezeichnete Phosphatid ist ein Gemisch von Cholin- und Aminoäthylalkohollecithin.

Schon 1884 und 1901 hat Thudichum auf die Möglichkeit hingewiesen, daß der Aminoäthylalkohol ein Baustein des Kephalins sei. Erst 1911 gelang es aber Trier die Base unter den Spaltprodukten eines Lecithins aus den Bohnensamen als Golddoppelsalz zu isolieren. Die Zusammensetzung der verschiedenen Lecithine aus Cholin- und Aminoäthylalkohollecithin ist sehr schwankend und hängt wahrscheinlich nicht bloß von der Art des Ausgangsmaterial sondern auch von dessen physiologischem Zustande ab. Die beiden Komponenten lassen sich mit ziemlicher Genauigkeit nach der S. 88 beschriebenen Methode bestimmen. Im Kephalin repräsentiert der Aminoäthylalkohol den einzigen basischen Bestandteil (Baumann; Renall; Cousin; Parnas; Wagner). Im Lecithin der Bohnen wurde der Aminoäthylalkoholanteil zu 14—15$^0/_0$ bestimmt (Trier), im Eigelblecithin zu ca. 50$^0/_0$ (Trier). Der Cholinanteil beträgt im Leberlecithin 42$^0/_0$ (Erlandsen), 42—75$^0/_0$ (Mc Lean), im Herzlecithin 42—74$^0/_0$ (Mc Lean), ca. 43$^0/_0$ (Mc Arthur, Norbury und Karr), im Lecithin Riedel 80$^0/_0$ (Mc Lean), im Lecithin Kahlbaum 90$^0/_0$ (Mc Lean), im Milchlecithin 39,5$^0/_0$ (Osborne und Wakeman). Im Rinder- und Schafhirnlecithin ist der Gehalt an Cholinstickstoff dem an Aminoäthylalkoholstickstoff ungefähr gleich, zusammen etwa 85$^0/_0$ des Gesamt-N des Lecithins (Darrah und Mc Arthur; Levene und Rolf). Die übrigen 15$^0/_0$ sind in Form eines nicht hydrolysierbaren Rückstandes vorhanden.

Außer Cholin und Aminoäthylalkohol sind in Lecithinen keine basischen Bestandteile mit Sicherheit nachgewiesen worden. Die Vermutung, daß im Kephalin Methylaminoäthylalkohol $CH_3 \cdot NH \cdot CH_2 \cdot CH_2 \cdot OH$ oder ein sonstiges unvollständig methyliertes Derivat des Aminoäthylalkohols enthalten sei (Koch; Fränkel und Neubauer) erwies sich als irrig. Auch die in dem Herzlecithin, Cuorin, enthaltene Base ist voraussichtlich mit Cholin identisch (Erlandsen; McLean) und das in pflanzlichen Phosphatiden nachgewiesene Vidin (Njegovan) ist wahrscheinlich unreines Cholin (Trier).

Außer in den Lecithinen tritt das Cholin als Baustein des Sphingomyelins auf, ebenfalls ein Phosphatid, das aber im Gegensatz zum Lecithin kein Glycerin enthält.

$$\begin{array}{l} \overbrace{O - C_{17}H_{32}(OH)NH}^{\text{Sphingosin-rest}} \cdot \overbrace{COC_{23}H_{47}}^{\text{Lignocerin-rest}} \\ | \\ O = P - OH \\ | \\ O \cdot \underset{\text{Cholin}}{C_5H_{13}N(OH)} \end{array}$$

Die Phosphorsäure ist im Sphingomyelin außerdem noch mit dem Sphingosin verestert, einem höheren Aminoalkohol $C_{17}H_{35}O_2N$, welcher auch in den Cerebrosiden auftritt.

In eigenartiger Bindung kommt das Cholin auch im Sinalbin, einem Glucosid des Senfsamens vor, wo es bereits im Jahre 1852 entdeckt wurde (Babo und Hirschbrunn). Es findet sich dort im basischen Anteil, dem Sinapin $C_{16}H_{24}O_6N$, in der Form eines Esters der Sinapinsäure (Gadamer).

$$\underset{\text{Sinapin}}{C_{16}H_{25}NO_6} = \underbrace{\begin{matrix}(CH_3O)_2 \\ OH\end{matrix}\!\!>\!C_6H_2 \cdot CH{:}CH \cdot CO - O}_{\text{Sinapinsäure}} - \underbrace{CH_2 \cdot CH_2 \cdot N(CH_3)_3OH}_{\text{Cholin}}$$

Im Sinalbin selbst ist das Sinapin neben Traubenzucker mit Schwefelsäure an p-Oxybenzylsenföl gekettet

$$HO \cdot C_6H_4 \cdot CH_2 \cdot N{:}C\begin{cases} O \cdot SO_2 \cdot C_{16}H_{24}NO_5 \ \text{(Sinapinrest)} \\ S \cdot C_6H_{11}O_5 \ \text{(Traubenzucker)} \end{cases}$$

Durch das im Senfsamen erhaltene Ferment — Myrosin — wird das Sinapin und der Traubenzucker aus dem Sinalbin losgelöst

$$C_{30}H_{42}N_2S_2O_{15} + 2\,H_2O = C_6H_{12}O_6 + C_7H_7O \cdot N : CS + C_{16}H_{24}NO_5HSO_4$$

Diesem Vorkommen verdankt das Cholin den obsolet gewordenen Namen Sinkalin. Wahrscheinlich ist das Sinapin auch Bestandteil der Weizenkeimlinge, wenigstens konnte sowohl Sinapinsäure wie Cholin in diesem Material nachgewiesen werden (Power und Salway).

Die Synthese des Sinapins ist erst neuerdings Späth geglückt durch Einwirkung des Sinapinsäurechlorids

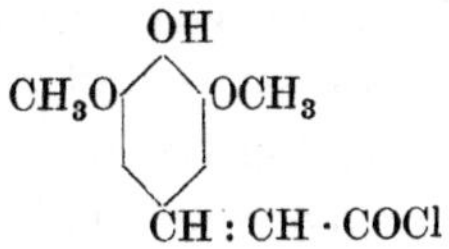

auf Dimethylaminoäthanol $(CH_3)_2N \cdot CH_2 \cdot CH_2 \cdot OH$ und Überführung des entstandenen Esters in die quaternäre Base durch Anlagern von CH_3J.

Durch saure und alkalische Hydrolyse wird das Lecithin in seine Bestandteile zerlegt, wobei das Cholin und die Fettsäuren rascher aus dem Verbande losgelöst werden als die Phosphorsäure. In ähnlicher Weise vollzieht sich der Abbau und Umbau der Lecithine in der Pflanzen- und Tierzelle unter der Einwirkung hydrolytischer Fermente. Es ist unentschieden, ob sich hierbei spezifische Lecithinasen betätigen. Auf jeden Fall wird durch die Fermente des Magendarmkanals eine Zerlegung in die Bausteine herbeigeführt (Kutscher und Lohmann; Bókay; Brugsch und Masuda; Schumoff-Simonowski und Sieber).

Ein eigentümliches, lecithinspaltendes Ferment ist im Cobragift enthalten, welches unter Abspaltung von Fettsäuren eine partielle Hydrolyse des Lecithins herbeiführt (Delezenne und Fourneau). Es resultieren dabei stark hämolytische Gifte, Lysocithine genannt. Auf diesen Vorgang ist die von P. Ehrlich und Keyes entdeckte aktivierende Wirkung des Lecithins auf die Cobragifthämolyse zurückzuführen. Die Aktivatorrolle des Lecithins ist demnach so aufzufassen, daß das Lecithin das Substrat für die im Cobragift enthaltenen Lecithinasen darstellt.

Im hydrolytischen Abbau der Lecithine ist also eine vielfache Möglichkeit für die Entstehung des Cholins und Aminoäthylalkohols gegeben. Neben dieser phosphatidogenen Entstehung der Alkanolamine darf aber auch eine proteinogene Bildung ins Auge gefaßt werden. Hierfür kommen namentlich die im Eiweiß enthaltenen Oxyaminosäuren in Betracht. So entsteht aus dem Serin durch bakterielle Decarboxylierung Aminoäthylalkohol (Nord):

$$\underset{\text{Serin}}{HO \cdot CH_2 \cdot CH(NH_2)COOH} \rightarrow \underset{\text{Colamin}}{HO \cdot CH_2 \cdot CH_2 \cdot NH_2} + CO_2$$

Eine derartige Decarboxylierung des Serins findet namentlich unter anaeroben Verhältnissen statt, wie sie durch Überdecken der faulenden Lösung mit einer Paraffinschicht erreicht werden. Aus 10 g Serin, die in 1 l Wasser mit 0,1 g $MgSO_4$ + 0,5 g $(NH_4)_2SO_4$

+ 0,1 g K_2HPO_4 und etwas Soda nach dem Impfen mit einer gefaulten Rindfleischemulsion 10 Tage bei 37° belassen wurden, konnte nach dem Verfahren von Thierfelder und O. Schulze (vgl. S. 89) 2,8 g Pikrolonat isoliert werden.

Das Trimethylserin $HO\cdot CH_2\cdot CH\cdot N(CH_3)_3\cdot COOH$ würde sich in analoger Weise in Cholin verwandeln, ebenso das Carnitin, die α-Oxy-γ-trimethylaminobuttersäure $HO\cdot N(CH_3)_3CH_2\cdot CH_2\cdot CHOH\cdot COOH$ in das γ-Homocholin $HO\cdot N(CH_3)_3CH_2\cdot CH_2\cdot CH_2OH$ und das Oxyprolin 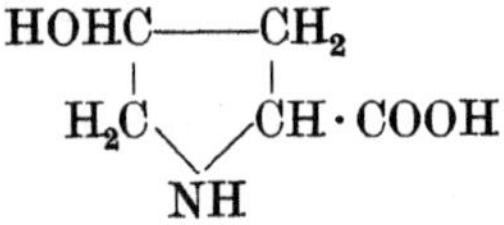 könnte sich als Muttersubstanz für einen Aminobutylalkohol erweisen.

Die im tierischen Organismus sich vollziehende Umwandlung des Cysteins (Thioserin) $HS\cdot CH_2\cdot CH(NH_2)\cdot COOH$ in Taurin $HO_3S\cdot CH_2\cdot CH_2\cdot NH_2$ (v. Bergmann; Wohlgemuth; Friedmann; Neuberg und Ascher) setzt übrigens eine analoge Decarboxylierung voraus, da dieser Übergang voraussichtlich über das Thioäthylamin $HS\cdot CH_2\cdot CH_2\cdot NH_2$ stattfindet.

Die Alkanolamine lassen sich aber noch in anderer Weise von den Aminosäuren ableiten. Schon Staněk hatte die Hypothese aufgestellt, daß sich Cholin durch Reduktion von Betain bilden könne:

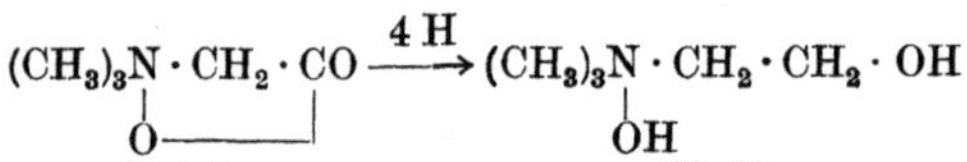

Betain Cholin

Auf eine derartige genetische Beziehung deutet namentlich das bei den Pflanzen häufig beobachtete gleichzeitige Auftreten von Cholin und Betain. Die nicht methylierten Aminosäuren würden durch einen analogen Reduktionsvorgang in die Aminoalkohole übergeführt; aus Glykokoll entstünde z. B. Colamin $H_2N\cdot CH_2\cdot COOH \xrightarrow{4H} H_2N\cdot CH_2\cdot CH_2\cdot OH + H_2O$. Daß ein derartiger Übergang von Aminosäuren in Aminoalkohole mit Hilfe chemischer Methoden erreicht werden kann, ist neuerdings von P. Karrer erwiesen worden, dem es gelang, die Ester verschiedener α-Aminosäuren durch Reduktion mit Natrium und Alkohol in die entsprechenden Alkohole überzuführen (P. Karrer, W. Karrer, Thomann, Horlacher und Mäder).

Auf ganz anderen Annahmen basiert die von Trier für die Bildung von Cholin und Aminoäthylalkohol aufgestellte Hypothese.

Nach ihm kondensiert sich der bei der Assimilation gebildete Formaldehyd zunächst zum Glykokolaldehyd $CH_2OH \cdot CHO$ (Aldolkondensation). An diesem vollzieht sich unter dem Einfluß einer Aldehydmutase (Parnas; Batelli und Stern) die Cannizzarosche Reaktion unter Bildung von Glykol $HO \cdot CH_2 \cdot CH_2OH$ und Glykolsäure $HO \cdot CH_2 \cdot COOH$. Die Glykolsäure liefert mit Ammoniak Glykokoll. Das Glykol lagert sich an Glycerinphosphorsäure oder deren Fettsäureester an, es entsteht ein Glykollecithin (stickstofffreies Lecithin). Dieses unterliegt der Amidierung, liefert dabei das Colaminlecithin, welches durch Methylierung in Cholinlecithin überzugehen vermag. Diese Vorgänge, die sich speziell in den assimilierenden Organen unter dem Einfluß des Lichtes vollziehen sollen, lassen sich durch folgende Gleichungen veranschaulichen:

$$CO_2 + H_2O + \text{Sonnenenergie} = \underset{\text{Formaldehyd}}{HCHO} + O_2$$

$$\underset{\text{Formaldehyd}}{CH_2O + HCHO} = \underset{\text{Glykolaldehyd}}{HOCH_2 \cdot CHO}$$

$$2\,\underset{\text{Glykolaldehyd}}{HO \cdot CH_2 \cdot CHO} \rightarrow \underset{\text{Glykolsäure}}{HOCH_2 \cdot COOH} + \underset{\text{Glykol}}{HOCH_2 \cdot CH_2OH}$$

$$HOCH_2 \cdot CH_2OH + \underset{\text{Glycerinphosphorsäureester}}{\begin{array}{l} H_2CO \cdot HC(OOR) \cdot H_2COOR \\ \;| \\ PO(OH)_2 \end{array}} = \underset{\text{Glykollecithin}}{\begin{array}{l} H_2CO \cdot HC(OOR) \cdot H_2COOR \\ \;| \\ PO(OH) \\ \;| \\ O \cdot CH_2 \cdot CH_2OH \end{array}} + H_2O$$

$$\underset{\text{Glykollecithin}}{\begin{array}{l} H_2CO \cdot HC(OOR) \cdot H_2COOR \\ \;| \\ PO(OH) \\ \;| \\ O \cdot CH_2 \cdot CH_2OH \end{array}} + NH_3 = \underset{\text{Colaminlecithin}}{\begin{array}{l} H_2CO \cdot HC(OOR) \cdot H_2COOR \\ \;| \\ PO(OH) \\ \;| \\ O \cdot CH_2 \cdot CH_2 \cdot NH_2 \end{array}} + H_2O$$

$$\underset{\text{Colaminlecithin}}{\begin{array}{l} H_2CO \cdot HC(OOR) \cdot H_2COOR \\ \;| \\ PO(OH) \\ \;| \\ O \cdot CH_2 \cdot CH_2 \cdot NH_2 \end{array}} + 3\,CH_3OH = \underset{\text{Cholinlecithin}}{\begin{array}{l} H_2CO \cdot HC(OOR) \cdot H_2COOR \\ \;| \\ PO(OH) \qquad\quad OH \\ \;| \qquad\qquad\qquad\;\; | \\ O \cdot CH_2 \cdot CH_2 \cdot N(CH_3)_3 \end{array}} + 2\,H_2O$$

Nach obigem Schema, welches sowohl eine Erklärung für die Entstehung des Glykokolls, wie auch für die Synthese der Lecithine gibt, würden die Alkanolamine in freiem Zustande nicht gebildet werden. Sie entstehen erst sekundär bei der Zerlegung und beim Umbau der Lecithine.

Danach müßte das Cholinlecithin den sekundären hydrolytischen Prozessen unterworfen sein, während das Colaminlecithin in der lebenden Zelle nicht zerlegt würde. Wenigstens konnte Aminoäthylalkohol in freiem Zustande nicht nachgewiesen werden. Freilich besitzen wir für den Nachweis des Aminoäthylalkohols keine so empfindlichen Methoden wie für das Cholin.

Im Laboratorium gelingt die Zerlegung des Lecithins durch alkalische oder saure Hydrolyse. Zur Hydrolyse verwendet man gesättigte Barytlauge (Strecker; Liebreich; Diakonow), 10%ige Schwefelsäure (Moruzzi) oder 1%ige Schwefelsäure (McLean).

Malengreau und Prigent haben gezeigt, daß sich die Hydrolyse des Lecithins in der Wärme mit den sehr verdünnten Lösungen von $^1/_{10}$ n-H_2SO_4 und $^1/_{10}$ n-HCl quantitativ durchführen läßt. Die Abspaltung der Fettsäuren und des Cholins braucht dabei allerdings etwas längere Zeit (5—8 Stunden), als dies bei der Anwendung stärkerer Säuren der Fall wäre. Bei achtstündigem Kochen des Lecithins mit $^1/_{10}$ n-HCl ist die Hydrolyse der Fettsäuren und des Cholins fast ganz erreicht, die der Glycerinphosphorsäure beträgt nur 12,8% der Gesamtmenge. Bei 72stündigem Kochen mit $^1/_{10}$ n-Essigsäure ist die Abspaltung der Fettsäuren und des Cholins vollständig. Die Hydrolyse des Glycerinphosphorsäureesters beträgt nur 23,9% der Gesamtmenge statt 72,7%, wie sie durch Behandlung mit Schwefelsäure erreicht wird.

Nach Entfernung des zur Hydrolyse gebrauchten Agens wird das Cholin in alkoholische Lösung übergeführt und über eine Schwermetallverbindung, Quecksilber- oder Platindoppelsalz, oder über das Phosphorwolframat isoliert und gereinigt. Zur Abtrennung des Aminoäthylalkohols mit den anderen Spaltprodukten des Lecithins verfährt man am besten nach Trier. Dieser trennte das Colamin vom Cholin auf Grund der großen Löslichkeit seiner Quecksilberchlorid- und Platinchloriddoppelsalze. Andere Methoden zur Trennung und Bestimmung von Aminoäthylalkohol siehe S. 88.

Zur synthetischen Darstellung des Aminoäthylalkohols eignet sich das Verfahren von Knorr. Dieses beruht auf der Anlagerung von Ammoniak an Äthylenoxyd nach der Gleichung

$$\underset{\text{Äthylenoxyd}}{\underbrace{CH_2—CH_2}_{\diagdown O \diagup}} + NH_3 = \underset{\text{Aminoäthylalkohol}}{HO \cdot CH_2 \cdot CH_2 \cdot NH_2} \;.$$

Zur Vermeidung von Nebenreaktionen hat man einen großen Überschuß von konzentriertem, wäßrigem Ammoniak und starke Kühlung anzuwenden.

Die synthetische Gewinnung von Cholin gelingt am einfachsten nach der Methode von Wurtz. Die Bildung beruht auf der Anlagerung von Trimethylamin an Chloräthylalkohol

$$Cl \cdot CH_2 \cdot CH_2OH + N(CH_3)_3 = \underset{\substack{| \\ Cl}}{N}(CH_3)_3 \cdot CH_2 \cdot CH_2OH$$

Renshaw hat das ursprüngliche Verfahren von Wurtz etwas verbessert. Andere Synthesen des Cholins sind von Bode, Krüger und Bergell ausgeführt worden.

Während der Aminoäthylalkohol bis jetzt nur als Baustein des Lecithins und Kephalins nachgewiesen werden konnte, zeigt das Cholin eine viel weitergehende Verbreitung. Es findet sich nicht nur in der Form der S. 57 erwähnten esterartigen Verbindungen, sondern auch in freiem Zustande, sowohl im Pflanzen- wie im Tierreich.

Vorkommen von Cholin in Pflanzen.

Material	Cholin in %	Autor
Steinpilz	0,0056	Polstorff
Pfifferling	0,01	Polstorff
Junge Rüben (45 Tage alte Pflänzchen)	0,015	Staněk
Rüben (Samen)	0,015	Staněk
Champignon	0,015	Polstorff
Chrysanthemum sinense (Blüten und Blätter)	0,017	Yoshimura
Korn	0,019	Staněk
Cortinellus (lufttrockene Pilze)	0,02	Yoshimura u. Kanai
Malzkeime (lufttrocken)	0,02	Yoshimura
Hopfen (Blüten)	0,02	Grieß und Harrow, Power, Tutin u. Rogerson; Chapman
Rüben (Blätter)	0,029	Staněk
Gerste	0,035	Staněk
Rüben (Blätter)	0,040	Staněk
Vicia sativa (Samen)	0,045	Schulze
Weizen	0,048	Staněk
Trigonella (Samen)	0,05	Jahns
Hafer	0,053	Staněk
Erbsen	0,074	Staněk
Kürbis und Lupinen (Samen)	ca. 0,075	Schulze
Linsen	0,091	Staněk
Pferdebohnen	0,096	Staněk

Material	Cholin in %	Autor
Boletus luridus	0,1	Böhm
Pisum sativum (Samen)	0,1	Schulze
Artemisia gallica (Samen)	0,1	Jahns
Extr. Hyoscyami (Wurzeln und Blätter)	0,26	Kunz
Extr. Belladonnae	0,7—1,3	Kunz
Lythrum Salicaria (Pflanze)	0,026	Carracido und Madinaveitia

Außerdem wurde Cholin nachgewiesen im Mutterkorn (Kraft), im Fliegenpilz (Schmiedeberg und Harnack), in Amanita pantherina (Böhm), in Helvella esculenta (Brieger), in Russula emetica (Kobert), in Boletus satanas (Utz), in Hypholoma fasciculare und Leucites sepiaria (Zellner), im Samen von Sinapis alba (Babo und Hirschbrunn; Gadamer), im Saft und in der Melasse von Rüben (Lippmann), in den Keimlingen von Soja hispida (Schulze), in den Arecanüssen (Jahns), in den Keimen von Malz und Weizen (Schulze und Frankfurt; Power und Salway), in Samen von Strophanthus (Thoms), in den Schößlingen des Bambus (Totani), in Flores helianthi (Buschmann), in den Kohlrüben (Schulze und Trier), in den Knollen und oberirdischen Teilen von Topinambur (Schulze und Trier), in den Knollen von Dahlia variabilis (Schulze und Trier), in Daucus carota (Schulze und Trier), in den Knollen von Apium graveolens (Schulze und Trier), in den oberirdischen Teilen von Salvia pratensis (Schulze und Trier), in den oberirdischen Teilen von Stachys silvatica (Schulze und Trier), in den Extrakten von Bohnenpflanzen (Ciamician und Ravenna), in den Knollen von Gloriosa superba (Clewer, Green und Tutin), in den Schoten von Aralia cordata (Miyaka), in den Blättern von Adonis vernalis (Heyl, Hart und Schmidt), in den Früchten von Cicer arietinum (Zlatarow), in Preßkuchen von Sesamum indicum (Schulze und Trier), in Chrysanthemum coronaria L. (Yoshimura), in Artemisia vulgaris L. (Yoshimura), in Oryza sativa (Yoshimura), in den jungen Blättern von Morus alba (Yoshimura), in der Reiskleie (Funk), in Caltha palustris (Poulsson), im Wein, Weinstein, Weinstock (Struve), in den Weinblättern (Deleano), in den Blättern von Anthemis nobilis kommt Cholin außer im freien Zustande auch gebunden in Form einer in Wasser unlöslichen

Verbindung vor, aus der sie mit verdünnter Schwefelsäure abspaltbar ist (Power und Browning).

In tierischen Organen und Extrakten wurde Cholin in folgenden Mengen ermittelt: im Harn 0,0002 bis 0,001 %, im Serum 0,0002 bis 0,002 % (Hunt, Guggenheim und Löffler), in der Milz 0,012 % (Kinoshita), im Pankreas 0,015 % (Kinoshita), in der Lunge 0,016 % (Kinoshita), im Muskel 0,022 % (Kinoshita), in der Niere 0,027 % (Kinoshita), im Dünndarm 0,03 % (Kinoshita), im getrockneten Fischrogen 0,07 % (Yoshimura), in der frischen Leber 0,07 % (Smorodinzew), 0,01 % (Kinoshita), im getrockneten Gehirn 0,0016 % (Shimizu).

Außerdem wurde Cholin nachgewiesen im Blut (Letsche), im Serum (Gautrelet und Thomas), im Speichel (Houdas), in der Cerebrospinalflüssigkeit (Rosenheim), in der Lumbalflüssigkeit (Kauffmann), im Hypophysenextrakt (Engeland und Kutscher), in der Galle (Strecker), im Darmextrakt und Sekretin (v. Fürth und Schwarz), in der Thymus-, Milz- und Lymphdrüse (Schwarz und Lederer; Berlin), im Pankreas, Milz, Ovarium, Niere, Thyreoidea, Speicheldrüse, Knochenmark, Magen- und Darmschleimhaut (Gautrelet), in den Stierhoden (Totani), im Gehirn (Gulewitsch; Halliburton; Kauffmann), im faulen Pferdefleisch (Gulewitsch).

Magnus und Le Heux haben nachgewiesen, daß der Dünndarm, der in Tyrodelösung überlebend gehalten wird, Cholin bildet und von der Serosaseite in die umgebende Flüssigkeit sezerniert. Die von einem ganzen Kaninchendünndarm innerhalb einer Stunde abgegebene Menge Cholin beträgt über 3 mg. Dieses Cholin, das voraussichtlich im normalen Darm gebildet wird, fördert durch Reizung des Auerbachschen Plexus die Darmperistaltik und wird demgemäß als ein Hormon der Darmbewegung angesprochen. Nach den Feststellungen von Le Heux scheint ferner die Möglichkeit zu bestehen, daß das Cholin in der Darmwand mit Hilfe eines Fermentes mit Säure zu Acylcholinen (vgl. S. 100) verestert wird, welche die Darmtätigkeit in noch weit ausgesprochenerem Maße beeinflussen als das Cholin selbst. In anderen glattmuskulären Organen, wie im Uterus entsteht das Cholin in weit geringerem Maße und besitzt für die automatischen Bewegungen dieser Organe keine wesentliche Bedeutung (Backmann).

Auffallend hoch ist der Cholingehalt der Rindensubstanz der Nebenniere (Hunt; Lohmann), während die Marksubstanz diese Base nur in geringer Menge enthält. Identisch mit Cholin ist auch die aus Rinder- und Pferdemilz dargestellte, auf glattmuskuläre Organe aktive Substanz, welche zuerst von Stern und Rothlin unter der Bezeichnung Lienin als spezifisches Prinzip angesprochen worden war (Privatmitteilung von Rothlin). Die Frage, ob das Cholin in den Körperflüssigkeiten, Cerebrospinalflüssigkeit, Serum, Harn usw. frei vorkommt, ist Gegenstand verschiedener Untersuchungen gewesen. Eine Entscheidung war namentlich deshalb von Interesse, weil diesem Vorkommen diagnostische Bedeutung für gewisse nervöse Erkrankungen zugeschrieben wurde (Halliburton; Donath u. a., vgl. im Gegensatz hierzu Mansfeld; Kauffmann). Eine Entscheidung war erst möglich, nachdem die Methode zum Nachweis und zur Isolierung des Cholins erheblich verfeinert war, und zwar ergaben die nach verschiedenen Methoden (Hunt; Guggenheim und Löffler) ausgeführten Bestimmungen einen Cholingehalt im Blut von etwa 0,002—0,02 g, im Harn von 0,002—0,01 g pro Liter. In ähnlichen Grenzen bewegte sich der Cholingehalt der Cerebrospinalflüssigkeit. Bei Nervenerkrankungen (progressiver Paralyse, Tabes) war der Cholingehalt des Serums und der Cerebrospinalflüssigkeit nicht deutlich erhöht. Elektrische Reizung vermehrt den Cholingehalt von Froschmuskeln (Geiger und Loewi). Der Cholingehalt des Harns erfährt bei paraluetischen Erkrankungen eine merkliche Steigerung (Matanovitsch). Wenn auch diese gesteigerte Cholinausscheidung vielleicht mit einem vermehrten Abbau lecithinhaltiger Nervensubstanz im Zusammenhang steht, so darf es andererseits als erwiesen gelten, daß der von röntgenologischer Seite (Schwarz; Werner) postulierte Lecithinzerfall und eine damit zusammenhängende Cholinmobilisierung unter dem Einfluß kurzwelliger Strahlen (Radium- und Röntgenstrahlen) nicht stattfindet (Guggenheim und Löffler).

Biochemisches Verhalten von Aminoäthylalkohol und Cholin.

Im Tierkörper erleidet der Aminoäthylalkohol einen Abbau, der wahrscheinlich ähnlich verläuft wie die Oxydation durch Wasserstoffsuperoxyd (Neuberg und Rewald; Suto), welche zur Bildung von Acetaldehyd und Glyoxylaldehyd führt. Setzt man zu der, eine überlebende Leber speisenden Perfusionsflüssigkeit Aminoäthylalkohol, so ist nach zweistündiger Durchströmung in der Perfusionsflüssigkeit kein Aminoäthylalkohol mehr aufzufinden, da er offenbar in der oben angedeuteten Weise oxydiert worden ist (Guggenheim und Löffler). Nach den Angaben von Cremer und Seuffert an phlorrhizinvergifteten Tieren ausgeführten Versuchen ist der Aminoäthylalkohol nur in beschränktem Maße zur Zuckerbildung befähigt. Die per os verabreichte Substanz entfaltete deutlich Narkosewirkungen.

Nachdem das Cholin fast in sämtlichen Körperflüssigkeiten einwandfrei nachgewiesen war, ist es eine Frage von großem Interesse geworden, welche Bedeutung wir diesem Cholin zuzuschreiben haben. Ist es ein Abbauprodukt der Körperlecithine oder eine Vorstufe oder entstammt es den mit der Nahrung aufgenommenen Phosphatiden? Die von Trier (vgl. S. 61) aufgestellte Hypothese haben wir oben ausführlich besprochen. Danach würde sich in den Pflanzen, aus Glycerinphosphorsäure und Glykol zunächst der Glykolester der Glycerinphosphorsäure bilden. In diesem wird die Alkoholgruppe durch die Aminogruppe ersetzt und nachträglich noch einer Methylierung unterworfen. Demgemäß erfolgt die Einführung des Stickstoffs in das Lecithinmolekül erst nachträglich und Cholin kann nur durch Hydrolyse der Phosphatide in den Organismus gelangen. Für diese Annahme sprechen die vielfach bei der Untersuchung von Pflanzen gemachten Beobachtungen, daß der Lecithingehalt sich beim Aufbewahren oder bei der Keimung verringert, indes der Cholingehalt zunimmt (Staněk, Schulze und Pfenninger; Kiesel), sowie das Vorkommen stickstoffarmer und phosphorreicher Lecithine unter den Phosphatiden verschiedener Pflanzensamen (Trier). Doch ist keineswegs einwandfrei bewiesen, daß das in den Körper eingeführte Cholin nicht zur Synthese von Lecithin verwendet werden kann.

Unentschieden ist auch das Schicksal der Phosphatide im Tierkörper, die zwar unter dem Einfluß der Fermente des Magendarmkanals in ihre Bausteine zerlegt werden können (vgl. S. 59), bei denen aber auch eine teilweise Resorption des ganzen Moleküls nicht ausgeschlossen erscheint.

Schon die ersten Untersucher (Böhm) hatten festgestellt, daß das Cholin sehr rasch aus dem Kreislauf verschwindet. **Ellinger hat in neuerer Zeit diesen Befund analytisch bestätigen** können. Er verabreichte Kaninchen längere Zeit Cholin per os oder intravenös und untersuchte die verschiedenen Organe auf Cholin, indem er aus den Alkoholextrakten der Gewebe das Cholin mit Platinchlorid ausfällte. Diese Methode darf aber kaum als einwandfrei gelten. Somit müssen die Feststellungen Ellingers, wonach subkutan verabreichtes Cholin bis zu 50% in der Haut abgelagert wird, sowie auch seine sonstigen Angaben über die Verteilung injizierten Cholins in den verschiedenen Organen skeptisch betrachtet werden. Die schnelle Auswanderung des Cholins aus dem Kreislauf konnte jedoch auch mittels der Acetylcholinmethode bewiesen werden (Guggenheim und Löffler). Intravenös und subkutan verabreichtes Cholin wird im Harn in ganz geringer Menge unverändert ausgeschieden. Die überlebende Leber ist nicht imstande, das Cholin in nur einigermaßen in Betracht kommenden Mengen chemisch zu verändern. In nicht veröffentlichten Versuchen wurde der Cholingehalt der verschiedenen Organe von Kaninchen, welche längere Zeit Cholin injiziert erhalten hatten, mit dem Cholingehalt der Organe normaler Tiere verglichen, ohne daß eine Anreicherung im Sinne Ellingers konstatiert werden konnte.

Erwägt man die Möglichkeit, nach welchem dem Körper einverleibtes oder durch Lecithinzerfall entstehendes Cholin chemisch verändert werden kann, so hat man entweder einen oxydativen Abbau oder einen Aufbau zu Lecithin ins Auge zu fassen. Sasaki suchte hierüber Aufschluß zu erhalten, indem er Cholin gleichzeitig mit Phosphaten verabreichte. Er konnte jedoch keine Phosphatbindung feststellen. Schließt man die Lecithinbildung aus Cholin aus, so können auf oxydativem Wege eine Reihe verschiedenartiger Abbauprodukte resultieren. Am einfachsten erscheint die Annahme, die Carbinolgruppe des Cholins werde durch Oxydation in eine Carboxylgruppe verwandelt. Diese Annahme, welche in dem häufigen Vorkommen von Betain neben Cholin eine Stütze hätte, findet jedoch im Tierversuch gar keine Bestätigung.

Nimmt man an, daß zunächst die Trimethylamingruppe des Cholins abgespalten wird, so gelangt man zu einem stickstofffreien Rest, dem Glykol, welches entweder zur Synthese verbraucht oder völlig verbrannt werden kann oder als Glyoxylsäure bezw. als Oxalsäure zur Ausscheidung gelangt. Das Trimethylamin kann als solches ausgeschieden werden oder es wird auf oxydativem Wege entmethyliert und schließlich in Harnstoff und Ameisensäure bezw. Kohlensäure verwandelt. Hößlin, welcher diese Art des Cholinabbaues zuerst in Frage zog, konnte nach oraler und subkutaner Verabreichung von Cholin an Kaninchen im Harn der Versuchstiere eine erhebliche Zunahme des Ameisensäuregehaltes nachweisen. Das Trimethylamin war im Harn nicht vermehrt. Glyoxylsäure und unverändertes Cholin ließen sich nicht nachweisen. Die Zunahme von Ameisensäure im Harn konnte auch von Franchini festgestellt werden, welcher Kaninchen Cholin in Form von Lecithin verabreicht hatte (vgl. hierzu auch Salkowski). Aus der Zunahme der Ameisensäure im Harn läßt sich wohl auf eine Abspaltung von Methylgruppen, d. h. auf eine Entmethylierung des Cholins schließen. Es bleibt jedoch unentschieden, ob die Entmethylierung des Trimethylaminkomplexes vollständig oder nur partiell vor sich gegangen ist.

Eine teilweise Entmethylierung des Cholins nimmt Rießer an. Nach ihm kommen sowohl Cholin wie Betain als Muttersubstanz für das Kreatin in Betracht, indem sie im Organismus bei Gegenwart von Harnstoff partiell entmethyliert werden. Intermediär entsteht bei diesem Vorgang aus Cholin Methylaminoäthanol, aus Betain Sarcosin. Methylaminoäthanol geht durch Oxydation ebenfalls in Sarcosin über. Als Endprodukt bildet sich durch Anlagerung von Cyanamid Kreatin. Diese Hypothese wird durch folgende Gleichungen verständlich:

I. $$\underset{\text{Cholin}}{(CH_3)_3{\equiv}N(OH)\cdot CH_2\cdot CH_2\cdot OH} + CO\begin{smallmatrix}NH_2\\NH_2\end{smallmatrix} \longrightarrow \underset{\text{Methylaminoäthanol}}{CH_3\cdot NH\cdot CH_2\cdot CH_2OH} +$$

$$\boxed{2\,CH_3OH} + \underset{\text{Cyanamid}}{CN\cdot NH_2} \xrightarrow{O_2} \underset{\text{Sarcosin}}{CH_3\cdot NH\cdot CH_2\cdot COOH} + CN\cdot NH_2 \rightarrow$$

$$\longrightarrow NH:\overset{NH_2}{\overset{|}{C}}\cdot N(CH_3)\cdot CH_2\cdot CO_2H$$

II. $$\underset{\text{Betain}}{(CH_3)_3{\equiv}N(OH)\cdot CH_2\cdot COOH} + CO(NH_2)_2 \longrightarrow \underset{\text{Sarcosin}}{CH_3\cdot NH\cdot CH_2\cdot COOH} +$$

$$\boxed{2\,CH_3OH} + CN\cdot NH_2 \longrightarrow \underset{\text{Kreatin}}{HN:\overset{NH_2}{\overset{|}{C}}\cdot N(CH_3)\cdot CH_2\cdot CO_2H}$$

Bei der als II bezeichneten Reaktionsstufe kann man auch annehmen, daß statt Cyanamid $CN\cdot NH_2$ Harnstoff in der Isoform

$C{\diagup OH \atop \overset{=NH}{\diagdown NH_2}}$ mit der sekundären Aminogruppe reagiert. Den Beweis für diese Annahme erbringt Rießer durch Kreatinbestimmungen in den Muskeln von Kaninchen, welche Cholin subkutan verabreicht erhalten hatten. Der nahezu konstante Kreatingehalt der Kaninchenmuskeln von 0,521% erhöhte sich auf 0,56—0,6%. Auch der Kreatiningehalt des Harns erfuhr nach Darreichung von Cholin eine deutliche Steigerung (vgl. auch S. 172). Im Sinne der Hypothese von Rießer sprechen auch die Versuche von Shanks, welcher Kaninchen in Äthernarkose eine verdünnte Lösung von Cholinchlorid intravenös injizierte und den Kreatingehalt des nach der Infusion von etwa 0,3 g Cholinchlorid pro kg entnommenen Gastrocnemius verglich mit dem Kreatingehalt, welchen der andere Gastrocnemius vor der Cholinzufuhr besaß. Es ergab sich dabei eine durchschnittliche Zunahme des Kreatingehaltes von 0,08 g pro kg. Baumann, Hines und Marker waren in Versuchen an Hunden zu einem ähnlichen Ergebnis gelangt.

Dagegen konnte Satta nach Lecithinfütterung keine Kreatininzunahme im Harn beobachten. Er verneint daher den Übergang von Cholin in Kreatin und nimmt an, daß die Entmethylierung des Cholins bis zum Aminoäthylalkohol vor sich gehe. Eine Desamidierung des Aminoäthylalkohols schließt Satta aus, weil das bei diesem Vorgang entstehende Glykol Oxalsäure liefern müßte, diese aber im Harn von Lecithintieren nicht auftritt.

Etwas eindeutigere Resultate ergaben die Untersuchungen über die Veränderung des Cholins durch Mikroorganismen. Brieger hatte unter den Fäulnisprodukten von Fleisch Neurin nachweisen können und die Vermutung ausgesprochen, dieses möchte sich aus Cholin durch Wasserabspaltung gebildet haben. Experimentelles Material zur Stütze dieser Vermutung lieferte dann später E. Schmidt, welcher bei der Fäulnis von Cholin in wäßriger Lösung oder in gelatinehaltigen Nährböden durch Mischkulturen aus Heuinfus die Bildung von Neurin beobachtete. Er isolierte dasselbe als Platinsalz und stellte seine charakteristische Wirkung am Froschherzen fest. Reinkulturen von Bacillus subtilis waren jedoch nicht imstande, diese Umwandlung hervorzurufen. Bei der anaeroben Fäulnis von etwa 1 g Cholin durch Kloakenschlamm fand Hasebroek neben gasförmigen Zersetzungsprodukten

Methan, Ammoniak und wenig Methylamin. Di- und Trimethylamin konnten nicht nachgewiesen werden.

Ruckert züchtete Oidium lactis und Vibrio cholerae auf cholinhaltigen Nährböden und fand dabei als Spaltprodukte des Cholins Ammoniak und Kohlensäure. Zwischenprodukte wie Trimethylamin und Neurin waren nicht isolierbar. Ackermann und Schütze dagegen gelang es, in cholin- oder lecithinhaltigen Kulturen von Prodigiosus die Bildung von Trimethylamin und Methylamin nachzuweisen.

Pharmakologisches Verhalten von Aminoäthylalkohol, Cholin und Homocholin.

Der Aminoäthylalkohol ist pharmakologisch kaum untersucht worden. Nur Cremer hat beim Studium seines biochemischen Verhaltens an Hunden nach oraler Verabreichung eine narkotische Wirkung festgestellt. Von Derivaten sind einige Ester aromatischer Säuren auf lokalanästhetische Wirksamkeit untersucht worden, namentlich N-monobenzoyl-β-Aminoäthylalkohol, $C_6H_5 \cdot CO \cdot NH \cdot CH_2 \cdot CH_2OH$, das Chlorhydrat des N-m-Aminobenzoyl-β-amino-äthylalkohol-m-aminobenzoesäureesters, $H_2N \cdot C_6H_4 \cdot CO \cdot NH \cdot CH_2 \cdot CH_2 \cdot O \cdot OC \cdot C_6H_4 \cdot NH_2 \cdot HCl$ und der p Verbindung. Diese Verbindungen zeigten jedoch keine lokalanästhetische Wirksamkeit, im Gegensatz zu den entsprechenden Derivaten der sekundären und tertiären Amine, von denen das Novocain, der Aminobenzoeester des Diäthylaminoäthanols $(C_2H_5)_2N \cdot CH_2 \cdot CH_2 \cdot O \cdot CO \cdot C_6H_4 \cdot NH_2$ weitgehende therapeutische Anwendung gefunden hat (vgl. S. 105). Oxäthylmethylamin $HO \cdot CH_2 \cdot CH_2 \cdot NH \cdot CH_3$ bewirkt in Dosen von 0,01 g nur eine geringe Blutdrucksteigerung (Dakin).

Das Cholin wirkt als quaternäre Ammoniumbase auf die motorischen Nerven curareartig (vgl. S. 46), indem die Nervenendigungen, wie bei der Curarevergiftung, gelähmt und somit die Leitung zwischen Nerven und Muskeln unterbrochen wird (Boehm; Cervello). Die curareartige Wirkung bedingt die Toxizität des Cholins, indem bei einer bestimmten Dosis eine Respirationslähmung resultiert, welche den Tod des Tieres herbeiführt.

Die letale Dosis ist von den verschiedenen Autoren verschieden angegeben und hängt natürlich von der Art der Verabreichung des Cholins ab. Nach Boehm bewirkt das Cholin in Dosen von

0,025—0,1 g an Fröschen im Verlauf von 10 Minuten bis 1 Stunde allgemeine Paralyse. Dieselbe erfolgt allmählich nach einer vorausgehenden Erregung, wie sie auch bei der Curarelähmung stattfindet. Gleichzeitig beobachtet man eigentümliche Veränderung der Respirationstätigkeit, fast unmittelbar nach der subkutanen Injektion sistieren der Atmung, im weiteren Verlauf krampfartiges Atmen, schließlich völliger Stillstand auf dem Höhepunkt der Paralyse. Der Nervus ischiadicus wird unter dem Einfluß des Cholins, gegenüber den elektrischen Reizen wenig empfindlich bis völlig gelähmt. Stärkere und größere Tiere erholen sich im Verlauf von 24 Stunden von der Wirkung auch größerer Dosen bis zu 0,1 g vollständig. Kleinere Tiere gehen hingegen meistens schon nach 0,05 g zugrunde und sind nach 24—48 Stunden totenstarr. Charakteristisch ist auch eine Pupillenverengerung bei Fröschen, die meistens erst nach Ablauf einer Stunde ihr Maximum erreicht. Diastolischer Herzstillstand konnte auch nach Dosen von 0,1 g nicht beobachtet werden. Eine Beeinflussung der Vorhoftätigkeit wurde bei muscarinfreiem Cholin nie festgestellt. Die minimal letale Dosis pro kg Kaninchen beträgt bei intravenöser Verabreichung 0,10 g, bei intrarectaler und subkutaner 1,0 g des Chlorhydrates (Dreyfus). Cholin bewirkt nur in großen Dosen und auch dann nur vorübergehend Speichelfluß.

Kaninchen und Katzen reagieren verschieden. Während bei Kaninchen auch nach großen subkutanen Dosen von 0,7 g keinerlei Lähmungserscheinungen eintraten, wurde eine kräftige Katze schon durch 0,3 g in kurzer Zeit vorübergehend gelähmt, eine andere durch 0,5 g innerhalb 5 Minuten getötet. Dosen unter 0,3 g bewirken auch bei Katzen, abgesehen von unerheblicher Salivation niemals deutliche Vergiftungserscheinungen. Charakteristisch für die Cholinvergiftung ist der Umstand, daß sie in auffallend kurzer Zeit entweder zum Tode oder zur völligen Erholung der Tiere führt, was darauf hindeutet, daß das Gift entweder sehr rasch ausgeschieden oder aber innerhalb des Organismus verändert wird.

Boehm hat die Curarewirkung des Cholins mit der des Curarins und anderer curareähnlich wirkenden Ammoniumbasen verglichen, indem er feststellte, welche Konzentration von Cholin nötig ist, um am Nerv- und Muskelpräparat des Frosches bei einem Aufenthalt von 1—30 Sekunden in der Giftlösung eine maximale Giftwirkung hervorzurufen. Er fand dieselbe für Cholin bei 0,35%, für Tetraäthylammonium bei 0,125%, für Trimethylamin bei

0,015%, für Neurin bei 0,012%, für Tetramethylammonium bei 0,005%, für Muscarin bei 0,0025%, für Trimethylvalerylammonium bei 0,001%, für Curarin bei 0,00001%.

Während Boehm keine zentrale Wirkung des Cholins annimmt, schreibt Pal dem Cholin neben der lähmenden Wirkung auf den Nervenendigungsapparat auch eine fördernde auf die motorischen Zentren zu, infolge welcher es krampferregend wirkt und vorübergehend die Curarewirkung aufzuheben vermag.

Die Wirkung auf den Blutdruck ist die Resultante einer Wirkung auf das Herz (vgl. unten) und auf die konstriktorischen bezw. dilatatorischen Elemente der Gefäßwand. Dies ist schon von Halliburton erwähnt und neuerdings durch die Untersuchungen von Pal, sowie Abderhalden und Müller konstatiert worden. Die dermaßen komplizierte Natur der Blutdruckwirkung des Cholins bedingte längere Zeit differente Anschauungen über den pressorischen Effekt von Cholininjektionen. Dazu kam noch der Umstand, daß je nach der Art der Narkose die eine oder andere Komponente mehr oder weniger stark hervortrat. Doch kann nach den Untersuchungen obiger Autoren sowie von Lohmann, Pal, Gautrelet, Desgrez und Chevalier, Lafayette Mendel und F. P. Underhill, welche an Hunden, Katzen und Kaninchen ausgeführt worden waren, folgende Anschauung über die Blutdruckwirkung des Cholins als richtig betrachtet werden. Das Cholin bewirkt nach intravenöser oder subkutaner Injektion von 1—3 mg pro Kilogramm Versuchstier eine vorübergehende Blutdrucksenkung, welche bisweilen von einer schwachen Blutdruckerhöhung gefolgt wird. Geht der Cholininjektion eine Atropinisierung des Versuchstieres voraus, so manifestiert sich nur die Blutdrucksteigerung. Nach protrahierter Äthernarkose, sowie nach Verabreichung gewisser Curaresorten kann der pressorische Effekt ausbleiben. Bei wenig narkotisierten Tieren, wie nach Durchtrennung der Oblongata, prädominiert die Blutdrucksteigerung, nach Adrenalinvorbehandlung die Blutdrucksenkung (Benelli), ebenso bei Menschen mit arteriellem Überdruck (Patta und Varisco).

Die Blutdrucksenkung entsteht durch Blutstauung im Herzen, sowie durch primäre Dilatation der Gefäße der Extremitäten, des Darms, der Nieren, der Gehirngefäße (Müller). Die bisweilen nach der Senkung auftretende Blutdrucksteigerung ist bedingt durch eine sekundäre Reizung konstriktorischer Elemente. Nach

Atropinisierung kommt die blutdrucksteigernde Wirkung des Cholins allein zur Geltung. Die Behauptung von Modrakowski und Popielski, wonach die vorstehend beschriebene Cholinwirkung, speziell die Blutdrucksenkung durch eine, dem synthetischen und natürlichen Cholin beigemengte Verunreinigung bedingt ist, kann als widerlegt gelten, zumal Berlin gezeigt hat, daß auch Homocholin die oben beschriebene Cholinwirkung besitzt und es nicht anzunehmen ist, daß diese auf ganz anderem Wege dargestellte Verbindung dieselbe Verunreinigung enthalten soll, wie Cholin.

Die Tätigkeit des isolierten Froschherzens wird durch Cholin verlangsamt (Golowinsky). Wie das Muscarin wirkt es erregend auf die Hemmungsapparate unmittelbar am Herzen, ohne es zum Stillstand in der Diastole zu bringen. Die quergestreifte Muskulatur und die motorischen Nerven bleiben vom Cholin unberührt. Durch Behandlung mit einer verdünnten Lecithinlösung wird die Cholinwirkung aufgehoben oder abgeschwächt, durch Kalisalze potenziert (Loewi; Zwaardemaker). Gegenüber den Warmblüterherzen verhält sich Cholin ähnlich (Golowinski). Patta und Varisco stellten auch an dem in situ befindlichen Säugetierherzen nach Eingabe von glycerinphosphorsaurem Cholin Brachykardie fest, welche durch Reizung der Vagusendigungen zustande kam. Zu ähnlichen Resultaten gelangte Müller.

Am überlebenden Froschgefäßpräparat wirkt Cholin kontrahierend (Samelson; Teschendorf). Müller stellte dagegen am überlebenden Gefäßsystem des Warmblüters sowohl eine kontrahierende, wie eine erweiternde Wirkung fest. Auch nach Lohmann ist Cholin an der isolierten Gefäßmuskulatur (Carotis vom Rind) ohne Wirkung. Bei der Durchströmung des überlebenden Meerschweinchenlungenpräparates mit cholinhaltiger Tyrodelösung wird Bronchialkrampf erzeugt, der durch eine Wirkung auf die Nervenendigungen herbeigeführt wird, während die Pulmonalgefäße unbeeinflußt bleiben (Baehr und Pick).

Pal betrachtet die Darmwirkung des Cholins als eine indirekte, durch Änderung des Kreislaufes hervorgerufene. Müller stellt jedoch in einer Konzentration von etwa 1:100 eine direkt erregende Wirkung fest und vermutet den Angriffspunkt des Cholins am Auerbachschen Plexus oder peripher von demselben. Guggenheim und Löffler fanden die am überlebenden Meerschweinchendarm minimal wirksame — erregende — Konzentration bei etwa 1:10000. Magnus und seine Schüler sehen in dem vom Darm normalerweise secernierten Cholin ein Hormon, welches durch Reizung des Auerbachschen Plexus die rhythmischen Darmbewegungen bedingt und welches auch die Darmwirkung des Atropins beeinflußt, indem letzteres nur bei Anwesenheit von Cholin in kleinen Dosen erregend wirkt (Le Heux).

Am Uterus wirkt das Cholin schwach kontrahierend (Müller; Adler; Backmann), am Rattenuterus ist es nur in großen Dosen schwach wirksam. Nach Engeland und Kutscher bewirkt Cholin am graviden Uterus tetanische Kontraktion. Die isolierte Harnblase des Frosches wird durch Cholin kontrahiert (Adler), ebenso der Harnleiter des Kaninchens (Macht).

Am isolierten Irismuskel wirkt es physostigminartig (Müller). An der Froschiris ist eine vorübergehende Dilatation von einer Myosis gefolgt (Cervello). Die Wirkung auf die Drüsen ist komplexer Natur. Im allgemeinen besteht aber eine sekretionsfördernde Wirkung durch Reizung der peripheren parasympathischen Innervation. Intravenöse Injektion von 0,002—0,015 g Cholinchlorid pro Kilogramm Versuchstier bewirkt z. B. nach Desgrez eine Förderung der Sekretion der Speicheldrüse, Pankreasdrüse, Galle und der Niere. Beim Pankreas und der Galle äußert sich der Einfluß des Cholins sofort (nach $^1/_2$—1 Minute), weniger rasch bei der Speicheldrüse und den Nieren. Schwarz nimmt neben der autonomfördernden noch eine zentrale, hemmende Wirkung des Cholins an, welche je nach den Bedingungen vorwiegen kann. Pal betrachtet die Wirkung auf die Speicheldrüsen- und Blasensekretion als eine indirekte.

Cholinchlorid hemmt die Zersetzung des Wasserstoffsuperoxyds durch die Katalase des Froschmuskels (Hammarsten). Auf das Wachstum der Kaulquappen übt es im Gegensatz zu anderen Aminen keinen Einfluß aus (Kniebe). Der Gasstoffwechsel von Säugetieren zeigt jedoch eine Erhöhung als Ausdruck einer durch sympathische Reizung hervorgerufenen Stoffwechselsteigerung (Abelin).

Auf den Antagonismus, den das Adrenalin als sympathisch erregendes Gift, zum Cholin als parasympathisch erregendes Gift besitzt, hat zuerst Lohmann aufmerksam gemacht. Dieser Antagonismus besteht in bezug auf Blutdruck-, Darm-, Drüsen- und Pupillenwirkung. Andere Autoren, Abderhalden und Müller, Gautrelet, Desgrez und Chevalier konnten diese Beobachtung bestätigen. Die durch Adrenalin bewirkte Hyperglycämie und Glucosurie wird jedoch von Cholin nicht beeinflußt (Frank und Isaak). Über eine eigentümliche (wenn auch unwahrscheinliche) antagonistische Beziehung zwischen Cholin und Adrenalin berichtet Robinson, welcher durch Adrenalininjektionen an graviden Meerschweinchen vorzugsweise männliche Junge erzielte, während Cholininjektionen die Geburt weiblicher Individuen hervorrufen sollen. Aus dem Adrenalingehalt des Harns gravider Frauen soll sich in ähnlicher Weise die Geburt eines Knaben, aus dem Cholingehalt die Geburt eines Mädchens prognostizieren lassen!

Man hat vielfach versucht, die interessante pharmakologische Wirkung des Cholins im Zusammenhang mit seiner Konstitution näher zu studieren. Es ergab sich dabei als zweifellos, daß die curareartige Wirkung des Cholins von seiner quaternären Basennatur abhängt, während die peripheren parasympathischen Wirkungen durch Anwesenheit der Äthanolgruppe bedingt sind, wobei die Hydroxylgruppe wohl eine wichtige, jedoch keine ausschließliche Rolle spielt. Durch Substitution der N-Methylgruppen durch die Äthyl-, Propyl- und Amylreste (Hunt und de Taveau) wird die Giftigkeit des Cholins erhöht. Am giftigsten ist Triäthylcholin $HO\cdot CH_2\cdot CH_2\cdot N(C_2H_5)_3Cl$, von welchem subkutan schon 0,065 mg pro g Maus tödlich war, was gegenüber Cholin eine 12fache Toxizitätssteigerung bedeutet. Bei allen Verbindungen blieb die curareartige Wirkung des Cholins erhalten. Diese ist also nicht an die Gegenwart der Methylgruppen gebunden. Auch das von Coppola dargestellte Pyridylcholin $C_5H_5N\cdot CH_2\cdot CH_2OH$

$\;\;\;\;\;\;\;\;|$
$\;\;\;\;\;\;\;OH$

besitzt eine analoge curareartige Wirkung, indes der Einfluß des freien Pyridins auf die Cerebrospinalzentren verschwunden ist.

Das einzige niedrigere Homologe des Cholins, das Formocholin $HO\cdot CH_2\cdot N(CH_3)_3$ ist nach Hunt und de Taveau giftiger. An

$\;\;\;\;\;\;\;\;\;\;\;\;OH$

Mäusen ist die Toxizität etwa 9mal größer als die des Cholins.

Das γ-Homocholin $HO\cdot CH_2\cdot CH_2\cdot CH_2\cdot N(CH_3)_3OH$ wirkt ähnlich wie Cholin, jedoch etwa 5mal stärker (Berlin). Dies widerspricht der Annahme, daß eine Verlängerung der substituierten Alkanolgruppe die Cholinwirkung herabsetzt (Schmidt). 0,01 g bewirkt am Frosch Tod unter Lähmung, an der Katze Exitus unter Atemstillstand. Die durch das Homocholin hervorgerufene Blutdrucksenkung wird wie die Cholinwirkung durch Atropin behoben.

Die Wirkung des β-Homocholins $CH_3 \cdot CH(OH) \cdot CH_2 \cdot N(CH_3)_3OH$ ist ähnlich wie die des γ-Homocholins (Berlin). An der weißen Maus ist es um $^1/_5$ giftiger als das Cholin. Auch in der Reihe der Homocholine steigt die Toxizität, wenn die Methylgruppen am Stickstoff durch andere Alkylradikale substituiert werden. N-Triamyl-β-homocholin $CH_3 \cdot CHOH \cdot CH_2 \cdot N(C_5H_{11})_3Cl$ ist nahezu 8mal so giftig wie das N-Äthylhomologe (Hunt). Nach Menge sollen die physiologisch aktivsten und am wenigsten giftigen Produkte erhalten werden, wenn das Hydroxyl des Cholins nicht weiter als in der β-Stellung vom Trimethylamin entfernt ist.

Durch die Einführung der Allylgruppe in das Homocholin, Allylhomocholin, wird die muscarinähnliche Wirkung des Homocholins aufgehoben. Das Allylhomocholin wirkt im Gegenteil antagonistisch gegenüber dem Cholin-, bezw. Muscarin-Herzstillstand (v. Braun und Müller). Diese antagonistische Wirkung zeigt sich nur am Froschherzen, nicht am Herzen des Warmblüters.

Das Oxyamyltrimethylammoniumchlorid (Pentahomocholin) $HO \cdot CH_2 \cdot CH_2 \cdot CH_2 \cdot CH_2 \cdot CH_2 \cdot N(CH_3)_3Cl$ zeigt eine viel geringere Zunahme in seiner blutdrucksenkenden Wirkung, im Vergleich zum Homocholinchlorid, als dieses letztere dem Cholinchlorid gegenüber (v. Braun).

Das Isomuscarin $OH \cdot N(CH_3)_3 \cdot CH(OH) \cdot CH_2OH$ besitzt am Froschherzen schwache Muscarinwirkung (Schmidt); am Säugetier tritt der curareartige Effekt in den Vordergrund. Daneben wird eine Wirkung auf das Zentralnervensystem ausgeübt, welche u. a. eine Blutdrucksteigerung hervorruft. Hingegen fehlt die für das Muscarin charakteristische Herzwirkung, sowie die Blutdrucksenkung.

Die Verlängerung der Kette gegenüber dem Isomuscarin hat eine Abschwächung der Wirkungsstärke zur Folge. Das Homoisomuscarin $HO \cdot N(CH_3)_3 \cdot CH_2 \cdot CHOH \cdot CH_2OH$ kann als ungiftig bezeichnet werden, da es in Mengen von 0,05—0,08 g bei Fröschen und bei Mäusen ganz ohne erkennbare Wirkung bleibt und ebenso in entsprechenden Dosen beim Kaninchen (Schmidt).

Nach Hunt ist es kaum halb so giftig als Cholin. Coprinchlorid (Acetonmuscarin) $CH_3 \cdot CO \cdot CH_2 \cdot N(CH_3)_3Cl$ wirkt curareähnlich (Exner). Am Froschherzen in situ ist es auch in 1 %iger Lösung unwirksam (Brabant). Weit weniger giftig als dieses ist Sepinchlorid $ClCH_2 \cdot CHOH \cdot CH_2N(CH_3)_3Cl$ und Aposepinchlorid $Cl(CH_3)_3N \cdot CH_2CHOH \cdot CH_2 \cdot N(CH_3)_3Cl$.

Die pharmakologischen Eigenschaften des Cholins und seiner Homologen werden erheblich verstärkt und verändert, wenn man das alkoholische Hydroxyl mit dem Acylrest einer organischen oder anorganischen Säure verestert, oder mit einer Alkylgruppe veräthert. Diese Verbindungen, welche dem Typus: $R \cdot CO \cdot OCH_2 \cdot CH_2 \cdot N(CH_3)_3OH$, bezw. $ROCH_2 \cdot CH_2 \cdot N(CH_3)_3OH$ entsprechen, werden S. 99 u. ff. eingehender behandelt.

Eigenschaften und Salze, Nachweis und Isolierung von Cholin und Colamin.

Aminoäthylalkohol oder **Colamin** $H_2N \cdot CH_2 \cdot CH_2 \cdot OH$, farbloses, dickflüssiges Öl, von schwachem Geruch, zieht aus der Luft CO_2 und Wasser an. Mit Wasser und Alkohol mischbar. In Äther, Benzol und Ligroin wenig löslich, löslich in Chloroform, Siedepunkt = 160—165°, 718 mm, flüchtiger mit Äther- als mit Wasserdämpfen. Aus der konzentrierten, wäßrigen Lösung durch KOH nicht abscheidbar. Die wäßrige Lösung reagiert stark alkalisch und zerstört die Epidermis ähnlich wie Kalilauge.

Salpetrige Säure und Nitrit in saurer Lösung spalten den Stickstoff quantitativ ab. Hierauf gründet sich eine Bestimmungsmethode des Colamins, sowie des Colaminlecithins (vgl. S. 90). $H_2O_2 + FeSO_4$ oxydieren zu Acetaldehyd oder Glyoxylaldehyd (Suto). Die Liebensche Jodoformreaktion ist bei sehr verdünnter Lösung positiv. Unter den Bedingungen der Herzig-Meyerschen N-Methylbestimmung wird mit HJ Äthyljodid gebildet (Baumann; Trier).

Hydrochlorid $C_2H_7ON \cdot HCl$, hygroskopische Krystalle, Schmelzpunkt unterhalb 100°. — Oxalat, leicht löslich in Wasser, wenig löslich in Alkohol. — Pikrolonat $C_2H_7ON \cdot C_{10}H_8O_5N_4$, büschelförmig verwachsene gelbe Nadeln, Zersetzungspunkt ca. 225°. Schwer löslich in Wasser, löslich in ca. 100 Teilen heißem, 400—500 Teilen kaltem Alkohol. — Chloraurat $C_2H_7ON \cdot HAuCl_4$, aus salzsaurer Lösung in monoklinen oder triklinen Krystallen vom Schmelzpunkt 186—187°. — Chloroplatinat $(C_2H_7ON)_2 \cdot H_2PtCl_6$, goldgelbe Blättchen.

Das Chloroplatinat und das Quecksilberchloriddoppelsalz sind zum Unterschied von den entsprechenden Doppelsalzen des Cholins, in Wasser und Alkohol leicht löslich. Mit $KBiJ_4$ entsteht keine Fällung, mit Phosphorwolframsäure nur in konzentrierter Lösung (Drummond).

Über Acetyl-, Benzoyl-, Nitrobenzoyl- und Naphthalinsulfoverbindung des Aminoäthylalkohols, sowie anderer Derivate vgl. Fränkel und Cornelius.

Cholin $HO(CH_3)_3N \cdot CH_2 \cdot CH_2OH$, wird gewöhnlich als farbloser Sirup erhalten, der aus der Luft CO_2 anzieht. Unter bestimmten Bedingungen wird die Base als sehr zerfließliche Krystallmasse erhalten (Grieß und Harrow, Meyer und Hopff). Sehr leicht löslich in Wasser und Alkohol, unlöslich in Äther und Chloroform. Infolge der stark kaustischen Eigenschaften übt die freie Base auf Gewebe eine lösende Wirkung aus, eine Eigenschaft, die in der Carcinomtherapie therapeutisch verwertet wurde, jedoch für das Cholin nicht spezifisch ist (Fränkel und Fürer).

Bei der trockenen Destillation zerfällt die Base in Trimethylamin und Glykol, zum kleineren Teile auch unter Bildung von β-Dimethylaminoäthanol und Dimethylvinylamin (Meyer und Hopff). Cholinchlorid zerfällt bei der Destillation fast quantitativ in Dimethylaminoäthanol und Methylchlorid.

Chlorid zerfließlich. — Phosphat $C_5H_{14}NO \cdot H_2PO_4$, Nadeln, wenig löslich in Alkohol, leicht löslich in Wasser (Renshaw). Chromat leicht löslich in Wasser zum Unterschied vom Neurinchromat. — Saures Tartrat, aus Alkohol, nicht hygroskopisch. — Pikrat $C_5H_{14}ON \cdot C_6H_2O_7N_3$ in Wasser und Alkohol ziemlich leicht löslich. — Pikrolonat $C_5H_{14}NO \cdot C_{10}H_7N_4O_5 + H_2O$, leicht löslich in Wasser und Alkohol, zersetzt sich bei 241—245°, schmilzt bei 158°, gibt bei 130° das Krystallwasser ab. — Chloroplatinat $(C_5H_{14}NOCl)_2PtCl_4$, dimorph. Krystallisiert aus heißen Lösungen zuerst regulär und geht dann in die stabile monokline Form über. Im allgemeinen erhält man beim Erkalten von heiß gesättigten, alkoholisch-wäßrigen Lösungen schmale Prismen und Nadeln. Bei langsamem Verdunsten sechsseitige Tafeln und dicke Prismen mit aufgesetzten Pyramiden. Für eine besonders charakteristische Form werden gewöhnlich sechsseitige, dachziegel- oder treppenförmig übereinander geschobene kleine Blättchen oder Täfelchen gehalten. Zersetzungspunkt 234—235° (Gulewitsch). Der Dimorphismus des Cholinplatinats dient zum Nachweis des Cholins, indem die beiden Modifikationen des Salzes wechselseitig ineinander übergeführt werden. — Bei der Einwirkung konzentrierter HNO_3 auf das Platinchloriddoppelsalz entsteht hauptsächlich das Chloroplatinat des Nitrosocholinesters neben einigen Abbauprodukten des Cholins (vgl. S. 99). — Chloraurat $C_5H_{14}NOCl \cdot AuCl_3$, gelbe Nadeln aus heißem Alkohol. Als Rohprodukt scheidet es sich bisweilen in Würfeln ab. Löslich in heißem Alkohol, wenig löslich in kaltem Wasser. Schmelzpunkt 243—244° bei langsamem, 249° bei schnellem Erhitzen, 250—252° (Smorodinzew), 257° (Reuter), 267—270° (Lohmann). — Quecksilberchloriddoppelsalz $C_5H_{14}NOCl \cdot 6HgCl_2$, wenig durchsichtige Krystalle, die häufig, wenn sie mikroskopische Dimensionen haben, kreuz- resp. sternförmig gruppiert sind und sich dabei dachziegelartig anreihen (Gulewitsch). Bei 100° verliert die Verbindung an Gewicht infolge Flüchtigkeit des Sublimats. Schmelzpunkt 249—251°. In heißem Wasser ziemlich leicht löslich, in kaltem wenig löslich. — Phosphorwolframat $(C_5H_{13}ON)_3H_3PO_4 \cdot 12WO_3$, in Wasser nur wenig löslich. Fällt aus Wasser amorph, aus verdünntem Alkohol mikrokrystallinisch (Drummond).

Perjodid $C_5H_{14}NOJ \cdot J_5$, ist ein schwarzes, grünlich schimmerndes Öl, stark metallisch glänzend, in Wasser unlöslich, in Alkohol und in Kaliumjodidlösung löslich. In Berührung mit pulverigem Jod oder mit Kaliumtrijodidlösung geht es in das grüne, krystallinische Enneajodid über. — Perchlorat des Cholinsalpetersäureesters $(CH_3)_3N(ClO_4) \cdot CH_2 \cdot CH_2 \cdot O \cdot NO_2$, fast rechtwinklige Platten aus heißem Wasser und wenig verdünnter Überchlorsäure, von sehr hoher Doppelbrechung und äußerst lebhaften Polarisationsfarben, monoklin oder triklin. Schmelzpunkt 185—186°; verpufft bei stärkerem Erhitzen ziemlich heftig. 100 Teile Wasser lösen bei 15° nur 0,62 Teile, bei 20° 0,82 Teile, durch einen mäßigen Überschuß von Überchlorsäure fällt die Löslichkeit noch bedeutend (Hofmann und Höbold).

Über die Fällbarkeit des Cholins orientiert nachfolgende Tabelle (Gulewitsch).

Reagenzien	Makroskopisches Aussehen des Niederschlages und Bedingungen seiner Bildung	Mikroskopische Eigenschaften der Niederschläge	Konzentration der Lösung in %, wobei Niederschlag oder Trübung	
			noch erhalten wird	nicht mehr erhalten wird
Phosphormolybdänsäure	Hellgelber, käsiger Niederschlag; bei schwachen Konzentrationen pulverig oder deutlich krystallinisch	Teils amorph, teils in kurzen Nadeln; aus verd. Lösungen kurze polyedrische Prismen, kurze Nadeln, verschiedenartige Täfelchen	$^1/_{200}$ bis $^1/_{100}$ (bei langem Stehen)	$^1/_{400}$ bis $^1/_{200}$
Phosphorwolframsäure	Weißer pulvriger Niederschlag; aus verd. Lösungen deutlich krystallinisch	Teils amorph, teils aus ziemlich langen Nadeln bestehend; aus verd. Lösungen schön ausgebildete Rhomben oder sechsseitige Täfelchen	$^1/_{200}$ (beim Stehen)	$^1/_{400}$

Reagenzien	Makroskopisches Aussehen des Niederschlages und Bedingungen seiner Bildung	Mikroskopische Eigenschaften der Niederschläge	Konzentration der Lösung in %, wobei Niederschlag oder Trübung noch erhalten wird	Konzentration der Lösung in %, wobei Niederschlag oder Trübung nicht mehr erhalten wird
Kaliumwismutjodid	Pulvriger Niederschlag, dunkelbraun, fast schwarz; im Überschuß des Fällungsmittels etwas löslich, beim Ansäuren mit HCl löst er sich nicht	Amorph	$^1/_{50}$	$^1/_{100}$
Kaliumzinkjodid	Kein Niederschlag			
Kaliumcadmiumjodid	Weißer krystallinischer Niederschlag; beim Ansäuern mit HCl unlöslich, im Überschuß des Fällungsmittels löslich	Schön ausgebildete ziemlich lange Prismen	4	2
Kaliumquecksilberjodid	Gelber krystallinischer Niederschlag. Bildet sich beim Überschuß des Fällungsmittels nicht, in HCl unlöslich		$^1/_2$—1	$^1/_3$—$^1/_2$
Jodjodkalium	Dunkelbrauner fast schwarzer, pulvriger Niederschlag, aus verd. Lösung makroskopisch sichtbare Nädelchen	Schön ausgebildete, rhombische (fast quadratische Täfelchen und kurze oder lange Nadeln, aus konz. Lösung scheiden sich auch Tröpfchen aus	$^1/_{200}$ bei langem Stehen	$^1/_{400}$

Reagenzien	Makroskopisches Aussehen des Niederschlages und Bedingungen seiner Bildung	Mikroskopische Eigenschaften der Niederschläge	Konzentration der Lösung in %, wobei Niederschlag oder Trübung	
			noch erhalten wird	nicht mehr erhalten wird
Brom	Sehr geringer, orangebrauner Niederschlag, bildet sich nur beim Überschuß von Brom		1	$^1/_2$
Quecksilberchlorid (gesättigte wäßrige Lösung)	Weißer krystallinischer Niederschlag, bildet sich besser beim Überschuß von $HgCl_2$	Schön ausgebildete, meist dicke u. kurze Prismen	$^1/_{50}$—$^1/_{10}$	$^1/_{16}$—$^1/_{15}$
Quecksilbercyanid	Kein Niederschlag			
Platinchlorid (gepulv.)	Kein Niederschlag			
Goldchlorid (10%ige wäßrige Lösung)	Gelber käsiger, aus verdünnter Lösung krystallinischer Niederschlag	Schön ausgebildete schiefe Tafeln und Prismen, oft dendritisch oder sternförmig gruppiert	$^1/_2$	$^1/_4$
Gerbsäure	Schmutzig weißer, feinflockiger Niederschlag, leicht löslich im Überschuß des Fällungsmittels und in Säuren und Alkalien	Amorph		
Pikrinsäure (gesättigte wäßrige Lösung)	Kein Niederschlag beim Stehen und Reiben mit Stäbchen			

Die reinen Doppelverbindungen des Cholins mit den in der Tabelle erwähnten Schwermetallsalzen sind etwas leichter löslich, weil der Überschuß des Fällungsmittels eine geringere Löslichkeit der Verbindungen bedingt. Die Tannate sind sowohl in überschüssigem Alkali, wie in Mineralsäure löslich. Um einen Niederschlag zu erzielen, hat man für Neutralität zu sorgen. In unreinem Zustand, namentlich bei Gegenwart von Salzen organischer Säuren (Acetate) erhöht sich die Löslichkeit sonst sehr schwer löslicher Cholinverbindungen (Phosphorwolframat, Sublimat, $KBiJ_4$-Verbindung) beträchtlich (Smorodinzew). Über den mikroskopischen Nachweis von Cholin mit $PtCl_4$, $AuCl_3$, $2\ KJHgJ_2$ (Mayers Reagens), $KBiJ_4$, Jodjodkali, Pikrinsäure und Pikrolonsäure vgl. Schoorl.

Von den Salzen und Derivaten des Cholins lassen sich diejenigen zum Nachweis verwenden, welche in wäßriger oder alkoholischer Lösung unter Bildung charakteristischer und schwer löslicher Niederschläge entstehen. Vor allem kommt das Chloroplatinat in Betracht. Der Nachweis als solches ist nur dann einwandfrei, wenn das Cholin vorher eine Reinigung auf dem einen oder anderen Wege erfahren hat. Der Umstand, daß viele andere organische Stickstoffverbindungen, ja auch Ammonchlorid und Kalisalze, ähnliche Platinchloridverbindungen ergeben wie das Cholin, hat wiederholt zu Verwechslungen und irrtümlichen Feststellungen geführt. Das Verfahren von Donath, welcher nach dem Vorgange von Mott und Halliburton die Bildung des Chloroplatinates zum Nachweis kleinster Cholinmengen in Körperflüssigkeiten speziell in Lumbalflüssigkeit verwendet hat, ist daher mit Recht als unsicher verworfen worden. Eine Verschärfung läßt sich erzielen, wenn man den Dimorphismus des Cholinplatinchlorids zu Hilfe zieht (Kauffmann und Vorländer).

Löst man das aus alkoholisch oder alkoholisch-wäßriger Lösung erhaltene reguläre Salz in Wasser, so erhält man beim Einengen das monokline Salz, das sich unter dem Polarisationsmikroskop durch starke Doppelbrechung von dem regulären Salz unterscheidet. Letzteres wird dann durch Umkrystallisieren aus gleichen Volumteilen absolutem Alkohol in das reguläre Salz zurückverwandelt. Durch diesen Dimorphismus unterscheidet sich das Cholinplatinchlorid von anderen Chloroplatinaten, wie dem des Kaliums, des Ammoniums, des Trimethylammoniums, Tetramethylammoniums usw., sowie dem des Neurins, dessen reguläre Krystalle mit Wasser nicht verändert werden. Auch die Chloroplatinate der Homocholine von Malengreau und Lebailly zeigen keinen Dimorphismus.

Nachweis als Perjodid. Die Grundlage dieses Nachweises ist eine Reaktion, welche von Florence zum forensischen Nachweis von Sperma angegeben wurde. Sie beruht, wie sich später herausgestellt hat, auf der Anwesenheit von Cholin, welches mit der Jodjodkalilösung unter Bildung eines Perjodids reagiert. Nach Staněk fügt man zu der auf Cholin zu prüfenden Flüssigkeit eine Lösung von Jodjodkali, am besten bereitet durch Auflösen von 153 g Jod und 100 g Jodkali in 200 ccm Wasser. Bei Gegenwart von Cholin scheiden sich ölige Tropfen von Cholinperjodid ab, die bald krystallinisch erstarren, rascher, wenn man nachträglich noch überschüssiges Jod hinzufügt (vgl. S. 80).

Nach Staněk zeigt nur Neurin ein ähnliches Verhalten; Ammonchlorid, Methylamin, Dimethylamin, Trimethylamin, Betain, Pyridin und Kreatinin sollen diese Reaktionen unter den beschriebenen Bedingungen nicht geben. Kiesel jedoch stellte fest, daß nur bei Anwendung von reinen Cholinlösungen die Staněksche Reaktion zuverläßlich ist. Phenyläthylamin, Muscarin, verschiedene Alkaloide, Stachydrin, Trimethylamin und die in der Histidinfraktion dem Histidin beigemengten Körper geben die Reaktion ebenfalls.

Rosenheim führt die Perjodidreaktion mit dem Cholinplatinchlorid aus. Er fügt zu der auf einem Objektträger auskrystallisierten Lösung des Cholinplatinchlorids einige Tropfen der Jodjodkalilösung (6 g Jod und 6 g Jodkalium auf 200 ccm Wasser). Nach 1—2 Minuten bedeckt sich das ganze Gesichtsfeld mit Krystallen von Cholinperjodid.

Diese besitzen große Ähnlichkeit mit den Teichmannschen Häminkrystallen, bilden schief begrenzte, rotbraune, doppelbrechende schmale Täfelchen, welche nach und nach an Größe zunehmen, sich aber bald von ihrer Mitte aus zu öligen Tropfen verflüssigen und allmählich verschwinden. Dieser Vorgang kann unter dem Mikroskop verfolgt werden. Läßt man nach dem Verschwinden der Krystalle das Präparat an der Luft eintrocknen und setzt wieder etwas Reagens hinzu, so treten die früheren Krystalle in unveränderter Form wieder auf.

Die Rosenheimsche Reaktion ist sehr empfindlich und wird noch erhalten, wenn man zu 20 ccm Blut 1 mg Cholin zusetzt und aus der daraus hergestellten alkoholischen Lösung das Chloroplatinat herstellt. Die Chloroplatinate des Kaliums und des Ammoniaks geben die Reaktion nicht.

Zu einem empfindlichen Nachweis von Cholin eignet sich das Perchlorat des Cholinsalpetersäureesters $(CH_3)_3N(ClO_4)\cdot CH_2\cdot CH_2\cdot O\cdot NO_2$ (vgl. S. 80). Zu seiner Bildung wird eine verdünnte Cholinperchloratlösung, ca. 0,1 g auf 50 ccm Wasser, mit 2 ccm reiner

65%iger HNO_3 auf dem Wasserbade erhitzt. Es bildet sich auch, wenn man Cholinperchlorat mit reiner HNO_3 bei 15° behandelt.

Die Alloxanreaktion. Mit einer gesättigten wäßrigen Lösung von Alloxan gibt eine wäßrige Lösung von Cholin oder dessen Salzen beim vorsichtigen Abdampfen auf dem Wasserbade eine schöne rosaviolette Färbung, die nach dem Hinzufügen von Alkalien in ein prachtvolles Blauviolett umschlägt. Die Empfindlichkeitsgrenze dieser Reaktion liegt bei 0,03—0,04% Cholinchlorid, wobei jedoch der Umstand zu beachten ist, daß sie auch mit Eiweißkörpern sowie mit Ammoniak positiv ausfällt, daher nur bei deren Abwesenheit anwendbar ist.

Zu einem empfindlichen Nachweis von Cholin gestaltet sich der Umstand, daß es, sowie seine Doppelsalze, beim Erhitzen mit festem Alkali Trimethylamin abspaltet. Dieses läßt sich durch seinen charakteristischen Geruch deutlich erkennen und erlaubt den Nachweis von Cholin noch in einer Verdünnung von 1:2000000 (Kauffmann).

Statt der chemischen Methoden verwendet man oft mit Erfolg den biologischen Nachweis, namentlich wenn es sich darum handelt, die Anwesenheit von geringen Cholinmengen in kompliziert zusammengesetzten Flüssigkeiten und Extrakten festzustellen. Von Mott und Halliburton wurde die geringe blutdrucksenkende Wirkung des Cholins als einwandfreier Nachweis dann anerkannt, wenn sie nach vorhergehender Atropindarreichung ausblieb. Da die Blutdruckwirkung des Cholins aber sehr unsicher ist, so darf dieser physiologische Nachweis wohl nicht als spezifisch betrachtet werden. Ebensowenig kann die von verschiedenen Autoren beobachtete periphere Wirkung des Cholins auf die glatte Muskulatur als spezifische Cholinwirkung gelten.

Eine brauchbare physiologische Methode schlägt Reid Hunt vor, welcher zuerst auf den Umstand hinwies, daß die Aktivität des Cholins durch Acetylierung etwa 1000mal vergrößert wird. Die auf Grund dieser Erkenntnis ausgearbeitete Methode prüft die Aktivität des aus Cholin dargestellten Acetylcholins am isolierten Froschherzen, an welchem es noch in einer Verdünnung von 1:50000000 die charakteristische lähmende Wirkung ausübt (vgl. hierzu auch Fühner).

Unabhängig von Hunt ist es Guggenheim und Löffler gelungen, ein einfaches Verfahren zum Cholinnachweis auszuarbeiten. Die Methode basiert auf derselben Grundlage wie das Verfahren von Hunt, verwendet aber nicht das Froschherz, sondern den überlebenden Meerschweinchendarm als Testobjekt, für das aus dem Cholin dargestellte Acetylcholin[1]).

Weniger geeignet als die Überführung in das Acetylcholin ist der Nachweis des Cholins als Nitrosocholin, d. h. als künstliches Muscarin (Ewins).

Zur Isolierung von Cholin aus einem Gemisch biogener Amine benützt man die Alkohollöslichkeit des Chlorids, sowie seine Eigenschaft, mit Quecksilberchlorid und Phosphorwolframsäure schwer lösliche Doppelsalze zu geben. Die enteiweißten pflanzlichen oder tierischen Extrakte werden nach einer evtl. Vorbehandlung mit Gerbsäure oder Bleiacetat (S. 21) in alkoholische Lösung übergeführt. Mit heiß gesättigter Sublimatlösung wird daraus das Cholin mit den oft gleichzeitig anwesenden Betainen abgeschieden. Bisweilen wird auch vor der Sublimatfällung in alkoholischer Lösung eine Phosphorwolframsäurefällung in saurer wäßriger Lösung vorgenommen und die Sublimatfällung erfolgt erst mit dem aus den Phosphorwolframsäureverbindungen isolierten Basengemisch. Mit oder ohne Zwischenschaltung einer Phosphorwolframsäurefällung hat man schließlich das Cholinchlorid gemengt mit den Chlorhydraten der Betaine bezw. Diamine. Falls Basen der sogenannten Histidin- und Argininigruppe anwesend sind, so lassen sich diese mit barytalkalischer Silberlösung (vgl. S. 189) abscheiden. Cholin gibt mit diesem Reagens keinen Niederschlag. Die Diamine, d. h. Ornithin, Lysin, Tetra- und Pentamethylendiamin, lassen sich nach einem S. 142 beschriebenen Verfahren abtrennen.

Als letzte Aufgabe bleibt gewöhnlich die Trennung des Cholins vom Betain. Hierzu dient vor allem die verschiedene Löslichkeit der Chloride in Alkohol. (Cholinchlorid ist sehr leicht löslich, Betainchlorid schwer löslich.) Wiederholte Behandlung der Chloridgemische mit absolutem Alkohol entfernt daher den größten Teil des Cholins (Schulze). Auch durch Umkrystallisieren der Quecksilberverbindungen läßt sich eine Reinigung erzielen. Cholinquecksilberchlorid ist bedeutend weniger

---

[1]) Äußerst einfach gestaltet sich diese Methode bei Verwendung des von der Firma James Jaquet u. Co. in Basel hergestellten Apparates, der sich auch bequem für die pharmakologische Titrierung anderer, auf glattmuskuläre Organe wirksamer Substanzen, verwenden läßt.

löslich als Betainquecksilberchlorid, dieses bleibt daher bei wiederholtem Umkrystallisieren in der wäßrigen Mutterlauge.

Wenn wenig Betain neben viel Cholin vorhanden ist, so kann man nach Staněk die verschiedene Löslichkeit der Perjodide zu einer Trennung benützen. Man löst die Chlorhydrate in der 30—40fachen Menge Wasser, neutralisiert mit Soda, setzt etwa 2% $NaHCO_3$ hinzu und fällt das Cholin mit Kaliumtrijodid (vgl. auch weiter unten).

Zur Trennung des Cholins von Trigonellin benützt Jahns die verschiedene Löslichkeit der Quecksilberjodiddoppelsalze. Cholinquecksilberjodid fällt in neutraler, mäßig verdünnter Lösung aus, während das Trigonellinquecksilberjodid sich erst abscheidet, wenn man die Lösung stark schwefelsauer macht.

Statt der Phosphorwolframsäure hat man früher mit ähnlichem Erfolg andere Alkaloidreagenzien verwendet, um das Cholin aus den mehr oder weniger vorgereinigten pflanzlichen und tierischen Extrakten zur Abscheidung zu bringen. Boehm sowie Kunz benützen z. B. das sogenannte Mayersche Reagens, Kaliumquecksilberjodid.

Dieses wird am besten in konzentrierter überschüssiger Quecksilberjodid enthaltender Lösung den wäßrigen cholinhaltigen Extrakten zugefügt. Es entsteht ein gelber Niederschlag, der durch Zerreiben mit Ag_2O zersetzt wird. Dadurch wird das Cholin in Freiheit gesetzt und geht als freie Base in die wäßrige Lösung. Man neutralisiert, dampft zur Trockne und nimmt mit Alkohol auf.

Andere Autoren (Thoms; Polstorff; Kraft; Smorodinzew) scheiden das Cholin in ganz analoger Weise mit dem Krautschen Reagens Kaliumwismutjodid (vgl. S. 24) ab. Die Ausfällung erfolgt in schwefelsaurer wäßriger Lösung. Zur völligen Abscheidung läßt man den Niederschlag längere Zeit stehen, die rote Kaliumwismutjodidverbindung wird mit Silbercarbonat oder Bleioxyd zersetzt und dann als Chlorid in alkoholische Lösung übergeführt.

Da sowohl das Mayersche wie das Krautsche Reagens in sehr wenig spezifischer Weise die verschiedenartigen stickstoffhaltigen Extraktivstoffe und auch Eiweiß niederschlagen, gelingt es nicht, aus den damit erzielten Fällungen direkt reines Cholin zu erhalten. Man wendet daher zweckmäßig nach Zerlegung der Metallsalzdoppelverbindungen noch das Sublimatverfahren an (vgl. S. 24).

Die Fähigkeit des Cholins, mit Jodjodkalium schwer lösliche Perjodide zu bilden (vgl. S. 80), ist von **Staněk** zu einem Verfahren ausgearbeitet worden, nach welchem die Isolierung und Trennung von Cholin und Betain auch ohne Verwendung von Phosphorwolframsäure, Sublimat oder Schwermetalldoppelsalzen gelingt. Gegenüber Phosphorwolframsäure besitzt das Jodjodkaliumreagens den Vorzug, daß es außer Cholin nur Betain und Neurin, hingegen die Kalium- und Ammoniumbasen, sowie die Hexonbasen nicht fällt (**Kinoshita**). Über die Einwände **Kiesels** gegen dieses Verfahren vgl. S. 84.

Zur quantitativen Bestimmung kann man das Cholinperjodid isolieren und dessen N-Gehalt nach **Kjeldahl** bestimmen. Es entspricht 1 ccm $\frac{n}{10}$ H_2SO_4 = 12,119 mg Cholin. Gewöhnlich führt man aber das ausgefällte Perjodid (Gemisch von Cholin- und Betainperjodid) durch Kochen mit Kupfer und Kupferchlorid in die Chlorhydrate über und trennt die erhaltenen Chlorhydrate durch Alkohol.

Zur Fällung des Perjodids sind möglichst konzentrierte und fast neutrale bicarbonatalkalische Lösungen zu verwenden, größere Verdünnungen sind infolge der hydrolytischen Spaltung und der Löslichkeit des Niederschlages ungünstig. Säuren wirken zersetzend auf das Cholinperjodid. Ein unbedeutender Überschuß des Reagens beeinträchtigt die Genauigkeit der Bestimmung nicht, ein allzugroßer ist jedoch wegen der Löslichkeit des Niederschlages in Kaliumjodidlösung zu vermeiden. Zucker und Salze sind ohne Einfluß auf die Fällung[1]).

Während das Cholin sich mit den meisten zur Alkaloidfällung verwendeten Reagenzien als schwer lösliche Verbindung isolieren läßt, gibt der **Aminoäthylalkohol** nur mit Pikrolonsäure eine schwer lösliche Verbindung. Man wird daher den Aminoäthylalkohol stets in den Mutterlaugen der mit den Alkaloidfällungsreagenzien vorbehandelten Extrakte zu suchen haben. Die große Löslichkeit der Salze des Aminoäthylalkohols, die geringe Löslichkeit der Base in organischen Lösungsmitteln erklären ohne weiteres, warum

---

[1]) Eine Modifikation des **Staněk**schen Verfahrens empfiehlt **Sharpe** zur Bestimmung kleiner Cholinmengen in Blut- und Organextrakten. Das Cholin wird mit Alkohol extrahiert, in wäßriger Lösung mit KJ_3 ausgefällt, das Perjodid im Goochtiegel jodfrei gewaschen, mit verdünnter HNO_3 (1:1) oxydiert, das freie Jod mit Chloroform ausgeschüttelt und mit n/20-Natriumthiosulfat titriert. Von 2—17 mg Cholin, welche zu 200 ccm Blut zugesetzt wurden, ließen sich 90—94% nach dieser Methode bestimmen. Die im Blut normalerweise enthaltenen Cholinmengen sind jedoch mit dieser Methode nicht nachweisbar.

dieser, in der Tier- und Pflanzenwelt ziemlich verbreitete Körper, erst in den letzten Jahren aufgefunden worden ist.

Wenn größere Mengen Cholin anwesend sind, so bringt man diese durch Ausfällung mit alkoholischer Sublimatlösung in üblicher Weise zur Abscheidung. Das leicht lösliche Quecksilbersalz des Aminoäthylalkohols bleibt im alkoholischen Filtrat. Man entfernt aus diesem den Alkohol durch Eindampfen und das Quecksilber durch Schwefelwasserstoff, dampft zur Trockne und nimmt die zurückgebliebenen Chlorhydrate mit Alkohol auf. Bei Zugabe von alkoholischer Platinchloridlösung scheidet sich noch beigemengtes Cholin als Platindoppelsalz in gelber krystallinischer Fällung ab. Man filtriert, entfernt das Platin durch Schwefelwasserstoff und kann das in der Lösung enthaltene Colamin als Pikrolonat oder Golddoppelsalz zur Abscheidung bringen.

Levene und Ingvaldsen änderten dieses Verfahren, indem sie das in Freiheit gesetzte Aminoäthanol nicht durch Extraktion mit Äther im Soxhletapparat, sondern durch Kochen mit Aceton in Lösung brachten. Nach dem von MacLean und von Levene ausgearbeiteten Verfahren ist es auch möglich, eine Trennung von Colamin- und Cholinlecithin mit Hilfe der Chlorcadmiumverbindungen herbeizuführen. Das aus der alkoholischen Lösung der Lecithine mittels alkoholischer Cadmiumchloridlösung ausgefällte Gemisch der Cadmiumchloridverbindungen der Lecithine wird mit Äther behandelt. In den Äther geht vorzugsweise die $CdCl_2$-Verbindung des Colaminlecithins, während die Chlorcadmiumverbindung des Cholinlecithins ungelöst bleibt. Letztere wird aus 2 Teilen Essigäther und 1 Teil Alkohol umkrystallisiert und bildet unter dem Mikroskop sternförmig angeordnete Nadeln. Der in Äther lösliche Teil des Cadmiumsalzes enthält noch ca. 30% Cholinlecithin (Levene und West, vgl. auch Eppler).

Thierfelder und Schulze benützten zur Trennung des Colamins vom Cholin die verschiedene Löslichkeit der beiden Basen in Äther. Während Colamin in diesem Lösungsmittel etwas löslich ist, ist die Cholinbase völlig unlöslich.

Die wäßrige Lösung von Cholin und Colamin wird mit CaO verrieben und getrocknet, das Gemisch in die Hülse eines Soxhletapparates gebracht, in dessen Kolben sich eine ätherische Pikrolonsäurelösung befindet. Das durch mindestens 27 Stunden lange Extrahieren mit Äther im Kolben aufgefangene Colamin wird durch die Pikrolonsäure gebunden und als Colaminpikrolonat $C_{12}H_{15}N_5O_6$ bestimmt. Die Anwesenheit von Pikrolonsäure im Extraktionskolben ist nötig, weil sich das freie Colamin mit den Ätherdämpfen verflüchtigen würde.

Das Cholin, das mit dem Kalk ungelöst in der Extraktionshülse verbleibt, wird durch darauffolgende Extraktion mit Alkohol erhalten und seine Menge entweder durch N-Bestimmung nach Kjeldahl oder durch Fällen mit Sublimat aus der alkoholischen Lösung und Wägung als Chlorid bestimmt.

Bei der Bestimmung eines Colamin-Cholingemisches kann man die Isolierung des Colamins auch umgehen und dasselbe indirekt durch Ermittlung des Aminostickstoffs bestimmen. MacLean hat in dieser Weise die Menge des Aminoäthylalkohols und Cholins in verschiedenen Lecithinarten festgestellt (vgl. S. 57).

1 g Lecithin wird in einem Überschuß (ca. 100 ccm) $\frac{1}{10}$ oder $\frac{1}{5}$ normaler Salz- oder Schwefelsäure 24—48 Stunden gekocht, von den Fettsäuren abfiltriert, neutralisiert, auf ein bestimmtes Volumen gebracht und in aliquoten Teilen einmal das Cholin als Platinverbindung, das andere Mal der Aminostickstoff nach van Slyke bestimmt.

Eine ähnliche Methode wird auch von Brauns und Mac Laughlin empfohlen.

Muscarin.

Unter dem Namen Muscarin hat man drei verschiedene Substanzen beschrieben, denen die Konstitution eines Trimethylaminoacetaldehyds $HO \cdot N(CH_3)_3 \cdot CH_2 \cdot CHO$ bezw. seines Hydrates $HO \cdot N(CH_3)_3 \cdot CH_2 \cdot CH(OH)_2$ zugeschrieben wurde. Das eigentliche Muscarin, das Fliegenpilzmuscarin, wurde zuerst aus Fliegenpilz (Agaricus muscarius) dargestellt (Schmiedeberg und Koppe). Die anderen beiden Muscarine sind synthetische Produkte. Dem einen davon (Berlinerblau; Fischer) kann man auf Grund der Synthese mit Sicherheit die Konstitution des Trimethylaminoacetaldehyds $HO \cdot N(CH_3)_3 \cdot CH_2 \cdot CHO$ zuschreiben. Der andere synthetische Körper, das sogenannte Cholinmuscarin oder künstliche Muscarin, ist der Salpetrigsäureester des Cholins; er ist entgegen der ursprünglichen Auffassung (Schmiedeberg und Harnack) mit dem Fliegenpilzmuscarin nicht identisch, wenn auch seine Wirkung in mancher Beziehung ähnlich ist. Auch andere synthetisch dargestellte Cholinester und -äther erinnern in ihrem pharmakologischen Verhalten an das des natürlichen Muscarins, ohne daß es bis jetzt gelungen ist, ein mit diesem identisches Produkt herzustellen.

Fliegenpilzmuscarin. Schmiedeberg und Koppe haben zuerst aus Agaricus muscarius eine Substanz von hervorragenden pharmakologischen Eigenschaften dargestellt. Nach Boehm enthält Boletus luridus nach den Jahrgängen wechselnde, nur sehr kleine Mengen, Amanita pantherina erheblichere Quantitäten einer Base, welche mit dem aus Agaricus muscarius isolierten Muscarin pharmakologisch identisch ist. Auch Amanita phalloides und gewisse Russulaarten scheinen neben anderen Giften einen mehr oder minder großen Muscaringehalt aufweisen zu können (Carter). Ganz erheblich ist nach Fahrig der Gehalt an Muscarin von Pilzen aus der Gattung Inocybe (Rißpilze, Faserköpfe).

Dem Fliegenpilzmuscarin ist häufig eine atropinartige Base beigemengt, welche einen erheblichen Einfluß auf die pharmakologische Wirkung auszuüben vermag. Nach Schmiedeberg läßt sich diese Beimengung dadurch entfernen, daß man mit Natronlauge alkalisch macht und ausäthert. Unter diesen Bedingungen geht nur die Atropinbase in den Äther. Dieses atropinartige Alkaloid kommt jedoch nicht regelmäßig im Fliegenpilz vor. Harmsen konnte aus einem alkalinisierten Fliegenpilzextrakt mit Äther keine Base extrahieren, welche atropinartige Wirkungen auf das Froschherz auszuüben vermag, und vermutet, daß deren Vorkommen an Standort und Entwicklungsstadium des Pilzes gebunden ist.

Harmsen hat auch eingehende Studien über den Muscaringehalt der Fliegenpilze ausgeführt. Nachdem er ermittelt hatte, daß eine Dosis von 0,05 mg künstliches Pseudomuscarin bei subkutaner Applikation das in situ freigelegte Froschherz zum Stillstand bringt, benutzte er diesen Umstand, um Muscarinlösungen auf ihren Gehalt zu prüfen. Er fand dabei zunächst, daß das weiter unten (vgl. S. 92) beschriebene Verfahren von Schmiedeberg und Koppe ganz erhebliche Muscarinverluste bedingt, so daß man schließlich nur etwa 7% des Gesamtmuscarins isoliert. Vor allem verringert die Fällung mit ammoniakalischem Bleiessig den Muscaringehalt weitgehend. Aber auch die Darstellung der Wismut- und Quecksilberjodiddoppelverbindungen schließt große Verluste in sich. Reinigt man den Extrakt bloß durch Fällung bezw. Extraktion mit Alkohol, so erhält man zwar kein reines Produkt, hingegen werden größere Verluste an Muscarin ausgeschlossen.

Die quantitativen Angaben über den Muscaringehalt frischer Fliegenpilze von Harmsen, Nothnagel u. a., können nach den neuesten Feststellungen von King (vgl. Fußnote S. 93) nicht aufrecht erhalten werden. Die Verteilung des Muscarins in den gefärbten und ungefärbten Pilzteilen ist als eine annähernd gleichmäßige anzusehen.

Berechnet man auf Grund der von Harmsen ausgeführten Muscarinbestimmungen der frischen Fliegenpilze und aus den von ihm ermittelten letalen Muscarindosen diejenige Pilzmenge, welche nötig wäre, um am Menschen eine tödliche Wirkung zu erzielen, so kommt man auf 77 mg, d. h. 3947 g frischer Fliegenpilze. In der Tat können aber schon viel kleinere Pilzmengen eine tödliche Vergiftung am Menschen hervorrufen. Eine genaue Untersuchung dieses differenten Verhaltens von frischen Fliegenpilzen und deren alkoholischen muscarinhaltigen Extrakten ergibt nun, daß im Fliegenpilz außer Muscarin noch ein anderes Gift — das Pilztoxin — enthalten ist. Das Pilztoxin geht nicht in den Alkoholextrakt. Es besitzt nicht die charakteristischen peripheren Wirkungen des Muscarins, sondern wirkt vielmehr zentral und erzeugt entweder einen narkotischen Zustand oder aber Erregungserscheinungen und auffallende Krampfwirkungen. Atropin, welches die Muscarinwirkung völlig aufhebt, ist auf dieses Krampfgift unwirksam. Wenn man die frischen Pilze mit Alkohol erschöpft, so findet sich das Pilztoxin im Rückstand und läßt sich diesem durch Wasser entziehen. Das Pilztoxin ist sehr unbeständig und verliert seine Wirksamkeit sowohl beim Trocknen, wie auch beim Erwärmen der Pilze. Abel und Ford haben aus Amanita phalloides ein glucosidartiges in Alkohol unlösliches hämolytisch wirkendes Toxin zu isolieren vermocht, welches sich neben einem alkohollöslichen akutwirksamen Gift vorfindet. Dieses Toxin verhielt sich ähnlich den Bakterientoxinen, wirkte erst nach einer Inkubationszeit und erzeugte Immunität. Für die Anwesenheit solcher komplizierterer und deletär wirkender Toxine neben den einfachen muscarinartigen und akut wirkenden Giften spricht auch der ganze Verlauf der Pilzvergiftung (vgl. Schlesinger und Ford).

Die Isolierung des Fliegenpilzmuscarins nach Schmiedeberg beruht auf der Darstellung einer schwer löslichen Quecksilberjodkaliumverbindung aus einem mit ammoniakalischer Bleilösung vorgereinigten alkoholischen Extrakt der Fliegenpilze. Die Metallsalzverbindungen werden mit Schwefelwasserstoff zerlegt und mit AgCl in die Chloride übergeführt. Schon Schmiedeberg und Koppe geben an, daß es Schwierigkeiten bereitet, in dem schließlich erhaltenen Produkt Cholin und Muscarin voneinander zu trennen. Das von Schmiedeberg und Harnack angewendete Verfahren — Aufsaugen des Muscarins mit Filtrierpapier — darf kaum als eine scharfe Trennung bezeichnet werden. Ein reines Produkt resultiert nach Nothnagel, wenn man die Platinverbindung wiederholt aus Wasser umkrystallisiert, ein Verfahren, das aber als sehr verlustreich bezeichnet wird.

Honda erstrebte eine Abtrennung zweier dem Muscarin beigemengter alkaloidartiger Körper; der Myketosine, sowie eine schärfere Trennung des Cholins vom Muscarin. Er erzielte dies einerseits dadurch, daß er die Myketosine in den durch alkalische Bleilösung vorgereinigten Extrakten mit Phosphorwolframsäure in stark schwefelsaurer Lösung ausfällte, wobei der größte Teil des Muscarins in der wäßrigen Lösung verblieb. Aus dieser wurde das Cholin und das Muscarin über die Quecksilberjodiddoppelsalzverbindung isoliert. Eine Trennung des Cholins und Muscarins erfolgte auf Grund der verschiedenen Löslichkeit der sauren weinsauren Salze in absolutem Alkohol[1]).

---

[1]) Nachdem die Feststellungen Schmiedebergs und Harnacks über die chemische Natur des Fliegenpilzmuscarins bereits durch den Nachweis der Identität des Nitrosocholinesters mit dem sog. künstlichen Muscarin (vgl. S. 99) sehr erschüttert wurden, ist neuerdings durch King bewiesen worden, daß die Präparate, die Schmiedeberg, Harnack und Nothnagel in Händen hatten, kein reines Muscarin, sondern nur ein durch Muscarin verunreinigtes Cholin waren. Dadurch sind nicht bloß die bisherigen Vermutungen über die chemische Konstitution des Fliegenpilzmuscarins vollständig hinfällig geworden, sondern auch die Angaben über seine pharmakologische Aktivität bedürfen wenigstens in quantitativer Hinsicht, einer weitgehenden Revision. Tatsächlich handelt es sich nämlich bei dem in Amanita muscaria enthaltenen Muscarin um eine Base, deren Chlorhydrat ein Äquivalentgewicht von etwa 210 zukommt und welche wahrscheinlich in keiner Beziehung zum Cholin steht. Nicht einmal die quaternäre Natur der Base ist erwiesen.

Zur Isolierung wurden 25 kg frische Pilze mit Alkohol extrahiert, der Alkohol unterhalb 50° verdampft, der zurückbleibende wäßrige Extrakt mit Äther von Fettsubstanzen befreit, zur Trockne gedampft und der Rückstand mit absolutem Alkohol ausgezogen, in welchem das Muscarin löslich ist, während ein großer Teil der Beimengungen ungelöst zurückbleibt. Durch wiederholtes Abdampfen der alkoholischen Lösung und erneute Aufnahme mit absolutem Alkohol werden die letzten Spuren Wasser und weitere Begleitstoffe entfernt. Die klare alkoholische Lösung wird zur Trockne gedampft, der Rückstand in 500 ccm Wasser gelöst, mit 837 ccm einer 5% kolloidalen Eisenhydroxydlösung versetzt, zum Filtrat basisches Bleiacetat in geringem Überschuß gefügt, das Blei mit Schwefelwasserstoff entfernt, zum Sirup konzentriert, dieser mit Alkohol aufgenommen, der Alkohol verjagt und der Rückstand in 125 ccm Wasser gelöst. Die wäßrige Lösung wird mit 1 Liter gesättigter wäßriger $HgCl_2$ ausgefällt. Der Niederschlag I, hauptsächlich Cholinquecksilberchlorid, enthält 14% des vorhandenen Muscarins. Das Filtrat vom Niederschlag I wird vom Hg befreit, die freie HCl mit Soda neutralisiert, zur Trockne gedampft, der Rückstand mit absolutem Alkohol aufgenommen und mit alkoholischer $HgCl_2$ und krystallisiertem Sublimat versetzt. Hg-Niederschlag II enthält 34% des Muscarins. Weitere 15% lassen sich in der Form des Hg-Doppelsalzes erhalten, wenn man das Filtrat von Niederschlag II von Hg befreit, neutralisiert, eindampft, mit Alkohol aufnimmt und mit alkoholischer $HgCl_2$ ausfällt; Hg-Niederschlag III. Das

Das Fliegenpilzmuscarin wirkt in typischer Weise als ein parasympathisches Nervengift. Als solches reizt es vor allem die nervösen Elemente des Herzvagus. Die Wirkung zeigt sich namentlich in einer Herabsetzung des Tonus und in einer Frequenzverminderung, je nachdem die in den Kammern oder in den Vorhöfen bezw. im Sinus eingelagerten Vagusendigungen gereizt werden. Die Muscarinwirkung kommt einer Vagusreizung völlig gleich (Cushny). Dies zeigt sich auch am Elektrokardiogramm, das nach Muscarinapplikation die gleichen Veränderungen aufweist, wie nach elektrischer Vagusreizung (Samojloff). Als Endeffekt der Muscarinwirkung ergibt sich diastolischer Stillstand. Nach Durchschneidung des Auriculoventrikulärbündels zeigt sich die hemmende Wirkung nur noch am Vorhof, woraus zu schließen ist, daß die Kammer keine Vagusfasern enthält (Cullis und Tribe).

---

im Filtrat vom Hg-Niederschlag III verbliebene Muscarin (17%) wird nach der Entfernung des Hg in 5%iger schwefelsaurer Lösung mit 30% Phosphorwolframsäure ausgefällt. Der Niederschlag mit 100 ccm 5%iger H_2SO_4 versetzt und die freie Phosphorwolframsäure mit einem Gemisch von Äther + Amylalkohol (2:1) entfernt. Quecksilberniederschlag I und II werden in heißem Wasser gelöst, mit H_2S zersetzt, mit Soda neutralisiert, zur Trockne gedampft, mit Alkohol aufgenommen und die löslichen Chloride mit Ag_2CO_3 in die Carbonate übergeführt. Die Carbonate werden mit d-Weinsäure in die Bitartrate verwandelt. Die wäßrige Lösung wird zum Sirup konzentriert und mit absolutem Alkohol versetzt, worauf sich in der Kälte 15 g Cholinbitartrat abscheidet. Das Muscarinbitartrat bleibt in Lösung. Man verwandelt es zusammen mit dem beigemengten Cholin über die Chloride in die Chloraurate, welche aus verdünnter wäßriger HCl fraktioniert krystallisiert werden. Zuerst scheidet sich krystallisiertes Cholinchloraurat ab, dann amorphe Aggregate von Muscarinchloraurat, das nach wiederholtem Umkrystallisieren in glänzenden Blättchen krystallisiert, Au-Gehalt 37,8 und 38,6%.

Das nach King dargestellte Fliegenpilzmuscarin besitzt eine bedeutend größere pharmakologische Aktivität, als von den früheren Autoren angenommen wurde. Schon $^1/_{500}$ mg erzeugt bei subkutaner Injektion diastolischen Stillstand des Froschherzens. Am isolierten Dünndarm des Kaninchens bewirkt es in einer Konzentration 1:67 Millionen eine maximale, bei 1:600 Millionen eine minimale Kontraktion. Das durchströmte, isolierte Krötenherz wird durch eine Konzentration von 1:15 Millionen deutlich gehemmt. Zur Stillstellung des isolierten Froschherzens bedarf es einer Konzentration von 1:9,5 Millionen. Die pharmakologischen Methoden gestatteten, eine quantitative Kontrolle der Muscarinverteilung in den einzelnen Phasen des vorstehend beschriebenen Isolierungsverfahrens und ließen erkennen, daß der Muscaringehalt von 25 kg frischen Pilzen ca. 0,4 g beträgt.

Bei perkutaner Anwendung bewirkt Muscarin selbst in hoher Konzentration (1%) beim Frosch nur partiellen Herzstillstand oder Pulsverlangsamung. Die Durchwanderung durch die Haut erfolgt offenbar nicht viel rascher als die Einwanderung in das Herz (Lang). Daher wird in der Blut- und Gewebsflüssigkeit niemals eine besonders hohe Giftkonzentration, sowie auch kein Potentialgefälle entstehen können. Straub reiht nämlich das Muscarin in die Gruppe der Potentialgifte. Diese wirken nicht infolge ihrer Anwesenheit im Erfolgsorgan, indem das Gift dort verankert wird, sondern infolge eines Konzentrationsunterschiedes, der inner- und außerhalb des Erfolgsorgans besteht. Hat sich nach einiger Zeit ein Gleichgewicht der Konzentration hergestellt, so erlischt die Muscarinwirkung, sie wird aber durch eine neue Muscarindose wieder angeregt, indem hierdurch ein neues Potentialgefälle erzeugt wird.

Während zur Stillegung des isolierten Froschherzens 0,0013 mg künstlichen Muscarins nötig sind, bedarf es hierzu vom natürlichen Muscarin einer bedeutend geringeren Menge. Auch nach subkutaner Applikation besteht eine erhebliche Verschiedenheit in der Wirksamkeit. Bei Sommerfröschen ist infolge ihres gesteigerten Stoffwechsels das Verhältnis zwischen Resorption und Ausscheidung des Muscarins für den Eintritt der Hemmungswirkung ungünstiger als bei Winterfröschen. Will man die Herzwirkung zur Giftbestimmung benutzen, so ist es daher nötig, Winterfrösche zu verwenden.

An der Katze kommt es nach subkutaner Verabreichung von kleineren Muscaringaben trotz Auftreten hochgradiger Vergiftungserscheinung noch zur Erholung. Nach größeren Dosen tritt der Tod in 2—3 bezw. 8—12 Stunden ein. Ermittelt man den Gehalt von Rohmuscarinlösungen einerseits auf Grund der Giftigkeit am Froschherzen, andererseits auf Grund der Giftigkeit an der Katze, so zeigen sich die Giftlösungen an der Katze doppelt so stark wie am Frosch, was auf der Gegenwart gewisser im Rohmuscarin enthaltener Stoffe beruht, welche am Froschherzen, nicht aber am Katzenherzen eine dem Muscarin antagonistische Wirkung entfalten.

Das durch Muscarin stillgestellte Herz wird durch das autonomhemmende Atropin wieder zur Tätigkeit angeregt. Auch kleinere Atropindosen sind imstande, die Muscarinwirkung völlig auszuschalten. Die antagonistische Wirkung des Atropins ist an die

Anwesenheit von Ca-Ionen gebunden und wird durch Zusatz von kleinen Mengen Serum aktiviert (Kirste). Im Ca-freien Medium wirkte selbst das 20fache derjenigen Atropinmenge nicht mehr, die vorher das Herz sofort wieder zum Schlagen gebracht hatte. Serum besitzt auch für sich allein eine dem Muscarin entgegengesetzte Wirkung, und zwar entspricht der Effekt von 0,1 ccm Serum 0,0003 mg Atropin. An dem durch Muscarin gelähmten Herzen wirken Substanzen, welche unmittelbar an den motorischen Elementen angreifen, — Veratrin, Physostigmin, Pikrotoxin — fördernd ein und können die Herztätigkeit wieder in Gang setzen, allerdings bleibt dabei der diastolische Charakter der Herztätigkeit bestehen.

Durch Vorbehandlung mit Adrenalin kann die Wirkung des Muscarins auf das Herz umgekehrt werden, derart, daß nicht eine zum diastolischen Stillstand führende Vagusreizung, sondern ein gesteigerter Sympathikustonus ausgelöst wird, der zum systolischen Herzstillstand führt (Pick; Kolm und Pick).

Die Vaguswirkung des Muscarins zeigt sich am Herzen des Kaltblüters wie am Säugetierherzen. Bei den Warmblütern kompliziert sich aber das Vergiftungsbild durch sekundäre Kreislaufstörungen. Bei der Katze sind besonders Kau- und Leckbewegungen nach der ersten Injektion charakteristisch. Sodann treten Darmerscheinungen auf, ferner maximale Myosis, während des ganzen Versuches andauernd. Die Pulsfrequenz wird minimal, die Atmung heftig und dyspnoisch. Die Tiere werden hinfällig, die Respiration immer schwächer, schließlich erfolgt Tod unter Atemstillstand, während das Herz noch weiter schlägt.

Auch am Menschen sind Versuche mit Muscarin ausgeführt worden. Schmiedeberg und Koppe beobachteten in Selbstversuchen nach subkutaner Injektion Speichelfluß, Blutandrang zum Kopfe, Steigerung der Pulsfrequenz, Schwindelgefühl, Kneifen und Kollern im Leibe, Schweißsekretion und besonders höchst lästige Sehstörungen, welch letztere aber innerhalb 10 Minuten zurückgingen. Die Pupillenverengerung war auch nach subkutaner Injektion von 5 mg nur unbedeutend, bei kleineren Gaben fehlt sie ganz.

Durch Reizung der Okulomotoriusendigungen bewirkt das Muscarin eine Verengerung der Pupille. Die Sekretion der Speicheldrüsen und des Pankreas, sowie die Darmtätigkeit werden in analoger Weise wie durch Pilocarpin stark angeregt. Kontraktionen und Tonus des isolierten Ureters werden vermehrt (Macht). An den Hautdrüsen des Salamanders und am Tintenorgan des Tintenfisches sieht man nach Muscarinapplikation profuse Sekretion eintreten, welche durch Atropin sofort sistiert wird (Kobert).

Das natürliche Muscarin besitzt im Gegensatz zu dem aus Cholin synthetisch dargestellten keine Curarewirkung. Nach Ausschaltung der Hemmungsvorrichtungen im Herzen (Atropin) verursachen 0,090 mg synthetisches Pseudomuscarin vollständige curarinartige Lähmung der motorischen Nervenendigungen von 50 g Rana esculenta, während bei Injektion größerer Mengen von Fliegenpilzmuscarin noch keine Lähmung nachweisbar war (Honda). Ein ähnliches Verhalten hatte bereits H. Meyer (vgl. Nothnagel) festgestellt.

Betainaldehyd. Berlinerblau und E. Fischer suchten durch eine eindeutige Synthese des Trimethylaminoacetaldehyds die strittige Frage über die Konstitution des natürlichen Muscarins und Cholinmuscarins zu klären. Beide Autoren gelangten auf verschiedenem Wege zu demselben Produkt, das demgemäß zweifellos als Betainaldehyd angesprochen werden muß. Dieser erwies sich jedoch weder mit dem natürlichen Muscarin noch mit dem Cholinmuscarin identisch, indem sich sowohl in chemischer wie namentlich aber in pharmakologischer Hinsicht weitgehende Unterschiede ergaben.

Die dem Betainaldehyd zugrunde liegende nichtmethylierte Base, der Aminoacetaldehyd $H_2N \cdot CH_2 \cdot CHO$, entsteht bei der Oxydation von Aminoäthylalkohol mit Wasserstoffsuperoxyd in alkoholischer Lösung bei Gegenwart von Ferrosulfat (Suto). Isoserin $H_2N \cdot CH_2 \cdot CH(OH) \cdot COOH$ und Diaminopropionsäure $H_2N \cdot CH_2 \cdot CH(NH_2) \cdot COOH$ liefern unter diesen Oxydationsbedingungen ebenfalls Aminoacetaldehyd. Daß dieser Körper vielleicht ein Zwischenprodukt bei der Synthese des Cholins im Pflanzenkörper darstellt, hatte Trier für wahrscheinlich gehalten, ehe er die früher (vgl. S. 61) entwickelten Anschauungen annahm. Der aus dem Glykolaldehyd sich bildende Aminoacetaldehyd würde nach dieser Auffassung das Zwischenprodukt für Glykokoll und Aminoäthylalkohol darstellen, die aus ihm vermittels der Cannizzaroschen Umlagerung hervorgehen können.

Biologisches Interesse besitzt der Aminoacetaldehyd auch infolge seiner Entstehung bei der Reduktion des Glykokollesters (Neuberg; E. Fischer) mit Natrium und Alkohol. Daß der

Aminoacetaldehyd, sowie die Aldehyde anderer Aminosäuren, evtl. für die Polypeptidsynthesen in Betracht kommen, hat neuerdings Pauly betont.

Er hält es nämlich für möglich, daß sich derselbe nach Art der Schiffschen Basen mit Glykokoll unter Bildung von $H_2N \cdot CH_2 \cdot CH : N \cdot CH_2 \cdot COOH$ kuppelt, und daß dieses Additionsprodukt bei nachfolgender Oxydation $H_2N \cdot CH_2 \cdot C(OH) : N \cdot CH_2 \cdot COOH$ bezw. das tautomere Glycylglycin $H_2N \cdot CH_2 \cdot CO \cdot NH \cdot CH_2 \cdot COOH$ liefert. Eine Berechtigung für diese Annahme liegt in der Tatsache, daß Benzaldehyd mit Glykokoll bei Zimmertemperatur in alkalischer Lösung bei nachfolgender Oxydation mit $KMnO_4$ Hippursäure zu bilden vermag, ein Vorgang, dem eine ganz analoge Reaktionsfolge wie die oben beschriebene zugrunde liegt.

Ferner bildet der Aminoacetaldehyd einen Übergang zu der als Pyrazine bezeichneten Klasse heterocyclischer Verbindungen. Diese Umwandlung illustriert sich durch folgende Gleichung:

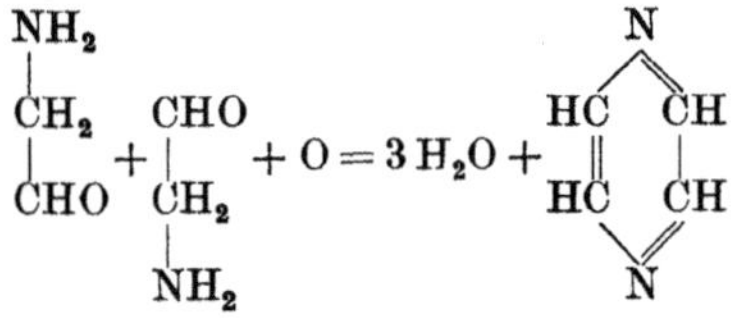

Der Übergang vollzieht sich, wenn man größere Mengen von Aminoacetaldehyd einem Kaninchen oral verabreicht (Kikkoji und Neuberg). Wiewohl sich nur ein kleiner Teil des verfütterten Aminoacetaldehyds in dieser Form isolieren läßt, so besitzt diese Bildung von Pyrazin doch Interesse, weil sich auf diesem Vorgang vielleicht das Vorkommen von 2·5-Dimethylpyrazin in den Produkten der Hefegärung zurückführen läßt. Dieses Produkt, welches das Fuselöl in wechselnden Mengen begleitet, bildet sich offenbar in analoger Weise aus dem α-Aminopropionaldehyd $CH_3 \cdot CH(NH_2) \cdot CHO$.

Greenwald hat auf den Aminoacetaldehyd als auf ein mutmaßliches Zwischenprodukt bei der Zuckerbildung hingewiesen. Die von ihm vermuteten Beziehungen sind folgende: Glykokoll → Aminoacetaldehyd → Glykolaldehyd → Zucker. In der Tat ließ sich an phlorizindiabetischen Hunden nach Verfütterung von Aminoacetaldehyd die Bildung von Extrazucker feststellen, während weder unveränderter Aminoaldehyd noch Pyrazin im Harn nachweisbar war.

Aminoacetal $H_2N \cdot CH_2 \cdot CH(OC_2H_5)_2$ hat curareartige Wirkung und tötet Warmblüter durch zentrale Respirationslähmung. Bei subkutaner Applikation beträgt die letale Dosis für Frösche

0,12 und 0,08 g, für 20 g schwere Mäuse 0,05—0,06 g (Mallèvre). Im Organismus wird es offenbar nur unvollständig gespalten, da ein Teil im Harn unverändert zur Ausscheidung gelangt. Das Homologe des Betainaldehyds, der Trimethylaminopropionaldehyd $OHC \cdot CH_2 \cdot CH_2 \cdot N(CH_3)_3Cl$, sowie das entsprechende Triäthylhomologe bewirken am Froschherzen in situ diastolischen Stillstand, und zwar ist letztere Verbindung viermal aktiver als die erstere (Brabant). Der Stillstand wird durch Atropin nicht aufgehoben.

Cholinäther und -ester. Schon Nothnagel hatte nachgewiesen, daß das durch Abdampfen von Cholinplatinchlorid mit Salpetersäure erhaltene Platinsalz des künstlichen Muscarins oder Cholinmuscarins (Schmiedeberg und Harnack), das Platinsalz des Salpetrigsäureesters des Cholins $(NO)O \cdot CH_2 \cdot CH_2 \cdot (CH_3)_3N(OH)$ beigemengt enthält. Nachdem die chemischen und pharmakologischen Untersuchungen den Beweis erbracht hatten, daß das Cholinmuscarin (Pseudomuscarin) weder mit dem Fliegenpilzmuscarin, noch mit dem Betainaldehyd identisch ist, gelang es Ewins festzustellen, daß die pharmakologische Wirksamkeit des Cholinmuscarins nur auf der Anwesenheit von Nitrosocholinester beruht und daß somit die über künstliches Muscarin gemachten Angaben auf diesen zu beziehen sind. Der Beweis hierfür wurde sowohl chemisch durch Vergleich der Platin- und Goldsalze als auch auf pharmakologischem Wege erbracht.

Bei dem Abdampfen des Cholinplatinchlorids mit konzentrierter Salpetersäure (D. 1,4) entsteht neben dem Platinsalz des Nitrosocholinesters $[ON \cdot O \cdot CH_2 \cdot CH_2 \cdot N(CH_3)_3Cl]_2PtCl_4$, das Platinchloriddoppelsalz des Nitrooxyäthyldimethylamins $[O_2N \cdot O \cdot CH_2 \cdot CH_2 \cdot N(CH_3)_2HCl]_2PtCl_4$, das Platinsalz des Nitrosoaminoäthylalkohols $[ON \cdot O \cdot CH_2 \cdot CH_2 \cdot NH_3Cl]_2PtCl_4$ und des Trimethylamins (Weinhagen). Der Umstand, daß diese Nebenprodukte zum Teil unwirksam sind, zum Teil antagonistisch wirken wie der Nitrosocholinester bietet eine Erklärung für die verschiedene physiologische Wirksamkeit des käuflichen Muscarins.

Das Studium der Cholinester und -äther steht demgemäß im engen Zusammenhang mit dem des Muscarins. Da durch Besetzung des alkoholischen Hydroxyls am Cholin mit einem Alkyl- oder Acylrest pharmakologisch sehr aktive Produkte entstehen, so ist es an sich schon von großem Interesse, diese Derivate eines so allgemein verbreiteten Naturproduktes eingehend zu erforschen. Bis jetzt ist es allerdings noch nicht gelungen, unter der großen

Zahl der untersuchten Verbindungen dieser Gruppe eine Substanz zu finden, die mit dem Fliegenpilzmuscarin identisch ist.

Der Essigsäureester des Cholins, das Acetylcholin $CH_3 \cdot CO \cdot OCH_2 \cdot CH_2 \cdot N(CH_3)_3OH$ findet sich in geringer Menge im Mutterkorn (Ewins).

Die Isolierung, welche wegen der großen Zersetzlichkeit des Cholinesters erhebliche Schwierigkeiten bereitete, gelang unter Benützung der Tatsache, daß das Acetylcholin ein in Wasser leicht, in Alkohol wenig lösliches Quecksilberdoppelsalz bildet. Der wäßrige Mutterkornextrakt wurde daher zunächst mit wäßriger Sublimatlösung ausgefällt, die Sublimatfällung abgetrennt und die Basen aus dem Filtrat in alkoholische Lösung übergeführt, in welcher mit alkoholischer Sublimatlösung Cholin gemeinsam mit Acetylcholin ausgefällt wurde. Die Quecksilberverbindung dieser beiden Basen wurden dann in die Chlorhydrate übergeführt, worauf es gelang, das saure, weinsaure Cholin auf Grund seiner geringen Löslichkeit in Alkohol von Acetylcholin zu trennen.

Nach Borutteau und Cappenberg ist auch die therapeutische Wirksamkeit des Hirtentäschelkrautes (Capsella bursa pastoris), das neuerdings wieder als Ersatz für Mutterkorn empfohlen wurde, hauptsächlich auf die Anwesenheit von Acetylcholin zurückzuführen. Sie vermochten diese Base nach dem Verfahren, das Ewins für das Mutterkorn angewendet hatte, in geringer Menge als Platinchloriddoppelsalz zu isolieren. Auf diese Tatsache gründen sie eine Wertbestimmung der Droge, indem sie im alkoholischen Extrakt die Chloroplatinate von Cholin und Acetylcholin ausfällen und die in Wasser unlöslichen Platindoppelsalze als Acetylcholin ansprechen. Der Gehalt der Droge wird nach dieser Methode, die als sehr unzuverlässig bezeichnet werden muß, auf ca. 4,2‰ geschätzt. Neben Acetylcholin soll auch noch Oxyphenyläthylamin in der Droge enthalten sein (vgl. hierzu auch Cappenberg; Grimme). Nach Heffter entstehen die aktiven Substanzen nur in solchen Exemplaren von Hirtentäschelkraut, auf welchen der Brandpilz (Cistopus candidus) vegetiert. Auch aus anderen mit diesen Parasiten befallenen Pflanzen wie Arabis albidus können therapeutisch wirksame Extrakte erhalten werden (vgl. hierzu auch Wolff).

Ein in höheren Pflanzen auftretender Cholinester ist das S. 58 erwähnte Sinapin, der Cholinester der Sinapinsäure, der als Bestandteil des Sinalbins im Pfeffer vorkommt und nach den Feststellungen von Power und Salway auch in den Extrakten der Weizenkeimlinge enthalten ist.

Substanzen vom Typus der Acylcholine sind auch jene von Delezenne und Fourneau als Lysocithine bezeichneten Abbauprodukte des Lecithins (vgl. S. 59), welche bei der Einwirkung des Cobragiftes auf Lecithin entstehen und stark hämolytische Eigenschaften besitzen, Eigenschaften, die auch an den höheren synthetisch hergestellten Fettsäureestern des Cholins (Stearyl-Palmitylcholin) nachgewiesen werden konnten (Fourneau und Page).

Le Heux glaubt, daß in der Darmwand ein Ferment vorhanden ist, welches die Fähigkeit besitzt, Cholin mit Fettsäuren zu den entsprechenden Acylcholinen zu verestern und dadurch eine Aktivitätssteigerung des von der Darmwand normalerweise sezernierten Cholins herbeizuführen (vgl. S. 65). Die Eigenschaft kleiner Mengen dieser Salze, wie z. B. des Natriumacetats, auf den überlebenden Darm erregend zu wirken, wird auf diese Fermente zurückgeführt. Der Umstand, daß benzoesaures und bernsteinsaures Natrium einen wesentlich geringeren Einfluß auf die Darmbewegung ausüben als andere fettsaure Salze, wird dadurch erklärt, daß Benzoyl- und Succinylcholin erheblich weniger aktiv sind als die Acetylcholine. Die Erregungswirkung der Salze geht verloren, wenn das Cholin vorher durch Auswaschen aus dem Darm entfernt wird.

Bei den Cholinestern sind die muscarinähnlichen Eigenschaften, die in einer Reizung des parasympathischen Nervensystems zum Ausdruck gelangen und schon beim Cholin vorhanden sind, sehr stark ausgeprägt. Daneben zeigen sie immer noch die dem Muscarin eigentümlichen Wirkungen vom curare-nicotinähnlichen Typus in mehr oder minder ausgeprägtem Maße. Letztere sind namentlich dann sichtbar, wenn die Muscarinwirkung durch Atropin ausgeschaltet wird. Sie bildet das wesentliche Merkmal, durch welches das künstliche Muscarin und der mit ihm identische Nitrosocholinester $(NO)OCH_2 \cdot CH_2 \cdot N(CH_3)_3Cl$ vom natürlichen Fliegenpilzmuscarin unterschieden werden (Dale). Auf diesen nicotinähnlichen Eigenschaften beruht wahrscheinlich auch der Umstand, daß Cholinsalpetrigsäureester im Gegensatz zum Fliegenpilzmuscarin eine Kontraktion der gestreiften Irismuskulatur der Vogelpupille herbeiführt (H. Meyer, siehe bei E. Schmidt). Die anders innervierte Säugetierpupille dagegen wird abermals zum Unterschied vom freien Fliegenpilzmuscarin nur wenig beeinflußt, auch die parasympathische Herzwirkung ist deutlich ausgeprägt, aber erheblich geringer als beim natürlichen Muscarin (vgl. S. 96). Das Platinchloriddoppelsalz des Nitrosocholinesters bewirkt in einer Menge, die 0,8 mg des Chlorhydrates entspricht an 38 g Frosch in 13 Minuten diastolischen Herzstillstand (Weinhagen).

Das bei der Darstellung des künstlichen Muscarins aus Cholin gleichfalls entstehende Nitrooxyäthyldimethylamin zeigt in Dosen von 1—6 mg keine Herzwirkung. Der Salpetrigsäureester des Aminoäthylalkohols verursacht in wiederholten Gaben von je 1 mg Verlangsamung des Herzschlages. Nachträglich gegebener Nitrosocholinester verursacht dann weitere Verlangsamung, jedoch keinen Stillstand (Weinhagen).

Der Salpetersäureester des Cholins $(OH)\cdot N\cdot (CH_3)_3\cdot CH_2\cdot CH_2O\cdot NO_2$ steht dem natürlichen Muscarin noch näher als der Nitrosocholinester. Die Wirkung auf die Säugetierpupille ist vorhanden. Die Beeinflussung des Froschherzens ist qualitativ gleich wie die des Salpetrigsäureesters, jedoch schwächer als die des Muscarins. Durch Zugabe von Acetylcholin wird diese Differenz völlig aufgehoben. Eine solche Kombination von Acetylcholin und Nitrosocholin kann von der eines Fliegenpilzextraktes kaum unterschieden werden. Sie besitzt dagegen immer noch die Nicotincurarewirkung, welche jener Extrakt nicht zeigt (Dale und Ewins; Dale).

Auf die hervorragend blutdrucksenkende Wirkung des Acetylcholins $HO\cdot N\cdot (CH_3)_3\cdot CH_2\cdot CH_2O\cdot (OC\cdot CH_3)$ ist zuerst von Hunt und de Taveau aufmerksam gemacht worden. Schon mit einer Dosis von 0,0000000024 mg pro kg läßt sich bei intravenöser Zufuhr an der Katze eine deutliche Blutdrucksenkung hervorrufen. Dale fand als minimal wirksame Dosis bei der ätheranästhesierten Katze 0,000001 mg pro kg. Die Blutdrucksenkungen, welche mit derartigen kleinen Dosen bis zu 0,001 mg pro kg hervorgerufen werden, sind unabhängig von der Herzwirkung des Acetylcholins und durch eine periphere Wirkung auf die Arterien bedingt, welche mit der Innervation, insbesondere mit dem Parasympathicus in keinem Zusammenhang steht, durch Atropin jedoch antagonistisch beeinflußt wird (Dale und Richards). Die gefäßerweiternde Wirkung derartig kleiner Acetylcholindosen zeigt sich auch in künstlich durchströmten Organen und an überlebenden Arterien. Sie ist in den meisten Gefäßgebieten deutlich ausgeprägt, weniger in den gestreiften Muskeln und der Niere; in den Lungen scheint sie zu fehlen (Hunt).

In etwas größeren Dosen — 0,01—1 mg pro kg Versuchstier — bewirkt Acetylcholin ausgesprochene Vagushemmungen des Herzens und verschiedene andere Erscheinungen an den stimulierenden Cranial- und Sacralnerven, speziell des parasympathischen Systems (Reizung der Speicheldrüsen, Kontraktion des Ösophagus, Magens, Darms und der Blase). Diese Erscheinungen sind sehr intensiv, aber bald vorübergehend und treten nach wiederholten Injektionen unverändert wieder auf. Am isolierten Froschherzen wirkt der Körper noch hemmend in einer Verdünnung von 1:1000 Millionen.

Der diastolische Stillstand bleibt aus am isolierten Herzen von Sommerfröschen, die mit Ca-reicher Ringerlösung gespiesen werden. Statt dessen wird durch Acetylcholin eine Kontraktur ausgelöst. Diese paradoxe Wirkung, die auch durch andere Vagusgifte (Muscarin, Pilocarpin) hervorgerufen wird, beruht auf einer Reizung des durch die Ca-Vorbehandlung überempfindlich gewordenen Sympathicus (Kolm und Pick).

Nach Fühner ist Acetylcholin am isolierten Meerschweinchenuterus etwa 20mal so wirksam wie Hypophysin und Pilocarpin (Minimaldosis $^1/_{200}$ mg auf 100 ccm Ringer). $^1/_{100}$ mg Atropin genügt, um die Wirkung von $^1/_{200}$ mg Acetylcholinchlorid und mehr vollständig zu unterdrücken. Am überlebenden Meerschweinchendarm wirkt das Acetylcholin in einer Konzentration von 1:1000 Millionen kontraktionserregend (Guggenheim und Löffler). Die peripherererregende Wirkung erfährt durch Physostigmin eine weitgehende Potenzierung (Fühner).

Durch Erregung bestimmter nervöser, bezw. neuromuskulärer Apparate wirkt Acetylcholin noch in einer Verdünnung von 1:1 Million kontraktionserregend auf den gestreiften Muskel (Rießer und Mitarbeiter). Auch diese Wirkung wird durch Atropin, sowie auch durch Novocain und durch Curare antagonistisch beeinflußt. Es scheint, daß das Acetylcholin auf diejenigen rezeptiven Apparate einwirkt, welche auch die normalen kontraktionserregenden Impulse auf die kontraktile Substanz übertragen. Diese Kontraktur, welche der physiologischen Erregung nahesteht, ist als Erregungskontraktur zu unterscheiden von der Störungs- oder Schädigungskontraktur anderer Gifte.

Die subkutane letale Dosis von Acetylcholinchlorid beträgt für 1 g Maus 0,31 mg (Hunt und de Taveau). Die Giftigkeit ist also gegenüber dem Cholin, dessen letale Dosis 0,37 mg pro g beträgt, gesteigert. Im Organismus findet infolge leichter Spaltung in Essigsäure und wenig aktives Cholin eine rasche Entgiftung des Acetylcholins statt. Die Ester der höheren Fettsäuren werden bedeutend weniger rasch zerlegt, sind aber auch weniger wirksam. Die letale Dosis für Benzoylcholin $(C_6H_5CO)OCH_2 \cdot CH_2 \cdot N(CH_3)_3Cl$ beträgt pro g Maus 1,90 mg, beim Sinapinsäureester (vgl. S. 58) ist sie noch höher, bei den N-Amylhomologen des Acetylcholins $(CH_3CO)OCH_2 \cdot CH_2 \cdot N(C_5H_{11})_3Cl$ dagegen bedeutend geringer, 0,138 mg pro g Maus. Auch bei den anderen S. 76 erwähnten Homologen des Cholins wird die Toxizität durch Acetylierung in mehr oder minder ausgeprägtem Maße erhöht, durch Benzoylierung zum Teil erniedrigt. Die hierbei bestehenden Gesetzmäßigkeiten sind insbesondere durch die Arbeiten von Hunt und de Taveau und Dale und Ewins studiert worden.

Verschiedene Acylderivate von Cholinhomologen, welche mit den in der Natur vorkommenden Aminosäuren im Zusammenhang stehen, wurden von Karrer und seinen Mitarbeitern dargestellt. Sie sind aber sämtlich erheblich weniger wirksam als die entsprechenden Cholinverbindungen. So gibt zum Beispiel das Acetylhomocholin $CH_3 \cdot CO \cdot OCH_2 \cdot \underset{\substack{|\\ N(CH_3)_3OH}}{CH} \cdot CH_3$ die parasympathische Herzhemmung erst in einer Konzentration von 1:100000, die Darmerregung bei 1:200000 bis 500000. Intravenöse Injektion von 25 mg bleibt beim Kaninchen ohne jede Wirkung auf Blutdruck, Atmung und Speichelsekretion. Die Palmitin- und Stearinsäureester des „Alanin"cholins zeigen dagegen wie diejenige des gewöhnlichen Cholins hämolytische Wirkungen. Des Interesses halber sei hier auch das Aminoacetylcholin $H_2N \cdot CH_2 \cdot COO \cdot CH_2 \cdot CH_2 \cdot N(CH_3)_3OH$ erwähnt, der Cholinester des Glykokolls, welches von Dudley mit Hinblick auf das aktive Prinzip der Hypophyse dargestellt wurde (vgl. hierzu S. 344).

Die Acylderivate der Alkanolamine besitzen ein weitergehendes Interesse, weil sie einen Übergang darstellen, der von den einfachen natürlichen Aminen zu den kompliziert gebauten Coca- und Tropaalkaloiden führt. Cocain und Atropin sind, wie nachstehende Formeln erkennen lassen, Säurederivate eines höheren cyclischen Alkanolamins, des Tropins, in welchem das alkoholische Hydroxyl durch einen Säurerest verestert ist, und zwar beim Cocain durch den Benzoesäurerest, beim Atropin durch den Tropasäurerest.

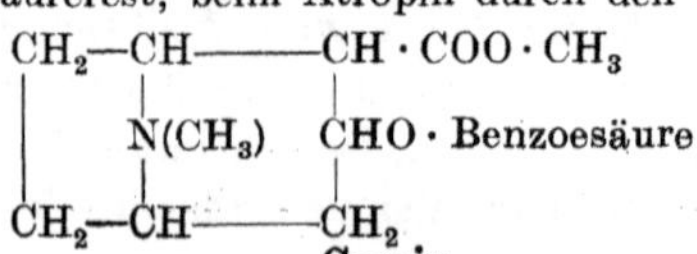

Cocain

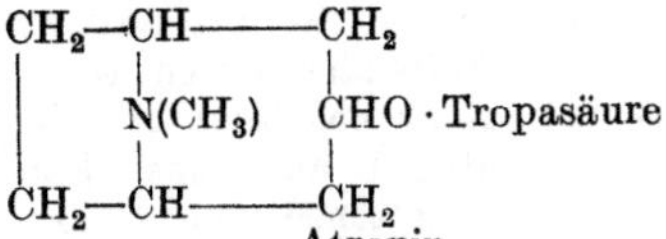

Atropin

Wenn man den chemischen Aufbau dieser Alkaloide mit demjenigen höherer Alkanolaminderivate, z. B. des Novocains und des Stovains vergleicht, so ist die chemische Verwandtschaft dieser Verbindungen ohne weiteres erkennbar.

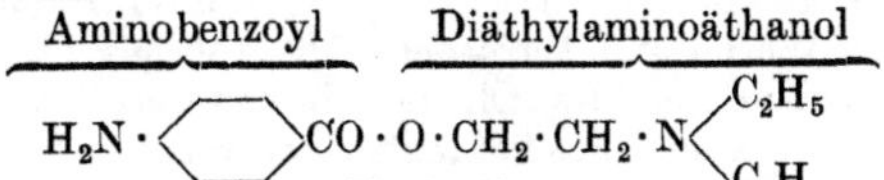

Novocain

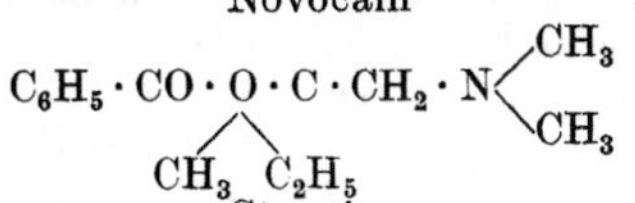

Stovain

Der chemischen Analogie entspricht auch eine Ähnlichkeit des pharmakologischen Verhaltens, die so weitgehend ist, daß diese synthetischen Körper in der Therapie mit vollem Erfolg statt der Naturprodukte angewandt werden (vgl. auch S. 71).

Zum Nachweis der Cholinester, insbesondere des künstlichen Muscarins und des Acetylcholins kann man das überlebende Frosch- oder Krötenherz benützen (Führner), indem man die vaguserregende Dosis der zu analysierenden Lösung ermittelt. Die Reversibilität der Wirkung gestattet es, an demselben Herzen verschiedene Lösungen zu bestimmen, nachdem man durch Auswaschen das Herz wieder in Aktion versetzt hat (vgl. auch Fußnote S. 94).

In den Cholinäthern ist das alkoholische Hydroxyl des Trimethylaminoäthanols mit einem weiteren Alkohol ätherartig verkettet, so daß Verbindungen entstehen vom Typus $HO \cdot N(CH_3)_3 \cdot CH_2 \cdot CH_2 \cdot O \cdot R$, wobei R irgendein substituiertes oder nicht substituiertes Alkyl darstellt. Von allen untersuchten Cholinestern und -äthern besitzt der Cholinäthyläther $HO \cdot N(CH_3)_3 \cdot CH_2 \cdot CH_2 \cdot O \cdot C_2H_5$ die am meisten an Muscarin erinnernde Wirkung (Dale und Ewins), doch ist auch bei dieser Verbindung die Curarewirkung ausgesprochener als beim natürlichen Muscarin. Auch nach Schmidt ist die Wirkung analog der des Muscarins, doch fehlt die Beeinflussung der Vogeliris. Die Formocholinäther wirken schwächer als die Cholinäther. Unter ihnen besitzt der Formocholinpropyläther $HO \cdot N(CH_3)_3 \cdot CH_2 \cdot O \cdot C_3H_7$, welcher dem Cholinäthyläther isomer ist, die weitgehendste Ähnlichkeit mit dem Muscarin.

Fliegenpilzmuscarin. Da sowohl Schmiedeberg und Koppe wie Harnack kein reines Muscarin in Händen hatten, sind deren Angaben über die chemischen Eigenschaften dieser Base und ihrer Doppelsalze unhaltbar. Nothnagel beschreibt das Platinsalz als kleine Oktaeder und das daraus dargestellte Goldsalz als kleine Blättchen vom Au-Gehalt 42,9%. Reines Muscarinchlorhydrat besitzt jedoch einen Goldgehalt von etwa 38% (King). Es krystallisiert in glänzenden Blättchen, in Wasser leichter löslich als Cholinchloraurat, in unreinem Zustande amorphe Aggregate. Mit Phosphorwolframsäure weißer, voluminöser, mit Mayers Reagens öliger Niederschlag, löslich im Überschuß. Mit $PtCl_4$ bei Konzentration der wäßrigen Lösung Oktaeder, Würfel und Tetraeder. Mit wäßriger $HgCl_2$ kein Niederschlag, mit Jodjodkali dunkles Öl, mit Bromwasser, weißer, rasch verschwindender Niederschlag. Aus konzentrierter wäßriger Lösung wird durch festes Ätznatron ein Öl abgeschieden, das in Chloroform unlöslich ist. Beim Erhitzen entwickelt sich ein Fisch-, jedoch kein reiner Trimethylamingeruch. Blutkohle und Kieselgur adsorbieren das Muscarin nicht, seine Aktivität wird durch Kochen mit $^1/_{10}$ n-HCl oder $^1/_{10}$ n-NaOH nicht zerstört (King).

Trimethylaminoacetaldehyd (Betainaldehydchlorid) $C_5H_{13}O_2N = OHC \cdot CH_2 \cdot N(CH_3)_3OH$ wird durch Silberoxyd zu Betain oxydiert (E. Fischer).

Chlorhydrat, in Wasser und Alkohol leicht löslich. $[Cl \cdot N(CH_3)_3 \cdot CH_2 \cdot CHO]_2PtCl_4 + 2H_2O$, morgenrote Krystalle, Würfel oder Oktaeder monoklin. Entgegen Nothnagel und Berlinerblau enthält es nach E. Fischer 2 Mol. H_2O, welche aber erst über 100° entweichen. — Chloraurat $Cl \cdot N(CH_3)_3 \cdot CH_2 \cdot CHO \cdot AuCl_3$, schmilzt unscharf, krystallisiert in kompakten Nadeln ohne Krystallwasser.

Künstliches Muscarin = unreiner Nitrosocholinester. Chloroplatinat, kleine Oktaeder aus heißem Wasser. Daneben federbartige Krystalle (Schmiedeberg und Harnack). Schmelzpunkt unscharf bei 240° unter Zersetzung. — Chloraurat, hellgelbe, glänzende Blättchen. Beginnt bei 174° zu sintern und zersetzt sich bei ungefähr 232—240°.

Nitrosocholinester $(NO)OCH_2 \cdot CH_2 \cdot N(CH_3)_3OH$. Die freie Base, erhalten aus dem Phosphorwolframat, ist ein schwach gelbes, basisch riechendes Öl, stark hygroskopisch, löslich in Wasser und Alkohol, unlöslich in Äther, krystallisiert im Exsiccator zu kurzen, breiten Nadeln (Weinhagen). — Bei der Hydrolyse mit Alkali entsteht Cholin (Ewins). — Chlorid, klare, prismatische Nadeln und Prismen vom Schmelzpunkt 165° (Weinhagen). — Chloroplatinat $[(NO)O \cdot CH_2 \cdot CH_2 \cdot N(CH_3)_3]_2Cl_2 \cdot PtCl_4$, federbartartige Krystalle aus Wasser. Schmelzpunkt 250—251° unter Zersetzung (Nothnagel), 234° (Weinhagen). Oktaeder aus Wasser, Schmelzpunkt 250° bis 251° (Ewins). — Chloraurat $(NO)OCH_2 \cdot CH_2 \cdot N(CH_3)_3Cl \cdot AuCl_3$, hellgelbe Nadeln, Schmelzpunkt 240° (Nothnagel). Blättrige, federbartige Krystalle vom Schmelzpunkt 234° (Schmidt und Wagner). Blättchen aus heißem Wasser, beginnt bei 200° zu sintern. Schmilzt bei 256° (Ewins).

Acetylcholin, zersetzt sich in wäßriger Lösung leicht in Essigsäure und Cholin, namentlich bei Anwesenheit von Alkali.

Chlorid $(CH_3 \cdot CO)OCH_2 \cdot CH_2 \cdot N(CH_3)_3Cl$, sehr hygroskopisch. — Chloroplatinat $[(CH_3 \cdot CO)OCH_2 \cdot CH_2 \cdot N(CH_3)_3Cl]_2PtCl_4$, Nädelchen aus Wasser. Schmelzpunkt 223—224° (Nothnagel), 256—257° (Ewins). —

Chlorаurat $(CH_3 \cdot CO)OCH_2 \cdot CH_2 \cdot N(CH_3)_3Cl \cdot AuCl_3$, Prismen oder Nadeln, Schmelzpunkt 154—155° (Nothnagel).

Sinapinsäureester des Cholins

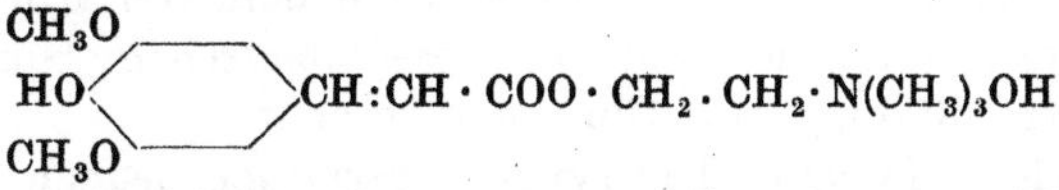

(Späth).

Jodid $C_{16}H_{24}O_5NJ + 3H_2O$, wenig löslich in Wasser, Schmelzpunkt 185—186°. Die Löslichkeit wird durch Zusatz von JK noch verringert. — Rhodanid, Schmelzpunkt 180—181°. — Saures Sulfat $C_{16}H_{24}O_5N \cdot HSO_4 \cdot 2H_2O$, Schmelzpunkt 190—191°.

Höhere Alkanolamine.

Obschon nach den S. 59 gegebenen Darlegungen die Oxyaminosäuren die Möglichkeit zur Entstehung von höheren Alkanolaminen liefern, sind die nächsten Homologen des Cholins und des Aminoäthylalkohols mit Sicherheit in der Natur bis jetzt nicht nachgewiesen worden. Das von Ackermann und Kutscher im Fleischextrakt und unter den Extraktivstoffen von Krabben und Mytilus edulis aufgefundene Neosin, welches nach seiner elementaren Zusammensetzung und seinem chemischen Verhalten dem nächst höheren Homologen des Cholins entspricht, konnte mit den verschiedenen synthetisch dargestellten Homocholinen nicht identifiziert werden. (Ackermann; Engeland und Bichler und S. 109.)

Ein in der Natur weit verbreitetes Polyoxyalkylamin ist das Glucosamin $\begin{matrix}O\\H\end{matrix}\!\!>\!C \cdot CH(NH_2) \cdot CHOH \cdot CHOH \cdot CHOH \cdot CH_2OH$. Das Glucosamin gleich wie seine Stereoisomeren, das Chondrosamin und das Galaktosamin, enthält neben der Aminogruppe und den Alkoholhydroxylen noch eine Aldehydgruppe und steht in naher Beziehung zu den Zuckerarten. Es zeigt jedoch ein völlig anderes biochemisches Verhalten. Weder freies Glucosamin noch das salzsaure Salz werden durch Hefe angegriffen. Auch der aus Glucosamin mittels salpetriger Säure darstellbare Zucker ist nicht vergärbar. Im Säugetierorganismus verhält es sich vom Traubenzucker gleichfalls verschieden. Glykogen scheint nicht oder nur zum geringen Teil gebildet zu werden, wenn man Glucosamin per os oder subkutan verabreicht (Cathcart; Fabian). Nach Eingabe von 15 g in den Magen wurden 26% des salzsauren Glucosamins im Harn wieder ausgeschieden. Kaninchen, welche durch Hungern glykogenarm gemacht waren, zeigten nach Verabreichung von Glucosamin keinen Glykogenansatz. Wird das Glucosamin in acylierter Form verfüttert, also so, daß die NH_2-Gruppe amidartig mit einem Säurerest verkettet ist, so wird es nach den von Forschbach ausgeführten Versuchen am pankreasdiabetischen Hunde ohne intermediäre Bildung von Glucose verbrannt.

Bakterien (Typhus, Paratyphus) vermögen jedoch das Glucosamin als Kohlenhydratquelle zu verwerten, in den meisten Fällen aber nur, wenn die Aminogruppe frei liegt. Acetylglucosamin wird nicht angegriffen (K. Meyer).

Bei der Einwirkung eines Bacteriums von der Art des der Subtilisgruppe angehörenden Bac. tenuis bildet d-Glucosamin Propionsäure und Milchsäure, die als Silber- bezw. als Zinksalze isoliert werden konnten (Abderhalden und Fodor). Die Fäulnis geschah derart, daß 30 g Glucosaminchlorhydrat mit 2,5 g Pepton Witte, 5,0 g Traubenzucker und Spuren von Natriumphosphat und Magnesiumsulfat gelöst, mit Soda alkalinisiert und nach Impfung mit einer faulenden Pankreasflocke 30 Tage bei 37° belassen wurden. Offenbar findet zuerst eine Desamidierung statt, worauf der Zerfall in zwei C_3-Ketten, wahrscheinlich ohne intermediäre Bildung von Glucose erfolgt. Ob die von Pringsheim an der Glucosaminsäure beobachtete Spaltbarkeit in eine zweigliedrige stickstoffhaltige Kohlenstoffkette (Betain) und eine viergliedrige stickstoffreie Tetrose auch für das Glucosamin und seine Beziehungen zum Eiweißstoffwechsel Bedeutung hat, ist nicht erwiesen.

In der Natur tritt das Glucosamin als Baustein höherer Komplexe auf, indem es sich durch Polymerisation und durch Eintritt von Säureresten zu größeren Molekülen vereinigt. Diese komplizierten Derivate, die als Chitin, Mucine, Mucoide, Chondroitin und Mykosin sowohl im Tier- wie im Pflanzenreich eine große biologische Bedeutung besitzen, sollen hier nicht näher besprochen werden.

Als höheres Alkanolamin ist auch das Sphingosin $C_{17}H_{35}NO_2$ erkannt worden. Es ist der stickstoffhaltige Bestandteil der phosphorfreien Gehirnlipoide (vgl. S. 58). Im Cerebron ist die primäre Aminogruppe des Sphingosamin mit einer höheren Oxyfettsäure, der Cerebronsäure $C_{25}H_{50}O_3 = CH_3(CH_2)_{22}CHOH \cdot CO_2H$ amidartig verkettet. Vermittels der alkoholischen Hydroxyle ist es ferner noch an Galaktose gebunden, und zwar haftet das eine der Hydroxyle wahrscheinlich an der Aldehydgruppe des Zuckers. Bei der Hydrolyse vollzieht sich folgende Spaltung:

$$\underset{\text{Cerebron}}{C_{48}H_{93}NO_9} + 2\,H_2O = \underset{\text{Cerebronsäure}}{C_{25}H_{50}O_3} + \underset{\text{Sphingosin}}{C_{17}H_{35}NO_2} + \underset{\text{Galaktose}}{C_6H_{12}O_6}$$

Im Kerasin sind die Bindungsverhältnisse des Sphingosins analog, nur ist in diesem Cerebrosid die Cerebronsäure durch die Kerasinsäure $C_{24}H_{44}O_2$ ersetzt. Das Phrenosin steht dem Cerebron ebenfalls sehr nahe und liefert bei der Hydrolyse dieselben Spaltprodukte. Thierfelder hat unter den Cerebrosiden auch eine zuckerfreie Verbindung des Sphingosins isolieren können. Diese ist wahrscheinlich identisch mit einem früher von Thudichum als Ästhesin bezeichneten Produkt.

Neosin $C_6H_{17}NO_2$ findet sich in wechselnden Mengen im Muskelextrakt (Kutscher) und im Krabbenextrakt (Ackermann und Kutscher). Bei der Verarbeitung nach der Methode von Kossel und Kutscher (vgl. S. 23) gelangt es in die sog. Lysin-Betain-Fraktion, aus der es mit alkoholischer Sublimatlösung ausgefällt wird. Von anderen in diese Fällung eingehenden Basen, trennt man es durch fraktionierte Krystallisation der Platin- und Golddoppelsalze. Das Mercuridoppelsalz $C_6H_{16}ONCl \cdot 6\,HgCl_2$ schmilzt bei 252°. Das Chloroplatinat ist in Alkohol wenig löslich, das Chloraurat wenig löslich in kaltem, leicht löslich in heißem Wasser, leicht löslich in absolutem Alkohol, Schmelzpunkt 202—205° ohne Zersetzung (Kutscher; Ackermann und Kutscher), 150—152° (Engeland), 244—245° (Berlin).

Synthetisches β-Homocholin $(CH_3)_3N(OH) \cdot CH_2 \cdot CHOH \cdot CH_3$ (Malengreau und Lebailly; Weiß; Partheil) liefert ein Chloraurat vom Schmelzpunkt 163—164°.

Das Chloraurat des γ-Homocholins $CH_2 \cdot OH \cdot CH_2 \cdot CH_2 \cdot N(CH_3)_3Cl \cdot AuCl_3$, krystallisiert in Blättchen vom Schmelzpunkt 193° (Berlin).

Das Quecksilberchloriddoppelsalz $C_6H_{16}ONCl \cdot 6\,HgCl_2$, Schmelzpunkt 208°. Über die physiologische Wirkung vgl. S. 76.

Glucosamin $C_6H_{13}O_5N$, farblose Nädelchen aus Methylalkohol. Schmelzpunkt unscharf zwischen 105—110°. In Wasser sehr leicht löslich. Reduziert Fehlingsche Lösung. Fällt nicht mit basischem und neutralem Bleiacetat, wohl aber mit Bleiacetat + NH_3. Mit Phosphorwolframsäure kein charakteristischer Niederschlag, mit $KHgJ_3$ krystallinischer Niederschlag. Mit Soda + Quecksilberacetat Fällung (Neuberg).

Chlorhydrat $C_6H_{11}(NH_2)O_5 \cdot HCl$, existiert in 2 Modifikationen, α-Form, glänzende monokline Krystalle, β-Form hexagonale Nädelchen, sehr leicht löslich in Wasser, sehr wenig löslich in Alkohol. Zeigt Birotation, $[\alpha]_D^{20} = +72{,}5°$. Über die polarimetrische Bestimmung vgl. Neuberg und Schewket.

Zum Nachweis von Glucosamin kann man dieses durch Salpetersäure in Isozuckersäure überführen, deren Cinchoninsalz bei 208° schmilzt (Neuberg und Wolff). Ein charakteristisches Derivat des Glucosamins, das sich für Auffindung kleiner Glucosaminmengen ebenfalls sehr geeignet erwies, ist Tetraoxybutyl-γ-Phenyl-α-dihydroxydihydroimidazol

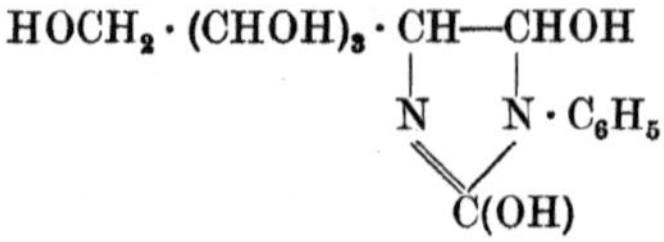

welches sich aus der Phenylisocyanatverbindung des Glucosamins bei einstündigem Kochen mit 20%iger Essigsäure bildet (Steudel).

Ein charakteristisches Derivat des Glucosamins ist auch die Phenylsenfölverbindung $C_{13}H_{16}O_4N_2S$, aus Alkohol durchsichtige derbe Prismen vom Schmelzpunkt 208° (Neuberg und Wolff) und die α-Naphthylisocyanatverbindung

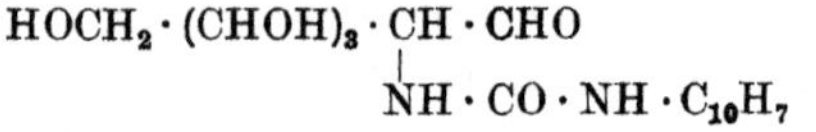

Prismen vom Schmelzpunkt 234—236° (Neuberg und Hirschberg).

Sphingosin $C_{17}H_{35}NO_2$, Nadeln aus Äther (Thomas und Thierfelder, Rießer und Thierfelder). Unlöslich in Wasser, leicht löslich in Alkohol. Die Salze lösen sich in Alkohol, in Äther und Wasser sind sie unlöslich. Der Stickstoff des Sphingosins wird durch salpetrige Säure abgespalten und läßt sich nach van Slyke bestimmen (Levene und Jacobs). Die Oxygruppen und Diaminogruppen sind acetylierbar unter Bindung von Di- und Triacetylsphingosin. Durch Reduktion mit Palladium und Wasserstoff entsteht Dihydrosphingosin, welches mit HJ in eine sauerstoffreie Verbindung, das Sphingamin, übergeht.

III. Gruppe.

Die Neuringruppe.

Das Neurin $CH_2:CH \cdot N(CH_3)_3OH$, welches diese Gruppe kennzeichnet, ist das einzige in der Natur auftretende acyclische Amin mit ungesättigter Kohlenstoffkette. Da das Neurin dem Cholin in genetischer und pharmakologischer Hinsicht verwandt ist, ist eine Reihe ähnlicher quaternärer Ammoniumbasen mit ungesättigten Alkylradikalen dargestellt und untersucht worden.

Die dem Neurin zugrundeliegende primäre Base ist das Vinylamin $CH_2:CH \cdot NH_2$ (Gabriel; Gabriel und Eschenbach). Der von Gabriel unter diesem Namen beschriebene Körper besitzt aber wahrscheinlich nicht diese Konstitution, sondern stellt nach seinem chemischen Verhalten ein cyclisches Imin, das Äthylenimin

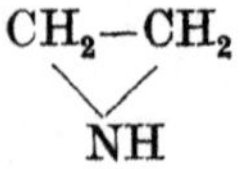

dar (Howard und Marckwald). In gleicher Weise ist die als Propylenamin $CH_2:CH \cdot CH_2 \cdot NH_2$ angesprochene Base als cyclisches Trimethylenimin zu formulieren. Ein Alkylenamin, und zwar N-Dimethylpropenylamin $(CH_3)_2N \cdot CH : CH \cdot CH_3$ ist vielleicht das von Abderhalden und Schaumann aus hydrolysierter Hefe isolierte Aschamin $C_5H_{13}N + H_2O$. Auch das S. 108 beschriebene Sphingosin besitzt nach Levene und Jacobs eine Doppelbindung, doch ist es unentschieden, ob die Doppelbindung nicht einem im Sphingosin enthaltenen partiell hydrierten Ringsystem zugehört. Das aus Harn isolierte Reduktonovain, dem von Kutscher die Formel $OH \cdot N(CH_3)_3 \cdot CH_2 \cdot CH : CH \cdot COOH$ zugeschrieben wird, ist in seiner Konstitution nur mangelhaft erkannt und wird als ω-Betain auf S. 251 behandelt.

Das Allylamin $CH_2 : CH \cdot CH_2 \cdot NH_2$ ist vielleicht für die Bildung des im schwarzen Senf, im Meerrettig, in Allium ursinum enthaltenen Senföls $CH_2 : CH \cdot CH_2 \cdot N : CS$ in Betracht zu ziehen (vgl. S. 15 und 42).

Ungesättigte Di- und Triamine entstehen bei der erschöpfenden Benzoylierung bezw. Acylierung von Imidazolderivaten (vgl. S. 124), z. B. das Benzoylderivat des 1,2,4-Triaminobutens aus β-Imidazolyläthylamin und Benzoylchlorid und das Bis-isovalerylaminoäthylen aus Imidazol und Isovalerylchlorid (Windaus, Dörries und Jensen).

Neurin. Im Gegensatz zum weitverbreiteten Cholin findet sich das Neurin in der Natur nur sehr selten; Liebreich hat das aus Protagon isolierte Cholin Neurin genannt und damit anfänglich eine Verwirrung in die Literatur hineingebracht, so daß verschiedene ältere Autoren öfters von Neurin berichten, während sie Cholin in Händen hatten. Neurin scheint als Baustein im Pflanzen- und Tierreich sicher nicht vorzukommen. In den wenigen Fällen, in denen der Nachweis von Neurin in tierischen Produkten erbracht ist, verdankt es seine Entstehung wahrscheinlich einer sekundären Umwandlung des Cholins, aus welchem es ja durch Wasserabspaltung leicht hervorgehen kann.

$$HO \cdot CH_2 \cdot CH_2 \cdot N(CH_3)_3OH \rightarrow CH_2 : CH \cdot N(CH_3)_3OH$$

Diese direkte Wasserabspaltung ist allerdings durch chemische Agenzien bis jetzt nicht erzielt worden. Mittels konzentrierter Schwefelsäure, Phosphorpentoxyd oder $POCl_3$ kann eine Dehydratation nicht erreicht werden.

Gewisse Mikroorganismen vermögen aber diese Dehydratation zustande zu bringen. Hierdurch erklärt sich der gelegentliche Nachweis von Neurin in Gehirnextrakten. Normalerweise scheint jedoch Neurin im Gehirn nicht vorzukommen (Gulewitsch). Schmidt vermochte nach 10—14tägiger Einwirkung von Heuinfus auf Cholinlösungen die Bildung von Neurin sowohl chemisch, durch den Nachweis des Platinsalzes, wie auch biologisch, durch die charakteristische Froschherzwirkung zu erbringen. Doch bildet sich Neurin aus Cholin nur bei Gegenwart von bestimmten Mikroorganismen. Wenigstens konnte Ruckert nach Einwirkung von Oidium lactis und Vibrio cholerae auf Cholinchlorid kein Neurin in der Nährflüssigkeit nachweisen. Auch Hasebroek fand bei der Fäulnis von Cholin durch Kloakenschlamm kein Neurin (vgl. S. 70). Die Umwandlung von Cholin in Neurin durch Mikroorganismen scheint also nur unter gewissen Bedingungen stattzufinden, oder das Neurin stellt nur ein unbeständiges Zwischenprodukt dar und wird sehr rasch weiter zersetzt.

Um so interessanter ist der Nachweis von Neurin in tierischen Organen oder Körperflüssigkeiten. Hier ist vor allem das Vorkommen von Neurin in den Nebennieren (Lohmann) zu erwähnen, zumal die angegebene Methodik, sowie die Verwendung von frischem Versuchsmaterial eine sekundäre Bildung des Neurins aus Cholin ausschließen. Kutscher und Lohmann fanden das Neurin auch im normalen Menschenharn (0,17 g Golddoppelsalz aus 10 Litern), während Koch im Harn parathyreoidektomierter Hunde neben anderen Basen (vgl. S. 176) auch Neurin nachweisen konnte. Hingegen ist die von Marino-Zuco und Dutto aus dem Harn Addisonkranker nach umständlichem Verfahren isolierte, als Neurin angesprochene Base kaum als solches anzuerkennen.

Die Bildung von Neurin erfolgt am einfachsten nach Bode, wenn man das Reaktionsprodukt aus Trimethylamin und Äthylenbromid, das Bromäthyltrimethylammoniumbromhydrat $BrCH_2 \cdot CH_2 \cdot N(CH_3)_3 \cdot Br$ mit Silberoxyd schüttelt. Die gebildete freie Neurinbase wird mit einer Mineralsäure, am besten Brom- oder Chlorwasserstoffsäure neutralisiert, zur Trockne gedampft und das entstandene hygroskopische Salz in absolut alkoholischer Lösung mit Äther zur Krystallisation gebracht.

Das Neurin ist wie das Cholin eine starke Base, welche Ammoniak aus seinen Salzen schon in der Kälte austreibt. Schwermetalloxyde werden gelöst und die Hitzekoagulation von Fibrin verhindert.

Die lösende Wirkung, welche die freie Base auf Tuberkelbacillen ausübt und welche zur Bildung von „Säuretuberkulin" führt, soll stärker sein als ihrer Alkalinität entspricht (vgl. Bontemps, Schlaudraff).

Im freien Zustande ist das Neurin in verdünnter wäßriger Lösung beständig. Durch Eindampfen im Hochvakuum erhält man es als farbloses, krystallisiertes Hydrat mit 3 Mol. H_2O. Dieses ist sehr hygroskopisch und ätzt die Haut, zersetzt sich unter Entwicklung von Trimethylamin. Bei der trockenen Destillation entsteht Dimethylvinylamin $(CH_3)_2N \cdot CH : CH_2$, Trimethylamin und Vinylalkohol bezw. Acetaldehyd (K. H. Meyer und Hopff). Die Gegenwart der Doppelbindung bedingt die Möglichkeit einer Anlagerung von Halogen, Halogenwasserstoffsäure und unterchloriger Säure.

Über die Fällbarkeit des Neurins durch verschiedene Fällungsmittel orientiert folgende von Gulewitsch aufgestellte tabellarische Übersicht:

Reagenzien	Makroskopisches Aussehen des Niederschlages und Bedingungen seiner Bildung	Mikroskopische Eigenschaften des Niederschlages	Konzentration der Lösung in %, wobei Niederschlag oder Trübung	
			noch erhalten wird	nicht mehr erhalten wird
Phosphormolybdänsäure	Hellgelber voluminöser Niederschlag bei schwachen Konzentrationen deutlich krystallinisch	sehr kleine Rhomben u. sechsseitige Tafeln, die bisweilen so klein sind, daß sie wie amorphe Körnchen aussehen	$^{1}/_{500}$ (beim Stehen)	$^{1}/_{1000}$
Phosphorwolframsäure	Weißer pulv. Niederschlag aus verdünnten Lösungen deutlich krystallinisch		$^{1}/_{2000}$ (bei langem Stehen)	$^{1}/_{4000}$
Kaliumwismutjodid	Pulv. Niederschlag sehr dunkelbraun, fast schwarz	amorph	$^{1}/_{200}$	$^{1}/_{500}$
Kaliumcadmiumjodid	Weißer, deutlich krystallinischer Niederschlag im Überschuß vom Fällungsmittel löslich; beim Ansäuern mit HCl unlöslich	Prismen, meistens sehr kurz	$^{1}/_{4}$ (nach einigem Stehen)	$^{1}/_{10}$

Reagenzien	Makroskopisches Aussehen des Niederschlages und Bedingungen seiner Bildung	Mikroskopische Eigenschaften des Niederschlages	Konzentration der Lösung in %, wobei Niederschlag oder Trübung	
			noch erhalten wird	nicht mehr erhalten wird
Kalium-zinkjodid	Weißer, deutlich krystallinischer Niederschlag im Überschuß vom Fällungsmittel und beim starken Ansäuern mit HCl löslich	Unregelmäßig ausgebildete Tafeln von verschiedenartiger Form und Gruppierung	4	1
Kalium-quecksilber-jodid	Gelblicher, pulv. Niederschlag aus verdünnten Lösungen, deutlich, krystallinisch, in HCl unlöslich	Dünne rhombische Prismen	$^1/_{10}$	$^1/_{25}$
Jodjod-kalium	Sehr dunkelbrauner, fast schwarzer, fein pulv. Niederschlag	Teils Tröpfchen, teils Tafeln und lange Prismen, aus sehr verdünnten Lösungen scheiden sich ausschließlich sehr schöne lange zugespitzte Nadeln aus	$^1/_{2000}$	$^1/_{4000}$
Bromwasser	Rotbraune, kleine, ölige Tröpfchen, bilden sich nur beim Überschuß vom Reagens		$^1/_4$	$^1/_{10}$
Quecksilber-chlorid (ges. wäßr. Lsg.)	Weißer, deutlich krystallinischer Niederschlag	Kurze und dicke Prismen	$^1/_{10}$	$^1/_{25}$
Quecksilber-cyanat (idem)	Kein Niederschlag			

Reagenzien	Makroskopisches Aussehen des Niederschlages und Bedingungen seiner Bildung	Mikroskopische Eigenschaften des Niederschlages	Konzentration der Lösung in %, wobei Niederschlag oder Trübung	
			noch erhalten wird	nicht mehr erhalten wird
Goldchlorid (10%ige wäßr. Lsg.)	Gelber, käsiger Niederschlag aus verdünnten Lösungen deutlich krystallinisch	Lange Prismen	$^1/_{10}$	$^1/_{25}$
Platinchlorid (gepulvert)	Orangefarbiger krystallinischer Niederschlag	Kombination von Würfel und Oktaeder	4	1
Gerbsäure	Schmutzigweißer, feinflockiger Niederschlag; leicht löslich im Überschuß vom Fällungsmittel, in Säuren u. Alkalien	amorph		
Pikrinsäure (gesättigte wäßr. Lsg.)	Gelbe, makroskopisch sichtbare Nädelchen	Nadeln	$^1/_2$	$^1/_4$

Zur Isolierung und zum Nachweis von Neurin können fast alle beim Cholin beschriebenen Methoden dienen, da es gegenüber sämtlichen Reagenzien ein analoges Verhalten zeigt. Dieser Umstand bedingt andererseits, daß man in der Regel vor die Aufgabe gestellt wird, das Neurin vom Cholin abzutrennen. Nach Cramer soll sich hierfür das Chromat eignen, welches im Gegensatz zum Cholinchromat in kaltem Wasser ziemlich schwer löslich ist.

Auch die verschiedene Löslichkeit der Platinchloriddoppelsalze in Wasser ist ein Mittel zur Trennung der beiden Basen (Gulewitsch).

Das Platinchloriddoppelsalz $(C_5H_{12}NCl)_2PtCl_4$ bildet sich als gelber käsiger Niederschlag. Dieser krystallisiert aus heißem Wasser in regulären Oktaedern und Würfeln. Schmelzpunkt 195,5—198°, unter starker Zersetzung (Gulewitsch), 213° (Meyer und Hopff). Das Neurindoppelsalz ist in Wasser etwa neunmal schwerer löslich als das des Cholins. 100 Teile Wasser lösen bei 20,5° 2,66 Teile Salz.

Andere Autoren trennen das Cholin als schwer lösliches Golddoppelsalz ab und erhalten das Neuringoldchlorid aus der Mutterlauge.

Das Goldchloriddoppelsalz $C_5H_{12}NCl \cdot AuCl_3$ schmilzt bei 232—236°. 100 Teile Wasser lösen bei 21,5° nur 0,297 Teile Salz. Es bildet sich aus konzentrierter wäßriger Lösung als gelber käsiger Niederschlag, der aus heißem Wasser umkrystallisiert, in gelben langen Nadeln sich ausscheidet. In kaltem Wasser sehr schwer löslich. — Das Chlorid $C_5H_{11}NCl$ zerfließlich leicht löslich in Alkohol. — Das Bromid, Warzen, Schmelzpunkt 193°. — Das Pikrat $C_5H_{11}N \cdot C_6H_2(NO_2)_3OH$, federartig gruppierte Nadeln. Schmelzpunkt 263—264°, wenig löslich in kaltem Wasser und Alkohol, leicht löslich in heißem Alkohol. — Saures Chromat $C_5H_{12}N \cdot HCrO_4 + H_2O$, aus Wasser gelbrote Nadeln, schmilzt bei 278° (schnell erhitzt), langsam erhitzt, explodiert es bei 140—150°. Wenig löslich in kaltem Wasser (Cramer). — Das Quecksilberdoppelsalz $C_5H_{12}NCl + HgCl_2$, trikline Tafeln, leicht löslich in Wasser, Schmelzpunkt 198,5—199,5° (Gulewitsch). $C_5H_{12}NCl + 6\,HgCl_2$, Prismen, tafelförmige Krystalle, Schmelzpunkt 230,5—234° unter Zersetzung, sehr wenig löslich in heißem Wasser.

Um kleine Cholinmengen qualitativ neben Neurin nachzuweisen, dürfte sich das beim Cholin beschriebene Acetylierungsverfahren eignen (vgl. S. 85). Nur bei Gegenwart von Cholin findet durch die Acetylierung eine Steigerung der Aktivität am überlebenden Darm statt.

Die pharmakologische Wirkung des Neurins wird im allgemeinen als cholinähnlich beschrieben. Doch soll das Neurin etwa 10mal wirksamer sein.

Boehm verglich am Nervenmuskelpräparat die Curarewirkung des Neurins mit der des Cholins und anderer Ammoniumbasen. Er fand, daß ein Nervmuskelpräparat in einer Lösung von 0,012% Neurinchlorid maximal vergiftet wird. Von Cholinchlorid bedarf es hierzu einer Lösung von 0,35%, also einer fast 30mal so großen Konzentration. Danach müßte Neurin 20—30mal so giftig sein wie Cholin. Auch bei intravenöser und subkutaner Injektion tritt die stärkere Wirkung des Neurins zutage. An Katzen wird schon durch Dosen von 0,0001 g und darunter eine Gefäßwirkung, die vorzugsweise pressorisch ist, ausgelöst (Pal). Die Wirkung auf das Herz ist wie beim Cholin schwankend. Nur kleine Gaben machen intravenös oft geringe Depression ohne nachfolgende Steigerung, bei größeren ist die Depression vorübergehend. Subkutan wirkt das Neurin drucksteigernd mit nachfolgenden Schwankungen. Am Laewen-Trendelenburgschen Gefäßapparat bewirkt Neurin in einer Konzentration von 1:800000 Gefäßkontraktion (Samelson).

Auch beim Neurin hat man versucht, die pharmakologische Wirkung in Zusammenhang mit seiner chemischen Konstitution zu bringen. Es hat sich dabei ergeben, daß auch bei ihm die Curarewirkung durch seinen Charakter als quaternäre Ammoniumbase bedingt ist und daß Substanzen, die am Stickstoff statt der Methylgruppe andere Radikale tragen, wie z. B. das Pyridylneurin (Coppola) eine nur quantitativ aber nicht qualitativ verschiedene Wirkung zeigen.

Die gegenüber dem Cholin gesteigerte Aktivität des Neurins wird auf das Vorhandensein der Doppelbindung zurückgeführt. Ersetzt man sie durch eine dreifache Bindung, wie dies z. B. beim Acetylenneurin $CH{\equiv}C \cdot N(CH_3)_3 \cdot OH$ verwirklicht ist, so wird die Toxizität noch mehr erhöht. Schmidt und Meyer berichten über diese Verbindung folgendes:

„An Fröschen ruft die Acetenylbase schon in Mengen von 1 mg starke curareartige Lähmung der motorischen Nerven hervor. Am Herzen beobachtet man, ebenfalls nach Mengen von $^1/_2$—2 mg ziemlich rasch eintretende erhebliche Verlangsamung der Schläge von typisch diastolischem (muscarinähnlichem) Charakter der Kontraktionen; doch kommt es nicht zum Stillstande, vielmehr geht die Verlangsamung nach einiger Zeit von selbst wieder vorüber. Die Nervi vagi scheinen dann nicht mehr erregbar zu sein, wohl aber noch die Hemmungsganglien im Herzen, so daß es den Anschein hat, daß die Acetenylbase ähnlich wie Nicotin und Pilocarpin auf die Vagusendigungen im Herzen einwirkt.

An Warmblütern (Katzen, Meerschweinchen) riefen Mengen von 2 bis 10 mg bei subkutaner Injektion keinerlei bemerkbare Erscheinungen hervor. Dagegen erfolgte nach intravenöser Injektion von nur 1 mg an Katzen eine sehr stürmische Reaktion: plötzlicher Stillstand der Respiration und der Herztätigkeit. Es scheint demnach die Base bei ersterer Art der Anwendung durch Umlagerung oder Zersetzung so rasch verändert zu werden, daß sie nicht mehr als solche ins Blut und an die Nervenzentren gelangt, auf welche dieselbe offenbar sehr heftig einwirkt.“

Eine Verlängerung der Alkylenkette bedingt eine Verminderung der Giftigkeit. So ist Allylneurin $HO \cdot N(CH_3)_3 \cdot CH_2 \cdot CH{:}CH_2$ relativ wenig giftig. Die Wirkungen sowohl des Dimethylneurins (Trimethyl-[$\beta \cdot \beta$-dimethyl-vinyl]-ammoniumhydroxyd)

$HO \cdot N(CH_3)_3 \cdot CH:C(CH_3)_2$ als auch die des Trimethylneurins (Trimethyl-[trimethyl-vinyl]-ammoniumhydroxyd) $HO \cdot N(CH_3)_3 \cdot C(CH_3):C(CH_3)_2$ sind denen des Allyltrimethylammoniumchlorids gleichartig. Alle drei Verbindungen verursachen infolge autonomer Reizung (Muscarinwirkung) eine starke Erregung der Drüsensekretion (Speichel-, Tränenfluß, Schweißausbruch usw.) und gleichzeitig eine mehr oder minder starke Lähmung der Nervenendigungen in den quergestreiften Muskeln, welch letztere durch Aufheben der Atmung den Tod des Versuchstieres veranlassen kann. Die Muscarinwirkung tritt gegenüber der Curarewirkung in den Hintergrund und zeigt sich vorzugsweise an Fröschen (Jordan). Andere Kaltblüter erweisen sich in dieser Hinsicht resistenter. Die letale Dosis des Trimethylneurins (Valearin) beträgt für Kaninchen 15 mg. An Hunden bewirkt dieselbe Dosis heftige Symptome, jedoch keinen Exitus. Katzen erholen sich in der Regel nach 8—10 mg. Völliger Stillstand konnte am Katzenherzen selbst bei Dosen von 20—30 mg nicht erzielt werden (Jordan). Auch nach Schmidt bleiben die Kreislaufsorgane fast ganz unbeeinflußt bis auf eine geringe, nur bei Fröschen deutlich ausgesprochene Verlangsamung der Herzschläge. An der glatten Muskulatur des Magens, Darms und an der Regenbogenhaut im Auge zeigten sich ebenfalls keine merklichen Wirkungen. Quantitativ ergeben sich bei den drei Basen nicht unerhebliche Unterschiede, die sich namentlich in dem Grade der curareartigen Lähmung, weniger stark, in der Sekretionssteigerung erkennen lassen. Am heftigsten wirkend zeigt sich die Valerylbase, schon 0,01 g genügt, um einen Frosch in ca. 15 Minuten völlig und dauernd zu lähmen; durch 0,02 g (subkutan beigebracht) wird ein mittelgroßes Meerschweinchen in 3—5 Minuten getötet. Etwas, wenn auch nicht viel, schwächer wirkt die Allylbase, während die in der homologen Reihe in der Mitte stehende Isocrotylbase auffallenderweise erheblich mildere Wirkung besitzt; abgesehen von der Erregung der Sekretion zeigt ein Kaninchen (von 1500 g) nach subkutaner Injektion von 0,05 g der Base noch gar keine Lähmung, ebensowenig ein Meerschweinchen nach 0,02 g, eine Taube nach 0,025 g; auch bei Fröschen ließ sich nach Injektion von 2 cg keine Lähmung konstatieren, sogar die intravenöse Applikation von 15 cg rief bei einem Kaninchen von 1400 g nur eine sehr unvollständige Paralyse der Skelettmuskeln und des Zwerchfells hervor. Die

Tatsache, daß das Trimethylneurin giftiger ist als Dimethylneurin beweist, daß nicht nur die Länge der Seitenkette, sondern auch die Konstitution maßgebend für die Wirksamkeit einer Base dieser Reihe ist.

Vinylamin $\begin{matrix} CH_2-CH_2 \\ \diagdown\diagup \\ NH \end{matrix}$ ist sehr giftig (Gabriel; Howard und Marckwald). Am Meerschweinchen wirken 0,03 g pro kg tödlich innerhalb 10 Stunden, nach Gaben von 0,015 g innerhalb 24 Stunden (Gabriel). Da die Giftigkeit des Präparates zu groß ist, um solche Dosen einzugeben, die ein Studium der evtl. Zwischenprodukte erlaubt hätten, verabreichte Luzzatto an Kaninchen, Hunden, Tauben und Fischen solche Derivate des Vinylamins, die als intermediäre Abbauprodukte desselben in Betracht kommen, nämlich Diaminoäthyläther $(H_2N \cdot CH_2 \cdot CH_2)_2O$, Bromäthylamin und Chloräthylamin. Diaminoäthyläther erwies sich nur für den Frosch giftig, das Kaninchen vertrug noch relativ große Dosen, ohne daß das Vergiftungsbild des Vinylamins auftrat. Die Giftwirkung des letzteren ist also auf jeden Fall nicht an die Bildung von Diaminoäthyläther gebunden. Ob es aber nach Entfaltung seiner Toxizität in dieses umgewandelt wird, läßt sich nicht entscheiden, da Diaminoäthyläther im Organismus anscheinend weitgehend abgebaut wird. Diaminodiäthylsulfid $(H_2N \cdot CH_2 \cdot CH_2)_2S$ verhält sich völlig analog wie Diaminoäthyläther. Bromäthylamin und Chloräthylamin wirken gleich wie Vinylamin. Sie werden im Organismus offenbar in dieses umgewandelt. Versuche, durch chronische Verabreichung kleiner Dosen von Vinylamin eine Gewöhnung an dieses Gift herbeizuführen, waren erfolglos.

Das Trimethylenimin $CH_2 \langle \begin{matrix} CH_2 \\ CH_2 \end{matrix} \rangle NH$ ist wie das Vinylamin sehr giftig, 0,01 g des salzsauren Salzes pro kg Körpergewicht tötet eine 40 kg schwere Ziege; für Hunde ist die Dosis letalis 0,03 g, für Kaninchen 0,04 g, für Mäuse 0,05 g pro kg Körpergewicht. Die Giftwirkung erstreckt sich namentlich auf den Papillarteil der Niere, dieser ist bei frischen akuten Fällen von Blut infiltriert, während er bei längerer Versuchsdauer resp. Anwendung kleinerer Dosen eine weiße abgestorbene Masse bildet.

Allylamin $CH_2 : CH \cdot CH_2 \cdot NH_2$ bildet sich aus Allylsenföl beim Kochen mit der 4fachen Menge 20%iger Salzsäure. Die Base siedet bei 56—56,5° bei 756,2 mm Druck. Spez. Gew. 0,7688 bei 15°. Riecht stark ammoniakalisch und reizt zu Tränen. Mit Wasser in allen Verhältnissen mischbar. Es lagert Brom, Jod und Chlor an die Doppelbindung an (Gabriel und Eschenbach).

Das Aschamin $C_5H_{13}N+H_2O$ wurde aus den Spaltprodukten der mit 10%-iger Schwefelsäure hydrolysierten Hefe isoliert. Zur Abtrennung wurde die Schwefelsäure aus dem Hydrolysat mit Baryt entfernt, zur Trockne verdampft, mit Alkohol aufgenommen und die alkoholische Lösung mit Aceton gefällt. Aus dem Filtrat der Acetonfällung wurde die Base durch alkoholische Sublimatlösung abgeschieden. Andere in den Sublimatniederschlag gehende Basen ließen sich aus wäßriger Lösung durch eine Fällung mit Quecksilbersulfat abtrennen. Das aus der Quecksilberverbindung dargestellte Chlorid hat die Zusammensetzung $C_5H_{14}\cdot ONCl + H_2O$. Es bildet hygroskopische Nadeln und entwickelt beim Erhitzen nach Trimethylamin riechende alkalische Dämpfe. Mit den Alkaloidreagenzien entstehen Niederschläge. Permanganat und Bromwasser werden entfärbt. — Pikrat, Nadeln, schmilzt bei 231° unter Zersetzung. — Chloroplatinat schmilzt unter Zersetzung bei 201°. Bei polyneuritiskranken Tauben bewirkt intramuskuläre Injektion von 0,02—0,08 g von Aschaminchlorid das Auftreten von Streckkrämpfen. Kurative Effekte ließen sich nicht beobachten. Gesunde Tauben vertragen die Injektion derselben Menge ohne merkliche Symptome.

IV. Gruppe.

Die Diamine.

Die Zahl der natürlich vorkommenden Diamine ist eine sehr beschränkte. Außer den von Brieger bei der Fäulnis von Fleisch aufgefundenen Tetra- und Pentamethylendiamin ist höchstens das Hexamethylendiamin (Garcia) als weiterer Vertreter dieser Körperklasse zu erwähnen (vgl. S. 141).

Die mit dem Cadaverin isomeren Fäulnisbasen Gerontin, Saprin und Neuridin sind trotz festgestellter Unterschiede nach Ackermann möglicherweise mit dem Pentamethylendiamin identisch.

Dies hängt mit dem Umstand zusammen, daß die Möglichkeit für die Entstehung von Diaminen durch die Zahl der im Eiweiß vorhandenen Diaminosäuren begrenzt ist. Außer Lysin, der α-ε-Diaminocapronsäure $H_2N\cdot CH_2\cdot CH_2\cdot CH_2\cdot CH_2\cdot CH(NH_2)\cdot COOH$ und dem Arginin, bezw. seinem Spaltungsprodukt, Ornithin $H_2N\cdot CH_2\cdot CH_2\cdot CH_2\cdot CH(NH_2)\cdot COOH$, ist bis jetzt nur die Diaminotrioxydodecansäure mit einiger Sicherheit nachgewiesen worden (E. Fischer und Abderhalden), deren Decarboxylierungsprodukt, ein Trioxydekamethylendiamin, nicht bekannt ist. Barger vermutet, daß die von Ackermann aus faulem Pankreas isolierte Base Putrin möglicherweise diesem Amin entsprechen kann.

Putrin $C_{11}H_{26}N_2O_3$ findet sich unter den mit alkoholischer Sublimatlösung fällbaren Basen in der Lysinfraktion. Das Goldsalz bildet harte, dunkelorangefarbene Krystallkrusten, die bei 109—110° schmelzen. Seine Cadmiumverbindung ist in Alkohol leicht löslich, was die Trennung von dem ebenfalls vorhandenen Marcitin (vgl. S. 180) ermöglicht.

Zwar hat man in großer Zahl Diaminomonocarbonsäuren und -dicarbonsäuren synthetisiert, ohne sie aber unter den Naturprodukten zu finden. Allerdings haben sich bei den Untersuchungen der verschiedenen Proteine mehrfach Anhaltspunkte für das Vorhandensein anderer Diaminosäuren ergeben. Für das Auftreten eines Lysinhomologen unter den Spaltprodukten des Ricinussameneiweißes sprechen Beobachtungen von Winterstein. Auch das Vorkommen anderer Guanidoaminosäuren neben dem Arginin ist nicht unwahrscheinlich (vgl. Suzuki; Thomas und Mitarbeiter), zumal in einzelnen Eiweißkörpern die direkt oder indirekt bestimmten Guanidinkomplexe einen höheren Wert ergeben, als dem in ihnen enthaltenen Arginin entspricht (vgl. z. B. Kossel und Weiß; Otori).

Die Diaminopropionsäure ist durch Aufspaltung eines Reduktionsproduktes der Harnsäure, der Tetrahydroharnsäure, beim Erhitzen mit Barythydrat und Wasser erhalten worden (Tafel und Frankland).

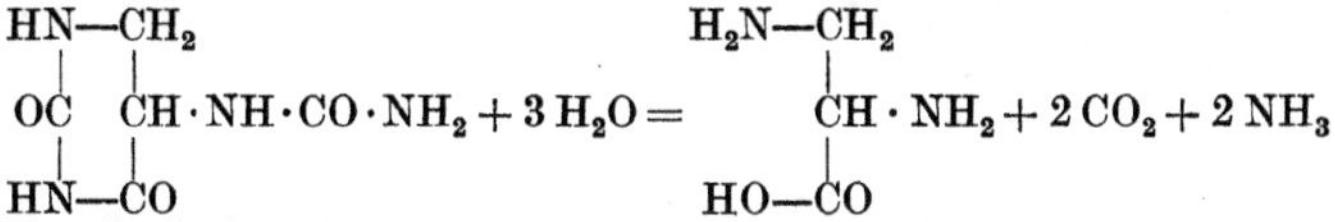

Tetrahydroharnsäure

In ähnlicher Weise entstehen N-Methylderivate der Diaminopropionsäure aus Desoxytheobromin und Desoxykaffein; doch sind weder die Diaminopropionsäure und ihr Decarboxylierungsprodukt, das Äthylendiamin, noch deren Homologe in der Natur in freiem Zustande nachgewiesen worden.

Eine Base gleicher elementarer Zusammensetzung wie das Äthylendiamin ist das von Brieger beschriebene unbekannte Amin $C_2H_8N_2$, welches aus faulem Leim erhalten worden ist; dessen Identität mit Äthylendiamin ist jedoch nicht festgestellt. Das von Schreiner aus Sperma isolierte Spermin der Zusammensetzung C_2H_5N ist von Ladenburg und Abel in Beziehung zum Äthylendiamin gebracht worden, indem diese Forscher vermuteten, daß das Spermin identisch sei mit dem Umwandlungsprodukt des Äthylendiamins, dem Piperazin $C_4H_{10}N_2$. Diese Identität ist jedoch noch nicht erwiesen und die Konstitution des Spermins bis heute unaufgeklärt (vgl. S. 138).

Sehr wenig begründet ist auch die Vermutung, daß Vidin eine aus pflanzlichen Phosphatiden isolierte Base $C_9H_{26}N_2O_2$ die Hexamethylverbindung eines Trimethylendiamins darstellt (Njegowan). Das Trimethylendiamin selbst stimmt in der elementaren Zusammensetzung überein mit einer von Brieger isolierten Fäulnisbase $C_3H_{10}N_2$ oder $C_3H_8N_2$. Diese ließ sich nach 6wöchiger Züchtung von Kommabazillen auf Rindfleischbrei aus der Kulturflüssigkeit nach dem Sublimatverfahren isolieren. Die Base fand sich mit Cadaverin und Kreatinin im Sublimatniederschlag.

Zu Polyaminoverbindungen würde man schließlich auch von den im Abschnitt VI beschriebenen Imidazolderivaten gelangen, welche bei der erschöpfenden Benzoylierung oder Alkylierung Triaminoverbindungen ungesättigter Kohlenwasserstoffe liefern, z. B. Imidazolyläthylamin, das Triaminobuten nach folgender Gleichung

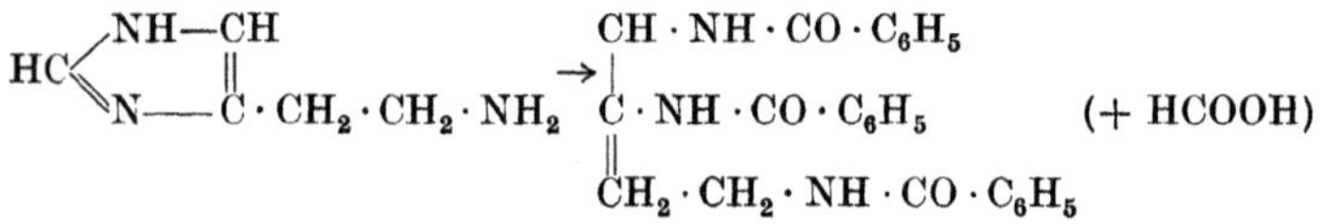

(Windaus und Vogt). In ähnlicher Weise lassen sich die Imidazolderivate auch durch Isovalerylchlorid aufspalten (Windaus, Dörries und Jensen).

Putrescin und Cadaverin.

Die beiden Basen wurden zuerst von Brieger bei der Fleischfäulnis entdeckt und sind seitdem wiederholt unter den bakteriellen Zersetzungsprodukten des Eiweißes aufgefunden worden. Ihre Entstehungsweise erklärte sich durch die Arbeiten von Ellinger und von Ackermann, welche ihre Bildung bei der Fäulnis von Ornithin, Lysin und Arginin nachwiesen. Alle Eiweißarten, welche Lysin enthalten, sind imstande, bei der Fäulnis unter geeigneten Bedingungen Pentamethylendiamin zu liefern.

$$\underset{\text{Lysin}}{H_2N \cdot (CH_2)_4 \cdot CH(NH_2) \cdot COOH} \rightarrow \underset{\text{Cadaverin}}{H_2N \cdot (CH_2)_5 \cdot NH_2} + CO_2$$

Lysinfreies Eiweiß, Zein oder lysinarmes Gliadin, liefern nie Cadaverin (Ackermann). Da Ornithin als Eiweißbaustein nicht vorkommt, kann nur das Arginin als Muttersubstanz für das bei der Eiweißfäulnis entstehende Tetramethylendiamin in Betracht kommen. Arginin wird nach seiner Loslösung aus dem Eiweißmolekül wohl zuerst unter der Einwirkung einer in den Bakterien enthaltenen Arginase in Ornithin und Harnstoff zerlegt, worauf die Decarboxylierung erfolgt. Allerdings ist es auch möglich, daß das Arginin mit dem intakten Guanidinkomplex zuerst decarboxyliert wird, wobei sich das Agmatin bildet. Dieses würde dann nachträglich durch eine Arginase zerlegt werden. Die beiden Möglichkeiten der Putrescinbildung seien durch die nachfolgenden Gleichungen illustriert:

I. $\underset{\text{Arginin}}{H_2N \cdot C(:NH) \cdot NH \cdot CH_2 \cdot CH_2 \cdot CH_2 \cdot CH(NH_2) \cdot COOH} + H_2O =$

$$\underset{\text{Harnstoff}}{H_2N \cdot CO \cdot NH_2} + \underset{\text{Ornithin}}{H_2N \cdot CH_2 \cdot CH_2 \cdot CH_2 \cdot CH(NH_2) \cdot COOH}$$

$\underset{\text{Ornithin}}{H_2N \cdot CH_2 \cdot CH_2 \cdot CH_2 \cdot CH(NH_2) \cdot COOH} \rightarrow$

$$\underset{\text{Putrescin}}{H_2N \cdot CH_2 \cdot CH_2 \cdot CH_2 \cdot CH_2 \cdot NH_2} + CO_2$$

II. $\underset{\text{Arginin}}{H_2N \cdot C(:NH) \cdot NH \cdot CH_2 \cdot CH_2 \cdot CH_2 \cdot CH(NH_2) \cdot COOH} \rightarrow$

$$\underset{\text{Agmatin}}{H_2N \cdot C(:NH) \cdot NH \cdot CH_2 \cdot CH_2 \cdot CH_2 \cdot CH_2 \cdot NH_2} + CO_2$$

$\underset{\text{Agmatin}}{H_2N \cdot C(:NH) \cdot (CH_2)_4 \cdot NH_2} + H_2O =$

$$\underset{\text{Harnstoff}}{H_2N \cdot CO \cdot NH_2} + \underset{\text{Putrescin}}{H_2N \cdot (CH_2)_4 \cdot NH_2}$$

Das Vermögen, aus den Diaminosäuren durch Decarboxylierung Diamine zu bilden, ist allem Anschein nach eine verschiedenen Bakterienarten zukommende Eigenschaft. Die ubiquitären Fäulniserreger, die etwa mit einer faulenden Pankreasflocke übertragen werden oder bei der spontanen Fäulnis von Eiweißmaterial sich entwickeln, liefern nach 3—4 Tagen eine maximale Ausbeute an Diaminen. Die Verhältnisse sind offenbar verschieden, je nachdem ein gemischtes Material — Fischfleisch (Brieger), menschliche Leichen (Brieger), Pferdefleisch (Garcia; Brieger) oder reines Ornithin, Lysin oder Arginin (Ellinger; Ackermann) der Fäulnis unterliegen. Nach Garcia beginnt die Diaminbildung schon nach 24 Stunden in nachweisbarer Menge. Zutritt von Luft wirkt günstig. Durch Luftabschluß kann die Diaminbildung hintangehalten werden. Zusatz von Kohlenhydraten verringert die Ausbeute ebenfalls. Etwas abweichend hiervon sind die Beobachtungen von Ellinger und Ackermann. Ersterer erhielt sowohl bei der Lysin- wie bei der Ornithinfäulnis unter anaeroben Bedingungen die besten Resultate (25—30$^0/_0$ der verwendeten Diaminosäuren) und Ackermann konnte aus Arginin nur bei Zusatz von Glucose (5 g auf 1 l) oder bei Vorhandensein anderer Eiweißbausteine eine nennenswerte Diaminmenge gewinnen.

Diese Unterschiede rühren natürlich größtenteils von der Unsicherheit her, die Versuchen mit Mischkulturen stets anhaften, sogar wenn das Substrat, wie in den Versuchen von Ellinger und von Ackermann, ein einheitliches ist, mögen aber auch durch die verschiedene bei der Fäulnis obwaltende Wasserstoffionenkonzentration beeinflußt werden (vgl. S. 11).

Als mehr oder weniger charakteristisches Merkmal ist die Diaminbildung für die Kulturen von Tetanus und Cholerabazillen und für den Finkler-Priorschen Vibrio angegeben worden (Brieger). Der auffallende Geruch von Cholerastühlen soll dem Pentamethylendiamin zuzuschreiben sein. Auch die bei der Cystinurie im Kot und im Harn der Kranken beobachtete Diaminbildung ist, eine Zeitlang wenigstens, auf eine spezifische Darmmykose zurückgeführt worden (v. Udránszky und Baumann). Bei dieser seltenen Stoffwechselerkrankung werden neben Cystin in wechselnden Mengen Diamine im Harn ausgeschieden, im Maximum konnten 0,2—0,4 g der Benzoylprodukte aus dem Tagesharn gewonnen werden, und zwar mehr Penta- als Tetramethylendiamin. Im Darm fanden sich dieselben Basen, jedoch in umgekehrtem Verhältnis. Die Diaminurie ist dagegen schon an demselben Cystinuriker eine sehr schwankende Erscheinung (Bödtker), weit mehr noch variieren die Verhältnisse, wenn man die verschiedenen in der Literatur beschriebenen Cystinuriefälle betrachtet. Während bei einzelnen Kranken überhaupt keine Diaminausscheidung beobachtet werden konnte (Abderhalden), ließen sich bei anderen Diamine im Harn dann feststellen, wenn Lysin und Arginin per os verabreicht wurde (Loewy und Neuberg; Garrod und Hurtley). Ob es sich hierbei um einen im Darm sich abspielenden Fäulnisvorgang handelt, oder ob die Diaminbildung im Organismus des Cystinurikers erfolgt, ließ sich nicht entscheiden, da die Aminosäuren nicht parenteral verabreicht wurden. Auf jeden Fall ließ sich feststellen, daß die Ausscheidung der Diamine ebenso wie die des Cystins beim Cystinuriker auf einem allgemeinen Darniederliegen der oxydativen Fähigkeiten des Organismus beruht. Auch andere Aminosäuren, Tyrosin, Leucin, Asparaginsäure, welche von gesunden Menschen glatt verbrannt werden, fanden sich, wenn sie der Nahrung des Cystinurikers zugelegt wurden, zum Teil unverändert im Harn wieder (Abderhalden und Schittenhelm).

Im Harn des normalen Menschen sind Diamine höchstens in ganz geringen Mengen vorhanden. Dombrowski fand Spuren von Cadaverin bei Verarbeitung von ca. 100 l normalem Harn. In einem Falle von perniziöser Anämie isolierte Hunter bei Verarbeitung großer Harnmengen ein geringes Quantum von Diaminen. Bei zwei Patienten mit malariaähnlichen Symptomen fand Roos kleine Mengen von Cadaverin und Putrescin im Kot. Bei anderen Malariaerkrankungen ließen sich im Darminhalt keine Diamine feststellen. Im Kot von normalen Personen, sowie bei verschiedenen Krankheiten (Tuberkulose, Darmverschluß) konnten keine Diamine nachgewiesen werden (von Udránszky und Baumann). Bacillus mesentericus vulgatus bildet auf caseinhaltigen, milchzuckerfreien Nährböden neben den primären Spaltprodukten und anderen Aminen auch Cadaverin und Putrescin (Grimmer und Wiemann).

Daß auch relativ harmlose Mikroorganismen Lysin und Ornithin unter Bildung von Penta- und Tetramethylendiamin zu verändern vermögen, beweist das häufig beobachtete Auftreten dieser Basen in verschiedenen Käsearten. Pilze vermögen ebenfalls Diamine zu bilden. Das Vorkommen von Tetra- und Pentamethylendiamin im Mutterkorn ist von Rieländer festgestellt worden. Küng fand Putrescin unter den basischen Extraktivstoffen von frischem Fliegenpilz (Amanita muscaria), Reuter Tetramethylendiamin im Autolysat von Boletus edulis, Schenck Tetramethylendiamin in der frischen Bierhefe. Aber auch höhere Pflanzen sind zur Diaminbildung befähigt, dafür spricht das Auftreten von Putrescin in Datura (Ciamician und Ravenna) und die Feststellung von Willstätter und Heubner, die eine aus Hyoscyamus muticus isolierte Base als Tetramethylputrescin erkannten (vgl. auch Gorris und Larsonneau). In den Keimpflanzen von Lupinus albus, Soja hispida, Pisum sativum und Cucurbita Pepo konnten weder Putrescin noch Cadaverin aufgefunden werden (Schulze).

Aus dem Extrakt von 15 kg Maikäfer (Melolontha vulgaris) isolierte Ackermann neben anderen Basen auch Putrescin als Pikrat. Es ist aber unentschieden geblieben, ob der tierische Organismus zur Diaminbildung befähigt ist. Die bei Cystinurie auftretende Diaminausscheidung läßt diese Frage unbeantwortet, weil die Möglichkeit der bakteriellen Entstehung im Darm vorwaltet. Auch das Auftreten von Putrescin und Cadaverin bei der langdauernden Selbstverdauung von Magen (Lawrow) und von Pankreas (Werigo; Emerson), bei der peptischen Verdauung von Ovalbumin (Langstein) schließt die Mitwirkung bakterieller Kräfte nicht aus (Kutscher und Lohmann). Wenn somit die Bildung von Diaminen durch tierische Fermente keineswegs gesichert ist, so berechtigen doch alle diese vereinzelten Beobachtungen zur Erwartung, daß es gelingen wird, unter geeigneten Bedingungen bei einer experimentellen oder pathologischen Stoffwechselstörung die Diamine als Produkte des intermediären Zellumsatzes nachzuweisen.

Die Diamine lassen sich durch einfache Reaktionen in heterocyclische Verbindungen überführen, und zwar das Putrescin in das Pyrrolidin

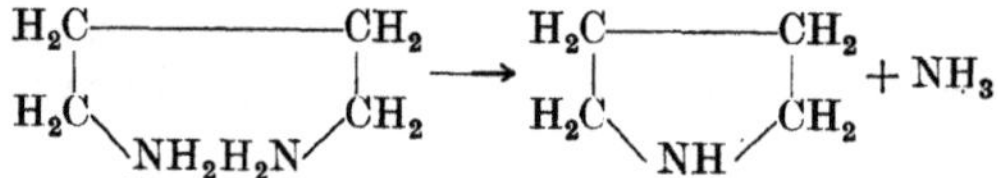

Putrescin Pyrrolidin

das Pentamethylendiamin in das Piperidin

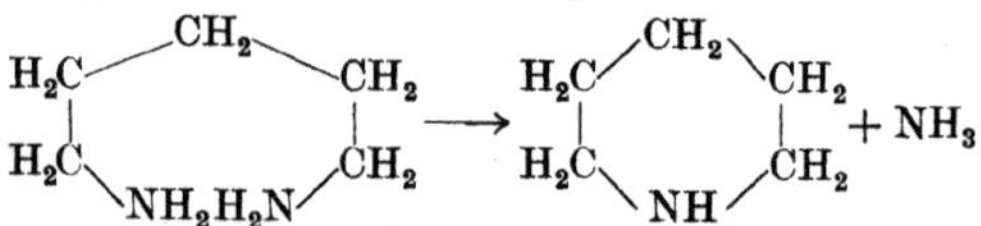

Cadaverin Piperidin

Diese cyclischen Stickstoffderivate sind nicht bloß die in einer Reihe wichtiger Alkaloide (Coca- und Tropaalkaloide, Nicotin) enthaltenen Ringsysteme, sondern sie treten auch selbst in einigen Pflanzen als einfachste Alkaloide auf (vgl. S. 245). Der Übergang von Diaminen in Pyrrolidin- und Piperidinderivate vollzieht sich in vitro zwar erst bei höheren Temperaturen. Es ist aber trotzdem keine zu weitgehende Forderung, wenn den fermentativen Kräften der Pflanzenzelle eine solche Ringschließung zugemutet wird. Man braucht ja nur anzunehmen, daß eine der beiden Aminogruppen in eine Alkoholgruppe verwandelt wird, um in den entstehenden Alkanolaminen, dem Oxybutylamin $H_2N \cdot CH_2 \cdot CH_2 \cdot CH_2 \cdot CH_2 \cdot OH$ und Oxyamylamin $H_2N \cdot CH_2 \cdot CH_2 \cdot CH_2 \cdot CH_2 \cdot CH_2 \cdot OH$ zu Substanzen zu gelangen, die bereits unter gewöhnlichen Bedingungen sich zu heterocyclischen Ringen anhydrisieren. Der innige Zusammenhang zwischen Eiweißkörpern und Alkaloiden, der sich noch wiederholt zeigen wird, ist zuerst von Pictet hervorgehoben und von Robinson zu einer wohl begründeten Theorie über die Entstehung und Bedeutung der Alkaloide ausgebaut worden.

Zur Synthese des Putrescins kann man entweder nach Ladenburg das aus Äthylenbromid durch Kochen mit Cyankali in alkoholischer Lösung leicht darstellbare Äthylencyanid $NC \cdot CH_2 \cdot CH_2 \cdot CN$ mittels Natrium und Alkohol reduzieren, oder man verwandelt nach *Willstätter* und *Heubner* das Pyrrol $\begin{array}{l} CH=CH \\ | \\ CH=CH \end{array}\!\!>NH$ in das Succindialdoxim $HO \cdot N : CH \cdot CH_2 \cdot CH_2 \cdot CH : N \cdot OH$ und reduziert dieses mittels Natrium, Alkohol und Essigsäure.

Das *Cadaverin* gewinnt man synthetisch aus dem Trimethylencyanid durch Reduktion mittels Natrium und Alkohol (*Ladenburg*). Bequem erhält man es durch Aufspaltung des Piperidins mittels Phosphorhalogenid nach *v. Braun*.

Während nach der Auffassung von *Pictet* und *Court* (vgl. S. 7 u. 138) die Zellen alkaloidführender Pflanzen imstande sind, die intermediär entstehenden Diamine durch anhydrisierende oder desamidierende Fermente in die einfachsten Alkaloide, Protoalkaloide (Pyrrol, Pyrrolin, Pyrrolidin, Piperidin, Pyridin) zu verwandeln, findet ein solcher Vorgang im Tierkörper nicht statt. Die per os, subkutan oder intravenös zugeführten Diamine werden größenteils verbrannt; auch relativ große Dosen werden ohne sichtliche Vergiftungssymptome vertragen. Ein Hund schied nach Verfütterung von 3,6 g Äthylendiaminchlorhydrat nur Spuren der Base im Harn aus. Nach Eingabe von 3 g Tetramethylendiamin konnten nur 0,3 g des Diamins als Benzoylprodukt isoliert werden. Auch Pentamethylendiamin wird in großen Dosen (bis 10 g) restlos verbrannt (v. *Udránszky* und *Baumann*). Daß aber bei geschädigtem Oxydationsvermögen Diamine unverändert den Tierkörper passieren können, beweist die bei Cystinurie beobachtete Diaminurie (vgl. S. 124). Ein genetischer Zusammenhang zwischen Diaminbildung und Cystinurie besteht jedoch offenbar nicht, hierfür sprechen nicht bloß die früher erwähnten Fälle von Cystinurie ohne Diaminausscheidung, sondern auch der Umstand, daß nach Verabreichung großer Dosen von Diaminen keine experimentelle Cystinurie erzielt werden konnte.

Bei subkutaner Verabreichung ist *Äthylendiaminchlorhydrat* relativ ungiftig. Für die weiße Maus beträgt die minimal letale Dosis 15 mg für 20 g (*Barbour* und *Hjort*). Am Frosch bewirken 2 mg pro g Lähmung des zentralen Nervensystems. Kaninchen zeigen nach nahezu tödlichen subkutanen oder intravenösen Dosen — 0,4 g pro kg — eine vorübergehende Atmungserregung, ein Sinken der Körpertemperatur, geringe allgemeine Depression und vorübergehende Diarrhöe. Die Tränen-, Nasen- und Speichelsekretion wird nicht erregt. Subkutane Dosen von 0,1 g pro kg bewirken nur Hypothermie. Nach viertägiger Wiederholung der Injektionen wird jedoch diese Wirkung nicht mehr ausgelöst. Niere, Herz und Blut zeigen keine Veränderung, wenn diese Dosis 10 Tage hintereinander verabreicht wird. Der Tonus des isolierten Katzendarms wird durch Äthylendiamin vermindert. Der Blutdruck wird bei Hunden, Katzen und Kaninchen oft schon durch 1 mg pro kg herabgesetzt (Desgrez und Dorléans). Die Blutdruckwirkung ist wahrscheinlich zentralen Ursprungs und bleibt aus nach Durchschneidung der Medulla und nach vollständiger Nicotinisierung.

Für Cadaverin und Putrescin beträgt die letale Dosis bei intravenöser Verabreichung ca. 0,10 g pro kg, bei intrarectaler 0,40 g, bei oraler 1,60 g (Dreyfus). Der Blutdruck wird durch relativ hohe Dosen nicht beeinflußt (Barger und Dale). Auch am überlebenden Darm fehlt eine ausgesprochene Wirkung (Guggenheim und Löffler). Behring beobachtete bei Kaninchen nach intravenöser Injektion von 0,4—0,6 g Cadaverinhydrochlorid, bei Meerschweinchen nach Verfütterung von 0,3—0,5 g subnormale Temperaturen, Krämpfe und Tod. Hingegen ist Tetramethylputrescin (N-N-Tetramethyldiaminobutan) in großen Dosen ungiftig (Willstätter und Heubner). An Fröschen waren subkutane Dosen des salzsauren Salzes entsprechend 50 mg Base und am Kaninchen intravenöse Dosen bis 0,5 g pro kg völlig unwirksam. Die quaternäre Base, das Hexamethyl-„putrescinium"hydroxyd, besitzt Curarewirkung. Es wird rasch und größtenteils unzersetzt ausgeschieden und läßt sich aus dem Harn als Chloraurat isolieren (Ackermann).

Nach Verabreichung von Diaminen erfahren gewisse synthetische Fähigkeiten des tierischen Organismus eine Störung (Pohl). Das Vermögen, Benzoesäure als Hippursäure zu entgiften, wird herabgesetzt, namentlich aber wird die Glucuronsäurepaarung, welche gewisse toxische Substanzen (Chloralhydrat, Amylalkohol) im Körper erleiden, nach Eingabe von Diaminen abgeschwächt. Hingegen bleibt die Ätherschwefelsäurebildung unbeeinflußt.

Ornithin.

Nach Verfütterung von Benzoesäure an Hühner konnte Jaffé aus dem Harn eine stickstoffhaltige Säure isolieren, die er als Ornithursäure bezeichnete. Er vermutete in ihr das Dibenzoylderivat einer α-, δ-Diaminovaleriansäure, eine Vermutung, die sich durch die bald folgenden Arbeiten von Schulze und Winterstein und Ellinger bestätigte. Den vollständigen Beweis für die Konstitution erbrachten die Synthesen von Fischer und von Sörensen.

Das zur Entgiftung der Benzoesäure ausgeschwemmte Ornithin entstammt ohne Zweifel dem als Eiweißbaustein funktionierenden Arginin. Es bildet sich aus diesem unter der Einwirkung eines im tierischen Organismus (Leber) und auch in der Pflanze vorhandenen Fermentes, der Arginase, unter Abspaltung von Harnstoff:

$$\underset{\text{Arginin}}{H_2N \cdot C(:NH) \cdot NH \cdot CH_2 \cdot CH_2 \cdot CH_2 \cdot CH(NH_2) \cdot COOH} + H_2O = \underset{\text{Harnstoff}}{H_2N \cdot CO \cdot NH_2} + \underset{\text{Ornithin}}{H_2N \cdot CH_2 \cdot CH_2 \cdot CH_2 \cdot CH \cdot (NH_2) \cdot COOH}$$

Auch durch Spaltung mit Alkalien (Baryt) vollzieht sich derselbe hydrolytische Vorgang. Gegen verdünnte Mineralsäuren ist das Arginin beständig, beim Erhitzen mit 50%iger Schwefelsäure auf 160—180° erfolgt jedoch ebenfalls teilweise Spaltung des Arginins unter Bildung von Ornithin.

Im Eiweiß ist das Ornithin selbst nicht enthalten, es entsteht jedoch bei der alkalischen Hydrolyse desselben aus dem primär abgespaltenen Arginin (Kossel und Cameron). Das Ornithin ist daher allem Anschein nach eine Zwischenstufe des Argininabbaues (vgl. S. 155). Es wird normalerweise in dem Organismus rasch verändert und dem Nachweis entzogen um so mehr, als die Isolierung des Ornithins nicht immer leicht ist (vgl. S. 142). Bei Pflanzen, Tieren und Mikroorganismen hat man daher das Ornithin nur in Form seiner Derivate nachweisen können.

Eine glatte und quantitative Spaltung des Arginins kann man vermittels der im Leberpreßsaft enthaltenen Arginase erzielen (Kossel und Dakin; Rießer; Edlbacher; Kiesel). Nach etwa 20stündiger Einwirkung ist die Spaltung vollständig, und das Ornithin läßt sich nach Enteiweißung der Reaktionsflüssigkeit über die Phosphorwolframsäureverbindung isolieren.

Der Harn von mit Benzoe- oder Phenylessigsäure gefütterten Vögeln liefert nur geringe Ausbeuten an reinem Benzoylornithin (vgl. Shiple und Sherwin). Die synthetisch dargestellten Ornithine (Fischer; Fischer und Zemplèn; Sörensen) sind optisch inaktiv, sie können aber durch die Brucin- und Cinchoninsalze der Benzoylverbindungen in die optisch aktiven Komponenten gespalten werden (Sörensen). Das durch Barytspaltung aus Arginin erhaltene Ornithin ist optisch aktiv, ebenso das durch Zerlegung der Ornithursäure gebildete (Schulze und Winterstein). Das bei der Barythydrolyse des Clupeins entstehende Ornithin ist jedoch optisch inaktiv (Kossel und Weiß; Weiß). Die Racemisierung erfolgt intraprotein, begünstigt durch die amidartige Bindung, in der sich das Arginin vorfindet. Aus dem Molekülverband losgelöstes Arginin liefert unter denselben Bedingungen kein racemisches Produkt. Optisch inaktiv ist auch das durch Erhitzen von Arginin mit 50%iger Schwefelsäure gebildete Ornithin.

Für die biochemischen Veränderungen des Ornithins kommen neben der S. 122 besprochenen Putrescin- und der Ornithursäurebildung noch folgende chemische Umwandlungen in Betracht. Bei der trockenen Destillation von Ornithinchlorhydrat entsteht Pyrrolidin, wahrscheinlich unter intermediärer Bildung von Putrescin (Schulze und Winterstein; Ackermann). Cyanamid wird in wäßriger Lösung an die δ-Aminogruppe angelagert, es entsteht Arginin (vgl. S. 153). Indem die δ-ständige Aminogruppe mit der Carboxylgruppe sich anhydrisiert, gelangt man vom Ornithin aus zu einem β-Amino-α-piperidon, dem Lactam des Ornithins:

$H \cdot NH \cdot CH_2 \cdot CH_2 \cdot CH_2 \cdot CH(NH_2) \cdot COOH \rightarrow$

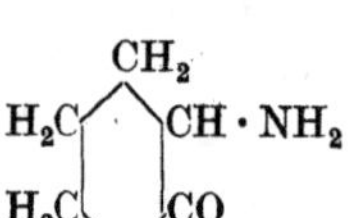

Dieser Übergang vollzieht sich am einfachsten, wenn man in die alkoholische Lösung des Chlorhydrates Salzsäure einleitet (Fischer und Zemplèn). Das Piperidonderivat läßt sich umgekehrt durch Erhitzen mit Salzsäure wieder in Ornithin zurückverwandeln. Ersetzt man die δ-ständige Aminogruppe des Ornithins durch eine Hydroxylgruppe, so gelangt man zur δ-Oxy-α-aminovaleriansäure $HO \cdot (CH_2)_3 \cdot CH(NH_2) \cdot COOH$. Diese ist ebenfalls zur Ringbildung befähigt, sie führt aber nicht zu einem Piperidin, sondern zu einem Pyrrolidinderivat, und zwar zu α-Pyrrolidincarbonsäure, dem Prolin

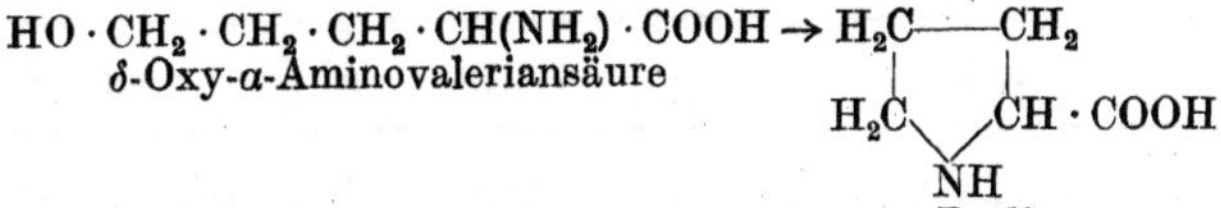

δ-Oxy-α-Aminovaleriansäure

Prolin

Die α-Oxy-δ-aminovaleriansäure $H_2N \cdot (CH_2)_3 \cdot CH(OH) \cdot COOH_2$, welche durch Ersatz der α-ständigen Aminogruppe sich bildet, ist zur Ringschließung nicht befähigt. Eine reduktive Desamidierung kann unter bestimmten Bedingungen die α-Aminogruppe des Ornithins durch Wasserstoff ersetzen; es entsteht δ-Aminovaleriansäure $H_2N \cdot (CH_2)_4 \cdot CO_2H$, eine Substanz, die bei der Fäulnis von eiweißhaltigem Material wiederholt aufgefunden worden ist (vgl. S. 252). Durch erschöpfende Methylierung des Ornithins gelangt man zum Hexamethylornithin (Ackermann), welches dem aus Muskelfleisch isolierten Myokynin (vgl. S. 243) sehr nahe steht und mit ihm vielleicht identisch ist. Über N-Monomethylornithin $CH_3 \cdot NH \cdot (CH_2)_3 \cdot CH(NH_2) \cdot CO_2H$ vgl. Thomas und Mitarbeiter. Der Abbau des Ornithins im Organismus geht vermutlich über Bernsteinsäure (Ringer, Frankel und Jonas).

Lysin.

Das Lysin ist 1891 von Drechsel aus hydrolysiertem Casein isoliert worden. Seither hat man es mit dem Arginin und Histidin zusammen in fast allen pflanzlichen und tierischen Eiweißkörpern nachgewiesen.

Der Lysingehalt einzelner isolierter Proteine sei nachstehend, soweit er quantitativ ermittelt worden ist, in steigender Folge angegeben. In den Fällen, wo verschiedene Werte gefunden worden sind, ist der höchste für die Reihenfolge maßgebend.

a) Vorkommen von Lysin in pflanzlichen Proteinen

Protein	%	Autor
Zein aus Mais	0	Kossel und Kutscher, Hart
Gliadin aus Weizenkleber . . .	0	Kossel und Kutscher
Mucedin aus Weizenkleber . .	0	Kossel und Kutscher
Glutenfibrin aus Weizenkleber .	0	Kossel und Kutscher
Kiefernsameneiweiß	0,25	Schulze u. Winterstein
Fichtensameneiweiß	0,3	Schulze u. Winterstein

Protein	%	Autor
Amandin der süßen Mandeln .	0,70	Osborne und Clapp
Seekiefernsameneiweiß	0,79	Schulze u. Winterstein
Rottannensameneiweiß	0,85	Schulze u. Winterstein
Hordein aus Gerste	ca. 1	Johns und Finkes
	0	Kleinschmidt
Globulin aus Ricinussamen . .	1,54	Osborne, Leavenworth und Brautlecht
Excelsin der Paranuß	1,6	Osborne und Clapp
Edestin aus Hanfsamen	1,67	Kossel und Patten
Kürbissameneiweiß	1,7 und 1,5	Schulze u. Winterstein
Edestin aus Baumwollsamen . .	2,06	Osborne, Leavenworth und Brautlecht
Konglutin aus Lupinensamen .	2,1	Schulze u. Winterstein
Glutenin aus Weizenmehl . . .	2,15	Kossel und Kutscher
	1,92	Osborne und Clapp
Glutencasein aus Weizenkleber .	2,29	Kossel und Kutscher
Leucosin aus Weizenembryo . .	2,75	Osborne und Clapp
Albumin aus Blütenstaub von Ambrosia artemisifolia . . .	2,81	Heyl und Hopkins
Glutelin aus Maismehl	2,93	Osborne und Clapp
Legumelin der Erbse	3,03	Osborne und Heyl
Eieralbumin	3,3	Sjollema und Rinkes
Kartoffeleiweiß	2,15	Hugounenq u. Galimard
Proteosen aus Extrakt von Blütenstaub von Ambrosia artemisifolia	3,7	Heyl und Hopkins
Legumin der Wicke	3,99	Osborne und Heyl
Oryzenin (Reiseiweiß)	4,26	Osborne, van Slyke etc.
Vignin (Cowpea, Vigna sinensis)	4,28	Osborne und Heyl
Phaseolin der Bohne	4,58	Osborne, Leavenworth und Brautlecht
Legumelin der Sojabohne . . .	4,91	Osborne, Leavenworth und Brautlecht
Arachin (Eiweiß aus Arachis hypogaea)	4,98	Johns und Breese Jones
Legumin aus Erbsen	5,1 und 5	Schulze u. Winterstein
Vicilin der Erbse	5,40	Osborne und Heyl
Globulin aus Cocosnuß	5,80	Jones und Johns
Conarachin (Arachis hypogaea) .	6,04	Johns und Jones
Eiweiß aus Hutpilz	6,3	Winterstein u. Hofmann
Glutelin aus Blütenstaub von Ambrosia artemisifolia . . .	7,13	Heyl und Hopkins
Globulin aus Soja hispida . . .	9,06	Jones und Johns
	2,0	Osborne und Clapp

b) Vorkommen von Lysin in tierischen Proteinen.

Protein	%	Autor
Protamin, aus Hering, (Clupein)	0	Kossel und Kutscher
Protamin aus dem Sperma des Lachses, Salmin	0	Kossel und Kutscher
Protamin aus Seehase, Cyclopterin	0	Kossel und Kutscher
Protamin der Makrele, Scombrin	0	Kossel und Pringle
Salmin	0	Kossel und Kutscher
Keratin aus Hammelhorn . . .	0,2	Abderhalden und Voitinovici
Keratin aus Roßhaaren	1,12	Argiris
Gorgonin, Jodkeratin aus Korallen	1,5	Drechsel
Muskeleiweiß (Fischfleisch) . .	2,0	Suzuki, Yoshimura und Irie
Clupeovin aus Heringsrogen . .	2,0	Hugounenq
Protein aus Colostrum	2,1	Winterstein u. Strickler
Vitellin	2,4	Leven und Alsberg
Pseudomucin	2,63	Otori
Neurokeratin	2,72	Argiris
Amyloid der Milz	2,8	Mayeda
Protoalbumose aus Syntonin . .	3,08	Hart
Histon aus dem Sperma von Lota vulgaris	3,14	Ehrström
Syntonin aus Muskelfleisch . .	3,26	Hart
Heteroalbumose aus Wittepepton	3,5	Haslam
Eihäute von Scyllium stellare .	3,7	Pregl
Verdauliches Eiweiß des Pankreas	3,82	Kutscher, Kutscher u. Lohmann
Spongin	3—4	Kossel und Kutscher
Fibrin	4	Kutscher
Globin aus dem Oxyhämoglobin des Pferdeblutes	4,28	Abderhalden
Chondromucoidprotein	4,4	Mayeda
Caseoglutin (Käse)	4,88	Bissegger
	2,90	Suzuki (s. b. Winterstein)
Protein aus Lachsmuskel . . .	4,95	Weiß
	1,3	Winterstein u. Strickler
Muskel der Jacobsmuschel . . .	5,77	Osborne und Jones
Casein	5,8	Hart
Glutin	5—6	Kossel und Kutscher
Deuteroalbumose	6,9	Haslam
Heteroalbumose aus Syntonin .	7,03	Hart
Paracasein	7,16	Bissegger
Hühnerfleisch	7,24	Osborne und Heyl

Protein	%	Autor
Fischmuskel	7,45	Osborne und Heyl
Thymushiston	7,7	Lawrow
Histon aus dem Sperma von Gadus morrhua	8,3	Kossel und Kutscher, Ehrström
Lactalbumin	9,16	Osborne; van Slyke etc.
Protamin von Crenilabrus (Crenilabrin)	10,3	Kossel
Leberamyloidprotein	11,6	Neuberg
Karpfensperma = α-Cyprinin .	28,8	Kossel und Dakin

Außerdem ist das Lysin noch in folgenden pflanzlichen und tierischen Eiweißkörpern nachgewiesen worden:

Im Spongin (Kossel und Kutscher), im Seidenleim (Fischer und Skita), im Seidenfibroin (Fischer und Skita), im Elastin (Bergh; Hedin; Kossel und Kutscher), im Eiereiweiß (Drechsel), β-Cyprinin (Kossel und Dakin), im verdaulichen Eiweiß der Mitteldarmdrüse von Octopus (Cohnheim), im Fibrin des Rinder-, Schaf- und Schweineblutes (Gortner und Würtz). Der Lysingehalt des roten Muskelfleisches ist größer als der des weißen (Rosedale).

Auch Mikroorganismen enthalten in ihrem Eiweiß reichlich Lysin. Im Eiweiß der Hefe z. B. sind 11,34% (Schröder), nach Kiesel 3,63%, im Eiweiß der Diphtheriebacillen 3,34% (Tamura), im Eiweiß von Wasserbakterien 2,12%, im Eiweiß von Mycobacter lacticola 0,099% (Tamura) nachgewiesen worden, im Eiweiß von Azotobacter chroococcus entfallen 14,5—14,6% des Gesamt-N auf Lysin (Omeliansky und Sieber).

Entsprechend diesem allgemein verbreiteten Vorkommen tritt das Lysin stets da auf, wo Eiweißkörper pflanzlichen oder tierischen Ursprungs unter der Einwirkung hydrolytischer Kräfte zerlegt werden. Dies ist natürlich schon im normalen Stoffwechsel der Pflanzen und Tiere der Fall, in vermehrtem Maße aber bei Vorgängen, bei welchen infolge physiologischer oder pathologischer Ursachen das Körpereiweiß einer gesteigerten Autolyse unterliegt. In systematischer Weise ist die Mobilisierung von Lysin bei den Keimpflanzen von Lupinus luteus, Vicia sativa, Pisum sativum durch Schulze studiert worden. Freies Lysin tritt bei der Keimung im Verhältnis zu anderen Aminosäuren nur in relativ geringer Menge auf. Bisweilen scheint es überhaupt zu fehlen. Auch im tierischen Organismus ließ sich die Ausschwemmung von Lysin aus dem Organeiweiß feststellen. Indirekt geschah dies bereits durch Kossel, welcher in der Leber phosphorvergifteter Hunde eine Verarmung des Eiweißes an Lysin und anderen Hexonbasen nachweisen konnte. Das Auftreten von Lysin im Blut bei gelber Leberatrophie ist eine direkte Bestätigung dieser Ausschwemmung (Neuberg und Richter), ebenso die Isolierung von Lysin aus dem Harn eines Cystinurikers (Ackermann und Kutscher). Die Ursache einer Lysinurie oder Lysinämie kann natürlich eine zweifache sein, vermehrter Abbau oder verminderte Oxydationsfähigkeit (Cystinurie). Auf eine mindere Intensität der Verbrennungsvorgänge ist auch das Auftreten von Lysin in den Muskelextrakten einiger Kaltblüter — Krabbe (Ackermann und Kutscher), Hummer und verschiedener Fische (Suzuki, Yoshimura und Irie), — zurückzuführen. Aus 2 kg Krabbenextrakt konnten 63 g Lysinpikrat erhalten werden. Nach Suzuki ist die aus Krabben- und Haifleisch isolierte Base — Kanirin $C_6H_{14}O_2N_2$ — mit Lysin nicht identisch. Auch bei der Pankreasverdauung wurde eine mit dem gewöhnlichen Lysin nicht identische, jedoch isomere Verbindung isoliert (Kutscher und Lohmann), ebenso aus Fleischextrakt (Krimberg) und bei der Spaltung von Eiweiß aus Ricinussamen (Winterstein, vgl. auch Thomas und Mitarbeiter).

Natürlich findet sich Lysin auch im autolytisch zerfallenden Eiweißmaterial, z. B. in autolysiertem Pankreas (Kutscher und Lohmann), in autolysierten Stierhoden (Mochizuki und Kotake), in autolysiertem Bonitofleisch (Suzuki, Yoneyama und Odake), in autolysierter Hefe (Kutscher), und im Autolysat von Glomerella rufomaculans (Reed). Es ist ferner bei bakterieller Zersetzung verschiedener Eiweißkörper, z. B. bei der Fäulnis von Sojabohnen (Yoshimura) und von Casein (Taylor) nachgewiesen worden. Daß auch andere Bakterien, die nicht strikte zu den fäulniserregenden gehören, proteolytische und damit lysinbildende Eigenschaften besitzen, beweist das Auftreten von Lysin im Emmentalerkäse (Winterstein und Thöny, Winterstein[1])).

[1]) Weitere Angaben über Vorkommen von Lysin in Eiweiß und Eiweißhydrolysaten siehe Abderhalden, Biochem. Handlexikon. Bd. 4, S. 637 u. Bd. 9, S. 127.

Die biologische Synthese des Lysins ist, wie bei anderen Aminosäuren noch ungeklärt. Die in ihm vorhandene unverzweigte sechsgliedrige Kohlenstoffkette läßt an eine enge Beziehung zu den Hexosen denken. Man ist aber bei der Diskussion derartiger Möglichkeiten nur auf Hypothesen angewiesen. Dagegen ist man auf synthetischem Wege auf verschiedener Weise zum Lysin gelangt (Fischer und Weigert; Sörensen; v. Braun).

Zur Darstellung verwendet man entweder die Synthese von v. Braun oder man unterwirft ein lysinreiches Eiweiß der Säurespaltung und trennt aus dem Hydrolysat das Lysin von den übrigen Aminosäuren.

Im letzteren Falle verwertet man das von Drechsel bei der Entdeckung des Lysins gehandhabte Verfahren. Dieses stützt sich auf die Tatsache, daß aus dem durch Kochen mit verschiedenen Säuren oder Alkalien erhaltenen Eiweißhydrolysat das Lysin mit den anderen basischen Aminosäuren, dem Arginin und dem Histidin durch Phosphorwolframsäure ausgefällt wird. Man zerlegt nun die wenig löslichen Phosphorwolframsäureverbindungen mit Baryt, filtriert vom unlöslichen Bariumphosphorwolframat, entfernt aus dem Filtrat das überschüssige Barium und hat nun eine Lösung, die neben dem Lysin noch Arginin und Histidin enthält. Letztere beiden Verbindungen lassen sich durch Silbernitrat und Baryt nach einem S. 189 beschriebenen Verfahren als schwerlösliche Silberverbindungen zur Abscheidung bringen. Nachdem dies geschehen, und das überschüssige Silber, sowie Barium ebenfalls aus der Lösung entfernt ist, kann das Lysin entweder direkt aus der konzentrierten Lösung mittels alkoholischer Pikrinsäure als wenig lösliches Pikrat abgeschieden werden, oder aber man fällt das Lysin vorher noch einmal als schwerlösliche Phosphorwolframsäureverbindung, zerlegt diese wie oben beschrieben und stellt dann das Pikrat her (Kossel; Hart; Kossel und Kutscher).

Die Arbeiten, die sich mit der spezifischen Aufgabe des Lysins im Haushalt der Tiere und Pflanzen beschäftigen, sind wie bei vielen anderen Aminosäuren noch im Anfangsstadium. Nach den ausgedehnten Tierversuchen von Osborne, Lafayette Mendel und Wakeman, sowie Abderhalden ist es jedenfalls als lebenswichtige Aminosäure anzusehen, und zwar sollen ihm speziell wachstumsfördernde Eigenschaften zukommen. Werden Ratten mit dem lysinarmen Gliadin gefüttert, so findet keine weitere Gewichtszunahme der Tiere statt, sie setzt jedoch wieder ein, wenn man der Nahrung Lysin zulegt.

Trächtige Ratten, welche neben Fett, Kohlehydraten, Salzen und Vitaminen das lysinfreie Zein als alleinige Stickstoffquelle erhielten, vermögen im Gegensatz zu Kontrolltieren, denen Lysin zugelegt wurde, ihre Jungen nicht zu ernähren (McCollum,

Simmonds und Pitz; Hart, Nelson und Pitz). Die Unentbehrlichkeit des Lysins zeigte sich auch in Fütterungsversuchen mit dem lysinarmen alkohollöslichen Protein des Samens von Kaffernhirse (Andropogon Sorghum), welche das Wachstum von Ratten nur bei gleichzeitiger Zugabe von Gliadin und Gelatine oder von Cystin zu fördern vermochte (Hogan). Norleucin $CH_3 \cdot CH_2 \cdot CH_2$ $CH_2 \cdot CH_2 \cdot CH(NH_2) \cdot COOH$, vermag bei gliadingefütterten Ratten das Lysin nicht zu ersetzen. Es ist also nicht als Vorstufe des Lysins zu betrachten (Lewis und Root). An Affen, die durch Ernährung mit biologisch minderwertigem Eiweiß an pellagraähnlichen Symptomen erkrankt waren, übte dagegen nur Tryptophan, nicht aber Lysin einen kurativen Effekt aus (Chick und Hume).

Die Versuche von van Slyke und Birchard haben dargetan, daß der in verschiedenen Eiweißkörpern, im Hämoglobin, Casein, Hämocyanin, Gelatine, Edestin, Gliadin, Heteroalbumose, Protoalbumose mittels der volumetrischen Stickstoffbestimmungsmethode nachweisbare freie Aminostickstoff der Hälfte des Lysinstickstoffs entspricht, und zwar ist er der ε-Aminogruppe des Lysins zuzuschreiben (vgl. dagegen Felix). Während die α-Aminogruppe also im Eiweißmolekül verkettet ist, erscheint die ε-Aminogruppe nicht substituiert. Sie bedingt mit den anderen basischen Aminosäuren den elektropositiven Charakter der Proteine und mag überhaupt die biochemische Funktion der Proteine wesentlich beeinflussen. Bei den mit salpetriger Säure behandelten Proteinkörpern, den Desamidoproteinen, kann Lysin unter den Spaltungsprodukten nicht mehr aufgefunden werden. Desamidosturin besitzt nur $^1/_5$ der Basizität des Sturins (Kossel und Weiß).

Auf die Umwandlung des Lysins in das Pentamethylendiamin und dessen Beziehungen zum Piperidin ist bereits ausführlich hingewiesen worden (vgl. S. 127). Eine reduktive Desamidierung unter Bildung der ε-Aminocapronsäure konnte nicht nachgewiesen werden. Hingegen hält es Ackermann für möglich, daß dem von Brieger beschriebenen Mydatoxin diese Säure zugrunde gelegen hat. Im Säugetierorganismus wird offenbar alles mobilisierte Lysin verbrannt, soweit es nicht zum synthetischen Aufbau des Körpereiweißes Verwendung findet. Schon beim Passieren der Darmwand soll eine teilweise Desamidierung stattfinden (Cohnheim). Nur wenn in besonderen Fällen die Oxydationsvorgänge gestört sind, wie bei der Phosphorvergiftung oder gelben

Leberatrophie, kann eine Lysin- oder Diaminausscheidung im Harn auftreten.

Auch ein Übergang zu den Alkaloiden der Piperidinreihe erscheint wenigstens bei den Pflanzen als naheliegende Möglichkeit. Man braucht nur die ε-Aminogruppe durch eine Oxygruppe ersetzt zu denken, um in der so entstehenden α-Amino-ε-oxycapronsäure einen Körper zu haben, der unter Wasserabspaltung eine Piperidin-α-carbonsäure zu bilden vermag, die nicht nur als Muttersubstanz für das Piperidin, sondern auch für das Pyridin und seine Carbonsäuren (Trigonellin) in Betracht zu ziehen ist (vgl. auch Robinson und S. 246).

Eigenschaften und Salze, Nachweis und Isolierung der Diamine und Diaminocarbonsäuren.

Äthylendiamin $H_2N \cdot CH_2 \cdot CH_2 \cdot NH_2$, Schmelzpunkt 85°, Siedepunkt 116,5°. Spezifisches Gewicht 0,902 bei 15°. Leicht löslich in Wasser, wenig löslich in Alkohol. Reagiert stark alkalisch, riecht ammoniakalisch.

Das Hydrat $C_2H_4(NH_2)_2H_2O$ schmilzt bei + 10°, siedet bei 118°. — Chlorhydrat $C_2H_2(NH_2) \cdot 2HCl$, Nadeln unlöslich in Alkohol. — Pikrat $C_2H_8N_2 \cdot 2C_6H_3O_7N_3$, wenig lösliche Blättchen, Schmelzpunkt unter Zersetzung 233—235°. — Chloroplatinat $C_2H_4(NH_2)_2 2HCl \cdot PtCl_4$, Blättchen wenig löslich in Wasser.

Spermin $C_4H_{10}N_2$ oder C_2H_5N (vgl. S. 121) wurde von Schreiner aus frischem menschlichem Samen isoliert. Es findet sich darin in Form seines krystallisierten Phosphats. Das Phosphat, auch als Schreinersche Krystalle bezeichnet, scheidet sich aus dem zum Konservieren sperminhaltiger anatomischer Präparate verwendeten Alkohol ab und war bereits vorher von Charcot beobachtet und nach diesem als Charcotsche bezw. Charcot-Leidensche Krystalle bezeichnet worden. Das freie Spermin ist krystallinisch, reagiert stark alkalisch und ist in Alkohol löslich, in Äther dagegen unlöslich. Aus der Luft zieht es Kohlensäure und Wasser an. In der wäßrigen Lösung erzeugen Tannin, Phosphorwolframsäure und Phosphormolybdänsäure Fällungen.

Chlorhydrat $C_2H_5N \cdot HCl$ bildet in Wasser äußerst leicht lösliche, in Alkohol und Äther fast unlösliche Prismen. — Das Phosphat $(C_2H_5N)_2H_3PO + 3H_2O$ krystallisiert in Prismen oder Nadeln. Es ist in Alkohol, Äther, Chloroform und Kochsalzlösungen unlöslich und nur wenig löslich in heißem, etwas mehr in siedendem Wasser. Säuren und Alkalien lösen es dagegen leicht. Die Krystalle färben sich gegen 100° gelb und schmelzen unter Zersetzung bei 170°. — Chloraurat $C_2H_5N \cdot HCl \cdot AuCl_3$ krystallisiert in goldgelben, in Wasser, Alkohol und Äther löslichen Tafeln. — Wismutjodidverbindung lange, spitze, federbartartig angeordnete, orangefarbene Nädelchen.

Trimethylendiamin $H_2N(CH_2)_3NH_2$, bis jetzt nicht als Naturprodukt aufgefunden. Die Identität der von Brieger aus Kulturen von Komabacillen isolierten Base $C_3H_8N_2$ (vgl. S. 124) oder $C_3H_{10}N_2$ mit dem Trimethylendiamin ist zweifelhaft, ebenso die Identität des Vitins $C_9H_{26}N_2O_2$ (Njegowan) mit dem unten erwähnten Hexamethyltrimethylendiamin, dessen Salze andere Eigenschaften zeigen. Das Trimethylendiamin ist eine Flüssigkeit vom Siedepunkt 135—136° bei 738 mm; mischbar mit Alkohol, Äther, Chloroform und Benzol.

Chlorhydrat $C_3H_{10}N_2 \cdot 2HCl$ bildet große Säulen, leicht löslich in Wasser, wenig löslich in Alkohol. — Pikrat $C_3H_{10}N_2 \cdot 2C_6H_3N_3O_7$, gelbe, wenig lösliche Blättchen. — Chloroplatinat $C_3H_{10}N_2 \cdot 2HCl \cdot PtCl_4$, hellrote, glänzende Prismen.

Hexamethyltrimethylendiammoniumbromid $Br(CH_3)_3N \cdot (CH_2)_3 \cdot N(CH_3)Br$, Nadeln. Leicht löslich in Wasser, sehr wenig löslich in heißem Alkohol. — Platindoppelsalz $C_9H_{24}N_2Cl_2 \cdot PtCl_4$, in Wasser sehr wenig löslich. — Golddoppelsalz $C_9H_{24}N_2Cl_2 \cdot 2AuCl_3$, goldgelbe Nädelchen, Schmelzpunkt 245°, wenig löslich in heißem Wasser.

Tetramethylendiamin = Putrescin $H_2N \cdot CH_2 \cdot CH_2 \cdot CH_2 \cdot CH_2 \cdot NH_2$, bei niedriger Temperatur Krystalle, die bei 23°, nach Kaufler bei 27° schmelzen. Gewöhnlich farblose Flüssigkeit, Siedepunkt 158—160°. Mit Wasserdämpfen schwer flüchtig, leicht löslich in Wasser, wenig löslich in Äther; es wird durch Destillieren mit Kalilauge nicht zerstört.

Chlorhydrat $C_4H_{12}N_2 \cdot 2HCl$, lange farblose Nadeln oder weiche tafelförmige Krystalle, nicht hygroskopisch, sehr leicht löslich in Wasser, wenig in verdünntem Alkohol, unlöslich in absolutem Alkohol und Äther. Durch seine Schwerlöslichkeit in absolutem Alkohol unterscheidet es sich vom Cadaverinchlorhydrat. — Dipikrat $C_4H_{12}N_2[C_6H_2(NO_2)_3OH]_2$ seidenglänzende, verfilzende Nadeln, sehr wenig löslich in Wasser, bräunt sich bei 230° und zersetzt sich bei 250°. — Dipikrolonat $C_4H_{12}N_2 \cdot 2C_{10}H_8N_4O_5$, gelbe Nadeln vom Zersetzungspunkt 263°, sehr schwer löslich in Wasser und Alkohol. — Phosphorwolframat, wenig löslich in Wasser, ziemlich löslich in Alkohol und Methylalkohol, leicht löslich in Aceton (Drummond). — Chloroplatinat $C_4H_{12}N_2 \cdot H_2PtCl_6$ meist drusig verwachsende Nadeln oder Prismen, wenig löslich in Wasser. — Chloraurat $C_4H_{12}N_2 \cdot 2HAuCl_4 \cdot 2H_2O$, Plättchen, in Wasser ziemlich wenig löslich. (Unterschied vom Chloraurat des Cadaverin.) — Quecksilberchloriddoppelsalz ist in Alkohol unlöslich, in Wasser ziemlich löslich. (Unterschied vom Cadaverinquecksilberchlorid.)

Dibenzoylputrescin $C_4H_8(NH \cdot COC_6H_5)_2$, seidenglänzende Plättchen, farblose Nadeln, Schmelzpunkt 175—176°, unlöslich in Wasser, fast unlöslich in Äther, wenig löslich in kaltem Alkohol, leicht löslich in heißem Alkohol. Sublimiert unzersetzt und spaltet sich mit alkoholischer Salzsäure in Diamin und Benzoesäure. — Diphenylisocyanatverbindung des Putrescins (Putrescindiphenylharnstoff) $C_6H_5 \cdot NH \cdot CO \cdot NH(CH_2)_4NH \cdot CO \cdot NH \cdot C_6H_5$, unlöslich in Wasser, Aceton, Benzol, Ligroin, löslich in heißem Nitrobenzol, Anilin und Pyridin. Scheidet sich aus Pyridin + Aceton in zu Büscheln und Garben vereinigten Nadeln aus. Schmelzpunkt 240° (Loewy und Neuberg.)

Pentamethylendiamin = Cadaverin $H_2N \cdot CH_2 \cdot CH_2 \cdot CH_2 \cdot CH_2 \cdot CH_2 \cdot NH_2$. Die freie, piperidinähnlich riechende Base krystallisiert im Kältegemisch und schmilzt bei Zimmertemperatur zu einem Sirup, welcher aus der Luft

Kohlensäure anzieht. Sie bildet ein öliges Hydrat mit 2 Molekülen H_2O, Siedepunkt 178—179°; destilliert mit Kalilauge und Natronlauge unzersetzt, leicht löslich in Wasser, wenig löslich in Alkohol, sehr wenig löslich in Äther.

Chlorhydrat $C_5H_{14}N_2 \cdot 2HCl$, zerfließliche Nadeln, Schmelzpunkt 255°. Nach Gulewitsch sind die aus Alkohol krystallisierenden kurzen, sternförmigen Prismen nicht zerfließlich. Die Löslichkeit in Alkohol ermöglicht eine Trennung von Putrescinchlorhydrat. — Neutrales Oxalat $C_5H_{14}N_2 \cdot C_2H_2O_4 \cdot 2H_2O$, Nadeln, schmilzt bei 160°. — Saures Oxalat $C_5H_{14}N_2 \cdot 2C_2H_2O_4 \cdot H_2O$, quadratische Plättchen oder Nadeln aus verdünntem Alkohol, vom Schmelzpunkt 143° unter Zersetzung. Die Oxalate sind leicht löslich in Wasser, unlöslich in absolutem Alkohol. — Pikrat $C_5H_{14}N_2 \cdot 2C_6H_2(NO_2)_3 \cdot OH$, dünne, gelbe Nadeln und langgestreckte Tafeln, Schmelzpunkt 221° unter Gasentwicklung; es ist in Wasser fast unlöslich. — Dipikrolonat $C_5H_{14}N_2 \cdot 2C_{10}H_8N_4O_5$, orangegelbe Täfelchen oder Nadeln, die sich bei 250° zersetzen, wenig löslich in Wasser und Alkohol. — Phosphorwolframat, wenig löslich in Wasser, ziemlich löslich in Alkohol und Methylalkohol, leicht löslich in Aceton (Drummond). — Chloroplatinat $C_5H_{14}N_2 \cdot H_2PtCl_6$, rotgelbe, vierseitige, an einem Ende zugespitzte Prismen oder Oktaeder, bisweilen Nadelbüschel, wenig löslich; ein Teil löst sich in 113 Teilen Wasser von 12°, nach Gulewitsch in 70,8 Teilen, wird bei 215° dunkel und zersetzt sich oberhalb dieser Temperatur; nach Gulewitsch liegt der Schmelzpunkt bei 186—188°. Bei Gegenwart von geringen Mengen von Verunreinigungen ist es leichter löslich und krystallisiert in Schuppen und in Oktaedern. — Chloraurat $C_5H_{14}N_2 \cdot 2HAuCl_4$, bildet lange, stark glänzende, gelbe, im Exsiccator verwitternde Nadeln oder Würfel vom Schmelzpunkt 186—188°, leicht löslich in Wasser. Mit Quecksilberchlorid entstehen je nach den Bedingungen verschiedene Doppelsalze. $C_5H_{14}N_2 \cdot 2HCl \cdot 4HgCl_2$, entsteht bei Verwendung von überschüssigem Quecksilberchlorid, farblose lange Nadeln, Schmelzpunkt 214—216°. Die Quecksilberchloriddoppelsalze sind in kaltem Wasser wenig, in heißem leicht löslich. Durch die Schwerlöslichkeit in kaltem Wasser unterscheiden sich die Quecksilberverbindungen des Cadaverins von denen des Putrescins. — Dibenzoylcadaverin $C_5H_{10}(NH \cdot COC_6H_5)_2$, Schmelzpunkt 130° (von Udránszky und Baumann), 135° (von Braun). Fast unlöslich in Wasser, leicht löslich in Alkohol, sehr wenig löslich in Äther. — Dibenzolsulfocadaverin $C_5H_{10}(NH \cdot SO_2C_6H_5)_2$, feines, weißes Pulver, leicht löslich in heißem, wenig löslich in kaltem Alkohol, farblose, glänzende Krystalle aus Alkohol, Schmelzpunkt 119°, leicht löslich in verdünntem Alkali. — Diphenylisocyanatverbindung des Cadaverins $C_6H_5 \cdot HN \cdot CO \cdot HN \cdot (CH_2)_5 \cdot NH \cdot CONH \cdot C_6H_5$, löst sich in Pyridin etwas leichter als das entsprechende Tetramethylendiaminderivat und krystallisiert im Gegensatz zu diesem aus einer Pyridinacetonmischung erst nach einiger Zeit. Die Krystallform ist ähnlich wie bei der Putrescinverbindung, Schmelzpunkt 207—209°. Ist man bei einer Verbindung der Zusammensetzung $C_5H_{14}N_2$ in Ungewißheit, ob Cadaverin vorliegt, so kann man das Chlorhydrat einer trockenen Destillation unterwerfen. Destilliert unter Abspaltung von Ammoniumchlorid Piperidin über, so liegt Cadaverinchlorhydrat vor (Ackermann).

Gerontin $C_5H_{14}N_2$, vielleicht identisch mit Cadaverin. Von Grandis aus den Leberzellen alter Hunde isoliert. Dickflüssige, alkalische Masse, die bei längerem Stehen verharzt. Das Chlorhydrat bildet kleine, rechteckige Prismen, das Chloroplatinat dicke, nadelförmige Krystalle.

Saprin $C_5H_{14}N_2$, vielleicht identisch mit Cadaverin, aus gefaulten, menschlichen Organen (Brieger), besitzt im Gegensatz zum Cadaverin ein in Wasser sehr leicht lösliches Platindoppelsalz, welches parallel aggregierte, spießige Krystalloide bildet. Mit Goldchlorid entsteht kein Doppelsalz.

Neuridin soll bei der Fäulnis von Fleisch, namentlich in den ersten 6—8 Tagen auftreten, während bei länger dauernden Zersetzungen nur Cadaverin aufzufinden ist (Brieger). Die Base riecht unangenehm, ist leicht löslich in Wasser, unlöslich in Alkohol und Äther, zerfällt beim Kochen mit Natronlauge in Di- und Trimethylamin. Die Isonitrilreaktion ist negativ. — Chlorhydrat, Nadeln, unlöslich in absolutem Alkohol, Äther und Amylalkohol. — Pikrat, wenig löslich in Wasser, bräunt sich bei 230° und verkohlt bei 250°. — Chloraurat, in Wasser schwer löslich. — Chloroplatinat, Nadeln, löslich in Wasser, wenig löslich in Alkohol.

Hexamethylendiamin (1,6-Diaminohexan) $H_2N \cdot CH_2 \cdot CH_2 \cdot CH_2 \cdot CH_2 \cdot CH_2 \cdot CH_2 \cdot NH_2$, piperidinartig riechende Nadeln vom Schmelzpunkt 39—40° (von Braun). Siedepunkt bei 20 mm Druck bei 100°, bei gewöhnlichem Druck bei 204—205°. Leicht löslich in Wasser, wenig löslich in Äther.

Chlorhydrat, lange, glänzende Nadeln aus Wasser, Schmelzpunkt 248°. Leicht löslich in Wasser, wenig löslich in Alkohol. — Dipikrat, Schmelzpunkt bei 220° unter Zersetzung. — Chloroplatinat, gelber krystallinischer Niederschlag, zersetzt sich bei 222—224°. — Chloraurat, lange Prismen aus verdünntem Alkohol, wenig löslich in Wasser, leicht löslich in Alkohol. — Dibenzoylderivat, Krystalle aus Alkohol, Schmelzpunkt bei 155°. — Dibenzolsulfoderivat, glänzendes Krystallmehl aus heißem Alkohol, Schmelzpunkt 154°, unlöslich in Wasser, wenig löslich in Alkohol und Äther.

Das synthetische 1,6-Diaminohexan ist nicht identisch mit einer von Garcia nach der Methode von Udránszky und Baumann aus faulem Pferdefleisch isolierten Verbindung (vgl. S. 120), welche ein auf Hexamethylendiaminsalz stimmendes Chloroplatinat lieferte. Möglicherweise lag jedoch verunreinigtes Cadaverin oder Putrescin vor (Ackermann). Die Dibenzoylverbindung krystallisierte aus Alkohol + Wasser in glänzenden, langgestreckten Nadeln vom Schmelzpunkt 125°, das Chloroplatinat aus heißem Wasser in orangefarbenen Nadeln. Das Pikrat, Nadeln und Blättchen, ist in Wasser leicht löslich, bräunt sich bei 200° und zersetzt sich bei 210°.

d-Ornithin $C_5H_{12}O_2N_2$, krystallisiert nicht, sehr leicht löslich in Wasser, wenig löslich in Alkohol, unlöslich in Äther. Rechtsdrehend. Die wäßrige Lösung reagiert alkalisch, löst die Oxyde von Silber, Quecksilber und Kupfer. Fällt mit Mercurichlorid und Alkali, sowie mit alkoholischer Sublimatlösung + Natriumacetat, fällt nicht mit Gerbsäure und Pikrinsäure. Mit salpetriger Säure wird aller Stickstoff abgespalten.

Dichlorhydrat $C_5H_{12}O_2N_2 \cdot 2HCl$, strahlige Krystallaggregate, leicht löslich in Wasser und Methylalkohol, wenig in Äthylalkohol. $[\alpha]_D = +16{,}8^0$ in $5^0/_0$iger, wäßriger Lösung (Schulze und Winterstein). — Monochlorhydrat $C_5H_{12}O_2N \cdot HCl$, aus dem sauren Salz durch Neutralisieren mit Ammoniak und Fällen mit Alkohol und Äther (Jaffé). — Nitrat $C_5H_{12}O_2N_2 \cdot HNO_3$, breite Blättchen. — Acetat, eignet sich zum Nachweis des Ornithins, Schmelzpunkt 161—162° (Kossel und Weiß). — Pikrat $C_5H_{12}O_2N_2 \cdot C_6H_3O_7N_3$, aus Wasser tafelförmige Krystalle bei langsamen Verdunsten aus heißem Wasser derbe Prismen von starkem Glanz (Schulze und Winterstein). Rießer erhielt ein Pikrat mit einem Molekül Krystallwasser; Schmelzpunkt 198—199°, Schmelzpunkt 203—204° (Kossel und Weiß). — Phosphorwolframat, kleine zu Gruppen vereinigte, in kochendem Wasser leicht lösliche, glänzende Nadeln. Über die Löslichkeit und günstigsten Fällungsbedingungen vgl. Kiesel. — Chloroplatinat $C_5H_{12}O_2N_2 \cdot H_2PtCl_6$, kleine Krystalle aus wäßriger Lösung bei Zusatz von Alkohol. — d-Ornithursäure $C_6H_5CO \cdot NH \cdot CH_2 \cdot CH_2 \cdot CH_2 \cdot CH(COOH) \cdot NH \cdot COC_6H_5$ (Jaffé; Sörensen). Kleine, farblose Nadeln, sehr schwer löslich in heißem Wasser, leichter in Essigester, am leichtesten in heißem Alkohol. Schmelzpunkt 184—185°, $[\alpha]_D = +9{,}2$—$9{,}3^0$ in 10%iger Lösung des Natronsalzes, $+8{,}5^0$ in 20%iger Lösung. — Hydantoin der Diphenylisocyanat-Verbindung $C_{19}H_{20}O_3N_4$, Schmelzpunkt 191—192° (Herzog).

d-Lysin $C_6H_{14}O_2N_2$, alkalischer Sirup. Die Salze sind rechtsdrehend, vgl. Lawrow. $[\alpha]_D = +22{,}95^0$ aus der Drehung des Chlorhydrates berechnet (Henderson). Durch Erhitzen mit Barytwasser erfolgt Racemisierung. Wenig löslich in Alkohol. Bei trockener Destillation entsteht wenig Pentamethylendiamin. HNO_2 desamidiert unter Bildung von Dioxycapronsäure.

Monochlorhydrat $C_6H_{14}O_2N_2 \cdot HCl$, Krystalle von neutraler Reaktion, sehr leicht löslich in Wasser, löslich in Methylalkohol. — Dichlorhydrat $C_6H_{14}O_2N_2 \cdot 2HCl$, lange Prismen. Schmelzpunkt 192—193°; reagiert auf Lackmus sauer, sehr leicht löslich in Wasser, in absolutem Alkohol fast unlöslich, löslich in Methylalkohol. $[\alpha]_D^{20} = +15{,}57$ bis $+16{,}68^0$ (Lawrow) $+14$ bis $15{,}3^0$ (Henderson). — Pikrat $C_6H_{14}O_2N_2 \cdot C_6H_2(NO_2)_3OH$, aus dem Chlorhydrat und Natriumpikrat in wäßriger Lösung oder aus dem Chlorhydrat und alkoholischer Pikrinsäure. Beginnt bei 220° zu sintern und verpufft. Bei Gegenwart von überschüssiger Pikrinsäure erhöht sich die Löslichkeit. — Pikrolonat $C_6H_{14}O_2N_2 \cdot C_{10}H_8O_5N_4$, sehr leicht löslich in Wasser, weniger in Alkohol. Zersetzungspunkt 246—252°. — Phosphorwolframat $(C_6H_{14}O_2N_2)_3 \cdot 2H_3PO_4 \cdot 24WO_3$, Nadeln aus verdünntem Alkohol. — Chloroplatinat $C_6H_{14}O_2N_2 \cdot H_2PtCl_6 + C_2H_5OH$, gelbrote Prismen aus Alkohol, Schmelzpunkt 219—220° unter Zersetzung. — Chloraurat $(C_6H_{14}O_2N_2)_2HCl \cdot 3HAuCl_4 + 2H_2O$, aus stark salzsaurer Lösung, beginnt bei 120° zu sintern, Schmelzpunkt 152—155°. — Hydantoin des bis-Phenylisocyanats $C_{20}H_{22}O_3N_4$. Voluminöse, mikrokrystallinische Masse, Schmelzpunkt 183—184° (Herzog). Ziemlich schwer löslich in Wasser, fast unlöslich in heißer, konzentrierter Salzsäure. — Dibenzoyllysin (Lysursäure) $C_6H_5CO \cdot NH \cdot (CH_2)_4 \cdot CH(NH \cdot COC_6H_5) \cdot COOH$, Blättchen, wenig löslich in kaltem Wasser und Äther, leicht löslich in Alkohol, Schmelzpunkt 144—145°.

Wenn man nach dem allgemeinen Verfahren von Kossel und Kutscher (vgl. S. 23) zur Trennung der biogenen Amine arbeitet, so finden sich die Diamine und die Diaminosäuren zusammen mit dem Cholin und den Betainen in der sogenannten Lysinfraktion, d. h. jener Fraktion der mit Phosphorwolframsäure fällbaren

Körper, die mit barytalkalischer Silbernitratlösung aus wäßriger Lösung nicht abscheidbar sind. Auch Cholin (vgl. S. 86), Betain (vgl. S. 265), ω-Aminosäuren (vgl. S. 266) und das Phenyläthylamin (vgl. S. 325) werden sich unter den Bedingungen des Kossel-Kutscherschen Verfahrens in der Lysinfraktion vorfinden. Sämtliche Körper der Lysinfraktion fallen mit alkoholischer Quecksilberacetatlösung (Engeland; Ackermann, vgl. S. 25). Zur Abtrennung der einzelnen Substanzen kann man in verschiedener Weise vorgehen.

Zur Trennung des Cholins und Betains von Diaminen und Diaminocarbonsäuren lassen sich die verschiedenen Löslichkeiten der Pikrate verwenden.

Man fügt zur alkoholischen Lösung der Chloride alkoholische Pikrinsäure (Vermeidung eines Überschusses), oder zur konzentrierten wäßrigen Lösung eine wäßrige Lösung von Natriumpikrat. Die leicht löslichen Pikrate des Cholins und des Betains bleiben in Lösung, während sich die wenig löslichen Pikrate der Diamine und Diaminocarbonsäuren abscheiden.

Die Trennung der Diamine von den Diaminocarbonsäuren kann entweder nach den Methoden von v. Udránszky und Baumann oder Loewy und Neuberg erfolgen, sie läßt sich jedoch auch mittels Pikrolonsäure bewerkstelligen. Die Methode von Udránszky und Baumann basiert auf der Schwerlöslichkeit der Benzoylverbindungen. Dibenzoylornithin und Dibenzoyllysin sind in Alkali löslich und können leicht von den in Alkali wenig löslichen Dibenzoylderivaten der Diamine getrennt werden. Die Benzoylverbindung des Putrescins läßt sich von der des Cadaverins auf Grund der verschiedenen Löslichkeit in Alkohol + Äther trennen, in welchen erstere unlöslich, letztere löslich ist (v. Udránszky und Baumann). Ähnlich wie die Benzoylverbindungen verwendet man auch die Phenylisocyanatverbindungen der Diamine zu ihrer Isolierung und Charakterisierung (Loewy und Neuberg). Die Phenylisocyanatverbindungen der Diamine sind unlöslich in Alkali. Die der Diaminosäuren sind darin leicht löslich und lassen sich durch Eindampfen mit Salzsäure in die entsprechenden Hydantoine überführen.

Cadaverin und Putrescin geben wenig lösliche Pikrolonate, während die Pikrolonate des Lysins und Ornithins in Wasser leicht löslich sind. Brieger hat zur Isolierung des Putrescins und Cadaverins die Chlorhydrate des Amingemisches in alkoholische

Lösung übergeführt und mit alkoholischer Sublimatlösung die Quecksilberverbindungen abgeschieden. Eine teilweise Trennung läßt sich schon durch Umkrystallisieren der Quecksilberverbindungen aus Wasser erzielen. Das Quecksilberdoppelsalz des Putrescins ist darin erheblich leichter löslich als das des Cadaverins. Zur vollständigeren Trennung können die Quecksilberverbindungen in die Chlorhydrate zurückverwandelt werden. In absolutem Alkohol löst sich dann vorzugsweise das Cadaverinchlorhydrat, während das Putrescinchlorhydrat ungelöst zurückbleibt.

Zur Trennung des Putrescins und Cadaverins läßt sich auch die verschiedene Löslichkeit der Gold- und Platinsalze verwenden. Die Platin- und Golddoppelsalze des Ornithins und Lysins sind in Wasser leicht löslich (Siegfried). Eine Trennung der beiden Diaminosäuren ermöglicht sich auf Grund der verschiedenen Löslichkeit der Pikrate in Methylalkohol (Kossel und Weiß). Da die racemischen Verbindungen größere Löslichkeitsdifferenzen zeigen als die optisch aktiven, empfiehlt es sich, das Gemisch der Diaminosäuren vor der Herstellung der Monopikrate kurze Zeit mit konzentrierter Schwefelsäure zu erhitzen, wodurch eine Racemisierung erzielt wird. Ist unter den mit Phosphorwolframsäure fällbaren Basen neben Arginin und Histidin nur Lysin vorhanden, so kann man aus den zersetzten Phosphorwolframsäureverbindungen das Lysin auch indirekt, durch Bestimmung der Stickstoffverteilung berechnen. Hierüber finden sich nähere Angaben S. 191.

V. Gruppe.

Die Guanidinoverbindungen.

Das Arginin.

Das Arginin, die α-Amino-δ-guanidinovaleriansäure $H_2N \cdot C(:NH)$-$NH \cdot CH_2 \cdot CH_2 \cdot CH_2 \cdot CH(NH_2) \cdot COOH$, steht im Mittelpunkt der in der Natur auftretenden Verbindungen, welche durch das Vorhandensein der charakteristischen Guanidinogruppe $H_2N \cdot C(:NH) \cdot NH$ ausgezeichnet sind und welches sich mit ihm zwanglos in genetischen Zusammenhang bringen lassen (vgl. S. 155). Die dirigierende Rolle, welche dem Arginin im Eiweißstoffwechsel zukommt, ist für die Pflanzen namentlich von Schulze und seinen Mitarbeitern, für das Tierreich von Kossel erkannt worden.

Arginin wurde zuerst 1887 von Schulze und Steiger aus dem Extrakt von Kürbiskeimlingen isoliert und später von Hedin als Baustein tierischer Proteine aufgefunden. Es ist eine sämtlichen Eiweißkörpern eigene Aminosäure. In den Proteinen, wo es anfänglich nicht vorhanden zu sein schien, wie dies z. B. beim Elastin der Fall war (Hedin, Bergh) erwies es sich nachträglich bei genügend sorgfältiger Verarbeitung dennoch als anwesend (Kossel und Kutscher). Von diesen minimalen Mengen ansteigend, findet es sich bis zu 84 Gewichtsprozent der Trockensubstanz in sämtlichen Proteinen des Pflanzen- und Tierreichs. Eine Übersicht über diese Verteilung gewähren nachstehende Tabellen, in welchen die verschiedenen Eiweißkörper nach ihrem Argininagehalt in ansteigender Reihe geordnet sind.

a) Vorkommen von Arginin in pflanzlichen Proteinen.

Eiweißkörper	Gewichtsprozent	Autor
Ungekeimte Samen von Lupinus luteus	0,3—0,4	Schulze und Castoro
Oryzenin aus Reissamen	1,60	Suzuki, Yoshimura u. Fuji
Zein aus Mais	1,82	Kossel und Kutscher
	1,35 und 1,16	Osborne und Jones
Proteosen aus Blütenstaub von Ambrosia artemisifolia	2,08 und 1,48	Heyl und Hopkins
Gliadin aus Roggenmehl	2,22	Osborne und Clapp
Gliadin	2,84 und 0,14	Osborne, van Slyke, Leavenworth u. Vinograd
	2,75	Kossel und Kutscher
Glutonfibrin	3,05	Kossel und Kutscher
Mucedin	3,13	Kossel und Kutscher
Hordein aus Gerste	3,3	Kleinschmidt
	2,16	Osborne und Clapp
Hefeeiweiß	3,32	Schröder
	3,15	Kiesel
Gliadin aus Weizenmehl	3,40 und 3,16	Abderhalden und Samuely
Eiweiß aus Kartoffeln	4,2	Sjollema und Rinkes
Glutencasein	4,4	Kossel und Kutscher
Glutelin aus Pollen von Ambrosia artemisifolia	4,7	Heyl und Hopkins
Phaseolin der Bohne	4,89	Osborne und Clapp
Glycinin der Sojabohne	5,12	Osborne und Clapp

Eiweißkörper	Gewichtsprozent	Autor
Legumelin der Sojabohne . . .	5,35	Osborne, Leavenworth und Brautlecht
Legumelin der Erbse	5,45	Osborne und Heyl
Leukosin aus Weizenembryo . .	5,94	Osborne und Clapp
Conglutin aus Samen verschiedener Lupinenarten	6,2	Schulze u. Winterstein
Conglutin aus Samen von Lupinus	6,9	Schulze u. Winterstein
Glutelin aus Maismehl	7,06	Osborne und Clapp
Vignin (Cowpea, Vigna sinensis)	7,20	Osborne und Heyl
Kotyledonen 2—3wöchiger Keimpflanzen von Lupinus luteus .	ca. 7,5	Schulze
Kürbissamen	8,1	Schulze u. Winterstein
Vicilin der Erbse	8,91	Osborne und Heyl
Oryzenin	9,15	Osborne, van Slyke, Leavenworth u. Vinograd
Eiweiß aus Weißtannensamen .	10,0	Schulze u. Rongger
Globulin aus Rottannensamen .	10,3	Schulze u. Rongger
	8,9	Schulze u. Winterstein
Kiefernsamen	10,9	Schulze u. Winterstein
Conglutin-α aus Lupinensamen .	10,93	Osborne, Leavenworth und Brautlecht
Legumin aus Samen der Wicke	11,06	Osborne und Heyl
Seekiefernsamen	11,3	Schulze u. Winterstein
Eiweiß aus Hutpilzen	11,3	Winterstein und Hofmann
Legumin aus Samen der Erbse.	11,71	Osborne und Heyl
	4,7	Schulze u. Winterstein
Amandin der süßen Mandeln .	11,85	Osborne und Clapp
Tannensamen	12,5	Schulze u. Winterstein
Globulin aus Ricinussamen . .	13,19	Osborne, Leavenworth und Brautlecht
Arachin aus A. hypogaea . . .	13,5	Johns und Jones
Edestin aus Baumwollsamen . .	13,51	Osborne, Leavenworth und Brautlecht
Fichtensamen	14,3	Schulze u. Winterstein
Globulin aus Kürbissamen . .	14,44	Osborne und Clapp
Conarachin	14,6	Schulze u. Winterstein
Edestin aus Hanfsamen	14,6	Kossel und Patten
	11,7	Abderhalden
	10,7	Schulze u. Winterstein
Globulin aus Cocosnuß	15,92	B. Jones und C. O. Jones
Excelsin der Paranuß	16,0	Osborne und Clapp
Gesamtprotein aus Ricinussamen	16,60	Winterstein

b) Vorkommen von Arginin in tierischen Proteinen.

Eiweißkörper	Gewichtsprozent	Autor
Elastin	0,3	Kossel und Kutscher
Eingetrocknetes Blutserum	0,7	Hedin
Pseudomucin	0,77 und 0,28	Otori
Muskelfleisch des Lachs	0,9	Weiß
Fibroin aus Seide	1,0	E. Fischer und Skita
Vitellin	1,20	Levene und Alsberg
Witte-Pepton	1,48	Levene und van Slyke
Blut	ca. 2,0—2,2	Orglmeister
Eidotter	2,09	Orglmeister
Eieralbumin	2,14	Hugounenq u. Galimard
Gorgonin, Jodkeratin aus Korallen	2,2	Drechsel
Hornspäne	2,25	Hedin
Caseoglutin	2,27 und 1,26	Bissegger, Suzuki s. bei Winterstein
Neurokeratin	2,28	Argiris
Eiereiweiß	2,39	Chapman und Petrie
Clupeovin aus Heringsrogen	2,7	Hugounenq
Keratin aus Hammelhorn	2,7	Abderhalden und Voitinovici
Leber	2,72—2,9	Orglmeister
Tyroalbumin	2,84	Bissegger
Fibrin	3,0	Kutscher
Verdauliches Eiweiß des Pankreas	3,02	Kutscher
Eihäute von Scillium stellare	3,2	Pregl
Lactalbumin	3,47	Osborne, van Slyke, Leavenworth u. Vinograd
Eiweißkörper aus Colostrum	3,7	Winterstein u. Strickler
Rinderblutserum	ca. 3,94	Orglmeister
Seidenleim	4,0	E. Fischer und Skita
Heringstestikel	ca. 4,0	Gulewitsch
Paracasein	4,11	Bissegger
Eiter aus Glutäalabszeß	ca. 4,2	Orglmeister
Nieren	4,2	Orglmeister
Keratin aus Roßhaaren	4,45	Argiris
Protalbumose (aus Syntonin)	4,55	Hart
Muskel	ca. 4,7	Orglmeister
Casein	4,8, 2,27	Hart resp. Orglmeister
Heteroalbumose	4,9	Haslam
Karpfensperma, α-Cyprinin	4,9	Kossel und Dakin
Mammakarzinom	ca. 5,0	Orglmeister

Eiweißkörper	Gewichtsprozent	Autor
Syntonin aus Muskelfleisch	5,06	Hart
Muscularis des Darms	ca. 5,1	Orglmeister
Globin aus dem Oxyhämoglobin des Pferdeblutes	5,42	Abderhalden
Spongin	5—6	Kossel und Kutscher
Muskeleiweiß des Lachs	5,66	Weiß
Hornsubstanz	ca. 5,8	Orglmeister
Herz	ca. 5,8	Kossel und Kutscher
Tyrocasein	5,84	Bissegger
Fischmuskel	6,34	Osborne und Heyl
Eiweißkörper aus Pankreassekret	6,44	Wechsler
Hühnerfleisch	6,5	Osborne und Heyl
Muskeleiweiß	ca. 7,0	Kossel
Deuteroalbumose	7,1	Haslam
Muskel der Jacobsmuschel	7,38	Osborne und Jones
Vitellin aus Eigelb	7,46	Osborne und Jones
Chondromucoidprotein	7,6	Mayeda
Amyloid der Milz	7,7	Mayeda
Gelatine	8,2, 7,05	Dakin resp. Orglmeister
Heteroalbumose aus Syntonin	8,52	Hart
Glutin	9,3 und 7,62	Kossel und Kutscher; Hart
Fischmuskel (Bonito)	10,8	Suzuki, Yoshimura und Irie
Histon aus dem Sperma von Lota vulgaris	12,0	Ehrström
Leberamyloidprotein	13,9	Neuberg
Histon aus dem Sperma von Gadus morrhua	15,22—15,52	Ehrström; Kossel und Kutscher
Histon aus Thymus	15,5 und 14,36	Kossel und Kutscher
Histopepton	16,0	Kossel
Crenilabrin aus Crenilabrus pavo	23,7	Kossel
Centrophorushiston	25,4	Kossel und Pringle
Thymushiston	37,0	Dezani
Protamin des Stör, Sturin	58,2	Kossel und Kutscher
Protamin des Seehasen, Cyclopterin	62,5	Kossel und Kutscher
Protamin des Hering, Clupein	82,2	Kossel und Kutscher
Protamin aus dem Sperma des Lachses	84,3	Kossel und Kutscher
Salmin	87,4	Kossel und Kutscher
Scombrin	88,8	Kossel und Kutscher

Außerdem wurde Arginin nachgewiesen in den Papilionaceensamen (Wassilieff), im Stierhoden (Totani und Katsuyama), im Blut (Abderhalden), in der Milz (Orglmeister), im krystallisierten und im gewöhnlichen Eiweiß (Drechsel, Hedin), im verdaulichen Eiweiß der Mitteldarmdrüse des Octopus (Cohnheim), im Mucin (Mitjukoff), im Eiweiß der Diphtheriebacillen (4,25%), im Eiweiß von Mycobacter lacticola (0,946%), von Wasserbakterien (4,0% Tamura), von Azotobacter chroococcus (Omeliansky und Sieber), in Agaricus campestris (Kutscher[1])).

In eigenartiger Bindung findet sich das Arginin als Bestandteil des im Hautsekret der Kröten enthaltenen Bufotoxins. Dieses spaltet sich bei gelinder Hydrolyse in Bufotalin und Suberylarginin nach der Gleichung

$$\underset{\text{Bufotoxin}}{C_{26}H_{37}O_6 - O \cdot CO \cdot C_{13}H_{25}O_3N_4} \rightarrow \underset{\text{Bufotalin}}{C_{26}H_{36}O_6} + \underset{\text{Suberylarginin}}{C_{14}H_{26}O_5N_4}$$

Das Suberylarginin ist ein amidartiges Verkettungsprodukt von Arginin $C_6H_{14}O_2N_4$ und Korksäure $C_8H_{14}O_4$ (Wieland und Alles).

Die Schwankungen der Argininwerte, welche dasselbe Protein bei der Bearbeitung durch verschiedene Forscher bisweilen zeigt, rühren nicht immer nur von einer verschiedenen Handhabung der Methode oder einem verschiedenen Reinheitsgrad des Eiweißkörpers her, sondern es mögen auch die wechselnden physiologischen Zustände, bei welchen die Proteine dem Tier- oder Pflanzenmaterial entnommen werden, einen bestimmenden Einfluß ausüben. Ein Umbau der Proteine unter Änderung des Arginingehaltes vollzieht sich nicht bloß, wenn das Eiweiß eines Organes das Baumaterial für das Eiweiß eines anderen liefert, z. B. wenn das Muskeleiweiß des Lachses in das argininreiche Protamineiweiß verwandelt wird (Kossel), oder wenn das argininreiche Eiweiß der Pflanzensamen bei der Keimung allmählich hydrolisiert und umgebaut wird, sondern auch die verschiedenen individuellen und physiologischen Zustände können die Zusammensetzung der Proteine beeinflussen. Es ist keine unberechtigte Annahme, daß solche, durch innere und äußere Ursachen hervorgerufene Änderungen der Zusammensetzung des Organeiweißes sich an den reaktionsfähigen basischen Aminosäuren zuerst und am intensivsten zeigen. Untersuchungen

[1]) Weitere Angaben über Vorkommen von Arginin in Eiweiß und Eiweißhydrolysaten siehe Abderhalden, Biochem. Handlexikon Bd. 4, S. 619 u. ff. und Bd. 9, S. 123.

an Histonen und Protaminen (Kossel) und an verschiedenen Keimpflanzen (Schulze; Schulze und Winterstein) bieten genügende Beweise hierfür.

Kossel hat diese Verhältnisse namentlich an den Nucleoproteiden der Fischspermien eingehend studiert. Er konstatierte dabei einen sukzessiven Übergang von Proteiden, welche die Nucleinsäure festgebunden enthalten (Histone) und weniger ausgesprochene basische Natur besitzen in solche mit locker gebundener Nucleinsäure und ausgesprochener basischer Natur (Protamine). Diese Umwandlung, die er als Dissoziation des Zellkerns bezeichnet, geht einher mit einem Verlust an Monoaminosäuren und einem entsprechenden Anstieg des Diaminosäuregehaltes. Das Endziel dieser Metamorphose ist die Bildung von Protaminen der Zusammensetzung A_2M, wo A Arginin und M Gesamtheit der Monoaminosäuren bezeichnet. Diese schematische Formel gibt demnach an, daß in den Protaminen auf je 2 Moleküle Arginin, 1 Molekül der Monoaminosäuren gebunden ist, oder daß $^2/_3$ der Bausteine aus Arginin, $^1/_3$ aus Monoaminosäuren besteht. Dieses Verhältnis, welches bei der Differenzierung nicht immer erreicht wird, ist annähernd realisiert bei den Protaminen des Hechts (Perca), des Schwertfisches (Xiphias gladius), von Scomber scomber, des Thunfisches (Thynnus thynnicus) u. a. Indem sich Monoaminosäure oder andere basische Aminosäuren außer Arginin am Aufbau beteiligen, können sich andere molekulare Verhältnisse ergeben, die den Formeln $(AL)M_3$, $(AL)M$, $(AH)_2M$, $(AHL)_2M$, $(AH)_2$ entsprechen, wobei H-Histidin und L-Lysin bedeutet.

Von großem Interesse ist die Beobachtung, daß neoplastisches Gewebe, wie es bei bösartigen Geschwülsten auftritt, einen erheblich größeren Gehalt an Arginin besitzt, als das normale Gewebe. Nach Kocher beträgt der Argininstickstoff des normalen Lebereiweißes beim Menschen 5,61—6,88%, beim Hund 8,32% des Gesamtstickstoffs. In durch Metastasen verändertem Lebergewebe steigt der Argininggehalt auf das Doppelte (11,63—13,65% des Gesamtstickstoffs). Gleichzeitig mit dem Arginin sind auch die anderen Hexonbasen entsprechend vermehrt. Zu ähnlichen Beobachtungen gelangte Drummond. Auch das Eiweiß der menschlichen Placenta ist bedeutend argininreicher als anderes Organeiweiß (Harding und Fort).

Eine Änderung, und zwar eine Abnahme des Argininggehaltes, hat Kossel an der Leber durch Phosphorvergiftung erzielt.

Eine geringe Abnahme des Argininsgehaltes von Muskel, Leber und Blut konnte Orglmeister an Vögeln feststellen, welche er längere Zeit mit Benzoesäure vergiftete, und die einen Teil ihres Arginins als Ornithursäure ausschwemmten. Fütterung mit einem argininreichen Eiweiß, Leim, bedingte keinen Anstieg im Arginingehalt des Organismus.

Das von Schulze an den Keimpflanzen ausgeführte Studium des Argininstoffwechsels hat Burns neuerdings auf das Tierexperiment übertragen. Er verfolgte den Arginingehalt befruchteter und bebrüteter Hühnereier.

Die Eier zeigten in den ersten 12 Tagen eine Zunahme des durch Oxydation ermittelten Gesamtguanidingehaltes von 0,06 auf 0,29%. Diese Guanidinwerte können als Indicator für den Arginingehalt dienen (vgl. S. 191). Danach findet eine rasche Abnahme bis zum 14. Tage und eine langsamere bis zum 16. Tage statt; in einer anderen Serie konnte eine Zunahme von 0,16 auf 0,59% bis zum 12. Tage festgestellt werden. Die Abnahme nach dem 12. Tage ist nicht so regelmäßig wie die Zunahme vorher.

Im Eiweiß selbst dient offenbar nur die Amidogruppe des Arginins zur Verkettung, während die Guanidinogruppe frei bleibt, es besteht also folgende Bindungsart: $- CO \cdot NH \cdot CH[(CH_2)_3NH \cdot C(:NH) \cdot NH_2] \cdot CO \cdot NH \cdot CH[(CH_2)_3NH \cdot C(:NH) \cdot NH_2] \cdot CO \cdot NH -$ (Kossel und Cameron). Da die Guanidinogruppe des Arginins wie auch des Guanidins selbst, unter den Bedingungen der Slykeschen Methode keinen Stickstoff abspaltet und nach Sörensen auch mit Formaldehyd nicht reagiert, so spalten argininreiche aber lysinfreie Eiweißkörper (Salmin, Clupein, Esocin, Zein, Scombrin, Hordein) bei der volumetrischen Stickstoffbestimmung keinen Stickstoff ab und sind auch nicht formoltitrierbar (Kossel und Gawrilow; Kossel und Weiß).

Das durch hydrolytische Prozesse losgelöste Arginin läßt sich namentlich in Pflanzen während der Keimperiode nachweisen. Während die Cotyledonen der ungekeimten Pflanzen nur wenig, bisweilen gar kein Arginin enthalten, steigt der Arginingehalt der Extraktivstoffe innerhalb der ersten Wochen der Keimung bedeutend, besonders wenn diese unter Lichtabschluß erfolgt; späterhin findet dann wieder eine Abnahme des mobilisierten Arginins statt, welches zum Aufbau anderer Aminosäuren verwendet wird. Auch in den Reserveorganen (Wurzeln und Knollen) findet sich freies Arginin (Schulze). Es wurden isoliert aus 25 kg Kohlrüben 1 g Argininnitrat, aus 25 kg Topinamburknollen 0,63 g, aus 10 kg Schwarzwurzeln 3,6 g, aus 10 kg Cichorienwurzeln 0,76 g.

Beim autolytischen Zerfall der Pflanzen, wie er sich im Ackerboden vollzieht, werden die Hexonbasen frei und lassen sich als solche aus den meisten kultivierten Böden isolieren.

Im Organismus höherer Tiere ließ sich freies Arginin nur in seltenen Fällen nachweisen, und zwar namentlich in Organen und Geweben, wo intensive Neubildungen stattfinden. Es findet sich in der Milz (Gulewitsch und Jochelsohn), im Stierhoden (Totani und Katsujama) und tritt auch im Exsudat karzinomatöser Geschwülste auf, eine Beobachtung, die mit dem oben erwähnten Argininreichtum neoplastischer Gewebe in Einklang steht (Drummond). In einem Falle von Phosphorvergiftung hat Wohlgemuth aus dem Harn Arginin in der Form eines zweifelhaften Pikrolonates isolieren können.

Die oxydativen Fähigkeiten des Säugetierorganismus und das Vorhandensein spezifischer argininabbauender Fermente vermögen offenbar dieser Aminosäure auch dann noch Herr zu werden, wenn abnorme Mengen in den Kreislauf gebracht werden. Auch bei bakteriellen und autolytischen Prozessen, wie sie sich z. B. bei der Reifung des Käses geltend machen, unterliegt das in Freiheit gesetzte Arginin rasch einer Veränderung, so daß es in den Autolysenprodukten nicht mehr nachgewiesen werden kann (Winterstein und Thöny; Winterstein).

Bei niederen Tieren, wie beim Flußkrebs, der Krabbe und dem Hummer ist diese argininabbauende Fähigkeit weniger ausgeprägt, hierauf ist es zurückzuführen, daß sich in Extrakten dieser Tiere freies Arginin vorfindet (Ackermann und Kutscher; Kutscher; Suzuki, Yoshimura und Irie). Weiter unten wird darauf hingewiesen werden, daß dieses differente Verhalten in engem Zusammenhang mit dem Kreatin- und dem Kreatininstoffwechsel steht.

In welcher Weise sich das Argininmolekül aufbaut, ist noch völlig ungeklärt. Ob der Tierkörper Arginin aus anderem Stickstoffmaterial überhaupt zu synthetisieren vermag, d. h. ob Arginin ein lebenswichtiger Baustein ist, welcher dem tierischen Organismus, in irgendeiner Weise vorgebildet, zugeführt werden muß, ist gleichfalls unentschieden. In der Pflanze kann eine solche Synthese jedenfalls nicht bestritten werden. Über den intimen Vorgang vermag man aber nur Vermutungen zu äußern. Die Reversibilität, welche die in den lebenden Zellen sich vollziehenden Vorgänge auszeichnet, läßt z. B. erwarten, daß ebenso, wie sich aus Arginin unter dem Einfluß einer Arginase Ornithin und Harnstoff bildet, umgekehrt aus Harnstoff und Ornithin Arginin hervorgehen kann. Der Umstand, daß dieser Prozeß sich in vitro nicht hat realisieren lassen, ist kein Gegenbeweis. Auch die direkte Verkettung der Aminosäuren ist außerhalb der lebenden Zelle nicht gelungen, wiewohl sie eine Grundlage unserer Anschauungen über den Aufbau des Eiweißes bildet.

Zur Darstellung des Arginins verwendet man in der Regel ein arginінreiches, leicht zugängliches Eiweiß, als solches können Edestin aus Hanfsamen (Rießer; Fischer und Suzuki) und Clupein aus Heringstestikeln (Gulewitsch) bezeichnet werden. In letzterem Falle braucht man natürlich nicht von dem reinen Clupein auszugehen, sondern kann die Testikel direkt der Hydrolyse unterwerfen.

Aus den Hydrolysaten fällt man das Arginin mit den anderen Hexonbasen als Phosphorwolframsäureverbindung. Diese wird mit Baryt zerlegt, worauf sich mit barytalkalischer Silbernitratlösung das Arginin als Silberverbindung abtrennen läßt. Das gleichzeitig anwesende Histidin, welches sich mit barytalkalischer Silbernitratlösung ebenfalls abscheidet, läßt sich durch fraktionierte Fällung (vgl. S. 189 und 230) abtrennen. Die Silberverbindung des Arginins wird in schwefelsaurer Lösung mit Schwefelwasserstoff zerlegt und in das Carbonat übergeführt. Die Reinigung des so erhaltenen rohen Arginincarbonats kann entweder über das saure Silbernitratdoppelsalz oder über das schwer lösliche Pikrat erfolgen.

Schulze und Winterstein ist es gelungen, durch Anlagerung von Cyanamid an Ornithin das Arginin zu synthetisieren

$$\underset{\text{Cyanamid}}{NH_2 \cdot CN} + \underset{\text{Ornithin}}{H_2N \cdot (CH_2)_3 \cdot CH(NH_2) \cdot CO_2H} =$$
$$\underset{\text{Arginin}}{H_2N \cdot C(:NH) \cdot NH \cdot (CH_2)_3 \cdot CH(NH_2) \cdot CO_2H}$$

Diese Synthese ist für die Konstitutionsfrage nicht entscheidend, da sich das Cyanamid ebensowohl an die α- wie an die δ-Aminogruppe des Ornithins anzulagern vermag. Indem Sörensen die Cyanamidsynthese einmal mit α-Benzoylornithin, $H_2N \cdot (CH_2)_3 \cdot CH(NH \cdot COC_6H_5) \cdot COOH$, das andere Mal mit δ-Benzoylornithin, $C_6H_5CO \cdot NH \cdot (CH_2)_3 \cdot CH(NH_2) \cdot CO_2H$, ausführte, gelangte er zu zwei verschiedenen Argininen, einer α-Guanidino-δ-aminovaleriansäure und einer δ-Guanidino-α-aminovaleriansäure. Nur die d-Form der letzteren erwies sich identisch mit dem natürlich vorkommenden d-Arginin.

Bei künstlicher pankreatischer Verdauung von Antipepton und von Fibrin wurde ein racemisches Arginin erhalten (Kutscher). Optisch aktives Arginin kann man racemisieren, indem man es mit seinem fünffachen Gewicht konzentrierter Schwefelsäure bis zum beginnenden Sieden, oder mit 5%iger Schwefelsäure längere Zeit im geschlossenen Rohre auf 160—180° erhitzt (Rießer).

Welche biologische Bedeutung dem Arginin im intracellulären Stoffwechsel zukommt, ist nicht näher bekannt. Man darf nur annehmen, daß es sich, infolge seiner reaktionsfähigen basischen Gruppen, zum Umbau in andere Stickstoffverbindungen — Aminosäuren oder Purinkörper — am besten eignet, oder sonstigen Anforderungen am raschesten gerecht zu werden versteht. Da es bei seinem Freiwerden aus dem Eiweißverband die OH-Ionenkonzentrationen erheblich verändert, ist schon dadurch möglich, daß die hiervon abhängigen fermentativen Reaktionen wesentlich beeinflußt werden können. Die Trypsinverdauung des Eiweißes z. B. wird durch Arginin wie durch freies Alkali fördernd beeinflußt, wenn ein gewisses Optimum der Konzentration nicht überschritten wird. Es kann also bei der Proteolyse abgespaltenes Arginin in gewisser Hinsicht autokatalytisch wirken, auch die Emulgierung der Fette kann durch freiwerdendes Arginin erleichtert werden (Lawrow).

Die Umwandlung des Arginins in andere Aminosäuren, vorzugsweise in Asparagin, hat Schulze mit seinen Mitarbeitern klargelegt. Die Bedeutung für den Purinstoffwechsel erhellt aus den Versuchen von Ackroyd und Hopkins, sowie Harding und Young, welche zeigten, daß ein Aminosäuregemisch, dem Arginin oder Histidin entnommen wurde, keine vollwertige Nahrung darstellt und Störungen des Stoffwechsels verursacht, die besonders in einer Verminderung der Allantoinausscheidung zum Ausdruck gelangen. Zulage von Histidin oder Arginin oder argininreichem Eiweiß (Placenta-, Muskeleiweiß) vermag die Stoffwechsel- und Wachstumsstörungen zu beheben, und zwar genügt eine dieser beiden Aminosäuren, deren chemische Konstitution den Übergang in Pyrimidin- und Purinderivate glaubwürdig erscheinen läßt (vgl. Chick und Hume). Auch Tuberkelbacillen gedeihen auf künstlichen Nährböden nur dann gut, wenn die Nährflüssigkeit neben Monoaminosäuren auch Arginin enthält (Mayer und Schaeffer).

Die Reaktionsbereitschaft des Arginins wird bei der Benzoesäurevergiftung der Vögel ausgenützt. Hier ist durch die Ornithinausschwemmung auch der Chemismus klar erkennbar. Bei fast allen anderen intermediären Umsetzungen ist man auf Vermutungen angewiesen. Entwickelt man auf Grund des chemischen Verhaltens die Möglichkeiten, die sich a priori für den biochemischen Abbau des Arginins ergeben, so lassen sich vier wesentlich verschiedene Reaktionsfolgen annehmen:

1. Die Guanidingruppe wird unter Einwirkung einer Arginase verändert, dann bildet sich Ornithin, welches im Organismus den S. 130 diskutierten Umsetzungen (Kuppelung, Decarboxylierung usw.) unterliegt. Die Arginase ist von Kossel und Dakin als ein in der Leber verschiedener Tiere enthaltenes, spezifisch für die Argininspaltung eingestelltes Ferment entdeckt worden. Auch in der Milz, Thymus und in der Duodenalschleimhaut, sowie in der Niere, schien sie vorhanden, doch hat Edlbacher, mit der exakteren formoltitrimetrischen Methode arbeitend, festgestellt, daß die Arginase nur in der Leber vorkommt, bei Vögeln und Reptilien jedoch auch in diesem Organe fehlt. Die Versuchsergebnisse waren die gleichen, ob mit bluthaltigen oder blutfreien Organen gearbeitet wurde; Zusatz von Serum bewirkt keine Aktivierung eines Organbreies, der an sich nicht aktiv ist (vgl. auch hierzu Thomas; Thomas und Goerne).

Die Arginase ist auch in den Pflanzen sehr verbreitet. Sie wurde von Shiga in der Hefe und in der Sojabohne nachgewiesen, von Kiesel im Mutterkorn, in Weizenkeimlingen, in Keimlingen von Vicia sativa, in reifen Früchten von Angelica silvestris, Trifolium pratense u. a. Auch die erkrankte Leber (Phosphorvergiftung, Carcinom) produziert Arginase (Fuchs). Das bei der Spaltung gebildete Ornithin läßt sich aber nur nachweisen, wenn man in größeren Konzentrationen arbeitet, da das Phosphorwolframat des Ornithins eine immerhin in Betracht kommende Löslichkeit besitzt. Der gebildete Harnstoff ist nur in den Pflanzen nachweisbar, welche wie die Pilze keine Urease enthalten. Daß auch die Bakterien Arginin zu spalten vermögen, beweist das Auftreten von Putrescin bei der Argininfäulnis.

2. Der Guanidinkomplex bleibt intakt und es vollzieht sich am Arginin die von Knoop studierte β-Oxydation der Aminosäuren; es bildet sich zunächst Guanidinobuttersäure, aus dieser Guanidinoessigsäure, aus dieser Methylguanidin, das nach Anlagerung

an Essigsäure oder Glykolsäure als Kreatinin zur Ausscheidung gelangt.

$$H_2N{\cdot}C({:}NH){\cdot}NH{\cdot}(CH_2)_3{\cdot}CH(NH_2){\cdot}CO_2H \rightarrow H_2N{\cdot}C({:}NH){\cdot}NH(CH_2)_3{\cdot}COOH \rightarrow$$

Arginin — Guanidinobuttersäure

$$\rightarrow H_2N \cdot C({:}NH) \cdot NH \cdot CH_2 \cdot COOH \rightarrow H_2N \cdot C({:}NH) \cdot NH \cdot CH_3$$

Guanidino ↓ essigsäure — Methylguanidin

$$H_2N \cdot C({:}NH) \cdot N(CH_3) \cdot CH_2 \cdot COOH \leftarrow$$

Kreatin

Zahlreiche Untersuchungen haben sich bemüht, für diese postulierten Übergänge experimentelle Stützpunkte zu gewinnen, und da man für Kreatinin einfache und genaue Bestimmungsmethoden besaß, war es naheliegend, die Bestätigung dieser Hypothese in einer Zunahme der Kreatininbildung zu finden, welche nach Einführung von Arginin oder eines der als Zwischenprodukte in Betracht kommenden Körper — Guanidinobuttersäure, Guanidinoessigsäure bezw. Glykocyamidin, Methylguanidin — im Tierkörper nachzuweisen war. Diese Arbeiten sollen beim Kreatinin ausführlicher erwähnt werden. Die zum Teil sich widersprechenden Befunde sind zwar nicht imstande, die genetische Beziehung zwischen Arginin, Kreatin und Kreatinin eindeutig zu beweisen. Doch scheinen solche zum mindesten wahrscheinlich, zumal auch phylogenetisch das Arginin bei den Crustaceen sich als Vorläufer und Stellvertreter des Kreatins erweist (Kutscher, vgl. auch S. 152). Die Leberarginase besitzt offenbar nur eine beschränkte Leistungsfähigkeit, welche sich bloß auf einen Teil des zuströmenden Arginins erstreckt. Ein anderer Teil entgeht der Zerlegung durch die Arginase und unterliegt jenseits des Pfortaderkreislaufes, wo ein die Guanidingruppe zerlegendes Ferment fehlt, einem oxydativen Abbau, welcher die Guanidingruppe bis zum Endprodukt, dem Kreatin und dem Kreatinin intakt läßt. Da das Angebot an Arginin durch äußere oder innere Faktoren — Ernährung, endogener Eiweißzerfall — variiert wird und da auch die Leistungsfähigkeit der Arginase bestimmten Veränderungen unterliegen kann, zeigt auch die Kreatin- und Kreatininausscheidung bestimmte Schwankungen, die im folgenden Abschnitt näher besprochen werden sollen.

Guanidino-n-Valeriansäure entsteht aus Arginin bei reduktiver Desamidierung (Ackermann, Engeland und Kutscher), wie sie besonders von gewissen Bakterien bei der Fäulnis vollzogen wird.

3. Der Guanidinkomplex bleibt intakt, ebenso die α-ständige Aminogruppe, in diesem Falle bildet sich das Agmatin $H_2N{\cdot}C({:}NH)$

$NH \cdot (CH_2)_4 \cdot NH_2$, das bei der Fäulnis und beim Erhitzen des Arginins unter Druck erhältlich ist.

4. Es wird sowohl die α-Aminogruppe, wie die δ-Guanidinogruppe abgespalten. Hierbei bilden sich Mono- und Dicarbonsäuren, Valeriansäure, Essigsäure, Bernsteinsäure, Buttersäure, wie sie bei der Oxydation von Arginin oder argininhaltigen Komplexen mit Kalium oder Calciumpermanganat (Kutscher und Schenck) erhalten wurden. Es ist klar, daß auch fermentative und bakterielle Prozesse das Arginin in gleicher Weise verändern können (vgl. z. B. Ringer, Frankel und Jonas).

Das Kreatin und Kreatinin.

Die Methylguanidinoessigsäure

$$H_2N \cdot C(:NH) \cdot N(CH_3) \cdot CH_2 \cdot COOH,$$

das Kreatin, ist schon im Jahre 1835 von Chevreul aus Bouillontafeln isoliert worden; sie wurde später von Liebig eingehend untersucht und von Gregory und anderen als regelmäßiger Bestandteil der Muskeln verschiedener Tierarten nachgewiesen.

Das Anhydrid der Methylguanidinoessigsäure, das Kreatinin $\underbrace{HN \cdot C(:NH) \cdot N(CH_3) \cdot CH_2 \cdot CO}$ wurde von Pettenkofer 1844 im Harn entdeckt. Erst in neuester Zeit ist es aber gelungen, die physiologischen Beziehungen, welche diese beiden chemisch so nahe verwandten Substanzen miteinander verknüpfen, einigermaßen aufzuklären. Dies lag zum Teil daran, daß früher Verfahren ausgeübt wurden (vgl. S. 193), welche höchstens für das Kreatinin annähernd sichere Werte ergaben. Die gleichzeitige Berücksichtigung von Kreatin und Kreatinin ist aber eine prinzipielle Notwendigkeit, um über solche Zusammenhänge eindeutige Aufschlüsse zu erhalten. Dies ist erst möglich geworden, seitdem Folin seine handliche colorimetrische Kreatin- und Kreatininbestimmung eingeführt hat.

Wiewohl Kreatin und Kreatinin chemisch sehr nahe verwandt und leicht ineinander überführbar sind, so liegen im Tierkörper die Verhältnisse doch nicht so einfach, daß ein Plus an Kreatinin auch ein entsprechendes Plus an Kreatin bedeutet und umgekehrt. Vom physiologischen Gesichtspunkte aus sind Kreatin und Kreatinin grundsätzlich verschieden. Letzteres ist ein Stoffwechselendprodukt, das, einmal gebildet, den Tierkörper zum größten Teil unverändert passiert. Ersteres wird im Organismus gewöhnlich noch weiter verändert; es ist ein intermediäres Stoffwechselprodukt. Unter bestimmten physiologischen und pathologischen Bedingungen tritt jedoch auch das Kreatin als Stoffwechselendprodukt aus. Eine eingehendere Schilderung des Vorkommens und des biochemischen Verhaltens der beiden Guanidinoderivate wird deren verschiedene biologische Wertigkeit und Wechselbeziehungen deutlicher zutage treten lassen.

Das Kreatin findet sich in den Muskeln der warm- und kaltblütigen Wirbeltiere. Bei Mollusken und Crustaceen — Krebs, Krabbe — ist es nur in Spuren vorhanden oder fehlt vollständig (Okuda). An seine Stelle tritt das Arginin (Kutscher). Reichlicher konnte Kreatin sowie Kreatinin im Muskelextrakt einer Seeschnecke, dem gemeinen Seeohr, nachgewiesen werden (Albrecht). Unter den Extraktivstoffen des japanischen Riesensalamanders fand sich neben Kreatinin kein Arginin (Reuter), dagegen eine „Japonin" genannte Base, deren Methylierungsprodukt ein schön krystallisierendes Aurat vom Schmelzpunkt 322° lieferte.

Ob sich das Kreatin im lebenden Muskel in freiem Zustande oder in lockerer Bindung befindet, ist unentschieden (Urano), auf jeden Fall wird eine solche Verbindung, wenn sie besteht, schon durch geringe physikalische Eingriffe — Kochen, Zerkleinern — gelöst. Kreatinin ist in den Muskeln nicht (Brown und Cathcart; Grindley und Woods; Mellanby; Scaffidi; Smorodinzew) oder nur in geringer Menge (Myers und Fine) enthalten. Wenn trotzdem bisweilen ein beträchtlicher Kreatiningehalt der Muskeln der Warmblüter festgestellt werden konnte, so liegt dies an der leichten Überführbarkeit des Kreatins in sein Anhydrid (vgl. Hoagland und Mc Bryde). Die natürliche Acidität des Muskelextraktes genügt schon, um diese Umwandlung herbeizuführen. Bei 37° erhöht sich bei rosolsaurer Reaktion der Kreatiningehalt der Muskeln innerhalb 24 Stunden um 100%, um 175% wenn die Reaktion durch Phosphatgemisch auf neutral eingestellt wurde, bei schwach alkalischer Reaktion um 124%. Da die Umwandlung im Dialysat und im Zentrifugat des Muskelbreis in unverändertem Maße stattfindet und auch durch vorhergehendes Kochen nicht beeinträchtigt wird, ist es überflüssig, die Existenz eines besonderen Fermentes anzunehmen, welches Kreatin in Kreatinin überführt (Hammett).

Auf solche sekundäre Anhydrisierung ist der wechselnde Kreatiningehalt der Fleischextrakte zurückzuführen.

Nach Grindley und Woods schwankt der Kreatiningehalt käuflicher Fleischextrakte zwischen 0,83—5,21%, der Kreatingehalt zwischen 0,55 bis 4,79%, die Summe der Kreatinkörper liegt zwischen 1,38—5,88%. Auch in selbstangefertigten Fleischextrakten wurden teilweise recht erhebliche Schwankungen, sowohl des präformierten Kreatinins (2,3—7%) als auch des Kreatins (0,75—7,5%) festgestellt (Baur und Trümpler). Aus 1000 g gutem europäischem Schlachtfleisch werden etwa 30—35 g Extrakt mit 7,5—8,9% Gesamtkreatinin erhalten. Im getrockneten Kabeljau findet sich ca. 0,15% Kreatinin, jedoch kein Kreatin (Yoshimura).

Der Kreatingehalt des frischen Muskels variiert bei den verschiedenen Tierarten, zeigt jedoch innerhalb derselben Spezies eine weitgehende Konstanz.

Die Muskulatur des Kaninchens enthält 0,52% (Rießer), des Hundes 0,37%, der Katze 0,45% (Myers und Fine; Folin und Buckman; Rießer), des Rindes 0,4278—0,4522%, des Schafes 0,4059—0,4185%, des Schweines 0,4313—0,4721%, des Pferdes 0,3763—0,3948% (Hoogenhuyze und Verploegh), des Wildkaninchens 0,2% (Yoshimura). Etwas andere Werte fand Cabella M: in den Muskeln des Rindes 0,3724%, des Huhnes 0,4251%, der Ente 0,3654%, des Fisches Perjerrey 0,28%, des Fisches Phycis brasiliensis 0,3038%. Suzuki, Yoshimura und Irie fanden im Fleisch des Lachses 0,32%, im Fleisch des Magura 0,3%, im Fleisch des Bonito 0,649%, des Tunfisches 0,497%, des Lachses 0,560%, des Barsches 0,754%, des Karpfens 0,421%, des Haifisches 0,655% neben kleinen Kreatininmengen, die zwischen 0,064—0,134% schwankten (Okuda). Der Herzmuskel enthält beim Hund, Rind und Huhn weniger Kreatin als das willkürliche Muskelgewebe. Noch geringer ist der Kreatingehalt in glatten Muskeln. Er beträgt in der Harnblase etwa $^1/_3$ des Gehaltes der gestreiften Muskulatur, 0,1093%. Ähnliche Verhältnisse ergaben sich bei der Untersuchung der Harnblase und der Muskulatur des Magens beim Schwein (Saiki) und im Retractor penis des Rindes (Buglia und Costantino).

Für die verschiedenen Organe der Säugetiere sind von Beker folgende Kreatinwerte gefunden worden: Willkürlicher Muskel, 0,0003—0,457% beim Rind, 0,426—0,473% beim Kaninchen, 0,314—0,354% beim Schwein, 0,296—0,330% beim Hund; Herzmuskel, 0,207—0,220% beim Rind, 0,221 bis 0,257% beim Hund; Uterusmuskel, 0,0299—0,043% beim Rind, 0,0299 bis 0,0312% beim Schwein; Dickdarmmuskel, ca. 0,0325% beim Kaninchen; Dünndarmmuskel ca. 0,0234% beim Kaninchen; Hoden, 0,0764—0,0972% beim Rind; Gehirn 0,0514—0,063 beim Rind, 0,0546—0,0575 beim Hund; Kleinhirn, 0,0692—0,713% beim Rind; Leber, 0,0249—0,03724% beim Rind, 0,0189—0,0212% beim Kaninchen, 0,01572—0,01746% beim Schwein; Niere, 0,01226—0,0176% beim Rind, 0,01028—0,01634% beim Hund, ca. 0,0152% beim Schwein; Pankreas, 0,0125—0,01962% beim Rind, 0,01069—0,0142% beim Schwein, 0,0129—0,01613% beim Hund; Milz ca. 0,01467% beim Rind, 0,01328—0,0195% beim Hund; Schilddrüse, ca. 0,0114%; Thymus, ca. 0,00976%; Rinderblut, 0,00191—0,00267%;

Hundeblut, 0,00186—0,00244%; Schweineblut, 0,00200—0,00208%. Die embryonalen Organe enthalten viel weniger Kreatin als nach der Geburt. Die willkürlichen Muskel des 2monatigen Rinderembryos enthalten nur 0,022%, die des 5monatigen 0,116%, die des 9monatigen 0,250%. Mendel und Leavenworth fanden beim Schweinefoetus, Mellanby beim Foetus des Kaninchens ähnliche Verhältnisse. Nach der Geburt nimmt der Kreatingehalt der Muskel erst rasch, dann langsam zu. Der Kreatingehalt der Uterusmuskulatur des Rindes erhöht sich während der Gravidität von etwa 0,040% im ersten Monat auf ca. 0,090% im neunten Monat. Auch beim Kaninchen häuft sich das Kreatin während der Gravidität im Uterus an (Becker, vgl. hierzu auch Rießer).

Die Brustmuskulatur von Vögeln (Ente, Huhn) zeigt einen größeren Kreatingehalt als die Schenkelmuskulatur. Beim Huhn ist der Kreatingehalt der Schenkelmuskulatur 0,3477—0,368% gegenüber von 0,4075 bis 0,4813% Kreatin in den Brustmuskeln; bei den Enten 0,3477—0,3832% bezw. 0,4173—0,5216%. Das Prozentverhältnis zwischen Gesamtstickstoff und Kreatinstickstoff schwankt für die willkürlichen Muskeln der Säuger, Vögel, Fische und für den Herzmuskel des Rindes zwischen 3 und 4; zwischen 4 und 5 für die Brustmuskeln der Vögel, bewegt sich um 1 für den Herzmuskel des Huhns und die glatten Muskelgewebe (Harnblasenmuskulatur des Rindes[1])).

Der Kreatingehalt eines Muskels ist um so größer, je flinker er zuckt. Deshalb sind die weißen Muskeln kreatinreicher. Der Kreatingehalt des Muskels steht also in direktem Verhältnis zu seinem Gehalt an quergestreiften Fibrillen und in umgekehrtem zum Gehalt an Sarkoplasma. Er verhält sich in dieser Hinsicht ähnlich wie der Lactacidogengehalt (Rießer).

Der normale Psoasmuskel des Menschen enthält 0,36—0,421% Kreatin (Denis; Myers und Fine). Bei einer Reihe von Fällen, die nach verschiedenen Krankheiten im kachektischen Zustande gestorben waren, war der Kreatingehalt der Muskulatur absolut und relativ erniedrigt. Die Muskeln der Kinder zeigen einen geringeren Kreatingehalt. Der Kreatingehalt des Säuglingsmuskels wurde von Rose zu 0,19% gefunden. Im bebrüteten Hühnerei tritt Kreatin erst am 12. Tage der Entwicklung auf (Mellanby).

Nach Feigl beträgt der durchschnittliche Kreatingehalt des Blutes gesunder Menschen 6,5 mg pro 100 ccm. Er sinkt selten unterhalb 5 mg und steigt nur ausnahmsweise auf 8 mg. Bei Nephritikern ist das Blutkreatin vermehrt (Rosenberg, Myers und Fine; vgl. auch Folin und Buckman; Hunter und Campbell).

[1]) Eine übersichtliche Zusammenstellung des Kreatingehaltes verschiedener Gewebe findet sich bei O. Rießer, Handbuch der Biol. Arbeitsmethoden von Abderhalden, Abt. I, Teil 7, S. 861.

Das in den Muskeln abgelagerte Kreatin ist wahrscheinlich ein Stoffwechselprodukt der Muskelzellen, es ist jedoch kein Stoffwechselendprodukt, sondern unterliegt im Organismus noch weiteren, nicht genau bekannten Veränderungen. Zum Teil, und zwar etwa zu 2—3%, wird es in Kreatinin verwandelt, welches im Harn zur Ausscheidung gelangt (Myers und Fine). Unter bestimmten Verhältnissen aber kann das dem Körper zugeführte oder in ihm gebildete Kreatin auf diese Weise nicht bewältigt werden und gelangt durch die Niere unverändert zur Ausscheidung. Es erfolgt Kreatinurie. Solche Verhältnisse treten namentlich in den Versuchen klar zutage, wo Kreatin oder kreatinhaltiges Material dem Organismus auf oralem oder subkutanem Wege einverleibt wurde (vgl. hierzu die Arbeiten von Towles und Voegtlin; Plimmer, Dick und Lieb; van Hoogenhuyze und Verploegh; Rose, Dimmitt und Cheatham; af Klercker; Lymann und Trimby). Nach Verabreichung von 1—5 g Kreatin werden von gesunden Männern 16—39% im Harn wieder ausgeschieden, 1,5—2% als Kreatinin (Myers und Fine).

Ein wie großer Teil des mit der Nahrung als Fleisch oder als Extrazulage eingenommenen Kreatins im Harn unverändert zur Ausscheidung gelangt, wird durch komplizierte, noch wenig geklärte Verhältnisse bestimmt. Auf jeden Fall scheint das mit dem Fleisch eingenommene Kreatin eine beträchtlichere Zunahme der Kreatininausscheidung zu veranlassen, als das reine Kreatin (Burns und Orr). Ob diese Kreatininmehrausscheidung tatsächlich auf das mit dem Fleisch zugeführte Kreatin zu beziehen ist, oder ob es den anderen im Fleisch enthaltenen Guanidinverbindungen entstammt, oder eine Folge der Verdauungstätigkeit oder vermehrter Diurese darstellt, ist unentschieden.

Ähnliche Zustände wie bei experimenteller Kreatinzufuhr bilden sich im Körper auch aus endogenen Ursachen, d. h. es erfolgt eine vermehrte Bildung von Kreatin, eine Steigerung des Muskelkreatins, eine Erhöhung des Harnkreatinins und eine Ausscheidung von unverändertem Kreatin. Um über die speziellen zur Kreatinbildung führenden physiologischen Funktionen Aufschluß zu erhalten, hat man diese Faktoren oft zum Gegenstand quantitativer Untersuchungen gemacht. Anfänglich verfolgte man namentlich die Kreatininwerte des Harns (vgl. weiter unten), später schenkte man jedoch auch dem Harn- und Muskelkreatin mehr Beachtung. Seit Liebig, der in den Muskeln eines gehetzten

Fuchses einen zehnmal größeren Kreatiningehalt feststellte, als in den Muskeln gefangener Tiere, hat man immer wieder in Versuchen an Menschen, Tieren und isolierten Organen den Einfluß der Muskelarbeit auf die Kreatinbildung bezw. Kreatininausscheidung untersucht. Ältere Arbeiten, die am tetanisierten Froschmuskel (Jarokin; Monari), an Hühnern (Voit) und an Hunden (Voit; Meißner) oder in Selbstversuchen (Gregor) die Frage lösen wollten, kamen zu widersprechenden Feststellungen. Diese ist jedoch schon aus den erwähnten methodischen Gründen — im allgemeinen wurde die Neubauersche Kreatininbestimmung angewendet — in keinem Falle beweisend. Auch für die geringen Differenzen, welche die Kreatininausscheidung bei demselben Individuum und bei derselben Kost und Lebensweise zeigt (van Hoogenhuyze und Verploegh), ist nicht genügend Rücksicht genommen worden und man hat unbedeutende Schwankungen, wie sie normalerweise vorkommen, auf einen Einfluß der Muskelarbeit zurückgeführt. Mit der Folinschen Methodik. stellte Weber am überlebenden, schlagenden Säugetierherzen eine Kreatinbildung fest. Auch die durch Cinchonin an Hunden hervorgerufenen Krämpfe bedingen eine vermehrte Kreatininausscheidung und eine mit dieser parallel gehende Verarmung an Muskelkreatin. Bei elektrischer Reizung des Froschmuskels konnten Brown und Cathcart eine Erhöhung des Kreatingehaltes beobachten, während in analogen Versuchen von Mellanby und von Scaffidi die Steigerung des Kreatins nur unbedeutend war.

Eine Erklärung dieser Widersprüche wurde in der sogenannten Tonustheorie gesucht (Pekelharing; Pekelharing und van Hoogenhuyze; Pekelharing und Harkink). Danach ist es nicht die durch rhythmische Kontraktionen bedingte Muskelarbeit, welche die Bildung von Kreatin und die Kreatininausscheidung anregt, sondern der auf speziellen vitalen Vorgängen beruhende Muskeltonus. Wird dieser durch physiologische, mechanische oder chemische Reize verstärkt, so resultiert eine gesteigerte Kreatinbildung. Hierauf beruht das Absinken des Harnkreatinins im Schlaf und während der Bettruhe, seine Verminderung nach großen Dosen von Bromkali und der verminderte Kreatingehalt von Muskeln, die sich infolge operativer Eingriffe (Nervendurchschneidung) im Entspannungszustand befanden, gegenüber solchen, die infolge anderer experimenteller Schädigungen dauernd kontrahiert waren. Auch die bei herabgesetzter Lebenstätigkeit

(Lähmung der unteren Extremitäten) stark verminderte Kreatininausscheidung (bis 9,2 mg pro Kilogramm) läßt sich wenigstens zum Teil auf einen reduzierten Muskeltonus zurückführen. Der Kreatingehalt des Blutes Katatonischer ist herabgesetzt und zeigt mit dem wiederkehrenden Muskeltonus einen allmählichen Anstieg (Hammett). Bei guter straffer Beschaffenheit des Herzmuskels wurde im allgemeinen ein hoher Kreatinwert, bei schlaffer Beschaffenheit, insbesondere bei leichter Entartung ein niedriger Wert beobachtet (Constabel). Eine willkürliche Ausspannung der Muskeln, eine Anregung der vitalen Funktionen durch Stimulantien (Alkohol, Strychnin, Cola, Veratrin) oder durch Fieber bedingt eine Steigerung des Harnkreatinins (Pekelharing und Harkink).

In gleicher Weise bedingen am überlebenden Froschmuskel tonisierende Substanzen (Veratrin, Nicotin, $CaCl_2$, NaCNS) eine Zunahme des Muskelkreatins und schließlich vermag auch die Wärme und Totenstarre dessen Erhöhung herbeizuführen. Stundenlang in hypnotischer Starre in Rückenlage gehaltene Frösche zeigten in ihren Adduktorenmuskeln einen durchschnittlichen Kreatingehalt von 3,66 mg gegenüber 3,01 mg bei normalen Tieren, also eine Steigerung von ca. 21% (Schönfeld).

Rießer konnte zeigen, daß dieser, eine Zunahme des Kreatins bedingende Muskeltonus in Zusammenhang steht mit der sympathischen Innervation derselben. Nach einseitiger Durchtrennung des N. ischiadicus am curarisierten Kaninchen sank die Kreatinmenge im entnervten Bein, entsprechend der Aufhebung des Tonus. Das sympathisch zentralerregende Tetrahydro-β-naphthylamin (vgl. S. 320) bewirkt starke Vermehrung des Muskelkreatins, ebenso das Coffein und das Adrenalin. Pikrotoxin, das zwar stark erregend wirkt, aber die sympathischen Zentren nicht beeinflußt, bewirkt keine Zunahme des Muskelkreatins, ebenso wenig Curare, das in mäßigen Dosen nur die motorischen Nervenendigungen lähmt. Der Fieberstich bleibt auf den Kreatingehalt ohne Einfluß, was im Einklang mit den sonstigen Beobachtungen steht, nach denen an der hierbei auftretenden Temperatursteigerung die inneren Organe, aber nicht die Muskulatur beteiligt sind. Dagegen verursachte die das sympathische Wärmezentrum beeinflussende Abkühlung der Tiere eine geringe Kreatinzunahme (vgl. Palladin und Kudrjawzeff). Untersuchungen, die Weinberg an Geisteskranken ausführte, waren jedoch nicht imstande, für diese experimentellen Befunde eine klinische Bestätigung zu liefern. Patienten, bei denen infolge nervöser Störungen die normalen Verbindungen zwischen Muskeln und Gehirn unterbrochen waren, zeigten, verglichen mit normalen Personen, die unter gleichen Bedingungen lebten, eine erhöhte Kreatininausscheidung, sowohl bei Leiden, welche eine Herabsetzung des Muskeltonus bedingten, wie bei solchen mit gesteigertem Muskeltonus. Dieser kann demnach nicht der maßgebende Faktor für die Kreatininausscheidung sein (vgl. hierzu auch Schenck; Eder).

Außer den, auf Tonusänderungen beruhenden Verschiebungen des Kreatinstoffwechsels, verursachen alle jene Vorgänge, die einen gesteigerten Zellumsatz, namentlich aber einen gesteigerten Abbau des Körpereiweißes bedingen, eine Überschwemmung des Körpers mit Kreatin, als deren Folge neben einer Steigerung der Kreatininausscheidung eine Kreatinurie auftritt. Beim normalen Erwachsenen genügt die Kreatininausscheidung im Verein mit dem unbekannten oxydativen Abbau, um des im intermediären Stoffwechsel entstehenden Kreatins Herr zu werden. Bei den unerwachsenen Personen, wo der endogene Stoffwechsel ein regerer ist, oder wo die oxydativen Fähigkeiten noch nicht völlig ausgebildet sind, ist dies nicht der Fall. Kinder scheiden bis zum Alter von 15 Jahren neben Kreatinin regelmäßig Kreatin im Harn aus (Powis und Raper; Folin und Denis; Rose; Denis; Kramer und Minot; Mendel und Rose; Harding und Gaebler). Bei Säuglingen scheint die Kreatin- und Kreatininausscheidung in erster Linie durch die Massenentwicklung der Muskulatur, weniger durch den Tonuszustand bestimmt zu werden (Schiff und Bálint; Beumer; Ederer). Änderungen in der Zufuhr von Säuren oder Basen beeinflussen bei Milchkindern die Kreatinurie nicht (Gamble und Goldschmidt). Sie steigert sich jedoch bei Zugabe kleiner Mengen von Kreatin, wie sie in den Molken vorkommen. Während der Entwicklung des Kindes nimmt der Kreatininkoeffizient des Harnes, Kreatinin pro Kilogramm Körpergewicht, dauernd zu und das Kreatin verschwindet bei völliger Entwicklung. Die Beobachtung, daß der normale weibliche Organismus Kreatin weniger gut zerstört oder umwandelt als der männliche und solches insbesondere nach vermehrter Eiweißzufuhr im Harn zur Ausscheidung bringt (Denis und Minot) konnte von Stearns und

Lewis nicht bestätigt werden. Auch eine Beziehung zwischen Menstruation und Kreatinurie scheint nicht zu bestehen (vgl. hierzu auch Rose).

Als physiologische Kreatinurie kann die von Benedict und Diefendorf festgestellte Hungerkreatinurie betrachtet werden. Das zuerst am Menschen beobachtete Auftreten von Kreatin im Hungerzustande (0,15—0,3 g täglich) ist späterhin von anderen Forschern auch an Säugetieren bestätigt worden. Das Kreatin, welches während des Hungers erscheint, stammt aus den Muskeln. Hierfür spricht der zu Anfang der Hungerperiode gesteigerte Kreatingehalt der Muskeln, Beobachtungen an Kaninchen (Myers und Fine), an Tauben (Demant), an Kaninchen und Hühnern (Mendel und Rose). Gegen das Ende der Verhungerung nimmt der Kreatingehalt des Muskels wieder ab, bedingt durch die große Ausschwemmung in den Harn. Die Abnahme des Gesamtkreatins des Körpers, welche durch die vermehrte Ausscheidung verursacht ist, beläuft sich auf 40—50% des Initialgehaltes.

Auch bei verschiedenen Krankheiten, die mit einem intensiven Zerfall oder Umsatz der Körperzellen einhergehen, tritt Kreatinurie auf. Shaffer fand bei akutem Fieber, bei Morbus Basedowii und schwerem Diabetes Werte bis zu 0,6 g im Tagesharn; bei Typhus sogar 2 g, bei postpartalen Zuständen 0,5—1,5 g. Bei Leberkrebs konnte van Hoogenhuyze und Verploegh bis zu 4 g Kreatin im Harn nachweisen. Bei kongenitaler Amyotonie (Powis und Raper) und anderen Muskeldystrophien (Levene und Kristeller; Vas; Gibson und Martin) ließ sich ebenfalls eine erhöhte oder abnorme Kreatinausscheidung feststellen.

In innigem Zusammenhang mit der Kreatinurie steht offenbar der Kohlenhydratstoffwechsel. Wenn der Körper keine Kohlenhydrate mehr empfängt, wie beim Hungern, oder sie nicht oder nur teilweise verwerten kann, wie beim Diabetes, oder wenn die Leber kein Glykogen mehr anzusetzen vermag, greift er eben das Körpereiweiß an, als dessen spezifisches Abbauprodukt das Kreatin im Harn erscheint. Das Kreatin ist ein Indicator für gestörten oder fehlenden Kohlenhydratumsatz. Demgemäß zeigt sich Kreatinurie bei den verschiedenartigsten Störungen der Kohlenhydratverbrennung, bei Pankreasdiabetes (Rose), bei Phlorizindiabetes (Cathcart und Taylor; Benedict und Österberg), bei Diabetes mellitus (Krause und Cramer; Lauritzen), bei Adrenalinglykosurie (Tsuji), bei Hydrazinvergiftung (Adam). Der Kreatingehalt des Diabetikerharns beträgt 0,1—0,5 g (Taylor), 0,1—0,6 g (Shaffer). Verfütterung von Fett oder von Fett und Eiweiß hat keinen Einfluß auf die Kreatinurie fastender Kaninchen (Mendel und Rose). Die Beeinflussung der Kreatinurie durch Eiweißfütterung von Hunden (Wolf und Österberg) ist eine indirekte, indem das Eiweiß in Kohlenhydrate umgewandelt wird (vgl. dagegen Denis, Kramer und Minot; Denis und Minot).

Neben der Störung der Kohlenhydratverbrennung kann eine Verschiebung des H- und OH-Ionengleichgewichts die Ursache einer Kreatinausscheidung in den Harn darstellen. Bei Kaninchen, die mit Hafer und Korn neben einer ausreichenden Menge von Kohlenhydraten gefüttert wurden, erschien sehr bald Kreatin in beträchtlicher Menge im Harn. Dabei entstand als Folge dieser Fütterungsart eine ausgeprägte Acidosis, die in einer hohen H-Ionenkonzentration des Harns zum Ausdruck kam. Andererseits verschwindet das Kreatin sofort aus dem Harn, sobald eine reichlich basenbildende Kost, z. B. Rüben, verabreicht wird, wobei zugleich der Harn alkalisch wird (Underhill, vgl. dagegen Denis und Minot). Auch die während der ersten Hungertage bestehende Kreatinurie läßt sich gleichzeitig mit der sauren Harnreaktion durch Infusion von $NaHCO_3$ zum Verschwinden bringen. Bei der Phlorizin- und bei der Hydrazinkreatinurie kann jedoch die Kreatinausscheidung auch bei alkalischer Harnreaktion weiter bestehen (Underhill; Underhill und Baumann).

Die Ausscheidung von Kreatinin im Harn der Wirbeltiere ist, wie bereits mehrfach erwähnt, dadurch bedingt, daß ein bestimmter Teil — ca. 2—3% — des mit der Nahrung oder durch den Zellstoffwechsel in den Kreislauf gebrachten Kreatins in Kreatinin umgewandelt wird. Nur bei den Vögeln (Paton; Paton und Mackie) bleibt diese Umwandlung aus. Im normalen Vogelharn findet sich infolgedessen Kreatin an Stelle des Kreatinins. Nach Gottlieb und Stangassinger soll die Anhydrisierung des Kreatins vorzugsweise in der Leber und in der Niere stattfinden. Sie stellten fest, daß nach mehrstündiger Durchblutung der überlebenden Organe etwa 50% des zugesetzten Kreatins in Kreatinin verwandelt war. Diese Umwandlung vollzieht sich aber auch schon bei der Digestion von Kreatin mit Blut. Sie ist von Seemann auch bei der Einwirkung von Muskelautolysat auf Kreatin beobachtet worden und wird, wie S. 158 und S. 187 hervorgehoben, im wesentlichen nur durch physikalische Faktoren bedingt.

Der Kreatiningehalt des normalen menschlichen Blutes beträgt 1,2—1,8 mg in 100 ccm. Da es reduzierend wirkt (vgl. S. 188), kann seine Anwesenheit zusammen mit dem Kreatin (vgl. S. 160) und anderen Bestandteilen des sogenannten Reststickstoffes das Reduktionsvermögen des Blutes und die reduktometrischen Blutzuckerbestimmungen erheblich beeinflussen (Feigl). Nach Behre und Benedict soll jedoch im Blut kein Kreatinin in nachweisbarer Menge vorgebildet sein.

Mellanby hat die Versuche von Gottlieb und Stangassinger mit der Vermutung bakterieller Nebenwirkungen angezweifelt, Rothmann und van Hoogenhuyze und Verploegh sie jedoch bestätigt. Letztere, sowie Lefmann fanden in der bei Leberinsuffizienz gesteigerten Kreatinurie auch einen Hinweis für die vorzugsweise in diesem Organ stattfindende Umwandlung des Kreatins in Kreatinin, doch sind diese Befunde nicht eindeutig, weil ebensowohl der bei diesen Kranken veränderte Stoffwechsel, namentlich der endogene Eiweißzerfall, eine Ursache für das Auftreten von Kreatin im Harn abzugeben vermag, wie das Darniederliegen der Leberfunktion. Daß die Leber nicht ausschließlich das kreatininbildende Organ darstellt, beweisen auch die Versuche von Towles und Voegtlin, die an Hunden mit Eckscher Fistel das Vermögen der Kreatininbildung nicht vermißten. Auch bei der Chromnephritis wird fast alles Kreatin in Kreatinin verwandelt (Lefmann), wahrscheinlich durch Veränderung der Harnreaktion. Daß eine alkalische Reaktion des Harns das Auftreten von Kreatin zu begünstigen vermag, haben auch Pekelharing und van Hoogenhuyze hervorgehoben.

Das in den Kreislauf gebrachte Kreatinin wird im Organismus nur wenig angegriffen. Bis gegen 80% werden im Harn unverändert ausgeschieden. Bei Erkrankungen der Niere wird die Ausscheidung erschwert, weshalb sich Kreatinin zur Prüfung der Nierenfunktion eignet (Neubauer).

Czernecki fand nach einer Eingabe von 4 g Kreatinin ungefähr die Hälfte wieder im Harn. Myers und Fine fanden im Kaninchenharn sogar 77—82% des verfütterten Kreatinins. Eine Umwandlung in Kreatin konnten sie nicht beobachten. Subkutane Zufuhr von Kreatinin bedingte jedoch ebenfalls wie Kreatininjektion eine Steigerung des Muskelkreatins (um ca. 6%).

Auch Rose, Dimmitt und Cheatham konnten nach Eingabe einer großen Menge Kreatinin keine Anhaltspunkte für eine Bildung von Kreatin aus Kreatinin gewinnen.

Eine geringe Zerstörung des Kreatinins soll sich bei der Autolyse verschiedener Organe vollziehen — Milz, Leber, Niere, Nebenniere, Schilddrüse, Lunge — (Gottlieb und Stangassinger). Nach Beker findet in der überlebenden Leber jedoch keine Zerstörung des Kreatins statt. Auch Kreatinin wird durch Schilddrüsen- und Nebennierenextrakt des Schafes nur wenig verändert (Rowe). Arginase vermag Kreatin und Kreatinin nicht zu verändern (Dakin). Die Wasserstoffsuperoxydzersetzung durch die Katalase des Froschmuskels wird durch Kreatin beschleunigt, durch Kreatinin verlangsamt (Hammarsten). Der Gasstoffwechsel des überlebenden Froschmuskels wird durch Kreatinzugabe erhöht (Thunberg), der Blutdruck durch intravenöse Infusion gesteigert (Backman).

Die sekundären Umwandlungsprodukte des Kreatinins sind ebenso unbekannt wie die Oxydationsprodukte des Kreatins. Es ist jedoch möglich, daß sich bei beiden hydrolytische Vorgänge vollziehen, die zu Sarkosin oder Methylhydantoin führen. Da sich bei 12tägiger Kreatininfäulnis N-Methylhydantoin nachweisen ließ, bei vierwöchiger aber nicht, sondern nur Sarkosin (Ackermann), liegt es nahe, anzunehmen, daß der fermentative Abbau des Kreatinins bei der Fäulnis über N-Methylhydantoin zu Sarkosin führt[1]). Eine Bildung von Harnstoff aus Kreatin und Kreatinin scheint jedoch kaum stattzufinden (Rose, Dimitt und Cheatham; Folin und Denis).

Die Quantität des mit dem Harn ausgeschiedenen Kreatinins zeigt bei demselben Individuum relativ geringe Schwankungen. Bei Männern ist sie höher als bei Frauen. Sie beträgt bei kreatin- und kreatininfreier Ernährung bei ersteren ungefähr 2 g pro Tag (van Hoogenhuyze und Verploegh), pro Kilogramm Körpergewicht ca. 0,024 g (Palmer, Means und Gamble); bei Frauen beträgt die tägliche Ausscheidung pro Kilogramm Körpergewicht 10,46—14,97 mg (Hull), 10—25 mg (Tracy und Clark), 18 mg (Palmer, Means und Gamble). Bei gewissen Rassen soll das Harnkreatinin einen relativ hohen Anteil des Gesamt-N ausmachen (Campbell). Bei normalen Kaninchen beläuft sich die Gesamtkreatininausscheidung pro Tag auf ca. 94—133 mg, 45 bis

[1]) Dieser Befund verliert seine biologische Bedeutung durch die Feststellung, daß sich Kreatin bereits bei Zimmertemperatur bei schwach alkalischer Reaktion in Methylhydantoin verwandelt (Ellinger und Matsuoka).

54 mg pro Kilogramm (Schenk). Sehr gering ist die Kreatinin- und Kreatinausscheidung beim Frosch (Dorner).

Die äußeren und inneren Ursachen, welche die Kreatininausscheidung zu beeinflussen vermögen, sind schon S. 163 u. ff. im Zusammenhang mit dem Kreatinstoffwechsel diskutiert worden. Hier sei nur folgendes wiederholt: Von der Nahrung, soweit sie kreatin- und kreatininfrei ist, erweist sich die Menge des ausgeschiedenen Kreatinins unabhängig. Auch Zufuhr von Eiweiß, das reichlich Arginin enthält, wie Gelatine, bedingt normalerweise keine merkliche Steigerung des Harnkreatinins (van Hoogenhuyze und Verploegh; Bürger; Myers und Volovic). Auffallende Schwankungen zeigt die Kreatininausscheidung bei Geisteskranken. Eine wesentliche Steigerung tritt im Fieber und bei Sauerstoffmangel auf, ferner bei Tuberkulose, schwerem Diabetes und malignen Neoplasmen (Mazza). Eine geringe Erhöhung nach Einnahme von purgativ wirkenden Salzen (Burns). Bei Diurese, infolge reichlicher Wasseraufnahme wird der Kreatiningehalt nicht verändert (Marshall). Im Laufe des Tages lassen sich 3 Maxima der Kreatininausscheidung, vormittags, nachmittags und abends feststellen, auf welche weder die Nahrung noch das Aufstehen einen Einfluß zeigen (Schulz). Abnorme Tiefenwerte — nur 0,11 g in der Tagesmenge — wurden bei Leberkrankheiten (Mellanby; van Hoogenhuyze und Verploegh), sowie bei Basedowscher Krankheit (Shaffer; Mazza) beobachtet. Muskelanstrengung bedingt in den Fällen eine Erhöhung der Kreatininwerte, in denen der Körper gezwungen ist, auf Kosten seiner eigenen Zellgewebe zu leben. Alkohol bewirkt an Hunden in kleineren Dosen — 1 g pro kg täglich — keine Veränderung des Kreatininstoffwechsels, 2 g bedingen vorübergehende, 5 g eine dauernde Herabsetzung der Kreatininausscheidung (Amato).

Im Hunger stellt sich der endogene Stoffwechsel auf ein Minimum ein und die Kreatininwerte sinken stark ab. An einer Hungerkünstlerin betrug die Kreatininausscheidung am 8. Hungertage nur noch 0,469 g. Eine Muskelanstrengung hatte in diesem Zustande ein starkes Anschwellen der Kreatininwerte zur Folge, da in diesem Falle der gesteigerte Energieverbrauch völlig auf Kosten des Körpermaterials geschah und also eine Vermehrung des endogenen Umsatzes hervorrief. In allen Fällen aber, wo die Energieleistung auf Kosten von Reservematerial und zugeführter Nahrung stattfindet, fehlt ein derartiger Einfluß auf die Kreatininausscheidung.

Bei der großen Bedeutung, welche dem Kreatin und dem Kreatinin im tierischen Haushalt zweifellos zukommt, ist es ein stets verlockendes Problem gewesen, die Vorstufe dieser beiden Substanzen aufzufinden. Daß auf Grund rein chemischer Erwägungen hierfür vor allem das Arginin in Betracht zu ziehen ist, haben wir bereits S. 155 erwähnt, doch sind die zur Feststellung dieser Vermutung ausgeführten Versuche nicht entscheidend gewesen. Thompson fand 73—96% des in den Tierkörper einverleibten Arginins als Harnstoff wieder. Van Hoogenhuyze und Verploegh; Rose, Dimmitt und Bartlett vermochten bei Eingabe von argininreichem Eiweißmaterial keine Zunahme des Harnkreatinins am Menschen zu erzielen. Ebensowenig konnte Jaffé das Harnkreatin des Kaninchens durch Injektion von Arginin erhöhen. Zu demselben Resultat gelangten Myers und Fine, welche durch Fütterung von Ratten mit argininreichem Edestin keinen höheren Gehalt des Muskelkreatins erzielten als bei Caseinfütterung. Auch bei Digestion von Muskelbrei mit Arginin und bei der Durchströmung des Hundemuskels mit dieser Aminosäure ließ sich keine Kreatininneubildung feststellen (Baumann und Marker). Demgegenüber steht die Beobachtung von Inouje, der bei der Durchströmung der Katzenleber mit Arginin eine geringe Kreatininzunahme fand. In neuester Zeit ist es auch Thompson gelungen, durch orale, namentlich aber durch parenterale Verabreichung von Arginin (in Dosen von ca. 2 g des Carbonats) an Vögeln (Enten), Kaninchen und Hunden eine deutliche Zunahme des Harn- und Muskelkreatinins nachzuweisen.

Bei Hunden betrug die Steigerung nach oraler Eingabe 10—18% des Gesamtkreatinins, bei Vögeln 22,6%. Nach subkutaner oder intravenöser Einführung war die Steigerung bei Hunden erheblich größer, unter fleischloser Kost durchschnittlich 22,5%, bei Vögeln etwas geringer. Wurde das Arginin in mehreren Perioden mit Einschaltung von Pausen verabreicht, so trat bei Zufuhr in der Nahrung bei Hunden und Vögeln eine Abnahme oder selbst Umkehrung der Wirkung ein, bei parenteraler Zufuhr bei Vögeln keine Änderung der Wirkung, bei Hunden in einem Falle Steigerung, in einem anderen Falle Abnahme. Der Kreatingehalt des Kaninchenmuskels wurde durch intravenöse Injektion des Arginins um 8—25, durchschnittlich 14,5% des in dieser Form injizierten Guanidins gesteigert. Die Verteilung des eingeführten Argininstickstoffs im Harn der Hunde bei Fütterung (a) und subkutaner Einführung (b) gestaltet sich im Durchschnitt wie folgt:

	Gesamt-Stickstoff	Harnstoff-N	Ammoniak-N	Aminosäure-N	N als Gesamtkreatinin
a)	56,5 %	34,7 %	13,7 %	2,22 %	3,47 %
b)	67,87 %	35,4 %	4,05 %	4,7 %	4,12 %

Wird mit dem Arginin gleichzeitig eine methylabspaltende Verbindung, wie Methylcitrat subkutan injiziert, so wird ein beträchtlich größerer Anteil des im Arginin enthaltenen Guanidins in Form von Kreatin ausgeschieden (7% gegen 4,5%). Noch beträchtlicher ist diese Steigerung bei gleichzeitiger Verabreichung von Paraformaldehyd oder Hexamethylentetramin, was vermuten läßt, daß diese Substanzen die Methylierung des zur Guanidinbuttersäure und Guanidinessigsäure oxydierten Arginins begünstigen. Methylguanidinocapronsäure und Methylguanidinobuttersäure, welche hierbei als Zwischenprodukte in Betracht kommen, liefern aber nach oraler und subkutaner Verabreichung beim Hund kein Kreatin (Thomas und Goerne), ebensowenig Methylarginin $H_2N \cdot C(:NH) \cdot N(CH_3) \cdot CH_2 \cdot CH_2 \cdot CH_2 \cdot CH(NH_2) \cdot COOH$ (Thomas und Mitarbeiter).

Vielleicht erklären sich diese, zum Teil widersprechenden Feststellungen über die Beziehungen des Arginins zur Kreatinbildung am besten durch die S. 156 gemachte Annahme, wonach nur derjenige Teil des Arginins Kreatin zu liefern vermag, welcher in der Leber nicht durch die Arginase in Harnstoff und Ornithin zerlegt wird. Es ist begreiflich, daß dieser Anteil bei exogen zugeführtem Eiweißmaterial geringer ist als bei endogenem Eiweißzerfall und unter Umständen sogar Null sein kann. Andererseits sind verschiedene endogene Ursachen denkbar, welche bedingen, daß das Arginin vor der Einwirkung der Arginase geschützt wird und einem oxydativen Abbau anheimfällt, welcher die Guanidingruppe intakt läßt. Eine solche erblicken Groß und Steenbock namentlich in der Schilddrüsenfunktion, indem sie in Versuchen an Schweinen zeigen konnten, daß durch Verfütterung von Schilddrüsenpräparaten die Kreatinbildung angeregt wird, insbesondere wenn gleichzeitig durch exogene Eiweißzufuhr (Casein) das Bildungsmaterial für das Kreatin geliefert wird.

Auf eine enge Beziehung des Kreatinstoffwechsels zur Schilddrüsenfunktion weisen auch die Versuche von Iseke, der bei myxödematösen Kindern die Kreatinausscheidung vermindert fand, während sie bei Hyperthyreosen und nach Verabreichung von Schilddrüsenpräparaten erheblich gesteigert war. Thyreoidektomierte Kaninchen, bei denen die Kreatininausscheidung gegenüber der normalen wenig verändert erscheint, scheiden nach Einnahme von Schilddrüsenpräparaten ebenfalls merklich mehr Kreatinin aus (Schenck).

Für eine Bildung von Kreatinin aus Arginin spricht auch die Feststellung, daß Guanidinoessigsäure (Glykocyamin), welche als Zwischenprodukt bei dieser Umwandlung entstehen müßte, am Kaninchen regelmäßig eine Zunahme des Harnkreatinins hervorruft (Jaffé; Dorner). Versuche, bei denen 5—12 g Glykocyamin subkutan oder per os einverleibt wurden, ergaben ausnahmslos ein positives Resultat, in dem wechselnde Mengen 5—12% der einverleibten Guanidosäure im Harn als Kreatinin wieder erschienen. Auch Palladin und Wallenburger konnten nach Injektion von Glykocyamin im Kaninchenmuskel eine Kreatinzunahme von 21,5—33,6% beobachten, während Beimengungen von Glykocyamin zu Muskelbrei keine Kreatinbildung bewirkten (vgl. dagegen Baumann und Hines). Methylguanidin, das als letzter Ausläufer des oxydativen Argininabbaues wiederholt aus Harn isoliert worden ist, scheint dagegen keinen Einfluß auf die Kreatininbildung auszuüben (Dorner).

Guanidincarbonat bewirkt bei oraler Verabreichung eher eine Herabsetzung des Gesamtkreatinins (Thompson). Die nach subkutaner Eingabe des Guanidinsalzes an Hunden und Enten beobachtete Zunahme, die 10,8 bezw. 5% des verbrauchten Guanidins entsprach und bei gleichzeitiger Paraformaldehydverabreichung noch bedeutend höher war, wurde wahrscheinlich indirekt durch eine Störung des N-Stoffwechsels hervorgerufen. Nach Injektion von Guanidinsulfat oder -carbonat fand sich in der Muskulatur von Hunden, Katzen, Hühnern und Fröschen eine geringe, mit der Größe der Guanidingabe wechselnde Zunahme des Kreatingehaltes (Wishart).

Eine eigenartige Hypothese für die Kreatinbildung stellte Rießer auf. Gestützt auf die Beobachtung, daß Cholin im Organismus einer Entmethylierung anheimfällt (S. 69), nahm er an, daß diese Base eine Muttersubstanz für Sarkosin darstellt, welches durch Anlagerung von Cyanamid in Kreatin überzugehen vermag. Auch Betain müßte nach dieser Anschauung partiell entmethyliert werden und in Kreatin bezw. Kreatinin übergehen (vgl. auch S. 255). Die zur Stütze dieser Annahme ausgeführten Tierexperimente sprechen in der Tat für das Bestehen derartiger Beziehungen. Der Kreatingehalt der Kaninchenmuskeln, der unter normalen Bedingungen stets bei 0,52% liegt, stieg nach Injektion von 2—2,5 g Cholin auf 0,56—0,6%. 5—12 g Betainchlorid ergab in 5 Versuchen jedesmal eine Vermehrung auf 0,56—0,58%, entsprechend einer Gesamtzunahme an Kreatin von mindestens 0,14—0,55 g. Gleichzeitig mit diesem Ansteigen der Kreatinwerte des Muskels findet eine gesteigerte Kreatininausscheidung und eine geringe Kreatinurie statt. Injiziert man jedoch

Betain oder Cholin gleichzeitig mit Arginin, so ist die Kreatinausscheidung nicht höher als bei der Injektion von Arginin allein (Thompson). Die Erhöhung des Muskelkreatins nach Cholininjektionen, die auch von Shanks bestätigt werden konnte, kann möglicherweise auch eine indirekte Folge der durch das Cholin hervorgerufenen parasympathischen Reizung sein (Schenck).

Sarkosin + Harnstoff, welche bei der Entstehung des Kreatins nach Rießer möglicherweise als Zwischenprodukte auftreten, bedingen weder mit Muskelbrei noch bei der Durchströmung überlebender Muskel eine Kreatinbildung (Baumann und Hines; Baumann und Marker). Auch in der überlebenden Leber vereinigen sich diese beiden Substanzen nicht unter Kreatinbildung (Fujinami). Dagegen bewirkt α-Methylguanidoglyoxylsäure $H_2N \cdot C(NH) \cdot N(CH_3) \cdot CO \cdot COOH$, welche sich bei Oxydation von Kreatin und Kreatinin bildet (vgl. S. 187), beim Hund eine Zunahme der Kreatinausscheidung (Baumann und Ingvaldsen).

Da Kreatinin auch als Imidazolderivat aufgefaßt werden kann (vgl. weiter unten), hat man genetische Beziehungen zu den Purinderivaten und dem Histidin für möglich gehalten (Steudel und Freise). Die an Hunden nach intravenöser Injektion von hefenucleinsaurem Na und von Histidin ausgeführten Bestimmungen des Harnkreatinins ergaben jedoch keine Anhaltspunkte für diese Hypothese.

Das Kreatinin, das bis vor kurzem als ausschließlich tierisches Stoffwechselprodukt angesehen wurde, ist nach den Untersuchungen von Sullivan, auch im Pflanzenreich sehr verbreitet, es findet sich in Weizenkeimen, Weizenpflanzen, Weizenkleie, Roggen, Klee, Luzerne, Cowpea (Erbsenart, Vigna sinensis) und Kartoffeln. Als Ausscheidungsprodukt der Pflanzen gelangt es in den Ackerboden. Es läßt sich sowohl in bebauten, als in unbebauten Erden nachweisen. Zu Ende der Vegetationsperiode ist es darin reichlicher vorhanden als am Anfang, woraus folgt, daß die Kreatininbildung mit dem Wachstum der Pflanzen im Zuzammenhang steht. Man kann es auch im Wasser, in welchem Weizenkeimlinge gezogen werden, nachweisen. Das Kreatinin läßt sich den Böden mit Wasser oder Alkohol entziehen (durch letzteren nur zum Teil) und in Form seiner charakteristischen Salze isolieren (Shorey; Lathrop).

Die Synthese des Kreatins gelingt durch Anlagerung von Cyanamid an Sarkosin in wäßriger oder alkoholischer Lösung (Volhard; Strecker)

$$\underset{\text{Sarkosin}}{CH_3 \cdot NH \cdot CH_2 \cdot COOH} + \underset{\text{Cyanamid}}{CN \cdot NH_2} = \underset{\text{Kreatin}}{H_2N \cdot C(:NH) \cdot N(CH_3) \cdot CH_2 \cdot CO_2H}$$

Zur Darstellung des Kreatins kann man bequem vom Fleischextrakt (vgl. S. 159) ausgehen. Die Isolierung des Kreatinins aus Harn erreicht man am besten durch Darstellung des schwer löslichen Pikrats, das zur Reinigung noch in das Zinkchloriddoppelsalz übergeführt wird (Folin; Benedict; Viquerat). Unter der Einwirkung schwacher Alkalien (Magnesia, Calciumoxyd) geht dann das Kreatinin in Kreatin über.

Das Kreatinin ist das Monomethylderivat eines heterocyclischen Ringsystems, das als Glykocyamidin (I) bezeichnet wird. Das Glykocyamidin, das analog dem Kreatinin aus Kreatin, aus der Guanidinessigsäure durch Anhydridbildung entsteht, ist seinerseits das Derivat eines hydrierten Imidazols (II) und demgemäß als 2-Imido-3, 4-Dihydro-5-Ketoimidazol aufzufassen

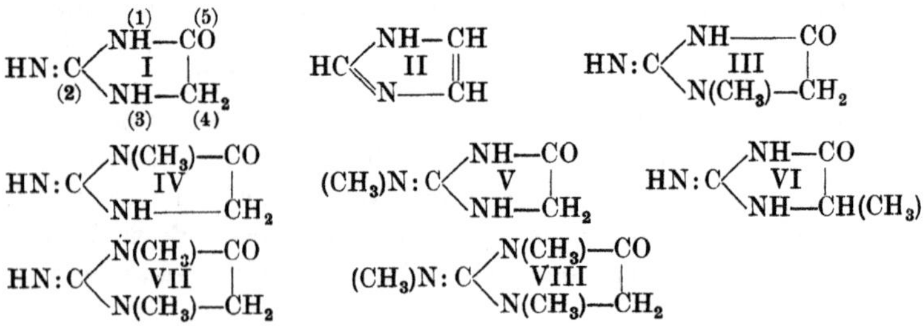

Isomere des Kreatinins entstehen, wenn die Methylgruppe statt in 3-Stellung (III), in 1-, 2- oder 4-Stellung des Glykocyamidinrings eintritt. Ihnen liegen also Verbindungen entsprechend den Formeln IV, V und VI zugrunde.

In der Natur ist außer dem 3-Methylglykocyamidin, d. h. dem Kreatinin kein weiteres Isomere aufgefunden worden, wiewohl wiederholt Behauptungen auftauchten, wonach die Kreatinine verschiedener Herkunft (Harn-, Muskel- und synthetisches Kreatinin) nicht ganz identisch seien. Durch die Arbeit von Toppelius und Pommerehne, sowie von Wörner ist diese Ansicht endgültig widerlegt worden. Auch das von Thesen aus frischem und getrocknetem Dorsch gewonnene Isokreatinin ist wahrscheinlich ein durch geringe Beimengungen verunreinigtes Kreatinin. Hingegen ist man auf synthetischem Wege zu Kreatininen der Formeln VII und VIII gelangt (Schmidt; Korndörfer; Johnson und Nicolet). Das Anhydrid der Guanidinoessigsäure, das Glykocyamidin, ist von Griffiths im Harn von Masernkranken aufgefunden worden, doch ist seine Identität mit dieser Verbindung kaum bewiesen. Ebenso zweifelhaft ist die Übereinstimmung einer von demselben Autor aus einem anderen pathologischen Harn (bei Parotitis) dargestellten Base $C_6H_{13}N_3O_2$ mit Propylglykocyamin $H_2N \cdot C(:NH) \cdot N(C_3H_7) \cdot CH_2 \cdot CO_2H$.

Guanidin, Methylguanidin und Agmatin.

Beim oxydativen und hydrolytischen Abbau der in der Natur vorkommenden und in den vorstehenden Kapiteln beschriebenen Guanidinderivate entstehen in letzter Linie Guanidin und Methylguanidin. Ob dem Auftreten dieser beiden Basen stets eine oxydative Hydrolyse zugrunde liegt, ist allerdings nicht entschieden. Es scheint jedoch für das Methylguanidin sehr wahrscheinlich.

Wenn man das Guanidin mit der symmetrischen Formel $C\begin{cases} NH_2 \ (1) \\ NH \ (3) \\ NH_2 \ (2) \end{cases}$ schreibt und die einzelnen Stickstoffatome wie in obenstehender Formel numeriert, so müssen sich zwei verschiedene Monomethylguanidine, das 1-Methylguanidin bezw. 2-Methylguanidin $C\begin{cases} NH \cdot CH_3 \\ NH \\ NH_2 \end{cases}$ und das 3-Methylguanidin $C\begin{cases} NH_2 \\ N(CH_3) \\ NH_2 \end{cases}$ unterscheiden lassen. Das in der Natur auftretende Methylguanidin ist mit 1-Methylguanidin identisch. Verschiedene Versuche, das 3-Methylguanidin auf synthetischem Wege darzustellen, sind erfolglos geblieben (Schenck). In allen Fällen, wo sich nach dem Gang der Synthese das 3-Methylguanidin hätte bilden sollen, konnte nur das 1-Methylguanidin isoliert werden, so daß man annehmen muß, daß das 3-Methylguanidin unter gewöhnlichen Verhältnissen nicht beständig ist und sich stets in die 1-Verbindung umlagert.

Mit dem Verfahren von Kossel und Kutscher wurden aus 30 Liter Frauenharn 0,07 g Methylguanidinpikrolonat erhalten, aus dem Harn vegetarisch ernährter Menschen 0,347 g, 0,122 g aus 11 Liter Hundeharn, 0,533 g aus 10 Liter Pferdeharn (Kutscher und Lohmann; Achelis). Im Typhusharn finden sich 0,06% Methylguanidin (Ewins), 0,0125% im Paralytikerharn (Allers). Heyde wies Methylguanidin im Harn verbrühter Tiere nach und führte dessen Vorkommen auf die mangelhafte Oxydation des zerfallenden Gewebsmaterials zurück. Mit dem S. 25 beschriebenen Verfahren isolierte Engeland aus 28 Liter Frauenharn 2,1 g Methylguanidinchloraurat. Die im Fleischextrakt aufgefundene Menge von Methylguanidin beträgt 0,4—0,9% (Krimberg; Gulewitsch; Engeland), im Ochsenfleisch 0,058%, im Schaffleisch 0,028%, im Pferdefleisch 0,47% (Smorodinzew). Auch in der Leber ist Methylguanidin nachgewiesen worden, ferner im Kabeljau (Yoshimura und Kanai) und unter den Extraktivstoffen des Riesensalamanders Cryptobranchus japonicus (Reuter). Asymmetrisches 1,1-Dimethylguanidin $\frac{CH_3}{CH_3}\!\!>\!N\cdot C(:NH)\cdot NH_2$ ist im Harn ebenfalls nachgewiesen worden (Achelis; Engeland). Es entsteht voraussichtlich aus Kreatin durch Decarboxylierung $H_2N\cdot C:(NH)\cdot N(CH_3)\cdot CH_2\cdot COOH \rightarrow H_2N\cdot C(:NH)\cdot N(CH_3)_2$.

Die Angaben über das Vorkommen von Methylguanidin sind aber zweifelhaft geworden durch die Beobachtung, daß sich Kreatin leicht unter Abspaltung von Methylguanidin oxydiert. Diese oxydative Spaltung vollzieht sich sowohl bei Einwirkung von barytalkalischer Silbernitratlösung, das Reagenz, welches nach der Methode von Kossel und Kutscher zur Isolierung des Methylguanidins verwendet wird (Ewins), als auch nach dem Verfahren von Engeland, wo die Oxydation durch Quecksilberacetat herbeigeführt wird (Baumann und Ingvaldsen; Greenwald). Es bildet sich zuerst Methylguanidinoglyoxylsäure $H_2N\cdot C(:NH)\cdot N(CH_3)\cdot CO\cdot COOH$, welche dann leicht in Methylguanidin und Oxalsäure zerfällt.

Es besteht daher große Wahrscheinlichkeit, daß das im Harn und in den Muskeln aufgefundene Methylguanidin wenigstens zum Teil ein während der Isolierung entstandenes Kunstprodukt darstellt. Dasselbe gilt für das Methylguanidin, das Brieger aus faulem Pferdefleisch und aus Kulturen von Kommabacillen isolieren konnte.

Trotz dieser durch die Methodik gegebenen Unsicherheiten sind Anzeichen vorhanden, daß Methylguanidin bei den höheren Wirbeltieren als intermediäres Stoffwechselprodukt entsteht und unter pathologischen Verhältnissen im Harn zur Ausscheidung gelangt. Koch hat nämlich festgestellt, daß Hunde nach Exstirpation der Nebenschilddrüse beim Auftreten der typischen tetanieartigen Ausfallserscheinungen Methylguanidin und eine Reihe anderer Basen ausscheiden, die normalerweise im Harn nicht aufzutreten pflegen und von denen er symmetrisches und asymmetrisches Dimethylguanidin, Guanidin, Cholin, Neurin und Histamin zu isolieren vermochte. Diese Amine bedingen die typischen Vergiftungssymptome. Sie entstehen entweder auf enteralem oder parenteralem Wege und können infolge des Mangels der Nebenschilddrüsen nicht oder nur unvollständig in ungiftige Verbindungen verwandelt werden (Koch). Für einen abnormen

Zerfall guanidinhaltiger Komplexe spricht auch die Beobachtung, daß in den Muskeln parathyreopriver Hunde der Gehalt an Gesamtguanidin — Methylguanidin + Kreatin + Arginin — eine merkliche Abnahme erfährt (Henderson). Andererseits zeigen sich nach Injektion von Guanidinchlorhydrat Hypoglykämie, Steigerung des Harnammoniaks und Verminderung der Säureausscheidung, Symptome, welche charakteristisch sind für nebenschilddrüsenlose Tiere (Watanabe). Auf diese Beobachtung gründet sich die Theorie, daß die Tetania parathyreopriva mit einer Guanidin- bezw. Methylguanidinvergiftung im Zusammenhang steht. Auch Paton und Findlay fanden im Harn parathyreodektomierter Hunde eine deutliche Vermehrung des Methylguanidins, 1,1 mg pro Liter Harn gegenüber einem durchschnittlichen Normalwert von 0,25 mg. Im Harn zeigte sich ein Anstieg von 1,0 mg pro Liter auf 8,7 mg.

Da die Symptome bei der Spasmophylie der Säuglinge ähnlich sind wie die Erscheinungen nach Entfernung der Epithelkörperchen, lag es nahe, auch bei dieser Erkrankung die letzte Ursache in einer Guanidin- bezw. Methylguanidinvergiftung zu suchen. Eine Bestätigung für diese Annahme ergab sich in der vermehrten Ausscheidung von Methylguanidin im Harn der tetaniekranken Kinder, 0,38—0,58 gegenüber dem Normalwert von 0,12 mg Methylguanidin (Paton und Findlay), 305 mg im Harn, 17 mg im Kot = 6,7 mg pro kg Dimethylguanidin (Nattraß und Sharpe), 83—175 mg Dimethylguanidin im Tagesharn (Findlay und Sharpe). 0,070—0,080% Dimethylguanidin im Kot gegen Spuren bis 0,028%, 18 mg im Tageskot (Sharpe). Tatsächlich gelingt es auch durch Einverleibung von Dimethylguanidin an Katzen und Kaninchen einen Symptomenkomplex hervorzurufen, welcher demjenigen der Spasmophylie junger Kinder völlig gleicht (Frank, Stern und Nothmann). Guanidin und Methylguanidin verhalten sich analog, die Erscheinungen treten jedoch nicht mit derselben Intensität und nicht mit der gleichen Regelmäßigkeit ein. Sie fehlen vollständig nach Verabreichung von Diäthylguanidin $(C_2H_5)_2 \cdot N \cdot C(:NH) \cdot NH_2$.

Aus diesen Tatsachen wird die Hypothese abgeleitet, daß bei der tonischen Dauererregung im Plasma des Skelettmuskels durch Decarboxylierung des Kreatins Dimethylguanidin gebildet wird. Dieses gewährleistet die dauernde reibungslose Aufrechterhaltung des physiologischen Tonus und setzt auch andere Punkte des peripheren und zentralen Nervensystems in einen erregten Zustand. Die Epithelkörperchen wären dann mit der Aufgabe betraut, zu verhüten, daß an diesen einzelnen Stationen zu viel Dimethylguanidin entsteht, d. h. so viel Dimethylguanidin, daß das betreffende Zentrum, aus der Harmonie des Ganzen sich loslösend, seine Eigentätigkeit in unerwünschter, etwa als Krampf imponierender Weise gestaltet. Durch die Fixation des Guanidins werden Kalziumsalze aus dem Plasma verdrängt, wodurch sich erklärt, daß bei Verabreichung von Kalziumsalzen die Symptome der Guanidinvergiftung sowie der Tetanie beseitigt werden. Damit wäre eine Brücke geschlagen zwischen der Auffassung der Guanidinvergiftungen als spezifisches Tetaniegift und der Auffassung, welche in einer Minderung des Kalziumgehaltes der Säfte und Organe bezw. einer Alkalosis das wesentliche Merkmal der Tetanie erblickt (Frank, Stern und Nothmann. György und Vollmer. Nelken).

In dem nach Injektionen von Guanidinsalzen auftretenden Vergiftungsbilde hat Fuchs auch Analogien zu den Krankheitserscheinungen bei Chorea und epidemischer Encephalitis gefunden. Seine Ansicht, daß bei diesen Krankheiten Methylguanidin durch pathogene Bakterien aus dem Muskelkreatin gebildet wird, entbehrt jedoch einer sicheren experimentellen Grundlage.

Guanidin ist in Naturprodukten bisher nur in vereinzelten Fällen nachgewiesen worden. Schulze entdeckte es in Keimlingen von Vicia sativa, deren Gehalt ca. 0,23% des Trockengewichtes beträgt. v. Lippmann wies es als Bestandteil der Rübenmelasse nach, Winterstein und Wünsche fanden es in Maiskeimen, doch scheint Guanidin im pflanzlichen Material nur ausnahmsweise aufzutreten. In den etiolierten Keimlingen von Lupinus albus, Soja hispida, Pisum sativum und Cucurbita Pepo konnte es nicht festgestellt werden (Schulze). Im Emmentaler Käse hat es Winterstein nachgewiesen, im Pankreasautolysat Kutscher und Otori.

Wenn man eine artifizielle Bildung des Guanidins ausschließt, so liegt es nahe, für dessen Entstehung eine oxydative Hydrolyse von Substanzen anzunehmen, welche den Guanidinkomplex vorgebildet enthalten. Hierbei ist vor allem das Arginin ins Auge zu fassen, welches die δ-Guanidingruppe beim oxydativen Abbau nahezu quantitativ abspaltet (vgl. S. 191). Bei der hydrolytischen Loslösung der Guanidinogruppe aus dem Arginin würde in erster Linie δ-Oxy-α-aminovaleriansäure entstehen:

$$\underset{\text{Arginin}}{H_2N\cdot C(:NH)\cdot NH\cdot CH_2\cdot CH_2\cdot CH_2\cdot CH(NH_2)\cdot CO_2H} \xrightarrow{H_2O} \underset{\text{Guanidin}}{H_2N\cdot C(:NH)\cdot NH_2} + \underset{\delta\text{-Oxy-}\alpha\text{-aminovaleriansäure}}{HO\cdot CH_2\cdot CH_2\cdot CH_2\cdot CH(NH_2)\cdot CO_2H}$$

Die gebildete Oxyaminovaleriansäure könnte unter Ringschluß Prolin liefern. Allerdings ist eine derartige Hydrolyse des Arginins weder in vitro noch in vivo beobachtet worden. Die Arginase (vgl. S. 155), spaltet das Arginin, ähnlich wie alkalische Agenzien, unter Bildung von Harnstoff und Ornithin. Es wäre denkbar, daß bei der Zerlegung des Guanidinkomplexes durch die Arginase primär Cyanamid abgespalten würde, welches sich unter Anlagerung von Wasser in Harnstoff verwandelt. Wenn aber unter geeigneten Bedingungen eine Anlagerung von Ammoniak stattfindet, würde daraus Guanidin entstehen (vgl. S. 16).

Auch an eine synthetische Bildung des Guanidins aus Kohlensäure und Ammoniak bezw. aus Harnstoff und Ammoniak kann gedacht werden. Schließlich sei noch auf die Möglichkeit einer Entstehung des Guanidins aus Purinderivaten hingewiesen. Guanin

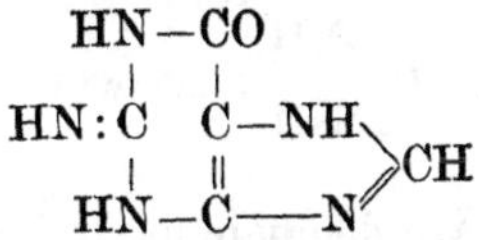

enthält in seinem Molekül die Guanidingruppe ebenfalls vorgebildet, durch Oxydation mit Kaliumchlorat wird sie abgespalten (Strecker), ein Vorgang, der 1861 zur Entdeckung und Benennung des Guanidins führte.

Auch bei der Oxydation mit Permanganat (Kutscher und Schenck; Seemann; Zickgraf; Kutscher und Seemann) kann aus Guanin Guanidin gebildet werden. Dieselbe Spaltung des Guanins haben Ulpiani und Cingolani mittels Bakterien bewerkstelligt. Bei der Oxydation eines auf synthetischem Wege gewonnenen methylierten Guanins, 1.7-Dimethyl-2-amino-6-oxypurin, mittels Chlor bildet sich in analoger Weise Methylguanidin (E. Fischer).

Außer dem Methyl- und dem Dimethylguanidin hat in neuerer Zeit ein substituiertes Alkylguanidin Beachtung gefunden, welches zum Arginin in viel unmittelbarerer Beziehung steht als diese beiden Basen. Diese von Kossel in Heringstestikeln aufgefundene Base ist als Aminobutylguanidin $H_2N \cdot CH_2 \cdot CH_2 \cdot CH_2 \cdot CH_2 \cdot NH \cdot C(:NH) \cdot NH_2$ erkannt worden. Ihre Darstellung aus Heringssperma, welches mit verdünnter Schwefelsäure unter Druck hydrolysiert worden war, läßt es unentschieden, ob sie in dem Ausgangsmaterial vorgebildet oder erst bei der Verarbeitung entstanden ist. Engeland und Kutscher isolierten dieselbe Base aus Mutterkornextrakt, wo sie offenbar ein Stoffwechselprodukt des Pilzes darstellt. Auf ihr Vorkommen im Emmentalerkäse wies Winterstein. Noch nicht sichergestellt ist jedoch die Identität eines von Koch aus dem Harn parathyreoidektomierter Tiere isolierten Pikrolonats, das als das Salz des Agmatins angesprochen wurde.

Das Agmatin wurde synthetisch bei mehrtägigem Stehen von äquimolekularen Mengen Tetramethylendiaminchlorhydrat und Cyanamidsilber im CO_2-Strom dargestellt (Kossel; Kiesel). Zu seiner Isolierung fällt man es am besten mit barytalkalischer Silbernitratlösung und verwandelt die schwer lösliche Silberverbindung nach Entfernung des überschüssigen Baryts und Silbers in das Carbonat oder Sulfat des Agmatins.

Aus Fleischextrakt, sowie aus Harn hat Kutscher eine Base $C_5H_{14}N_6$ isoliert, die er Vitiatin nannte, und der er folgende Konstitution zuschrieb:

$$\begin{matrix} NH \\ NH_2 \end{matrix}\!\!>\!C\cdot \underset{\displaystyle CH_3}{\underset{|}{N}}\cdot CH_2\cdot CH_2\cdot NH\cdot C\!\!<\!\!\begin{matrix} NH \\ NH_2 \end{matrix},$$

sie würde also das Diguanid des monomethylierten Äthylendiamins $H_2N\cdot CH_2\cdot CH_2\cdot NH\cdot CH_3$ darstellen. Auch Engeland hat aus Harn und Muskelextrakt eine Substanz von den Eigenschaften des Vitiatins isolieren können. Ob dieser Körper einheitlich ist und ob er die zugeschriebene Konstitution besitzt, kann nur auf synthetischem Wege entschieden werden (Johnson und Bailey).

Eine Guanidinbase ist möglicherweise auch das von Ackermann aus gefaulter Pankreas isolierte Marcitin $C_8H_{19}N_3$. Es gelangt in die Lysin-Betainfraktion, aus der man es nach Abtrennung der Diamine mit alkoholischer Sublimatlösung abscheidet. Von anderen in diese Fällung eingehenden Basen trennt man es durch alkoholische Kadmiumchloridlösung, mit welcher es eine schwer lösliche Verbindung gibt. Das Goldsalz schmilzt zwischen 175° und 178° unter Aufschäumen[1]).

---

[1]) Nach einer Privatmitteilung von Prof. Barger gehört zu den Guanidinverbindungen auch das S. 246 als Pyrrolidinderivat beschriebene Galegin $C_6H_{13}N_3$. Nach noch nicht veröffentlichten Versuchen besitzt dieses die Formel $H_2N\cdot(:NH)\cdot NH\cdot C_5H_9$ und ist wahrscheinlich Isoamylenguanidin $H_2N\cdot C(:NH)\cdot NH\cdot CH_2\cdot CH:C(CH_3)_2$. Es reduziert $KMnO_4$ in verdünnter H_2SO_4 sofort und nimmt mit Pd in Wasserstoffatmosphären 2 Atome H auf, wobei es permanganatbeständig wird. Durch Hydrolyse des Dihydrogalegins mit Baryt entsteht ein primäres Isoamylamin, durch Oxydation des Galegins mit $BaMn_2O_8$ Glycocyamin $H_2N\cdot C(:NH)\cdot NH\cdot CH_2\cdot COOH$ und Aceton.

Biochemisches und pharmakologisches Verhalten der Guanidinbasen.

Über das biochemische Verhalten des Kreatins und Kreatinins ist schon S. 167 u. ff. eingehend berichtet worden. Trotz seiner Labilität gegenüber Alkalien scheint das Guanidin für die Fermente der lebenden Zelle sehr wenig angreifbar. Gegen Arginase, sowohl tierischen wie pflanzlichen Ursprungs erweist sich Guanidin als beständig (Kossel und Dakin; Kiesel; Dakin). Auch die Urease vermag Guanidin nicht in Harnstoff zu verwandeln. Diese Fähigkeit ist bis jetzt nur in bestimmten Bakterienarten nachgewiesen worden (Ackermann), sowie in einer Reihe verschiedener Schimmelpilze, welche Guanidinsalze als Stickstoffquelle zu verwerten vermochten (Kossowicz). Als Düngemittel erwies sich Guanidinnitrat weniger vorteilhaft als Chilesalpeter, Dicyandiamid oder Harnstoffnitrat (Kappen).

Das biochemische Verhalten der Guanidinsalze im Tierkörper konnte wegen der großen Giftigkeit (vgl. unten) nur mit kleinen Mengen studiert werden. Nach subkutaner Injektion von 0,05 g pro kg wird vom Kaninchen ein Teil unverändert im Harn ausgeschieden (Pommerenig). In anderen Untersuchungen (Thompson; Wishart) bedingt die Guanidininjektion unter gewissen Umständen eine Zunahme des Muskel- und Harnkreatins (vgl. S. 172).

Die pharmakologische Wirkung der Guanidinsalze ist nach Fühner als Wirkung des einwertigen Guanidiniumions aufzufassen, welches physiologisch, chemisch und pharmakologisch das organische Analogon des Natriumions darstellt. Wie die Natriumsalze steigern Guanidinsalze die Leistungsfähigkeit des Muskels und wie diese erzeugen sie Neigung zur Kontraktur. Lösungen von Guanidinsalzen und Methylguanidinsalzen rufen bei Fröschen erst periphere Erregung, dann zentrale Lähmung hervor, auf welche dann auch noch periphere Lähmung folgt. Charakteristisch ist vor allem die durch periphere Erregung der Nervenendigungen hervorgerufene steigernde Muskelkontraktion. Bei einem noch nicht vollständig durch Guanidin gelähmten Frosche ist wie bei Curarevergiftung gesteigerte Erschöpfbarkeit der Nervenenden durch rhythmische elektrische Nervenreizung nachzuweisen. Nach Degeneration des Nervus ischiadicus reagiert der Gastrocnemius und Ischiadicus nicht mehr. Der Angriffsort der peripher erregenden

Guanidinwirkung ist darum das motorische, nach Nervendurchschneidung degenerierende Nervenende. Nach einiger Zeit kann die Guanidinreizung der Muskeln an den operierten Tieren wieder mehr oder weniger wirksam werden. Diese erneute Reaktionsfähigkeit ist entweder auf Nervenregeneration zurückzuführen, oder sie stellt eine pathologische Erscheinung des degenerierten Muskels dar (Fühner; Langley).

An den isolierten Froschmuskeln sind konzentrierte Lösungen von Guanidinsalzen viel weniger wirksam in der Hervorrufung der peripheren Zuckungen als die verdünnten Lösungen. Bei Verdünnungen der 1%igen Lösungen nehmen die Zuckungen zu und werden maximal bei 0,025 und 0,06%. Der lähmende, curareartige Effekt des Guanidins auf die Nervenendigungen erfolgt rascher in konzentrierten Lösungen. Durch Erwärmung werden die Zuckungen verstärkt, durch Abkühlung leicht abgeschwächt (Meighan, vgl. auch Grant). Die Guanidinzuckungen der Froschmuskeln lassen sich sowohl an isolierten Präparaten wie in situ durch Cocain und Novocain antagonistisch beeinflussen (Frank und Stern).

Das Froschherz wird durch Guanidinsulfat anfänglich beschleunigt, nachher erfolgt ausgesprochene Pulsverlangsamung (Putzey und Swaen). Die primäre Wirkung ist eine nicotinartige Wirkung auf die Synapse, sekundär wird durch größere Dosen eine atropinartige Lähmung der Terminalganglien herbeigeführt (Burns und Watson). An lebenden Hummern und Krabben rufen die Guanidinsalze wie bei den Wirbeltieren Zittern und Zucken der Muskeln hervor. Es handelt sich aber hier nur um eine Wirkung auf das zentrale Nervensystem, während die beim Frosch festgestellte Wirkung auf das periphere Nervenmuskelende fehlt (Sharpe). Die letale Dosis von Guanidin beträgt für Rana esculenta 16—20 mg. Methylguanidin ist etwas giftiger (Frank und Stern). Am Trendelenburgschen Froschgefäßapparat wirkt Guanidinchlorid schwach verengernd (Teschendorf).

An weißen Mäusen von ca. 15 g bewirkt subkutane Injektion von 0,004—0,005 g Guanidinchlorhydrat motorische Unruhe, Tremor und schließlich Exitus unter Dyspnoe. Kleinere Dosen sind anscheinend ohne Wirkung (Frank, Stern und Nothmann). Am Meerschweinchen 0,01—0,02 pro 100 g Tier Tremor, beschleunigte Atmung, gehäufte Darmentleerung und erhebliche Unruhe und Exitus nach scheinbarer Erholung innerhalb 24 Stunden. Die letale Dosis für das Kaninchen beträgt etwa 0,3—0,5 g pro kg, für Hunde 0,25 g pro kg, für die Katze 0,2—0,25 g. Das akute Vergiftungsbild ist namentlich bei letzterer Tierart besonders markant ausgeprägt. Bei der chronischen Verabreichung kleinerer Dosen läßt sich außer Apathie, Abmagerung und mäßigen Tremor an den Versuchstieren wenig Auffälliges bemerken. Der latente, pathologische Zustand enthüllt sich aber bei sekundären Eingriffen, insbesondere durch Einwirkung von Narcoticis und Alkaloiden, sowie unter dem Einfluß des galvanischen Stroms. Die guanidinvergifteten Tiere sind gegen Äther sehr empfindlich und sterben leicht an Atemstillstand, erholen sie sich aus der Narkose, so treten intensive Krämpfe auf. Charakteristisch ist vor allem die galvanische Übererregbarkeit der peripheren Nerven, die bereits $^1/_2$ Stunde nach der subkutanen Injektion sehr stark ausgeprägt ist. Die Erniedrigung des Schwellenwertes betrifft alle Zuckungen, bevorzugt aber die Öffnungszuckungen ganz unverhältnismäßig. Es sind also gerade diejenigen Symptome ausgeprägt, welche für die experimentelle und die spontane Tetanie typisch sind. Auch bestimmte Gifte vermögen die latente Übererregbarkeit deutlich zum Ausdruck zu bringen, welche durch die Guanidinvergiftung an den peripheren Synapsen und an den nervösen Zentren hervorgerufen wird. Pikrotoxin, Acetylcholin und Physostigmin bewirken in viel kleineren Dosen die ihnen eigentümlichen Reizerscheinungen und Vergiftungssymptome. Die Wirkung des Adrenalins auf den Blutdruck der Katze wird durch vorhergehende Injektion von 0,01 g Guanidinchlorhydrat verlängert und erhöht. Ebenso die Adrenalinempfindlichkeit des Froschmuskels und des Meerschweinchenuterus durch Vorbehandlung mit 0,2%iger Lösung (Burns und Watson). Auch der Synergismus zwischen Bariumchlorid und Guanidinsalzen auf den Skelettmuskel des Frosches kann auf eine periphere Erregbarkeitssteigerung zurückgeführt werden (Fühner).

Bei Methyl- und Dimethylguanidin beträgt die akut toxische Dosis bei Katzen von 1—2 kg 0,1—0,2 g, bei Ratten von 100—150 g 0,015—0,030 g (Klinger). Frank, Stern und Nothmann fanden das Dimethylguanidin etwa 8mal so giftig als das Guanidin. Das von ihm verursachte akute und latente Vergiftungsbild gleicht noch ausgesprochener der Spasmophylie als die Vergiftung durch die nicht methylierte Verbindung. Ein Unterschied zwischen parathyreopriven Tieren und guanidinvergifteten liegt in dem Verhalten gegenüber Calciumsalze, welche bei ersteren eine sofortige Erholung herbeiführen, bei letzteren ohne Wirkung bleiben (Klinger, Watanabe). Während sich andererseits die Hypoglykämie, die Herabsetzung des Calcium-, die Erhöhung des Phosphatgehaltes und die gesteigerte Acidosis des Blutes die vermehrte NH_3-Ausscheidung und verminderte Acidosis des Harns bei beiden Zuständen in gleicher Weise zeigen (Watanabe). Auch die bei experimenteller Therapie durch Vaguslähmung verursachte Tachykardie wird an Hunden, Katzen und Kaninchen durch Injektionen von 0,15—1,2 g Guanidinchlorhydrat hervorgerufen und läßt sich ebenfalls durch Calciumlactat aufheben (Burns und Watson).

Auch die Anaphylaxie hat man mit dem Auftreten von Methylguanidin in Zusammenhang gebracht (Heyde). Von den typischen anaphylaktischen Vergiftungserscheinungen, dem Bronchialkrampf, ausgebreitetes, vesikuläres Lungenemphysem, langsames Absterben der Herztätigkeit, das shockartige Sistieren der Atmung — wie sie bei anaphylaktischen Meerschweinchen fast immer auftreten, fehlen die meisten nach Methylguanidininjektion (Loewit).

Es zeigt sich nach intravenöser Eingabe von 0,015 g Methylguanidin ein langsamer aber intensiver Blutdruckanstieg mit gleichzeitiger Verstärkung der Einzelkontraktionen des Herzens und endlich Herzarythmie, während die Atemexkursionen eine allmähliche Abschwächung erfahren. Nach einer weiteren langsamen Injektion von 0,03 g ist die Herztätigkeit unverändert, die Atmung immer langsamer aber regelmäßig. Eine abermalige Injektion von 0,035 g führt eine starke Blutdrucksenkung herbei, die sich später wieder fast ausgleicht, während die Atmung immer seltener wird und schließlich unter zunehmender Verkleinerung bei immer noch hohem Blutdruck erlischt.

Die Wirkung des Methylguanidin kann deshalb nicht von Bedeutung für den anaphylaktischen Shock sein, vgl. hierzu auch Rosenow.

Agmatin ist nur schwach wirksam, Blutdruck und Atmung des Kaninchens werden vorübergehend beeinflußt. Auf den überlebenden Uterus ist das Dichlorid in einer Konzentration von 1:2500 ohne Wirkung (Engeland und Kutscher). Verschiedene arginasehaltige Pflanzenpräparate vermochten aus Agmatin keinen Harnstoff abzuspalten (Kiesel), ebensowenig aus dem Tetramethylendiguanid $H_2N \cdot C(:NH) \cdot NH \cdot CH_2 \cdot CH_2 \cdot CH_2 \cdot CH_2 \cdot NH \cdot$

$C(:NH)\cdot NH_2$, nur die Arginase aus Aspergillus niger bewirkt eine Abspaltung des Guanidinrestes.

Bei einer vergleichenden toxikologischen Prüfung von Guanidin, Amidoguanidin $H_2N\cdot HN\cdot C(:NH)\cdot NH_2$, Diamidoguanidin $H_2N\cdot NH\cdot C(:NH)\cdot NH\cdot NH_2$, Triamidoguanidin $H_2N\cdot NH\cdot C(:N\cdot NH_2)\cdot NH\cdot NH_2$ an Fröschen und Säugetieren zeigte sich, daß die Giftigkeit der Verbindungen mit dem Grade der Amidierung abnimmt (Garino).

Noch unklar ist die neutralisierende Wirkung, welche gewisse Guanidinderivate auf die sogenannten Ermüdungstoxine (Kenotoxine) auszuüben vermögen. In den an Mäusen ausgeführten Versuchen erwiesen sich namentlich Kreatin, Dioxymethylenkreatinin 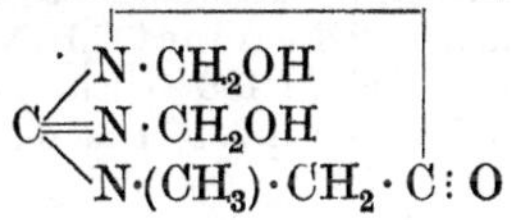, Methylguanidin und Biguanid 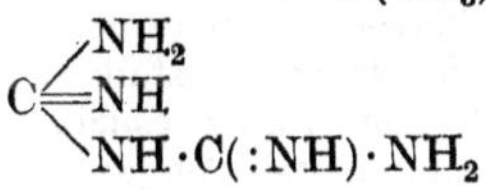 als wirksam, weniger ausgesprochen war die Wirkung bei Amidoguanidin 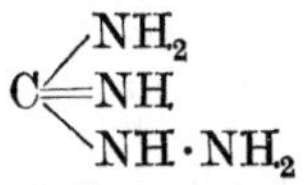 und Biuret $H_2N\cdot CO\cdot NH\cdot CO\cdot NH_2$ (Weichardt und Schwenk).

Eigenschaften und Salze, Nachweis und Bestimmung von Guanidinderivaten.

Guanidin $H_2N\cdot C(:NH)\cdot NH_2$, als Ausgangspunkt für die Darstellung von Guanidin verwendet man den leicht zugänglichen Kalkstickstoff. CaC_2N_2, das Calciumsalz des Cyanamids $CN\cdot NH_2$, aus welchem man nach verschiedenen Verfahren zu Guanidinsalzen gelangen kann (vgl. hierüber z. B. Levene und Senior; Werner und Bell; Ewan und Young; Markwald und Struwe; Blair und Braham). Krystallinische, zerfließliche Masse, zieht aus der Luft CO_2 an, in wäßriger Lösung als Guanidiniumhydroxyd $H_2N\cdot C(:NH)\cdot NH_3OH$ enthalten. Löslich in Alkohol, unlöslich in Äther, zerfällt beim Kochen mit Barytwasser in Ammoniak und Harnstoff.

Chlorhydrat $CH_5N_3\cdot HCl$, zerfließliche Krystalle, löslich in Alkohol. — Sulfat und Carbonat sind unlöslich in Alkohol. — Pikrat, sehr wenig löslich in Wasser, schwärzt sich bei 280° und zersetzt sich bei 311—315° unter Aufschäumen. — Pikrolonat $CH_5N_3\cdot C_{10}H_8N_4O_5$, kleine Drusen, feine Nädelchen, Zersetzung unter Aufschäumen bei 272—274°, löslich in Alkohol. — Phosphorwolframat $(CH_5N_3)_3\cdot H_3PO_4\cdot 12WO_3$, sehr wenig löslich in Wasser, leicht löslich in Aceton (Drummond). — Chloroplatinat, gelbe Nadeln oder Säulen, leicht löslich in Wasser, sehr wenig löslich in absolutem Alkohol. — Chloraurat, lange Nadeln, wenig löslich in Wasser, Schmelzpunkt 275—278°.

Methylguanidin $CH_3 \cdot HN \cdot C(:NH) \cdot NH_2$, Darstellung aus dem Alkylhalogenadditionsprodukt des Thioharnstoffs und Methylamin (vgl. Wheeler und Jamieson), oder einfacher aus Dicyandiamid und Methylaminchlorhydrat (Werner und Bell). Alkalische, zerfließliche Masse.

Chlorhydrat, derbe Prismen, wenig löslich in Alkohol. — Nitrat $C_2H_7N_3 \cdot HNO_3$, Drusen von kleinen und breiten Täfelchen, leicht löslich in heißem Wasser, wenig löslich in kaltem Wasser und absolutem Alkohol. Schmelzpunkt 155°. — Pikrat $C_2H_7N_3 \cdot C_6H_2(NO_2)_3OH$, aus Wasser in 2 Modifikationen, beide vom Schmelzpunkt 201,5°. Entweder in eigelben, vier-, seltener sechseckigen, langen, sehr schmalen Tafeln, die gewöhnlich nadelförmige Aggregate bilden und Pleiochroismus (lichtgelb und lichtgelblich-grün) zeigen, oder in orangefarbenen kürzeren, viereckigen Tafeln, die lichtgelb oder dunkelgelb erscheinen. — Pikrolonat $C_2H_7N_3 \cdot C_{10}H_8N_4O_5$, in Wasser wenig löslich, 0,06 Teile lösen sich in 100 Teilen. Schmelzpunkt unter Aufschäumen bei ca. 270°, nachdem es bei 225° eine olivgrüne Farbe angenommen hat, Zersetzungspunkt 291° (Wheeler und Jamieson). — Phosphorwolframat sehr wenig löslich in Wasser (Demjanowski, Drummond). — Chloroplatinat, orangerote, tafelförmige Krystalle vom Schmelzpunkt 194—195°. Bei 18—19° in 14,3 Teilen Wasser löslich. — Chloraurat $C_2H_7N_3 \cdot HCl \cdot AuCl_3$, rhombische Krystalle, die sich aus der konzentrierten Lösung erst ölig abscheiden. Schmelzpunkt 198—200°. Krystallisiert aus verdünnter HCl, in Wasser zersetzt es sich beim Erhitzen. Wenig löslich in Alkohol und Wasser.

Dimethylguanidin $(CH_3)_2N \cdot C(:NH) \cdot NH_2$, aus Isothioharnstoffmethylätherjodhydrat und Dimethylamin (Wheeler und Jamieson), aus Dicyandiamid und Dimethylaminchlorhydrat (Werner und Bell).

Pikrat $C_3H_9N_3 \cdot C_6H_3O_7N_3$, kleine, spitze, gelbe Prismen aus Wasser. Schmelzpunkt 224°. — Pikrolonat $C_3H_9N_3 \cdot C_{10}H_8O_5N_4$, kleine, flache, vierseitige Säulen, die sich unter Aufschäumen scharf bei 278° zersetzen. — Chloroplatinat $(C_3H_9N_3)_2H_2PtCl_6$, Nadeln vom Zersetzungspunkt 226°. — Chloraurat $C_3H_9N_3 \cdot HAuCl_4$, bei langsamer Abscheidung große, gelbe Tafeln, bei raschem Auskrystallisieren glänzende, schuppenförmige Plättchen, aus heißer konzentrierter Salzsäure. Schmelzpunkt 144°, zersetzt sich bei ca. 150°.

Agmatin = Aminobutylguanidin $H_2N \cdot CH_2 \cdot CH_2 \cdot CH_2 \cdot CH_2 \cdot HN \cdot C(:NH) \cdot NH_2$, Darstellung vgl. S. 180.

Chlorhydrat, leicht löslich in Wasser. — Sulfat, doppelbrechende Nadeln, Schmelzpunkt 229°, 226° (Kiesel), ziemlich löslich in Wasser, sehr wenig löslich in Alkohol. — Pikrat, Nädelchen, sehr wenig löslich in Wasser. — Chloraurat, gelbe Nadeln aus Wasser. — Phosphorwolframat, wenig löslich in Wasser.

Mit Calciumpermanganat entsteht Guanidinobuttersäure und Bernsteinsäure (Engeland und Kutscher).

Vitiatin $C_5H_{14}N_6$, findet sich bei der Aufteilung der basischen Bestandteile des Fleischextraktes und des Harns in der Argininfraktion (barytalkalische Silbernitratfällung), wenn nach Engeland (vgl. S. 25) gearbeitet wird. Aus der alkoholischen Lösung der Chlorhydrate fällt es mit alkoholischer Platinchloridlösung; aus diesem Niederschlag wurde mit wäßriger Goldchloridlösung die Goldverbindung hergestellt. Sie bildet gelbrote, glänzende Platten und Blätter aus salzsäurehaltigem Wasser. Schmelzpunkt unscharf bei 167°.

Chloraurat, goldgelbe, glänzende Blätter aus salzsäurehaltigem Wasser. Schmelzpunkt unscharf bei 167°.

Kreatin (Methylguanidinoessigsäure) $H_2N \cdot C(:NH) \cdot N(CH_3) \cdot CH_2 \cdot COOH$, Darstellung durch Anlagerung von Cyanamid an Sarkosin (Volhard, Strecker), aus Harnkreatinin (vgl. unten) oder aus Fleischextrakt (Neuberg und Brahm; Steudel). Aus Wasser monokline Prismen mit 1 Mol. H_2O. Letzteres verdunstet über H_2SO_4 teilweise, vollständig bei 100°. Die wäßrige Lösung reagiert neutral und schmeckt bitter. Löslich in 75 Teilen kaltem Wasser, leicht löslich in heißem Wasser, wenig löslich in heißem Alkohol. 100 Teile 95%iger Alkohol lösen bei 17° 0,008 Teile. Harnstoff, Kreatinin und andere Bestandteile vergrößern die Löslichkeit beträchtlich. Basische Dissoziationskonstante $4{,}8 \times 10^{-12}$. Zwischen Kreatin und Kreatinin besteht in wäßriger Lösung ein Gleichgewichtszustand. Die Reaktionskonstante beträgt 0,4 in neutraler, 2,12 in alkalischer Lösung. Die Umwandlung verläuft nach dem Typus einer unvollständigen Reaktion erster Ordnung. Das Gleichgewicht wird um so rascher erreicht, je größer die Konzentration an OH-Ionen ist. In saurer Lösung wandelt sich das Kreatin vollständig in Kreatinin um, bei Zimmertemperatur allmählich, rascher beim Erwärmen. In normaler Salzsäure ist die Umwandlung bei 60—65° innerhalb 24 Stunden vollständig (Hahn und Barkan). Auch beim Erhitzen in wäßriger Lösung und bei trockenem Erhitzen erfolgt teilweise Anhydrisierung (Folin und Denis). Alkalien wirken auf das Kreatin derart, daß sich die Guanidinogruppe entweder direkt, oder nach Abspaltung in Harnstoff umlagert. In ersterem Falle entsteht Methylhydantoinsäure $H_2N \cdot CO \cdot N(CH_3) \cdot CH_2 \cdot COOH$, in letzterem Sarkosin + Harnstoff. Beim Erhitzen mit Phosphorsäure bei 150° entsteht ebenfalls Methylhydantoinsäure und Ammoniak. Unter der Einwirkung oxydativer Reagenzien spaltet sich leicht Methylguanidin ab (Ewins; Baumann und Ingvaldsen, vgl. S. 176). Wasserstoffsuperoxyd oxydiert bei Gegenwart von wenig Ferrosulfat zu Glyoxylsäure (Dakin).

Reines Kreatin wird in verdünnter Lösung durch Chlorzink nicht gefällt, auch nicht durch neutrales oder basisches Bleiacetat. Die Phosphorwolframate und Phosphormolybdate sind in Wasser leicht löslich (Unterschied von Kreatinin). Pikrinsaures Kreatin ist in Wasser wenig löslich, aus Wasser mikroskopische, zu Drusen vereinigte Krystalle vom F. 206° (Rießer). Über Veresterung des Kreatins vgl. Dox und Yoder.

Kreatinin $\underline{HN \cdot C(:NH) \cdot N(CH_3) \cdot CH_2 \cdot CO}$. Zur Darstellung kann man synthetisch gewonnenes Kreatin durch Erwärmen mit Mineralsäure anhydrisieren (vgl. Hahn und Barkan, vgl. oben) oder das im Harn ausgeschiedene Kreatinin als schwer lösliche Pikrinsäureverbindung isolieren (vgl. Folin und Denis). Diese wird mit Kaliumbicarbonat zerlegt, in die Zinkchloridverbindung verwandelt, welche nach der Zerlegung mit Schwefelwasserstoff in freies Kreatinin übergeführt wird.

Monokline, wetzsteinförmige Prismen vom Zersetzungspunkt 235°. Beim langsamen Verdunsten gesättigter Lösungen Tafeln oder Prismen mit 2 Mol. H_2O. Aus heiß gesättigter Lösung wasserfreie Blättchen. Bei 16° in 10 bis 11 Teilen Wasser löslich. Leicht löslich in heißem Wasser, wenig löslich in Alkohol. Es reagiert alkalisch. Die Basizität ist etwa 38mal so groß als beim Kreatin (Hahn und Barkan). Die mineralsauren Salze reagieren lackmussauer. Mit den Schwermetallsalzen $HgCl_2$, $ZnCl_2$, $AgNO_3$ entstehen wenig lösliche Fällungen. In alkalischer, neutraler und wäßriger Lösung erfolgt partielle Umwandlung in Kreatin (siehe dieses). Beim Kochen mit Baryt erfolgt Zerlegung in Methylhydantoin und Ammoniak, durch oxydative Reagenzien — HgO, $KMnO_4$ usw. — Überführung in oxalsaures Methylguanidin (s. S. 187). Eine alkalische Lösung von Pikrinsäure wird unter Rotfärbung zu Pikraminsäure $HO \cdot C_6H_2(NO_2)_2 \cdot NH_2$, Dioxynitrophenol und Diaminophenol reduziert. Hierauf beruht die Jaffesche Reaktion, die Grundlage der Folinschen Kreatininbestimmung, vgl. S. 193. Die Rotfärbung ist noch in einer Verdünnung von 1:5000 bemerkbar. Kreatin gibt die Reaktion nicht.

Mit einer verdünnten alkalischen Nitroprussidnatriumlösung erfolgt Rotfärbung (Weylsche Reaktion), die in Gelb umschlägt. Übersättigt man die Lösung, wenn sie gelb geworden ist, mit Essigsäure, so wird sie erst grünlich, dann blau, schließlich entsteht ein Niederschlag von Berlinerblau.

Chlorhydrat $C_4H_7N_3O \cdot HCl$, Prismen, Platten, wasserfrei aus konzentrierter Salzsäure. Aus Wasser mit Krystallwasser. — Pikrat $C_4H_7N_3O \cdot C_6H_2(NO_2)_3OH$, lange, seidenglänzende Nadeln aus Wasser. Schmelzpunkt 212—213°. Wenig löslich in Wasser. — Kreatininkaliumpikrat $C_4H_7N_3O \cdot C_6H_2(NO_2)_3OH \cdot C_6H_2(NO_2)_3OK$, gelbe Nadeln, sehr wenig löslich in Wasser, bei 19—20° 0,18 g in 100 ccm, bei 15—16° 0,113 g in 6fach verdünntem Alkohol. — Chloroplatinat $(C_6H_7N_3O)_2 \cdot H_2PtCl_6$, gelbrote Säulen, leicht löslich in Wasser, wenig löslich in Alkohol. Aus Wasser mit $2H_2O$. Schmelzpunkt 162° (Toppelius und Pommerehne), 170—174 (Wörner), 182 bis 185° (Korndörfer). — Kreatininchlorzink $(C_4H_7N_3O)_2ZnCl_2$, zentrisch gruppierte Nadeln, Rosetten oder Büschel, die sich kreuzen, oder ineinander übergehen. Wenig löslich in kaltem Wasser, leichter in heißem Wasser, fast unlöslich in Alkohol. Löslich in Säuren und Alkali. — Kreatininsilbernitrat $C_4H_7N_3O \cdot AgNO_3$, Nadeln aus Wasser, leicht löslich in heißem Wasser, zersetzt sich bei 188—191°. — Phosphorwolframat $(C_4H_7ON_3)_3H_3PO_4 \cdot 12WO_3$, fällt aus Wasser allmählich. Fällbarkeitsgrenze 1:25000 (Demjanowski). Leicht löslich in Aceton.

Arginin $H_2N \cdot C(:NH) \cdot NH \cdot (CH_2)_3 \cdot CH(NH_2) \cdot COOH$, Darstellung s. S. 153. Rosettenförmige Drusen, von rechtwinkligen oder zugespitzten Nadeln und dünnen Prismen. Schmelzpunkt 207—207,5° unter Zersetzung. Schmeckt schwach bitter, leicht löslich in Wasser, fast unlöslich in heißem Alkohol. In saurer Lösung rechtsdrehend. Aus der Drehung der Salze berechnete Werte für $[\alpha]_D$ siehe Gulewitsch.

Mit Alkalien erfolgt Zerlegung in Harnstoff und Ornithin. Gegen Säure ist es beständig. Bei der Oxydation mit Permanganat wird Guanidin abgespalten (vgl. S. 191).

Nitrat $C_6H_{14}O_2N_4 \cdot HNO_3 + {}^1/_2H_2O$, kleine Drusen aus vereinigten Nadeln aus der heißen wäßrigen Lösung. Bei 15° in 2 Teilen Wasser löslich. Ziemlich löslich in verdünntem Alkohol. $[\alpha]_D = 9{,}95^0$, $[\alpha]_D^{20} = +18{,}71^0$ (bei Gegenwart von 4 Mol. HNO_3). Schmelzpunkt 175° (Gulewitsch). Beim Verdunsten einer mit HNO_3 versetzten Lösung entsteht ein saures Nitrat vom Schmelzpunkt 144,5—145°. — Pikrat $C_6H_{14}O_2N_4 \cdot C_6H_3O_7N_3 + 2H_2O$, Nadeln. Bei 16° lösen sich 0,5 Teile in 100 Teilen Wasser, ziemlich löslich in kochendem Wasser. Schmelzpunkt 205—206°. — Pikrolonat $C_6H_{14}O_2N_4 \cdot C_{10}H_8O_5N_4 + H_2O$, Nadeln. 1 Teil löslich in 1124 Teilen Wasser und in 2885 Teilen 96%igen Alkohol. Schmelzpunkt 225° (Steudel; Weiß), 231° (Rießer). — Basisches Argininkupfernitrat $(C_6H_{14}O_2N_4)_2 \cdot Cu(NO_3)_2 + 3H_2O$ oder $3^1/_2 H_2O$ (Sörensen und Andersen). Kugelförmige Aggregate von dunkelblauen monoklinen Nadeln. 1 Teil löst sich in 95,2 Teilen H_2O bei gewöhnlicher Temperatur. Schmelzpunkt 112—114°. Nach dem Entwässern bei 232—234°. — Argininsilber, es existiert ein ziemlich leicht lösliches, saures Argininsilbernitrat $C_6H_{14}O_2N_4 \cdot HNO_3 + AgNO_3$ und ein basisches $C_6H_{14}O_2N_4 \cdot AgNO_3 + {}^1/_2 H_2O$. In Baryt oder natron-alkalischer Lösung fällt ein schwer lösliches Gemisch beider (vgl. unten), das sich in Säure und Ammoniak leicht löst. — Phosphorwolframat $(C_6H_{14}O_2N_4)_3 \cdot 2H_3PO_4 \cdot 24WO_3 + 10H_2O$, sehr wenig löslich in Wasser und verdünnten Säuren. Löslich in viel überschüssiger Phosphorwolframsäure. — Über andere Salze und Doppelsalze des Arginins vgl. Gulewitsch; Hedin.

Guanidin und Methylguanidin geben mit natron- oder barytalkalischer (nicht mit ammoniakalischer) Silbernitratlösung schwer lösliche Silberverbindungen. In Ammoniak sind diese löslich. Die Anwesenheit des Guanidinkomplexes im Arginin, Agmatin, Kreatin und Kreatinin gibt auch diesen Substanzen und ihren Derivaten die Fähigkeit zur Bildung solcher wenig löslicher Silberverbindungen. Gewöhnlich wird die zur Ausfällung der Silberverbindungen nötige alkalische Reaktion durch Zugabe von Baryt erzielt. Zur Isolierung und Bestimmung von Guanidinderivaten wird daher in der physiologischen Chemie allgemein barytalkalische Silbernitratlösung verwendet.

Der Reaktionsbereich, innerhalb dessen die einzelnen Guanidinbasen als schwer lösliche Silberverbindungen abgeschieden werden, ist von Kossel und Edlbacher näher festgestellt worden. Methylguanidin scheidet sich bei Eintritt der Phenolphthaleinrötung unvollständig ab. Die Fällung ist vollständig bei Thymolphthaleinbläuung. Guanidin ist vollständig abgeschieden, wenn das Filtrat phenolphthaleinalkalisch reagiert. Arginin fällt bei Phenolphthaleinrötung noch nicht, jedoch vollständig bei Thymolphthaleinbläuung. Kreatinin wird auch bei Thymolphthaleinbläuung nur unvollständig abgeschieden.

Ein Reagens, das für den qualitativen Nachweis von Guanidinderivaten ähnliche allgemeine Bedeutung besitzt, ist das Diacetyl $CH_3 \cdot CO \cdot CO \cdot CH_3$ (Harden und Norris). Dieses bildet mit Guanidinderivaten in alkalischer Lösung eine violettrote, fluorescierende Färbung. Die Reaktion ist bedingt durch die Gegenwart der Gruppe $H_2N \cdot C(:NH) \cdot NH \cdot R$.

Alle Substanzen, welche diese Gruppe enthalten, wie Arginin, Agmatin, Guanidinoessigsäure, Kreatin und Dicyandiamid geben eine positive Diacetylreaktion; demgemäß auch die meisten Proteine und Peptone. Guanidin, dem die substituierte Gruppe —NH·R fehlt, gibt erst nach mehreren Stunden eine schwache Färbung. Die Natur des Radikals R hat einen gewissen Einfluß; denn Methylguanidin und Aminoguanidin geben eine negative Reaktion. Ist das Protein komplexer Natur, so besteht neben der violetten Farbe eine grüne Fluorescenz. Letztere ist abwesend bei den einfachen Bausteinen (Arginin) und bei den mit starker (60%iger) KOH vorbehandelten Proteinen. Die optimalen Reaktionsbedingungen scheinen für jede Substanz zu variieren. Mit Arginin werden die besten Resultate erzielt, wenn man 1 ccm einer 1%igen Diacetyllösung zugibt. Überschuß von Alkali und Diacetyl ist zur Verhütung brauner Nebenprodukte zu vermeiden. Bei komplexeren Proteinen (Witte-Pepton, Gelatine) genügen diese geringen Alkalimengen nicht, und die Reaktion bleibt negativ. Nimmt man 2,5 ccm n-NaOH, so werden bis zur Verdünnung 1:1400 positive Resultate erhalten, bei Verwendung von 60%iger KOH tritt die Färbung schon in Verdünnungen von 1:20000 (Witte-Pepton) und 1:30000 (Gelatine) auf.

Eine einwandfreie quantitative Bestimmung des Arginins wird stets auf der Isolierung der Aminosäure in der Form eines ihrer wohlcharakterisierten Salze (vgl. S. 188) beruhen.

Zur Abtrennung des Arginins aus dem Gemisch verschiedener Extraktivstoffe oder Hydrolysenprodukte wird man sich nach wie vor an das von Kossel und Kutscher gegebene Verfahren anlehnen, dessen Grundlinien (vgl. S. 23) angedeutet worden sind. Statt die Hexonbasenphosphorwolframate mit Baryt zu zersetzen, kann man die Zerlegung auch in saurer Lösung vornehmen (Winterstein; van Slyke), wenn man die mit Salzsäure oder Schwefelsäure in wäßriger Lösung versetzten Phosphorwolframsäureverbindungen mit einem Gemisch von Amylalkohol und Äther ausschüttelt. Die Phosphorwolframsäure geht dabei in das organische Lösungsmittel über, die basischen Aminosäuren verbleiben in der Mutterlauge. Die phosphorwolframsäurefreie wäßrige Mutterlauge läßt sich durch Barythydrat und Silbernitrat in die Histidin-, Arginin- und Lysinfraktion aufteilen[1]).

Man versetzt zu diesem Zwecke die neutrale oder schwach saure Lösung mit einer genügenden Menge Silbernitrat (bis eine Probe der Lösung mit

[1]) Bringt man das Eiweißhydrolysat in die Mitte einer dreiteiligen, durch Gelatinemembran getrennten Zelle, so ist es bei Verwendung von Kohlenelektroden möglich, die Hexonbasen an der Kathode abzuscheiden. Wenn die Acidität des Hydrolysats einer Wasserstoffionenkonzentration

Barytwasser eine braune Fällung ergibt). Macht man nun die Lösung mit Barytwasser schwach alkalisch, so fällt Histidinsilber, gemengt mit nur wenig Argininsilber aus. Den hierzu erforderlichen Grad der Alkalinität erreicht man am besten, wenn die salpetersaure Lösung des Arginin-Histidingemisches mit Baryt zur neutralen oder schwach sauren Reaktion gebracht wird, worauf man Bariumcarbonat im Überschuß zugibt und kurze Zeit aufkocht (Kossel und Pringle; Weiß; Kossel und Edlbacher). Nach Abtrennung des Histidinsilbers macht man das Filtrat mit konzentrierter Barytlauge alkalisch, wobei sich ein brauner, flockiger, dichter Niederschlag von Argininsilber bildet.

Für gewisse analytische Zwecke mag es genügen, anstatt die Aminosäuren aus den Niederschlägen zu isolieren, den Stickstoffgehalt der Präzipitate durch die Kjeldahl-Bestimmung zu ermitteln und aus diesem die vorhandenen Aminosäuren zu berechnen. Der bei eben alkalischer Reaktion ausgefällte Silberniederschlag I ergibt dann den Histidinstickstoff, der mit gesättigter Barytlösung ausgefällte Silberniederschlag II den Argininstickstoff, und das Filtrat den Lysin-N. Diese zuerst von Hausmann vorgeschlagene und von van Slyke verbesserte indirekte Bestimmung wird natürlich der direkten stets an Genauigkeit nachstehen, da in die betr. Niederschläge neben den Hexonbasen gewöhnlich noch andere stickstoffhaltige Produkte (Cystin, Tryptophan, Prolin) eingehen können (vgl. hierzu auch Plimmer; Koehler; Holm).

Eine indirekte Bestimmung des Arginins, welche jede Fällungsreaktion umgeht und die namentlich zur Ermittlung des Arginins in Eiweißkomplexen Verwendung gefunden hat, ist das von Kutscher, Zickgraf, Kutscher und Seemann, Kutscher und Schenck ausgearbeitete Oxydationsverfahren mit Permanganat. Dabei wird aus dem Arginin Guanidin abgespalten. Dieses läßt sich als wenig lösliches Pikrat isolieren. Kreatin und Kreatinin werden natürlich unter diesen Bedingungen Methylguanidin liefern. Auch aus Purinkörpern kann unter der Einwirkung des Oxydationsmittels Guanidin oder Methylguanidin entstehen (vgl. S. 179). Man erhält tatsächlich bei der Oxydation komplizierterer Produkte, wie sie in organischem Material vorliegen, ein Gemisch von Guanidin- und Methylguanidinpikrat (Burns), sowie auch höhere Guanidinwerte, als nach der direkten Argininbestimmung (Otori).

---

von $P_H = 5{,}5$ entspricht. Asparagin- und Glutaminsäure und die Pigmente wandern an die Anode, während die übrigen Aminosäuren in der Mittelzelle verbleiben. Ist $P_H = 7{,}5$, so bleibt auch Histidin in der Mittelzelle zurück (Schmidt und Foster).

Trotzdem vermag in Serienversuchen das Verfahren gute Dienste zu leisten (Burns; Orglmeister).

Das Arginin läßt sich in einem Eiweißhydrolysat auch durch gleichzeitige Einwirkung von Arginase und Urease bestimmen (Jansen). Durch Arginase wird aus dem Arginin 1 Mol. Harnstoff freigemacht (vgl. S. 152). Letzterer wird durch Urease in Ammoncarbonat verwandelt, dessen Ammoniak man durch Titration und Destillation bestimmen kann.

Eine indirekte Bestimmung des Arginins läßt sich auch auf Grund des Verhaltens der Nitroguanidinverbindungen ausführen (Kossel und Weiß). Nitroguanidin zersetzt sich mit Baryt oder Natronlauge bei 37° nach folgender Gleichung:

$$C\begin{cases} NH \cdot NO_2 \\ NH \\ NH_2 \end{cases} + H_2O = CO_2 + N_2O + 2\,NH_3$$

Auch Nitroarginin und die Nitroproteine spalten unter diesen Bedingungen die Nitrogruppe als N_2O ab. Für das Nitroarginin würde sich die Reaktion folgendermaßen gestalten:

$$\begin{array}{lll} HO \cdot CO \cdot CH \cdot NH_2 & & \\ \qquad\quad | & & \\ \qquad\quad C_3H_6 & & \\ \qquad\quad | & & \\ \qquad\quad NH & + H_2O = HO \cdot CO \cdot CH \cdot NH_2 & \\ \qquad\quad | & \qquad\qquad\qquad\quad | & \\ \qquad\quad C : NH & \qquad\qquad\qquad\quad C_3H_6 & + CO_2 + N_2O + NH_3 \\ \qquad\quad | & \qquad\qquad\qquad\quad | & \\ \qquad\quad NH \cdot NO_2 & \qquad\qquad\qquad\quad NH_2 & \end{array}$$

Die volumetrische Bestimmung des abgespaltenen N_2O erlaubt dann eine Berechnung des vorhandenen Arginins. Beim Nitroclupein ist die nach dieser Methode berechnete Argininmenge geringer, als die direkte Argininbestimmung ergibt; beim Edestin ist sie größer, wahrscheinlich infolge des Vorhandenseins eines anderen Guanidinkomplexes neben dem Arginin (Kossel und Kennaway).

Zur Bestimmung des Kreatins fehlte bis vor kurzem jedes direkte Verfahren. Die Ermittlung des Kreatingehaltes einer Lösung erfolgte stets durch Umwandlung des darin vorhandenen Kreatins in Kreatinin und Bestimmung des letzteren. Ist Kreatin neben Kreatinin anwesend, so ergibt sich der Kreatingehalt nach der Umwandlung durch ein entsprechendes Plus des Gesamtkreatinins. Die Einfachheit, mit der sich gegenwärtig Kreatininbestimmungen ausführen lassen (vgl. unten), sowie die leichte und vollständige Überführbarkeit des Kreatins in Kreatinin, lassen dieses indirekte Bestimmungsverfahren des Kreatins als genügend und zweckmäßig erkennen. Immerhin darf es in gewissen Fällen vorteilhaft erscheinen, daß man in der von Harden und Norris studierten Diacetylreaktion (vgl. S. 189) die Möglichkeit zu einer direkten Kreatinbestimmung besitzt.

Die Bestimmung beruht auf der Tatsache, daß die Reaktion mit Kreatin positiv, mit Kreatinin negativ ist. Das positiv reagierende Eiweiß wird vor der Reaktion mit Trichloressigsäure entfernt. Die Beeinträchtigung der Färbung durch andere Harnbestandteile läßt sich bei Ausführung der quantitativen, colorimetrischen Bestimmung umgehen (Walpole).

In allen Fällen, wo man die direkte colorimetrische Bestimmung von Walpole nicht verwenden will oder kann, ist man vor die Aufgabe gestellt, das Kreatin vor der Bestimmung in Kreatinin zu verwandeln.

Da es hierbei wichtig ist, die Überführung möglichst quantitativ zu gestalten, so ist die ursprüngliche Vorschrift von Folin — dreistündiges Erhitzen von 10 ccm, 3—5 mg enthaltenden Harns mit 5 ccm n-HCl auf 90° — vielfach abgeändert worden (vgl. hierzu Dorner; van Hoogenhuyze und Verploegh; Rothmann; Benedict; Myers und Fine; Thompson, Wallace und Clotworthy; Janney und Blatherwick). Die Gesetzmäßigkeiten für die gegenseitige Umwandlung von Kreatin und Kreatinin sind von Hahn und Barkan genau festgestellt worden (vgl. S. 187), welche für die Bestimmung des Kreatins und Kreatinins im Harn folgendes Verfahren vorschlagen: Ein Teil des zu untersuchenden Urins wird mit Wasser auf das doppelte Volumen verdünnt und hierin nach Zusatz von Pikrinsäurelösung und NaOH colorimetrisch die Menge des präformierten Kreatinins bestimmt. Eine andere Portion des Urins wird mit dem gleichen Volumen 2-n-HCl versetzt und 24 Stunden bei 60° gehalten, dann mit n-KOH neutralisiert, und hierin nach Zusatz von Pikrinsäure und NaOH ganz analog das Gesamtkreatinin bestimmt. Die Bestimmung wird nach 24 Stunden wiederholt; wenn die gefundene Kreatininmenge konstant bleibt, ist sicher die Umwandlung des Kreatins vollständig.

Gegenwärtig erfolgt der quantitative Nachweis des Kreatinins fast ausschließlich mit der Folinschen Methode. Sie ist ein colorimetrisches Verfahren und beruht auf der roten Färbung (Bildung von Pikraminsäure), welche eine alkalische Pikrinsäurelösung bei Gegenwart von Kreatinin annimmt (Jaffésche Reaktion).

Kreatin gibt hierbei keine Rotfärbung, auch Glucose reagiert mit Pikrinsäure unter den Bedingungen der Jafféschen Reaktion nur langsam. Aceton gibt sofort eine Reaktion. Schwefelwasserstoff, Ammonsulfid, Ferrosulfat reduzieren ebenfalls die Pikrinsäure zu Pikraminsäure (van Hoogenhuyze und Verploegh). Diese Agenzien sind daher auszuschließen.

Die rote Färbung wird in einem der üblichen Colorimeter — Duboscq oder Autenrieth oder in einem Sahlischen oder Haldaneschen Hämometer (Burns) — mit einer Standardlösung verglichen.

Grundlegend für die Einzelvorschriften ist die Beobachtung, daß 10 mg Kreatinin in 10 ccm Wasser gelöst, 5—10 Minuten nach Zugabe einer 1,2%igen Pikrinsäurelösung und 4—8 ccm 10%iger Natronlauge eine maximale Rotfärbung entwickeln. Die in dieser Weise erhaltene Lösung auf 500 ccm verdünnt, gibt eine Flüssigkeit, von der 8,1 mm in durchfallendem Licht genau dieselbe Farbe hat wie 8 mm $\frac{1}{2}$ normal $K_2Cr_2O_7$-Lösung. Folin verwendete daher anfangs eine solche Kaliumbichromatlösung als Standardlösung; eine Schichtdicke von 0,1 mm dieser Bichromatlösung entspricht einer 0,02%igen Kreatininlösung.

Statt die zu bestimmende Kreatininlösung mit einer $\frac{1}{2}$ n-Kaliumbichromatlösung in der oben angegebenen Weise zu vergleichen, hat man späterhin eine Kreatininlösung von bestimmtem Gehalt als Standardlösung vorgeschlagen (Folin und Morris; Thompson; Wallace und Clotworthy; Autenrieth und Müller; Dehn).

Bei der Bestimmung kleiner Kreatin- und Kreatininmengen, wie sie z. B. im Blut, Milz und in Muskeln vorkommen, sind besondere Maßregeln zu beobachten (vgl. hierzu Costantino; Hunter und Campbell; Folin; Gettler und Oppenheimer; Myers und Fine; Folin und Doisy; Mc Crudden und Sargent; Hammett; Feigl; Greenwald und Guire; Denis; Denis und Minot; Kahn; Behre und Benedict); ebenso bei der Bestimmung des Kreatinins im diabetischen Harn (Rose; Baumann und Ingvaldsen; Morris), wo die Anwesenheit von Aceton und Acetessigsäure erhebliche Fehler verursachen kann (Greenwald; Binet; Defins und Rathberg).

Früher hat man zur Isolierung und zur Bestimmung des Kreatinins fast allgemein das Neubauersche Chlorzinkverfahren benützt, welches sich auf der Schwerlöslichkeit des Kreatininchlorzinks in Alkohol stützt. Die Methode von Neubauer ist jedoch mit erheblichen Mängeln behaftet und findet heute höchstens zum qualitativen Nachweis und zur präparativen Darstellung von Kreatinin Verwendung.

Zur Isolierung des Kreatinins aus Extraktgemischen eignet sich außer dem Zinkchloriddoppelsalz das schwerlösliche Kreatininpikrat und das Kreatininkaliumpikrat (vgl. S. 187). Kreatin und Kreatinin scheiden sich aus konzentrierten Extrakten oft krystallisiert ab. Sie lassen sich durch Alkohol voneinander trennen, in welchem Kreatinin leichter löslich ist als das Kreatin.

Als empfindlichen qualitativen Nachweis des Kreatinins gebraucht man auch oft die Weylsche Nitroprussidnatriumreaktion. Zu deren Ausführung gibt man zu einer alkalischen Kreatininlösung einige Tropfen einer verdünnten Lösung von Nitroprussidnatrium; es entwickelt sich hierbei eine prachtvolle Violettfärbung. Auf Zusatz von Essigsäure schlägt die Farbe in gelb um. Als Reaktionsprodukt entsteht bei dieser Einwirkung Isonitrosokreatinin; Glykocyamidin, welches eine analoge Rotfärbung mit Nitroprussidnatrium ergibt, wie Kreatinin, unterscheidet sich von diesem durch den Umstand, daß die Rotfärbung durch die Zugabe von Essigsäure nicht verschwindet, sondern vertieft wird. Diese Kreatininreaktion ist noch in einer Verdünnung von 1:15000 positiv.

Guanidin und Methylguanidin werden wie die komplizierteren Guanidinverbindungen mit barytalkalischer Silbernitratlösung abgeschieden, hierzu vgl. S. 189. Nach der Zersetzung des Silberbarytniederschlages scheidet man die Basen in Form ihrer schwer löslichen Salze — Pikrat, Pikrolonat, Chloraurat — ab. Die Gegenwart von Arginin und anderen Verbindungen kann die Löslichkeit der Pikrate stark beeinflussen und vergrößern (Kutscher und Otori), es empfiehlt sich daher, die Basen der barytalkalischen Silbernitratfällung einer weiteren Fraktionierung zu unterwerfen. Das Arginin läßt sich als Kupfernitratdoppelsalz (siehe S. 189) abtrennen.

Eine Trennung von Kreatinin und Dimethylguanidin erzielen Kutscher und Lohmann durch fraktionierte Fällung mit Silbernitrat und Baryt, hierbei scheidet sich zuerst das Kreatinindoppelsalz ab, während die Silberverbindung des Dimethylguanidins erst bei völliger Sättigung mit Baryt ausfällt.

Engeland fällt die Guanidinverbindungen nebst anderen Basen vermittels Quecksilberchlorid und Natriumacetat in alkoholischer oder wäßriger Lösung. Der Niederschlag wird in heißer verdünnter Salzsäure gelöst und filtriert. Das von Quecksilber befreite Filtrat wird in absolut methylalkoholische Lösung übergeführt, zur Trockne gedampft und der Rückstand mit Alkohol ausgezogen.

Hierbei bleibt fast das gesamte Kreatininchlorhydrat und Ammonchlorid ungelöst. Aus der alkoholischen Lösung werden mit Platinchlorid der Rest des Kreatinins, sowie andere Harnbasen (Vitiatin, Histidin) niedergeschlagen. Das Filtrat der Platinfällung liefert nach der Zersetzung durch H_2S mit wäßriger Goldchloridlösung die Verbindung des asymmetrischen Dimethylguanidins. In ähnlicher Weise verfährt auch Koch.

Durch eine Modifikation des Verfahrens von Kossel und Kutscher gelingt es Gulewitsch und seinen Mitarbeitern, das Methylguanidin in einer gesonderten Fraktion ohne die anderen mit Silbernitrat und Baryt fällbaren Basen zur Abscheidung zu bringen. Er benützt hierzu den Umstand, daß die Silberverbindung des Methylguanidins in Ammoniak löslich ist. Vertreibt man also das in den Extrakten anwesende Ammoniak erst nach der Fällung mit Silbernitrat + Baryt, so geht das Methylguanidin nicht in diese Fällung ein. Es läßt sich aber isolieren, wenn man das Filtrat dieses Silberbarytniederschlages von Silber und Baryt befreit, mit Magnesia alkalisch macht, das Ammoniak vertreibt und dann eine zweite Silber-Barytfällung erzeugt. In dieser ist dann neben wenig Kreatinin nur das Methylguanidin enthalten (vgl. z. B. Skworzow; Smorodinzew; Demjanowski).

VI. Gruppe.

Die Imidazolverbindungen.

Die Verbindungen dieser Gruppe sind durch einen fünfgliedrigen heterocyclischen Ring, das Imidazol, charakterisiert. In ihm sind zwei Stickstoffatome, welche durch ein Kohlenstoffatom getrennt werden, mit zwei weiteren Kohlenstoffatomen verkettet. Die Konstitutionsformel des Imidazols wird gewöhnlich in nachstehender Weise geschrieben:

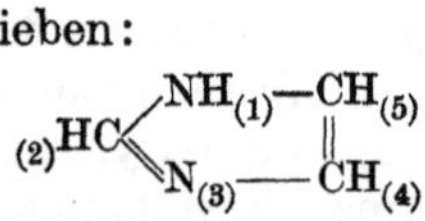

Statt Imidazol nennt man diesen fünfgliedrigen heterocyclischen Ring mit Hinblick auf eine weiter unten zu besprechende Bildungsweise auch Glyoxalin.

Die angebrachte Numerierung sei allen in der Folge beschriebenen Imidazolderivaten zugrunde gelegt. Wie aus der Formel ersichtlich ist, enthält der in 1-Stellung befindliche Stickstoff noch 1 Wasserstoffatom, welcher labil ist und unter Umlagerung der Valenzen in die 3-Stellung überwandern kann. Dieser Umstand bedingt, daß die 4- und 5-Stellungen des Imidazolringes gleichwertig sind, die Labilität besteht jedoch nur, solange der 1-Stickstoff sekundär ist, und hört auf, wenn durch Darstellung eines N-Alkylderivates der Stickstoff tertiär wird. Mit der Labilität des Wasserstoffes verschwindet auch die Gleichwertigkeit der 4- und 5-Stellung, so daß bei den N-alkylierten Imidazolen die 4- und 5-Derivate verschieden sind.

Zu den Imidazolverbindungen gehören einige pharmakologisch und physiologisch wichtige Körper. In den Mittelpunkt unserer Betrachtungen sei das Histidin, die α-Amino-β-Imidazolylpropionsäure 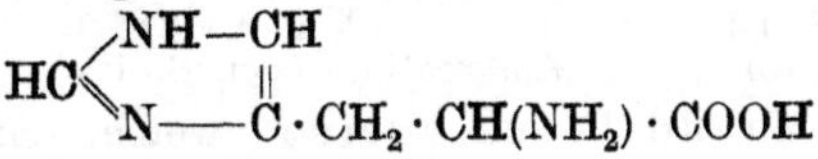 und das β-Imidazolyläthylamin 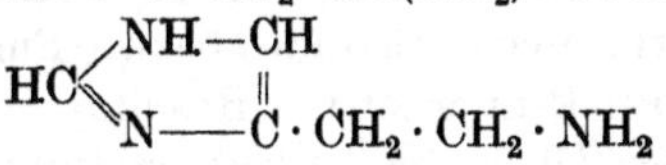 gestellt.

Zu den Imidazolderivaten gehören auch die physiologisch wichtigen Purinkörper, sowie die Hydantoinderivate.

Als Typus der letzteren sei das Hydantoin angeführt, welches, je nachdem man die Keto- oder Enolform berücksichtigt, als Diketotetrahydroimidazol oder Dihydroxy-Dihydroimidazol (vgl. untenstehende Formel) bezeichnet werden kann. Die Hydantoine entstehen durch Addition von Harnstoff an Aminosäuren und Anhydrisation der gebildeten Hydantoinsäuren (Lippich), z. B.

$$H_2N \cdot CH_2 \cdot COOH + H_2N \cdot CO \cdot NH_2 \rightarrow NH_3 + \underset{\text{Hydantoinsäure}}{H_2N \cdot CO \cdot NH \cdot CH_2 \cdot COOH} \rightarrow$$

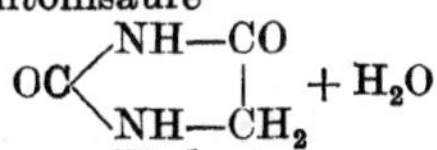

Hydantoin

Größere physiologische Bedeutung als die Hydantoine besitzen die ihnen nahe verwandten Glykocyamine, deren einfachster Typus das Glykocyamidin 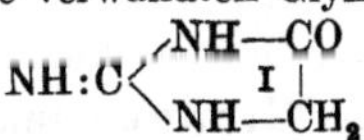 oder 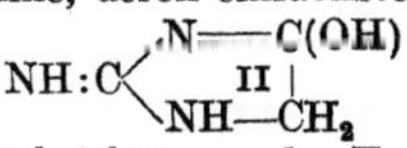 als 2-Imino-5-ketotetrahydroimidazol oder unter Berücksichtigung der Formel II als 2-Imino-5-oxydihydroimidazol betrachtet werden kann. Das N-Methyl-Glykocyamidin ist identisch mit Kreatinin (vgl. S. 157). Die Purinkörper enthalten, wie dies am Beispiel des Xanthins illustriert sei, 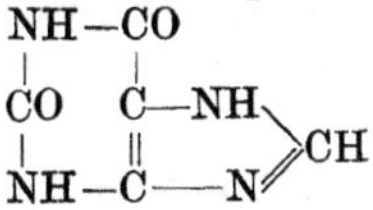 einen Imidazolring, der an den 4.5-C-Atomen mit einem Pyrimidinring kondensiert ist.

Es ist nicht ausgeschlossen, daß ein genetischer Zusammenhang zwischen diesen verschiedenen in der Natur vorkommenden

Imidazolderivaten existiert. Es wäre auch möglich, daß die Hydantoine und die Glykocyamidine in enger Beziehung zu den Histidinderivaten stehen, sei es, daß sie als deren Vorstufen oder als Abbauprodukte in Betracht kommen. Der Vergleich einiger Formeln macht dies ohne weiteres deutlich.

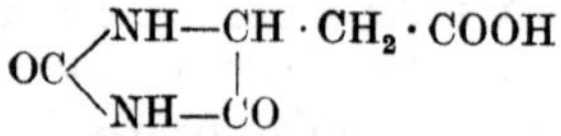

Hydantoinessigsäure

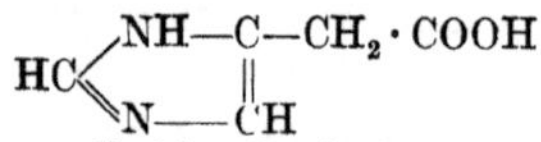

Imidazolessigsäure

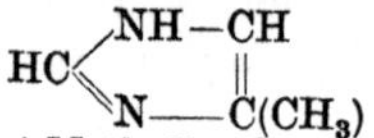

4-Methylimidazol

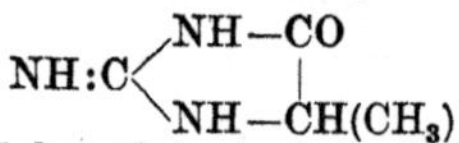

Alakreatinin (vgl. S. 174)

Die Versuche von Steudel und Freise, welche eine Beziehung zwischen Kreatin und Histidin, bezw. Purinderivaten aufdecken sollten, ergaben kein positives Resultat.

Auch chemisch ist der Übergang hydrierter Imidazolringe in Imidazole bisher nicht geglückt, ebensowenig wie es gelungen ist, den Imidazolring durch Anwendung der üblichen Reduktionsmittel in ein partiell oder vollständig hydriertes Imidazolderivat überzuführen.

Von biologischem Interesse ist mit Hinblick auf das in der Natur vorkommende Imidazolderivat Ergothionein

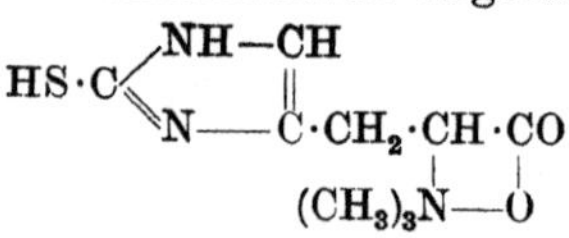

die Bildung von Thioglukimidazol

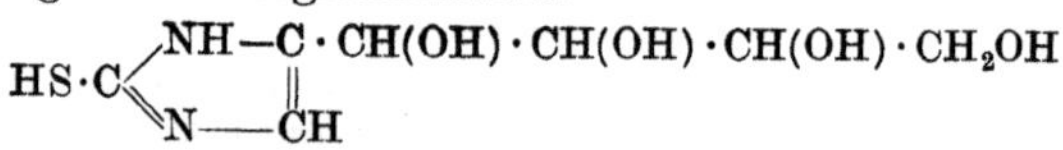

beim Erhitzen von Glucosaminrhodanat (Pauly und Ludwig).

Auch die interessanten Arbeiten von Windaus und Knoop geben uns eine experimentelle Grundlage für die Entstehung des Imidazolkerns im tierischen und pflanzlichen Organismus. Läßt man Monosaccharide, Hexosen oder Pentosen in wäßriger ammoniakalischer Lösung bei Gegenwart von Zinkhydroxyd längere Zeit stehen, so scheiden sich beträchtliche Mengen von 4.5-Methylimidazol oder Dimethylimidazol in Gestalt ihrer Zinkverbindungen ab.

Die Entstehung dieser Basen erklärt sich am einfachsten, wenn man annimmt, daß der Traubenzucker zunächst in Glycerinaldehyd zerfällt, der später in Methylglyoxal $CH_3 \cdot CO \cdot CHO$ und Milchsäure übergeht. Aus Methylglyoxal, Formaldehyd und Ammoniak kann sich dann nach der Gleichung

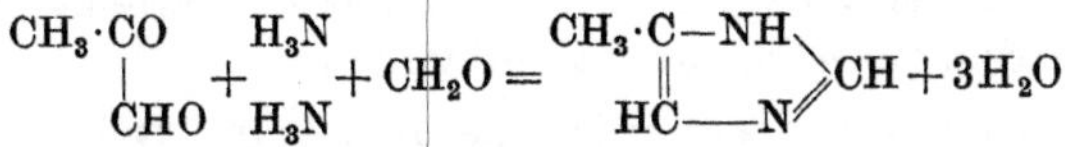

Methylimidazol bilden. Tritt in dieser Gleichung statt Formaldehyd Acetaldehyd in Reaktion, so entsteht Dimethylimidazol. Der Formaldehyd ist vielleicht ebenfalls ein primäres Spaltstück des Traubenzuckers, möglicherweise kann aber auch Methylglyoxal sekundär in Essigsäure und Formaldehyd zerfallen.

Dieser interessanten Bildungsweise von Alkylimidazolen aus Kohlenhydraten liegt also jener Vorgang zugrunde, welcher zur Entdeckung des Imidazols aus dem Glyoxal CHO—CHO und Ammoniak im Jahre 1858 durch Debus geführt hat. Beim Stehen in wäßriger Lösung spaltet es sich nämlich unter Bildung von Formaldehyd und dieser reagiert mit unverändertem Glyoxal und Ammoniak nach folgender Gleichung:

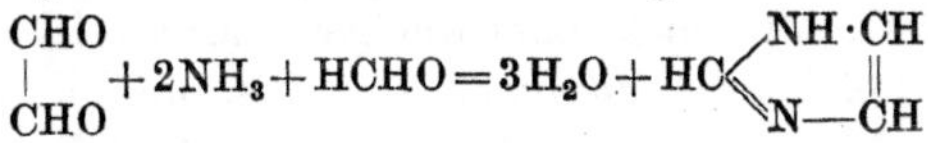

Dieser Vorgang ist von allgemeiner Anwendbarkeit für die Synthese von Imidazolderivaten. Eine Reaktion, die ebenfalls zur Synthese einer großen Zahl von Imidazolderivaten Anwendung gefunden hat, ist die von Wohl und Marckwald, sowie von Gabriel und seinen Mitarbeitern studierte Anlagerung von Rhodanwasserstoff an 1.2-Aminoaldehyde oder Ketone vom Typus $R \cdot CH(NH_2) \cdot CO \cdot R'$ (vgl. S. 204).

Imidazolyläthylamin (Histamin).

Die Konstitution des in der Natur häufig als Fäulnisprodukt vorkommenden β-Imidazoläthylamins ist nach den Synthesen und Bildungsweisen die folgende:

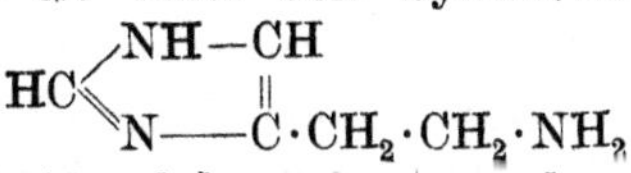

und kann daher als 4(5)-Aminoäthylimidazol bezeichnet werden. Für sein natürliches Vorkommen kommt als unmittelbare Vorstufe nur das Histidin in Betracht, weshalb es in der Literatur häufig auch Histamin genannt wird, eine Bezeichnung, die wir der Kürze halber in der Folge ebenfalls anwenden werden. Das Histamin entsteht aus dem Histidin durch die Tätigkeit der Mikroorganismen, speziell von Bakterien. Doch scheinen auch Pilze imstande zu sein, die Decarboxylierung des Histidins herbeizuführen. Hierfür spricht das Auftreten des Histamins im Mutterkorn, wo diese Base zuerst nachgewiesen worden ist (Barger und Dale; Kutscher). Da sie auch in ganz frischen Sklerozien gefunden wurde, scheint ihre Entstehung an die Tätigkeit von Pilzfermenten gebunden zu sein, doch ist es nicht ausgeschlossen, daß spezifische, an den Sklerozien haftende Bakterien bei der Bildung des Histamins mitwirken.

Histamin bedingt mit anderen biogenen Aminen (p-Oxyphenyläthylamin, Amylamin) zum Teil die bekannte pharmakologische und therapeutische Wirksamkeit der Mutterkornextrakte. Doch spielen bei derselben zweifellos auch die komplizierteren spezifischen Mutterkornalkaloide Ergotoxin (Kraft; Barger und Carr) bezw. Ergotamin (Stoll und Spiro; Dale und Spiro) eine wesentliche Rolle.

Die bakterielle Decarboxylierung des Histidins ist zuerst von Ackermann ausgeführt worden, welcher mit einem Bakteriengemisch aus Histidin in schwach alkalischer Lösung bei Gegenwart von etwas Nährsalzen, Pepton und Zucker bis zu 50% Histamin erhalten konnte. Späterhin gelang es dann aus verschiedenen Fäulnisprodukten bestimmte, mehr oder weniger charakterisierte Bakterien zu züchten, welche die Fähigkeit zur Histaminbildung besaßen.

So fanden Berthelot und Bertrand im Darminhalt enteritiskranker Personen einen Bacillus vom Typus des Pneumokokkus Friedländer, den sie Bacillus aminophilus nannten, Mellanby und Twort in Faeces ein Gramnegatives Stäbchen vom Typus der Coligruppe. Auch bei der Entstehung des Gasbrandes wird die Tätigkeit histaminbildender Bakterien in Erwägung gezogen, welche das durch andere Mikroorganismen — Bacillus histolyticus und Bacillus sporogenes — aus dem Eiweiß abgespaltene Histidin nachträglich decarboxylieren (Berthelot). In einem Falle konnte aus den Muskeln eines Gasbrandkranken eine kleine Menge von Histaminpikrat isoliert werden (Zunz).

Doch ist die Fähigkeit, Histidin unter Bildung von Histamin zu verändern, nicht bloß auf einzelne Bakterienarten beschränkt. O'Brien konnte an 30 verschiedenen Speziesbakterien diese Eigenschaft feststellen. Diese ist jedoch bei den einzelnen Arten und unter verschiedenen Versuchsbedingungen verschieden stark ausgeprägt. Die bestimmenden Einflüsse sind von Hanke und Koeßler eingehender studiert worden. Danach erfolgt die Bildung von Histamin durch Bacillus coli communis stets in einem Medium, das deutlich sauer reagiert, und welches neben einer sonstigen Stickstoffquelle — KNO_3, NH_4Cl — säurebildende Kohlehydrate — Glucose, Glycerin — enthält. Die Ausbeute an Histamin kann unter diesen Bedingungen — 0,20 g Histidin, 0,2 g NH_4Cl,

0,1 g KNO_3, 4 ccm Glycerin, 0,015 g KCl, 0,4 g KH_2PO_4, 1,2 g NaCl, 0,020 g Na_2SO_4, 0,4 g $NaHCO_3$, 0,01 g $CaCl_2$ auf 200 ccm — bei 14tägiger Einwirkung bis 50% des verwendeten Histidins betragen. Fehlen die Kohlehydrate oder die N-Bestandteile, so wird kein Histamin gebildet. In einem Milieu, welches nur Histidin und Glycerin aber kein NH_4Cl enthält, entsteht unter anaeroben Bedingungen β-Imidazolpropionsäure. Von 29 verschiedenen Stämmen von Colibacillen vermochten 6 in dem angegebenen optimalen Medium Histamin zu bilden, 5 erzeugten aus dem Histidin eine alkalibeständige, carboxylierte Triaminoverbindung, vielleicht $H_2N \cdot CH:C(NH_2) \cdot CH_2 \cdot CH(NH_2) \cdot CO_2H$ (vgl. S. 122). Mit keinem der anderen Stämme ergab sich ein quantitativer Beweis für die Bildung einer solchen Verbindung, bei den meisten aber fanden sich Erscheinungen, die die Annahme eines derartigen Zwischenproduktes bei der Zersetzung des Histidins nahelegen. Imidazolessig-, propion-, milch- oder acrylsäure, welche nach der benutzten Methode (vgl. S. 233) nicht mit Sicherheit voneinander unterschieden werden konnten, wurden gebildet durch Stämme von Bacillus paratyphosus A, Bacillus dysenteriae, Bacillus faecalis alcaligenes I, Bacillus mucosus capsulatus und Bacillus tuberculosis. Zusatz von Leucin zu obigen Nährboden erleichtert das Wachstum aller untersuchten Mikroorganismen und verstärkt eine auch sonst vorhandene Bildung von Histamin, führt aber nicht zur Bildung von Histamin, wo dieses nicht ohnehin gebildet wird. Zusatz von Alanin, Leucin, Arginin, Glycin oder Pepton vermehrt Wachstum und Histaminausbeute beim Colibacillus, solcher von Glutaminsäure oder Tryptophan steigert zwar auch das Wachstum, vermindert aber das gebildete Histamin. Cystin ist für das Wachstum des Colibacillus ungünstig und reduziert die Histaminbildung nahezu auf Null; dies wird mit der Entwicklung von H_2S in den ersten Tagen der Züchtung in solchen Nährböden in Zusammenhang gebracht (Hanke und Koeßler).

Die Bildung von Histamin konnte bei verschiedenen Fäulnisprozessen beobachtet werden. Es wurde nachgewiesen in gefaulten Sojabohnen (Yoshimura), im Muskelextrakt von Thynnus thynnus (Suzuki und Mitarbeiter), im Hefeextrakt (Myers und Voegtlin), in der Schleimhaut des Dünndarms (Barger und Dale), im Darminhalt (Mutch; Holmes), im Inhalt des Blinddarms und des Colons transversale, jedoch nicht in den Faeces (Meakins und Harington).

Letztere Forscher versetzten die Darmflüssigkeit mit 0,5% $HgCl_2$ und 0,9% HCl, wodurch eine nachträgliche bakterielle Tätigkeit aufgeschlossen wurde. Die erhitzte und filtrierte Flüssigkeit wurde mit neutralem und basischem Bleiacetat gefällt. Das Filtrat mit Schwefelwasserstoff entbleit und die Basen mit Phosphorwolframsäure ausgefällt. Nach der Zersetzung des Phosphorwolframates mit Baryt wurde das Histamin als Ag-Verbindung isoliert (vgl. S. 229) und das Histamin nach der Entfernung des Ag am überlebenden Meerschweinchenuterus austitriert. Nach einer approximativen Berechnung war das Histamin in einem Falle im Colon transversale ungefähr in einer Konzentration von 1:100000 vorhanden.

Gerard isolierte Histamin aus dem Inhalt abgebundener Schleifen des Dick- und Dünndarms, und zwar 2—3 mg pro 100 ccm Inhalt. Seine Feststellungen deuten auf die Anwesenheit peptidartig gebundenen Histamins vom Typus der Peptamine Guggenheims.

Da sich Histamin aus histidinhaltigem Eiweißmaterial unter dem Einfluß von Mikroorganismen sehr leicht und rasch bildet, so besteht die Wahrscheinlichkeit, daß in verschiedenen Organextrakten, wie Extrakt von Magenschleimhaut, Darmextrakt, in welchen man spezifisch wirksame Bestandteile — Gastrin, Vasodilatin — vermutete, bakteriell entstandenes Histamin als Träger der pharmakologischen Eigenschaften anzusehen ist (vgl. Popielski; Keeton, Koch und Luckhardt). Auch das vielfach als Hormon angesehene Sekretin enthält als aktiven Bestandteil wahrscheinlich Histamin (vgl. Dale und Laidlaw; Rothlin und Gundlach; van Eweyk und Tennenbaum, vgl. S. 221).

Der einwandfreie Beweis, daß Histamin als normales Stoffwechselprodukt in den Geweben des Tierkörpers und der höheren Pflanzen gebildet wird, steht noch aus. Wohl haben Abel und Kubota aus verschiedenen getrockneten und frischen Organen — Hypophyse, Dünndarmschleimhaut, Leber, gestreifte Muskeln — Extrakte isoliert, welche im physiologischen Experiment histaminähnliche Wirkungen auslösten und daraus geschlossen, daß diese Base in allen Geweben auftritt und normalerweise besonders auf den Magendarmkanal und das Capillarsystem eine stimulierende Wirkung ausübt. Es ist aber zu beachten, daß in den meisten Fällen die Identität der aktiven Substanz mit Histamin nicht bewiesen wurde, namentlich aber, daß eine sekundäre, bakterielle Entstehung von Histamin vor oder während der Verarbeitung nicht ausgeschlossen erscheint. Derselbe Einwand gilt auch für den Nachweis von Histamin im Extrakt, bezw. im Hydrolysat von krystallisiertem Eiereiweiß, Casein, Edestin, Wittepepton und Erepton (vgl. Nagayama; Koeßler und Hanke) und für die von Bottazzi ausgesprochene Vermutung, daß in der Speicheldrüse von Octopus Histamin neben Tyramin vorkommt.

Gänzlich unhaltbar ist aber die Ansicht, Histamin sei identisch mit dem aktiven Prinzip des Hypophysenhinterlappens (Abel und Kubota). Auf die charakteristischen Unterschiede im chemischen und pharmakologischen Verhalten dieser beiden Substanzen ist schon von Guggenheim, später von Cow; Dudley; Hanke und Koeßler; Dale und Dudley hingewiesen worden. Auch für die später geäußerte Anschauung, das aktive Prinzip der Hypophyse setze sich aus einer histaminähnlichen Komponente und Histamin zusammen und zerfalle bei der Säurespaltung in diese beiden Bestandteile (Abel und Nagayama) ist noch kein strikter Beweis erbracht.

Aus dem Harn parathyreodektomierter Hunde konnte Histamin neben anderen Basen (vgl. S. 176) mit Hilfe der Methode von Engeland isoliert werden (Koch). Eine bakterielle Mitwirkung ist aber auch bei diesem Befund nicht ausgeschlossen, da intravenös zugeführtes Histamin nicht unverändert durch die Niere ausgeschieden wird (vgl. S. 214). Die nebenschilddrüsenlosen Hunde müßten also das Vermögen, diese Base zu entgiften, eingebüßt haben.

Die Darstellung von Histamin erfolgt bequem durch bakteriellen Abbau des Histidins, und zwar verwendet man hierfür am besten nach dem Vorgange von Ackermann eine Mischkultur verschiedener Fäulnisbakterien. Reinkulturen, die anfänglich reichlich Histamin bilden (Berthelot und Bertrand; Mellanby und Twort) verlieren diese Fähigkeit beim Aufbewahren und bei mehrfachem Überimpfen.

Ackermann löste 49 g Histaminchlorhydrat in 5 l Wasser. Durch Zugabe von überschüssigem $CaCO_3$ wurde die Reaktion schwach alkalisch gemacht. Die Impfung erfolgte mit einer gefaulten Pankreasflocke. Als weiteres Nährmaterial wurden noch 10 g Pepton Witte und 20 g Glucose, etwas Magnesiumsulfat und Natriumphosphat zugegeben. Die mehrere Wochen bei Bruttemperatur der Fäulnis überlassene Lösung wird filtriert; sie reagiert stark alkalisch. Histamin wird sodann als Silberverbindung bei barytalkalischer Reaktion abgeschieden, die Silberverbindung zersetzt und in die Phosphorwolframsäureverbindung übergeführt. Diese wird abermals zerlegt, in das Pikrat verwandelt und daraus nach der Zersetzung mit Salzsäure als Chlorhydrat isoliert. In der Mutterlauge des Histaminpikrates findet sich Imidazolpropionsäure.

Dieses etwas umständliche Verfahren zur Isolierung des Histamins läßt sich in manchen Punkten vereinfachen und auch verbessern. Vor allem ist es nicht nötig, das Histamin über die Silberverbindung, Phosphorwolframsäureverbindung und das Pikrat zu reinigen. Die Schwerlöslichkeit des Pikrates gestattet die unmittelbare Abscheidung des Histamins aus der Fäulnisflüssigkeit. Ein- bis zweimaliges Umkrystallisieren aus heißem Wasser genügt, um das Histaminpikrat rein zu gewinnen.

Durch Bestimmungen des ausfällbaren Pikrates in Proben der Fäulnisflüssigkeit läßt sich ermitteln, wann keine weitere Histaminbildung mehr stattfindet.

Auf chemischem Wege läßt sich die Decarboxylierung des Histidins nur in geringem Maße bewerkstelligen (Ackermann; Ewins und Pyman). Hingegen gelingt es durch Einwirkung von Chlor (Toluolsulfosäurechloramid) Histidin in Imidazolacetonitril

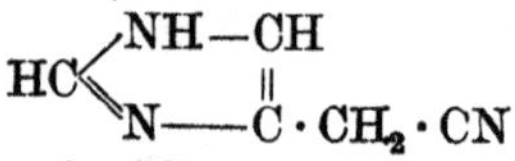

zu verwandeln, welches durch Reduktion in Histamin übergeht (Dakin). Die Synthese des Histamins ist zuerst Windaus und Vogt, später auch Pyman gelungen.

Die Synthese von Windaus und Vogt geht von der β-Imidazolylpropionsäure

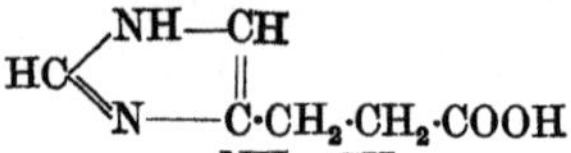

aus. Man verwandelt deren Ester in das Hydrazid

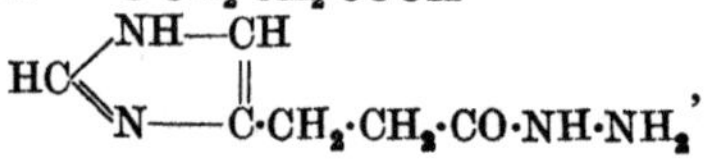

, dieses in das Azid

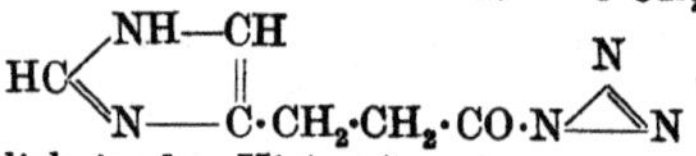

und in das Urethanderivat und schließlich in das Histamin.

Pyman verwertete für seine Synthese die von Wohl und Marckwald aufgefundene allgemeine Reaktion, welche von den Aminoketonen zu Imidazolderivaten führt. Der Verlauf der Synthese ist durch die nachstehenden Gleichungen wiedergegeben.

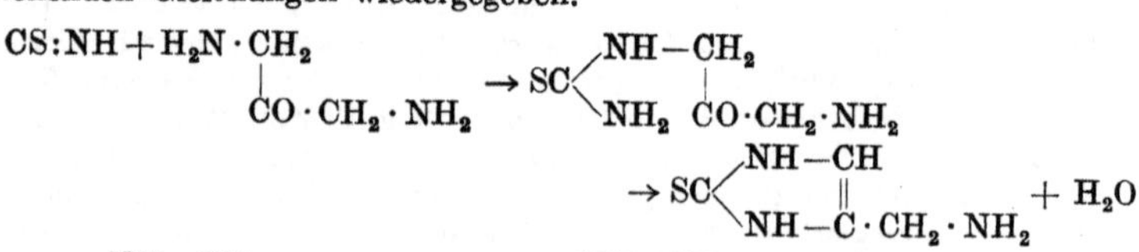

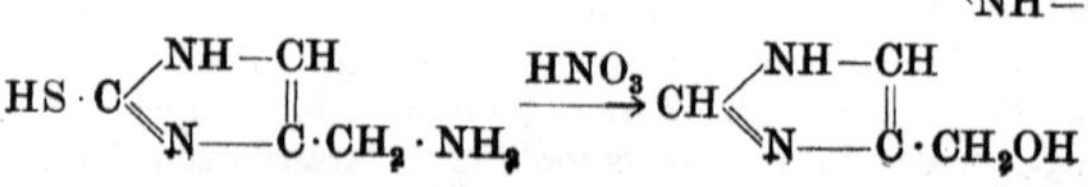

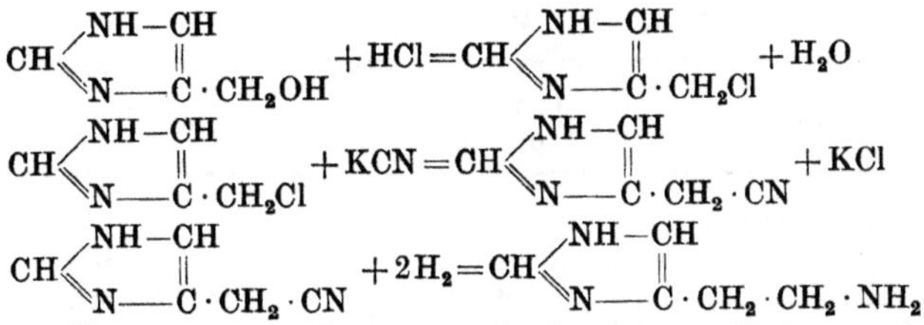

Über einige Abänderungen in der Synthese von Pyman vgl. bei Koeßler und Hanke.

Histidin.

Über die Verbreitung des Histidins in pflanzlichen und tierischen Eiweißarten orientieren nachstehende Zusammenstellungen. Über den Histidingehalt weiterer tierischer und pflanzlicher Proteine vgl. Abderhalden, Biochem. Handlexikon, Bd. 4, S. 712.

a) Pflanzliche Proteine.

Eiweißkörper	Gewichts-prozent	Autor
Mucedin	0,43	Kossel und Kutscher
Hordein aus Gerste	0,5	Kleinschmitt
Kiefernsameneiweiß	0,62	Schulze u. Winterstein
Konglutin aus Samen v. Lupinus	0,65	Schulze u. Winterstein
Tannensameneiweiß	0,7	Schulze u. Winterstein
Kürbissameneiweiß	0,77	Schulze u. Winterstein
Eiweiß von Seekiefernsamen	0,78	Schulze u. Winterstein
Zein aus Mais	0,81	Kossel und Kutscher
Gluteincasein	1,16	Kossel und Kutscher
Glutenfibrin	1,53	Kossel und Kutscher
Legumin aus Erbsen	1,69 und 1,1	Schulze u. Winterstein, Osborne und Heyl
Conarachin aus Arachis hypogaea	1,83	Johns und Jones
Gliadin aus Weizen	1,84 ± 0,35	Osborne, van Slyke etc.
	1,20	Kossel und Kutscher
Arachin aus Arachis hypogaea	1,88	Johns und Jones
Fichtensameneiweiß	2,0	Schulze u. Winterstein
Edestin aus Hanfsamen	2,1—2,7	Kossel und Patten, Lautenschläger
Vicilin	2,17	Osborne und Heyl
Kartoffeleiweiß	2,3	Sjollema und Rinkes
Polleneiweiß von Ambrosia	2,41	Koessler
Legumin aus Wicke	2,94	Osborne und Clapp
Oryzenin	3,32	Osborne, van Slyke etc.

b) Tierische Proteine.

Eiweißkörper	Gewichtsprozent	Autor
Protamin aus dem Sperma des Lachses Salmin	0	Kossel und Kutscher
Protamin des Herings (Clupein)	0	Kossel und Kutscher
Protamin des Seehasen	0	Kossel und Kutscher
Protamin der Makrele (Skombrin)	0	Kossel und Kutscher
α-Cyprinin und β-Cyprinin . . .	0	Kossel und Dakin
Salmin	0	Kossel und Kutscher
Vitellin	Spuren	Levene und Alsberg
Glutin	0,4—0,6	Hart, Lautenschläger
Verdauliches Eiweiß aus Pankreas	0,41	Kutscher
Gelatine	0,9	Dakin
Heteroalbumose aus Syntonin .	1,12	Hart
Histon aus Thymus	1,21—1,5, 2,0—2,5	Kossel und Kutscher; Lautenschläger; Lawrow
Glycinin aus Sojabohne	1,44	Jones und Waterman
Deuteroalbumose	1,5	Haslam
Lactalbumin	2,06 ± 0,54	Osborne und van Slyke
Heteroalbumose a. Witte-Pepton	2,2	Haslam
Histon aus dem Sperma von Gadus morrhua	2,34	Kossel und Kutscher, Lautenschläger
Casein	2,6, 3,4—3,8	Hart, Lautenschläger
Globulin aus Cocosnuß	2,42	Jones und Johns
Syntonin aus Muskelfleisch . .	2,66	Hart
Histon aus dem Sperma von Lota vulgaris	2,85	Ehrström
Protalbumose (aus Syntonin) .	3,35	Hart
Protein aus Kaninchenmuskel .	5,2—5,8	Lautenschläger
Oxyhämoglobin des Pferdeblutes	10,96	Abderhalden, Lautenschläger
Protamin des Störs, Sturin . .	12,9	Kossel und Kutscher

Ferner wurde Histidin nachgewiesen: im Eiereiweiß (Hedin), im krystallisierten Eieralbumin (Hedin), im Albumin aus Eigelb (Hedin), in Fibrin (Kutscher; Gortner und Wuertz), in Gorgonin, in Jodkeratin aus Korallen (Henze), in Fibroin aus Seide (Fischer und Skita), im verdaulichen Eiweiß der Mitteldarmdrüse von Octopus (Cohnheim), in Thyreoglobulin (Koch), in Echinodermensperma (Kossel und Edlbacher), im Protamin der Makrele, dem Scombrin (Kurajeff), in Schließmuskeln von

Mytilus edulis (Jansen), im Eiweiß von Azotobacter chroococcus (Omelianski und Sieber), 0,485% im Diphtheriebacilleneiweiß (Tamura), 0,090% im Mycobacter lacticole (Tamura), 0,41% in Wasserbakterien (Tamura), 0,51% im Eiweiß der Tuberkelbacillen (Tamura) und 1,98% im Eiweiß der Hefe (Schröder), 2,97% (Kiesel). Als Produkt autolytischer oder bakterieller Eiweißzersetzung fand es sich im Autolysat von Pankreas und Hefe (Kutscher und Lohmann), im Käse (Winterstein und Thöny), im Mutterkorn (Fränkel und Rainer), im Boletus edulis (Reuter), in Kulturen des Bacillus proteus auf Casein (Taylor), unter den Extraktivstoffen des Fischfleisches (Suzuki, Yoshimura und Irie), in den Knollen von Kartoffeln und Topinambur, in Schwarzwurzeln (Schulze) und unter den Extraktivstoffen von Keimpflanzen (Schulze), in verschiedenen Böden (Schreiner und Shorey). Im karzinomatösen Gewebe ist der Histidin-, wie der Lysin- und Argininggehalt des Eiweißes (vgl. S. 150) stark erhöht (Kocher; Drummond), im Lebereiweiß phosphorvergifteter Hunde vermindert (Kossel). Unter den Extraktivstoffen der Leber bei gelber Atrophie ließ sich kein Histidin nachweisen (Taylor).

Engeland konnte bei Pflanzenfressern das Vorkommen von Histidin im Harn feststellen. Daneben vermochte er die Pikrolonate zweier weiterer Imidazolderivate zu isolieren, von denen er das eine als Imidazolaminoessigsäure, das niedrigere Homologe des Histidins, das andere als ein höheres Histidinhomologes ansprach[1]). Die Diazoreaktion des Harns führt er zum Teil auf das Vorkommen dieser Imidazolderivate zurück. Fällungs-

[1]) Stewart hat inzwischen die Imidazolaminoessigsäure synthetisch hergestellt, indem er Imidazolformaldehyd in konzentrierter wäßriger Lösung mit äquimolekularen Mengen von KCN und NH_4Cl in das Aminonitril überführte und dieses durch Kochen mit HCl in Imidazolglycin verwandelte. Farblose Platten aus wäßrigem Alkohol, welche sich bei 220° dunkel färben und bei 254° schmelzen. Leicht löslich in Wasser, wenig löslich in Methylalkohol, unlöslich in Äthylalkohol. Die Reaktion von Pauly und die Triketohydrindenreaktion sind positiv, die Knoopsche Reaktion negativ. Das Monopikrolonat, tiefgelbe Nadeln aus Wasser oder Alkohol, schmilzt bei 243°, das von Engeland isolierte Produkt bei 244°. Das Chlorhydrat ist hygroskopisch. Phosphorwolframat, aus heißem Wasser glänzende rhombische Plättchen. 4-(5)-Imidazol-N. 2,4-dinitrotolyl-3-glycin, aus 2, 3, 4-Trinitrotoluol und Imidazolglycin, krystallisiert aus verdünntem Alkohol, leicht löslich in Wasser, Zersetzungspunkt 270°.

reaktion und Löslichkeit der die Paulische Reaktion gebende Substanz deuten tatsächlich auf die Anwesenheit von Imidazolderivaten im normalen Harn, welche nach colorimetrischer Messung ungefähr 0,3—0,6 g Histidin im Tagesharn entsprechen und wahrscheinlich endogenen Ursprungs sind (von Fürth; Hunter, vgl. dagegen Hermanns). Ein Isomeres des Histidins, dessen Pikrat sich bei 200° bräunt und sich bei 210° zersetzt, soll auch im Extrakt des Bonitofleisches vorkommen (Suzuki, Yoneyama und Odake).

Der Tierkörper wird die von ihm zum Aufbau seiner Eiweißkörper benötigten Histidinmengen zum großen Teil den mit der Nahrung zugeführten pflanzlichen und tierischen Proteinen entnehmen. Daß er aber ebenfalls wie die Pflanzen den Imidazolkern selber zu synthetisieren vermag, ist keineswegs ausgeschlossen. Es stehen ihm dazu verschiedene Wege und verschiedenes Baumaterial zur Verfügung, sei es die Umwandlung von Kohlenhydraten im Sinne der Imidazolsynthese von Windaus und Knoop (vgl. S. 198), sei es die Reduktion von Hydantoinen oder Glykocyamidinen. Ebensowenig wie die Tierchemie hat aber die Phytochemie bisher Anhaltspunkte ergeben, in welchen Bahnen eine solche Biosynthese des Imidazolkerns tatsächlich verläuft. Auch die chemische Synthese hat erst in letzter Zeit den Weg zum Aufbau des Histidins gefunden (Pyman).

Zur Darstellung des Histidins geht man von einem histidinreichen Eiweiß, am besten dem Hämoglobin, aus. Man kann dabei praktischerweise statt reines Hämoglobin Rinder- oder Pferdeblut verwenden. Aus dem mit Salz- oder Schwefelsäure hydrolysierten Blut wird das Histidin in schwach alkalischer Lösung als schwer lösliches Quecksilberdoppelsalz abgetrennt. Bei dessen Zerlegung mit Schwefelwasserstoff erhält man in reichlicher Menge Histidinmonochlorhydrat (Fränkel; Knoop; Hanke und Koeßler; Demjanowski).

Selbstverständlich läßt sich auch das Verfahren von Kossel und Kutscher — Ausfällung mit Phosphorwolframsäure und Fraktionierung des Niederschlages mit barytalkalischer Silbernitratlösung (vgl. S. 23) — verwenden. Der Kostspieligkeit und Umständlichkeit halber wird man aber für präparative Zwecke hiervon absehen. Die Fällung mit Silbernitrat + Baryt kann jedoch zur Aufarbeitung der manchmal sehr schlecht krystallisierenden Mutterlaugen Verwendung finden. Zur Abscheidung des Histidins aus den schwer krystallisierenden Mutterlaugen, in welchen es u. a. mit Asparaginsäure verunreinigt ist, verwendet man mit Vorteil die von Kossel und Platten vorgeschlagene Fällung mit Quecksilbersulfat in $2^1/_2$—5%iger schwefelsaurer Lösung.

Carnosin (β-Alanylhistidin).

Das Vorkommen dieses Dipeptids unter den Extraktivstoffen der Muskeln ist schon 1900 von Gulewitsch und Amirazibi festgestellt worden. Sie nannten das Produkt Carnosin, später beschrieben Kutscher und seine Mitarbeiter denselben aus Fleischextrakt isolierten Körper $C_9H_{14}N_4O_3$ als Ignotin. Nachdem β-Alanin und l-Histidin als Spaltprodukte des Carnosins erkannt waren (Gulewitsch), gelang es Baumann und Ingvaldsen und fast gleichzeitig Barger und Tutin die Art der Verkettung dieser beiden Aminosäuren nach zwei verschiedenen Methoden eindeutig festzulegen. Danach ist Carnosin β-Alanylhistidin

Baumann und Ingvaldsen erhielten bei der Spaltung von Carnosin, das sie mit salpetriger Säure vorbehandelt hatten, 70% Histidin. Die Amidogruppe des Histidins war also bei der Einwirkung der salpetrigen Säure intakt geblieben, offenbar weil sie nicht frei lag, sondern durch den β-Alanylrest besetzt war. Eine Bestätigung dieser Vermutung gelang durch die Synthese, welche dadurch erreicht wurde, daß man Jodpropionylchlorid mit Histidin zu β-Jodpropionylhistidin vereinigte und dieses amidierte.

Barger und Tutin kondensierten Trinitrotoluol mit Carnosin und spalteten aus dem Kondensationsprodukt Dinitrotolyl-β-alanin ab. Die Synthese gelang durch Kupplung von Histidinmethylester mit β-Nitropropionylchlorid, Reduktion und Verseifung des entstandenen Nitropropionylhistidinmethylesters.

Eine Bestimmung des Carnosins in den Muskelextrakten ist möglich durch quantitative Isolierung nach der Methode von Gulewitsch.

Man fällt aus den Muskelextrakten die Basen mit Phosphorwolframsäure, zerlegt die Phosphorwolframsäure mit Baryt, entfernt mit Silbernitrat die Alloxurbasen und fällt schließlich das Carnosin mit barytalkalischer Silbernitratlösung. Aus diesem Niederschlag kann nach Entfernung des Silbers und des Baryts das Carnosin als krystallinisches Nitrat isoliert werden. Im Gegensatz zu anderen Fleischbasen (Methylguanidin, Carnitin, Kreatin und Kreatinin) fällt Carnosin auch mit Quecksilbersulfat in schwefelsaurer Lösung. Darauf gründet sich ein einfaches Verfahren, zu dessen Isolierung aus Fleischextrakten, welches die Fällungen mit Phosphorwolframsäure umgeht (Dietrich). Statt Quecksilbersulfat läßt sich zur Fällung des Carnosins auch Quecksilberacetat verwenden (Baumann und Ingvaldsen).

Auf diese Weise ergab sich im Schaffleisch ein Carnosingehalt von 0,09% (Smorodinzew), im Kalbfleisch 0,17% (Skorzow; Dietrich), im Ochsenfleisch 0,264% (Smorodinzew), im Pferdefleisch 0,182% (Smorodinzew), im trockenen Bonitofleisch

0,036%, im Aalfleisch 0,067% (Suzuki, Yoshimura und Irie). Der Carnosingehalt erweist sich jedoch bedeutend höher, wenn die verlustreichen Fällungen umgangen und das Carnosin in den Muskelextrakten direkt auf colorimetrischem Wege bestimmt wird.

Das zuerst von v. Fürth und Hryntschak empfohlene colorimetrische Verfahren beruht darauf, daß man die Rotfärbung, welche durch Kupplung von Diazobenzolsulfosäure mit Carnosin entsteht, mit einer Standardlösung vergleicht und aus der Intensität der Färbung auf den Carnosingehalt schließt. Das Carnosin wurde aus der zu bestimmenden Lösung vor der colorimetrischen Titrierung über die Phosphorwolframsäure- und die Silberbarytverbindung (vgl. oben) isoliert, wobei sich ebenfalls erhebliche Verluste ergaben, weshalb die, nach dieser Methode ermittelten Carnosinwerte nicht viel höher sind als die nach Gulewitsch gravimetrisch bestimmten. Auch wenn die Isolierung über die wenig lösliche Cu-Verbindung des Carnosins erfolgt, werden viel zu niedrige Werte erhalten (Mauthner). Clifford sowie Hunter verbesserten dann das Verfahren auf Grund der Direktiven, welche durch die von Koeßler und Hanke zur colorimetrischen Bestimmung ausgearbeiteten allgemeinen Methode, vgl. S. 233 gegeben waren. Danach verwendet man als Testlösung nicht eine mit Diazobenzolsulfosäure gekuppelte Histidinlösung, sondern eine Standardlösung, erhalten durch Mischen von Methylorange mit Kongorot, am besten auf 100 ccm, 0,1 ccm, 0,1% Methylorange und 0,25 ccm einer 0,5%igen Kongorotlösung. Die colorimetrische Bestimmung erfolgt direkt in dem mit Essigsäure oder Metaphosphorsäure enteiweißten Filtrat der Muskelextrakte, indem man eine bestimmte Menge desselben im Duboscqschen Colorimeter mit Diazobenzolsulfosäure mischt und die entstandene Rotfärbung nach einer bestimmten Zeit mit der Standardlösung vergleicht.

Hunter fand für dieselbe Fleischsorte keine konstanten Werte. Für Ochsenfleisch 0,38% und 0,62%, für Katzenfleisch 0,29% und vermutete, daß die Werte zu hoch sind, weil bei der colorimetrischen Bestimmung auch andere Substanzen neben Carnosin eine Rotfärbung ergeben. Clifford, welcher den Carnosingehalt verschiedener Tiergattungen und -arten untersuchte, fand in der Skelettmuskulatur beim Kaninchen 0,15%, bei der Ratte 0,12%, Rind 1,0%, Kalb 1,12%, Schaf 0,38%, Lamm 0,42%, Affen 0,34%, Pferd 0,9%, Schwein 0,64%, Antilope 0,16%, Leopard 0,12%. Der Gehalt der Herzmuskulatur war in allen Fällen bedeutend geringer, beim Affen 0,03%, Ratte 0,02%, Schaf 0,017%, vgl. dagegen Bubanovič. Der Carnosingehalt der weißen und roten Muskulatur zeigte keinen Unterschied. Beim Lagern des Fleisches erfolgt eine merkliche Abnahme des Carnosingehaltes, so daß man sich durch Carnosinbestimmung über die Frische des Fleisches orientieren kann. Die wirbellosen Tiere — Crustaceen, Insekten,

Mollusken u. a. — sind carnosinfrei. Unter den Fischen fehlt den Weichflossern, wie Schellfisch, Scholle u. a. das Carnosin. Die Stachelflossen enthalten dagegen erhebliche Mengen, z. B. die Makrele 0,50%, Barbe 0,16%, Aal 0,37%, Goldfisch 0,11%, Hering 0,16%. Von den Reptilien zeigt Axolotl 0,19%, der Frosch 0,25%, Molch 0,19%, Eidechse 0,10%, Klapperschlange 0,045%; von den Vögeln, Pinguin 0,055%, Taube Spuren, Paradiesvogel 0,059%, Huhn 0,17%, Goldfasan 0,04%, Rebhuhn 0,11%.

Nach diesen Feststellungen scheinen die Carnosinwerte bei den einzelnen Tierarten ziemlich konstant zu sein und in keinem Zusammenhang zu stehen mit der Ernährungsweise oder der Muskeltätigkeit der Tiere. Trotzdem dürfte das Auftreten dieses Dipeptides, welches über 10% der Extraktivstoffe des Fleisches ausmacht, nicht ohne physiologische Bedeutung sein.

Biochemisches Verhalten der Imidazolderivate.

Das Histidin wird im Tierkörper nach oraler Verabreichung resorbiert und nach Bedarf als Baustein in die Eiweißkomplexe des Organismus eingefügt. Es ist ein wichtiger Baustein bei der Hämoglobinbildung des Blutfarbstoffs (Hooper, Robscheit und Whipple). Auch für die Züchtung von Tuberkeln und Influenzabacillen ist die Anwesenheit von Histidin von wesentlicher Bedeutung (Mayer und Schaeffer; Frankenthal und Jacoby). Vom racemischen Histidin wird von Schimmelpilzen zunächst die l-Komponente verändert, während d-Histidin unangegriffen bleibt (F. Ehrlich). Die durch biologisch minderwertige Eiweißnahrung an Affen erzeugten pellagraähnlichen Hautsymptome werden durch die Histidinzulage nur wenig beeinflußt (Chick und Humo).

Die Verkettung des Histidins im Eiweißmolekül erfolgt mittels der α-Aminogruppe.

Im Eiweiß ist die Imidazolgruppe frei und bedingt mit der freien ε-Aminogruppe des Lysins und der Guanidogruppe des Arginins die basischen Eigenschaften der Proteine. Auch das Formolbindungsvermögen des Eiweißes ist zum Teil auf die Imidazolgruppe zurückzuführen (Kossel und Edlbacher). Auf eine freiliegende Imidazolgruppe deutet der positive Ausfall der Paulischen Diazoreaktion und das Jodbindungsvermögen histidinhaltiger Proteine, welches — falls andere jodbindende Komplexe (Tyrosin, Tryptophan) abwesend sind — der Menge des anwesenden Histidins entspricht (Pauly). Benzoyliert man histidinhaltige Proteine nach Schotten

14*

und Baumann, so wird der Imidazolkern aufgespalten und die Reaktion mit diazotierter Sulfanilsäure wird negativ.

Das Histidin steht möglicherweise auch in Beziehung zu den Purinkörpern, die ja ebenfalls durch das Vorhandensein eines Imidazolkerns gekennzeichnet sind (Abderhalden und Einbeck; Ackroyd und Hopkins). Tatsächlich bedingt das Fehlen dieser Aminosäure in der Nahrung bei Ratten eine Störung des Stoffwechsels, die namentlich durch eine verminderte Ausscheidung von Allantoin, dem Endprodukt des Purinstoffwechsels, gekennzeichnet ist. Dagegen ließ sich beim Hund nach Verfütterung von 10 g und nach intravenöser Infusion von 5 g Histidinchlorhydrat, keine Zunahme der Purin- und Allantoinwerte des Harns beobachten (Abderhalden und Einbeck; Schmid). Auch das Kreatinin erfährt keine Zunahme (Steudel und Freise). Offenbar wird das einverleibte Histidin größtenteils unter Aufspaltung des Imidazolkerns verbrannt. Im Organismus der Pflanzenfresser erfolgt die Öffnung des Imidazolringes mit etwas größerer Schwierigkeit. Kaninchen zeigen nach subkutaner Verabreichung im Harn eine bedeutend verstärkte Diazoreaktion (Engeland). Bei der künstlichen Durchblutung der Hundeleber läßt sich nach Zugabe von Histidin zur Durchströmungsflüssigkeit eine Erhöhung der Acetessigsäurebildung feststellen, welche bis 60% der in den Kontrollversuchen erhaltenen Werte betragen kann (Dakin und Wakeman). Der Abbau erfolgt wahrscheinlich über Imidazolbrenztraubensäure und Imidazolessigsäure unter Öffnung des Imidazolringes. Neuerdings ist es von Kotake und Konishi wahrscheinlich gemacht worden, daß die Imidazolacrylsäure (Urocaninsäure), vgl. weiter unten, ein normales Zwischenprodukt beim Abbau des Histidins darstellt, indem diese Verbindung nach intravenöser Verabreichung größerer Mengen von Histidin regelmäßig im Harn ausgeschieden wurde.

Die Umwandlung des Histidins in Histamin ist bereits S. 199 u. ff. eingehend erörtert worden. Es wurde dort auch darauf hingewiesen, daß beim bakteriellen Abbau neben Histamin unter bestimmten Umständen und bei Verwendung bestimmter Bakterienarten auch Imidazolylpropionsäure und Imidazolessigsäure entstehen kann, und daß Anhaltspunkte bestehen für die Bildung ungesättigter Triamine, wie sie Windaus und seine Mitarbeiter aus Histidin und Histamin durch Öffnen des Imidazolkerns bei der erschöpfenden Methylierung erhalten hatten. Unterwirft man das Histidin in der S. 11 angegebenen Nährsalzlösung bei Gegenwart von Hendersonschem Phosphatgemisch, der Einwirkung von Bacillus proteus, so entsteht die dem Histidin entsprechende Oxysäure, die Imidazol-d-oxypropionsäure

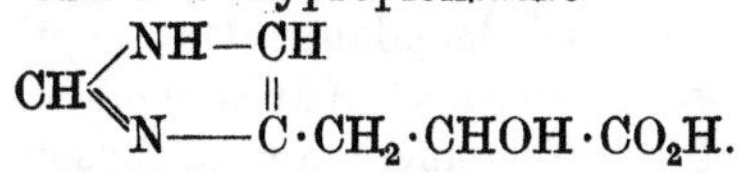

Aus 10 g Histidinchlorhydrat wurden 1,1 g über die Phosphorwolframsäureverbindung isoliert (Hirai). Bei Einwirkung von Bact. lactis aerogenes auf Histidin in eiweißfreier Salzlösung konnte dagegen weder nach Zusatz von Hendersonschem Phosphatgemisch, noch nach Zusatz von Lactose ein definiertes Abbauprodukt erhalten werden.

Kultiviert man Hefe auf histidinhaltigen Nährböden, so entsteht Imidazoläthylalkohol 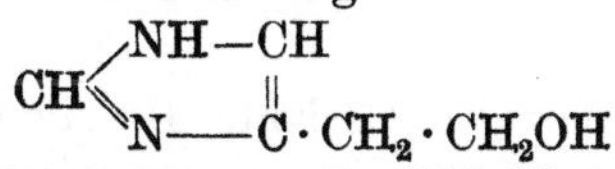 (Ehrlich).

Wie aus den quantitativen Bestimmungen des NH_3-N, des Gesamt-N und des Amino-N hervorgeht, spaltet B. proteus bei der Züchtung auf Histidin in Ringerlösung nur die seitenständige Aminogruppe ab, läßt aber den Imidazolkern intakt. Bacillus paratyph. A und B, Bacillus faecalis alcaligenes, Bacillus pyocyaneus bildeten dagegen sowohl aus den Seitenketten-N, wie aus dem Kern-N Ammoniak (Raistrick). Die Bakterien der Coli-Typhusgruppe Bacillus coli communis, Bacillus typhosus, Bacillus paratyphosus A und B, Bacillus enteritidis und Bacillus dysenteriae — bilden dabei in wechselnder Menge **Urocaninsäure (Imidazolacrylsäure)**

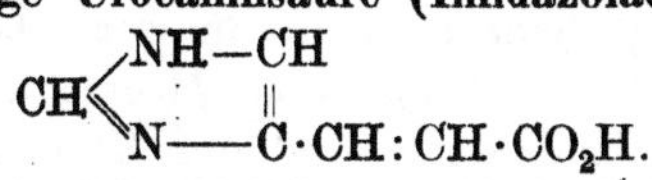

Zur Fäulnis wurden 2,7 g Histidinmonochlorhydrat mit 12,9 ccm n-Sodalösung neutralisiert, mit 1 l Säugetier-Ringerlösung verdünnt, sterilisiert, mit den 24stündigen Kulturen von 5 Agar-Röhrchen geimpft und 28 bis 40 Tage bei 37° belassen. Dann wurde die filtrierte Kulturflüssigkeit mit Salzsäure neutralisiert, zur Trockne gedampft, mit Methylalkohol extrahiert und die Urocaninsäure als Pikrat ausgefällt. Ausbeute 3,4 g als Pikrat aus 13,9 g Histidin bei Verwendung von B. paratyphosus B.

Die Urocaninsäure wurde von Jaffé in beträchtlicher Menge im Harn eines mit Nitrotoluol vergifteten Hundes vorgefunden. Siegfried isolierte sie aus dem Harn eines mit tellursaurem Natron vergifteten Hundes. Diese Vergiftung scheint aber zum Auftreten der Urocaninsäure in keiner Beziehung zu stehen, ebensowenig wie die Nitrotoluolvergiftung des Jafféschen Versuchstieres. Nach den neueren Arbeiten von Kotake und Konishi scheint die Imidazolacrylsäure ein normales Zwischenprodukt des Histidinabbaus zu sein (vgl. oben). Die Bildung von Urocaninsäure konnte auch einmal bei langdauernder tryptischer Verdauung von Casein festgestellt werden (Hunter). Doch erscheint dabei eine bakterielle Mitwirkung nicht ausgeschlossen. Eine Synthese der Urocaninsäure haben Barger und Ewins durch Einwirkung von Trimethylamin auf α-Chlor-β-Imidazolpropionsäure durchgeführt. Dagegen schlug die Darstellung aus dem Imidazolaldehyd fehl (Barger und Dakin). Die Urocaninsäure wurde auch von Barger und Ewins aus Ergothionein

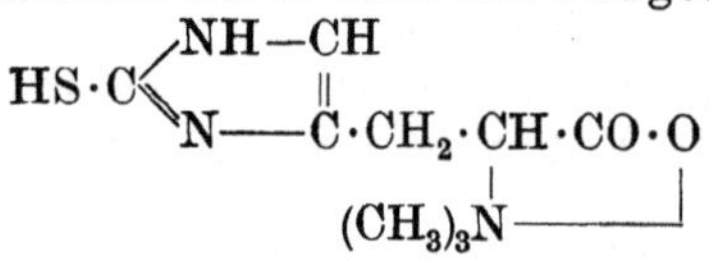

einem betainartigen Derivate des Histidins (vgl. S. 242) erhalten.

Die Umwandlung des Histamins im tierischen Organismus ist bis jetzt nicht näher bekannt geworden. Eine Erschwerung der Untersuchung liegt in der großen Giftigkeit der Base für den Warmblüter (vgl. S. 215). Nur bei langsamer Infusion gelingt es, Kaninchen intravenös beträchtliche Mengen einzuführen (Oehme; Guggenheim und Löffler). Es wird dann während und kurze Zeit nach der Infusion ein geringer Bruchteil der Base unverändert im Harn ausgeschieden. Die Hauptmenge wird in ein pharmakologisch unwirksames Imidazolderivat, wahrscheinlich Imidazolessigsäure verwandelt (Dale und Laidlaw). Diese Umwandlung erfolgt jedoch nicht in der überlebenden Leber (Guggenheim und Löffler). Vom Meerschweinchen wird das Histamin nur vom Dünndarm und der Bronchialschleimhaut in wirksamer Form aufgenommen, während vom Dickdarm und vom Magen aus keine Resorption erfolgt (Busson und Kirchbaum). Glycyl-β-Imidazolyläthylamin

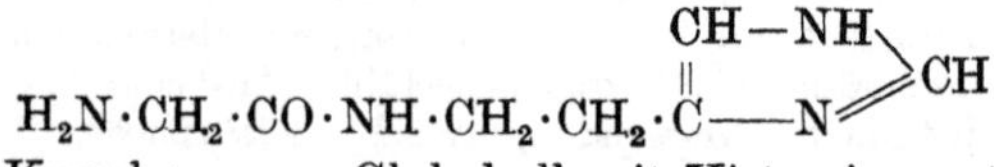

ein durch Kupplung von Glykokoll mit Histamin synthetisch erhaltenes Peptamin, wird vom Kaninchen nach intravenöser Verabreichung unverändert ausgeschieden (Guggenheim und Löffler).

Über die biochemische Umwandlung von Carnosin ist nichts Näheres bekannt. Durch Extrakte von Hundeleber und -muskeln wird es nicht gespalten (Baumann und Ingvaldsen), auch nicht durch peptische und tryptische Fermente, wohl aber durch Erepsin und durch die Fermente des Muskelfleisches (Clifford). Im Organismus der Warmblüter wird es abgebaut und vielleicht, wie das von Hopkins und aus Muskeln isolierte Glutathion, ein Dipeptid aus Glutaminsäure und Cystein, eine spezifische Funktion im intermediären Stoffwechsel.

Imidazol 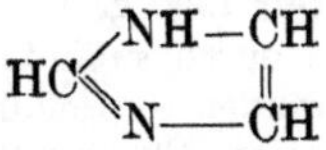 wird vom Menschen und Kaninchen nach oraler Verabreichung von Dosen von 0,25 g nicht vollständig verbrannt. Gegen 25% lassen sich im Harn nachweisen (Auvermann). Eine Zunahme der Oxalsäureausscheidung, herrührend von einer Oxydation des Imidazolkerns, ließ sich nicht feststellen. Benzimidazol scheint dagegen vollständig oxidiert zu werden.

Pharmakologisches Verhalten der Imidazolderivate.

Während das Histamin für den Kaltblüter nur wenig giftig ist, 10 mg bewirken beim Frosch nur eine rasch vorübergehende Depression des Zentralnervensystems, 20 mg werden ohne merkliche Vergiftungserscheinungen vertragen — erweist es sich für den Warmblüter als ein sehr starkes Gift. Bei Nagetieren ist der Effekt verschieden, je nachdem die Injektion subcutan oder intravenös erfolgt.

Bei einem Kaninchen mittlerer Größe hatte eine Dosis von 2 mg intravenös unregelmäßige Atmung und schwaches Aussetzen des Herzschlages zur Folge. Eine zweite Dosis von 2 mg, injiziert, bevor die Wirkungen der ersten verklungen waren, führte zum Tode (Dale und Laidlaw).

Die Dosis minimale letalis bei intravenöser Verabreichung beträgt etwa 3 mg pro kg (Leschke). Subcutan verträgt ein Kaninchen 12 mg pro kg, 15 mg pro kg wirken tödlich (Sieburg).

Für das Meerschweinchen beträgt die kleinste tödliche Dosis nach intravenöser Verabreichung 0,1 mg (Leschke). Nach subkutaner Verabreichung sterben die Tiere nach Injektion von 3,5 mg pro kg (Schenck). Nach vorhergehender Atropindarreichung sind die ertragenen Dosen etwas größer.

Bei der Katze tritt der Unterschied zwischen der Wirkung bei intravenöser und subcutaner Injektion nicht so deutlich hervor. Ein Tier, das einmal 10 mg und hierauf 20 mg intravenös bekommen hatte, erholte sich während der Nacht. Bei subcutaner Injektion von 50 mg zeigten sich ähnliche Erscheinungen wie bei einer geringen intravenösen Gabe. Es erfolgte ebenfalls Erholung des Tieres. Eine andere hochträchtige Katze erhielt 50 mg Histaminchlorhydrat subkutan. Periodische, starke Kontraktion des Uterus wechselten mit Erschlaffungen desselben. In der Nacht war der eine der beiden Foeten totgeboren worden, der zweite ebenfalls tot $5^1/_2$ Stunden nach der zweiten Injektion, welche am folgenden Abend mit 100 mg Histaminchlorhydrat gemacht wurde. Die Dosis maxima tolerata beträgt für die Katze bei subkutaner Einverleibung 25 mg, die Dosis prima letalis 34 mg (Sieburg).

Beim Affen gab Injektion von 8 mg bis 45 mg dieselben Erscheinungen mit wechselnder Intensität, Harn- und Kotentleerung, krampfhafte Atmung, Salivation, Schlafbedürfnis, Muskelentspannung, Erholung innerhalb 45 bis 66 Minuten. Tödliche Dosis bei 65 mg pro 1250 g.

Die Vergiftungserscheinungen, welche durch subkutane Injektion von Histamin beim Menschen hervorgerufen werden — Gefäßdilatation, Brechneigung, Bronchialkrämpfe, Magenkontraktion, Blutdrucksenkung — lassen sich durch gleichzeitige Injektion von Adrenalin größtenteils unterdrücken, so daß bei gleichzeitiger Injektion von 1,5 mg Adrenalin bis 15 mg Histamin ohne wesentliche Schädigung injiziert werden können (Schenck).

Der durch Histamininjektion am Warmblüter erzeugte Symptomenkomplex ist ziemlich komplizierter Natur und läßt sich vom pharmakologischen Gesichtspunkte aus nicht gut einheitlich charakterisieren. Dale und Laidlaw erblicken den Grundzug der Histaminwirkung in einer direkten Reizung der glatten Muskeln, an welcher je nach der Dosis eine gesteigerte rhythmische Tätigkeit oder ein vollständiger maximaler Tonus hervorgerufen wird. Daneben kann man auch die Wirkungen feststellen, die auf eine Reizung des parasympathischen Nervensystems deuten, sowie eine von jeder Innervation unabhängige Capillarerweiterung, während bei Einverleibung größerer Dosen auch eine Beeinflussung des zentralen Nervensystems bemerkbar ist.

Schenck findet dagegen zwischen der Wirkung des Histamins und derjenigen des Adrenalins und Tyramins einen weitgehenden, wenn auch keinen vollständigen Antagonismus und sieht daher in der Histaminwirkung eine Lähmung des Sympathicus bezw. der myoneuralen Zwischensubstanz. Auch das Verhalten des Capillargefäßsystems gegenüber Adrenalin (vgl. S. 218) und die größere Histaminempfindlichkeit paranephrektomierter Tiere deuten auf einen gewissen Antagonismus (Kellaway und Cowell). Die Adrenalinhyperglykämie und -glucosurie wird jedoch durch Histamininjektion weder beim intakten Tier noch in der isolierten Leber hemmend beeinflußt.

Zur genaueren Kennzeichnung sei im folgenden die Wirkung des Histamins auf die einzelnen Organe und Organsysteme eingehender beschrieben. Histamin bewirkt sowohl Gefäßverengerung wie Gefäßerweiterung; erstere betätigt sich ausschließlich an den

Arterien, letztere an den Capillaren (Dale und Richards). An Katzen und Hunden bewirkt Histamin bei Injektion kleiner Dosen oder bei langsamer Injektion größerer Mengen eine starke Blutdrucksenkung. Diese ist hauptsächlich peripherer Natur, bedingt durch eine Erschlaffung des Capillarsystems. Dadurch wird am ganzen Gefäßsystem eine relative Blutleere herbeigeführt, welche durch Plasmaaustritt aus dem in ihrem Endothel geschädigten Gefäßen noch vergrößert wird. Alle diese Umstände bedingen eine sich fortwährend vergrößernde Blutleere, ein immer stärkeres Absinken des Blutdrucks und eine Verringerung des Schlagvolumens, die sich trotz kräftiger Herzaktion bis zum vollständigen Erlöschen des Pulses vergrößern kann (Dale und Laidlaw; Rich). Bei zunehmender Injektion von 1—2 mg fällt der Druck zuerst steil ab, wahrscheinlich infolge einer Kontraktur der Pulmonalarterien. Dann steigt der Druck infolge Gefäßkontraktion wieder bis zur normalen Höhe, um schließlich definitiv abzusinken.

Diese als Histaminschock bezeichnete charakteristische Beeinflussung der Zirkulation ist bei Nagetieren — Kaninchen, Meerschweinchen — weniger deutlich ausgeprägt, weil sich hier die Verhältnisse durch die Wirkung des Histamins auf den Lungenkreislauf und die Bronchialmuskulatur komplizieren. Beim Kaninchen fehlt den Lebergefäßen die Fähigkeit in dieser Weise zu reagieren, so daß das Vergiftungsbild durch den Krampf in anderen Capillargebieten, vor allem jener der Pulmonar- und Darmgefäße beherrscht wird.

Mautner und Pick geben für den Histaminschock eine andere Erklärung. Danach wird die mangelhafte Füllung des rechten Herzens und der Blutdrucksturz namentlich durch den Verschluß der Abführungswege der Lebergefäße herbeigeführt. Eine Erweiterung der Capillaren und ein Plasmaverlust in den verschiedenen Gefäßgebieten treten zwar nicht auf, sie sind aber passiver und nicht aktiver Natur.

Auf eine passive Dehnung der Capillaren deuten auch die Versuche von Abe, welcher die unmittelbare Ursache der Capillarenerweiterung in einer Venenstauung erblickt, während Schenck eine durch Sympathicuslähmung hervorgerufene Erweiterung der zuführenden Arterien als primäre Histaminwirkung ansieht. Auch eine zeitweilige Dehnung des Capillargebietes durch mechanische Absperrung des Blutstroms in den Hauptvenen und

Hauptarterien bedingt eine ähnliche Capillarerweiterung und Gewebsschädigung wie Histamininjektion (Edwards).

Beim Meerschweinchen schließlich entsteht die tödliche Vergiftung durch den Krampf der Bronchialmuskulatur. Einen Beweis für diese Auffassung des Histaminschocks ergibt sich aus der Feststellung, daß das Histamin bei jenen Tierarten, bei denen es einen Blutdrucksturz herbeiführt, an der überlebenden Leber einen Verschluß der Venae hepaticae mit darauffolgender mächtiger Stauung und Erweiterung der Lebercapillaren auslöst, während bei jenen Tieren, auf welche das Histamin im Leben keinen Blutdrucksturz veranlaßt, an der isolierten Leber keine Sperrung der Lebervene und keine Leberstauung herbeigeführt wird. Die Fähigkeit der Leber mit einem Gefäßkrampf zu reagieren, scheint in der Reihe Hund, Katze, Affe, Kaninchen, Meerschweinchen abzunehmen.

In den verschiedenen isolierten Capillargebieten läßt sich die gefäßerweiternde Wirkung des Histamins leicht demonstrieren, wenn die Durchströmungsflüssigkeit rote Blutkörperchen und eine kleine Menge Adrenalin enthält; fehlt einer dieser Bestandteile, so ruft Histamin nur Gefäßverengerung hervor (Dale und Richards).

An den isolierten Gefäßen der Extremitäten, Lunge und Niere wirkt Histamin kontraktionserregend (Dale und Laidlaw). Die tonisierende Wirkung zeigt sich ebenfalls an den Streifen verschiedener Arterien (Barbour; Rothlin). Am isolierten Lungenkreislauf tritt die Wirkung in einer Drucksteigerung und einer Verkleinerung des Lungenvolumens zutage, welche durch Atropin und Vagotomie nicht beseitigt wird (Cloëtta und Anderes). Auf die isolierten Gefäße des Kaninchenohrs und der Froschextremität wirkt es kontrahierend, auf Splanchnicus und Lungengefäße des Frosches in kleinsten Gaben dilatierend, in stärkeren kontrahierend (Rothlin). Auf dem nach Läwen-Trendelenburgschen isolierten neuromuskulären Froschpräparat wirkt Histamin nicht ein, ist aber das Präparat zuvor mit einem konstriktorischen Mittel (Adrenalin) behandelt worden, so zeigt sich ein deutlich dilatierender Effekt (Handovsky und Pick). Eine Erweiterung erfolgt auch am isolierten Portalkreislauf der Froschleber (Morita, Beresin), an den Gefäßen der Frosch- und Schildkrötenlunge dagegen eine Kontraktion (Luckhardt und Carlson). Die

Kiemengefäße des Hechtes werden bei der künstlichen Durchblutung durch Histamin kontrahiert (Beresin).

Am isolierten Säugetierherzen zeigt sich nach vorübergehender bedeutender Frequenzabnahme eine erhebliche Steigerung der Frequenz und der Kontraktionsstärke. Erst sekundär kann sich eine Schwächung des Herzens ergeben, welche als Folge von Anämie und Kontraktion des Koronarkreislaufes auftritt (Einis). Die durch Histamin am isolierten Froschherzen bewirkte Frequenzabnahme ist durch eine Hemmung der Reizbildung bedingt. Am Froschherzen bewirkt Histamin in einer Verdünnung von 1:10000000 eine Verstärkung des Herzschlages, in größeren Dosen eine Beschleunigung des Rhythmus (Beresin).

Auf die Bronchialmuskulatur wirkt Histamin stark kontraktionserregend (Pal; Weber). Der Bronchialkrampf beruht auf einer parasympathischen Reizung und wird durch Nicotin, Caffein, Atropin und Emetin behoben, sowie durch Adrenalin (Pal; Pick und Wasicky). Auch an der isolierten Meerschweinchenlunge wird diese bronchokonstriktorische Wirkung sichtbar (Baehr und Pick). Sie fehlt jedoch am isolierten Bronchialmuskelstreifen (Trendelenburg).

Am isolierten Uterus von Katze, Kaninchen, Meerschweinchen, Mensch, wirkt Histamin noch in einer verdünnten Lösung kontraktionserregend. Die minimal wirksame Konzentration beträgt am Meerschweinchenuterus ca. 1:25000000. Die Wirkung wird durch Atropin nicht beeinflußt und tritt auch noch zutage, wenn der Uterus vorher mit Tyramin behandelt war, während sich nach Histaminvorbehandlung Tyramin, Adrenalin, Pilocarpin unwirksam erweisen (Fröhlich und Pick). Am Rattenuterus wirkt Histamin dagegen dilatierend (Guggenheim), ebenso in gewissen Konzentrationen am Mauseuterus (Cow; Abel und Macht).

Das Tenosin ist die wäßrige Lösung eines als Uterustonicum verwendeten Kombinationspräparates, das in 1 ccm 0,000125 g Histamin und 0,00625 g Tyramin enthält (Zimmermann; Jaeger; Krosz; Katz). Doch ist seine Wirkung nicht völlig gleich derjenigen der Mutterkornpräparate (Rübsamen, Spiro und Stoll).

Am Hund-, Katzen- und Kaninchendarm wirkt Histamin erregend (Vanysek; Olivecrona). Am überlebenden Meerschweinchendarm beträgt die minimal wirksame kontraktionserregende Dosis 1:500000000. Die Wirkung auf den Darm wird durch Atropin nicht beeinflußt. Zusatz von Gelatine, arabischem Gummi und Traganth zur Suspensionsflüssigkeit hemmt die Wirkung in beträchtlichem Maße (Löffler und Spiro). Histamin vermehrt auch die Magenperistaltik. An der Blase werden Kontraktionen ausgelöst, welche Harnausscheidung verursachen. Auch der Retractor penis erhält einen erhöhten Tonus, die Milz erfährt eine Verkleinerung infolge Kontraktion der Milzkapsel.

Die Wirkung des Histamins auf das zentrale Nervensystem kommt nach subcutaner Injektion in narkoseähnlichen Effekten zum Ausdruck. Namentlich an nicht anästhesierten Tieren zeigt sich bisweilen eine Pupillenverengerung ebenfalls zentralen Ursprungs (Dale und Laidlaw). Der gestreifte Muskel, sowie die motorischen Nerven werden nicht beeinflußt. Reibt man auf scarifizierte Haut eine verdünnte Histaminlösung — 1:1000 bis 1:50000 — so entwickeln sich urticariaähnliche, ödematöse Schwellungen, welche von Novocain und Cocain nicht verändert werden, unter dem Einfluß von Adrenalin dagegen bald zergehen (Eppinger und Guttmann; Sollmann; Schenk; Bloom).

Auf die Drüsen des Pankreas und der Magenschleimhaut wirkt Histamin wie eine parasympathische Reizung. Der fördernde Einfluß auf die Magensekretion zeigt sich am Magenfistelhund schon nach subcutaner Injektion von 0,003 mg pro kg. Nach Injektion von 0,03 mg secerniert ein 15 kg schwerer Hund ebensoviel Magensaft wie nach Einnahme einer Mahlzeit. Das Atropin verhindert die Wirkung. Nach intravenöser Injektion und oraler Verabreichung fehlt die Sekretionsförderung (Rothlin und Gundlach). Ein ähnliches Verhalten zeigt Histamin auch auf die Magensaftsekretion der Taube. Injiziert man es intravenös oder führt es in den Schnabel, Kropf oder Magen ein, so ist es ohne Wirkung. Dagegen erfolgt nach subcutaner oder intramuskulärer Injektion, sowie bei percutaner Einreibung eine bemerkenswerte Sekretionssteigerung (Koskowsky). Beim Menschen zeigt der mit der Schlundsonde entnommene Magensaft nach Injektion von 1—1,75 mg Histamin nicht nur eine Zunahme des Volumens, sondern auch eine Erhöhung der Acidität und des Pepsingehaltes (Carnot; Koskowsky und Libert; Matheson und Ammon). Über die Beeinflussung der Pankreas- und Duodenalsekretion ließen sich jedoch keine eindeutigen Feststellungen machen. Nach Popielski wird der sekretionsfördernde Einfluß durch Atropin nicht verhindert. Die Wirkung tritt nach ihm auch nach intravenöser Injektion auf und beruht auf einer direkten Reizung der Magendrüsen[1]).

Die fördernde Wirkung, welche das Histamin auf die Drüsen des Verdauungskanals ausübt, legte die Vermutung nahe, daß diese Base auf die bei Avitaminose auftretenden pathologischen Symptome, welche oft mit einer Sekretionshemmung parallel gehen, einen gewissen Einfluß hat. Die Entwicklung kachektischer Erscheinungen reisgefütteter Ratten läßt sich zwar durch Injektion von Histamin nicht verhindern, wohl aber verschwinden unter dem Einfluß kleiner Histamindosen die nervösen Anfälle, welche dem Tod der Tiere voranzugehen pflegen (Boyenval). Auch bei der reisgefütterten Taube wirken kleine Dosen Histamin antineuritisch, indem sie die Sekretion und Acidität des Magensaftes vermehren und damit die Verdaulichkeit des Reises erhöhen, allerdings ohne die Ausfallserscheinungen und den Tod der Versuchstiere zu verhindern (Koskowsky). Umgekehrt können die nach Methylimidazol auftretenden Vergiftungserscheinungen durch Vitaminzufuhr abgeschwächt werden. Die Histaminvergiftung läßt sich jedoch durch Vitamin nicht beeinflussen (Abderhalden und Ewald).

Daß das Histamin wahrscheinlich identisch ist mit dem aktiven Prinzip sekretinhaltiger Organextrakte ist schon S. 202 hervorgehoben worden. Dagegen scheint keine völlige Identität zu bestehen mit den Toxinen, welche bei traumatischem Schock, bei der Anaphylaxie und bei der Peptonvergiftung eine Rolle spielen. Wenn auch in gewissen Symptomen — Beeinflussung des Blutdrucks und des Gefäßendothels, Bronchospasmus — eine weitgehende Ähnlichkeit hervortritt (Dale und Laidlaw), so sind andererseits sowohl in chemischer wie in pharmakologischer Hinsicht Unterschiede festgestellt worden, die gegen eine Identität dieser beiden Gifte sprechen (vgl. hierzu Friedberger und Mitarbeiter; Heyde; Massini; Modrakowski; Biedl und Kraus, Loewit; Smith; Hanke und Koeßler). Auch bei der Blutgerinnung im Serum und in den Organextrakten und beim Zerfall der Blutplättchen treten pharmakologisch-aktive Substanzen auf, die gegenüber glattmuskulären Organen ein ähnliches pharmakologisches Verhalten zeigen wie Histamin (Kaufmann; Han-

[1]) Die Sekretion der Milchdrüsen wird durch Histamin nicht verändert (Rothlin, Plimmer und Husband).

dovsky und Pick; Guggenheim und Löffler; Rothlin und Freund).

Man hat auch versucht, die perniziöse Anämie des Menschen mit der Histaminvergiftung in Zusammenhang zu bringen, indem angenommen wurde, daß das im Darm gebildete Amin (vgl. S. 199) unter bestimmten pathologischen Verhältnissen mit anderen, auf bakteriellem Wege entstandenen proteinogenen Amine resorbiert wird und eine Zerstörung der roten Blutkörperchen herbeiführt. Eine derartige Veränderung des Blutbildes konnte von Heß und Müller an Ratten und Meerschweinchen nach länger fortgesetzter subcutaner Darreichung kleiner Dosen festgestellt werden. Diese Beobachtungen konnten jedoch in Versuchen an Meerschweinchen, denen monatelang subcutane Dosen von 1,9 mg injiziert wurden, nicht bestätigt werden (Schenck), ebensowenig an Kaninchen nach intravenöser und subcutaner Zufuhr (Paul). Auch am Menschen veränderte sich das Blutbild nach subcutaner Injektion von 2—8 mg nicht wesentlich. Die Leukocytenzahl blieb unverändert, Eosinophilie trat nicht auf (Schenck). Die Blutkonzentration wird durch Histamininjektion beim Kaninchen nicht verändert (Underhill und Roth), doch zeigt sich ein gewisser Einfluß auf die Blutkonzentration an nebennierenexstirpierten Hunden (Kellaway und Cowell). Die Atmungsgeschwindigkeit überlebender Muskelzellen wird durch Histaminzusatz nicht verändert (Adler und Lipschütz). Protozoen werden auch in konzentrierten Lösungen von Histamin (1:2000) nicht abgetötet (Hopkins).

Seitdem man im Histamin eine Substanz von so hervorragend pharmakologischer Wirksamkeit erkannt hat, hat man immer wieder versucht, durch Synthese von homologen Imidazolbasen zu Substanzen von ähnlicher Wirksamkeit zu gelangen. Im Stillen war man dabei wohl auch von dem Wunsche geleitet, es möchte das eine oder andere dieser Imidazolderivate dem aktiven Prinzip der Hypophyse nahestehen oder gar mit ihm identisch sein. Wenn diese Erwartung auch nicht erfüllt wurde, so bot die Untersuchung der verschiedenen Imidazolverbindungen doch ganz wertvolle Aufklärung zu dem Problem: chemische Konstitution und physiologische Wirkung. Auch hier zeigte sich wieder, daß geringfügige Änderungen im Molekül die Wirksamkeit ganz erheblich zu beeinflussen vermögen.

So besitzt das N-Methylhistamin

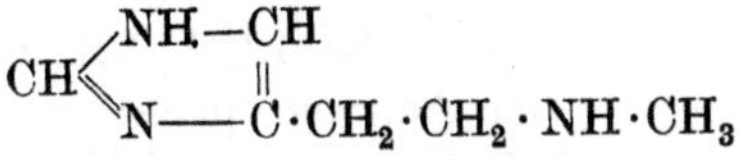

am Blutdruck der Katze nur 1/200, am Uterus 1/80 der Wirksamkeit des Histamins (Dale und Dudley; Fargher und Pyman).

Das Imidazolmethylamin 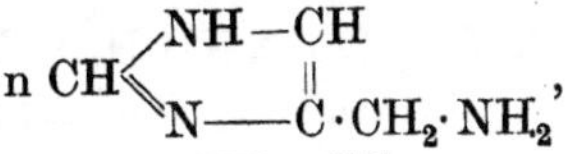, das β-Oxy-4,(5)-Aminoäthylimidazol 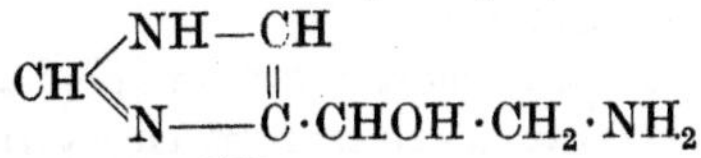 und das Imidazolbutylamin 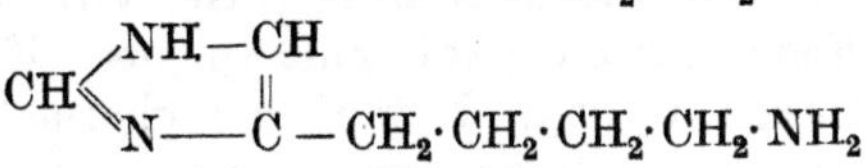 sind ebenfalls bedeutend weniger wirksam (Pyman).

Auch 4,(5)-Methyl-5,(4)-Aminomethylimidazol

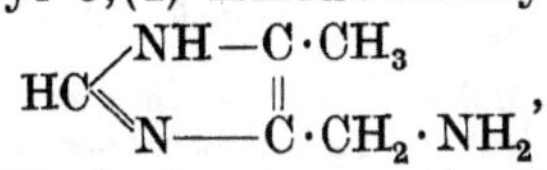,

4,(5)-Methyl-5,(4)-Methylaminomethylimidazol

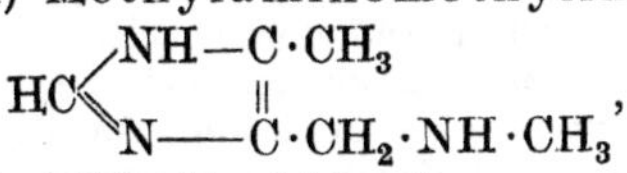,

1-Methyl-4-Aminoäthylimidazol

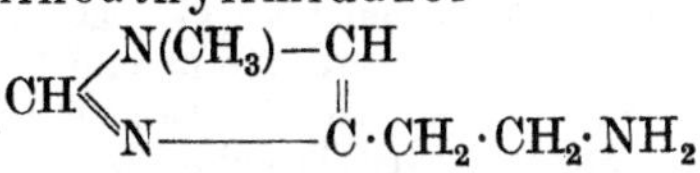

und 1-Methyl-5-Aminoäthylimidazol

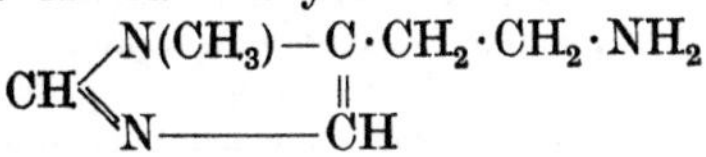

sind nur wenig wirksam, nur die Aktivität des 4,(5)-Methyl 5,(4) Aminoäthylimidazols 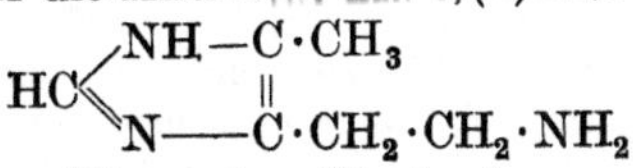 entspricht einigermaßen derjenigen des Histamins (Ewins).

Völlig wirkungslos ist 1-Aminoäthylimidazol

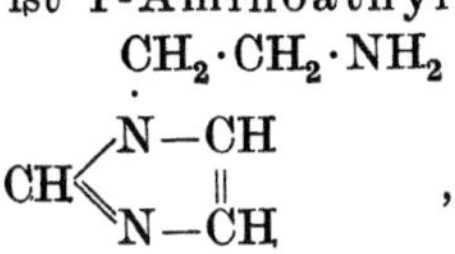,

ein Isomeres des Histamins, an welchem die Aminoäthylgruppe am Stickstoffatom haften (Barger, Privatmitteilung), ebenso der

Imidazoläthylalkohol 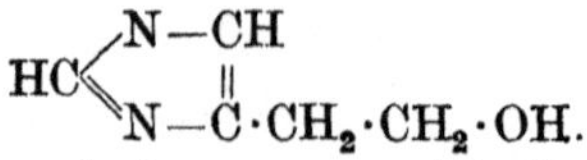

Auch die Acylierung der Aminogruppe setzt die Wirksamkeit bedeutend herab. Glycylimidazolyläthylamin

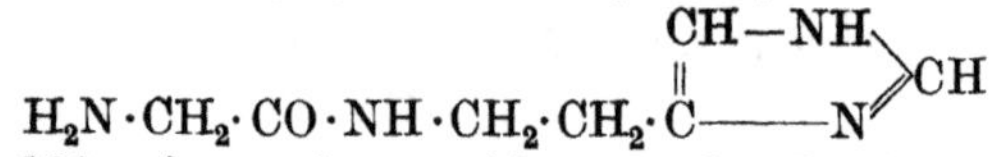

ist etwa 100mal weniger wirksam als Imidazolyläthylamin (Guggenheim).

Das quaternäre Derivat des Histamins, das Imidazolyläthyltrimethylammoniumhydroxyd besitzt curareartige Eigenschaften (Ackermann und Kutscher). Histidin und Carnosin, vgl. S. 209, sind pharmakologisch unwirksam (Kutscher und Lohmann).

Das Imidazol 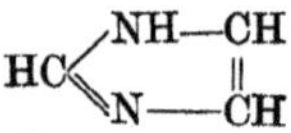 selbst besitzt eine, wenn auch nicht so hervorragende Wirksamkeit wie das Histamin (Auvermann).

Am Kaninchen bewirkt es nach subcutaner Verabreichung von 0,25 g nur unbedeutende und rasch vorübergehende Symptome. An der Katze rufen dagegen entsprechende Dosen eine deutliche Temperatursenkung hervor. Intravenöse Injektionen bewirkten bei kleinen Dosen eine leichte Steigerung des Blutdruckes ohne Änderung der Pulsfrequenz. Gibt man mehr als 0,05, so sinkt die Pulsfrequenz sehr stark, trotzdem bleibt aber der Blutdruck auf gleicher Höhe oder steigt sogar noch etwas an. Die Drucksteigerung ist demnach peripherer Natur und beruht nicht auf einer Beeinflussung des Herzens. Dieses wird im Gegenteil durch höhere Dosen ungünstig beeinflußt. Am isolierten Froschherzen zeigen 0,1% erst eine Verminderung der Amplitude, dann eine Herabsetzung der Frequenz. Am Läwen-Trendelenburgschen Froschgefäßpräparat bewirkte eine kleine Dosis (1 mg) eine unwesentliche Erweiterung, eine größere (2 mg) eine deutliche Kontraktion. Der isolierte, wie auch der puerperale Meerschweinchenuterus reagierten auf relativ kleine Dosen von Imidazol mit starker Kontraktion. Beim Menschen bleiben jedoch intramuskuläre und intravenöse Injektionen von 0,1 und 0,25 g ohne sichtbare Wirkung auf den puerperalen Uterus. Der überlebende Kaninchendarm wird bei einer Konzentration von etwa 1:10000 stark kontrahiert. Die Pupille des Katzenauges wird durch Instillation von 5%iger Lösung nicht verändert.

Benzimidazol 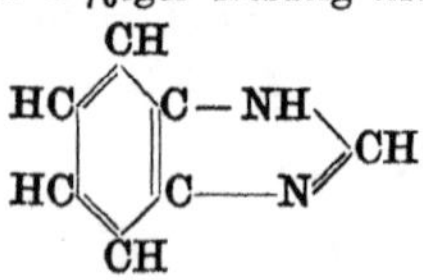 ist relativ ungiftig.

Mehrfache Dosen von 0,25 g werden gut vertragen. Außer einer geringen Narkose treten keine Wirkungen hervor. Blutdruck und Atmung bleiben unbeeinflußt. Am isolierten Froschherzen verminderte selbst eine 2,5%ige Lösung nur die Frequenz für einige Zeit, dann erfolgte ohne Ausspülung spontane Erholung. Die Froschgefäße werden nicht kontrahiert. Der überlebende Kaninchendarm und der Meerschweinchenuterus zeigen eine ausgesprochene Lähmung. Das enukleierte Froschauge ließ eine deutliche Mydriasis erkennen.

Methylbenzimidazol wirkt ähnlich wie das Benzimidazol, nur ist die Wirkung am isolierten Froschherzen etwas stärker. Phenylbenzimidazol ist wirkungslos. Das Triphenyldihydroimidazol 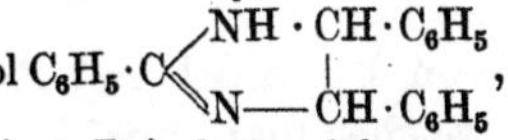, das Amarin, ist sehr giftig, 0,02 g bewirken sofort Zirkulationslähmung. Auf den Darm wirkt es erschlaffend. Das Lophin oder Triphenylimidazol

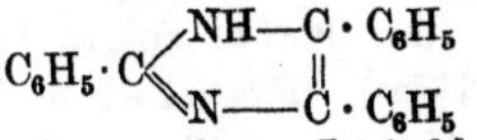

dagegen ist unwirksam¹, wahrscheinlich infolge seiner geringen Löslichkeit.

Einige Halogensubstitutionsprodukte des 4(5)-Methylimidazols sind von Gundermann pharmakologisch geprüft worden. Die Untersuchungen bestanden im wesentlichen in Feststellung der letalen Dosis bezw. der Giftigkeit bei gleichzeitiger Kontrolle der Pulszahl und der Atemfrequenz.

Die Substanzen wurden oral oder subkutan gegeben. 0,2 g 5.4.2-Tribromimidazol per os töteten einen $6^1/_2$ kg schweren Hund in 2 Stunden, 4-Monojod-5-methylimidazol tötet in Dosen von 0,3 g per os, 5.4-Dijod-2-methylimidazol in Dosen von 0,4 g, 5.4.2-Trijodimidazol in Dosen von 0,6 g. Von letzterem werden 0,5 g täglich mehrere Tage anscheinend ohne Schädigung vertragen. Beim 2.3.4.5-Tetrajodimidazol war keine Wirkung festzustellen, was wahrscheinlich auf ungünstige Resorptionsverhältnisse zurückzuführen ist.

Zu den 1-Methylimidazolverbindungen gehört auch das Pilocarpin, das als 1-Methylimidazol-Oxyfettsäurelacton

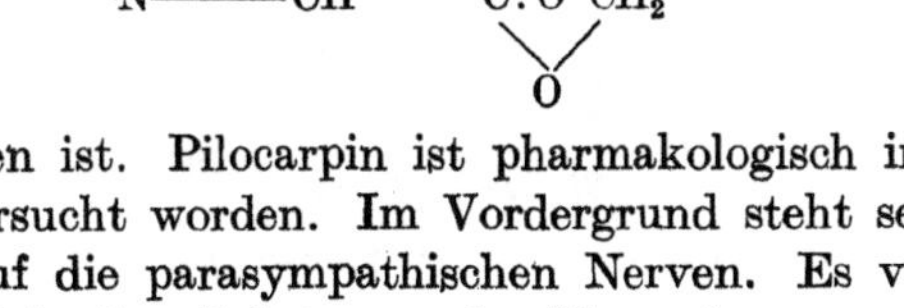

anzusprechen ist. Pilocarpin ist pharmakologisch in eingehender Weise untersucht worden. Im Vordergrund steht seine fördernde Wirkung auf die parasympathischen Nerven. Es verhält sich in dieser Hinsicht den Substanzen der Muscaringruppe völlig analog. Maßgebend scheint für diese Wirkung vor allem die acylierte Oxygruppe zu sein. Während bei den Substanzen der Cholin-Muscaringruppe der Acylrest nur durch die Anhydridbindung in das Alkanolamin eingeführt ist, befindet sich beim Pilocarpin die das alkoholische Hydroxyl acylierende Gruppe im Molekül selbst. In gleicher Weise aber, wie bei den Acylcholinen, wo die Abspaltung der Acylgruppe eine Inaktivierung herbeiführt, bedingt die Aufspaltung des Lactonringes beim Pilocarpin eine Inaktivierung desselben. Die Pilocarpinsäure ist völlig inaktiv.

Tetrahydropyrido-3,4-Imidazol 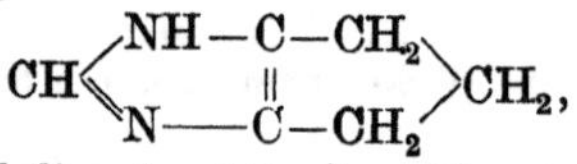, von Fränkel und Zeimer. als Imidazolylisopiperidin bezeichnet, welches man durch Einwirkung von Methylal auf Histamin erhält, besitzt am überlebenden Meerschweinchenuterus nur $^1/_{1500}$ der Wirksamkeit des Histamins. Am Blutdruck der Katze zeigte es sich vollständig unwirksam (Dale und Dudley). Fränkel und Zeimer hatten der Substanz eine dem Histamin überlegene Aktivität zugeschrieben, wahrscheinlich aber nur ein mit Histamin verunreinigtes Reaktionsprodukt in Händen gehabt.

Das dem Histidin entsprechende Homologe der Furanreihe, das Furylalanin 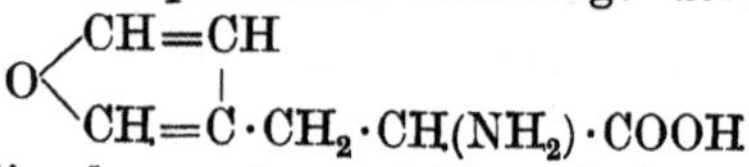 erwies sich als giftig, ebenso die daraus hergestellten Amine, das Furyläthylamin 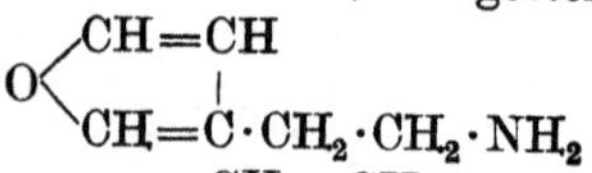 und das Tetrahydrofuryläthylamin 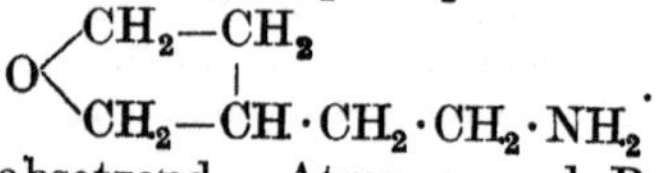. Furyläthylamin wirkt blutdruckherabsetzend. Atmung und Puls werden nicht beeinflußt. Am überlebenden Meerschweinchenuterus wird eine Tonussteigerung hervorgerufen. Die Wirksamkeit beträgt etwa $^1/_4$ derjenigen des Hydrastinins. Das Tetrahydrofuryläthylamin hat in Dosen von 5 mg keine Wirkung auf den Blutdruck der Katze. Die Uteruswirkung ist etwa $^1/_2$ so groß wie beim Hydrastinin. Furylmethylamin 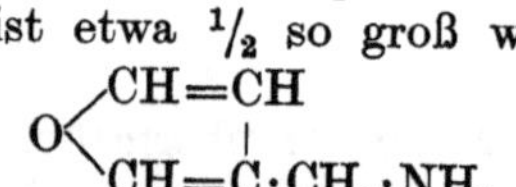 ist weniger wirksam als Furyläthylamin (Windaus und Dalmer).

Eigenschaften und Salze, Bestimmung und Nachweis von Imidazolderivaten.

Imidazol 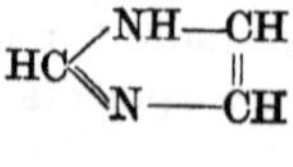 farblose, dicke Prismen, Schmelzpunkt 90°,

Siedepunkt 256°. Sehr leicht löslich in Wasser und Alkohol, etwas löslich in Äther. Die wäßrige Lösung gibt mit Silbernitrat Imidazolsilber $C_3H_3N_2Ag$. — Nitrat $C_3H_4N_2 \cdot HNO_3$, Schmelzpunkt 118°, leicht löslich in Wasser und Alkohol. — Saures Oxalat, in heißem Wasser viel leichter löslich als in kaltem. — Chloroplatinat, orangerote Prismen, geht beim Erhitzen auf 200° ohne zu schmelzen in die hellgelbe Verbindung $(C_3H_4N_2)_2PtCl_4$ über.

4(5)-Methylimidazol 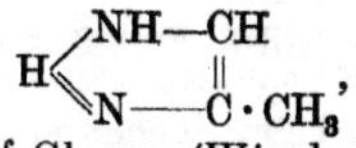, Darstellung durch Einwirkung von $Zn(OH)_2 + NH_3$ auf Glucose (Windaus und Knoop). Hygroskopische Krystalle, leicht löslich in Wasser und Alkohol, wenig löslich in Äther. Schmelzpunkt 55°. — Oxalat aus 75%igem Aceton, Schmelzpunkt 205° bis 206°. — Pikrat, Prismen, Schmelzpunkt 159—160°. — Pikrolonat, Nadeln aus Alkohol, Schmelzpunkt 287—288,5°. — Chloroplatinat, wenig löslich in kaltem Wasser, Schmelzpunkt 206°. — Chloraurat, gelbe Nadeln, Schmelzpunkt 200°.

Imidazolyläthylamin = Histamin 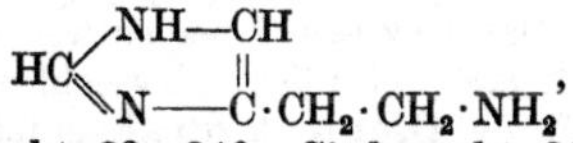, farblose Nadeln aus Chloroform. Schmelzpunkt 83—84°. Siedepunkt 209—210°, sehr zerfließlich, sehr leicht löslich in Wasser und Alkohol, leicht löslich in heißem Chloroform, unlöslich in Äther (Pyman). — Dichlorhydrat $C_5H_9N_3 \cdot 2HCl$, leicht löslich in Wasser und Methylalkohol, Schmelzpunkt 240° (Windaus und Vogt). — Dibromhydrat, Schmelzpunkt 284°. — Phosphat $C_5H_9N_3 \cdot 2H_3PO_4$, vierseitige monokline Prismen aus Wasser, Schmelzpunkt 132—133° nach vorherigem Sintern, leicht löslich in heißem Wasser. — Monopikrat $C_5H_9N_3 \cdot C_6H_3O_7N_3$, Nadeln aus Wasser, Schmelzpunkt 233—234°. — Dipikrat $C_5H_9N_3 \cdot 2C_6H_3N_3O_7$, tiefgelbe, rhombische Prismen aus Wasser. — Dipikrolonat $C_{25}H_{25}O_{10}N_{11}$, Schmelzpunkt 262—264° (Ewins und Pyman). — Chloroplatinat $C_5H_9N_3 \cdot H_2PtCl_6$, Prismen aus Wasser, färbt sich oberhalb 200° grauschwarz, ohne zu schmelzen, leicht löslich in heißem Wasser, sehr wenig löslich in Alkohol. — Chloraurat $C_5H_9N_3(HAuCl_4)$, wenig löslich in kaltem Wasser, leicht löslich in heißem Wasser, Schmelzpunkt 200—210°. — Phosphorwolframat $(C_5H_9N_3)_3 \cdot 2H_3PO_4 \cdot 24WO_3$, wenig löslich in Wasser, leicht löslich in Aceton und Alkohol.

Imidazoläthylalkohol 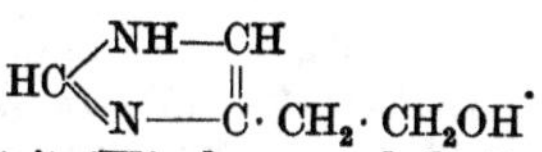. Darstellung aus Histidinsulfat und Bariumnitrit (Windaus und Opitz). — Hydrochlorid, Nadeln. — Chloroplatinat, orangegelbe Nadeln aus absolutem Alkohol + Äther, Schmelzpunkt 175°, sehr leicht löslich in Wasser, wenig löslich in absolutem Alkohol. — Pikrolonat, Nadeln, Schmelzpunkt 246°, wenig löslich in Wasser und Alkohol.

Imidazolaminoessigsäure 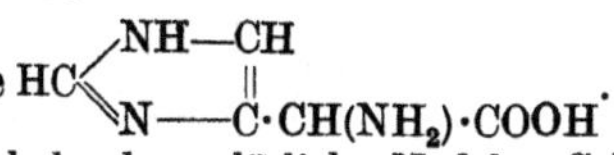. — Pikrolonat, kurze, in Wasser und Alkohol schwer lösliche Nadeln, Schmelzpunkt 244° (vgl. Fußnote S. 207).

l-Histidin = Imidazolaminopropionsäure $HC\langle\begin{matrix} N-CH \\ \| \\ N-C\cdot CH_2\cdot CH(NH_2)\cdot CO_2H \end{matrix}$,
Krystalle aus Wasser, Schmelzpunkt 287—288°, wenig löslich in kaltem Wasser. Die wäßrige Lösung reagiert alkalisch. $[\alpha]_D$ der freien Base in 3,3%iger wäßriger Lösung —39,74°, des Monochlorhydrates in 2,594%iger Lösung +1,74° und des Dichlorhydrates in 4,828%iger Lösung +5,32°, des Dichlorhydrates +2HCl in 3,38%iger Lösung +6,46° (Kossel und Kutscher). Beim Erhitzen mit 20%iger Salzsäure auf 120° erfolgt Racemisierung (Fränkel), noch leichter beim Kochen mit Alkalien (Abderhalden und Weil; Ewins und Pyman). Mit Bromwasser entsteht in der Wärme eine rötliche bis dunkelweinrote Färbung, zuletzt Ausscheidung von schwarzen Flocken. In neutraler Lösung entsteht mit Silbernitrat keine Fällung, wohl aber in Gegenwart von Ammoniak oder Baryt. Quecksilbersulfat fällt in schwefelsaurer Lösung (vgl. S. 208). Mit Diazoniumsalzen entstehen rot gefärbte Azofarbstoffe (Paulische Reaktion). Die Biuretreaktion ist positiv. — Monochlorhydrat $C_6H_9O_2N_3\cdot HCl + H_2O$, aus Wasser in rhombischen Tafeln. Das Krystallwasser entweicht bei 140°. Nach Abderhalden und Einbeck erst bei 165°. Erweicht zwischen 160 und 165° und schmilzt bei 245°. — Dichlorhydrat entsteht aus dem Monochlorhydrat beim Umkrystallisieren aus konzentrierter HCl. Es enthält kein Krystallwasser und schmilzt bei 231—233° (Kossel und Kutscher; Bauer), bei 245° (Abderhalden und Einbeck). — Monopikrolonat $C_6H_9N_3O_2\cdot C_{10}H_8N_4O_5$, mikroskopische Nadeln aus Wasser vom Schmelzpunkt 232°. In kaltem Wasser 1:300, in heißem 1:80 löslich. — Dipikrolonat $C_6H_9N_3O_2\cdot 2C_{10}H_8N_4O_5$, konzentrisch gruppierte Nadeln, löslich in heißem Wasser, Schmelzpunkt 225° (Abderhalden und Einbeck). — d,l-Dipikrat $C_{18}H_{15}O_{16}N_9 + 2H_2O$, gelbe Tafeln aus Wasser, zersetzt sich wasserfrei bei 190°. Leicht löslich in Alkohol, wenig löslich in kaltem Wasser. — Monopikrat $C_{12}H_{12}O_9N_6 + H_2O$, Tafeln aus Wasser, zersetzt sich bei 180—181° (Ewins und Pyman, Pyman). — Phosphorwolframat $(C_6H_9O_2N_3)_3 2H_3PO_4\cdot 24WO_3$ (Wechsler), $15H_2O$ (Drummond), rhombische Krystalle aus Wasser oder Alkohol, sehr leicht löslich in Aceton und Methylalkohol, wenig löslich in Wasser und Alkohol.

Carnosin = β-Alanylhistidin $C_9H_{14}N_4O_3$, mikroskopische, flache Nädelchen, leicht löslich in Wasser. Schmelzpunkt 241—245° unter Zersetzung. $[\alpha]_D$ einer 13%igen Lösung = +25,0° (Gulewitsch). — Nitrat $C_9H_{14}N_4O_3\cdot HNO_3$, strahlig krystallinische Masse oder sternförmige Drusen, in Wasser sehr leicht löslich, Schmelzpunkt 212—213°. In wäßriger 5,67%iger Lösung $[\alpha]_D = +22,3°$. Die Reaktion des Salzes ist schwach sauer, es enthält kein Krystallwasser. — Carnosinsilber $C_9H_{12}N_4O_3Ag_2 + H_2O$ entsteht aus dem löslichen sauren Nitrat beim Neutralisieren mit NaOH, nicht aber mit NH_3, kurzer, feinfaseriger Niederschlag, der beim Stehen etwas gallertartig wird. Wenig löslich in kaltem Wasser, zersetzt sich bei 195°. — Carnosinkupfer $C_9H_{14}N_4O_3\cdot CuO$, kleine, dunkelblaue Krystalle, zersetzt sich bei 220° ohne zu schmelzen, in Wasser schwer löslich (Mauthner). — Eine 2,5%ige Lösung fällt nicht mit H_2PtCl_6. Pikrinsäure gibt nur eine schwache Trübung, Goldchlorid und $KBiJ_4$ geben Fällungen, ebenso Mercurinitrat und Mercurisulfat. Eine gesättigte, wäßrige Sublimatlösung fällt noch in einer Konzentration von 1:9000 (nach 24 Stunden) und 25%ige in einer Lösung von 1:20000. Die Gegenwart organischer Salze (speziell Acetate) erhöht die Löslichkeit dieser Niederschläge. 20%ige Tanninlösung fällt phosphorsaures oder milchsaures Carnosin teilweise aus. Über die Reaktion mit Diazobenzolsulfosäure vgl. S. 210.

Imidazolmonocarbonsäure 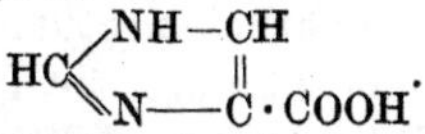. Bildung vgl. Knoop. Krystalle aus Wasser und Alkohol oder Aceton. Zersetzungspunkt 286°, leicht löslich in Wasser, unlöslich in den organischen Lösungsmitteln. Sublimat fällt, mit $AgNO_3$ gallertartigen Niederschlag.

Imidazolessigsäure $C_5H_6O_2N_2 + H_2O$. Bildung vgl. Knoop; Hanke und Koeßler). Fächerförmig angeordnete Nadeln aus Wasser + Aceton. — Dichlorhydrat, Prismen, Schmelzpunkt 230°, unlöslich in Alkohol.

Imidazolpropionsäure 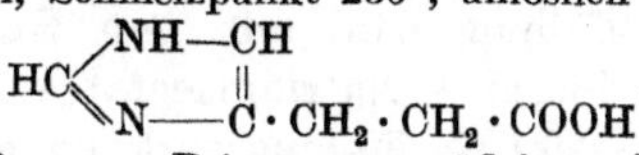. Bildung vgl. Knoop und Windaus; Pyman. Prismen aus wäßrigem Aceton. Schmelzpunkt 208—209°. Leicht löslich in Wasser, wenig löslich in Alkohol, fast unlöslich in Aceton. — Nitrat, Zersetzungspunkt zwischen 143—148°. — Chloroplatinat, gelbrote Würfel, Zersetzungspunkt 209°.

Imidazoloxypropionsäure 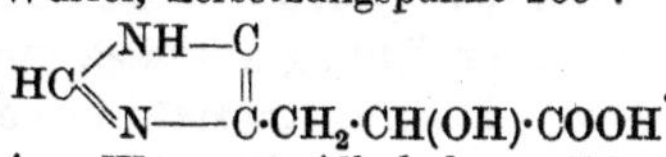. Darstellung vgl. Fränkel; Pyman. Aus Wasser + Alkohol rosettenartige, seidenglänzende Prismen, Schmelzpunkt 204°. 1 Mol. Krystallwasser geht bei 110° weg. Die d,l-Imidazoloxypropionsäure schmilzt bei 222° (Pyman).

Imidazolacrylsäure = Urocaninsäure

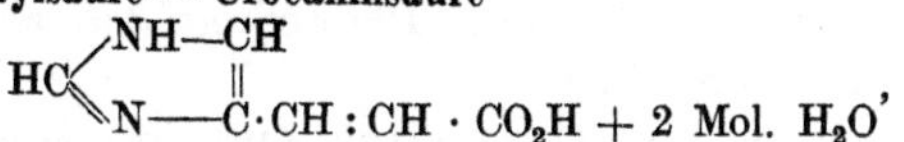,

dünne Nadeln (oder Prismen) aus heißem Wasser. Schmelzpunkt 212—213° (Jaffé), 222—229° (Siegfried). Sehr wenig löslich in kaltem, leicht löslich in heißem Wasser. — Ba-Salz $C_{12}H_{10}N_4O_4Ba + 8\,H_2O$, feine, zu Büscheln vereinigte Nadeln. 6 Moleküle entweichen bei 100°, 2 Moleküle bei 150°. — Hydrochlorid $C_6H_6N_2O_2 \cdot HCl$, feine, nadelförmige, rhombische Blättchen aus heißer Salzsäure, leicht löslich in Wasser. — Phosphorwolframat, Würfel oder rechteckige Prismen, löslich in heißem Wasser. — Pikrolonat, fällt aus Wasser gelatinös, aus Alkohol körnig, Nadelbüschel aus heißem, 25%igen Alkohol. Färbt sich bei 203° dunkel und verfärbt sich bei 268°. — Pikrat, irisierende Prismen, Schmelzpunkt 224—226°.

Um die Imidazolderivate aus dem mit Phosphorwolframsäure fällbaren Basengemisch zu isolieren, kann man entweder die Schwerlöslichkeit der Quecksilber- oder der Silberverbindung benützen. Die Methoden sind namentlich für das Histidin ausgearbeitet worden.

Die Silberverbindungen der Histidingruppe fallen mit barytalkalischer Silbernitratlösung schon bei einer geringeren Alkalinität wie die Silberverbindungen der Guanidingruppe. Auf diesem Umstand beruht die Trennung dieser beiden Gruppen, die schon früher (S. 189) besprochen worden ist. Die Ausscheidung von Histidin und Imidazol beginnt schon bei saurer Reaktion und ist bei Eintritt der Phenolphthaleinrötung beendet. Carnosin gibt bei saurer Reaktion keine Fällung, die Fällung ist jedoch ebenfalls beendet, wenn das Filtrat Phenolphthalein rötet (Kossel und Edlbacher).

Auf die Fällbarkeit der Quecksilberverbindung in neutraler oder schwach alkalischer Lösung beruht die S. 208 beschriebene Darstellung des Histidins aus den Eiweißhydrolysaten. Eine unvollständige Fällung wird mit dem Engelandschen Reagens — Quecksilberchlorid + Natriumacetat — erzielt.

Die wenig selektive Fällungswirkung des Quecksilberchlorids bringt aber in den Quecksilberniederschlag noch andere basische Substanzen, so daß aus einem komplizierteren Gemisch von basischen Produkten, selbst wenn der Sublimatfällung eine Phosphorwolframsäurefällung vorausgegangen ist, nicht nur Histidin gefällt wird. Dessen Krystallisation wird durch diese Beimengungen oft verhindert. Zur Abtrennung des Histidins aus den Mutterlaugen kann seine Eigenschaft mit Quecksilbersulfat in schwefelsaurer Lösung auszufallen, herbeigezogen werden (Kossel und Patten). Auch die Darstellung der schwer löslichen Pikrolonate führt zum Ziele.

Die Isolierung des Carnosins aus den Muskelextrakten erfolgt entweder nach dem Gange der Kossel- und Kutscherschen Methode über die Phosphorwolframsäurefällung mit barytalkalischer Silbernitratlösung, oder man ersetzt die Phosphorwolframsäurefällung durch eine Fällung mit Quecksilbersulfat in 5%iger Schwefelsäure. Hierüber und über die colorimetrische Bestimmung vgl. S. 210.

Zur Isolierung des Histamins kann man oft ohne vorhergehende Fällungen mit Phosphorwolframsäure oder Silbernitrat + Baryt oder Quecksilbersalzen direkt das schwer lösliche Pikrat herstellen.

Zum biologischen Nachweis des Histamins eignet sich seine tonussteigernde Wirkung auf die glatte Muskulatur überlebender Organe, speziell des Uterus und des Meerschweinchendünndarms (Guggenheim und Löffler). Es läßt sich mit diesen Testobjekten noch in einer Verdünnung von 1:200000000 deutlich nachweisen. Die kontraktionsfördernden Eigenschaften werden durch Einwirkung von Alkalien nicht vernichtet.

Zum qualitativen und colorimetrischen Nachweis von Imidazolderivaten verwendet man vor allem die Paulysche Diazoreaktion, welche darauf beruht, daß Imidazolderivate mit einer alkalischen Lösung diazotierter Sulfanilsäure eine kirschrote Farbe geben. Diese Reaktion tritt mit Histidin noch in einer Verdünnung von 1:100000 auf (Inouye). Da auch Tyrosin unter den gleichen Bedingungen einen braunroten Farbstoff liefert, ist es nötig, bei gleichzeitiger Anwesenheit dieser Aminosäure ein Differenzierungsverfahren auszuüben. Friedmann und Gutmann erstrebten dies auf Grund der Verschiedenartigkeit der beiden Farbstoffe. Filtrierpapier färbt sich mit dem Histidinfarbstoff in alkalischer Lösung orangerot, in saurer citronengelb, mit der Azoverbindung des Tyrosins rotbraun in alkalischer Lösung, gelbbraun in saurer. Ein eindeutigeres Resultat läßt sich nach dem Verfahren von Inouye erhalten, welcher Tyrosin nach Schotten und Baumann in Benzoyltyrosin überführt, in welchem Zustand es mit der Diazolösung keinen Farbstoff mehr bildet, während das gleichfalls entstandene Benzoylhistidin in unveränderter Weise mit der Diazobenzolsulfosäure reagiert.

Da das an der Carboxylgruppe besetzte Histidin durch Benzoylchlorid in alkalischer Lösung aufgespalten wird, ist das Differenzierungsverfahren von Inouye bei solchen Histidinderivaten nicht anwendbar, bei welchen die Carboxylgruppe besetzt ist. Dies ist bei allen nicht hydrolysierten Eiweißkörpern der Fall. Um auch bei diesen Histidin neben Tyrosin nachweisen zu können, reduzierte Totani die gebildeten Azofarbstoffe mit Zinkstaub und Salzsäure. Macht man die reduzierten Lösungen mit Ammoniak alkalisch, so wird die histidinhaltige Lösung goldgelb, die tyrosinhaltige rosa. Die goldgelbe Farbe tritt noch auf in einer Verdünnung von 1:100000, sie ist spezifisch für Histidin, deutlich aber nur in einer Verdünnung von 1:20000. Die Rosafarbe des Tyrosins ist nicht spezifisch, sie wird mit H_2O_2 zerstört, während die goldgelbe Farbe des Histidins diesem Reagens gegenüber beständig ist.

Weiß und Ssobolew haben die Paulysche Diazoreaktion zu einem quantitativen Bestimmungsverfahren ausgearbeitet.

Zur Ausführung muß zunächst Histidin nach dem von Kossel und Kutscher angegebenen Verfahren isoliert werden. Als Reagens dient ein frisch bereitetes Gemenge einer salzsauren, 1%igen Sulfanilsäurelösung mit ½%iger Natriumnitritlösung (1:2). 1½ ccm davon werden mit 10 ccm der zu prüfenden, entsprechend verdünnten Flüssigkeit gemengt, dann 3 ccm 10%ige Na_2CO_3-Lösung hinzugefügt. Die entstehende Rotfärbung wird mit einer analog behandelten Standardlösung von salzsaurem Histidin 1:10000 (1,5 ccm Reagens + 10 ccm Histidinlösung + 3 ccm Na_2CO_3-Lösung) colorimetrisch verglichen, indem derjenige Verdünnungsgrad ermittelt wird, bei dem Probe und Testflüssigkeit die gleiche Farbintensität aufweisen.

Lautenschläger hat in neuester Zeit drei Verfahren zur titrimetrischen Bestimmung von freiem und intraprotein gebundenem Histidin ausgearbeitet, die auch auf andere Imidazolderivate anwendbar sind. Ihr Prinzip soll nachstehend kurz beschrieben werden.

1. Das Silberverfahren: Es beruht darauf, daß man zu der neutralen Lösung, deren Histidingehalt bestimmt werden soll, Silbernitratlösung von bekanntem Gehalt aus einer Bürette hinzutropfen läßt, bis eine Tüpfelprobe mit einer sodaalkalischen Lösung von p-Diazobenzolsulfosäure keine Rotfärbung mehr ergibt. Da nur die freie Base mit Diazokörpern unter Bildung von Farbstoffen reagiert, während die Silbersalze keine Farbenreaktionen geben, so kann der Endpunkt der Titration an dem Ausbleiben der Rotfärbung erkannt werden, je 1 Molekül Imidazol entspricht 1 Atom Ag, 1 Molekül Histidin 2 Atomen Ag. 1 Molekül Histidinmethylester 3 Atomen Ag. Bei Gegenwart von anderen Aminosäuren — Glykokoll, Alanin, Arginin — ist die Methode nicht anwendbar, da sich diese ebenfalls mit Ag-Nitrat umsetzen; hingegen können auch andere mit Diazolösung kuppelnde Imidazolverbindungen wie Guanin, Theophyllin, Adenin ziemlich genau titriert werden. Die Titration erfolgt mit $^1/_{10}$-n oder mit $^1/_{100}$-n Ag-Lösung, entweder analog dem Mohrschen Verfahren direkt, oder nach Volhard.

2. Titration mit Diazolösungen. Sie beruht auf der Fähigkeit der Imidazolverbindungen, mit Diazolösungen unter Bildung von Azofarbstoffen zu kuppeln. Man fügt eine Lösung von p-Diazobenzolsulfosäure zu der zu bestimmenden Lösung der Imidazolverbindungen und ermittelt durch Tüpfelproben den Moment, wo sich überschüssige Diazolösung vorfindet. Die Tüpfelproben werden mit technischem K-Salz (1:8:4:6-amidonaphtholdisulfosaures Natrium) oder H-Salz (1:8:3:6-amidonaphtholdisulfosaures Natrium) ausgeführt, welche mit p-Diazobenzolsulfosäure einen bedeutend dunkleren (tiefvioletten) Farbstoff liefern als die Imidazolverbindungen. Die zur Titration verwendete p-Diazobenzolsulfosäurelösung wird dadurch hergestellt, daß man kurz vor der Titration eine $^1/_5$-n Sulfanilsäurelösung und eine $^1/_5$-n $NaNO_2$-Lösung mischt. Die $^1/_{10}$-n Diazolösung läßt man aus einer Eisbürette allmählich unter Umrühren in die auf 0° gekühlte sodaalkalische Lösung der zu titrierenden Substanz eintropfen.

3. Titanverfahren: Man fügt zu der Lösung, in welcher man das Histidin bestimmen will, die Diazolösung im Überschuß hinzu, so daß das Histidin völlig unter Farbstoffbildung umgewandelt wird. Die überschüssige Diazolösung wird sodann durch Alkohol in der Siedehitze zersetzt, während

der gebildete Farbstoff unverändert bleibt. Zur Ermittlung der Farbstoffmenge dient die oxydierende Wirkung, welche der Farbstoff in der Siedehitze auf eine Lösung von $TiCl_3$ von bekanntem Gehalt ausübt. Diese wird hierbei zu $TiCl_4$ oxydiert, aus der titrimetrisch ermittelten Menge des oxydierten Titans ergibt sich die Menge des Farbstoffs, somit auch bei Kenntnis des Bindungsverhältnisses die Menge der Farbstoffkomponenten — in diesem Falle des Histidins, Imidazols usw. Das Verhältnis, in welchem p-Diazobenzolsulfosäure und Imidazolverbindung, Histidin, Histidinmethylester, Imidazol, Guanin, Theophyllin — sowie auch das gleichfalls kuppelnde Tyrosin zusammentreten, wurde als 1:1 ermittelt.

Die indirekte Bestimmung des Histidins durch Ermittlung der Stickstoffverteilung im Phosphorwolframsäureniederschlag ist in ihren Grundzügen bereits S. 191 erwähnt worden. Auch das Jodadditionsvermögen der Proteinkörper dürfte unter Umständen Schlüsse auf deren Histidingehalt erlauben. Allerdings müßten in diesem Falle andere jodbindende Substanzen und Eiweißbausteine (Tyrosin, Tryptophan) ausgeschlossen sein (Pauly).

Die vollkommenste Ausbildung erfuhr die colorimetrische Bestimmung der Imidazolderivate durch Hanke und Koeßler. Sie stellten fest, daß die Bedingungen für die Kupplung der Imidazolverbindungen mit der Diazobenzolsulfosäure am günstigsten sind, wenn man die in salzsaurer Lösung diazotierte Sulfanilsäure bei Gegenwart von überschüssigem Natriumnitrit mit Soda alkalisch macht und damit die zu titrierende Imidazollösung in dem einen Zylinder eines Duboscqschen Colorimeters in Reaktion bringt. In dem anderen Zylinder benutzt man als Vergleichslösung eine verdünnte, wäßrige Lösung von Kongorot oder von Kongorot + Methylorange.

Zur Herstellung der Diazobenzolsulfosäurelösung, welche täglich frisch bereitet werden muß, werden 1,5 ccm einer salzsauren Lösung von Sulfanilsäure (4,5 g Sulfanilsäure + 45 ccm konzentrierter HCl ad 500 ccm Wasser), mit 1,5 ccm einer 5%igen Natriumnitritlösung in einem 50 ccm-Kölbchen gemischt, 5 Minuten mit Eis gekühlt, dann mit weiteren 6 ccm Nitritlösung versetzt, weitere 5 Minuten gekühlt, auf 50 ccm verdünnt und bei 0° aufbewahrt. Zur Ausführung der Bestimmung werden 1—x ccm Wasser mit 5 ccm einer 1,1%igen Sodalösung in dem einen Duboscqschen Zylinder gemischt, mit 2 ccm des Diazoreagenzes und nach 1 Minute mit x ccm Imidazollösung versetzt. Das Maximum der Farbstoffbildung zeigt sich nach 1—10 Minuten je nach der Art des Imidazolderivates und bleibt 1—10 Minuten bestehen, während welcher Zeit die Ablesung erfolgen muß. Zur Einstellung verschiebt man den anderen Zylinder, welcher die Indicatorlösung enthält. Die Menge x der zu verwendenden Imidazollösung beträgt 0,1—1 ccm (1—x ist demnach 1—0 ccm) und wird so groß gewählt, daß die Standardlösung zwischen 5 und 20 mm eingestellt werden muß. Für die Bestimmung von Imidazolessig-, Imidazolpropionsäure und Methylimidazol verwendet man als Standard eine Lösung, welche auf 500 ccm 1 ccm einer 5%igen Kongorotlösung (2,5 g Kongorot, 50 ccm Alkohol ad 500 ccm) enthält. Die Vergleichslösung für Histamin und Histidin enthält außer dem Kongorot noch 1,1 ccm einer 1‰igen Methylorangelösung.

Je 1 mm der Standardlösung entspricht 0,002 mg Histidin, 0,0133 mg Histamin, 0,00066 mg Imidazolpropionsäure, 0,000813 mg Imidazolessigsäure, 0,00037 mg Methylimidazol.

Störend für die Reaktion sind hauptsächlich Ketone, Alkohole und Ammoniumsalze, sowie lösliche Eiweißstoffe. Tierkohle darf zur Entfärbung der zu prüfenden Lösungen nicht benutzt werden, da sie merkliche Mengen der Imidazole adsorbiert.

Wenn in einer wäßrigen Lösung verschiedene Imidazolderivate gleichzeitig vorhanden sind, so lassen sich dieselben nach folgendem Prinzip voneinander trennen und einzeln colorimetrisch bestimmen: man fügt zu der Mischung 20% festes Ätznatron und extrahiert 6mal mit 2 Raumteilen Amylalkohol. In diesen geht Histamin und Methylimidazol nebst NH_3 und anderen etwa vorhandenen Aminen: Histaminfraktion, während in der wäßrig-alkalischen Lösung alles Histidin, Imidazolpropionsäure, -essigsäure und -milchsäure bleiben: Histidinfraktion. In der Histidinfraktion kann man das Histidin durch Bestimmung des Amino-N ermitteln. Aus der Histaminfraktion kann man das Methylimidazol mit Wasserdampf abdestillieren und im Destillat colorimetrisch bestimmen. Histamin und Methylimidazol werden dem Amylalkohol vollständig durch normale H_2SO_4 entzogen. Das Verfahren läßt sich ohne weiteres auf flüssige Medien anwenden, in denen Bakterien auf Histidin in Gegenwart von Salzen und Glycerin oder Glucose eingewirkt haben, nicht aber auf Harn oder Blut.

Zur Bestimmung von Histidin im Eiweiß und eiweißhaltiger Nahrung hydrolysiert man mit Salzsäure, verjagt die Säure und die flüchtigen Phenole durch Destillation im Vacuum, entfernt Ammoniak und Huminsubstanzen mit Kalk und fällt das Histidin in salzsaurer Lösung mit den anderen Hexonbasen durch Phosphorwolframsäure. Den Niederschlag löst man in verdünnter Natronlauge und titriert die Lösung in der oben angegebenen Weise mit Diazobenzolsulfosäure. Das anwesende Natriumphosphorwolframat beeinträchtigt die Reaktion nicht. Der Histidingehalt des Caseins ergab sich nach dieser Methode zu 2,84%, des Edestins zu 3,04%, des Hämoglobins verschiedener Tierarten zu 7,9—8,9%, des menschlichen Blutes zu 1,5731 g pro 100 ccm.

Es gelang, diese Verfahren durch zweckmäßige Kombination derart auszuarbeiten, daß 0,1 g Histamin im Eiweiß und eiweißhaltigem Material nachgewiesen werden konnte. In 40 g sorgfältig gereinigtem Casein konnte jedoch die Anwesenheit von Histamin nicht festgestellt werden, wohl aber eine pharmakologisch aktive, blutdrucksenkende Substanz, welche in dem Phosphorwolframsäureniederschlag und in den Amylalkoholextrakt geht, die Paulische Reaktion aber nicht gibt. Auch 50 ccm menschlichen Serums, sowie frische Hypophysen erwiesen sich als histaminfrei. Über die Anwendung des Verfahrens von Hanke und Koeßler zur Bestimmung des Carnosins in Muskelextrakten vgl. S. 210.

VII. Gruppe.

Die Betaine und ω-Aminosäuren.

Durch erschöpfende Methylierung (vgl. S. 4) der Aminosäuren gelangt man zu einer Gruppe von quaternären Ammoniumderivaten vom Typus

$$\begin{array}{c} R\cdot CH\cdot COOH \\ \cdot \\ (CH_3)_3 \vdots NOH \end{array}$$

die nach ihrem einfachsten Vertreter, dem Glykokollbetain

$$\begin{array}{c} CH_2\cdot COOH \\ \cdot \\ (CH_3)_3 \vdots NOH \end{array}$$

als Betaine bezeichnet werden. Auf synthetischem Wege gelingt es, von den meisten der als Eiweißbausteine auftretenden Aminosäuren die entsprechenden, am Stickstoff trimethylierten Derivate herzustellen, sei es, daß man die Aminosäuren mit Jodmethyl oder mit Dimethylsulfat behandelt, sei es, daß man die Halogenfettsäuren mit Trimethylamin umsetzt (vgl. Ackermann und Kutscher). In der Natur hat man bis jetzt außer dem Glykokollbetain nur einige dieser Betaine nachgewiesen. Es bildet sich

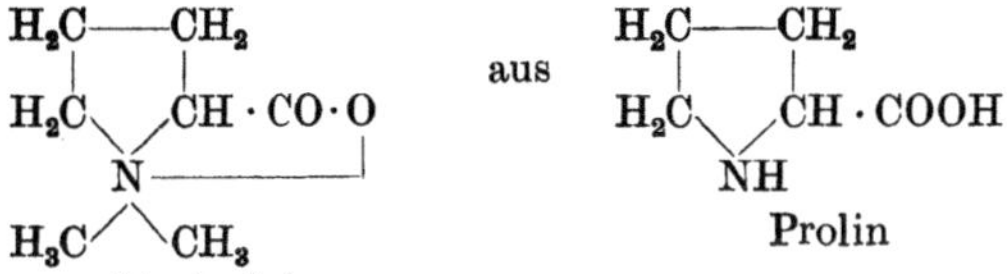

Stachydrin aus Prolin

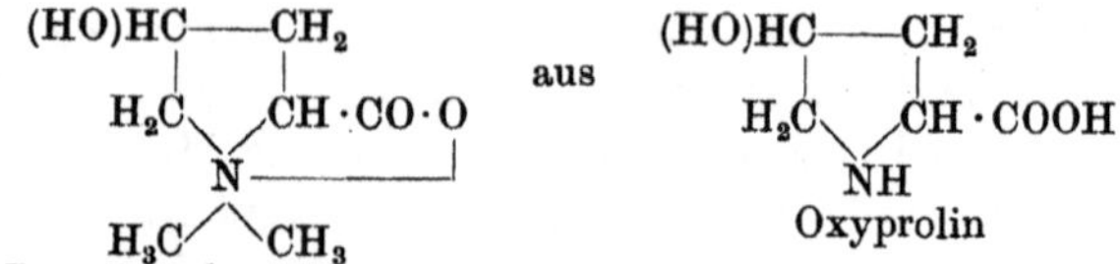

Betonicin bezw. Turicin aus Oxyprolin

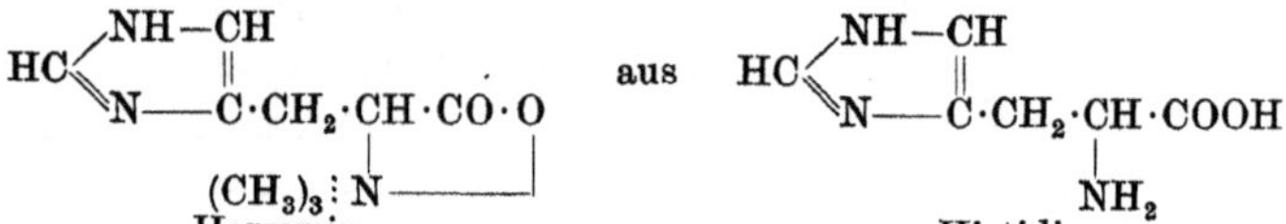

Herzynin aus Histidin

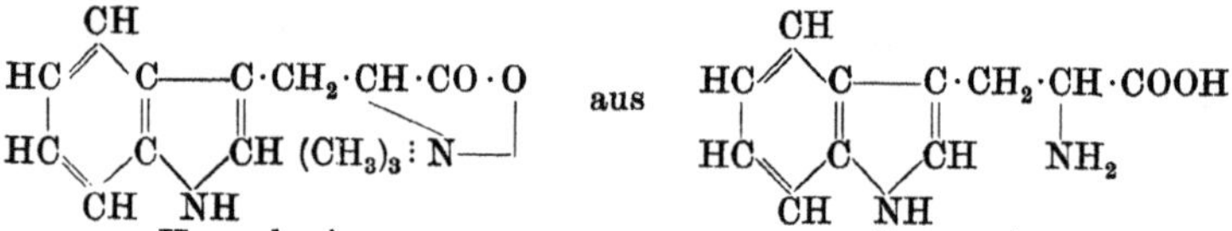

Hypaphorin aus Tryptophan

vielleicht auch das

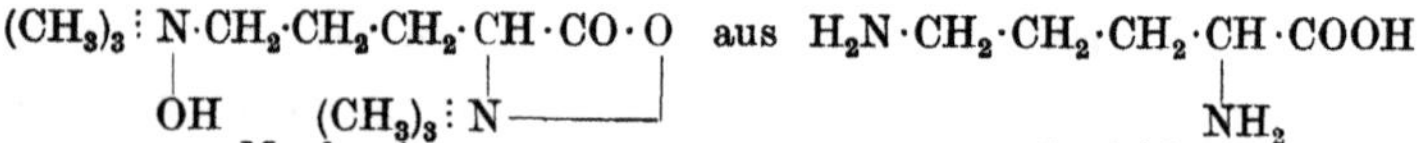

Myokynin aus Ornithin

Nach **Pfeiffer** ist es aus verschiedenen Gründen richtiger, wenn man den Betainen nicht gemäß obigen Formeln eine zyklische Anhydridstruktur, sondern eine polare Konstitution entsprechend der Formel $(CH_3)_3 \vdots \overset{+}{N} \cdot CH(R) \cdot CO\overline{O}$ zuschreibt.

Nicht aufgefunden sind die Betaine des α-Alanins, des Serins, des Valins, des Leucins, des Lysins, der Glutaminsäure, der Trioxydiaminododecansäure, des Arginins, des Dioxyphenylalanins, des Tyrosins, des Phenylalanins und der Asparaginsäure. Letztere drei Aminosäuren lassen sich auch in vitro mit den üblichen Methoden nicht methylieren. Sie spalten unter der Einwirkung des Methylierungsmittels Trimethylamin ab und gehen in ungesättigte Säuren über,

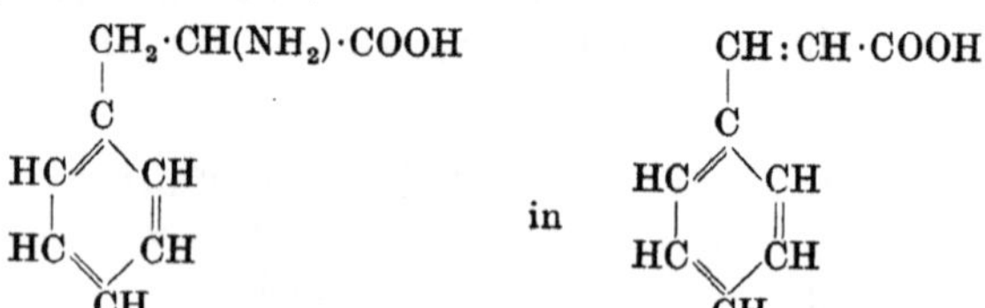

Phenylalanin in Zimtsäure

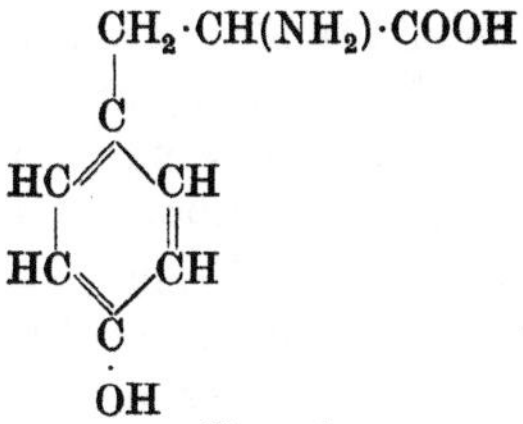
Tyrosin

in

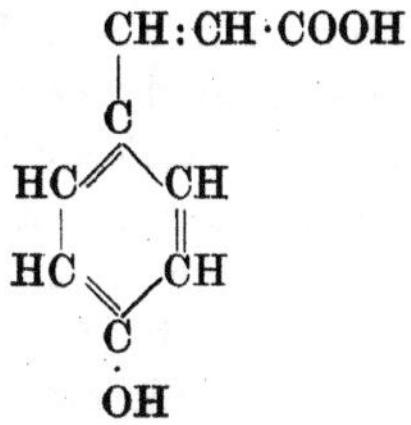
p-Oxycumarsäure

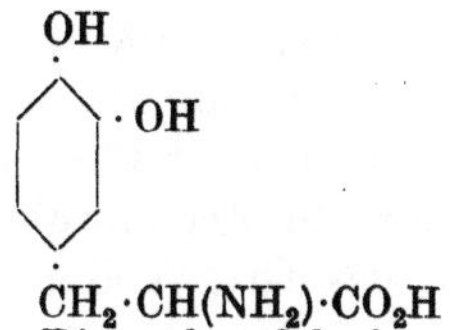
Dioxyphenylalanin

in

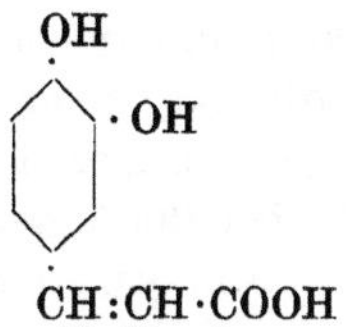
Kaffeesäure

$HOOC \cdot CH_2 \cdot CH(NH_2) \cdot COOH$ Asparaginsäure in $HOOC \cdot CH{:}CH \cdot COOH$ Fumarsäure

$(CH_3)_2CH \cdot CH(NH_2) \cdot CO_2H$ Valin in $(CH_3)_2C{:}CH \cdot CO_2H$ Seneciosäure (Asahina)

Diese ungesättigten Säuren werden häufig als Pflanzenbestandteile angetroffen. Ihrer Entstehung braucht aber nicht notwendigerweise eine erschöpfende Alkylierung vorausgegangen zu sein, da z. B. auch Imidazolacrylsäure aus Histidin durch intramolekulare Abspaltung von NH_3 hervorgehen kann (vgl. S. 213).

In einzelnen Fällen vollzieht sich der Vorgang der erschöpfenden Methylierung nicht an den unveränderten Eiweißbausteinen, sondern an deren Umwandlungsprodukten. Von solchen sekundär veränderten Aminosäuren ist das Trigonellin

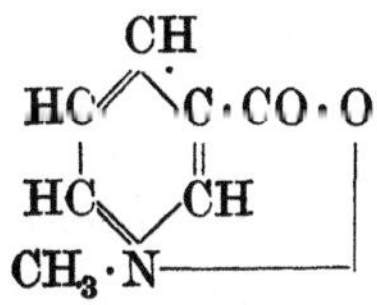

das γ-Butyrobetain $(CH_3)_3{:}N(OH) \cdot CH_2 \cdot CH_2 \cdot CH_2 \cdot COOH$ und das Carnitin (α-Oxy-γ-butyrobetain?)

$$(CH_3)_3{:}N(OH) \cdot CH_2 \cdot CH_2 \cdot CH(OH) \cdot COOH$$

das β-Homobetain $(CH_3)_3{:}N(OH) \cdot CH_2 \cdot CH_2 \cdot COOH$ abzuleiten. Das γ-Butyrobetain, sowie das Carnitin sind Derivate der γ-Aminobuttersäure $H_2N \cdot CH_2 \cdot CH_2 \cdot CH_2 \cdot COOH$, das β-Homobetain, ein Abkömmling des β-Alanins $H_2N \cdot CH_2 \cdot CH_2 \cdot COOH$. Beide sind ω-Aminosäuren, d. h. sie enthalten eine endständige Aminogruppe, welcher kein Carboxyl benachbart ist. Dieser Umstand bedingt, daß in ihnen die basische Natur weit mehr ausgeprägt ist, als in den α-Aminosäuren, bei welchen das benachbarte Carboxyl einen neutralisierenden Einfluß ausübt. Eine Besprechung der in der Natur auftretenden ω-Aminosäuren an dieser Stelle ist daher sowohl aus diesem Grunde wie auch wegen ihren Beziehungen zu den Betainen gerechtfertigt.

Die Fähigkeit, die primären Aminosäuren in die quaternären Betaine überzuführen, ist namentlich bei den Pflanzen ausgeprägt. Betaine finden sich in fast sämtlichen Familien der Phanerogamen, und zwar tritt bei der einen und derselben Art gewöhnlich nur ein Betain auf. Am verbreitetsten ist das Glykokollbetain.

Aber auch die tierische Zelle ist imstande, Methylierungen auszuführen und Betaine zu bilden. Einem solchen Methylierungsprozeß verdankt ja auch das Kreatin seine Entstehung, welches offenbar in der Muskelzelle aus einem vom Arginin entstammenden Guanidinderivat durch Eintritt einer Methylgruppe hervorgeht. Der Methylierungsvorgang, der sich beim Kreatin mit der Einführung einer Methylgruppe begnügt, kann aber auch weitergehen und zur Betainbildung führen. Die methylierende Fähigkeit des tierischen Protoplasmas wird mit Hinblick auf das vorzugsweise Auftreten der betainartigen Verbindungen unter den Muskelextraktivstoffen von Ackermann speziell in die arbeitende Muskelzelle verlegt. Der Kaltblüter ist wie die Pflanze zur Betainbildung eher befähigt, als der calorienbedürftige Warmblüter. Dieser vermeidet die Anhäufung und Methylierung von Stoffwechselendprodukten. Einerseits weil hierdurch dem Körper eine Energiequelle verloren geht, andererseits weil dem Organismus infolge der rapideren Oxydationsvorgänge die methylierenden Agenzien (Formaldehyd, Methylalkohol) in minderem Maße zur Verfügung stehen als der Pflanze und dem Kaltblüter (Ackermann und Kutscher)

Man kann die Betainbildung in gewisser Hinsicht auch als Entgiftungsvorgang deuten, nicht etwa in dem Sinne, daß die primäre Aminosäure in das minderwertige quaternäre Derivat übergeführt wird — was ja schon wiederholt angenommen worden ist —, sondern daß da, wo durch assimilatorische oder oxydative Vorgänge Formaldehyd oder Methylalkohol entsteht, diese giftigen

Produkte durch die vorhandenen Aminoderivate abgefangen und in eine unschädliche Methylgruppe verwandelt werden. Die Methylierung wäre also ein ähnlicher Entgiftungsvorgang für den Methylalkohol und die Formaldehydgruppe, wie die Hippursäurebildung für die Benzoesäure.

Die α-Betaine.

Das **Glykokollbetain** $(CH_3)_3 \vdots N \cdot CH_2 \cdot COO$. Die Entdeckung des Betains erfolgte unabhängig voneinander durch Husemann und Marmé und durch Scheibler.

Erstere fanden es in der Solanacee Lycium barbarum und nannten es daher Lycin. Letzterer isolierte es aus dem eingedickten Saft der Zuckerrübe (Beta vulgaris), daher sein Name. Seither ist es in den verschiedensten Pflanzen, und zwar sowohl in den Samen, wie auch in Blättern, Wurzeln und Stengeln aufgefunden worden. Über seine Verbreitung im Reiche der Phanerogamen orientiert nachstehende Zusammenstellung, die größtenteils den Arbeiten von Staněk entnommen ist.

Vorkommen des Betains in Pflanzen.

Material (Trockensubstanz)	Gewichtsprozent	Autor
Topinambur (Knollen)	0,008	Schulze
Erbsen	0,016	Staněk
Gerste	0,040	Staněk
Weizenkeimling	0,05—0,06	Schulze; Power und Salway
45 Tage alte Rübenpflanzen . .	0,082	Staněk
Weizen	0,092	Staněk
Rübenblätter	0,100—0,590	Staněk
Pferdebohnen	0,173	Staněk
Malzkeime	etwas weniger als 0,2	Schulze u. Frankfurt
Weizenkeime	0,2	Schulze u. Frankfurt
Linsen	0,294	Staněk
Kornpflanzen, ca. 20 Tage alt .	0,3	Staněk
Wickensamen	0,6	Schulze

Material (Trockensubstanz)	Gewichtsprozent	Autor
Rübensamenknäule	0,9—1,153	Staněk
Zuckerrübenwurzeln	0,95—1,2	Staněk
Amaranthus (Blätter)	2,16	Staněk
Zuckerrübenblätter	2,62	Staněk
Alte Rübenblätter	2,974	Staněk

Außerdem fand es sich in Atriplex canescens (Staněk), in der Wurzel von Amaranthus retroflexus (Staněk), in Chenopodiaceen (Staněk und Domin), im Hafergrieß (Trier), in Bambusschößlingen (Totani), in Reisschalen (Funk; Drummond und Funk), in grünen Tabakblättern (Deleano und Trier), in Baumwollsamen (Ritthausen und Weger), in Lycium barbarum (Husemann und Marmé), in Blüten und Samen von Helianthus annuus und Helianthus tuberosus (Buschmann; Schulze und Trier), in grünen und etiolierten Wickenkeimlingen und Wickenhülsen, in den Knollen, Blättern und Stengeln von Topinambur (Schulze und Trier), in Kolanüssen (Polstorff und Görte), in der Wurzel von Althaea officinalis (Orlow), in den Samen von Lathyrus sativus und Lathyrus cicera (Jahns), im Samen von Artemisia cina (Jahns), in den Früchten der Kichererbse (Zlatarow), in Hopfen (Chapman).

Gemäß seinem Vorkommen im Rübensaft findet es sich reichlich, bis zu 11,5%, in den Melasserückständen der sogenannten Schlempe (Andrlick). Es wird fabrikmäßig aus dieser hergestellt. Auch in den bei der Herstellung von Baumwollsamenöl verbleibenden Preßkuchen ist es in nicht unbeträchtlicher Menge enthalten.

Das Betain kommt auch in verschiedenen Pilzen vor; in der Hefe (Abderhalden und Schaumann), im Mutterkorn (Kraft; Rieländer), im Champignon (Kutscher), in Boletus edulis (Reuter) und in Amanita muscaria (Küng).

Schon Brieger hatte aus dem Fleisch von Miesmuscheln Betain isolieren können (vgl. auch Ackermann). In neuerer Zeit mehren sich die Beobachtungen, die auch auf ein häufiges Vorkommen des Betains im Tierreich hindeuten. Es wurde bisher aufgefunden in Speicheldrüsen und Muskelextrakten von Cephalopoden (Henze), im Muskelextrakt des japanischen Tintenfisches (Suzuki, Yoshimura, Jamakawa und Irie), in Kammuscheln, Strandmondschnecke und Neunauge (Wilson), im Fleisch des Kabeljau 0,44 g, aus 1 kg lufttrockenem Material (Yoshimura und Kanai), im Fleisch des Dornhaies (Suwa), im Krabbenextrakt (Ackermann und Kutscher), im Flußkrebs (Kutscher), in Mytilus edulis (Jansen). Auch über das Auftreten von Betain in der Ochsenniere liegt eine Beobachtung vor (Bebeschin).

Ein fast regelmäßiger Begleiter des Betains ist das Cholin, so daß der Gedanke an genetische Beziehungen zwischen diesen beiden, auch chemisch sehr nahe verwandten Substanzen, gerechtfertigt erscheint. Quantitative Untersuchungen, welche bei der Entwicklung der Keimlinge und Pflanzen nach dieser Richtung ausgeführt worden sind (Schulze und Trier), haben aber keine sicheren Grundlagen für das Bestehen eines engeren Zusammenhanges ergeben. Daß auch im Tierkörper Cholin nicht in Betain verwandelt wird, ist bereits S. 66 erwähnt worden. Hingegen gelingt es durch Oxydationsmittel das Cholin zu Betain zu oxydieren. Über die Entstehung von Betain aus Glucosaminsäure vgl. S. 108.

Zur Darstellung des Betains aus den Melasserückständen kann man die mit Salzsäure angesäuerte Schlempe bei einer 60° nicht übersteigenden Temperatur zur Trockne dampfen, den Rückstand in warmem Methylalkohol aufnehmen, wobei die anorganischen Salze ungelöst bleiben und das Betainchlorhydrat zur Krystallisation bringen (Agfa).

Zur synthetischen Darstellung eignet sich die Umsetzung der Chloressigsäure mit Trimethylamin. Man erhitzt zu diesem Zwecke ein Alkalisalz der ersteren in alkoholischer oder wäßriger Lösung mit Trimethylamin im Autoklaven, oder im eingeschlossenen Rohr und säuert das Reaktionsprodukt mit Salzsäure an.

Das **Histidinbetain (Herzynin)**

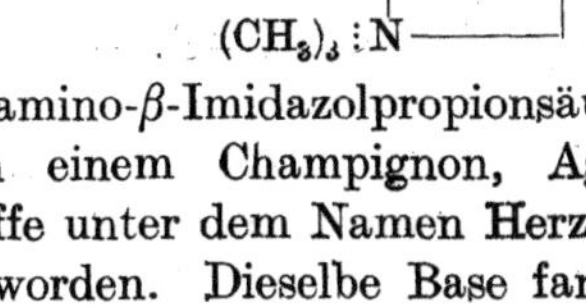

Das α-Trimethylamino-β-Imidazolpropionsäurebetain ist zuerst von Kutscher in einem Champignon, Agaricus campestris, dessen Extraktivstoffe unter dem Namen Herzynin in den Handel kommen, entdeckt worden. Dieselbe Base fand auch Reuter in Boletus edulis. Im Gegensatz zu anderen Imidazolderivaten gelangt das Herzynin bei der Aufteilung des Phosphorwolframsäureniederschlages nicht in die Histidinfraktion. Kutscher fand es ausschließlich unter den mit Silbernitrat + Baryt nicht fällbaren Basen (Lysinfraktion), während Reuter es zum größten Teil in der Argininfraktion nachwies. Aus einem wäßrigen Extrakt konnte er aus $2^1/_2$ kg Boletus edulis 8 g der Goldverbindung isolieren. Die Konstitution der Verbindung wurde durch die Synthese aus α-Chlor-β-Imidazolpropionsäure und Trimethylamin bewiesen (Engeland und Kutscher). Bei der direkten Methylierung des Histidins wird auch der Imidazolkern methyliert. Es entstehen Tetramethyl- und Pentamethylderivate des Histidins (Engeland und Kutscher).

Daß das von Tanret aus Mutterkorn isolierte Ergothionein eine dem Herzynin sehr nahestehende Verbindung ist, haben Barger und Ewins festgestellt, indem es ihnen gelang, durch Oxydation den Schwefel aus dieser Verbindung abzuspalten und sie so in das Histidinbetain zu verwandeln. Sie geben dem Ergothionein nachstehende Konstitutionsformel:

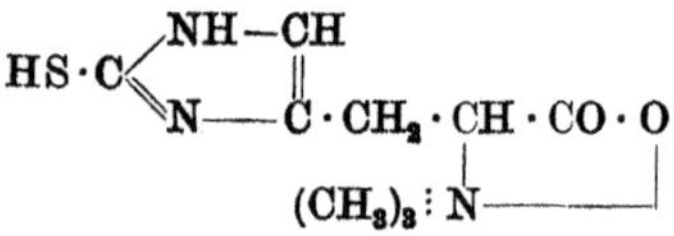

Das **Ergothionein** wird aus Mutterkorn dargestellt (Tanret). Die Isolierung erfolgt über die Sublimatverbindung, welche man aus dem alkoholischen Extrakt der Droge nach Entfernung der Farbstoffe und nach einer Reinigung mit Bleisubacetat herstellt. Aus 1 kg der Droge erhält man 1 g des Dichlorhydrates. Die freie Base kann aus dem Chlorhydrat abgeschieden werden, wenn man dieses in wenig Wasser gelöst mit etwas mehr als der berechneten Menge $CaCO_3$ versetzt und aufkocht.

Das **Tryptophanbetain (Hypaphorin)**

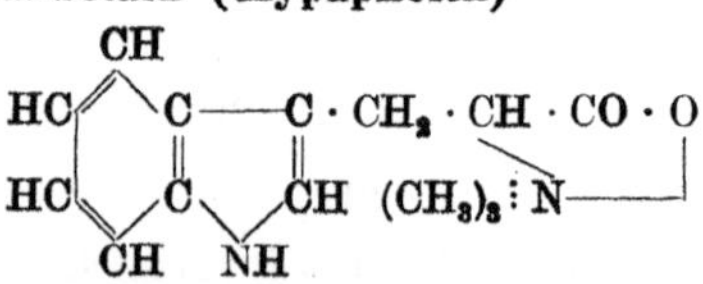

ist von Greshoff in Erythrina Hypaphorus Boerl. entdeckt worden. Doch kommt es wahrscheinlich in den Runkelrüben vor, wo es die Muttersubstanz des Indols darstellt, das sich aus der Melasse beim Kochen mit alkalischen Erden entwickelt (v. Lippmann). Ein mit dem Hyperphorin identisches Produkt erhielten van

Romburgh und Barger beim Kochen von Tryptophan mit Jodmethyl in methylalkoholischer alkalischer Lösung.

Das **Ornithinbetain (Myokynin)**

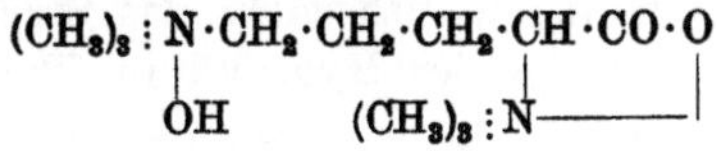

Von Ackermann wurde aus Hunde- und Pferdemuskeln eine mit dem Ornithinbetain isomere Base erhalten, die er Myokynin nannte. Sie konnte auch aus menschlichem Muskelfleisch isoliert werden (Engeland und Biehler). Aus 30 kg frischem Pferdefleisch wurden 3 g Platinsalz erhalten. Das Myokynin findet sich nach der üblichen Aufarbeitung der Extrakte (vgl. S. 23) in der Lysinfraktion. Seine Eigenschaften sowie die seiner Doppelsalze stimmen in mancher Beziehung mit denen des synthetischen Ornithinbetains (Ackermann) überein. Eine völlige Identität konnte jedoch nicht festgestellt werden. Die Unterschiede beruhen voraussichtlich auf Stereoisomerie (Ackermann).

Das **Stachydrin** (Formel s. S. 235). Schon ehe in der Pyrrolidincarbonsäure, dem Prolin, eine einfache Vorstufe der pyrrolidinkernigen Alkaloide aufgefunden wurde, hatten von Planta und Schulze das Betain dieser Aminosäure, allerdings ohne Kenntnis seiner Konstitution, aus den Knollen von Stachys isoliert. Bald darauf wurde das Stachydrin von Jahns auch in Orangeblättern aufgefunden. Schulze und Trier erhielten aus 95 kg frischen Stachysknollen 42—43 g Stachydrinchlorid. 100 Teile trockne Orangeblätter lieferten 0,19 Teile Stachydrin. Über die Verteilung des Stachydrins in jungen und alten Orangeblättern vgl S. 254. Dieses Betain findet sich auch in den Blättern und Stengeln von Stachys, in den Blättern und Blüten von Chrysanthemum sinense Sabin und Chrysanthemum cinerarifolium, in Galeopsis grandifolium (Yoshimura und Trier), in Citrus medica und Citrus aurantium amarum (Yoshimura und Trier), in Betonica officinalis (Schulze und Trier) und in Alfalfa-Heu (Steenbock).

In naher Beziehung zum Stachydrin steht der Methylester der Hygrinsäure (I) ein Abbauprodukt

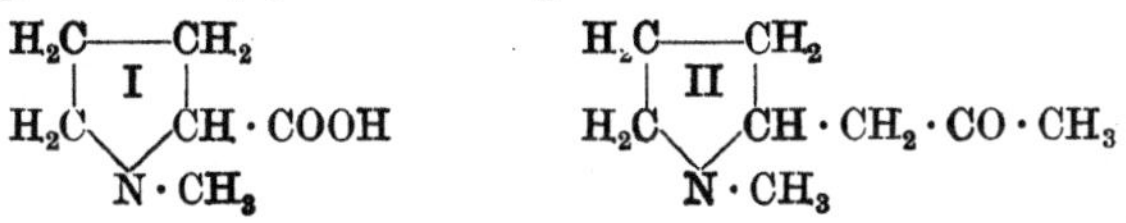

des Hygrins (II) eines neben den Tropa- und Cocaalkaloiden vorkommenden einfacheren Pyrrolidinalkaloides. Ähnlich wie das Betain beim Erhitzen sich in den Dimethylaminoessigsäuremethylester umlagert, verwandelt sich auch das Stachydrin beim Erhitzen in den Methylester der Hygrinsäure (Trier)

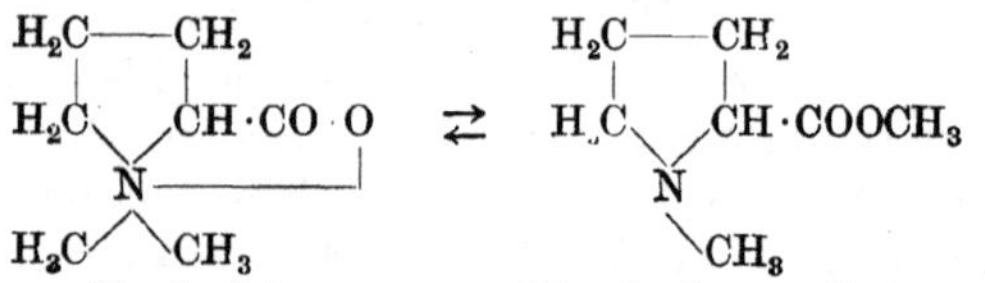

Stachydrin Hygrinsäuremethylester

Diese zuerst von Schulze und Trier aufgefundenen Beziehungen haben die Konstitution des Stachydrins festgestellt. Die Synthese durch erschöpfende Methylierung des Prolins (Engeland) hat diese Auffassung bestätigt.

Betonicin und **Turicin.** Das aus Eiweißkörpern und Leim darstellbare Oxyprolin (E. Fischer), welches die Konstitution der 4-Oxypyrrolidin-2-carbonsäure, besitzt,

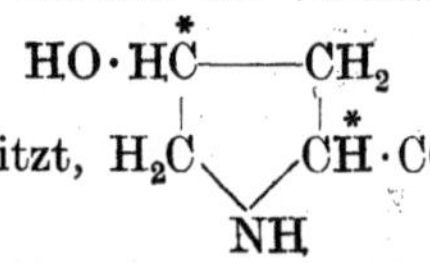

enthält zwei asymmetrische Kohlenstoffatome, welche in der Formel mit * bezeichnet sind. Diese zwiefache Asymmetrie bedingt die Existenz zweier Betaine des *l*-Oxyprolins, des linksdrehenden Betonicins und des rechtsdrehenden Turicins. In der Natur finden sich die beiden Betaine nebeneinander. Ihre Entdeckung erfolgte durch Schulze und Trier in Betonica officinalis. Der Gehalt trockener Herba betonicae an diesen beiden Basen beträgt ungefähr 1 %. Sie finden sich auch in den Blättern und Stengeln von Stachys silvatica neben Trigonellin. Bei der erschöpfenden Methylierung des *l*-Oxyprolins entstehen die beiden stereoisomeren Formen nebeneinander (Küng). Die Trennung der beiden Betaine gelingt sowohl bei ihrer natürlichen wie ihrer künstlichen Gewinnung auf Grund der verschiedenen Löslichkeit der Chlorhydrate (das Turicinchlorhydrat ist in Alkohol leicht löslich) oder der freien Basen (das Turicin ist in Alkohol wenig löslich), am besten, indem man abwechselnd die verschiedene Löslichkeit der Basen und der Chlorhydrate zunutze zieht. Ein Zwischenprodukt beim Übergang des *l*-Oxyprolins in das Turicin ist die *l*-Oxyhygrinsäure (*l*-Methyl-4-oxypyrrolidin-2-carbonsäure) 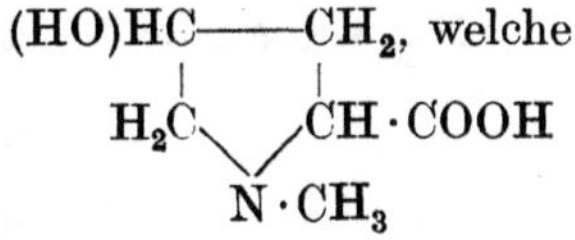 welche von Goodson und Clewer aus dem alkoholischen Extrakt der Rinde von Croton gubouga isoliert wurde und bei der Methylierung in Betonicin und Turicin übergeht.

Pyrrolidin und **N-Methylpyrrolin.** Durch Abspaltung der α-ständigen Carboxylgruppe gelangt man von Prolin zu Pyrrolidin 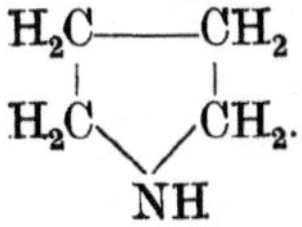. Vom Stachydrin ausgehend führt der gleiche Prozeß über den Hygrinsäureester und die Hygrinsäure zu N-Methylpyrrolidin:

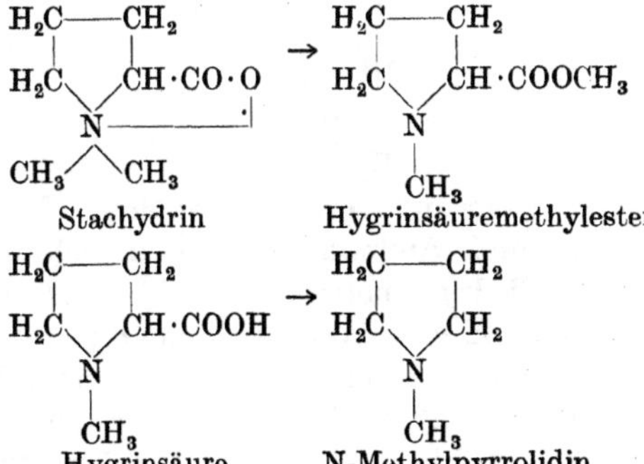

Stachydrin — Hygrinsäuremethylester — Hygrinsäure — N-Methylpyrrolidin

Es gelingt allerdings in vitro nicht, das Stachydrin glatt in Methylpyrrolidin zu verwandeln. Die Reaktion geht im wesentlichen nicht weiter als bis zum Hygrinsäuremethylester. Nur in ganz geringer Menge entsteht bei Destillation des Stachydrins im Vakuum N-Methylpyrrolidin (Trier). Das Pyrrolidin und das N-Methylpyrrolidin sind in einigen Pflanzen aufgefunden worden. Ersteres konnte aus den leicht flüchtigen Bestandteilen des Rohnicotins und der Mohrrübenblätter isoliert werden (Pictet und Court), letzteres aus dem Rohnicotin, sowie aus den Mutterlaugen der Belladonnaalkaloide (Goris und Larsonneau).

Ein einfaches Pyrrolderivat ist vermutlich auch das Isoguvacin $C_6H_7NO_2$, eines der Nebenalkaloide der Arekanuß (Winterstein und Weinhagen).

Das **Galegin** = 3-Methyl-Pyrrolidinharnstoff[1])

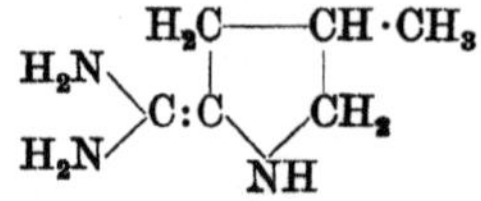

findet sich in den Samen von Galega officinalis zu etwa 0,5% (Tanret). Es wird daraus mit 60%igem Alkohol extrahiert.

Trigonellin. Wie für die Pyrrolidincarbonsäure darf auch für die Nicotinsäure

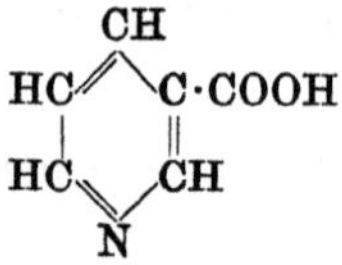

und ihr Betain, das Trigonellin

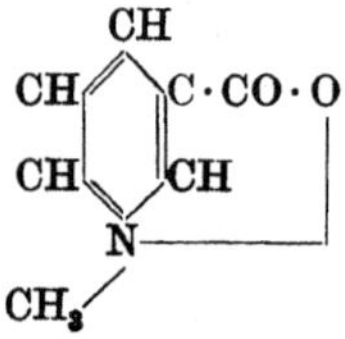

ein aliphatischer Ursprung vermutet werden. Verschiedene aliphatische Amine und Aminosäuren lassen sich durch einfache Reaktion in sechsgliedrige, heterocyclische Stickstoffderivate überführen. Aus Pentamethylendiamin entsteht Piperidin (vgl. S. 127), aus Ornithin Aminopiperidon, aus Lysin Piperidincarbonsäure (vgl. S. 131). Demgemäß finden sich unter den Alkaloiden der Arekanuß neben dem Trigonellin partiell hydrierte Pyridinderivate, das Arecolin

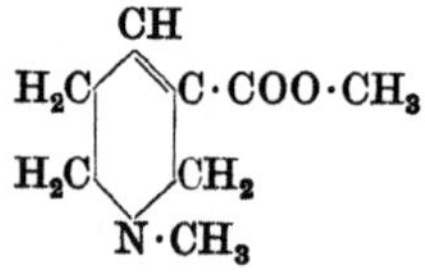

und das Arecaidin

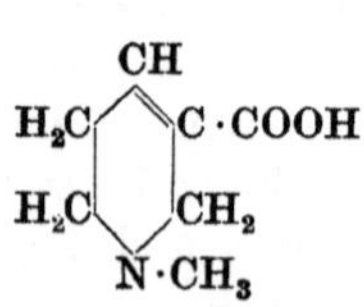

[1]) Die von Tanret vertretene Auffassung des Galegins als 3-Methyl-Pyrrolidinharnstoff hat sich nach den Versuchen von Barger als unrichtig erwiesen (vgl. hierüber S. 180).

die als intermediäre Stufen zwischen proteinogenen Aminen und den Abkömmlingen der Nicotinsäure betrachtet werden können.

Auch das Guvacin und Arecain stellen nach den neuesten Untersuchungen (Winterstein und Weinhagen; Heß und Leibbrandt; Freudenberg) ähnliche tetrahydrierte Nicotinsäuren dar

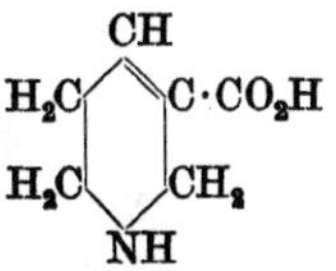

Guvacin

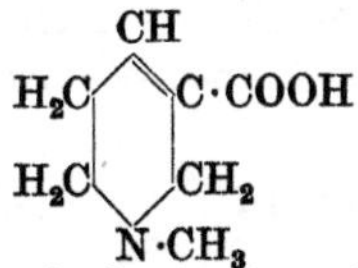

Arecain bezw. Arecaidin

Ein Pyridinderivat ist auch das in den Samen und Keimlingen der Ricinuspflanze vorkommende Alkaloid Ricinin $C_8H_8N_2O_2$, welchem wahrscheinlich die nachstehende Formel (I) zukommt (Späth und Koller)

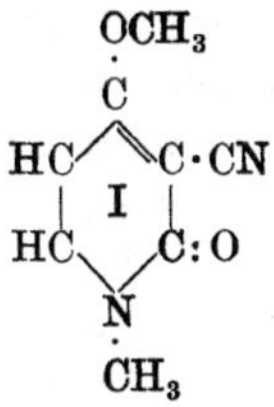

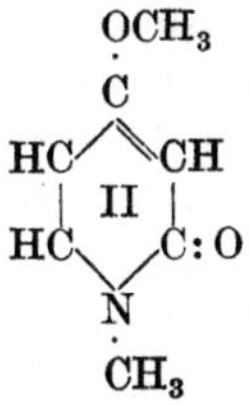

Auf jeden Fall ist die Konstitution der sogenannten Ricininsäure $C_7H_9O_2N$ mit Sicherheit als γ-Methoxy-N-methyl-α-pyridon (II) erkannt worden.

Ob das Trigonellin in den Pflanzen als unmittelbare Vorstufe die Nicotinsäure hat, oder ob sie sich aus einem methylierten und hydrierten Produkt vom Typus des Arecaidins und Arecolins bildet, ist unentschieden. Das Trigonellin wurde von Jahns aus dem Samen des Bockshorns, Trigonella foenum graecum, isoliert. Es findet sich darin neben Cholin in einer Menge von 0,13% des Trockengewichtes. Ferner findet es sich in den Samen und Keimlingen von Pisum sativum (Schulze; Schulze und Trier) zu etwa 0,017% der Trockensubstanz, in jungen Blättern von Morus alba (Yoshimura), in den Knollen von Stachys tubifera zu 0,02% (Schulze und Trier), in den Schwarzwurzeln (Yoshimura und Trier), in den Kartoffeln (Schulze), in den Dahlienknollen (Yoshimura und Trier), in Mirabilis Jalapa (Yoshimura und Trier), in Stachys silvatica und Betonica officinalis (Schulze und Trier) neben Betonicin und Turicin, und in Strophanthussamen (Thoms).

Trigonellin läßt sich synthetisch aus Nicotinsäure darstellen indem man deren Kaliumsalz mit Jodmethyl in methylalkoholischer Lösung auf 150° erhitzt. Es bildet sich dabei der Methylester des Methyljodids der Nicotinsäure. Durch Behandeln mit Silberoxyd wird der Ester verseift und das Trigonellin in Freiheit gesetzt (Winterstein und Weinhagen).

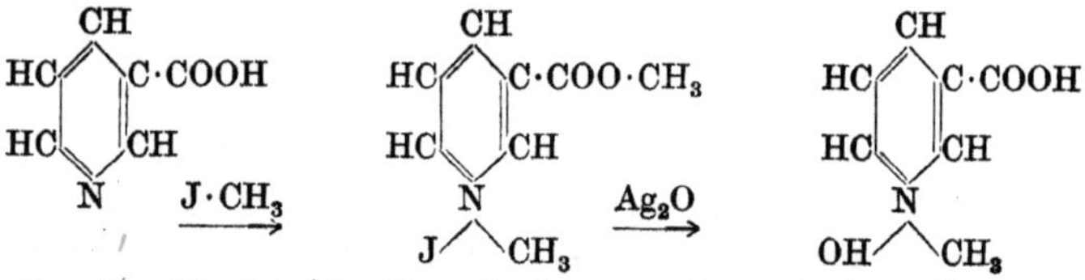

Das **Pyridin** ist die Grundsubstanz einer großen Gruppe von Alkaloiden, aus denen es häufig bei der pyrogenen Zersetzung (trockene Destillation) hervorgeht. Einem derartigen Bildungsvorgang mag sein Auftreten im Tabakrauch, im gerösteten Kaffee (0,02%, bis 0,04%, Bertrand und Weisweiler) und in den Destillationsprodukten der Steinkohle zugrunde liegen. Sein Vorkommen im Dippelschen Knochenöl dagegen wird eher einer sekundären Bildung aus aliphatischen Verbindungen — etwa Lysin — zuzuschreiben sein, welches sich unter den bei der Destillation obwaltenden Bedingungen zunächst zu Piperidin kondensieren läßt, das dann nachträglich durch Oxydation in Pyridin übergeht. Hydrolysiert man Casein bei Gegenwart von Methylal, d. h. bei Anwesenheit einer formaldehydabspaltenden Substanz, so lassen sich bei der Destillation des Hydrolysates mit Kalk, Pyridin neben Dimethylpyridin, Isochinolin und andere tertiäre Basen isolieren (Pictet und Chou). In analoger Reaktion können auch in den Pflanzen die Eiweißspaltprodukte und der bei der Assimilation gebildete Formaldehyd zu Pyridinderivaten zusammentreten (Robinson).

Durch katalytische Hydrierung verwandelt sich das Pyridin in Piperidin (Skita und Meyer), in n-Amylamin (vgl. S. 38) (Sabatier und Mailhe). Im tierischen Organismus wird es am Stickstoff methyliert und bildet das quaternäre

Methylpyridiniumhydroxyd. His fand diese Base zuerst im Harn von Hunden, denen er Pyridin als Acetat verabreicht hatte (vgl. hierzu auch Cohn). Kaninchen sollen zu dieser Umwandlung des Pyridins nicht befähigt sein (Abderhalden, Brahm und

Schittenhelm) (vgl. dagegen Tomita). Auch das Huhn (Hoshiai), das Schwein, die Ziege (Totani und Hoshiai) und der Frosch (Mayeda und Ogata) verwandeln das verabreichte Pyridin in Methylpyridin. Die Fähigkeit zur Methylierung erlischt nicht nach Exstirpation des Pankreas, der Milz und der Hoden, jedoch nach Entfernung der Leber (Tomita). Hunde und Kaninchen scheiden auch nach Injektion von Pyrrol Methypyridiniumhydroxyd im Harn aus (Shimidzu). Im normalen Harn findet es sich in geringer Menge vor (Kutscher und Lohmann), es entstammt hier dem mit Tabakrauch oder mit Nahrungs- und Genußmitteln (Kaffee) aufgenommenen Pyridinverbindungen. Aus 10 l Harn (Männer) konnten 0,17 g, aus 10 l Frauenharn 0,26 g der Goldverbindung isoliert werden. Die Abtrennung des Methylpyridins erfolgt entweder über die Phosphorwolframverbindung und die daraus dargestellten Platinsalze (Kutscher und Lohmann) oder durch Kaliumquecksilberjodid (His; Cohn), mit welchem es als betainartige Verbindung ein wenig lösliches Doppelsalz bildet. In normalem Harn von Katzen und Hunden kommt die Base nicht vor, wohl aber im Krabbenextrakt (Ackermann und Kutscher), und im Extrakt der Miesmuschel (Ackermann).

γ-Picolin wurde von Achelis und Kutscher aus Pferdeharn über Phosphorwolframsäureverbindung, Platin-, Quecksilber- und Goldsalz rein dargestellt. Das im Harn vorkommende Picolin ist wahrscheinlich ein Zersetzungsprodukt alkaloidartiger Bestandteile des Herbivorenfutters. Nach der Zerlegung der Phosphorwolframsäureverbindung wurden vor der Ausfällung mit alkoholischer Platinchloridlösung die mit Silbernitrat und Baryt fällbaren Basen entfernt.

Das Picolin kommt neben Pyridin in den Destillationsprodukten des Steinkohlenteeres vor.

Das **Piperidin** findet sich im Senfsamen amidartig an Piperonylsäure gebunden als Piperin

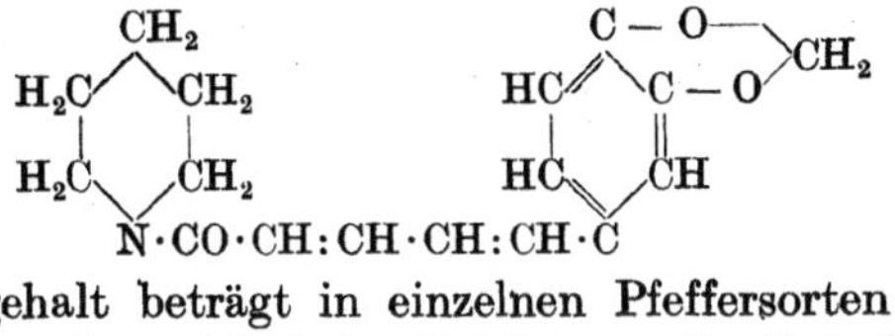

Der Piperingehalt beträgt in einzelnen Pfeffersorten bis 9,15 %. Das Piperin spaltet sich beim Erhitzen mit alkoholischem Kali

in seine Komponenten. Seine Alkylhomologen sind die längst bekannten Alkaloide der Coniingruppe, von denen nur das Gift des gefleckten Schierlings, das Coniin

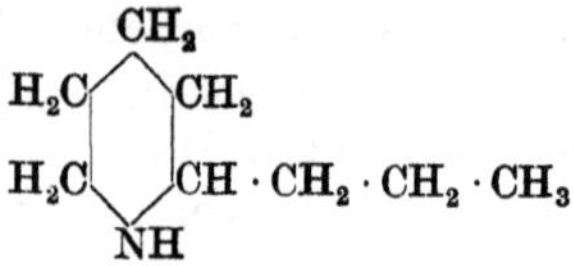

α-n-Propylpiperidin hier erwähnt sei.

ω-Betaine und ω-Aminosäuren.

γ-Butyrobetain, Carnitin (α-Oxy-γ-butyrobetain) und β-Homobetain, die Methylierungsprodukte der γ-Aminobuttersäure, der Oxyaminobuttersäure und des β-Alanins können zusammenfassend als ω-Betaine bezeichnet werden, da sie im Gegensatz zu den α-Betainen ihre Trimethylaminogruppe nicht benachbart der Carboxylgruppe, sondern von ihr getrennt an einen endständigen Kohlenstoff gebunden enthalten. Als Muttersubstanz dieser Betaine können die beiden als Eiweißbausteine vorkommenden zweibasischen Aminosäuren, die Glutaminsäure $HOOC \cdot CH_2 \cdot CH_2 \cdot CH(NH_2) \cdot COOH$ und die Asparaginsäure $HOOC \cdot CH_2 \cdot CH(NH_2) \cdot COOH$ angesehen werden. Die gegenseitigen Beziehungen sind aus folgendem Schema ersichtlich:

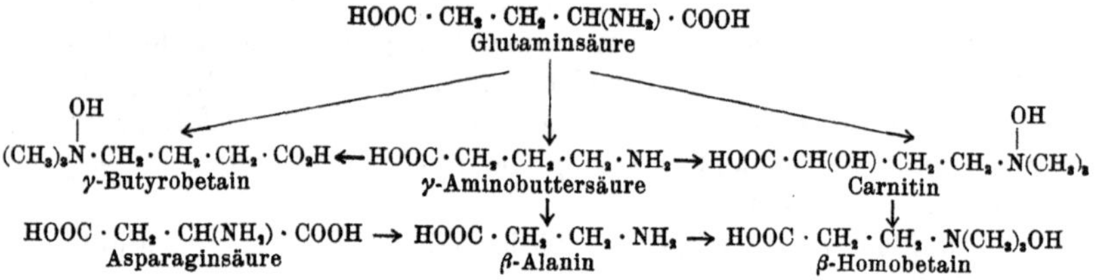

Die Decarboxylierung der Glutaminsäure zur γ-Aminobuttersäure erfolgt bei deren Fäulnis (Ackermann). Die Ausbeuten an Aminobuttersäure sind, wenn die Fäulnis bei sodaalkalischer Reaktion durch Mischkulturen in einer glucosehaltigen Nährflüssigkeit stattfindet, recht schwankend; bald beträchtlich (Ackermann), bald gering (Abderhalden, Fromme und Hirsch), bald entsteht gar keine Aminobuttersäure (Abderhalden und Kautzsch), unter anderen Bedingungen wird nur Buttersäure gebildet (Borchardt). Das Betain der γ-Aminobuttersäure, das Butyrobetain, ist ebenfalls als bakterielles Abbauprodukt nachgewiesen worden. Brieger isolierte es aus faulem Pferdefleisch und schrieb ihm die Formel $C_7H_{17}NO_2$ zu, doch besitzt das von ihm gewonnene Produkt in seinen Eigenschaften und Salzen mit dem γ-Butyrobetain große Ähnlichkeit, so daß an einer Identität nicht mehr gezweifelt werden kann. Weniger sicher stimmt das Butyrobetain mit dem gleichfalls von Brieger aus den Kulturen von Typhusbacillen dargestellten Typhotoxin und mit dem aus Fäulnisprodukten von Stockfischen abgetrennten Gadinin der gleichen elementaren Zusammensetzung überein.

Ob das von Kutscher aus normalem Frauenharn gewonnene Reduktonovain ebenfalls identisch mit dem Butyrobetain ist, oder ob es, wie der Entdecker glaubt, eine ungesättigte Verbindung von der Formel

$$HOOC \cdot CH:CH \cdot CH_2 \cdot N(CH_3)_3OH$$

darstellt und aus dem Carnitin durch Verlust eines Moleküls Wasser hervorgegangen ist, bleibt noch unentschieden. Der Nachweis von γ-Butyrobetain als Stoffwechselprodukt des Säugetierorganismus gelang mit Sicherheit zuerst Takeda, der es aus dem Harn phosphorvergifteter Hunde isolierte (vgl. Engeland und Kutscher). Später fand es Engeland im Harn von Kaninchen nach Eingabe von Carnitin.

Das **Carnitin**, das Oxybutyrobetain, ist ein normaler Bestandteil des Säugetiermuskels (Gulewitsch und Krimberg; Krimberg). Im frischen Ochsenfleisch findet es sich zu 0,029% (Demjanowski; Smorodinzew), im Schaffleisch 0,19% (Smorodinzew), im Pferdefleisch 0,17% (Smorodinzew), ferner im menschlichen Muskel (Engeland und Biehler). Abwesend ist es im Leberextrakt (Smorodinzew) und in den Extrakten von Ochsennieren (Bebeschin). In den letzteren findet sich an seiner Stelle Glykokollbetain. Identisch mit dem Carnitin ist das von Kutscher aus Fleischextrakt isolierte Novain. Der Carnitingehalt von Fleischextrakt beträgt etwa 1,3% (Gulewitsch und Krimberg). Oblitin, aus Fleischextrakt und Harn isoliert (Kutscher), ist Carnitinäthylester, welcher sich bei der Isolierung gebildet hatte (Krimberg).

Die Isolierung des Carnitins aus Muskelextrakt erfolgt entweder nach dem Kutscherschen Verfahren oder nach der Methode von Gulewitsch und Krimberg, vgl. S. 209. Die Synthese ist nur bis zur racemischen Verbindung durchgeführt worden (E. Fischer und Göddertz; Engeland).

α-Brom-γ-Phthalimidobuttersäure wird durch Kochen mit Wasser und $CaCO_3$ in die γ-Phthalimido-α-oxybuttersäure $C_6H_4(CO)_2N \cdot CH_2 \cdot CH_2 \cdot CH(OH) \cdot CO_2H$ umgewandelt. Aus ihr entsteht bei der Hydrolyse die γ-Amino-α-oxybuttersäure $H_2N \cdot CH_2 \cdot CH_2 \cdot CH(OH) \cdot CO_2H$, welche bei der erschöpfenden Methylierung in die Racemform des Carnitins übergeht.

Die Identität des Carnitins mit dem optisch aktiven α-oxy-γ-Butyrobetain ist neuerdings wieder bezweifelt worden, da das von Fischer und Göddertz dargestellte synthetische Produkt ein anderes Verhalten zeigt als das natürliche Carnitin, letzteres spaltet mit konzentrierter H_2SO_4 und mit HJ leicht 1 Molekül H_2O ab und geht in eine ungesättigte Verbindung, das sog. Apo-Carnitin über, ersteres wird durch H_2SO_4 nicht verändert, mit HJ liefert es γ-Butyrobetain. Engeland schreibt daher dem Carnitin folgende Konstitution zu

$$\begin{array}{c} \qquad\qquad\qquad CH_2OH \\ \qquad\qquad\qquad | \\ (CH_3)_3 \vdots \underline{N \cdot CH_2 \cdot CH \cdot CO \cdot O} \end{array}$$

Weniger vollständig bekannt sind die im obigen Schema angegebenen Umwandlungsprodukte der Asparaginsäure. Das β-Alanin ist als Fäulnisprodukt der Asparaginsäure (Ackermann) nachgewiesen worden, doch ist es ebenfalls kein ständiges Stoffwechselprodukt der Fäulnisbakterien. Neuberg und Cappezzuoli konnten bei der Fäulnis von Asparaginsäure nur Propionsäure und Buttersäure feststellen, ebenso Abderhalden und Fodor sowie Borchardt. β-Alanin findet sich auch im Fleischextrakt (Kutscher und Engeland). Vielleicht entstammt es dem Carnosin (vgl. S. 209), das ja als β-Alanylhistidin ebenfalls ein Derivat des β-Alanins darstellt.

Die erste in der Natur aufgefundene ω-Aminosäure ist die δ-Aminovaleriansäure. Sie wurde von E. und H. Salkowski aus den Fäulnisprodukten von Fibrin und Muskelfleisch isoliert. Sie bildet sich auch bei der Fäulnis von Gelatine (H. Salkowski), bei der Fäulnis von Pankreas (Ackermann). Die Muttersubstanz der δ-Aminovaleriansäure ist das Arginin, dieses verwandelt sich zunächst durch Abspaltung von Harnstoff in Ornithin und geht dann durch reduktive Desamidierung in δ-Aminovaleriansäure über:

$$\underset{\text{Arginin}}{H_2N \cdot C(:NH) \cdot NH \cdot CH_2 \cdot CH_2 \cdot CH_2 \cdot CH(NH_2) \cdot CO_2H} \rightarrow$$

$$\underset{\text{Ornithin}}{H_2N \cdot CH_2 \cdot CH_2 \cdot CH_2 \cdot CH(NH_2)CO_2H} \rightarrow \underset{\delta\text{-Aminovaleriansäure}}{H_2N \cdot CH_2 \cdot CH_2 \cdot CH_2 \cdot CH_2 \cdot CO_2H}$$

δ-Aminovaleriansäure entsteht tatsächlich aus Arginin durch Mischkulturen in glucosehaltiger Nährflüssigkeit, neben Ornithin und Putrescin (Ackermann). Sie bildet sich auch aus Prolin durch reduktive Aufspaltung (Neuberg):

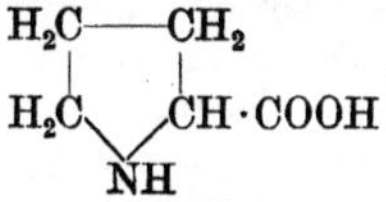

$\longrightarrow H_2N\cdot CH_2\cdot CH_2\cdot CH_2\cdot CH_2\cdot COOH$

Prolin

Das der δ-Aminovaleriansäure entsprechende ω-Betain (δ-Valerobetain) ist nur synthetisch dargestellt worden (Willstätter und Kahn). Ebenfalls gelang es nicht, die ε-Aminocapronsäure, ε-Leucin $H_2N\cdot(CH_2)_5\cdot CO_2H$ als Umwandlungsprodukt des Lysins aufzufinden. Bei der Fäulnis von 98 g Lysin erhielt Ackermann vorzugsweise Cadaverin. Er hält es jedoch für möglich, daß im Mydatoxin Briegers diese Aminosäure vorgelegen hat.

Das β-**Homobetain** wurde als mutmaßliche Beimengung aus der Mutterlauge von Carnitin (Novain) aus Fleischextrakt isoliert (Engeland). Er erhielt es auch bei der Oxydation von Carnitin (vgl. S. 264) mit Calciumpermanganat:

$$HO(CH_3)_3\cdot N\cdot CH_2\cdot CH_2\cdot CH(OH)\cdot COOH \xrightarrow{O_2} HO(CH_3)_3N\cdot CH_2\cdot CH_2\cdot COOH + CO_2 + H_2O.$$

Die Synthese gelingt durch Zusammenbringen von β-Jodpropionsäure mit Trimethylamin (Weiß).

Biochemisches Verhalten der Betaine, des Piperidins und des Pyridins.

Im Zusammenhang mit den Fragen nach der Vorstufe der Betaine ist namentlich von Pflanzenchemikern vielfach auch das Problem der biologischen Bedeutung der Betainbildung eingehend studiert worden. Schulze und Trier kommen im Gegensatz zu Staněk zu der Entscheidung, daß die Methylierungsprodukte, speziell aber die Betaine, Stoffwechselendprodukte darstellen, d. h. daß sie nach ihrer Bildung aus den Aminosäuren an den Lebensvorgängen keinen weiteren Anteil mehr nehmen. Nach Staněk jedoch sind die Betaine intermediäre Stoffwechselprodukte, denen eine nennenswerte physiologische Rolle zukommt. Er stützt seine Ansicht auf das Studium der Verteilung des Glykokollbetains in verschiedenen Pflanzen (Lycium barbarum, Zuckerrübe, Weizen,

Atriplex canescens, Amaranthus retroflexus) und auf sein Verhalten während der Keimung, dem Wachstum und dem Absterben.

Die Trockensubstanz der jungen Blätter enthält mehr Betain als die Trockensubstanz der alten Blätter derselben Pflanze und auch das Verhältnis zum Gesamtstickstoff stellt sich bei den ersten höher. Auch die jungen, grünen Sprößlinge sind ziemlich betainreich. Die Rinde (bei Lycium und Atriplex) hat schon weniger davon, und im Holz findet man nur noch unbedeutende Mengen. Die Wurzel von Amaranthus hat nur 0,48%, 2,16% in den Blättern, während die Wurzel der Zuckerrübe, welche als Reserveorgan fungiert, 0,95—1,2% enthält gegen 2,62% in den Blättern desselben Exemplares, alles in Prozent der Trockensubstanz.

Bei dem Reifen und Absterben der Pflanzenorgane verschwindet das Betain gleichzeitig mit den anderen Stickstoffverbindungen. Doch vermindert sich dabei zugleich das Verhältnis zwischen Betain- und Gesamtstickstoff. Da das wahrscheinlichste Zersetzungsprodukt des Betains, das Trimethylamin, gleichzeitig nicht nachgewiesen werden konnte, ist es annehmbar, daß das Betain nach Beendigung der vegetativen Fähigkeit der Organe in die Mutterpflanze zurückwandert. Während des Keimens der Samen wird Betain gebildet, bei der Sprossung in den Blättern angehäuft, indem es aus den Wurzeln verschwindet. Eine Anhäufung oder Bildung von Betain findet auch ohne Lichtwirkung in etiolierten Blättern statt.

Nach diesen Feststellungen findet sich das Betain am reichlichsten an den Stellen der regsten physiologischen Tätigkeit. Dieser Umstand, sowie die allgemeine Verbreitung des Betains in den Samen und Pflanzen stützen Staněks Hypothese von der physiologischen Bedeutung des Betains, das nach ihm vielleicht eine stabile Vorstufe biologisch wichtiger aber labiler Verbindungen (Cholin) darstellt, vielleicht auch selber einen Baustein komplizierterer Verbindungen (Lecithin) bildet.

Schulze und Trier konnten die Befunde Staněks über die Betainverteilung und den Betaingehalt junger und alter Pflanzen im großen und ganzen bestätigen, indem sie fanden, daß junge Blätter von Citrus aurantium L. einen bedeutend höheren Gehalt an Stachydrin zeigten als alte, daraus wird aber nicht geschlossen, daß während der Weiterentwicklung der jungen Blätter ein Verbrauch von Stachydrin stattfand, dies würde nur anzunehmen sein, wenn z. B. 100 Stück junge Blätter eine größere absolute Menge Stachydrin einschlössen als 100 Stück alte Blätter, was aber nicht der Fall ist. Dieselben Verhältnisse zeigten sich auch beim quantitativen Studium des Glykokollbetaingehaltes von Vicia sativa und des Trigonellingehaltes von Pisum sativum. Von ersteren lieferten 100 Stück Samen 0,132 g, 100 Stück Pflanzen (ohne die Wurzel) 0,700 g Betain, also mehr als 5 mal soviel Betain als die Samen, aus denen sie entstanden waren. Von Pisum sativum lieferten 1000 Stück Samen 0,140 g, 1000 Stück Pflanzen (ohne Wurzeln) 0,731 g Trigonellin.

Selbst wenn sich die Auffassung von Schulze und Trier für den pflanzlichen Stoffwechsel rechtfertigt, so gilt sie doch nicht in gleichem Maße für das Verhalten der Betaine im Tierkörper und im Stoffwechsel der Bakterien. Betaine, speziell das Glykokollbetain, können im Tierkörper verbrannt und entmethyliert werden (Kohlrausch). Die Oxydation vollzieht sich allerdings weit schwieriger als bei den Aminosäuren. Berücksichtigt man noch den Umstand, daß die Betaine eine mehr oder minder ausgesprochene alkalische Reaktion besitzen und daß ihre elektropositive Natur auf den Verlauf der vitalen Prozesse einen nicht unwesentlichen Einfluß auszuüben vermag, so dürfen die Betaine, selbst wenn man deren Verwertung als Lecithinbausteine (Schulze und Pfenninger; Staněk) oder als Eiweißbausteine (Abderhalden und Kautzsch) ausschließt, nicht als indifferente Abfallstoffe bezeichnet werden.

Bei der Katze fanden sich nach oraler Eingabe 50% des Betains unzersetzt im Harn, nach subcutaner Darreichung 10%, beim Hund 25% resp. 18%, beim Kaninchen 10%, nach oraler und subcutaner Eingabe. Vom Pflanzenfresser wird demnach das Betain stärker abgebaut als vom Fleischfresser. Noch weitgehender ist der Abbau bei den Wiederkäuern (Andrlik; Velich und Staněk). Eine mit Melasse gefütterte Kuh scheidet im Harn kein Betain aus, Schafe nur während den Fütterungstagen. Der Betainstickstoff wird jedoch im Körper nicht retiniert, selbst wenn eine sehr eiweißarme Nahrung verfüttert wird. Die Melasse kommt deshalb als stickstoffhaltiges Futter nicht in Betracht (Völtz). Das nicht zersetzte Betain geht bei den Säugetieren in die Milch über (Rolle). Es verleiht ihr einen unangenehmen Geschmack und bedingt infolge Bindung der Milchsäure eine verzögerte Gerinnungsfähigkeit.

Der Abbau des Betains kann auf zweierlei Wegen erfolgen. Nach der einen Möglichkeit wird das Trimethylamin durch einen hydrolytischen Prozeß losgelöst und entweder als solches oder nach partieller Entmethylierung ausgeschieden. Die gleichzeitig entstandene Glykolsäure wird verbrannt oder synthetisch verwertet. Auf die Möglichkeit einer partiellen Entmethylierung des Betains und Umwandlung in Kreatin ist von Rießer hingewiesen worden (vgl. S. 69). Er konnte beim Kaninchen nach subcutaner Injektion von Betain eine Zunahme der Ameisensäureausscheidung feststellen.

Von 2 g eingenommenen Stachydrin wird vom Mensch ungefähr $^1/_3$ im Harn unverändert wieder ausgeschieden (Kohlrausch). Bei der Fäulnis wird kein Trimethylamin abgespalten (Ackermann).

Carnitin wird im Organismus des Kaninchens zu Butyrobetain reduziert (Engeland). Ein Umsetzungsprodukt des Carnitins, das vielleicht mit dem Butyrobetain identisch ist und im Frauenharn aufgefunden wurde, ist das Reduktonovain, vielleicht auch die von Dombrowski isolierte Base $C_7H_{17}NO_2$. Der Carnitinsäureäthylester, das Oblitin, wird im Organismus der Katze in Carnitin zurückverwandelt, auch bei bakterieller Spaltung entsteht aus dem Oblitin Carnitin (Kutscher). Nicotinsäure wird im Tierkörper in Trigonellin übergeführt (Ackermann). Trigonellin und Methylpyridinchlorhydrat werden von Hunden und Kaninchen unverändert wieder ausgeschieden (Kohlrausch).

In erheblicherem Maße besitzen die Mikroorganismen die Fähigkeit, den methylierten Stickstoff anzugreifen und zu verwerten. Die meisten hautbildenden, oxydasereichen Hefen — Kahmhefe, Willia anomala — und Schimmelpilze gedeihen auf Lösungen von Betain sehr gut und bauen das Betain ab (Ehrlich und Lange). Als Spaltprodukt konnte Glykolsäure isoliert werden, jedoch kein Trimethylamin. Nur in den Kulturflüssigkeiten von Penicillium ließ sich NH_3 nachweisen. Unter- und obergärige Hefe, sowie Brennereihefe assimilierten das Betain nicht. Der abgespaltene Stickstoff konnte jedoch nur in den Penicillium- und Aspergilluskulturen in Form von Ammoniak gefunden werden. Freies Trimethylamin war nicht nachweisbar. Von Fäulnisbakterien wurden Trimethylserin, Trimethylglutaminsäure, Hexamethylornithin und Stachydrin bei 12—19tägiger Fäulnis nicht angegriffen. Aus 2 g Glykokollbetain wird jedoch Trimethylamin in beträchtlicher Menge abgespalten (Ackermann). Auf der Fähigkeit verschiedener Bodenbakterien aus Betain den Stickstoff abzuspalten und für die höhere Pflanze nutzbar zu machen, beruht die Darstellung des Düngemittels Guanol aus Melasseschlempe (Koch und Oelsner).

Pyridin sowie Pyrrol verwandeln sich im Organismus des Warmblüters wie des Kaltblüters in Methylpyridin (vgl. S. 248).

Piperidin wird jedoch nicht methyliert. Picolin wird zu Pyridincarbonsäure oxydiert und mit Glykokoll gepaart und als Pyridinursäure ausgeschieden (Cohn). Die antibakterielle Wirkung ist gering. 1%ige Lösungen hemmen das Wachstum von Micrococcus prodigiosus (Distler). Das Wachstum von Kahmhefen und Schimmelpilzen, die auf einer stickstoffreien Nährlösung von anorganischen Salzen und Invertzucker gezüchtet werden, wird durch Zusatz von Pyridin beschleunigt, ebenso durch Coniin und Piperidin (Ehrlich). Weizenkeimlinge werden durch Pyridinlösungen von 1:1000 nicht abgetötet, jedoch durch Picolin (vgl. auch Browning, Cohen, Gaunt und Gulbransen). Noch toxischer ist das Piperidin (Schreiner und Shorey). Die hydrolytische Wirkung des Emulsins auf Glucoside wird durch Pyridinzusatz verlangsamt, sie ist bei 12% noch vorhanden, bei 20% aber vollständig aufgehoben (Zemplén). Pyridin soll wie gewisse Teerstoffe die Widerstandskraft der Haut gegen Carcinom herab-tzen (Freund und Kaminer).

Pharmakologisches Verhalten der Betaine, des Piperidins und Pyridins.

Das Betain kann als pharmakologisch indifferent bezeichnet werden. Die Gegenwart eines Carboxyls wirkt hier wie in so vielen anderen Fällen entgiftend und löscht die curareartigen Eigenschaften, welche der quaternären Ammoniumgruppe sonst eigen sind, völlig aus. Eine gewisse pharmakologische Aktivität ist zwar in Versuchen an Ratten, am überlebenden Froschherzen und an Blutdruckversuchen an Hunden festgestellt worden (Waller und Plimmer, Waller und Sowton). Die beobachteten Wirkungen — Pulsverlangsamung, Blutdrucksenkung — sind aber der Acidität des angewandten Betainchlorhydrates zuzuschreiben (Velich), ebenso die angebliche Neutralisation des Tetanustoxins (Adsersen). Von einer sorgfältig neutralisierten Betainlösung können selbst große Dosen — 0,5 g bei der Ratte, 1 g beim Meerschweinchen, 5 g beim Hund — ohne merkliche Symptome intravenös injiziert werden. Auch beim Menschen ruft Genuß von 5—10 g Betain keine unangenehmen Wirkungen hervor.

Während in den α-Betainen trotz der quaternären Natur des Stickstoffs jede Toxizität erloschen ist, treten bei den ω-Betainen die den Ammoniumbasen eigenen Giftwirkungen wieder auf.

Das Carboxyl vermag offenbar in der entfernteren Stellung seine neutralisierende Wirkung nicht mehr auszuüben. Das β-Homobetain ist ungiftig.

Der Carnitinäthylester, das Oblitin, wirkt an Fröschen in Dosen von 0,03 und 0,1 g kaum merklich (Kutscher und Lohmann). Eine Maus wird durch 0,05—0,1 g getötet, während sie 0,025 g verträgt. 0,6 g bewirken auch am Kaninchen Krankheitserscheinungen. An der Katze wird durch 1 g starker Durchfall, Speichelfluß und schließlich Tod verursacht. Am überlebenden Katzendarm Tonusschwankungen und Gruppenbildung, am isolierten Frosch- und Katzenherzen Erschlaffung. Der Blutdruck wird durch 4—6 mg deutlich herabgesetzt. — Das Carnitin verhält sich im großen ganzen ähnlich wie das Oblitin, doch ist es weniger giftig als dieses. 0,5 g rufen am Kaninchen keine merklichen Symptome hervor. Das Butyrobetain besitzt curareartige Eigenschaften (Brieger; Takeda). An Fröschen bewirkt es diastolischen Herzstillstand; letale, subcutane Dosis für Mäuse 15 mg; 5 mg bewirken Durchfall, Dyspnoe, Salivation.

Die ω-Aminosäuren sind pharmakologisch unwirksam. Hingegen sind die cyclischen Anhydride der Aminobuttersäure und der Aminovaleriansäure, das Pyrrolidon und das Piperidon, giftig (vgl. S. 259).

0,05 g Pyrrolinchlorhydrat bewirkt am Frosch innerhalb 16 Stunden allgemeine Lähmung, Ödem und Tod nach 10 Tagen (Tunnicliffe und Rosenheim). Größere Dosen wirken rascher. Am überlebenden Froschherzen wird durch Lösungen von 1:1000 die Pulszahl vermindert, das Pulsvolumen vergrößert. Konzentriertere Lösungen bewirken neben der Frequenzabnahme auch eine Volumverringerung und schließlich systolischen Stillstand. An Katzen erzeugten 0,06—0,10 g allgemeine Müdigkeit. 0,5 g und mehr verursachten Würgbewegungen und Erbrechen, Albuminurie und Urobolinausscheidung, nach 7 Tagen Erholung. Subcutane Injektion von 1,0 g war bei einer 3,3 kg schweren Katze innerhalb 48 Stunden tödlich. 0,025 g waren ohne Einfluß auf den Blutdruck. 0,05 g bewirkten Blutdrucksteigerung.

Pyrrolidin, in Dosen von einigen Milligramm unter die Rückenhaut injiziert, brachte an Fröschen in wenigen Minuten Nicotinstellung hervor. N-Methylpyrrolidin verursacht Kopfschmerzen und Erbrechen (Liebermann und Cybulski; Löffler und Freytag). Subcutane Gaben von 0,01—0,026 g N-Methylpyrrolidinchlorhydrat und -tartrat verursachten bei Fröschen fast augenblicklich „Nicotinstellung", hierauf vollständige Lähmung. 0,2 g war für eine Katze von 3—4 kg letal. Der Tod erfolgte unter Lähmungserscheinungen und Krämpfen durch Atmungsstillstand $^1/_2$ Stunde nach der Injektion. Nach intravenöser Injektion von 0,025—0,05 g trat zuerst Blutdruckerniedrigung, dann starke und anhaltende Blutdrucksteigerung auf. Eine 5—10%ige Lösung bringt auf der unverletzten Haut fast sofort lokale Anästhesie hervor.

Galegin (vgl. S. 246) ruft an Kalt- und Warmblütern Paralyse des Gehirns und der Nervenzentren hervor. In geringen Dosen setzt es den Blutdruck vorübergehend, in toxischen dauernd stark hernieder (Tanret). Pyrrolidon ist ebenfalls giftig. Die carboxylhaltigen Pyridinderivate — Nicotinsäure, Trigonellin, Arecaidin — sind ungiftig. Ebenso die aus dem Lysin entstehende Piperidoncarbonsäure. Der Methylester des Arecaidins, des Arecolins ist ein parasympathisches Reizgift. Wie das Pilocarpin bewirkt es eine Myosis. Pyridin verursacht am Frosch zentrale Lähmung und Herabsetzung der Erregbarkeit der motorischen Nerven. 0,01 g wirken narkotisch, 0,02—0,04 letal, nach 15 Minuten Atemlähmung, nach 1—2 Stunden Herzstillstand (Brunton und Tunnicliffe). Ausgeschnittene Froschmuskeln verlieren ihre Reizbarkeit selbst in 0,2%iger Lösung nicht, 5%ige Lösung ruft vollständige Anästhesie der Froschhaut hervor. Warmblüter reagieren sehr wenig auf Pyridin, Hunde vertragen 1 g pro die wochenlang ohne merkliche toxische Erscheinungen (His; Cohn). Erbrechen und Durchfälle, die hier und da auftreten, ließen sich durch Knochenfütterung vermeiden. Für Meerschweinchen wirken 0,87 g intraperitoneal und 4,0 g per os letal durch Atemstillstand unter den Erscheinungen der allgemeinen Narkose (Brunton und Tunnicliffe). Das Vergiftungsbild am Menschen zeigt im wesentlichen die Erscheinungen zunehmender Narkose: Müdigkeit, Erschlaffung der Muskulatur, Benommenheit, Schwindel, Erbrechen, Kopfschmerz, Ohnmacht, Gliederzittern, nur selten schwere Erscheinungen. 2 g waren im Selbstversuch ohne Wirkung (Distler).

Die Pyridinhomologen verhalten sich ähnlich wie das Pyridin. Sie sind aber um so giftiger, je höher der Siedepunkt ist (M'Kendrick und Dewar; Harnack und Meyer). Methylpyridiniumchlorid wirkt curareartig. Die letale Dosis für den Frosch beträgt 0,05 g, pro kg Katze 0,10 g.

Von α-Picolin werden vom Kaninchen 0,5—1,0 g täglich 1 Woche lang vertragen, dann erst zeigen sich Vergiftungserscheinungen. Subcutane Verabreichung von 2,4—3,6 g bewirken an Hunden Erbrechen und Absceßbildung (Cohn). Frösche und Tauben werden von Picolin gelähmt. Die Salze des Piperidins verhalten sich gegenüber dem Warmblüterorganismus wie Ammoniumsalze (Buchheim). 1 g ist für den Menschen ohne merkliche Wirkung. Für Kaninchen sind 0,5 g pro kg letal, bei Ratten 0,050 g. Es wirkt zunächst zentral reizend, in größeren Dosen lähmend, ähnlich wie Coniin und Nicotin, nur schwächer. Das isolierte Froschherz wird verlangsamt. Beim Säugetier ist diese Verlangsamung nur vorübergehend (Moore und Row). Das Piperidin soll in Dosen von 0,04—0,10 g blutdrucksteigernd und gefäßverengernd wirken (Pick). Auch die N- und C-alkylierten Homologen des Piperidins verursachen eine Lähmung des Zentralnervensystems und der peripheren, motorischen Nerven. Die zentrale Lähmung tritt zuerst ein und führt bei den Warmblütern zum Tod durch Ersticken, wenn nicht künstliche Atmung eingeleitet wird (R. und C. Wolffenstein). Die N-Acylderivate verursachen hauptsächlich Krämpfe. Die letale Dosis beträgt pro kg Kaninchen von Piperidin 0,5 g, α-Pipecolin, α-Methylpiperidin 0,3 g, α-α-Dimethylpiperidin 0,4 g, β-Äthylpiperidin 0,3 g, Coniin 0,09 g, β-Propylpiperidin 0,15 g, N-Methylpiperidin 0,4 g, N-Äthylpiperidin 0,1 g, N-Propylpiperidin 0,01 g, N-Amylpiperidin 0,01 g, N-Formylpiperidin 0,3 g, N-Acetylpiperidin 0,3 g.

Piperidin und Coniin wirken erregend auf die glatte Muskulatur von Uterus und Harnleiter (Macht). An weißen Mäusen wird durch Injektion von Piperidinchlorhydrat eine ähnliche Schwanzreaktion hervorgerufen wie durch Morphiumchlorhydrat (Macht).

Eigenschaften und Salze, Nachweis und Isolierung von Betainen und ω-Aminosäuren.

Betain $C_5H_{11}NO_2$, aus Alkohol zerfließliche Krystalle mit 1 Molekül H_2O, welches bei 100° weggeht. Zwischen 135 und 293° erfolgt partiell Umwandlung in Dimethylaminoessigsäuremethylester. Letzterer ist oberhalb 293° nicht mehr beständig (Willstätter). Betain zerfällt bei längerem Kochen mit Natronlauge in Trimethylamin und Glykolsäure.

Chlorhydrat $C_5H_{11}NO_2 \cdot HCl$, Tafeln, leicht löslich in Wasser, unlöslich in Alkohol. Schmelzpunkt 227—228° unter Zersetzung. — Pikrat $C_5H_{11}O_2N \cdot$

$C_6H_3O_7N_3$, Nadeln, wenig löslich in Alkohol, leicht löslich in Wasser. Schmelzpunkt ca. 180—181°. — Pikrolonat $C_5H_{11}O_2N \cdot C_{10}H_8N_4O_5$, Nadeln, leicht löslich in Wasser und Alkohol. Zersetzungspunkt 200°. — Chloraurat $C_5H_{12}O_2N \cdot AuCl_4$, aus warmer 1%iger HCl rhombische Blättchen, Prismen und Platten. Rasch erhitzt Zersetzung gegen 245° (korr. 250°). — $C_5H_{12}O_2N \cdot AuCl_4 + 1^1/_2 H_2O$. Mit warmer, 5%iger, wäßriger Lösung bei Gegenwart eines geringen Überschusses von Goldchlorid sternförmige Aggregate. Schmelzpunkt 200—209°, je nach der Art des Erhitzens. — Chloroplatinat $(C_5H_{11}NO_2HCl)_2PtCl_4 + 4H_2O$, aus Wasser große rhombische Tafeln mit abgestumpften Ecken, efflorescierend, Schmelzpunkt 242°, unlöslich in Alkohol, aus heißem Wasser in gelben Prismen mit verschiedenem Wassergehalt. Die aus heißem Wasser wasserfei auskrystallisierenden Nadeln verwandeln sich in der Mutterlauge in vierseitige Tafeln mit $4H_2O$. — $(C_5H_{11}NO_2 \cdot HCl)_2HgCl_2$, Täfelchen, in Wasser ziemlich leicht löslich, in Alkohol schwer löslich. — Phosphorwolframat $(C_5H_{11}O_2N)_3H_3PO_4\,12WO_3$, sehr leicht löslich in Aceton, wenig löslich in Wasser. Aus heißem Wasser oder verdünntem Alkohol große Rhomboeder (Drummond).

Histidinbetain (Herzynin) $C_9H_{15}O_2N_3 \cdot [\alpha]_D = +41{,}1°$ in Gegenwart von 8 Mol. HCl.

Nitrat, große, durchsichtige Platten und Oktoaeder. — Monopikrat $C_9H_{15}O_2N_3 \cdot C_6H_3O_7N_3 \cdot H_2O$, dünne Nadeln vom Schmelzpunkt 201°, leicht löslich in Wasser. — Dipikrat $C_9H_{15}O_2N_3 \cdot 2C_6H_3O_7N_3 + 2H_2O$, löst sich in 125 Teilen heißem Wasser. Schmelzpunkt 123°, wasserfrei bei 213—214°. — Chloraurat $C_9H_{15}O_2N_3 \cdot 2HAuCl_4$, große, orangegelbe Krystalle, Schmelzpunkt 184°. Bei Krystallisation in Gegenwart von verdünnter Salzsäure und überschüssigem Goldchlorid bilden sich Salze von anderer Zusammensetzung.

Ergothionein $C_9H_{15}O_2N_3S \cdot 2H_2O$, Blättchen oder Nadeln, löslich in 8,6 Teilen Wasser von 20°, wenig löslich in heißem Alkohol, unlöslich in Alkohol, Chloroform und Benzol. $[\alpha]_D = +110°$, Schmelzpunkt 290°. Mit alkoholischer Jodlösung entsteht ein wenig lösliches Jodid. Mit $FeCl_3$ erfolgt Umwandlung in Histidinbetain. Durch KOH wird Trimethylamin abgespalten unter Bildung von Thioimidazolacrylsäure, welche mit $FeCl_3$ in Urocaninsäure übergeführt wird (Barger und Ewins).

Hypaphorin (Tryptophanbetain) $C_{14}H_{18}O_2N_2 + 2H_2O$, große, durchsichtige Krystalle aus Wasser. Das Krystallwasser verdunstet im Exsiccator. Schmelzpunkt der wasserfreien Substanz bei 255° unter Zersetzung. $[\alpha]_D$ der 3%igen Lösung $= +93°$. Leicht löslich in Wasser und Alkohol, unlöslich in anderen organischen Lösungsmitteln. Die wäßrige Lösung reduziert $AuCl_3$. In konzentrierter H_2SO_4 mit $K_2Cr_2O_7$ intensive Violettfärbung. Reaktion mit Glyoxylsäure und Schwefelsäure positiv, keine Reaktion mit Triketohydrindenhydrat.

Nitrat $C_{14}H_{18}O_2N_2 \cdot HNO_3$, Schmelzpunkt unter Zersetzung 215—220°, löslich in 170 Teilen Wasser bei Zimmertemperatur. — Methyljodid $C_{15}H_{21}O_2N_2J$, glitzernde Platten aus heißem Wasser; löslich in 200 Teilen Wasser bei 18°.

Ornithinbetain (Hexamethylornithin) $C_{11}H_{28}O_4N_2$, Darstellung durch Methylierung von Ornithin (Ackermann), rechtsdrehend. Gibt beim Erhitzen mit Zinkstaub Pyrrolreaktion (Unterschied von Myokinin).

Chloroplatinat $C_{11}H_{30}O_4N_2PtCl_6 + 1 H_2O$, Schmelzpunkt 232—233°.

Myokinin $C_{11}H_{28}O_4N_2$, vielleicht enantiomorph mit dem Ornithinbetain. Linksdrehend, spaltet mit Baryt 2 Mol. Trimethylamin ab.

Chloroplatinat $C_{11}H_{30}O_4N_2PtCl_6 + 2 H_2O$, Schmelzpunkt 233—234°, unlöslich in Alkohol.

Stachydrin $C_7H_{13}NO_2 + H_2O$, zerfließliche Krystalle, leicht löslich in Alkohol, wenig löslich in heißem Chloroform. Das Krystallwasser wird über H_2SO_4 abgegeben. Schmelzpunkt 235° unter Umlagerung in den isomeren Hygrinsäuremethylsäureester.

Chlorhydrat $C_7H_{13}NO_2 \cdot HCl$, große Prismen, leicht löslich in Wasser. 1 Teil löst in 12,7 Teilen kalten Alkohol. Schmelzpunkt unter Zersetzung bei 235°. — Saures Oxalat $C_7H_{13}O_2N \cdot C_2H_2O_4$, Nadeln, unlöslich in kaltem, absolutem Alkohol, Schmelzpunkt 105—107°. — Pikrat $C_7H_{13}O_2N \cdot C_6H_3O_7N_3$, Schmelzpunkt 195—196°, fällt nur aus konzentrierten Lösungen. — Chloraurat $C_7H_{13}NO_2 \cdot HCl \cdot AuCl_3$. Vierseitige rhombische Blättchen. In kaltem Wasser schwer, in heißem ziemlich leicht löslich. Schmelzpunkt bei raschem Erhitzen 225°. — Chloroplatinat $(C_7H_{13}NO_2 \cdot HCl)_2PtCl_4$, krystallisiert mit 2 und 4 Mol. H_2O und ohne Krystallwasser. In Wasser und verdünntem Alkohol sehr leicht löslich. Zersetzt sich bei raschem Erhitzen zwischen 210—220°. $HgCl_2$ fällt nur in salzsaurer Lösung. — Phosphorwolframat $(C_7H_{13}O_2N)_3H_3PO_4\,12\,WO_3$, Rhomboeder, leicht löslich in Aceton.

Betonicin $C_7H_{13}O_3N + H_2O$, vierseitige, kurze Prismen aus Alkohol. Schmelzpunkt 243° unter Zersetzung. In Wasser leichter löslich als das Turicin. Die wäßrige Lösung schmeckt süß. $[\alpha]_D = -36,60°$ in 4,80%iger wäßriger Lösung. Das Hydrochlorid ist weniger löslich als das Turicinhydrochlorid.

Chlorhydrat $C_7H_{13}O_3N \cdot HCl$, Prismen aus Wasser, Schmelzpunkt 232°, $[\alpha]_D = -24,79°$. — Chloraurat, Schmelzpunkt 242°, aus Wasser in zu Drusen vereinigten Krystallblättchen. — Chloroplatinat, dichromatische Prismen aus Wasser mit 2 Mol. H_2O, zersetzt sich bei 226°.

Turicin, in Wasser weniger löslich als das Betonicin, nicht hygroskopische Prismen, Schmelzpunkt 249° unter Zersetzung. $[\alpha]_D = +36,26°$.

Hydrochlorid, in Wasser löslicher als das Betonicinhydrochlorid, Nadeln aus absolutem Alkohol. Schmelzpunkt 222° unter Zersetzung. $[\alpha]_D$ in 7%iger, wäßriger Lösung $= +24,65°$. — Chloroplatinat, enthält 1 H_2O, Schmelzpunkt 223° unter Zersetzung. — Chloraurat, Schmelzpunkt 232°, zu Drusen vereinigte Krystallblättchen aus Wasser.

Trigonellin $C_7H_7O_2N + H_2O$, wird bei 100° wasserfrei. Die Hydratbase schmilzt bei 130°, die wasserfreie bei 218°.

Chlorhydrat $C_7H_7O_2N \cdot HCl$, Säulen und Tafeln, leicht löslich in Wasser, wenig löslich in Alkohol. Schmelzpunkt 257—258°. — Pikrat $C_7H_7O_2N \cdot C_6H_3O_7N_3$, Prismen, Schmelzpunkt 198—200°. Leicht löslich in Wasser und Methylalkohol. Schwer löslich in absolutem Alkohol, fast unlöslich in Äther. — Chloraurat $C_7H_7O_2N \cdot HCl \cdot AuCl_3$, Schmelzpunkt 198°. Beim Umkrystallisieren aus Wasser oder verdünnter HCl entsteht das basische Salz von $C_7H_7O_2N \cdot HCl_4(AuCl_3)_3$ vom Schmelzpunkt 185—186°. — Chloroplatinat $(C_7H_7O_2N \cdot HCl)_2PtCl_4$, derbe wasserfreie Prismen, nach Trier mit 1 Mol. H_2O.

Pyrrolidin C_4H_9N, Flüssigkeit, Siedepunkt 87,5—88,5°. Spezifisches Gewicht 0,879 bei 0°. Mit Wasser mischbar. Die halogenwasserstoffsauren Salze sind sehr hygroskopisch.

Pikrat $C_4H_9N \cdot C_6H_3N_3O_7$, Säulen vom Schmelzpunkt 111—112°. — Chloroplatinat $(C_4H_9N \cdot HCl)_2PtCl_4$, orangefarbene Krystalle aus verdünntem Alkohol, ziemlich leicht löslich in Wasser. — Chloraurat $C_4H_9N \cdot HCl \cdot AuCl_3$, Schüppchen und kammartig gruppierte Nadeln. Schmelzpunkt unter Zersetzung 206°, leicht löslich in heißem Wasser.

Galegin $C_6H_{13}N_3$ (vgl. S. 180), hygroskopische Krystalle vom Schmelzpunkt 60—65°. Leicht löslich in Wasser und absolutem Alkohol. Löslich in Äther. Die Base zieht aus der Luft CO_2 an und bildet gut krystallisierende Salze. Beim Erhitzen mit Barytwasser auf 100° spaltet sich das Galegin quantitativ in Aminoisoamylen und Harnstoff (Tanret).

Pyrrolin C_4H_7N, Flüssigkeit, leicht löslich in Wasser. Siedepunkt 90—91°, spezifisches Gewicht 0,9097.

Chlorhydrat $C_4H_7N \cdot HCl$, abgeplattete Prismen aus Alkohol, zerfließlich, Schmelzpunkt 173—174°. — Pikrat, $C_4H_7N \cdot C_6H_2(NO_2)_3 \cdot OH$, Schmelzpunkt 156°, leicht löslich in Wasser und Alkohol. — Pikrolonat $C_4H_7N \cdot C_{10}H_8O_5N_4$, rhombische Platten, wenig löslich in Alkohol und Wasser. Bräunt sich bei 235° und zersetzt sich bei 260°. — Chloroplatinat $(C_4H_7N \cdot HCl)_2PtCl_4$, trikline Krystalle, wenig löslich in Wasser, Schmelzpunkt 182°. — Chloraurat $C_4H_7N \cdot HCl \cdot AuCl_3$, leicht löslich in Wasser. Prismen vom Schmelzpunkt 152°.

Piperidin $C_5H_{11}N$, pfefferartig riechende Flüssigkeit vom Siedepunkt 105—106°. Spezifisches Gewicht 0,8814°.

Pyridin C_5H_5N, Flüssigkeit vom Siedepunkt 115°, spezifisches Gewicht 0,88263.

N-Methylpyridiniumhydroxyd C_6H_9NO, stark alkalische, geruchlose Flüssigkeit, zersetzt sich bei Gegenwart von Alkali unter Dunkelfärbung.

Chloroplatinat $C_6H_8NCl \cdot PtCl_4$, orangerote Krystalle aus heißem Wasser. — Chloraurat $C_6H_8NCl \cdot AuCl_3$, gelbe Nadeln aus Alkohol.

Butyrobetain $C_7H_{15}O_2N$, aus Alkohol und Äther in weißen, leicht verwitternden Nädelchen mit 3 Mol. H_2O, wird bei 130° wasserfrei und schäumt bei 220°, dem Siedepunkt der Base auf (Willstätter).

Chlorhydrat $C_7H_{15}NO_2 \cdot HCl$, Nadeln, unlöslich in absolutem Alkohol, sintert bei 195°, schmilzt bei 200° (Takeda), 203° (Engeland und Kutscher). — Chloraurat $C_7H_{16}NO_2 \cdot AuCl_4$, lange, flache, glänzende Nadeln (Willstätter), Schmelzpunkt 176° (Takeda), 182—184° (Krimberg). — Chloroplatinat $(C_7H_{16}NO_2)_2PtCl_6$, hellrote, vier- oder sechsseitig begrenzte Täfelchen und flächenreiche Prismen ohne Krystallwasser aus konzentrierter, wäßriger Lösung. In kaltem Wasser ziemlich löslich, in heißem Wasser sehr leicht löslich, in kaltem und heißem Alkohol fast unlöslich. Schmelzpunkt 224—225° unter Zersetzung (Willstätter; Engeland und Kutscher), 225—228° (Takeda).

Gadinin $C_7H_{17}NO_2$, im faulen Dorsch (Brieger) und aus gefaultem Leim, aus faulen Heringen durch Destillation (Bocklisch), aus Reinkulturen von Proteus vulgaris auf Fleisch (Carbone). Das Chlorid bildet dicke, farblose Nadeln, unlöslich in Alkohol, leicht löslich in Wasser, Schmelzpunkt 214°. Goldsalze nicht krystallisierend.

Typhotoxin $C_7H_{17}NO_2$ aus Kulturen von Typhusbacillen und aus Fleischbrei. Aus der Quecksilberchloridfällung als Platinsalz isoliert. Dieses bildet leicht lösliche Nadeln, das Goldsalz schwer lösliche Prismen. Schmelzpunkt 176°. Das Pikrat ist schwer löslich (Unterschied vom Gadinin und Carnitin).

Carnitin $C_7H_{15}O_3N$, wurde nur als Sirup erhalten, leicht löslich in Alkohol, Reaktion alkalisch. In salzsaurer Lösung linksdrehend, $[\alpha]_D$ auf freies Carnitin berechnet —20,91° (Gulewitsch und Krimberg). Bei der Oxydation mit Permanganat entsteht β-Homobetain (Engeland).

Chlorhydrat $C_7H_{15}O_3N \cdot HCl$, strahlig erstarrende Masse aus Alkohol. —Chloroplatinat $(C_7H_{16}NO_3Cl)_2PtCl_4$, orangerote Prismen, sehr leicht löslich in kaltem Wasser, Schmelzpunkt 214—218° unter Zersetzung. — Chloraurat $C_7H_{16}O_3N \cdot AuCl_4$, kleine Nädelchen, schiefe, vierseitige, oft unregelmäßig gebildete Täfelchen. Bei langsamen Erhitzen entstehen hellgelbe Nädelchen neben tief dunkleren orangefarbenen großen Nadeln oder Prismen. Schmelzpunkt 153—154°. — Quecksilbersalz $C_7H_{15}O_3N \cdot 2HgCl_2$, aus der freien Base und alkoholischer $HgCl_2$-Lösung, wenig löslich in Wasser und ziemlich leicht krystallisierend, Schmelzpunkt 204—205°. — $C_7H_{15}O_3N \cdot HCl \cdot 6HgCl_2$, bildet sich bei Gegenwart eines geringen Überschusses, schwierig krystallisierendes Öl, Schmelzpunkt 211—215°. — Äthylester $C_9H_{19}O_3N$, identisch mit Oblitin.

β-Homobetain $C_6H_{13}NO_2$ wurde als mutmaßliche Beimengung aus der Mutterlauge von Carnitin (Novain), aus Fleischextrakt isoliert. Seidenglänzende Prismen aus Alkohol. In Wasser und Alkohol sehr leicht löslich, Schmelzpunkt 126° unter Aufschäumen. Spaltet sich beim Erwärmen mit Alkali in Acrylsäure und Trimethylamin.

Chloroplatinat $(C_6H_{14}NO_2)_2PtCl_6$, monokline, orangerote Prismen. — Chloraurat $C_6H_{14}NO_2AuCl_4$, Blättchen oder Nadeln, ziemlich löslich in Wasser.

β-Alanin $C_3H_7O_2N$, Tafeln aus Wasser und Alkohol vom Schmelzpunkt 206—207°, schmeckt süß, zerfällt bei höherer Temperatur in Ammoniak und Acrylsäure. In alkalischer Lösung erfolgt diese Spaltung schon bei 37°.

Chlorhydrat $C_3H_7O_2N \cdot HCl$, mikroskopische Tafeln, Schmelzpunkt 122,5°. — Sulfat $(C_3H_7O_2N)_2H_2SO_4$, Schmelzpunkt 150° unter Zersetzung. — Chloroplatinat $(C_3H_7O_2N \cdot HCl)_2PtCl_4$, hellgelbe Blättchen aus HCl-haltigem Alkohol. — Kupfersalz $Cu(C_3H_6NO_2)_2 + 6H_2O$, dunkelblaue, rhombische Prismen. — Die Ester des β-Alanins entstehen schon beim Erwärmen mit absolutem Alkohol.

γ-Aminobuttersäure $C_4H_9O_2N$, aus Methylalkohol + Äther in Blättchen, Schmelzpunkt 183—184°, sehr leicht löslich in Wasser. Beim Schmelzen Zerfall in Pyrrolidon und H_2O.

Chlorhydrat $C_4H_9NO_2 \cdot HCl$, derbe Prismen aus Alkohol. Leicht löslich in Wasser und Alkohol; nach Abderhalden und Kautzsch seidenartig, federförmig verwachsene Krystalle vom Schmelzpunkt 135—136°. — Chloroplatinat $(C_4H_9NO_2 \cdot HCl)_2 \cdot PtCl_4$, große, glänzende Prismen, Schmelzpunkt 220°, sehr leicht löslich in Wasser, wenig löslich in Methylalkohol, sehr wenig löslich in Alkohol. — Chloraurat $C_4H_9NO_2 \cdot HAuCl_4$, Tafeln, Schmelzpunkt 138°, löslich in Wasser und Alkohol. — Phosphorwolframat ist in heißem Wasser und in Säuren löslich, unlöslich in Ammoniak; das Pikrat und Pikrolonat sind leicht löslich.

δ-Aminovaleriansäure $C_5H_{11}O_2N$, perlmutterglänzende Blättchen, Schmelzpunkt 157—158°, leicht löslich in Wasser, fast unlöslich in absolutem Alkohol. Die wäßrige Lösung schmeckt adstringierend und gibt kein Kupfersalz.

Chlorhydrat $C_5H_{11}NO_2 \cdot HCl$, rhombische Tafeln oder Prismen, sehr leicht löslich in Wasser und Alkohol. — Chloroplatinat $(C_5H_{11}NO_2HCl)_2PtCl_4$, lange rhombische Tafeln, leicht löslich in Wasser. — Chloraurat $C_5H_{11}NO_2 \cdot HCl \cdot AuCl_3 + H_2O$, orangefarbene, monokline Krystalle, Schmelzpunkt 86 bis 87°. Beim Kochen verwandelt es sich in $C_5H_{11}O_2N \cdot AuCl_3$, blaßgelbe, zu sternförmigen Drusen vereinigte, doppelbrechende Krystalle, schwer löslich in kaltem Wasser, wird beim Lösen in Salzsäure in das normale Salz zurückverwandelt.

Die δ-Aminovaleriansäure zerfällt beim Erhitzen mit festem Natron in CO_2, Butylamin und Ammoniak. Beim Schmelzen spaltet sie Wasser ab und verwandelt sich in das Piperidon. Piperidon entsteht auch bei der Destillation des δ-Aminovaleriansäureesters. Es ist krystallinisch und schmilzt bei 39—40°. Siedepunkt 256°. Sehr leicht löslich in Wasser, Alkohol und Äther, unlöslich in konzentrierter Natronlauge. Beim Kochen mit konzentrierter Natronlauge oder beim Erhitzen mit konzentrierter Salzsäure spaltet sich der Piperidinring wieder auf unter Rückbildung von δ-Aminovaleriansäure. Wie die δ-Aminovaleriansäure anhydrisieren sich auch deren α-Derivate — das Ornithin und die α-Oxy-δ-Aminovaleriansäure — zu Piperidonderivaten. Aus dem Ornithin entsteht dabei das β-Amino-α-piperidon, aus der α-Oxy-δ-aminovaleriansäure das β-Oxy-α-piperidon.

ε-Aminocapronsäure (ε-Leucin) $C_6H_{13}O_2N$, vielleicht identisch mit dem Mydatoxin Briegers. Darstellung nach Gabriel durch Verseifung des Phthalimidobutylmalonesters, noch besser nach Wallach durch Aufspaltung des Cyclohexanonoxims. Leicht löslich in Wasser, wenig löslich in Alkohol. Schmelzpunkt 202—203°. Das Lactam bildet ein aus verdünnter Salzsäure krystallisierendes Chlorhydrat vom Schmelzpunkt 73°.

Mydatoxin $C_6H_{13}NO_2$, aus Fäulnisprodukten menschlicher Leichenteile von Brieger isoliert, läßt sich mit Quecksilbersalzen von den übrigen Basen auf Grund dessen großer Löslichkeit abtrennen und wird dabei von einer Base $C_7H_{17}NO_2$ begleitet. Das Mydatoxin reagiert alkalisch und zersetzt sich bei der Destillation.

Chloroplatinat leicht löslich in Wasser. Keine Fällung mit $AuCl_3$. Toxisch gegen weiße Mäuse, sonst wenig giftig.

Die Betaine werden bei der Durchführung der Methode von Kossel und Kutscher mit Silbernitrat und Baryt nicht abgeschieden und gelangen deshalb in die Lysinfraktion (vgl. S. 142). Zu ihrer Isolierung können dieselben Methoden verwendet werden, welche S. 86 für das Cholin beschrieben worden sind. Bei phytochemischen Untersuchungen ist vorzugsweise das Sublimatverfahren von Schulze angewendet worden (vgl. S. 86). Die Trennung des Cholinchlorids vom Betain- und Trigonellinchlorid erreicht man durch kalten absoluten Alkohol, in dem fast nur Cholinchlorid löslich ist. Die Trennung des Stachydrins vom Cholin kann beim Vorwiegen des ersteren in gleicher Weise erfolgen. Sonst empfiehlt sich das Verfahren von Staněk, nach dem Cholin in alkalischer Lösung mit KJ_3 fällt, während Stachydrin erst in angesäuerter Lösung eine Fällung gibt (Schulze und Trier). Die Gegenwart von Cholin neben Betainen kann man dadurch erkennen, daß sein Phosphorwolframat in sodaalkalischer Lösung im Gegensatz zu dem des Stachydrins und anderer Betaine nur unvollkommen löslich ist (Yoshimura und Trier). Bei der Isolierung der Betaine aus den kompliziert zusammengesetzten tierischen Extrakten führt das Sublimatverfahren von Schulze nicht ohne weiteres zum Ziele und es ist oft eine langwierige fraktionierte Fällung der Pikrate, Platin-, Gold- und Cadmiumdoppelsalze nötig, um Betaine und andere in der Lysinfraktion vorhandene mit Sublimat fällbare Basen vollständig voneinander zu trennen (vgl. hierzu Kutscher; Ackermann; Engeland). Für die Isolierung der Betaine aus Muskel- und Fleischextrakt ist von Gulewitsch und seinen Schülern auch die Ausfällung mit Krautschem Reagens vielfach mit günstigem Erfolg angewendet worden.

Bei gleichzeitiger Anwesenheit von Cholin lassen sich diejenigen Betaine, welche schwerer lösliche Chlorhydrate geben, durch absoluten Alkohol leicht von dem in diesem Lösungsmittel auch in der Kälte leicht löslichen Cholinchlorhydrat trennen.

Die ω-Aminosäuren, welche im Gegensatz zu den α-Aminosäuren mit Phosphorwolframsäure schwer lösliche Verbindungen geben, gelangen mit den Betainen in die Lysinfraktion. Mit Sublimat allein bilden sie keine Niederschläge, wohl aber mit Quecksilberchlorid und Natriumacetat (Ackermann).

Der Nachweis des β-Alanins gelingt am einfachsten auf Grund seiner leichten Zersetzlichkeit in Ammoniak und Acrylsäure. Man verwandelt das β-Alanin zu diesem Zwecke in den Äthylester und destilliert denselben, wobei sich die stechenden Dämpfe der Acrylsäure bemerkbar machen (Abderhalden und Fodor). Die Isolierung der γ-Aminobuttersäure gelingt durch Destillation des Äthylesters (Abderhalden und Kautzsch). Die δ-Aminovaleriansäure wird aus der Lysinfraktion durch Krystallisation der Edelmetallsalze isoliert (Ackermann).

VIII. Gruppe.

Phenylalkyl- und Phenylalkanolamine.

Die biogenen Amine dieser Gruppe sind ausgezeichnet durch das Vorhandensein eines Phenylrestes, durch dessen Eintritt nicht nur die chemischen, sondern auch die biologischen und namentlich die pharmakologischen Eigenschaften der aliphatischen Alkyl- und Alkanolamine erheblich verändert werden. Die in der Natur auftretenden fettaromatischen Amine entstammen voraussichtlich dem Eiweiß. Nachgewiesen ist dies aber bis jetzt nur für das Phenyläthylamin und das Oxyphenyläthylamin, welche in den beiden aromatischen Aminosäuren, dem Phenylalanin und dem Tyrosin ihre natürliche Vorstufe besitzen.

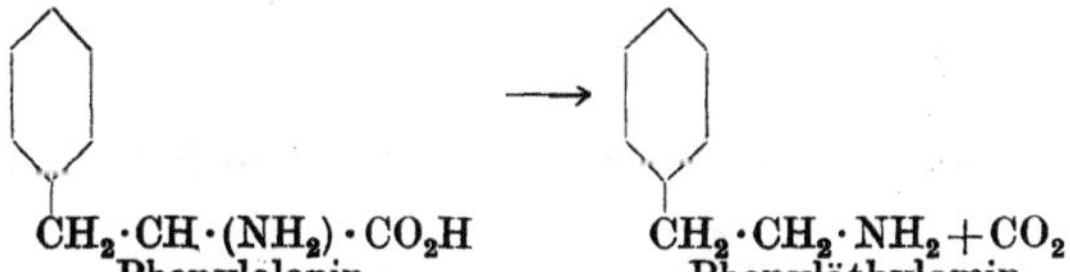

Phenylalanin Phenyläthylamin

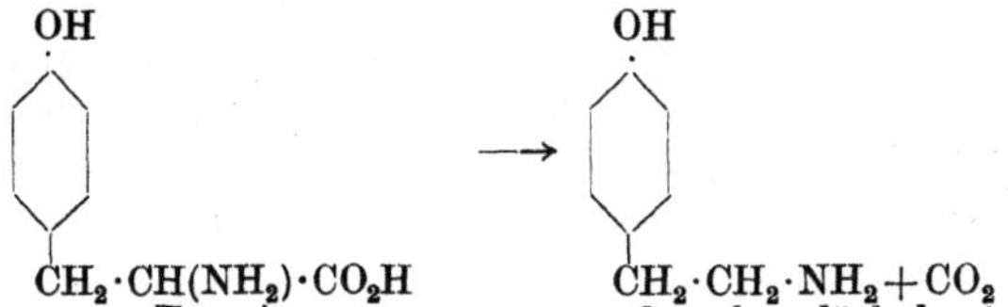

Tyrosin p-Oxyphenyläthylamin

Für die anderen natürlichen Vertreter dieser Gruppe, das Adrenalin (Dioxyphenyläthanolmethylamin) (I), sowie auch für das Ephedrin (II), das Hordenin (III) und die von Späth in ihrer Konstitution erkannten Anhaloniumbasen (vgl. S. 279) ist ein direkter Zusammenhang mit dem Eiweiß noch nicht festgestellt worden.

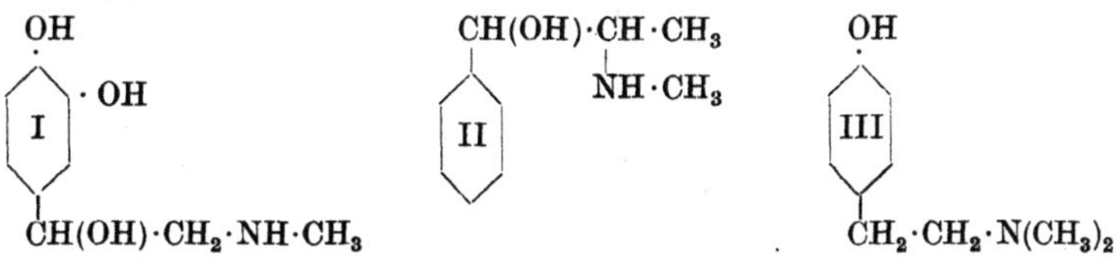

Die Konstitution der Aminosäure, welche als unmittelbare Vorstufe für das Adrenalin in Betracht käme, wäre die einer

3.4-Dioxyphenyl-α-methylamino-β-oxypropionsäure

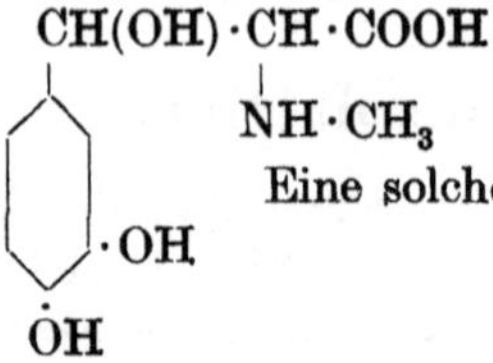

Eine solche Substanz ist weder synthetisch dargestellt, noch in der Natur aufgefunden worden. Wohl aber erkannte Guggenheim in der von Torquati aus Vicia faba isolierten stickstoffhaltigen Substanz ein 3.4-Dioxyphenylalanin

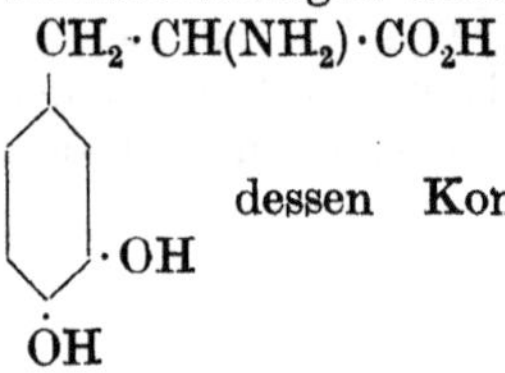

dessen Konstitution der hypothetischen Adrenalinmuttersubstanz immerhin als recht nahestehend bezeichnet werden muß.

Die Phenylalkylamine können auch als Übergangsstufen zu einfachen Alkaloiden der Isochinolingruppe betrachtet werden. Die nahe Verwandtschaft ist durch eine Nebeneinanderstellung der Formeln des Phenyläthylmethylamins und des Tetrahydroisochinolins ohne weiteres ersichtlich:

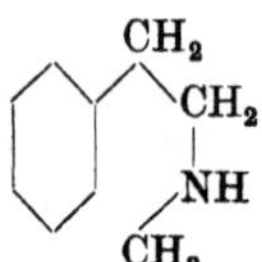

Phenyläthylmethylamin

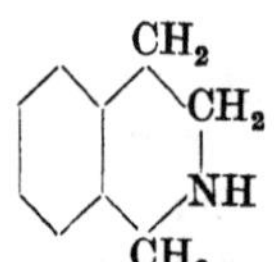

Tetrahydroisochinolin

In der Natur wird sich dieser Übergang wahrscheinlich unter der Mitwirkung von Formaldehyd vollziehen (Pictet und Spengler; Pictet und Gams). Es gelingt z. B., Phenyläthylamin in salzsaurer Lösung durch Methylal in Tetrahydroisochinolin überzuführen

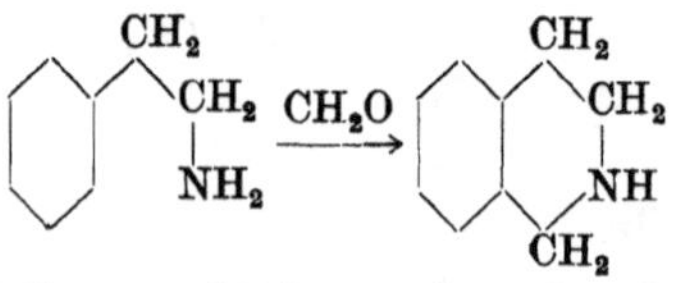

Dieselbe Reaktion verläuft auch mit der Muttersubstanz des Phenyläthylamins, dem Phenylalanin. Es entsteht dabei eine

Tetrahydroisochinolincarbonsäure (I)

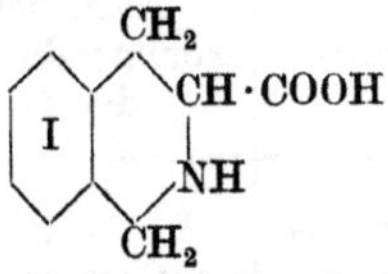

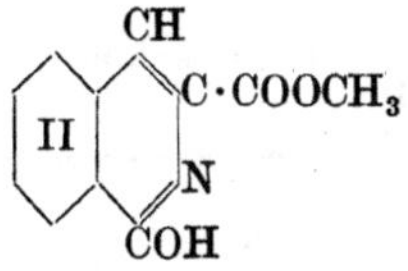

welche einem in Syndesmon thalictroides vorkommenden Alkaloid (II) nahesteht (Pictet und Spengler).

Auch am Tyrosin, der Muttersubstanz des p-Oxyphenyläthylamins ließ sich vermittels Formaldehyd eine Ringschließung vollziehen. Läßt man auf dessen Lösung in konzentrierter Schwefelsäure Methylal bei Wasserbadtemperatur einwirken, so entsteht

7-Oxytetrahydroisochinolin-2-carbonsäure

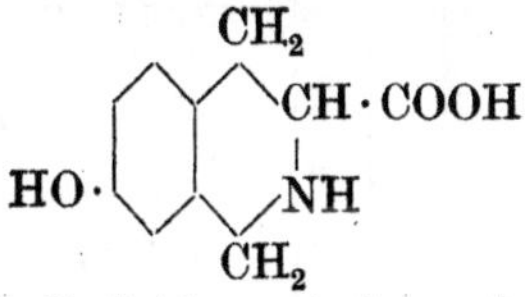

Die Beziehungen zu den Isochinolinalkaloiden sind noch zahlreicher bei jenen Phenylalkylaminen, die wie das Adrenalin einen Brenzkatechinrest enthalten. Tatsächlich ist es auch gelungen, von Dioxyphenylalkylaminen ausgehend, zu einigen wichtigen Alkaloiden der Isochinolinreihe zu gelangen. Erwähnt sei nur

die Darstellung des Hydrastinins

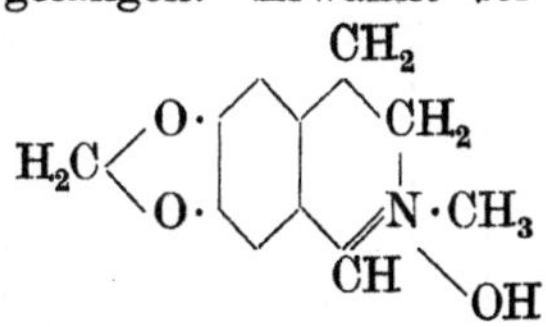

aus Homopiperonylamin (Decker) und die Synthese des Papaverins (Pictet und Gams; Pictet und Finkelstein).

Der Freundlichkeit meines Kollegen Dr. Elger verdanke ich eine schematische Zusammenstellung, in welcher er eine Reihe von Alkaloiden zu den Phenylalkylaminen in genetische Beziehung bringt, indem er sie entweder auf die Grundform I des β-Phenyläthylamins oder die Grundform II des Di-β-phenyläthylamins zurückführt.

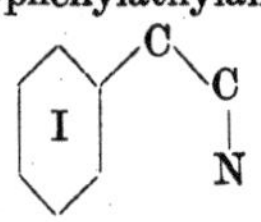

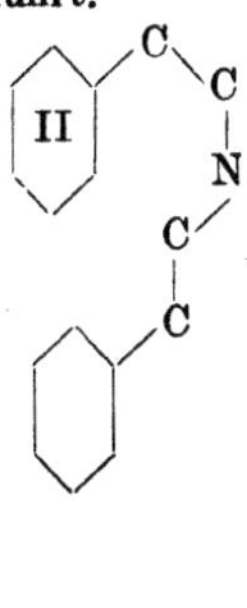

Grundform	Gruppe	Untergruppe	Strukturskelett	Ableitungsart	Natürlich vorkommende Vertreter der Gruppe
I	1		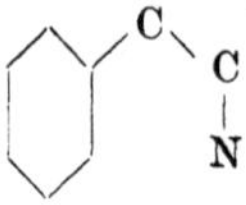 [1]	Decarboxylierung der zugehörigen Aminosäuren (vgl. S. 267)	Phenyläthylamin, p-Oxyphenyläthylamin, Adrenalin, Hordenin, Mezkalin
	2	a	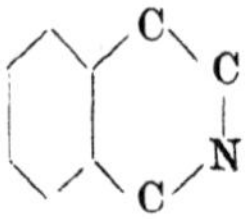	durch ringschließende Formaldehydkondensation aus I, 1	Hydrocotarnin, Anhalamin (Späth)
		b	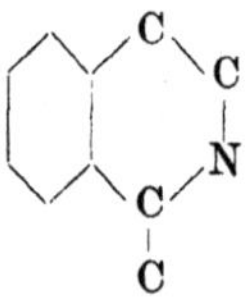	durch ringsschließende Acetaldehydkondensation aus I, 1	Pellotin (Späth), Anhalonidin (Späth)
II	1		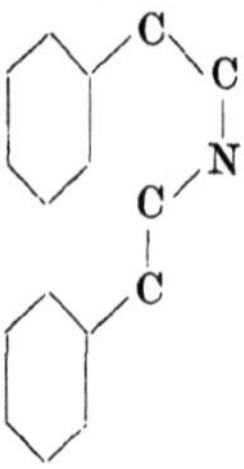	durch Ammoniakaustritt aus 2 $C_6H_5CH_2CH_2NH_2$ oder aus I, 1 durch Kondensation mit Phenylacetaldehyden	
	2		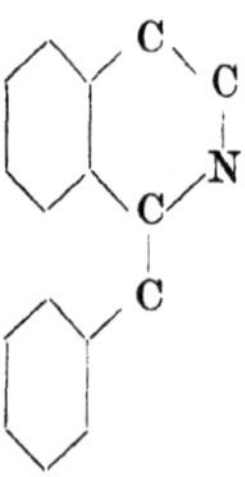	durch Ringschluß aus II, 1, oder durch Ringschluß infolge Kondensation von I, 1 mit Phenylacetaldehyden	Papaverin, Laudanin, Laudanosin, Xanthalin, Isochondodendrin (Faltis und Neumann)

[1]) Von I läßt sich auch das Indol und Indigoskelett ableiten:

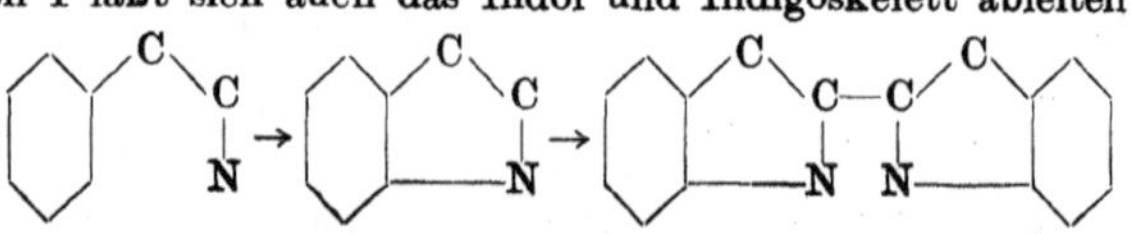

Grundform	Gruppe	Untergruppe	Strukturskelett	Ableitungsart	Natürlich vorkommende Vertreter der Gruppe
II	3		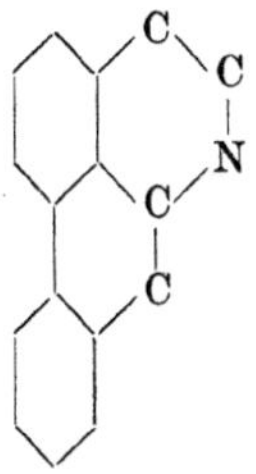	durch Ringschluß aus II, 2	Bulbocapnin, Corytuberin, Corydin, Glaucin, Dicentrin In diese Gruppe gehört nach manchen Auffassungen auch Morphin, Codein, Thebain. Nach der derzeit gebräuchlichen Anschauung repräsentiert sich das Skelett dieser Alkaloide folgendermaßen: 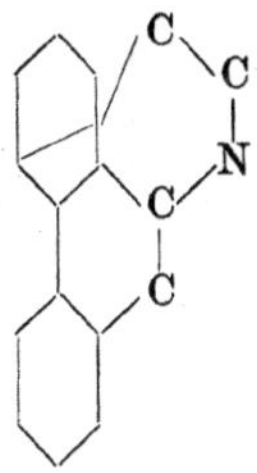
	4		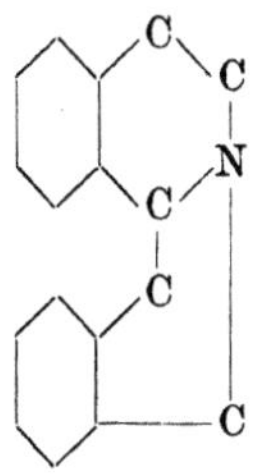	durch ringschließende Formaldehydkondensation aus II, 2	Berberin, Canadin, Palmatin (Späth und Lang)
	5		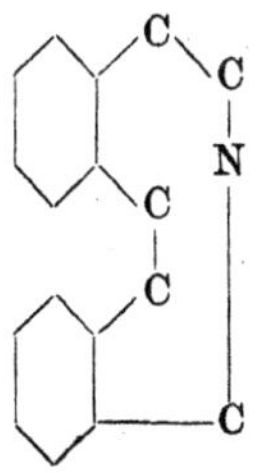	durch Ringöffnung aus II, 4	Kryptopin, Protopin, Allokryptopin (Gadamer)

Grundform	Gruppe	Untergruppe	Strukturskelett	Ableitungsart	Natürlich vorkommende Vertreter der Gruppe
II	6		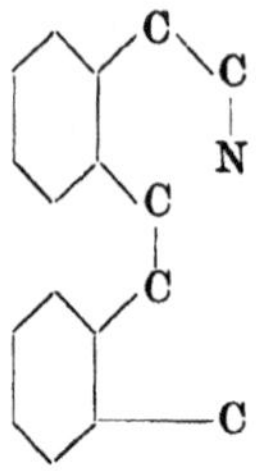	durch Ringöffnung aus II, 5 (oxydativ unter Ausbildung einer Carboxylgruppe) oder aus II, 7	Narcein
	7		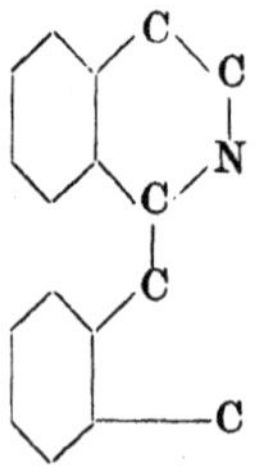	durch Ringöffnung aus II, 4 (oxydativ unter Ausbildung einer Carboxylgruppe)	Narkotin, Gnoskopin, Hydrastin
	8		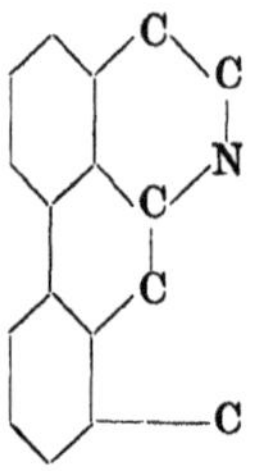	durch Ringöffnung und Ringschluß aus II, 4	Chelidonin, Homochelidonin (Gadamer)

Als Derivate der Phenylalkylamine können auch einige Senföle betrachtet werden. Diese lassen sich durch hydrolytische Spaltung wieder in die Amine überführen. So liefert das Glykonasturtiin ein in Nasturtium officinale vorkommendes Senföl bei der Hydrolyse Phenyläthylamin

$$\underset{\text{Phenyläthylsenföl}}{C_6H_5\cdot CH_2\cdot CH_2\cdot N{:}CS} + 2H_2O = \underset{\text{Phenyläthylamin}}{C_6H_5\cdot CH_2\cdot CH_2\cdot NH_2} + CO_2 + H_2S$$

Das im Sinalbin (vgl. S. 58) enthaltene Oxybenzylsenföl $HO\cdot C_6H_4\cdot CH_2\cdot NCS$ liefert p-Oxybenzylamin $HO\cdot C_6H_4\cdot CH_2\cdot NH_2$.

Das pfefferartig schmeckende Prinzip des Cayennepfeffers, das Capsaicin ist das amidartige Kondensationsprodukt einer Decylensäure $C_9H_{17}COOH$ mit dem Vanillylamin

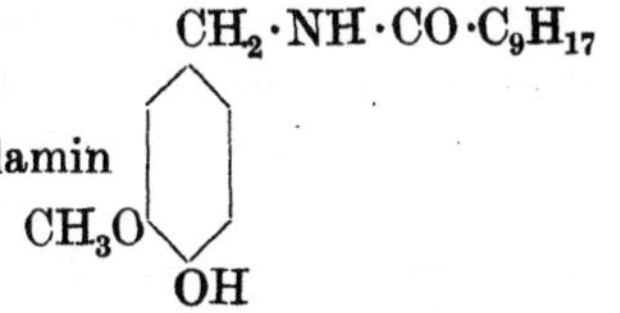

(Nelson; Ott und Zimmermann).

Die chemischen Eigenschaften der Phenylalkylamine variieren weitgehend, je nachdem der Benzolkern oder die Seitenkette substituiert ist. Die Anwesenheit von Phenolhydroxylen bedingt natürlich eine weit größere Oxydationsfähigkeit. Diese wird ebenfalls erhöht durch die Gegenwart von alkoholischen Hydroxylen in der Seitenkette. Durch diese chemischen Unterschiede sind auch erhebliche Differenzen im biochemischen und pharmakologischen Verhalten bestimmt.

Phenyläthylamin.

Wie Alanin durch Decarboxylierung in Äthylamin übergeht (vgl. S. 34) verwandelt sich sein Phenylhomologon, das Phenylalanin, in das Phenyläthylamin. Die Anwesenheit des Benzolringes scheint die Beständigkeit der Decarboxylierungsprodukte eher zu erhöhen, wenigstens ist Phenyläthylamin viel häufiger und auch früher beobachtet worden, als Äthylamin. Nencki hat die Base zuerst nach fünftägiger Fäulnis eines Gemenges von Gelatine und Ochsenpankreas isolieren und charakterisieren können. Er nannte sie Collidin. Dieselbe Base fanden Jeanneret in faulem Leim, Gautier und Oechsner de Coninck in faulen Fischen. Erst nach der Entdeckung des Phenylalanins durch Schulze und Barbieri ist es Spiro gelungen, der Nenckischen Base mit Sicherheit die Konstitution des β-Phenyläthylamins zuzuschreiben. Späterhin ist die Bildung von Phenyläthylamin wiederholt bei der bakteriellen Zersetzung von Eiweiß beobachtet worden. Emmerling fand es bei dreiwöchiger anaerober Fäulnis von Fibrin durch Streptococcus longus. Winterstein und Bissegger machten seine Entstehung bei der Reifung des Emmentalerkäses wahrscheinlich, und Barger und Walpole fanden es unter den Fäulnisprodukten von Pferdefleisch.

Bei der Einwirkung von Bacillus proteus und subtilis auf d,l-Phenylalanin, entsteht je nach den Bedingungen Phenylmilchsäure oder Phenyläthylamin (Amatsu und Tsudji). Enthielt die Nährlösung Hendersonsche Phosphatmischung (1 g KCl + 1 g NH_4Cl + 0,1 g $MgSO_4$ + 25 g Glycerin + 164,5 ccm Phosphatmischung ad 1 Liter), so entstand hauptsächlich die Oxysäure und ganz wenig Amin: aus 2 g Phenylalanin nach 40tägiger Fäulnis 0,2—0,5 g Oxysäure und 0,02 g Phenyläthylamin; wurde aber der Nährlösung statt des Phosphatgemisches Milchzucker und Uranylphosphat zugesetzt (5 g Nε C + 2 g KH_2PO_4 + 0,1 g $MgSO_4$ + 1 g $(NH_4)_2CO_3$ + 25 g Glycerin + 1 g Milchzucker + 0,5 g frisch gefälltes Uranylphosphat ad 1 Liter), so entstand nur das Amin, 0,04—0,52 g aus 2 g d,l-Phenylalanin (vgl. S. 10). Die durch Proteus gebildete Phenylmilchsäure war rechtsdrehend, die durch Subtilis gebildete linksdrehend. Das in der Natur nicht vorkommende, dem Phenylalanin entsprechende Homologe der Naphthalinreihe, das Naphthalanin $C_{10}H_7CH_2 \cdot CH(NH_2) \cdot CO_2H$ wird durch Bacillus proteus in d-Naphthylmilchsäure verwandelt (Sasaki und Kinose).

In höheren Pflanzen ist bis jetzt Phenyläthylamin nur von Le Prince und von Crawford mit einiger Sicherheit in der Mistel nachgewiesen worden.

Im Autolysat von Boletus edulis fand es Reuter. Da aber Phenyläthylamin immerhin durch die oxydativen Kräfte der lebenden Zelle ziemlich leicht desamidiert und oxydiert wird (vgl. weiter unten), so kann man auch da, wo Umwandlungsprodukte, wie Phenyläthylalkohol und Phenylessigsäure, auftreten, auf eine intermediäre Entstehung von Phenyläthylamin schließen. Den gleichen Schluß kann man auch aus dem Vorkommen von Phenyläthylsenföl in der Resedawurzel und Nasturtium officinale ziehen (Bertram und Walbaum).

Identisch mit dem Phenyläthylamin sind wahrscheinlich einige Basen der Zusammensetzung $C_8H_{11}N$ und $C_8H_{13}N$, die bei der Fäulnis von Eiweißmaterial erhalten worden sind (Gautier und Etard; Emmerling). Homologe des Phenyläthylamins sind vielleicht die Basen $C_9H_{13}N$ und $C_{10}H_{15}N$, die zwar von ihren Entdeckern als Pyridinderivate angesprochen wurden, erstere aus faulem Pferdefleisch und Makrelen (Gautier und Etard), letztere aus faulen Tintenfischen (Oechsner de Coninck).

Zur Darstellung des Phenyläthylamins geht man vom Benzylcyanid $C_6H_5\cdot CH_2\cdot CN$ aus, welches durch Umsetzung von Benzylchlorid $C_6H_5\cdot CH_2Cl$ mit Cyankali beim Kochen in alkoholischer Lösung leicht erhältlich ist. Man reduziert das Nitril in alkoholischer Lösung mittels Natrium, säuert mit Salzsäure an, destilliert den Alkohol ab, nimmt in Wasser auf, macht natronalkalisch und löst das abgeschiedene Phenyläthylamin in Äther. Nach dem Abdestillieren des Äthers verbleibt das Phenyläthylamin als Öl (Johnson und Guest; Wohl und Berthold).

Als Homologe des Phenyläthylamins, und zwar als 1-Phenyl-1-oxy-2-methylaminopropan

$$\begin{array}{l} C_6H_5\cdot\overset{*}{C}H(OH)\cdot\overset{*}{C}H\cdot CH_3 \\ \qquad\qquad\qquad\qquad\;\; | \\ \qquad\qquad\qquad\quad\; NH\cdot CH_3 \end{array}$$

sind in neuester Zeit auch das **Ephedrin** und das **Pseudoephedrin** erkannt worden (Schmidt; Emde; Rabe; Mannich und Thiele; Späth und Göring). Beide Basen finden sich in Ephedra vulgaris (Nagai; Merck; Ladenburg und Ölschlägel). Sie sind strukturidentisch. Ihre Verschiedenheiten sind durch sterische Verhältnisse bedingt, welche auf dem Vorhandensein der beiden in der Formel mit * bezeichneten Kohlenstoffatomen beruhen, und zwar liegt nach Gadamer und Schmidt die Ursache der Stereoisomerie namentlich in einer verschiedenen räumlichen Stellung des alkoholischen Hydroxyls, vgl. nachstehende Formeln:

$$\begin{array}{rl} & C_6H_5 \\ & | \\ HO\cdot & CH \\ & | \\ CH_3\cdot NH\cdot & CH \\ & | \\ & CH_3 \end{array} \qquad\qquad \begin{array}{rl} & C_6H_5 \\ & | \\ & HC\cdot OH \\ & | \\ CH_3\cdot HN\cdot & CH \\ & | \\ & CH_3 \end{array}$$

Ephedrin — Pseudoephedrin

Es liegen danach zwei asymmetrische Systeme vor, das eine ist durch das in 2-Stellung befindliche asymmetrische Kohlenstoffatom bedingt, das andere durch das in 1-Stellung zum Phenylrest stehende. Das erstere asymmetrische System ist rechtsdrehend, es findet sich auch in dem 2-Methylaminopropan

$$\begin{array}{l} C_6H_5\cdot CH_2\cdot CH\cdot CH_3, \\ \qquad\qquad\quad\;\; | \\ \qquad\qquad\; NH\cdot CH_3 \end{array}$$

welches durch Reduktion des Pseudoephedrins und des Ephedrins hervorgeht, und das gleichfalls eine rechtsdrehende Verbindung darstellt. Beim Ephedrin addiert sich zu diesem rechtsdrehenden System das linksdrehende der asymmetrischen Carbinolgruppe, während beim Pseudoephedrin die durch die Carbinolgruppe hinzugebrachte asymmetrische Komponente ebenfalls rechtsdrehend wirkt.

Zur Darstellung des Ephedrins und Pseudoephedrins wird das Kraut der Pflanze mit Alkohol ausgezogen. Der Alkoholextrakt wird ammoniakalisch gemacht und mit Chloroform ausgeschüttelt. Der Rückstand des Chloroformextraktes wird in das salzsaure Salz verwandelt und aus Alkohol + Äther umkrystallisiert. Die Base wird durch Carbonate in Freiheit gesetzt und läßt sich durch Äther extrahieren.

p-Oxyphenyläthylamin (Tyramin).

Brieger beschrieb das Decarboxylierungsprodukt des Tyrosins $C_8H_{11}NO$ zuerst unter dem Namen Mydin. Er isolierte die Base aus faulen menschlichen Leichen, sowie aus Typhuskulturen, die auf peptonisiertem Serumalbumin gezüchtet waren, isoliert worden. Auch neuerdings ist das Tyramin als Fäulnisprodukt bei der Zersetzung von Pferdefleisch wieder aufgefunden worden (Barger und Walpole). Ein Produkt bakterieller Tätigkeit ist wahrscheinlich auch das von Emerson bei lange fortgesetzter Selbstverdauung des Pankreas und das von Langstein bei prolongierter peptischer Verdauung von Hühnereiweiß erhaltene Tyramin, denn trotz den verwendeten Antisepticis erscheint in diesen beiden letzteren Fällen die Mitwirkung von Bakterien nicht ausgeschlossen.

Als bakterielles Umwandlungsprodukt des Tyrosins entsteht das Tyramin in verschiedenen Molkereiprodukten im Cheddarkäse (van Slyke und Hart), im Emmentalerkäse (Winterstein und Küng; Winterstein). Im normalen ausgereiften Käse findet es sich in nicht unbeträchtlicher Menge (F. Ehrlich und Lange).

Aus 1,8 kg Emmentalerkäse konnte z. B. 1,37 g Tyramin in Substanz gewonnen werden. Welcher Erreger aus der gemischten Bakterienflora des gereiften Käses diese Umwandlung des Tyrosins herbeiführt, ist noch nicht festgestellt. F. Ehrlich gelang es jedoch aus Käse ein aminbildendes Bakterium rein zu züchten, welches wahrscheinlich zu den von Freudenreich beschriebenen stäbchenförmigen Milchsäurebakterien der Gruppe des Bacillus casei gehört. Doch scheinen verschiedene Bakterienarten zur Decarboxylierung von Tyrosin befähigt zu sein.

Barger und Walpole konnten Tyrosin durch ubiquitäre Fäulniserreger mit allerdings sehr geringer Ausbeute (ca. 0,3 %) in Tyramin verwandeln. Vermittels Bact. coli commune kann man dagegen bis zu 70 % des verwendeten Tyrosins als Tyramin erhalten, wenn man 2 g Tyrosin in 1 Liter Nährlösung mit 5 g NaCl + 2 g KH_2PO_4 + 0,1 g $MgSO_4$ + 1,0 g NH_4Cl + 20 ccm Glycerin

40 Tage lang der Einwirkung von 20 Agarkulturen überläßt. Zur Isolierung des Tyramins verdampft man die Fäulnisflüssigkeit zum Sirup und extrahiert mit Alkohol. Den Rückstand des alkoholischen Extraktes löst man mit Wasser, säuert mit Phosphorsäure an und extrahiert mit Alkohol die nicht basischen Bestandteile, Oxyphenylmilchsäure, -essigsäure, -propionsäure, Tyrosol usw. Die mit Äther erschöpfte Lösung wird mit Natronlauge nahezu neutralisiert, mit Soda stark alkalisch gemacht und abermals mit Alkohol erschöpfend extrahiert. Aus dem Äther krystallisiert das Tyramin: 6 g aus 10 g Tyrosin (Sasaki). In ähnlicher Weise erfolgt die Tyraminbildung durch Bacillus proteus. Die aminbildende Fähigkeit der Bakterien geht beim Umzüchten rasch verloren. Ersetzt man jedoch in obiger Nährlösung 160 ccm durch Hendersonsche Phosphatmischung (vgl. S. 11), so wird das Tyrosin in d-Oxyphenylmilchsäure umgewandelt. Ausbeute 1,3—1,6 g aus 5 g Tyrosin (Sasaki). Unter den gleichen Bedingungen, unter denen Bacillus proteus d-Oxyphenylmilchsäure bildet, verwandelt Bacillus subtilis das Tyrosin in die l-Oxyphenylmilchsäure (Sasaki). Auch gegenüber d,l-Tyrosin zeigen Bacillus proteus und Bacillus subtilis dasselbe differente Verhalten, indem aus der l-Komponente mit Proteus die d-, mit Subtilis die l-Oxyphenylmilchsäure neben Oxyphenylpropionsäure entsteht, während das d-Tyrosin unangegriffen bleibt (Tsudji). Bei der Einwirkung von Proteus auf l-Tyrosin in Ringerlösung, konnte nach 12 Tagen die Bildung von Oxyphenylacrylsäure, nach 40 Tagen die Bildung von Oxyphenylessigsäure nachgewiesen werden (Hirai). Bacillus lactis aerogenes bildet aus l-Tyrosin auf zuckerhaltiger oder mit Hendersonscher Phosphatlösung versetzter Nährlösung Tyramin oder Tyrosol je nach der Provenienz des verwendeten Bakterienstammes.

Als bakterielles Stoffwechselprodukt entsteht das Tyramin im Darm der höheren Säugetiere und des Menschen (Sasaki; Berthelot). Nach der Resorption wird es aber rasch desamidiert und oxydiert (vgl. S. 288), so daß es im Blut und im Harn höchstens bei einem völligen Darniederliegen der oxydativen Fermente auftritt.

Einem höheren Pilz (Claviceps purpurea) verdankt das im Mutterkorn vorkommende Tyramin seine Entstehung (Barger). Doch ist bei diesem letzteren Vorkommen eine sekundäre Bildung nicht ausgeschlossen. Als tierisches Stoffwechselprodukt tritt das Tyramin im Speichelsekret des Tintenfisches auf (Henze).

Von großem Interesse ist auch die Entstehung eines N-Dimethylderivates des p-Oxyphenyläthylamins, des Hordenins

in den Keimlingen der Gerste (Léger; Gaebel). In ungekeimter Gerste findet sich diese Base noch nicht (Torquati). Der größte Hordeningehalt zeigte sich in den ersten vier Tagen der Keimung; er beträgt in den Würzelchen ca. 0,4—0,45 % der Trockensubstanz, im Keimling 0,10 %. Der Hordeningehalt nimmt mit zunehmendem Alter der Keimpflanzen ab. Nach 25 Tagen ist er gleich Null. Bei der Keimung der Samen von Weizen, Erbsen und Lupinen konnte kein Hordenin gefunden werden (vgl. auch Quarrigues).

Als Homologe bezw. Isomere des Tyramin betrachtet Gautier drei verschiedene Basen C_7H_9NO, $C_9H_{11}NO$, $C_9H_{13}NO$, welche er aus den Zersetzungsprodukten des Lebertrans neben Isoamylamin zu isolieren vermochte. In der einen von ihnen, $C_9H_{13}NO$, vermutet er ein Abbauprodukt des Ratanins, einer dem Tyrosin homologen Aminosäure; doch sind alle diese drei Produkte sehr wenig und ungenau charakterisiert. Ein ähnliches Abbauprodukt gewannen Blau sowie Goldschmidt und auch Winterstein aus Surinamin $HO \cdot C_6H_4 \cdot CH_2 \cdot CH(NH \cdot CH_3) \cdot CO_2H$ (N-Methyltyrosin), beim Erhitzen über den Schmelzpunkt. In der entstehenden Base würde demnach p-Oxyphenyläthylmethylamin $HO \cdot C_6H_4 \cdot CH_2 \cdot CH_2 \cdot NH \cdot CH_3$ vorliegen.

Identisch mit dem Hordenin ist das aus einer amerikanischen Cacteenart (Anhalonium) isolierte Anhalin, welchem von Heffter irrtümlicherweise zuerst die Formel $C_{10}H_{17}ON$ zugeschrieben wurde, welches aber nach Späth die Zusammensetzung $C_{10}H_{15}ON$ besitzt. Das Mezcalin $C_{11}H_{17}NO_3$, ein anderes Anhaloniumalkaloid konnte durch Vergleich mit dem synthetisch dargestellten Produkt als Trimethoxyphenyläthylamin

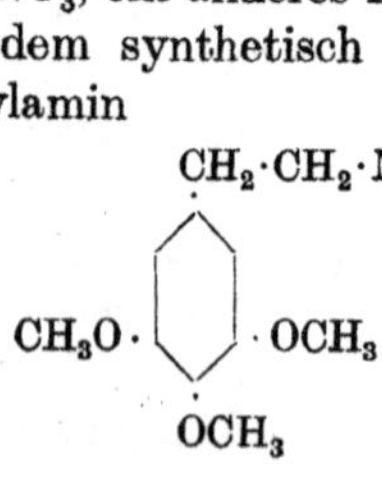

erkannt werden. Die übrigen in Anhalonium fissuratum noch vorhandenen Alkaloide Pellotin $C_{13}H_{19}O_3N$, Anhalonidin $C_{12}H_{17}O_3N$ und Anhalamin $C_{11}H_{13}O_3N$ sind Tetrahydroisochinolinderivate, welche wie das Mezcalin drei phenolische Hydroxyle enthalten, von denen aber nur 2 methyliert sind. Methyliert man auch das dritte, so gelangt man zu Trimethoxytetrahydroisochinolin, welche mit synthetischen, aus Mezcalin dargestellten Produkten identifiziert werden konnten. Man erhält aus dem Pellotin Methylpellotin (I), aus dem Anhalonidin das Methylanhalonidin (II), aus dem Anhalamin das Methylanhalamin (III).

I

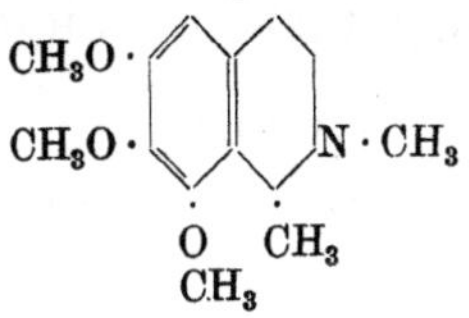

II

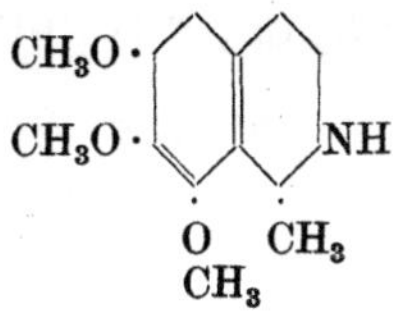

III

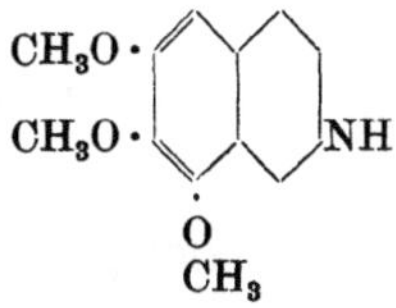

Obschon der bakterielle Abbau des Tyrosins unter geeigneten Umständen gute Ausbeuten von Tyramin liefert, erfolgt die Darstellung vorteilhafter durch pyrogene Decarboxylierung des Tyrosins. Schon beim Erhitzen über den Schmelzpunkt werden merkliche Mengen der Base gebildet. Erhitzt man das Tyrosin in Mengen von ca. 1 g unter vermindertem Druck auf 260—270°, so sublimiert das Amin in einer Ausbeute von ca. 50% (Ehrlich und Pistschimuka).

Synthetisch ist man auf verschiedenen Wegen zum Tyramin und seinen Homologen gelangt. Der Gang dieser Synthese sei durch folgende Formeln veranschaulicht:

I (Barger):

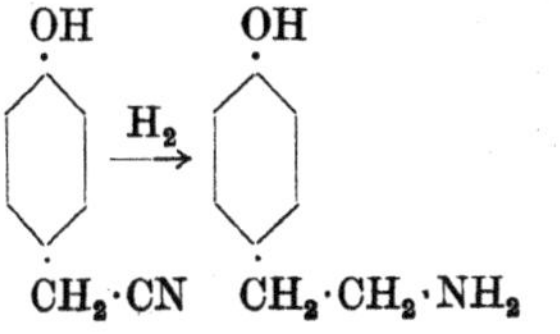

II (Barger und Walpole):

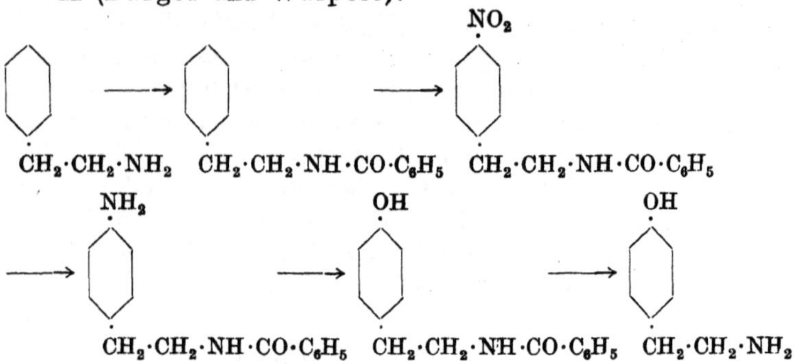

III (Barger und Walpole. Rosenmund):

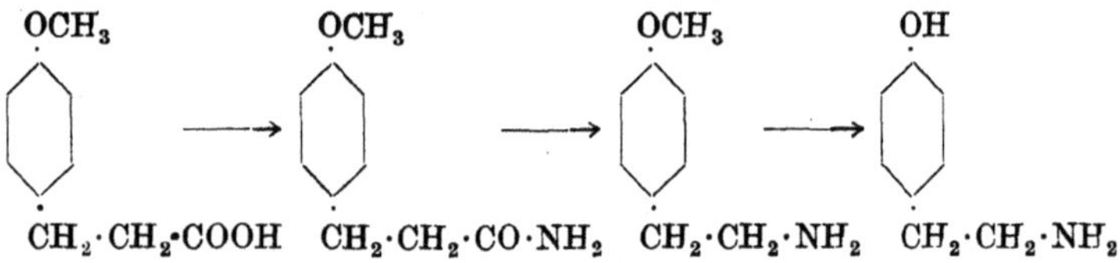

IV (Rosenmund):

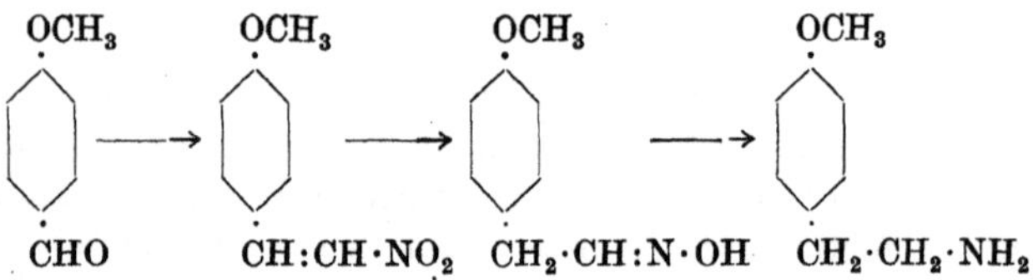

Hordenin findet sich in den getrockneten Malzkeimlingen zu 0,2% und läßt sich daraus bei sodaalkalischer Reaktion mit Äther extrahieren. Synthetisch gewinnt man es durch Methylierung von Tyramin (Rosenmund; Bayer) oder durch Umsetzung von Oxyphenyläthylchlorid mit Dimethylamin (Barger). Vom p-Anisylbromid ausgehend gelangten Späth und Sobel auf folgendem Wege zum Hordenin:

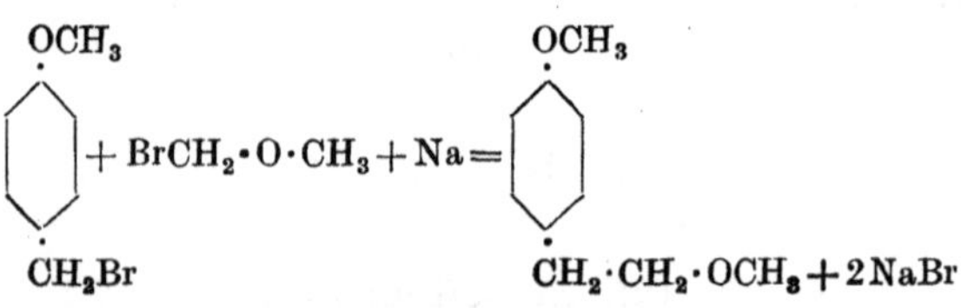

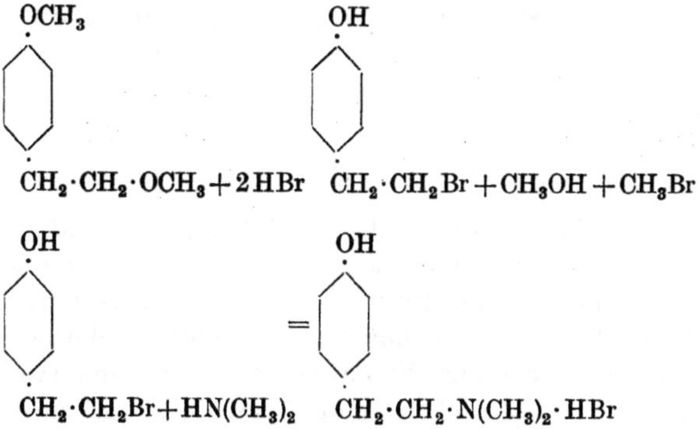

Adrenalin (Epinephrin, Suprarenin).

Die Konstitution des von Vulpian schon im Jahre 1856 in den Nebennieren entdeckten aktiven Prinzips ist erst in neuerer Zeit als die des 1-3.4-Dioxyphenyläthanolmethylamins erkannt worden (Abel; von Fürth; Friedmann; Pauly; Abderhalden und Bergell), nachdem durch die Reindarstellnng (Takamine; Aldrich) eine sichere Grundlage für die analytische und synthetische Bearbeitung dieses Körpers geliefert worden war. Die systematischen Forschungen wurden im Jahre 1903 durch die Synthese der Racemverbindung gekrönt (Stolz) und fanden 1908 durch die von Flächer ausgeführte optische Spaltung in die d- und l-Verbindung ihren Abschluß.

Die biologische Entstehungsweise dieser Substanz ist jedoch bis heute ein Problem geblieben. Zwar liegt es nahe, in einem Eiweißbaustein die Vorstufe des Adrenalins zu suchen. Unter den bekannten war dabei namentlich an das Tyrosin zu denken, von dem aus durch eine Reihe von Umwandlungen, die durch folgendes Schema gekennzeichnet seien, die Bildung des Adrenalins möglich erscheint.

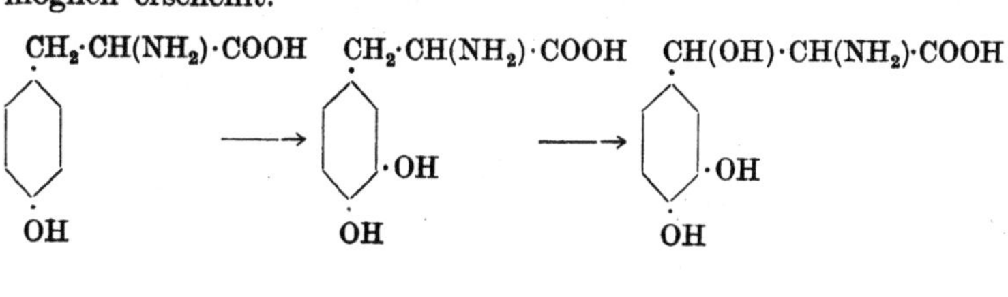

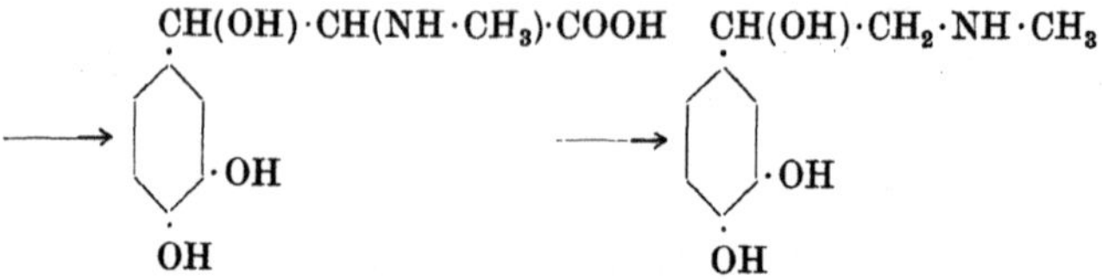

Halle glaubte in der Tat, die Bildung von Adrenalin aus Tyrosin bewiesen zu haben, indem es ihm gelang, nach Digestion von Tyrosin mit Nebennierenbrei bei 37° aus dem konzentrierten eiweißfreien Extrakt mit Ammoniak eine größere Menge Substanz niederzuschlagen, als aus Extrakten von Nebennierenbrei ohne Tyrosinzusatz. Zu ähnlichen Schlußfolgerungen kamen Abelous, Soulié und Toujan auf Grund von colorimetrischen Adrenalinbestimmungen in frischem und autolysiertem Nebennierenbrei. Als Muttersubstanz des Adrenalins betrachteten sie das Tryptophan. Diese Feststellung ist aber inzwischen vollständig entkräftet worden. Ewins und Laidlaw vermißten mit der viel empfindlicheren und exakteren physiologischen Methode (Blutdruckbestimmung) eine Zunahme von Adrenalin nicht bloß nach Zusatz von Tyrosin zu Nebennierenbrei, sondern auch nach Digestion mit Oxyphenyläthylamin und Dioxyphenyläthylmethylamin

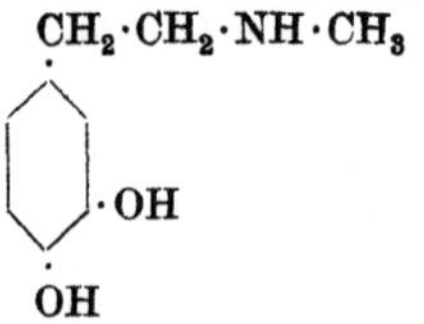

Substanzen, bei denen weit geringere Umwandlungen vorausgesetzt werden müssen als beim Tyrosin. Trotzdem ist es natürlich nicht ausgeschlossen, daß das Adrenalin zu einer Aminosäure in genetischer Beziehung steht. Die Umwandlung dieser hypothetischen Aminosäure in Adrenalin braucht ja nicht ausschließlich in der Nebenniere zu erfolgen, und wenn dies auch der Fall wäre so böte ein negativer Versuch in vitro keinen Gegenbeweis, da manche biologische Reaktionen, wir nennen z. B. nur die Harnstoffbildung aus Aminosäuren, an das intakte Organ gebunden sind. Schließlich können die Oxydations- und Methylierungsprozesse, die vom Tyrosin zum Adrenalin hinüberleiten, am carboxylfreien Amin (Oxyphenyläthylamin, Dioxyphenyläthylmethylamin) ausbleiben und an den Aminosäuren in der (S. 281) skizzierten Reihenfolge dennoch stattfinden.

Durch die Entdeckung des Dioxyphenylalanins in der Vicia faba (Guggenheim) ist das Vorkommen von Brenzcatechinaminosäuren wenigstens in der Pflanzenwelt bewiesen worden. Die Arbeiten von Bloch haben interessante Beziehungen spezifischer, tierischer Oxydasen (Dopase) zu dieser Substanz aufgedeckt, so daß es nicht ausgeschlossen erscheint, daß ähnliche Brenzcatechinaminosäuren, auf welche diese Dopase eingestellt ist, auch im Tierkörper vorkommen und vielleicht die Muttersubstanz des Adrenalins darstellen (vgl. hierzu Rosenmund und Dornsaft; Knoop). Einen Beweis hierfür bietet auch die bei Nebennierentuberkulose, Morbus Addisonii, auftretende Pigmentierung der Haut. Nach Bloch und Löffler ist diese Erscheinung so zu erklären, daß die biologische Vorstufe des Adrenalins — eine Aminosäure vom Typus des Dioxyphenylalanins — nicht mehr in Adrenalin verwandelt werden kann, weil ihm infolge der tuberkulösen Degeneration der Nebenniere, die normale Ablagerungsstätte fehlt. Statt dessen wird diese Vorstufe durch die Dopase der Hautepithelzellen oxydativ unter Pigmentbildung verändert (vgl. Heudorfer).

Das Adrenalin findet sich in den Nebennieren sämtlicher Vertebraten aufgestapelt, und zwar fast ausschließlich im Markteil (Medullarteil) dieses Organes. Die Rindenschicht enthält bei sorgfältig ausgeführter Abtrennung kaum Adrenalin. Das in ihr überwiegende aktive Prinzip ist das gegenüber dem Adrenalin zum Teil antagonistisch wirkende Cholin (Hunt; Lohmann). Die durch colorimetrische oder biologische Methoden in ihr nachgewiesenen Adrenalinmengen (Abelous, Soulié und Toujan; Kawashima) sind wahrscheinlich bei der Präparation aus dem Medullarteil in die Rindenzone gelangt.

Der Gehalt der Nebennieren an Adrenalin läßt sich nur schwierig genau angeben, nicht nur, weil er bei den verschiedenen Tierarten und bei verschiedenen physiologischen Zuständen ein sehr wechselnder ist, sondern auch, weil sichere Methoden zur gravimetrischen Bestimmung des Adrenalins fehlen. Den durch colorimetrische und pharmakologische Bestimmungen ermittelten Zahlen haften immer große Unsicherheiten an, wiewohl bei deren Ausarbeitung viel Mühe verwendet worden ist. Am zuverlässigsten berechnet man den Adrenalingehalt aus den Blutdruckerhöhungen, welche die zu untersuchenden Extrakte im Vergleich zu einer

Standardlösung an demselben Versuchstier hervorrufen[1]). Die ca. 5 g schwere Nebenniere des normalen erwachsenen Menschen enthält ungefähr 0,1 % Adrenalin (Elliott), die normale, ca. 0,2 g schwere Nebenniere der Katze 0,11 % (Elliott), 0,12—0,15 % (Folin, Cannon und Denis), des Hundes und des Affen 0,2—0,25 % (Folin, Cannon und Denis), des Kalbes 0,25—0,35 % (Folin, Cannon und Denis), des Schafes, des Rindes und des Kaninchens 0,3 % (Folin, Cannon und Denis), des Pferdes 0,106 % (Bertrand), des Walfisches 0,247 % (Weidlein).

Bei der Geburt ist die menschliche Nebenniere fast frei von Adrenalin; der weitaus größte Teil findet sich im Paraganglion aorticum. Fenger fand jedoch auch in den Nebennieren von Rinder-, Schaf- und Schweinefoeten einen relativ hohen Adrenalingehalt. Der normale Adrenalingehalt von ca. 5 mg der menschlichen Nebenniere vermindert sich rasch bei Fieberzuständen, nach Pneumonie und Septicämie sank er bis auf 1—2 mg, bei Addisonkrankheit bis auf 0, bei Nierenkrankheiten (mit hohem Blutdruck) betrug er 2—3 mg. Die von Ingier und Schmorl an normalen und pathologischen Nebennieren ausgeführten Bestimmungen ergaben in 517 untersuchten Fällen eine durchschnittliche Adrenalinmenge von 4,22 mg pro Nebenniere. Im Alter von 0—9 Jahren betrug der Gehalt 1,52 mg, im Alter von 10—89 Jahren 4,59 mg. Bei Infektionskrankheiten ließ sich meist keine Verminderung nachweisen. Bei Arteriosklerose war der Adrenalingehalt nur wenig erhöht, bei akuter Nephritis, Schrumpfniere und chronischen Herzkrankheiten bestand eine Erhöhung. Bei Morbus Addisonii war der Adrenalingehalt Null, bei Diabetes bestand eine geringe Herabsetzung, ebenso bei Status lymphaticus. Bei sonstigen plötzlichen Todesfällen fand sich meist ein erhöhter Adrenalingehalt, bei Todesfällen innerhalb 24 Stunden nach einer Narkose war der Adrenalinwert etwas unter der Norm, ebenso nach Krampfanfällen. Comessatti fand mittels seiner colorimetrischen Methode (vgl. S. 329) für die verschiedenen Alter erhebliche Schwankungen des Nebennierenadrenalins. Für das 1.—3. Jahr 0,00001—0,0007 g, für das 5.—10. Jahr 0,00005—0,0015 g, für das 30.—40. Jahr 0,00011—0,0027 g, 40.—50. Jahr 0,00007—0,0037 g, 50.—60. Jahr 0,00010—0,0041 g, 60. bis 70. Jahr 0,00032—0,0061 g, 70.—80. Jahr 0,00027—0,0046 g, 80.—90 Jahr 0,00025—0,0022 g. Peiser fand mit derselben Methode für alle Lebensalter nur einen Durchschnittsgehalt von 2,67 mg und führt diesen niedrigen Wert auf die ungünstigen Ernährungsverhältnisse zurück. Längeres Hungern bedingte bei Kaninchen keine Verminderung des Adrenalingehaltes der Nebennieren. Nach einseitiger Paranephrectomie erhöht sich das Gewicht und der Adrenalingehalt der verbleibenden Nebenniere beträchtlich (Kuriyama).

---

[1]) Die folgenden Angaben sind zum Teil der Monographie von Barger entnommen (The Simpler Natural Bases, London 1914, Longmans Green & Co.), wo sich auch noch weitere quantitative Angaben über den Adrenalingehalt von Nebennieren finden.

Das im Markteil der Nebenniere aufgespeicherte Adrenalin steht unter der Kontrolle sympathischer, vom Splanchnicus abgehender Nerven (Elliott; Ehrmann; O'Connor; Houssay). Unter normalen Verhältnissen wird unter dem Einfluß eines, je nach den Zuständen des Organismus wechselnden sympathischen Reizes ein bestimmtes Adrenalinquantum in die Blutbahn abgegeben. Dieses beträgt nach den Versuchen von Trendelenburg pro Minute und pro Kilogramm Tier 0,00015—0,0002 mg, bei der Katze 0,0003—0,001 pro Kilogramm und pro Minute (Stewart und Rogoff), 0,2 mg pro Stunde (Biedl), d. h. pro Tag ca. 5 mg, das 20fache der in der normalen Katzennebenniere abgelagerten Menge. Diese Abgabe kommt in einer erhöhten Wirksamkeit des Nebennierenvenenblutes zum Ausdruck.

Psychische Erregung, Angst, Injektion von Morphium, Strychnin, Tetrahydronaphthylamin, Nicotin und anderen Alkaloiden bedingen eine vermehrte Ausschüttung des Adrenalins aus den Nebennieren, welche jedoch verhindert wird, wenn man den Splanchnicus vorher durchschneidet (Elliott; Cannon und de la Paz; Cannon, Aub und Binger; Dale und Laidlaw; Stewart und Rogoff). Eine Hypersekretion der Nebennieren läßt sich auch in einem gewissen Stadium der bei avitaminoser Ernährung auftretenden Ausfallserscheinungen feststellen (Bierry, Portier und Randoin-Fandard). Auch die kontrahierende Wirkung von Kohlendioxyd auf das Gefäßsystem (Itami) scheint zum Teil die indirekte Folge einer vermehrten Adrenalinausschüttung.

Im allgemeinen wird angenommen, daß das so in den Kreislauf gelangte Adrenalin auf die sympathisch innervierten Organe einen Reiz ausübt und dem Organismus einen bestimmten Sympathicotonus verleiht — eine Annahme, welche nicht nur in den pharmakologischen Eigenschaften des Adrenalins (vgl. S. 292), sondern auch durch entwicklungsgeschichtliche Zusammenhänge begründet ist, indem der Medullarteil der Nebenniere wie überhaupt das ganze chromaffine System ontogenetisch mit dem sympathischen Nervensystem zusammenhängt. Nach Trendelenburg liegt jedoch die Konzentration des Adrenalins im Blute unterhalb des pharmakologischen Grenzwertes, so daß es ausgeschlossen erscheint, daß das im normalen Organismus von der Nebenniere in den Kreislauf abgegebene Adrenalin zu einer Dauererregung der Organe (Gefäße, Darm) verwendet wird. Auch von anderer Seite (Gley und Quinquaud; Stewart und Rogoff) sind auf Grund von Tierexperimenten — Transfusion von Nebennierenvenenblut, Splanchnicotomie — Zweifel an der Hormonnatur des Adrenalins ausgesprochen worden, welche aber mit Hinblick auf zahlreiche entgegenstehende Versuche (vgl. z. B. Marfori; Tournade und Chabrol; Abelous und Soula) zugunsten der herrschenden Auffassung übersehen werden dürfen.

Im Blut normaler Tiere ist die Adrenalinkonzentration voraussichtlich nicht größer als 1:500 Millionen. Eine genaue Ermittlung begegnet noch größeren Schwierigkeiten als die Bestimmungen in der Nebenniere. Es ist nicht so sehr die äußerst geringe Konzentration, welche einem exakten Nachweis entgegensteht — wir besitzen ja in den verschiedenen biologischen Methoden (vgl. S. 331) empfindliche Verfahren, die Adrenalin noch in einer Konzentration von 1:100 Millionen erkennen lassen — als die Anwesenheit anderer, ebenfalls aktiver Substanzen im Blut. Diese finden sich nach O'Connor vorzugsweise im Serum (vgl. hierzu auch Moog; Kahn; Rassers; Mills, Raap und Jackson), sie sind jedoch auch im Plasma vorhanden (Guggenheim und Löffler; Freund). Über die chemische Natur dieser physiologisch aktiven Substanzen ist man noch im unklaren (vgl. auch S. 221). Pharmakologisch wirken sie an den sympathisch fördernd innervierten Organen (Uterus, Gefäße) gleichsinnig wie das Adrenalin, an den sympathisch hemmend innervierten (Darm) diesem entgegengesetzt. Diese Umstände nehmen den durch physiologische Methoden ermittelten Adrenalinkonzentrationen des Blutes (vgl. z. B. O. B. Meyer; Ehrmann) jede sichere Grundlage, und auch die in gewissen pathologischen Zuständen (Morbus Basedowii, Nephritis, Infektionskrankheiten usw.) beobachteten Schwankungen (Fränkel; Trendelenburg; Ehrmann; Vögelmann; Kleczkowski; Schur und Wiesel) liegen keineswegs jenseits der durch die komplizierten Verhältnisse gesetzten relativ weiten Fehlergrenzen.

In Petromyzon fluviatilis, einem Fisch, bei dem das dem Nebennierenmark der Säugetiere entsprechende Medullargewebe im ganzen Körper verteilt ist, findet sich ebenfalls Adrenalin, wenigstens sind die Farbreaktionen und die pharmakologischen Eigenschaften wäßriger Auszüge die nämlichen wie die von Nebennierenextrakten. Auch die mit dem sympathischen Nervensystem verknüpften Paraganglien, wie die Carotisdrüse, sowie das sog. Zuckerkandlsche Organ des Säugetierembryos bestehen aus Medullargewebe und liefern Extrakte, welche die physiologischen Eigenschaften des Adrenalins besitzen (Vincent). Außerdem ist

Adrenalin auch im Speicheldrüsensekret einer tropischen Kröte (Bufo agua), und zwar bis zu 5% des Trockengewichtes (Abel und Macht), vorhanden, ein Vorkommen, welches an das Auftreten von Tyramin im Speicheldrüsensekret der Cephalopoden (S. 277) erinnert.

Die Gewinnung des l-Adrenalins aus den Nebennieren beruht auf seiner Löslichkeit in angesäuertem Wasser oder wäßrigem Alkohol. Aus diesen Auszügen lassen sich Begleitsubstanzen durch Bleiacetat entfernen, ohne daß das Adrenalin ausgefällt wird. Die Abscheidung des Adrenalins erfolgt aus den bleifreien, konzentrierten Filtraten durch Zugabe von Ammoniak (Takamine; Bertrand; Abel; Pauly; Hofmeister und von Fürth).

Von den verschiedenen Synthesen, welche zum Adrenalin führen (vgl. Barger und Jowett; Pauly und Neukam; Böttcher; Mannich), besitzt nur das Verfahren von Stolz praktisches Interesse. Danach wird Chloracetobrenzcatechin mit Methylamin umgesetzt und das entstandene Methylaminacetobrenzcatechin $CH_3 \cdot NH \cdot CH_2 \cdot CO \cdot C_6H_3(OH)_2$ durch Aluminiumamalgan oder elektrolytisch reduziert (Höchst).

Die Spaltung der Racemverbindung gelang auf Grund der verschiedenen Löslichkeit der d-weinsauren Salze des d- und des l-Adrenalins (Flächer).

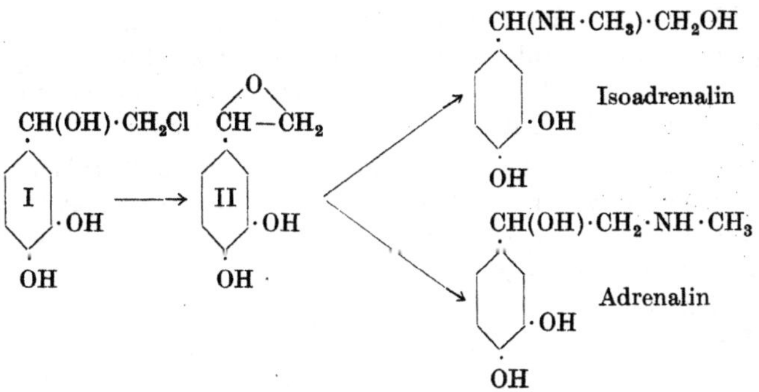

Zur Darstellung von Adrenalinhomologen hat man entweder im Dioxyphenyl-ω-halogenacetophenon und seinen Derivaten das Halogen durch den Aminrest ersetzt und die entstandenen Ketone zu den Alkoholen reduziert, oder man ist direkt von Halogenderivaten der Alkohole (Dioxyphenyläthanolchlorid bezw. dessen Derivaten) ausgegangen und hat diese mit den Aminen in Reaktion gebracht. Ersterer Weg ist analog der von Stolz ausgeführten Synthese des Adrenalins, das zweite Verfahren kompliziert und erschwert sich einerseits infolge der Oxydations- und Polymerisationsfähigkeit der Brenzcatechinderivate (vgl. hierzu Böttcher; Pauly und Neukam; Barger und Jowett), andererseits durch den von Mannich aufgedeckten Umstand, daß die Dioxyphenylalkanolchloride bei der Einwirkung der Amine intermediär Äthylenoxyde bilden, die dann in zweifacher Weise reagieren können. Z. B. verwandelt sich das Dioxyphenylalkanolchlorid (I) (S. 287) in Dioxyphenyläthylenoxyd (II), das Methylamin sowohl in α- wie in β-Stellung zum Brenzcatechinrest anlagert.

Beide Reaktionen laufen nebeneinander. Es ist ein von der Konstitution abhängiger Faktor, welcher bestimmt, ob die Addition ein Gemenge von Substanzen der Iso- und Adrenalinreihe oder nur eines der beiden Isomeren liefert. Über andere Methoden zur Gewinnung von Dioxyphenylalkylaminen vgl. Pictet und Finkelstein; Tutin; Pyman; Douetteau; Tiffeneau; Fourneau; Dakin; Hinsberg.

Biochemisches Verhalten der Phenylalkylamine.

Phenyläthylamin wird im tierischen Organismus desamidiert und oxydiert (Guggenheim und Löffler). Bei den Oxydationsversuchen in der überlebenden Leber konnte Phenyläthylalkohol als intermediäres Abbauprodukt nicht gefaßt werden, wohl aber bildete sich quantitativ Phenylessigsäure. Da auch Phenyläthylalkohol in der Säugetierleber vollständig in Phenylessigsäure verwandelt wird, so ist die intermediäre Entstehung dieses Produktes wahrscheinlich. Phenyläthylalkohol entsteht auch direkt aus Phenylalanin bei der Einwirkung von Mikroorganismen, wahrscheinlich unter intermediärer Bildung von Phenyläthylamin. Sein verbreitetes Vorkommen in ätherischen Ölen ist vielleicht auf eine ähnliche Entstehungsweise zurückzuführen.

Tyramin und seine N-Homologen erleiden im Tierkörper ebenfalls einen oxydativen Abbau (Ewins und Laidlaw), dessen Endprodukt die Oxyphenylessigsäure darstellt. Bis zu 40% des verabreichten Amins können in Form dieser Säure aus dem Harn der Versuchstiere isoliert werden. Sie findet sich darin entweder in freiem Zustande oder gepaart mit Glykokoll als Oxyphenylacetursäure. Unverändertes Amin wird im Harn nicht ausgeschieden. Diejenige Menge, welche nicht als Oxyphenylessigsäure wiedergewonnen werden konnte, ist offenbar einer weitergehenden Oxydation anheimgefallen. Daß die Oxyphenylessigsäure nicht unverändert den Organismus passiert, sondern noch weiter oxydiert werden kann, ist bereits von Schotten und von E. und H. Salkowski festgestellt worden. Es sind aber Anhaltspunkte vorhanden, daß ein Teil des Tyramins überhaupt nicht über die Oxyphenylessigsäure oxydiert wird. In Perfusionsversuchen am überlebenden Herzen verschwand das zur Perfusionsflüssigkeit zugesetzte Tyramin, ohne daß in der Perfusionsflüssigkeit Tyramin oder eine andere, die Millonsche Reaktion gebende Substanz nachzuweisen war. Eine intermediäre Bildung von p-Oxyphenylessigsäure erschien in diesem Fall ausgeschlossen, weil diese Säure am überlebenden Herzen bei der Durchströmung kaum verändert wird.

In der überlebenden Leber hingegen findet eine fast quantitative Umwandlung des Amins zu p-Oxyphenylessigsäure statt. Die Verbrennung bleibt bei dieser Stufe stehen. Eine mittelgroße Kaninchenleber oxydiert pro Stunde 120 mg Tyramin und liefert dabei ca. 100 mg p-Oxyphenylessigsäure. Die Umwandlung erfolgt hier über den Alkohol, das Tyrosol, welches in geringer Menge neben der Säure isoliert werden konnte (Guggenheim und Löffler). Der überlebende Uterus vermag bei der Perfusion des in Ringerlösung gelösten Tyramins p-Oxyphenylessigsäure zu bilden. Hingegen ist die Lunge hierzu nicht imstande. Es scheint, daß vorzugsweise die sympathisch innervierten Organe, auf welche das Tyramin ja hauptsächlich einwirkt, auch die chemische Umwandlung herbeiführen. Bei intravenöser Injektion einer großen Dosis von Tyramin — 5mal 9 ccm 1%iger Lösung innerhalb von 2 Tagen — entstand bei Kaninchen eine starke Anämie von sekundärem Charakter, sowie eine Siderosis in der Milz, in den Mesenterialdrüsen, in dem Blinddarm und dem ganzen Mark.

Die am Stickstoff methylierten Derivate des Tyramins, das N-Methyl-p-oxyphenyläthylamin und das Hordenin, werden zum geringen Teil in Oxyphenylessigsäure verwandelt, und zwar das tertiäre noch weniger als das sekundäre. Ein großer Teil der verabreichten Basen ist aber auch hier nicht mehr nachweisbar. Sie sind wahrscheinlich einem anderen, nicht zu Oxyphenylessigsäure führenden Oxydationsprozeß anheimgefallen.

Durch die Anwesenheit des β-ständigen Phenolrestes wird die Haftfestigkeit der basischen Aminogruppe in der Seitenkette vermindert. Die Lockerung ist am ausgesprochensten bei den quaternären Ammoniumbasen, welche sehr leicht Trimethylamin abspalten und in ungesättigte Verbindungen übergehen. Hordenin-jodmethylat-O-methyläther zerfällt z. B. in Trimethylamin- und p-Vinylanisol nach der Gleichung

$$CH_3O \cdot C_6H_4 \cdot CH_2 \cdot CH_2 \cdot N(CH_3)_3J \rightarrow CH_3O \cdot C_6H_4 \cdot CH:CH_2 + N(CH_3)_3 \cdot HJ$$

Hordeninjodmethylat-O-methyläther p-Vinylanisol

Einer ähnlichen Spaltung unterliegen auch die Phenylalkanolamine, welche aus den fettaromatischen Aminosäuren, Phenylalanin, Tyrosin und Dioxyphenylalanin durch Reduktion als intermediäre Zwischenprodukte entstehen, deren Methylierungsprodukte schon beim Erwärmen auf 70° Wasser und Trimethylamin abspalten. So entsteht z. B. über $C_6H_5 \cdot CH_2 \cdot \underset{N(CH_3)_3OH}{\underset{|}{CH}} \cdot CH_2OH$ Zimmtalkohol $C_6H_5 \cdot CH{:}CH \cdot CH_2OH$. In ähnlicher Weise kann man auch andere in der Pflanzenwelt aufgefundene ungesättigte Alkohole von den entsprechenden Aminosäuren bezw. den aus ihnen hervorgegangenen Alkanolamoniumbasen ableiten, so z. B. den Coniferylalkohol aus Dioxyphenylalanin, das Syringenin aus dem noch unbekannten Trioxyphenylalanin (Karrer und Horlacher)

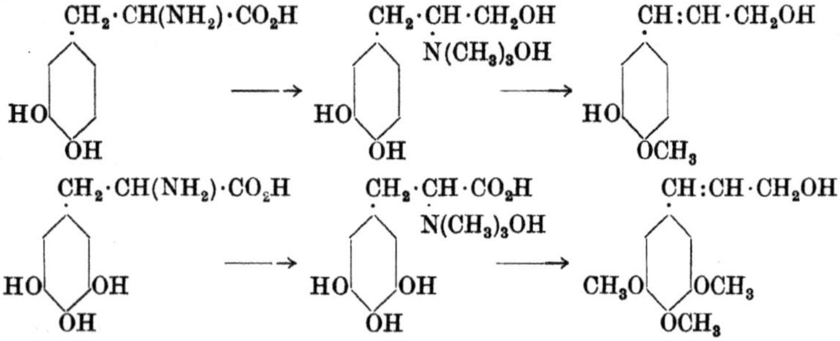

Einen ähnlichen Abbau erleidet das Tyramin auch durch Mikroorganismen (Hefe, Schimmelpilze) (Ehrlich). Bei Gegenwart einer Kohlenhydratquelle (Glucose oder Glycerin) wird das Tyramin desamidiert und es bildet sich Tyrosol. Dieses wird aber nicht weiter oxydiert und läßt sich aus den Kulturflüssigkeiten leicht isolieren. Da auch Tyrosin durch Hefe und Schimmelpilze unter Bildung von Tyrosol verändert wird, ist es naheliegend, auch in diesem Falle eine intermediäre Entstehung von Tyramin anzunehmen. Die Umwandlung gelingt mit wachsender und mit gärender Hefe. Gewöhnliche Brennerei- und Brauereihefe wirken weniger günstig, auch wenn sie in Form von Preßhefe angewandt werden. Mit wilden Hefen (Kahmhefe und anderen hautbildenden Heferassen, z. B. Willia anomala Hansen, läßt sich eine fast quantitative Überführung des Amins in Alkohol erzielen. Auch das in den gewöhnlichen Gärprodukten (Wein und Bier) sich vorfindende Tyrosol verdankt möglicherweise seine Entstehung einem derartigen biochemischen Abbau.

Aus Hordenin wird durch Oidium lactis und Willia anomala die N-Gruppe ebenfalls abgespalten und es entsteht in reichlicher

Menge Tyrosol. Wiewohl sich Dimethylamin in der Kulturflüssigkeit nicht nachweisen läßt, darf seine intermediäre Bildung dennoch angenommen werden. Wahrscheinlich wird es entmethyliert und der Stickstoff zum Aufbau des Protoplasmas verwendet. Interessanterweise entsteht beim Wachstum nur wenig Tyrosol, dagegen eine in Äther lösliche, die Millonsche Reaktion gebende Säure, wahrscheinlich p-Oxyphenylessigsäure. Bei noch länger dauerndem Wachstum verschwindet auch dieses Abbauprodukt des Hordenins, welches also durch Mikroorganismen unter bestimmten Verhältnissen ebenso weitgehend abgebaut werden kann, wie durch den Säugetierorganismus.

Die Veränderungen, welchen das Adrenalin im Organismus des Warmblüters unterliegt, beruhen auf seiner großen Oxydationsfähigkeit. Die Entgiftung erfolgt im Organismus und nicht durch eine rasche Ausscheidung. Erst hohe und letal wirkende Dosen bedingen ein Auftreten geringer Mengen blutdrucksteigernder Substanz im Harn (Embden und von Fürth). Diese ist mit ammoniakalischer Bleiacetatlösung fällbar, stickstoffhaltig und in Äther unlöslich. Die von Tannhauser und Weiß bei 2 Fällen von melanotischen Tumoren isolierte Brenzcatechinessigsäure ist möglicherweise ein Abbauprodukt des Adrenalins.

Bei der künstlichen Durchsäuerung des Organismus gelingt es, das Adrenalin länger wirksam zu erhalten (Kretschmer). Um aber im Serum den Adrenalingehalt dauernd zu erhöhen, ist es nötig, eine verdünnte Adrenalinlösung kontinuierlich zu infundieren.

Schon in vitro wird das dem Blut zugesetzte Adrenalin beim Luftdurchleiten rasch zerstört. Die rasche Oxydation beruht auf der Alkalinität des verwendeten Blutes. Die Oxydation erfolgt am leichtesten bei $P_H = 7{,}5-8{,}5$ (Gröer und Matula). Muskel- und Organbrei, die schwach saure Reaktion zeigen, zerstören das Adrenalin nicht, oder nur in unerheblichem Maße. Pankreas- und Leberpreßsaft bedingen keine Verminderung des zugesetzten Adrenalins (Comessatti). Auch die Zerstörung, welche das Adrenalin bei der künstlichen Durchblutung der Leber erfährt, ist nicht so stark, um sich in einer Abnahme der physiologischen Wirksamkeit der Durchblutungsflüssigkeit zu erkennen zu geben. Hingegen war bei der Durchblutung der Lunge eine solche konstatierbar.

Die große Oxydationsfähigkeit bei Gegenwart von Alkali soll nach der Ansicht von Loew auf der Reaktionsfähigkeit der Oxymethylengruppe beruhen, welche die Bildung von Kondensationsprodukten vom Typus

$$\begin{array}{lcl} (HO)_2C_6H_3\cdot C(OH)\cdot CH_2\cdot NH\cdot CH_3 & \text{und} & (HO)_2C_6H_3\cdot C\cdot CH_2\cdot NH\cdot CH_3 \\ \qquad\qquad\quad | & & \qquad\qquad\quad \| \\ (HO)_2C_6H_3\cdot C(OH)\cdot CH_2\cdot NH\cdot CH_3 & & (HO)_2C_6H_3\cdot C\cdot CH_2\cdot NH\cdot CH_3 \end{array}$$

ermöglicht. Diese Körper sollen als labile Zwischenprodukte auftreten und schließlich in Methylaminoacetobrenzcatechin übergehen. Nach Falta und Ivcović soll das Adrenalin im Blute in eine physiologisch inaktive Verbindung übergehen, aus welcher es sich bei längerem Stehen bei 0° wieder in aktivem Zustande abzuscheiden vermag (vgl. hierzu auch Abelous und Soula).

Eine Bindung von Jod an Adrenalin intra vitam, kenntlich am Unwirksamwerden einer sonst wirksamen Adrenalinmenge auf Blutdruck, Glucosurie oder Froschpupille, ließ sich nach Zufuhr von Jod oder Jodsalzen nicht nachweisen (E. Frey).

Eine rasche oxydative Zerstörung erfolgt auch durch die Einwirkung oxydierender Fermente. Die Oxydase von Russula delica z. B. bedingt eine rasch einsetzende Rosafärbung, die bei längerer Einwirkung sich ins Braune vertieft (Abderhalden und Guggenheim). Ein ähnliches Verhalten zeigt sich auch gegenüber dem Ferment von Sepia officinalis (Neuberg) und Kartoffeltyrosinase (Ransom; Neuberg). Diese Reaktion tritt noch mit einer 0,0004%igen Adrenalinlösung ein. Die mit Oxydase behandelten Adrenalinlösungen sind physiologisch unwirksam. Menschliches Serum bewirkt ebenfalls eine Rotfärbung der Adrenalinlösungen. Diese oxydative Änderung soll im Blute Gravider verstärkt sein (Neumann).

Pharmakologisches und physiologisches Verhalten der Phenylalkylamine.

Bei den Phenylalkylaminen sind die pharmakologischen Eigenschaften, welche bereits bei den höheren Gliedern der Alkylamine sich zeigten und die von Barger und Dale als sympathomimetisch bezeichnet worden sind, viel markanter ausgeprägt, sie erreichen ihr Optimum im Adrenalin, dessen Konstitution offenbar die günstigsten physikalisch-chemischen und biochemischen Bedingungen schafft, um einen der Sympathikusreizung analogen Effekt zu erzielen. Jede Änderung der Zusammensetzung, welche andere Phenylalkylamine dem Adrenalin in chemisch konstitutioneller Hinsicht nähert, bedingt eine Vervollkommnung der sympathomimetischen Wirksamkeit.

Das Adrenalin entfaltet im tierischen Organismus sowohl chronische wie akute Vergiftungssymptome. Nach subcutaner Injektion beobachtete Vincent an Fröschen, Ratten, Mäusen, Meerschweinchen und Kaninchen eine von rückwärts nach vorn fortschreitende zentrale Lähmung, Blutungen aus Maul und Nase, Hämaturie, Dyspnoe und Krämpfe, sowie prämortale Temperatursenkungen. Am Kaninchen zeigten sich nach subcutaner Eingabe von 0,1 g Suprarenin nach Ablauf einer Minute Verlangsamung der Herzaktion und Vergrößerung der Pulse, dann langsamer Anstieg des Druckes bei Vermehrung der Frequenz und Verkleinerung der Pulse. Höhepunkt des Druckes nach 8 Minuten, stark entwickeltes Lungenödem, und Lungenblutung, Tod unter Respirationslähmung (v. Fürth). Auch nach oraler Eingabe von 0,1—0,5 g gehen die Kaninchen schnell oder nach einiger Zeit zugrunde. Hunden können größere Dosen nicht per os verabreicht werden, da sie Erbrechen verursachen (Embden und v. Fürth). Injiziert man Mäusen 0,1 mg l-Suprarenin, so treten fast ausnahmslos schwere Erscheinungen auf, die unter starker Herabsetzung der Körpertemperatur rasch zum Tode führen (Abderhalden und Slavu). Das d-Suprarenin verursacht in denselben Dosen nur geringe Temperatursenkung und führt erst bei Anwendung verhältnismäßig großer Quantitäten (0,005 g) zum Tode. Nach Cushny beträgt die letale Dosis von l-Adrenalin bei subcutaner Verabreichung für weiße Ratten 1—2 mg pro 100 g Körpergewicht, für d-Adrenalin 8—12 mg. Für Meerschweinchen, Kaninchen und Hunde beträgt die letale Dosis bei intravenöser Verabreichung $^1/_4$ mg pro kg, für Katzen 0,5—0,8 mg. Bei subcutaner Eingabe 10—20 mg für weiße Ratten (Cushny), für Mäuse 8 mg (Schultz). Nach Loewe stellt am Kaninchen 0,25—0,5 mg sowohl intravenös wie subcutan die tödliche Dosis dar, während sie für Meerschweinchen bei subcutaner Darreichung 0,8 mg, bei intravenöser 0,08—0,15 mg pro kg beträgt (vgl. auch Launoy und Menguy). Per os erwiesen sich auch bis 100 mal größere Dosen als unwirksam. 2—3 mg Adrenalin verändern beim Menschen bei rectaler Einführung den Blutdruck nicht, doch werden die Zeichen chronischer oder akuter Nebenniereninsuffizienz deutlich beeinflußt. Beim Kaninchen ist das Adrenalin vom

Mastdarm aus ebenso giftig wie nach subkutaner Injektion (Lesné). Bei Hunden und Katzen wird die Art und die Intensität der Wirkung des rectal verabreichten Adrenalins durch individuelle Umstände bedingt (Hoskins).

Beim Menschen hatte die subkutane Injektion von 10 ccm einer 1 $^0/_0$igen Adrenalinlösung den Tod zur Folge (W. A. Fischer, vgl. hierzu Kleeblatt). Bei älteren Kranken verursachen schon kleine Dosen, die weniger als 1 mg betragen, Schwindel und Schwächezustände, bisweilen auch stenokardische Anfälle (Arnstein und Schlesinger). Auch bei pathologisch erhöhtem Sympathicotonus besteht eine gesteigerte Empfindlichkeit (Loewi; Kreis; Porak).

Die Aufnahme des Adrenalins aus dem Unterhautgewebe ist infolge Gefäßverengerung verzögert, auch die Resorption anderer Pharmaka wird bei gleichzeitiger Adrenalininjektion verlangsamt, eine Tatsache, auf welcher die ausgedehnte Anwendung des Adrenalins in der Lokalanästhesie beruht. Durch die unverletzte Froschhaut wird Adrenalin nicht resorbiert (Lang). Die Haut des Menschen färbt sich weiß bei perkutaner Applikation infolge von Capillarverengerung (Sollmann und Pilcher). Entgegen den Feststellungen von Ritzmann scheint das Adrenalin beim Menschen nach subkutaner Injektion, nur in geringem Maße oxydiert und zerstört zu werden (Fornet). Es wird aus dem Unterhautgewebe rasch, aber nahezu vollständig aufgenommen und entfaltet je nach dem Tempo der Resorption eine verschieden intensive Wirkung, weshalb der subkutane Zuführungsweg für die Bestimmung der Adrenalinempfindlichkeit, d. h. für die Messung des Sympathicotonus nicht geeignet erscheint.

Im Vordergrund der akuten Adrenalinwirkung steht die Reizung des sympathischen Nervensystems, welches sich durch typische Wirkungen an allen sympathisch innervierten Organen äußert. Ist ein Organ vorzugsweise mit fördernden sympathischen Fasern innerviert, so zeigt sich als Effekt eine Kontraktion; ist die Innervation hauptsächlich hemmender Natur, so tritt Erschlaffung ein.

Diese Verhältnisse zeigen sich namentlich deutlich am Zirkulationssystem. Wie zuerst von Oliver und Schäfer und von Cybulski festgestellt wurde, erzeugt Adrenalin nach subkutaner und intravenöser Injektion schon in sehr kleinen Dosen — 0,0003 g pro kg Tier — einen rasch einsetzenden starken Druckanstieg, der aber nur kurze Zeit, höchstens 5—6 Minuten, anhält, langsam absinkt und von einer geringen Blutdrucksenkung gefolgt ist. Letztere beruht auf einer Erschlaffung der Gefäße, die fast immer nach dem Abklingen der konstringierenden Wirkung auftritt. Die Ursache der Blutdrucksteigerung ist vor allem eine in der Gefäßwand angreifende Verengerung der Arterien, welche auch noch nach Durchtrennung des Halsmuskels und nach Lähmung der Vasomotoren durch Chloralhydrat auftritt (Gottlieb; Velich). Wie aus den plethysmographischen Messungen hervorgeht, unterliegen dabei hauptsächlich die inneren Gefäßgebiete der verengernden Wirkung, aus welchen das Blut in das Herz und in die Lungen gedrängt wird. Auch nach Hämorrhagien, welche 6—7 % des Körpergewichtes betragen, tritt die Blutdruckwirkung des Adrenalins ein, wenn auch in etwas abgeschwächtem Maße (Bardier).

Die Wirkungen des Adrenalins auf den Kreislauf und den Blutdruck erklären sich in einheitlicher Weise durch die Annahme, daß das Adrenalin gleichzeitig die rezeptiven Substanzen der Vasokonstriktoren und der Vasodilatatoren in Erregungszustand versetzt (Dale). Bei hoher Konzentration des Adrenalins überwiegt immer die Erregung der verengernden Apparate. Bei Anwendung bestimmter Konzentrationen oder nach längerer Einwirkung gewinnt die Erregung der Dilatatoren die Oberhand und führt zur Erweiterung (Ogawa; Hartmann; Baehr und Fröhlich; Cannon und Lyman). Nach subkutaner und weit mehr noch nach oraler Verabreichung tritt die blutdrucksteigernde Wirkung nur langsam und unvollständig ein, weil die intensive Verengerung der Capillaren eine Resorption verhindert. Auch nach Injektion vom Rückenmarkkanal aus erfolgt die Resorption sehr langsam, so daß die Blutdruckwirkung nicht zur Geltung kommt (Becht). Die Blutdruckwirkung ist sehr flüchtig und dauert nicht länger als 1—3 Minuten. Die Flüchtigkeit der Wirkung ist einerseits bedingt durch die leichte Oxydierbarkeit (vgl. S. 324), andererseits durch den Umstand, daß Adrenalin zu den sog. Potentialgiften gehört, welche nur solange wirken, bis sich im Organismus ein Gleichgewicht hergestellt hat. Deshalb kann man durch Dauerinfusion einer verdünnten Adrenalinlösung eine bleibende Blutdruckerhöhung herbeiführen, indem durch fortwährende Zerstörung des einströmenden Adrenalins der für die

Dauerwirkung erforderliche Konzentrationsunterschied aufrecht erhalten wird (Kretschmer; Gramenitzki).

Die kontrahierende Wirkung des Adrenalins erstreckt sich auf fast alle Gefäßgebiete und läßt sich sowohl an den isolierten Organen wie an den in Ringerlösung suspendierten Gefäßstücken nachweisen.

Der Lungenkreislauf, der keine sympathischen Elemente enthält, zeigt gegenüber Adrenalin ein anderes Verhalten wie die anderen Gefäße, indem es keine Verengerung, sondern eine geringe Erweiterung hervorruft (vgl. hierzu Cloëtta und Anderes, Luckhardt und Carlson, und S. 300). Die Gehirngefäße werden kontrahiert (Wiggers).

Auch die Koronararterien besitzen nur eine geringe, wenn überhaupt vorhandene gefäßverengernde Innervation, daher bedingt Adrenalin keine ausgesprochene Wirkung auf den Koronarkreislauf (Dale). An isolierten Ringen der Koronargefäße wird durch Reizung sympathischer Vasodilatatoren eine Erschlaffung hervorgerufen (Langendorf; Langley; Krawkow). Demgemäß zeigt sich an dem überlebenden Herzen der meisten Säugetiere eine vermehrte Durchblutung. Nur beim Menschen und Affen werden die Koronargefäße verengert (Barbour und Prince).

Das Adrenalin ist ein typisches Erregungsmittel der Herztätigkeit, welches auch therapeutische Verwendung findet. Die herzbelebende Wirkung zeigt sich deutlich am isolierten Warmblüterherzen, dessen Pulse durch Adrenalin verstärkt und beschleunigt werden (Gottlieb; Lohmann) am stärksten bei Anwesenheit von Kohlendioxyd (Patterson). Die Wirkung beruht auf einer Reizung der Acceleratorenendigungen. Auch die Tätigkeit der isolierten Herzen von Frosch und Schildkröte wird durch Adrenalin verstärkt und beschleunigt (Lussana; Gruber; Snyder und Andrus). Eine Erweiterung der Kranzarterien und eine vermehrte Durchströmung des Herzens läßt sich auch an den in situ schlagenden Säugetierherzen beobachten (Meyer). Durch Nicotin- und Ergotoxinvorbehandlung wird der Herzsympathikus gelähmt und das Adrenalin bewirkt durch Reizung der vagalen Elemente diastolischen Stillstand (Amsler; Kolm und Pick). Den gleichen Effekt erzielt man auch, wenn durch Acetylcholinvorbehandlung der Vagus überempfindlich gemacht wird (Pick).

Nach Meek und Eyster wird am gesunden, nicht narkotisierten Hunde durch physiologische Dosen (2—3 ccm einer Lösung von 1:50000—1:500000 intravenös) keine Beschleunigung, sondern eine auf Reizung des Vagus beruhende Verlangsamung des Herzschlages erzielt. Die Wirkung des Adrenalins ist demnach eine zweifache, es beschleunigt den Herzschlag durch direkte Reizung und hemmt ihn gleichzeitig durch den Vagus. Erst bei übertriebener Beanspruchung des Herzens, bei welcher der Vagustonus geschwächt ist, würde sich eine stimulierende Wirkung geltend machen, unter physiologischen Umständen jedoch findet eine solche nicht statt. Das durch Chloroform oder Chloral vergiftete Säugetierherz kann durch Adrenalin wieder belebt werden, wobei zuerst sein amplitudeerhöhender, dann sein frequenzsteigernder Effekt in Erscheinung tritt. Das durch Chloralhydrat in diastolischen Stillstand versetzte Herz wird durch Adrenalin wieder zur rhythmischen Tätigkeit angeregt. Der Chloroformstillstand jedoch bleibt unbeeinflußt (Gunn).

Die Gefäße der Meerschweinchen-, Frosch- und Hechtleber reagieren gegenüber Adrenalin wie die meisten Gefäßgebiete mit Kontraktion (Beresin). An den isolierten Gefäßgebieten der Niere und des Darms von Katze, Hund und Kaninchen wirken l- und d-Adrenalin in Konzentration von 1:1 Million und 1:10 Millionen stets gefäßverengernd. Die Hautmuskelgefäße des Kaninchens sind weniger empfindlich (Ogawa). Das Adrenalin wird unter Umständen aus der Nebenniere direkt in die Nierengefäße sezerniert und verursacht dann eine Volumverkleinerung und rasche Verminderung des Harnflusses, Kontraktion der Bowmanschen Kapsel und Verengerung der Harnkanälchen (Cow). Durch große Adrenalindosen wird die Blutzufuhr zur Niere und die Urinsekretion vermindert (Cushny und Lambie). Das Volum der Nebennieren schrumpft mit steigendem Blutdruck (Hallion). An der Froschniere sind die Gefäße des Glomerulusteiles erregbar, nicht die der gewundenen Kanälchen (Zuckerstein).

An den isolierten Gefäßen der Froschhinterextremitäten bewirkt Adrenalin noch in einer sehr großen Verdünnung bis 1:1000 Millionen eine Kontraktion (Laewen). Sie wird durch Atropin antagonistisch beeinflußt (Hildebrandt). Die Empfindlichkeit der Froschgefäße gegenüber verdünnten Adrenalinlösungen ist von Trendelenburg zu einer quantitativen Bestimmungsmethode kleiner Adrenalinmengen ausgearbeitet worden.

Die Venen werden durch Adrenalin ebenfalls kontrahiert (Gunn und Chavasse; Hoskins und Gunning; Hoskins, Lee und Bersy). Injektion von Adrenalin in einer Lebervene bedingt eine

Steigerung des Druckes und eine Volumvergrößerung der Leber, welche auf eine Hemmung des Ausflusses in das Hauptsystem des Kreislaufes zurückzuführen ist. Als wahrscheinliche Ursache des Widerstandes wird eine Verengerung der capillaren Kanäle durch Schwellung der Leberzellen angesehen (Bainbridge und Trevan; Neubauer).

Adrenalin wirkt auf den Uterus wie eine Reizung der Nervi hypogastrici (Cushny). Am Kaninchenuterus verursacht Adrenalin entweder nur Kontraktionen oder Kontraktionen gefolgt von Lähmung. Bei der nicht trächtigen Katze, bei welcher der Uterus von hemmenden Fasern innerviert ist, verursacht Adrenalin nur Hemmung, bei trächtigen Katzen erfolgt, entsprechend dem Vorwalten fördernder Fasern, Kontraktion. Die kontraktionsfördernde Wirkung zeigt sich bisweilen auch noch nach der Schwangerschaft. Der nach Magnus isolierte trächtige Katzenuterus reagiert auf Adrenalin noch bei einer Konzentration von 1:550000000 (Kehrer), der Kaninchenuterus bei einer Konzentration von 1:20 Millionen (Fränkel; Hilz). Der Mäuseuterus wird sowohl im graviden, wie im nichtgraviden Zustand bei einer Konzentration von 1:20000000 entspannt (Adler). Auf den isolierten, in Ringerlösung befindlichen menschlichen Uterus, sowie auf die Tuba Fallopii übt das Adrenalin eine starke motorische Wirkung aus (Gunn). Durch Ionenverschiebung in der Ringerlösung läßt sich die Wirkung des Adrenalins auf den überlebenden Uterus umkehren. Die Beeinflussung der Rings- und Längsmuskulatur der Vagina durch Adrenalin entspricht der Wirkung auf den Uterus (Waddell). Auf das Vas deferens, die Samenbläschen und die Prostata wirkt es kontraktionserregend bezw. tonussteigernd (Waddell). Die sympathomimetische Wirkung verschiedener Alkaloide auf den Uterus in situ muß zum Teil als indirekte Adrenalinwirkung aufgefaßt werden, indem durch deren Injektion das Adrenalin aus den Nebennieren der Versuchstiere mobilisiert wird (Dale und Laidlaw, vgl. auch S. 285).

Die rhythmischen Darmbewegungen werden infolge peripherer Reizung der hemmenden sympathischen Elemente durch Adrenalin noch in sehr großer Verdünnung aufgehoben. An isolierten Stückchen des Kaninchendarms ist die Grenzkonzentration, bei welcher diese Lähmung stattfindet, etwa 1:1000000, am isolierten Meerschweinchendarm 1:100000000 bis 1:200000000 (Guggenheim und Löffler), 1:500000000 (Hoskins). Bei Hunden wird bei intravenöser Injektion die Darmperistaltik bereits durch Konzentrationen aufgehoben, die auf den Blutdruck gänzlich wirkungslos sind (Hoskins). Nach Einwirkung von Acetylcholin wirkt Adrenalin durch Reizung des Vagus erregend auf Magen und Darm (Kolm und Pick; Tezner und Turold).

Ebenfalls durch sympathische Reizung wird eine Entspannung der Blasenmuskulatur bedingt (Adler; Kligermann; Edmunds und Roth). Die Peristaltik der Ureter wird erregt (Satani).

Die Reizung des Dilatator pupillae verursacht eine ausgesprochene Mydriasis, die sich auch am enukleierten Auge geltend macht (Meltzer). Zur Auslösung einer Mydriasis ist es beim intakten Tier jedoch nötig, das Adrenalin intravenös zu verabreichen. Beim Einträufeln in den Bindehautsack wird zu wenig resorbiert, um die vom Ganglion cervicale sup. ausgehende Hemmung zu überwinden. Auch nach Pankreasexstirpation werden infolge Wegfalls des antagonistischen Hormons diese Hemmungen geringer, so daß beim Einträufeln einer 1 $^0/_0$igen Adrenalinlösung eine Pupillenerweiterung eintreten kann. Eine solche kann also als Indikator für das Bestehen einer Pankreasaffektion, zum Beispiel Diabetes dienen (Loewi; Cockcroft). Die mydriatische Wirkung wird sowohl in bezug auf Dauer wie Intensität durch vorhergehende subkutane Injektion von Cocain verstärkt (Mills; vgl. auch Kato und Watanabe). Bei Verwendung enucleierter Froschaugen läßt sich auf Grund dieses Verhaltens der Adrenalingehalt unbekannter Lösungen ermitteln (Ehrmann; Bauer und Fröhlich; Cannon und Lyman). Die Melanophoren von Fundulus heteroclitus L., die als veränderte, glatte Muskelzellen aufzufassen sind, werden durch Adrenalin stark kontrahiert. Die Wirkung tritt auch noch in einer Konzentration von 1:50000 ein, und wird durch Vorbehandlung mit Ergotonin verhindert (Späth und Barbour).

Die durch Adrenalin geförderte Sekretion der Speicheldrüsen und des Pankreas (Langley) ist nach Edmunds keine direkte Reizung, sondern eine Folge der Gefäßwirkung und des veränderten Blutdrucks (Mann und McLachlin). Die durch Verabreichung von salzsauren Salzen der Aminosäuren gesteigerte Pankreassekretion wird durch subkutane Injektion von Adrenalin gehemmt (Arai). Auf die Magensaftsekretion des Hundes wirkt Adrenalin hemmend. Bei intravenöser Applikation dauert diese Wirkung bedeutend weniger lang als bei intramuskulärer (Heß und Gundlach). Die Gallensekretion von Kaninchen mit Choledochusfisteln vermindert sich nach subcutaner Injektion von Adrenalin stets, nach intravenöser nur ausnahmsweise. Gleichzeitig werden Viscosität und Trockenrückstand des Sekretes erhöht (Neubauer; Downs). Die Schweißsekretion wird gehemmt. Die Sekretion der Hautdrüsen der Kröte wird schon durch sehr verdünnte Adrenalinlösungen angeregt (Wastl).

An der isolierten Bronchialmuskulatur ruft Adrenalin Erschlaffung hervor (Trendelenburg; Gunn). Auch bei der Durchströmung der überlebenden Meerschweinchenlunge bewirkt Adrenalin Dilatation (Baehr und Pick). Der durch Muscarin, Pilocarpin, Pepton usw. verursachte Bronchiospasmus wird durch Adrenalin behoben, nicht aber der durch Histamin verursachte Bronchialkrampf, welcher durch eine Stauung im Lungenkreislauf veranlaßt ist (Januschke). Bei narkotisierten Katzen und Kaninchen erzeugt Suprarenin in großen Dosen Verlangsamung und Abflachung der Atmung bis zu zeitweisem Stillstand, bedingt durch vasokonstriktorische Anämie des Atemzentrums (Roberts).

Die entspannende Wirkung des Adrenalins auf die Bronchialmuskulatur beruht nicht auf einer Zirkulationsänderung, sondern auf einer Reizung der sympathischen Bronchodilatatoren. Im Gegensatz hierzu beobachteten Golla und Symes als primäre Wirkung des Adrenalins auf normale Bronchiolen eine Kontraktion, die von einer Dilatation gefolgt wird. Plethysmographische Messungen an Kaninchen und Hunden ergaben eine Verminderung der Atemtiefe, welcher bisweilen ein kurzes Exzitationsstadium vorausgeht (Pentimalli). Diese Wirkung wird auf eine Beeinflussung des arteriellen Blutdruckes zurückgeführt. Ähnliche Feststellungen machten auch Nice, Rock und Courtright (vgl. auch S. 296).

Behandelt man die sympathisch innervierten Organe vor der Adrenalininjektion mit Ergotoxin, so werden die fördernden sympathischen Elemente ausgeschaltet, während die hemmenden durch Adrenalin unverändert reizbar bleiben (Dale). Hierdurch kann der Adrenalineffekt wesentlich beeinflußt werden, je nachdem die sympathische Innervation des beobachteten Organs eine vorzugsweise hemmende oder fördernde ist. In den Gefäßgebieten des großen Kreislaufes z. B. werden die überwiegend kontraktionsfördernden Fasern, deren Reizung unter normalen Verhältnissen die Blutdrucksteigerung zur Folge hat, außer Funktion gesetzt, die Drucksteigerung bleibt aus und man beobachtet als Effekt der Adrenalininjektionen nur eine Blutdrucksenkung, welche auf eine Reizung der durch das Ergotoxin nicht beeinflußten dilatierenden sympathischen Fasern zurückzuführen ist. Diese von Dale zuerst beobachtete „sympathische Umkehrung“ zeigt sich auch an anderen fördernd innervierten Organen, z. B. am Herzen (vgl. S. 297), und am trächtigen Katzenuterus, der nach Vorbehandlung mit Ergotoxin oder den ergotoxinhaltigen Mutterkornextrakten gegen Adrenalin nicht mehr mit einer Kontraktion, sondern einer Entspannung reagiert (Cushny). Die dilatierende Wirkung auf die hemmend innervierte Muskulatur der Bronchien und des Darmes wird jedoch durch Ergotoxin nicht beeinflußt.

Nach vorhergehender Injektion von 0,015 g Chinin pro kg bringt 0,1—0,15 mg Adrenalin nicht mehr Verlangsamung der Schlagfolge hervor, sondern nur mäßige Blutdrucksteigerung. Nach 0,04 g Chinin wird auch die Blutdruckwirkung aufgehoben, während die vasokonstriktorische Wirkung erhalten bleibt (Clerc und Pezzi). Intravenöse Injektion von Guanidinchlorhydrat — 10 ccm einer 1 $^0/_0$igen Lösung — erhöht bei der Katze die Dauer und Intensität der Blutdruckwirkung, sowie auch die übrigen peripheren Wirkungen des Adrenalins (Burns und Watson). Die atmungslähmende Wirkung des Morphiums läßt sich durch Adrenalin antagonistisch beeinflussen (Bornstein).

Infolge chemischer Reizung des Wärmezentrums bedingt Adrenalin eine Steigerung der Körpertemperatur, das Adrenalinfieber (Hirsch; Cloëtta und Waser).

Durch thermoelektrische Messungen ergab sich, daß eine intravenöse Injektion von 0,2 mg Suprarenin bei Kaninchen schon nach etwa 10 Sekunden ein Ansteigen der Temperatur im Vorderhirn und einige Sekunden später ein ebensolches im Bereich der Temperaturzentren verursacht. Das Maximum der Steigerung, das in 4 Minuten erreicht wird, beträgt etwa 0,6°. Darauf beginnt die Kurve wieder zu fallen. Reinjektion bewirkt Wiederholung derselben Erscheinung. Während des Anstieges sinkt jeweilen die Hauttemperatur. Durch andauerndes Einfließenlassen der Lösung kann die Temperaturerhöhung auf einem Maximum erhalten werden. Die intracerebrale Injektion von $^1/_5$ mg bewirkt ebenfalls Steigerung, aber ohne nachherigen Abfall. Ergotoxin hat keine hemmende Wirkung auf das Adrenalinfieber. Auch thermische Reizung der Wärme- und Kühlzentren sind ohne Einfluß (Hashimoto).

Burge sucht die Ursache des Adrenalinfiebers in einer Steigerung der Oxydationsprozesse, welche durch eine vermehrte Katalasesekretion der Leber veranlaßt wird. Auch die Versuche Isenschmids an Kaninchen mit durchschnittenem Halsmark, deuten auf eine periphere Steigerung des Energiestoffwechsels durch Adrenalin.

Über den Einfluß des Adrenalins auf die willkürlichen Muskeln finden sich wechselnde Angaben. Nach Versuchen an curarisierten Schildkrötenmuskeln werden Tonus und Kontraktion vermindert (Lussana). Neben dieser peripheren, fördernden Wirkung verursacht Adrenalin auch eine Reizung des zentralen Hemmungsapparates, welcher zum Herzstillstand führen kann (Heinekamp). Morphium verstärkt diese Hemmungswirkung. Kreatininbestimmungen an Kaninchenmuskeln deuten auf eine Tonus- und Kreatinvermehrung, verursacht durch Reizung der sympathischen Innervation der gestreiften Muskulatur (Rießer), während nach Versuchen am Froschsartorius- und -gastrocnemius die sympathischen Nervenfasern ohne Bedeutung für den Muskeltonus sind und Adrenalin sich demgemäß wirkungslos erweist (Kuno). Nach Lapicque und Nattan-Larrier wird die Chronaxie des Froschskelettmuskels durch Adrenalin vermindert. Die Permeabilität der Muskelfasergrenzschicht quergestreifter Froschmuskeln wird durch Adrenalin vermindert, und zwar sowohl die Austrittsgeschwindigkeit anorganischer, durch Lactacidogenzerfall entstandener Phosphorsäure, wie der Eintritt von Kaliumsalzen (Lange). Nach Cannon und Nice wird durch Adrenalininjektion die Arbeitsleistung eines mit dem Blutgefäßsystem im Zusammenhang belassenen Nervenmuskelpräparates (Katzen, Hunde) bis zu 100% gesteigert, wesentlich infolge vermehrter Durchblutung, zum geringen Teil auch infolge einer spezifischen Wirkung des Adrenalins, welche die Reizübertragung vom Nerven auf den Muskel erleichtert.

Bei Katzen ruft Adrenalin durch Gefäßerweiterung und eine besondere Wirkung auf Elemente der Muskelfasern des ermüdeten Muskels Steigerung seiner Leistungsfähigkeit hervor. Ist der Nerv zum Muskel durchschnitten, so fehlt die Gefäßerweiterung und doch nehmen die Zuckungen zu. Gegen die Durchströmung mit d- oder l-Milchsäure, oder KH_2PO_4 hervorgerufene Ermüdung des Muskels wirkt Adrenalin in gleicher Weise (Gruber und Kretschmer; Rogers, Coombs und Rahe). Die bei Ermüdung auftretende Pupillenerweiterung wird durch Adrenalin hervorgerufen und deutet auf einen engen Zusammenhang dieser Substanz mit der Muskeltätigkeit (Hartman, Waite und Powell).

Nach subkutaner Injektion kleinerer Adrenalinmengen zeigt sich eine Veränderung des Blutbildes, welche nach 6 Stunden wieder zur Norm zurückkehrt und wahrscheinlich auf einer Beeinflussung der Milz und des Knochenmarks beruht (Hatiegan; Dazzi; Schenck; Skorczewski und Wasserberg; Walterhöfer). In der ersten Reaktionsphase beobachtet man eine kurzdauernde, ausgesprochen lymphocytäre Leukocytose, welche in der zweiten in eine lang andauernde, nicht immer von Leukocytose begleitete Neutrophilose übergeht. Durch wiederholte Pilocarpingaben kann diese Adrenalinleukocytose progressiv gesteigert werden. Die Zahl der Erythrocyten zeigt eine leichte und vorübergehende Zunahme. Bei Milzerkrankung, die mit einem Zellschwund einhergeht, bleibt der Anstieg der Lymphocytenzahl nach Adrenalininjektion fast ganz aus, bei lymphatischer oder myeloischer Umwandlung des Milzgewebes kommt es zu starker Vermehrung der betreffenden Zellformen. Nach Milzexstirpation fehlt die Adrenalinlymphocytose fast vollständig, bis nach einiger Zeit die Lymphdrüsen durch Hyperplasie für das entfernte Organ eintreten (W. Frey).

Adrenalin beschleunigt die Blutgerinnung (Cannon und Gray). Der Effekt ist ein indirekter, wahrscheinlich bedingt durch eine Reizwirkung auf Darm und Leber, welche zur vermehrten Abgabe von koagulationsfördernden Substanzen veranlaßt wird. Durch kleine intravenöse Dosen (0,001 mg pro kg) oder durch größere subkutane wird die Koagulationszeit auf die Hälfte oder ein Drittel der vorherigen Dauer eingeschränkt. Nach Ausschaltung des Darms und der Leber aus dem Kreislauf bleibt die Gerinnungsbeschleunigung aus. Kompliziert ist auch der Einfluß von Adrenalin auf die Blutkonzentration (Donath), im wesentlichen ist sie bedingt durch die Permeabilität der Gefäßwände, und zwar hauptsächlich der Lebercapillaren, welche durch eine Verengerung der Lebergefäße und dem hierdurch gesteigerten Filtrationsdruck herbeigeführt wird (Lamson und Roca). Dieser Mechanismus, welcher die bei starker Muskeltätigkeit, Asphyxie und Schock auftretende Polycythämie bedingt, besteht jedoch nur bei Fleischfressern und fehlt beim Kaninchen (Lamson; vgl. Mauthner und Pick, und S. 217).

Die vermehrte Empfindlichkeit bei Nebenniereninsuffizienz oder nach Nebennierenexstirpation (Camus und Porak), ebenso wie die erhöhte Resistenz nach Adrenalininjektion (Guber;

Bálint und Molnár), kann nicht einfach auf eine Verminderung oder Vermehrung des Adrenalins zurückgeführt werden. Für die erhöhte Giftempfindlichkeit bei Tieren mit geschädigter Nebenniere und bei Nebenniereninsuffizienz muß man die allgemeine Störung des Kreislaufs, des Arteriendruckes, der Vasomotorenwirkung, der Sekretion und der Ausscheidungsfunktion verantwortlich machen.

Das Adrenalin soll in vitro Diphtherie- und Tetanustoxin entgiften (Abramow und Mischennikow; Marie; Sarapol). Auch pflanzliche Toxine — Abrin und Ricin — sollen neutralisiert werden. Ferner sollen adrenalinvorbehandelte Tiere gegenüber Tetanustoxin weniger empfindlich sein als normale (Marie). Die antitoxische Wirkung beruht aber nicht auf einem direkten Antagonismus, da sie auch noch nach 15 Stunden nach Adrenalinvorbehandlung festgestellt werden kann, zu einer Zeit, wo das injizierte Adrenalin zerstört sein müßte. Nach Stutzer ist aber der hemmende Einfluß, welchen käufliche Adrenalinlösungen auf das Wachstum von Bakterien ausüben, sowie deren neutralisierende Wirkungen auf die Toxine, bedingt durch den Säuregehalt dieser Präparate, der in den Kulturen und Aufschwemmungen eine Ausflockung hervorruft. Neutrale Adrenalinlösungen erwiesen sich als unwirksam. Auch die entgiftende Wirkung auf das Tetanustoxin ist auf den geringen Salz- und Borsäuregehalt des käuflichen Adrenalins zurückzuführen (Tawara). Dagegen bedingt Injektion von 1 ccm Suprarenin bei Patienten, welche mit Typhusimpfstoff vorbehandelt waren, eine Steigerung des Agglutinintiters, welche nach 7 bis 10 Tagen ein Maximum erreicht und nach 20 Tagen wieder verschwindet. Diese Wirkung wird als unspezifische Protoplasmaaktivierung aufgefaßt (Borchardt, vgl. dagegen Bijlsma). Andererseits scheint die blutdrucksteigernde und gefäßverengernde Wirkung des Adrenalins bei längerem Kontakt mit gewissen Bakterientoxinen und Nucleoproteiden eine Abschwächung zu erfahren (Gröer und Hecht; Gröer und Matula). Diese Wirkung läßt sich vielleicht auch auf einen hemmenden Einfluß der zugesetzten Kolloide zurückführen (vgl. hierzu Löffler und Spiro).

Auf jeden Fall beruht die entgiftende Funktion der Nebenniere, die bei vielen Infektionskrankheiten und auch bei Vergiftung mit pflanzlichen Giften (Curare, Morphium, Strychnin) zutage tritt (vgl. z. B. Lewis), nicht auf einem bloßen chemischen Antagonismus zwischen Adrenalin und den Toxinen. Einerseits sind in der Nebenniere außer dem Adrenalin noch andere aktive Substanzen enthalten, andererseits zieht die Injektion von Adrenalin eine ganze Reihe von indirekten Bedingungen nach sich, worunter vor allem die durch Reizung des gesamten sympathischen Nervensystems hervorgerufenen mannigfaltigen Erscheinungen in den Vordergrund treten.

Von großer Wichtigkeit ist der Einfluß des Adrenalins auf

den Kohlenhydratstoffwechsel. Das von der Nebenniere sezernierte oder in den Kreislauf gebrachte Adrenalin übt auf die Leberzellen einen Reiz aus, welcher sie veranlaßt, das in ihnen aufgestapelte Glykogen in der Form von Glucose an das Blut abzugeben (Blum). Der zuckerbildende Impuls vermag auch im glykogenarmen und glykogenfreien Organ Glucose zu mobilisieren (Eppinger, Falta und Rudinger; Pollak). Die durch das Adrenalin bedingte Zuckerbildung in der Leber veranlaßt zunächst eine Hyperglucämie (Zuelzer; Metzger; Pollak; Ulrich und Rypins), und dann, bei normalem Zustand der Niere, eine Glucosurie. Blutdrucksteigerung und Zuckerausschwemmung treten fast miteinander auf (Hari). Gleichzeitig erfolgt im Blute auch eine Alkaliverminderung, die jedoch nicht im Zusammenhang mit der Glucämie steht (Tatum). Ergotoxin hemmt die Glucosurie (Morita).

Die Adrenalinglucosurie steht in enger Beziehung zu den Aciditätsverhältnissen des Organismus. Eine experimentell erzeugte Acidosis vermag schon für sich das Leberglykogen zu mobilisieren (Elias und Mitarbeiter). Subcutane Injektion von Adrenalin bedingt nun eine starke Vermehrung der Säure, speziell der Milchsäure, wodurch die Adrenalinglucosurie erheblich verstärkt wird, andererseits vermag Alkalinisierung die Glucosurie zu hemmen (Elias und Sammartino; Peters und Geyelin; Gottschalk und Pohle). Hierdurch erklärt sich auch, daß zur Hervorrufung einer Hyperglucämie und Glucosurie je nach den individuellen Umständen wechselnde Adrenalindosen nötig sind (Kleissel).

Nach Waterman genügen 0,4 mg, um an einem 2 kg schweren Kaninchen eine deutliche Glucosurie hervorzurufen (vgl. auch Nardelli; Bardier und Stillmunkés). Auch beim Menschen erzeugt subcutane Adrenalininjektion Glucosurie; leichter und stärker bei solchen, die Merkmale eines erhöhten Sympathikotonus haben, während es andere Individuen gibt, bei denen Adrenalin viel schwerer Glucosurie auslöst (Eppinger). Die mittlere Dosis, die beim Menschen zur Glucosurie führt, ist 1 mg.

Die durch Adrenalin hervorgerufene Glucosurie erreicht ihr Maximum nach etwa 4 Stunden, dauert gewöhnlich 6—8 Stunden und selten länger als 24 Stunden. In gewissen Fällen — nach Vorbehandlung mit kleinen Adrenalindosen (Pollak; Waterman) und nach großen Nicotingaben (Cannon, Aub und Binger;

King) — kommt es infolge Nierendichtung nicht zu einer Glucosurie, sondern nur zu einer Hyperglykämie (vgl. hierzu auch Bierry und Fandard; von Konschegg).

Auch experimentelle Eingriffe — Piqure, Morphiuminjektion, Schreck, Asphyxie — können direkt eine Glucosurie hervorrufen (Cannon und de la Paz; Cannon, Shohl und Wright; Kellaway; Houssay), die als Adrenalinglucosurie aufzufassen ist, da diese Momente eine plötzliche Ausschüttung des Nebennierenadrenalins in den Kreislauf veranlassen (vgl. S. 285). Erhalten die Versuchstiere vor der Adrenalininjektion Ergotoxin, so erfolgt keine Mobilisierung des Leberglykogens, die Hyperglucämie bleibt aus (Miculicich; Morita). Auch die durch Phosphorvergiftung geschädigte Leber kann sich der Adrenalininjektion gegenüber passiv verhalten (Frank und Isaak).

Exstirpation der Nebennieren bedingt naturgemäß eine Verminderung des Blutzuckergehaltes, eine Hypoglucämie (Porges; Nishi). Diese ist auch charakteristisch für Erkrankungen der Nebenniere und besitzt speziell diagnostischen Wert für die als Addisonsche Krankheit bekannte Nebennierentuberkulose (Porges; Bernstein). Die durch Sympathikusreizung der Leber auftretende Adrenalinglucosurie und Adrenalinhyperglykämie wird durch gleichzeitige Injektion parasympathisch aktiver Substanzen — Cholin und Pilocarpin — nicht beeinflußt. Antipyretica vermögen die Adrenalinglucosurie abzuschwächen (Starkenstein), hingegen läßt sich aus diesem antagonistischen Verhalten nicht auf eine periphere Lähmung der Sympathikusendigungen schließen (Mansfeld und Purjesz).

Eine Verminderung der Adrenalinglucosurie und -hyperglykämie findet ebenfalls statt, wenn die Versuchstiere subkutan oder oral mit Hypophysenextrakt vorbehandelt werden (Stenström). Die Hemmung durch Pituitrin gleicht völlig der Ergotoxinwirkung (Laurin). Auch nach Kepinow scheint eine Wechselbeziehung zwischen Hypophysenextrakt und Adrenalin zu bestehen. Allerdings in umgekehrtem Sinne, indem Vorbehandlung mit ersterem eine durch Sensibilisierung der Angriffspunkte bedingte Potenzierung der Adrenalinwirkung verursacht (vgl. auch Niculescu und Boruttau). Die am Laewen-Trendelenburgschen Froschpräparat, am enucleierten Froschauge und in Blutdruckversuchen gemachte Beobachtung läßt sich jedoch, was den Blutdruck anbetrifft, als Folge der durch den Hypophysenextrakt hervorgerufenen Kreislaufstörung (Herzschädigung) und der dadurch bedingten Konzentrationserhöhung des Adrenalins im Blut erklären (Börner).

Nach Versuchen an schilddrüsenlosen Hunden wird die Wirkung des Adrenalins durch das Schilddrüsensekret im fördernden Sinne beeinflußt (Eppinger, Falta und Rüdinger; Kuriyama; Miura), ebenso durch das Sekret der Epithelkörperchen (Blum und Marx). Die nach Injektion größerer Mengen von Schilddrüsenextrakt — 0,05—0,01 g entsprechend 4—8 g frischer Drüse — erfolgende Steigerung der Nebennierensekretion ist jedoch nicht spezifischer Natur und wird in gleicher Weise durch die Extrakte von Leber, Pankreas, Hoden und Niere ausgelöst (Glay und Quinquaud, vgl. dagegen Santesson).

Ein enger Konnex scheint jedoch zwischen der Pankreasfunktion und der Adrenalinglucosurie zu bestehen (Eppinger, Falta und Rüdinger). Vom Pankreas wird wahrscheinlich ein Sekret abgegeben, welches an der Leber gegenüber dem Adrenalin antagonistisch wirkt und dessen zuckermobilisierende Fähigkeit bremst. Der Wegfall dieses Sekretes nach Pankreasexstirpation und bei Diabetes mellitus macht die Leber gegenüber dem Adrenalin empfindlicher (Fröhlich und Pollak). Die Injektion von Pankreasextrakt vermag andererseits die glucusorische Wirkung des Adrenalins zu hemmen (Zuelzer). Desgrez und Dorléans suchen die Ursache hierfür im Guaninreichtum des Pankreasgewebes, da diese Purinbase die Wirkung des Adrenalins ebenfalls antagonistisch beeinflußt.

Auch an der isolierten Leber bewirkt Adrenalin eine vermehrte Zuckermobilisation (Fröhlich und Pollak; Lesser; Pechstein) Bei der Hundeleber unterblieb die Steigerung des Zuckergehaltes der Durchströmungsflüssigkeit nach Adrenalinzusatz, wenn vorher Pankreasextrakt zugesetzt wurde (Dresel und Piper), Pankreasextrakt für sich allein war ohne Wirkung.

Die durch Adrenalin mobilisierte Glucose fällt einer raschen Verbrennung anheim, was in einer Steigerung des Respirationsquotienten zum Ausdruck kommt (Fuchs und Roth, vgl. dagegen Bernstein). Die den Respirationsquotienten steigernde Adrenalinwirkung erfolgt nicht unmittelbar nach der Mobilisation, sondern ist an die Tätigkeit anderer Vorgänge bezw. an die Mitwirkung anderer Hormone (Pankreashormon) gebunden. Bei Diabetikern, wo diese sekundäre Verbrennung nicht erfolgen kann, wird durch Adrenalin wohl Zucker mobilisiert, eine Steigerung des Respirationsquotienten bleibt aus (Fuchs und Roth; Bernstein und Falta). Nach den an curarisierten Hunden ausgeführten Versuchen ist die Vergrößerung des Respirationskoeffizienten bedingt durch einen verminderten Sauerstoffverbrauch und durch eine Zunahme der Kohlensäureproduktion (Hari). Bei thyreodektomierten Kaninchen wird der Sauerstoffverbrauch ähnlich wie bei normalen gesteigert (Marine und Lenhart). Auch an den überlebenden Organen (Herz, Drüsen, Speicheldrüsen) wird durch Adrenalin eine Steigerung des Glucoseumsatzes hervorgerufen. Dieser ist aber keine spezifische Wirkung des Adrenalins, sondern verursacht durch die vermehrte energetische Leistung und die damit gesteigerten Stoffwechselvorgänge (Wilenko; Evans und Ogawa; Barcroft und Piper).

Neben der charakteristischen Beeinflussung des Zuckerstoffwechsels veranlaßt eine Vermehrung des kreisenden Adrenalins auch eine vermehrte Ausscheidung des Lebereiweißes (Stübel) und von Purinkörpern. Speziell die Allantoinausscheidung ist erheblich erhöht (Falta; Pohl); diese Stoffwechselbeeinflussung ist in letzter Linie auf eine Änderung des Splanchnikotonus zurückzuführen. Der Calciumumsatz von Säuglingen scheint durch Adrenalin verbessert zu werden (Schiff und Peiper). Injektion von 1 mg Adrenalin bewirkt fast regelmäßig ein Absinken der sonst sehr konstanten Calciumwerte des Serums. Die Calciumverminderung ist um so größer, je leichter der Sympathikus der Versuchsperson erregt wird (Billigheimer, vgl. dagegen Munoz).

Bei chronischer Behandlung von Meerschweinchen und Kaninchen mit subletalen Adrenalindosen konnten im Blut der behandelten Tiere keine Antikörper nachgewiesen werden (Elliott und Durham; Halpern). Das Adrenalin unterscheidet sich in dieser Hinsicht vom Nebennierenextrakt, welcher am Meerschweinchen bei intraperitonealer Injektion das Auftreten von gefäßerweiternden antagonistischen Substanzen im Serum bedingt (Halpern). Auch im Harn der mit Adrenalin behandelten Tiere waren keine anormalen Bestandteile nachzuweisen, außer den durch die jeweiligen Injektionen veranlaßten Zuckerausscheidungen. Der Blutdruck der Versuchstiere war normal, die Blutgefäße und auch andere sympathisch innervierte Organe reagierten in gleicher Weise auf Adrenalin wie bei normalen Tieren. Die Nebennieren waren etwas vergrößert, Leber und Nieren zeigten am meisten Veränderungen, erstere Schrumpfungen und fettige Degeneration. Am Meerschweinchen verursacht die chronische Verabreichung von Adrenalin Nekrosen der Haut, die sympathisch innervierten Organe waren kaum angegriffen.

Trotzdem eigentliche Immunitätsreaktionen nicht erzielbar sind, so lassen sich doch durch Vorbehandlung mit sehr kleinen Dosen l-Adrenalin oder noch besser mit dem synthetischen d-Adrenalin gewisse Resistenzerscheinungen hervorrufen, die wahrscheinlich sehr komplizierter Natur sind. Eine Maus, die während 5 Tagen mit steigenden Mengen d-Suprarenin (bis 0,005 g) vorbehandelt worden war, erholte sich nach subcutaner Injektion der 10fachen letalen Dosis von l-Adrenalin (0,001 g) innerhalb 150 Minuten vollständig. Von d-Adrenalin wurde nach dieser Vorbehandlung ebenfalls die 10—20fache Dosis vertragen. Größere Versuchstiere, Kaninchen und Hunde, lassen sich in dieser Weise an Adrenalin gewöhnen (Abderhalden und Mitarbeiter). Die Gewöhnung tritt auch darin zutage, daß die vorbehandelten Kaninchen auf eine sicher glucosurisch wirkende Dosis l-Adrenalin (0,2 mg pro kg) keine Zuckerausscheidung im Harn zeigten (Waterman). Die Resistenz der gewöhnten Tiere ist keine rasch vorübergehende und bleibt mehrere Tage bestehen. Die Hemmung der zuckertreibenden Wirkung ist nach Pollak nur eine scheinbare, da trotz fehlender Glucosurie erhöhte Blutzuckerwerte bestehen. Immerhin bleiben diese bei den vorbehandelten Tieren um etwa 40 % hinter denen der normalen Tiere zurück (Waterman). Auch die Blutdruckwirkung hoher Dosen l-Adrenalin kann nach Vorbehandlung mit d-Adrenalin an Hunden und Katzen ausbleiben (Fröhlich). Die Hemmung beruht auf einer, durch die Vorbehandlung mit den hohen Giftdosen verursachten Unerregbarkeit der sympathischen Nervenendigungen. Diese Unempfindlichkeit ist keine spezifische, sondern ist auch gegenüber anderen Aminen, wie Tyramin und Histamin, sowie gegenüber Wittepepton scharf ausgeprägt (Fröhlich und Pick, vgl. auch Abderhalden und Müller). Auf ähnliche Ursache ist auch die paradoxe Pupillenwirkung des Adrenalins zurückzuführen, welche an Katzen auftritt, wenn sie längere Zeit mit kleinen Adrenalinmengen — 0,1—0,2 g pro kg — behandelt werden und welche bedingt, daß intraarterielle Injektion oder Einträufelungen von kleinen Mengen von Adrenalin Verengerung statt Mydriasis herbeiführt (Kato und Watanabe).

Eine vergleichende Untersuchung verschieden modifizierter Dioxyphenylalkylamine hat als eindeutiges Resultat ergeben, daß zur Erzeugung der chemischen Sympathikusreizung diejenige Konfiguration am geeignetsten ist, welche dem Adrenalin zugrunde liegt. Schon eine sterische Änderung in der Anordnung der Atome bedingt eine bedeutende Abschwächung der Adrenalinwirkung. Der Effekt des d-Adrenalins verhält sich zu dem des natürlichen l-Adrenalins wie etwa 1:12 bezw. 1:15 (Cushny; Abderhalden und Müller; Schultz), ein Verhältnis, das am genauesten durch Blutdruckbestimmung ermittelt wurde, das aber auch in anderen meßbaren Symptomen der Adrenalinwirkung (Pupillenverengerung des Froschauges, Glucosurie, Toxizität) zum Ausdruck gelangte. Das Verhalten des dl-Adrenalins entspricht in quantitativer Hinsicht seinem Komponenten. Cushny fand das Wirkungsverhältnis von dl- zu l-Adrenalin wie 16:30, Barger und Dale 6,5:10 und Schulz 10:15. Noradrenalin $(OH)_2C_6H_3 \cdot CHOH \cdot CH_2 \cdot NH_2$ soll das Adrenalin an Wirksamkeit übertreffen (Schultz), l-α-Methylnoradrenalin $(OH)_2C_6H_3 \cdot CHOH \cdot CH(CH_3) \cdot NH_2$ zeigt dagegen nur 60—75% der Aktivität des l-Adrenalins (Tiffeneau).

Eine weitgehende Abschwächung tritt ein, wenn die Aminogruppe aus der β-Stellung in die α-Stellung zum Benzolkern tritt. Das sogenannte Isoadrenalin (vgl. S. 288) ist pharmakologisch sehr wenig wirksam (Mannich). Die Aktivität erhöht sich auch nicht, wenn diese α-Verbindungen in ihre optischen Isomeren gespalten werden, wie dies Moore für das l- und d-α-p-Oxy-m-methoxyphenyläthylamin dargetan hat. Auch die Brenzcatechinstellung der beiden Oxygruppen im Benzolkern ist von wesentlicher Bedeutung. Befindet sich die eine Phenolgruppe zur anderen in 1.3-Stellung (Resorcinstellung), so wird die Wirkung abgeschwächt. ω-Aminoacetoresorcin ist nicht wirksamer als p-Oxyaminoacetophenon (Barger und Dale). Von Bedeutung ist auch die Stellung des Alkylrestes zu den beiden Phenolgruppen. Hier scheint die 1.3.4-Stellung am günstigsten zu sein. 1.2.3-Dioxybenzylamin ist weniger wirksam als 1.3.4-Dioxybenzylamin (Tiffeneau).

Mit dem Ersatz der Hydroxylgruppe der Seitenkette des Adrenalins durch eine Ketogruppe geht ebenfalls eine weitgehende Abschwächung parallel. Die Aminoacetobrenzcatechine sind erheblich schwächer als die Aminoäthanolbrenzcatechine (Loewi und Meyer). Ein quantitativer Vergleich der einzelnen Basen untereinander und mit dem Adrenalin ist nicht leicht möglich, weil die Wirkung qualitativ nicht immer gleich ist. Nimmt man die Blutdruckwirkungen als Maßstab, so erweist sich Äthylaminoacetobrenzcatechin am wirksamsten. Das primäre Aminoacetobrenzcatechin ist etwas weniger aktiv; als Wirkungsverhältnis ergab sich etwa 3:1 oder 1,5:1. Individuelle Empfindlichkeit kann aber auch eine Umkehr dieser Verhältnisse bedingen. Weniger wirksam als Amino- und Äthylaminoacetobrenzcatechin ist Methylaminoacetobrenzcatechin. Seine Blutdruckwirkung verhält sich zu derjenigen des Adrenalins wie 1:200 (Jäger). Sie differiert qualitativ etwas von der der ersteren Verbindung, indem sie wie diese zwar einen raschen Anstieg, aber nur einen allmählichen Abstieg aufweist. Noch geringer ist die Aktivität des Propylaminoacetobrenzcatechins (Barger und Dale).

Diäthyl- und Dimethylaminoacetobrenzcatechin gleichen dem Methylaminoderivat. Das Heptylaminoacetobrenzcatechin ist nicht viel weniger wirksam als sein Reduktionsprodukt, das Heptyläthanolbrenzcatechin. Substituiert man den Stickstoff durch aromatische Gruppen (Dimethylanilino-o-Toluidino- und Naphthylaminoacetobrenzcatechin), so erlöscht die Blutdruckwirkung. Auch Benzylaminoacetobrenzcatechin war wenig wirksam. Trimethylaminoacetobrenzcatechin ist aktiver als das entsprechende Monomethylderivat, indem schon 0,00002 mg den Blutdruck beim Kaninchen steigert. Durch Reduktion wird die Wirksamkeit dieser Verbindung nicht erhöht. Piperidinoacetobrenzcatechin war weniger wirksam als das Methylaminoderivat (Dakin).

Die Brenzcatechinderivate mit sauerstofffreier Seitenkette zeigen eine länger dauernde Blutdruckwirkung als die Keto- oder Alkoholbasen. Am stärksten wirksam erwies sich in dieser Reihe Methylaminoäthylbrenzcatechin. Seine Blutdruckwirkung verhält sich zu der des dl- und l-Adrenalins wie 1:7:10. Das nicht methylierte Aminoäthylbrenzcatechin ist etwa 5—10 mal weniger wirksam. Die Äthylaminoverbindung wirkt wieder etwas stärker als das Aminoderivat (Wirkungsverhältnis 1,5:1). Die Propylaminobase ist auch hier am wenigsten wirksam (Barger und Dale). Andere Gesetzmäßigkeiten ergeben sich, wenn man statt des Blutdruckes den virginellen Katzenuterus als Testobjekt wählt. Hier ist die Reihenfolge fast immer Methylamino-, Äthylamino-, Amino-, Propylamino. Mit den nichtträchtigen, aber multiparen Organen ist die Reihenfolge anders: Die Aminobase hat fast keinen hemmenden Effekt, auch die Äthylaminowirkung ist gering. Wieder eine andere Skala zeigt sich, wenn man die Substanzen am isolierten Retractor penis prüft.

Die je nach der Wahl des Prüfungsobjektes auftretenden quantitativen Unterschiede erklären sich durch die verschiedene sympathische Innervation der betreffenden Organe, welche in dem einen (Gefäßmuskulatur) mehr fördernder, in dem anderen (virgineller Uterus) mehr hemmender Natur ist. Die Wirkung eines Präparates repräsentiert sich als die Resultante der Reizungen der Dilatatoren und der Konstriktoren. Die sympathomimetischen Substanzen werden nun je nach der Struktur mehr auf die konstriktorischen oder dilatatorischen Elemente eingestellt sein. Mißt man den hemmenden Effekt wie bei der Uteruswirkung, so werden natürlich diejenigen Amine am stärksten wirken, welche zu den Dilatatoren die größte Affinität besitzen; dies sind die Methylaminobasen (Barger und Dale).

Die Einführung einer weiteren Oxygruppe in den Benzolkern — Aminoacetopyrogallol, Aminoäthylpyrogallol — erhöht die Wirksamkeit der Basen nach keiner Richtung (Barger und Dale). Die Blutdruckwirkung ist etwas geringer, die hemmende Wirkung nicht größer als die der entsprechenden Brenzcatechinverbindungen (Barger und Dale). Trimethoxyphenyläthylamin, die als Mezcalin beschriebene Anhaloniumbase (vgl. S. 278) besitzt nur eine schwache blutdrucksteigernde und uterustonisierende Wirkung (Ritz, Pharmakol. Inst. der Firma F. Hoffmann-La Roche u. Co. Basel, Privat-Mitteilung).

Neben diesen an glatt muskulären Organen ausgeführten Vergleichsversuchen hat Morita einige Brenzcatechinderivate — Äthylaminoacetobrenzcatechin, Monoäthanolaminoacetobrenzcatechin, Phenetidoäthanolbrenzcatechin, Dimethylaminoacetobrenzcatechin, Diäthylaminoacetobrenzcatechin, Aminoacetobrenzcatechin und Piperidoacetobrenzcatechin — auf ihre glucosurische Wirkung an Kaninchen und an überlebenden, künstlich durchströmten Froschlebern geprüft. Am wirksamsten erwiesen sich Äthylaminobrenzcatechinchlorhydrat und Monoäthanolaminoacetobrenzcatechin, dann folgen Phenetidoäthanolbrenzcatechin, Dimethylaminoacetobrenzcatechinchlorhydrat, Diäthylaminoacetobrenzcatechin und Aminoacetobrenzcatechin. Eine präventive Ergotoxininjektion hemmt die Glucosurie sämtlicher Amine.

Adrenalin, sowie andere Phenyläthylamine wirken auf Rattentumoren nekrotisierend. Die nekrotisierende Wirkung ist am stärksten beim l-Adrenalin, dann folgen Dioxyphenylaminoketon, d,l-Suprarenin, d-Suprarenin, Dioxyphenyläthylaminoketon, Hordenin, Phenyläthylamin. Unwirksam erwiesen sich Tyramin, Dioxyphenyläthylamin, Amyl- und Isoamylamin. Die unter vollständiger Nekrotisierung sich vollziehende Rückbildung der Tumoren kann nicht allein auf Ischämie zurückgeführt werden, da kein Parallelismus mit der gefäßverengernden Blutdruckwirkung besteht (Engel).

So günstig sich der dem Adrenalin eigene Brenzcatechinrest für die Aktivität der vorstehend beschriebenen Dioxyphenylalkylamine erwiesen hat, so ist seine Anwesenheit doch keine Grundbedingung für die sympathomimetische Wirksamkeit der Phenylalkylamine. Sie ist vielmehr auch jenen Basen der Gruppe eigen, welche nur ein phenolisches Hydroxyl oder den unsubstituierten Phenylrest enthalten. Wenn auch aus einzelnen Untersuchungen (Baehr und Pick; Bry) hervorzugehen scheint, daß einige Wirkungen dieser Basen nicht wie beim Adrenalin peripher an den Erfolgsorganen, sondern zentral an den gegen Nicotin empfindlichen Ganglien angreifen.

Am Blutdruck etwa 25mal weniger wirksam als das Adrenalin ist das Tyramin oder p-Oxyphenyläthylamin, welches zuerst von Dale und Dixon eingehend untersucht worden ist. Die Wirkung des Tyramins entspricht vorzugsweise einer peripheren Reizung der sympathischen, fördernden Fasern, während die hemmenden weniger beeinflußt werden. Daneben besteht auch eine Reizung der hemmenden medulären Zentren, weshalb nach Durchschneidung des Rückenmarks (Decerebrierung) die fördernde, sympathische Wirkung des Tyramins in stärkerem Maße zum Ausdruck gelangt. Werden die präganglionären Zentren durch Nicotin gelähmt, so wird die Wirkung nur wenig abgeschwächt. Tyramin wirkt etwa 10mal so stark wie Isoamylamin und etwa 5—6mal so stark wie β-Phenyläthylamin. Die Blutdrucksteigerung ist auch hier zum Teil auf ein vermehrtes Schlagvolumen des Herzens zurückzuführen (vgl. auch Bickel und Pawlow). Tyramin verursacht am isolierten Herzen fast unmittelbar eine Zunahme der Frequenz und der Amplitude und des Herzschlages. An den isolierten Organen zeigt sich eine Volumverkleinerung und eine Verminderung der Ausflußgeschwindigkeit aus den Venen. Die periphere Wirkung ist auch an den überlebenden Gefäßen ersichtlich, welche sich bei Zusatz von Tyramin kontrahieren (Cow). Am Läwen-Trendelenburgschen Froschpräparat läßt sich keine nennenswerte Beeinflussung erkennen (Handowsky und Pick), wohl aber zeigt sich ein gefäßerweiternder Effekt nach Vorbehandlung mit konstriktorischen Mitteln wie Adrenalin. An den Lungenarterien wird keine Kontraktion hervorgerufen. An dem mit Tyrodelösung durchströmten überlebenden Meerschweinchenlungenpräparat wird infolge peripherer Nervenerregung Bronchialspasmus erzeugt (Baehr und Pick), welcher durch Atropin und Adrenalin wieder gelöst werden kann. Der Kaninchenuterus kontrahiert sich unter dem Einfluß von Tyramin in allen funktionellen Stadien, während sich der Katzenuterus im virginellen Zustand entspannt, im graviden kontrahiert; der fördernde Effekt ist jedoch ausgeprägter. Die Uteruswirkung des Tyramins wird durch vorhergehende Behandlung mit Pepton Witte und Imidazoläthylamin verhindert (Fröhlich und Pick). Adrenalin und Hypophysenextrakt zeigen nach Vorbehandlung mit p-Oxyphenyläthylamin ihre normale Uteruswirkung.

Am isolierten Kaninchendarm, wie an dem in situ befindlichen, wird durch Tyramin eine wenig ausgesprochene sympathische Hemmung erzeugt, ebenso am Hunde- und Kaninchendarm (Vanysék), am isolierten Meerschweinchendarm jedoch eine Kontraktion (Guggenheim und Löffler). Tonus und Rhythmus der Katzenblase werden gelähmt, bei der Froschblase jedoch gesteigert (Adler). Peripherer Natur ist auch die Wirkung am Auge (Pupillenerweiterung, Retraktion der Nickhaut, Tränensekretion hervorquellender Augäpfel), auch die Pupille des enucleierten Froschauges wird maximal erweitert. 0,1 g verursachen an der Katze Sekretion der Submaxillaris und der Schweißdrüsen. Atropin vermindert diese Wirkung, hebt sie jedoch nicht auf. Die Pankreassekretion wird gehemmt (Kageyama). Eine Diurese wird namentlich bei niedrigem Blutdruck veranlaßt. Nach vorhergehender Verabreichung von Ergotoxin werden die fördernden sympathischen Elemente besetzt und es gelangen nur noch die hemmenden zum Ausdruck. An dem mit anderen Mitteln nicht vorbehandelten Trendelenburgschen Gefäßpräparat ist Tyramin wirkungslos. Nach konstringierenden Mitteln wirkt es stark dilatierend (Handovsky und Pick). Bei Ratten steigert Tyramin in Dosen von 1—10 mg pro 100 g Körpergewicht das Atemvolumen um ca. 25%. Injiziert man es gleichzeitig mit Morphium, so wird die atemlähmende Wirkung des letzteren aufgehoben, am besten durch 6—20 mg bei 1 mg Morphium (Barbour und Maurer).

In einem Selbstversuch beobachteten Dale und Dixon nach Eingabe von 0,01 g Steigerung des Blutdruckes, Dumpfheit des Kopfes, Rötung des Gesichtes, Vertiefung der Atmung, Verstärkung des Herzschlages, vermehrten Harndrang, keine Pupillenerweiterung, keine Nausea, kein Zucker oder Eiweiß im Harn. Nach Clark erzeugen 30—100 mg bei oraler Verabreichung eine geringe, mehrere Stunden anhaltende Blutdrucksteigerung, bei subkutaner Eingabe wird in Dosen von 20—50 mg ein rascher, etwa 20 Minuten andauernder Anstieg des Blutdruckes beobachtet.

Tyramin übt ebenso wie andere proteinogene Amine — Phenyläthylamin, Histamin — einen merklichen Einfluß auf die Stoffwechselvorgänge aus, der in mancher Beziehung der Wirkung von Schilddrüsenpräparaten gleicht und wahrscheinlich auf einer durch sympathische Reizung ausgelösten peripheren Steigerung der Verbrennungsvorgänge beruht. An schilddrüsenlosen Hunden kommt diese Eigenschaft in einer Steigerung des Stickstoffumsatzes und einer vermehrten Diurese zum Ausdruck. An Ratten wird auch der Gaswechsel beträchtlich erhöht. Die Kohlenhydrate werden in erhöhtem Maße verbrannt, wodurch der Respirationskoeffizient in nüchternem Zustande oft bis auf 1,0 steigt (Abelin). Die Erhöhung des Gaswechsels tritt allmählich auf und bleibt auch nach Aussetzen der Amindarreichung bestehen. Entsprechend der gesteigerten Kohlehydratverbrennung bewirken die Amine Verschwinden des Glykogen aus der Leber (Abelin und Jaffé). An winterschlafenden Igeln beobachtet man nach Injektion der proteinogenen Amine innerhalb 1—$1^1/_2$ Stunden unter Steigerung der Atmungsfrequenz und der Temperatur ein Erwachen der Tiere. Die Wirkung gleicht auch hier derjenigen von Schilddrüsenpräparaten und wird wie diese durch vorhergehende Injektion eines Extraktes aus der Bauchspeicheldrüse des winterschlafenden Igels gehemmt (Adler). Tyramin beschleunigt oft die normale Metamorphose älterer Kaulquappen, wird darin aber erheblich von seinem Dijodderivat übertroffen, welches ganz wie Schilddrüsenpräparate an Larven bestimmter Entwicklungsstufe eine beschleunigte Metamorphose und eine Hemmung des Wachstums hervorruft

(Abelin). Tyramin und Dijodtyramin wirken auch auf die Acetonitrilvergiftung der Mäuse in gleichem Sinne wie Schilddrüsensubstanz, indem sie die Empfindlichkeit dieser Tiere herabsetzen. Histamin erwies sich dagegen wirkungslos (Wuth). Intravenöse Injektion einer 0,5%igen Tyraminlösung — 100 ccm pro Stunde — erzeugt an Kaninchen eine Glucosurie und eine Hyperglucämie ähnlich wie Adrenalin, jedoch weniger ausgesprochen (Kageyama).

Die relativ geringe Giftigkeit empfiehlt das p-Oxyphenyläthylamin als Reizmittel des Sympathikus in verschiedenen pathologischen Zuständen. Es befindet sich als Tyramin und Uteramin im Handel, das salzsaure Salz als Systogen.

Das m-Oxyphenyläthylamin ist ungefähr so stark wirksam, wie die p-Verbindung. Iso-p-oxyphenyläthylamin (p-Oxyphenyl-α-äthylamin) ist weniger aktiv. Methylierung des Ringes — Kresyläthylamin — hat keine Verstärkung zur Folge. Die Wirkung des o-Oxyphenyläthylamins beträgt etwa die Hälfte der p-Verbindung, die des p-Oxy-ω-aminoacetophenons jedoch nur $^1/_{10}$. Die Einführung einer Hydroxylgruppe in die Seitenkette — p-Oxyphenyläthanolamin — bedingt eine Abschwächung, doch ist diese geringer als bei den genannten Verbindungen. Gleichzeitig wird die Wirkung vorübergehender, was wohl mit der leichteren Verbrennbarkeit zusammenhängt. Auch die Überführung des Tyramin in eine sekundäre Base — p-Oxyphenyläthylmethylamin und p-Oxyphenyläthyläthylamin — bedingt kaum eine Verstärkung. Hingegen scheint beim p-Oxyphenyläthylbenzylamin die Uteruswirkung etwas ausgeprägter zu sein (Bry). Baehr und Pick verlegten den Angriffspunkt der blutdrucksteigernden Wirkung von Tyramin, p-Oxyphenyldimethylamin (Hordenin), p-Oxyphenylbutylamin und p-Oxyphenylbutyldimethylamin in den nicotinempfindlichen Ganglienapparat.

Der Einfluß des Hordenins auf den Blutdruck ist bedeutend geringer als der des p-Oxyphenyläthylamins (Camus). 2—5 mg rufen eine geringe Blutdruckwirkung hervor. Die Herztätigkeit wird dabei, je nach der Dosierung, vermindert oder vermehrt. Bei einer starken Dosis zeigt sich gewöhnlich eine Beschleunigung des Pulses und Verminderung der Pulshöhe. Schwache Dosen bewirken das Gegenteil (Camus). Dieses Verhalten beruht offenbar auf einer Beeinflussung des Vagus, welcher durch kleine Dosen gereizt, durch große gelähmt wird. An den Bronchiolen wird durch Hordenin Dilatation hervorgerufen (Jackson).

Die periphere sympathische Wirkung ist noch mehr abgeschwächt, wenn sich in der Seitenkette eine Ketogruppe befindet wie beim p-Oxy-dimethylaminoacetophenon. Auch die Acylierung der Aminogruppe bedingt eine Inaktivierung. Oxyphenyläthylacetamid $HO \cdot C_6H_4 \cdot CH_2 \cdot CH_2 \cdot NH \cdot CO \cdot CH_3$ ist inaktiv (Barger und Dale). Glycyloxyphenyläthylamin $HO \cdot C_6H_4 \cdot CH_2 \cdot CH_2 \cdot NH \cdot CO \cdot CH_2 \cdot NH_2$ ist wenig aktiv (Guggenheim). Verwandelt man das Tyramin in ein quaternäres Ammoniumderivat, Hordeninmethyljodid, so verschwinden die adrenalinähnlichen sympathomimetischen Wirkungen während nicotinähnliche Eigenschaften in den Vordergrund treten. Ein Milligramm bewirkte kurz vorübergehende Lähmung des Herzens, gefolgt von einem raschen Anstieg und Absturz des Blutdruckes. Der Effekt auf die unwillkürliche Irismuskulatur variiert mit dem Anästheticum. 2—5 mg bewirkten an einer mit Äther narcotisierten Katze in der Regel eine kurz vorübergehende Erweiterung. Injektion in den Konjunktivalsack bedingte Verengerung der Pupille. Auch in anderen Wirkungen (Kontraktion der Harnblase, rasch gefolgt von einer Hemmung; Lähmung der Respiration, die durch künstliche Atmung rasch wieder belebt werden konnte, Förderung der Speichelsekretion, hemmbar durch Atropin und Lähmung der präganglionären Fasern) nähert sich das Hordeninmethyljodid dem Nicotin. Dünndarm und Katzenuterus, in 250 ccm Ringer suspendiert, werden durch 1—2 mg kontrahiert. Am Frosch zeigt sich curareartige Lähmung, erkennbar an der charakteristischen kataleptischen Lage der Muskeln und Vorderbeine (Barger und Dale).

Von schwach erregender (sympathicotroper?) Wirkung auf das Froschherz erwies sich „Tyrosincholin“

$$HO \cdot C_6H_4 \cdot CH_2 \cdot \underset{\displaystyle N(CH_3)_3OH}{\underset{|}{CH}} \cdot CH_2OH,$$

eine quaternäre Base, welche durch Reduktion und erschöpfende Methylierung von Tyrosin erhalten wurde. Die wirksame Dosis ist 1:1000 bis 1:5000. Sein Acetylester

$$HO \cdot C_6H_4 \cdot CH_2 \cdot \underset{\displaystyle N(CH_3)_3OH}{\underset{|}{CH}} \cdot CH_2O \cdot CO \cdot CH_3$$

bewirkte wie das Acetylcholin am Froschherzen eine ausgesprochene parasympathische Reizung, welche jedoch erst bei ca. 1:50000 deutlich sichtbar wird. Das O-Methylderivat

$$CH_3O\cdot C_6H_4\cdot CH_2\cdot \underset{\displaystyle N(CH_3)_3OH}{\underset{|}{CH}}\cdot CH_2O\cdot CO\cdot CH_3$$

wirkt doppelt so stark. Blutdruck und Speichelsekretion des Kaninchens werden durch intravenöse Gaben von 25 mg nicht beeinflußt (Karrer und Mitarbeiter).

Noch weiter abgeschwächt ist die sympathomimetische Wirksamkeit bei den Phenylalkylaminen, welche kein phenolisches Hydroxyl besitzen. Der Prototyp dieser Gruppe ist das β-Phenyläthylamin. Per os verabreichtes Phenyläthylamin ist relativ wenig giftig. Auch nach Eingabe von 3 g des Chlorhydrates an ein mittelschweres Kaninchen wurden keine merklichen Vergiftungssymptome beobachtet. Unzersetztes Phenyläthylamin oder Phenyläthylalkohol ließ sich im Harn auch nach Verabreichung hoher Dosen nicht feststellen (Guggenheim und Löffler).

Die S. 44 beschriebenen sympathomimetischen Symptome — Pupillenerweiterung, Blutdrucksteigerung, Erschlaffung der Harnblase, Hemmung des Tonus und Rhythmus des virginellen Katzenuterus — finden sich beim Phenyläthylamin in derselben, jedoch viel ausgesprocheneren Weise als bei den aliphatischen Aminen. Auch der Mäuseuterus und die Froschblase werden durch Lösungen von Phenyläthylamin gehemmt (Adler). Beim Vergleich verschiedener Homologen erweist sich die zweigliedrige Seitenkette als optimal; eine Verlängerung — Phenylpropylamin —, wie eine Verkürzung — Benzylamin, — hat eine erhebliche Abschwächung der Wirkung zur Folge. Es zeigt sich also dieselbe Erscheinung wie beim Histamin und Tyramin (vgl. S. 223). Auch eine Verschiebung der Aminogruppe aus der 2- in die 1-Stellung zum Benzolrest — α-Phenyläthylamin — vermindert die Wirksamkeit in erheblichem Maße. Die sekundäre Base — Phenyläthylmethylamin — und die Alkanolamine — Phenyläthanolamin und Phenyläthanolmethylamin — wirken etwa gleich stark wie Phenyläthylamin (Barger und Dale).

Die vergleichende Untersuchung von Phenyläthylamin (I), Tyramin (II), Phenyläthylbenzylamin $C_6H_5\cdot CH_2\cdot CH_2\cdot NH\cdot CH_2\cdot C_6H_5$ (III), Phenyläthylmethoxybenzylamin $C_6H_5\cdot$

$CH_2 \cdot CH_2 \cdot NH \cdot CH_2 \cdot C_6H_4 \cdot CCH_3$ (IV), p-Oxyphenyläthylbenzylamin $HO \cdot C_6H_4 \cdot CH_2 \cdot CH_2 \cdot NH \cdot CH_2 \cdot C_6H_5$ (V), Phenyläthyl-p-oxybenzylamin $C_6H_5 \cdot CH_2 \cdot NH \cdot CH_2 \cdot C_6H_4$ (VI) wurden von Barbour ausgeführt. Die minimale letale Dosis für 20 g weiße Maus betrug bei I 6 mg, bei II 55 mg, bei III 5 mg, bei IV 6 mg, bei V 12,5 mg, bei VI 10 mg. Bei decerebrierten Katzen war die kleinste, herzverlangsamende und blutdrucksenkende Dosis bei I 20 mg, bei II 60 mg, bei III 10 mg, bei IV 20 mg, bei V 30 mg. Alle Substanzen beschleunigten in Dosen von 1 mg und mehr die Atmung von weißen Mäusen mit Ausnahme von V, welches in Dosen von 1—5 mg verlangsamend, von 10—12,5 mg beschleunigend wirkte. 50 mg von I oder II steigerte die Körpertemperatur eines Hundes merklich. Die gleiche Menge von III oder IV, sowie 20 mg von V waren ohne Wirkung. 0,01—0,02 mg von I oder II wirken blutdrucksteigernd. Von III und IV waren 1 mg, von VI 5 mg erforderlich, um eine merkliche Steigerung hervorzurufen. V war ohne Wirkung auf den Blutdruck. Der nicht trächtige Uterus des Meerschweinchens wurde durch alle Präparate mit Ausnahme von V gehemmt. Die minimal wirksamen Dosen waren bei I 10 mg, II 0,25 mg, III 5 mg, IV 10 mg, VI 5 mg. Auch auf den isolierten Uterus wirken alle 6 Substanzen erschlaffend. I und III dilatierten die Froschpupille, III und IV verlangsamten sie. V war wirkungslos. VI wirkte dilatierend, jedoch nicht regelmäßig.

Phenyläthylamin und Phenyläthylbenzylamin erzeugen bei lokaler Applikation auf der Haut urticariaähnliche Symptome, wahrscheinlich durch Erhöhung der Durchlässigkeit der Capillaren. Ähnlich wirken andere Amine, p-Phenylendiamin, Aminophenol, Histamin und andere Substanzen (Sollmann; Sollmann und Pilcher).

Ephedrin, Phenyl-(2)-Methylaminopropanol-(1) ist ziemlich giftig. Bei subkutaner Darreichung beträgt die letale Dosis pro 1 kg Kaninchen 0,3—0,46 g und pro 1 kg Hund 0,72 g. Charakteristisch ist die mydriatische Wirkung, die sowohl bei subkutaner Verabreichung, wie beim Einträufeln in den Conjunctivalsack eintritt, dagegen wirkt das Pseudoephedrin nicht beim Auftropfen, wohl aber nach oraler Eingabe (Ladenburg und Oelschlägel). Atem und Puls werden durch das Ephedrin bedeutend verstärkt, um später ohne Verlangsamung plötzlich stillzustehen. Der Blutdruck wird anfangs herabgesetzt; später treten klonische Krämpfe ein, während welcher ein Druckanstieg erfolgt.

Die quaternären Phenylalkanolammoniumbasen wirken analog wie die entsprechenden, S. 318 erwähnten Oxyphenylcholine. Phenylalanincholin $C_6H_5 \cdot CH_2 \cdot \underset{N(CH_3)_3OH}{\underset{\cdot}{CH}} \cdot CH_2OH$, das Reduktions- und Methylierungsprodukt des Phenylalanins, wirkt am Froschherzen in einer Konzentration von 1:1000 erregend, amplitudenvergrößernd. Der Palmitinsäureester wirkt in halbprozentiger bis 1 ‰iger Lösung stark hämolytisch (Karrer und Mitarbeiter). Oxymethylbenzyltrimethylammoniumchlorid $HO \cdot CH_2 \cdot C_6H_4 \cdot CH_2 \cdot N(CH_3)_3Cl$ verhält sich im Gegensatz zu den anderen erwähnten Phenylcholinen pharmakologisch wie Cholinchlorid (von Braun und Köhler).

Die Einführung einer Ketogruppe in den Alkylrest — Aminoacetophenon — setzt die Blutdruckwirkung der Base ebenfalls herab (Barger und Dale). Infolge seiner mydriatischen Wirkung soll es sich als Atropin- bezw. Homoatropinersatz verwenden lassen (Pitini und Paternò).

Nach Barbour und Frankel ist die Blutdruckwirkung des Phenyläthylamins im wesentlichen auf eine Beeinflussung der Herztätigkeit zurückzuführen. Versuche am überlebenden Frosch-, am isolierten Katzen- und Kaninchenherz führten zu dem Schluß, daß Phenyläthylamin ein Gift für den Herzmuskel ist, welches ihn in kleinen Mengen anregt, in großen lähmt. In allen Dosierungen scheint es die Verengerung der Kranzgefäße anzuregen, nach großen Dosen folgt dieser Wirkung eine Erschlaffung.

Die Wirkung der quaternären Base — Phenyläthyltrimethylammoniumhydroxyd — ist von curareartigem Typus und mit der der primären, sekundären und tertiären Alkylamine nicht direkt vergleichbar.

Hingegen besitzt die Wirkung des Tetrahydronaphthylamins

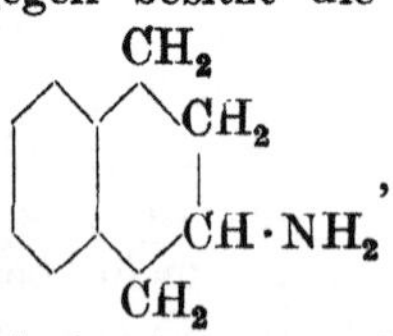

, welches als ein cyclisches Derivat des Phenyläthylamins angesehen werden kann, große Ähnlichkeit mit der Wirkung dieser Base. Es wirkt erregend auf die Vaguszentren und zentral und peripher erregend auf sympathisch innervierte glatte Muskelfasern. Dies sind, mit Ausnahme der Darmmuskulatur, solche, welche fördernde sympathische Impulse erhalten. Die Blutdruckwirkung ist stärker als die des Phenyläthylamins. Die Blutgefäße zeigten starke Konstriktion in den Extremitäten, schwache im Splanchnicusgebiet. Auf die Drüsen (Speicheldrüse, Pankreas) wird kein Einfluß ausgeübt (Jonescu). Auf eine Reizung des Wärmezentrums ist die bekannte fiebererzeugende Wirkung des β-Tetrahydronaphthylamins zurückzuführen. Sie wird durch Ergotoxin nicht aufgehoben, sondern verstärkt (Cloëtta und Waser). Nach subkutaner Injektion und in der überlebenden Leber wirkt es wie Adrenalin infolge sympathischer Reizung zuckermobilisierend (Morita). Die beiden optischen Antipoden des β-Tetrahydronaphthylamins und die racemische Verbindung zeigen keinen Unterschied in ihrer physiologischen Wirkung.

Eine raschere und kräftigere Fieberwirkung als das β-Tetrahydronaphthylamin besitzt sein N-Methylderivat, das β-Tetrahydronaphthylmethylamin. Das N-Äthylderivat wirkt dagegen ungefähr gleich stark, wie β-Tetrahydronaphthylamin. Eine einmalige Injektion von β-Tetrahydronaphthylamin immunisiert die Tiere gegen die fiebererzeugende Wirkung einer nachfolgenden Injektion von β-Tetrahydronaphthylamin, -methyl- und äthylamin. Die Monometnylverbindung immunisiert dagegen nur für sich selbst und für die Monoäthylverbindung, letztere nur für sich selbst. — Die Anlagerung von Acylgruppen an das β-Tetrahydronaphthylamin bewirkt eine Umkehrung von dessen Wirkungsweise. Das Acetyl-β-tetrahydronaphthylamin verursacht z. B. am Warmblüter Pupillenverengerung, geringen Abfall der Temperatur und des Blutdruckes, also gerade die gegenteiligen Effekte wie β-Tetrahydronaphthylamin. Ein ähnliches Verhalten zeigen auch die Formyl- und die Benzoylverbindung, sowie die, durch Anlagern negativer Gruppen, wie $-\ COO \cdot C_2H_5$, $-\ CO \cdot NH \cdot C_6H_5$, $-\ CS \cdot NH \cdot C_6H_5$, $-\ CS \cdot NH \cdot C_2H_5$ entstehenden Verbindungen. Bei am N-alkylierten und acylierten Verbindungen machte sich eine Kombination der Grundwirkungen der beiden reinen Monosubstitutionsprodukte geltend. So erzeugte Injektion von Methylacetyl- und Methylformyl-β-tetrahydronaphthylamin, sowie Äthylacetyl-β-tetrahydronaphthylamin beim Kaninchen einesteils Pupillenerweiterung (Wirkung der Monomethylverbindung), andererseits Senkung der Temperatur (Wirkung des Monoacetyl-β-tetrahydronaphthylamins). Offenbar wird ein Teil der Substanz im

Organismus des Warmblüters verseift. Es entsteht dabei eine gewisse Menge des Monomethylderivates oder selbst des β-Tetrahydronaphthylamins, die nicht nur genügt, die myotische Wirkung der Acetyl- oder der Formylgruppe aufzuheben, sondern sie sogar ins Gegenteil zu verwandeln. Sie ist aber ungenügend, um auch auf die Temperatur einzuwirken (Cloëtta und Waser). Über andere pharmakologische Analoga des ac-β-Amino-tetrahydronaphthalins (vgl. v. Braun, Gruber und Kirschbaum).

Eine wesentliche Abänderung der pharmakologischen Wirkung ergibt sich, wenn man im Phenyläthylamin den Phenylrest durch einen anderen aromatischen Kern oder ein anderes Ringsystem ersetzt. Einige derartige, durch Synthese dargestellte Verbindungen sind von Löwe und von Niederehe untersucht worden. Nämlich 2-Aminoäthylchinolin (I), 2-Methylaminoäthylpiperidin (II), 4-Oxynaphthyläthylamin (III) und N-Aminoäthylchinolin (IV):

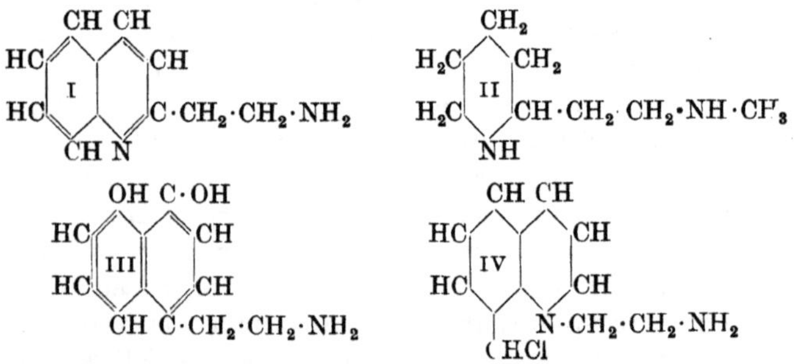

2-Aminoäthylchinolin wirkt stark blutdrucksteigernd, vergrößert die Pulsamplitude und wirkt gefäßverengernd. Am Darm entfaltet es eine starke hemmende Wirkung auf Tonus und Kontraktion. Alle diese Wirkungen betragen $^1/_{25}$—$^1/_{50}$ derjenigen des Adrenalins. Der Uterus wird in schwacher Konzentration erregt, in starker gelähmt. Auf die Hefegärung wirkt es wie andere Chinin- und Chinolinbasen hemmend, auf Paramaecien abtötend. Oxynaphthyläthylamin wirkt schwach, gefäßverengernd, Piperidyläthylmethylamin stark gefäßverengernd. Die glattmuskulären Organe werden gehemmt. Protozoen werden durch letzteres nur schwach beeinflußt. Oxynaphthyläthylamin wirkt halb so stark abtötend wie Chinin. Das N-Aminoäthylchinolin entfaltet am intakten Tier motorische Lähmung. Am Darm und an den Gefäßen wirkt es wie 2-Aminoäthylchinolin, jedoch bedeutend geringer und weniger anhaltend. Am Uterus ist es unwirksam.

Am Trendelenburgschen Froschpräparat zeigt sich β-Naphthyl-α-methylamino-β-methoxyäthan $C_{10}H_7 \cdot CH(OCH_3) \cdot CH_2 \cdot NH \cdot CH_3$ 40mal wirksamer als β-Phenylmethylaminoäthan $C_6H_5 \cdot CH_2 \cdot CH_2 \cdot NH \cdot CH_3$ und β-Phenyl-α-methylamino-β-methoxyäthan $C_6H_5 \cdot CH(O \cdot CH_3) \cdot CH_2 \cdot NH \cdot CH_3$. 1-Aminoaceto-4-Oxynaphthalin $HO \cdot C_{10}H_6 \cdot CO \cdot CH_2 \cdot NH_2$ ist aktiver als Naphthylmethylaminomethoxyäthan (Madinaveitia).

Charakteristisch für das Phenyläthylamin und seine Homologen ist eine Beeinflussung der Atmung, die speziell einer zentralen Wirkung zugeschrieben wird (Bry; Barbour). Nach einer kurzen Phase der Atmungsbeschleunigung tritt eine mehr oder weniger andauernde Periode der Verlangsamung ein, die nur allmählich wieder in den normalen Rhythmus übergeht. Auch das Methylaminohydrinden, das ebenfalls als ein cyclisches Derivat des Phenyläthylamins gelten kann, besitzt diese Eigenschaft in ausgesprochenem Maße. Die Wirkung auf die glatte Muskulatur — Uterus — ist bei dieser Verbindung gleichfalls sehr ausgeprägt, jedoch fehlt eine Beeinflussung des Blutdruckes.

Eigenschaften und Salze, Nachweis und Isolierung der Phenylalkylamine.

Phenyläthylamin $C_6H_5 \cdot CH_2 \cdot CH_2 \cdot NH_2$, farbloses Öl, spezifisches Gewicht 0,9580 bei 24°. Siedepunkt 198°, mit Wasserdampf flüchtig, in Wasser ziemlich leicht löslich, sehr leicht löslich in Äther und Alkohol.

Chlorhydrat $C_8H_{12}NCl$, glänzende Blättchen aus Alkohol + Äther, Schmelzpunkt 217°. — Saures Oxalat $C_8H_{11}N \cdot C_2H_2O_4$, Schmelzpunkt 181°. — Neutrales Oxalat, Blättchen, Schmelzpunkt 218°. — Pikrat $C_8H_{11}N \cdot C_6H_3O_7N_3$, tetragonale Prismen, Schmelzpunkt 171—174°. Ziemlich löslich in warmem Wasser. — Chloroplatinat $(C_6H_5 \cdot C_2H_4 \cdot NH_2 \cdot HCl)_2PtCl_4$, aus säurehaltigem Alkohol in hellgelben Blättchen oder orangefarbenen Schuppen, schwärzt sich bei 225° und zersetzt sich bei 246—248°, sehr wenig löslich in Wasser. — Chloraurat $C_8H_{11}N \cdot HCl \cdot AuCl_3$, hellgelbe, breite Nadeln, Schmelzpunkt 98—100°, leicht löslich in Wasser, Alkohol, HCl (Emde). — Das Quecksilberchloriddoppelsalz ist in Wasser ziemlich löslich. — Phosphorwolframat $(C_8H_{11}N)_3H_3PO_4$, 12 WO_3, fällt aus wäßrigen Lösungen, erst bei längerem Stehen als ein gelbliches Öl, dann allmählich zu Prismen oder Nadeln erstarrend (Drummond). — Benzoylderivat $C_6H_5 \cdot CH_2 \cdot CH_2 \cdot NH \cdot CO \cdot C_6H_5$, Schmelzpunkt 114°. — Senföl $C_6H_5 \cdot CH_2 \cdot CH_2 \cdot N{:}CS$, löslich in Petroläther, Siedepunkt unter Zersetzung bei 255°. — Benzolsulfonat $C_8H_{10}N \cdot SO_2 \cdot C_6H_5$, 6seitige Tafeln vom Schmelzpunkt 68—69°.

Ephedrin (l-Phenyl-1-oxy-2-methyl-aminopropan) $C_6H_5 \cdot CH \cdot (OH) \cdot CH(NH \cdot CH_3)CH_3$, weiße krystallinische Masse, Schmelzpunkt 38—40°, Siedepunkt unter Zersetzung bei ca. 225°, löslich in Alkohol, Äther und Wasser, in letzterem unter Hydratbildung.

Hydrochlorid, Schmelzpunkt 218—219°. — Pikrat, Nadeln vom Schmelzpunkt 183—184°. — Chloraurat, gelbe Nadeln, Schmelzpunkt 128—131°. — Nitrosamin, lange Nadeln.

Pseudoephedrin, aus Äther, Krystalle vom Schmelzpunkt 114—115°, von schwachen angenehmen Geruch. Leicht löslich in Alkohol und Äther, wenig löslich in Wasser. Pikrat, Perjodid und Chloroplatinat ölig.

Hydrochlorid $C_{10}H_{15}NO \cdot HCl$, aus Wasser + Äther feine Nadeln vom Schmelzpunkt 176°.

Tyramin (p-Oxyphenyläthylamin) $HO \cdot C_6H_4 \cdot CH_2 \cdot CH_2 \cdot NH_2$, hexagonale Blättchen, Schmelzpunkt 161°, löslich in 95 Teilen Wasser bei 15° und in 10 Teilen heißem Alkohol, ziemlich löslich in Amylalkohol, wenig löslich in Äther und Chloroform. Krystallisiert aus heißem Xylol, in dem es wenig löslich ist. Siedepunkt 161—163° bei 2 mm, 175—181° bei 8 mm.

Hydrochlorid $C_8H_{11}ON \cdot HCl$, sehr leicht löslich in Wasser, Krystallisiert aus konzentrierter Salzsäure, Schmelzpunkt 268°. — Pikrat $C_8H_{11}ON \cdot C_6H_3O_7N_3$, kurze Prismen, Schmelzpunkt 200°. — Chloroplatinat $(C_8H_{11}ON)_2H_2 \cdot PtCl_6$, sechsseitige Blättchen. — Dibenzoat $C_6H_5 \cdot COO \cdot C_6H_4 \cdot CH_2 \cdot CH_2 \cdot NH \cdot CO \cdot C_6H_5$, Krystalle aus Alkohol, Schmelzpunkt 170°. — Monobenzoat $HO \cdot C_6H_4 \cdot CH_2 \cdot CH_2 \cdot NH \cdot CO \cdot C_6H_5$, hexagonale Blättchen aus Alkohol, Schmelzpunkt 162°, leichter löslich als die Dibenzoylverbindung.

Hordenin (p-Oxyphenyläthyldimethylamin) $HO \cdot C_6H_4 \cdot CH_2 \cdot CH_2 \cdot N(CH_3)_2$, farblose, rhombische Prismen, Schmelzpunkt 117—118°. Sublimiert unter Zersetzung. Siedepunkt 173—174° bei 11 mm, leicht löslich in Alkohol, Äther, Chloroform, weniger löslich in Benzol.

Hydrochlorid $C_{10}H_{15}ON \cdot HCl$, Nadeln aus Alkohol, leicht löslich in Wasser. — Sulfat $(C_{10}H_{15}ON)_2 \cdot H_2SO_4 + H_2O$, Nadeln, leicht löslich in Wasser, wenig löslich in Alkohol.

Das quaternäre Jodmethylat entsteht aus Hordenin oder Tyramin bei der Einwirkung von CH_3J in methylalkoholischer Lösung. Große Prismen, wenig löslich in kaltem Wasser, Schmelzpunkt 230—231°.

Adrenalin $C_9H_{13}O_3N$, mikroskopische Sphärokrystalle aus übereinandergelagerten Blättchen, Schmelzpunkt 211—212°, 207° (Aldrich). In Wasser von 20° lösen sich 0,0268% (Bertrand), in heißem Wasser etwas leichter löslich und unlöslich in Alkohol und Äther, löslich in Eisessig, in warmem Oxalsäureäthylester und in Benzaldehyd. Die Salze des optisch aktiven Adrenalins können nur schwierig krystallisiert erhalten werden. Das Borat erhält man durch Eindampfen von 1,83 g Base mit 0,93 g Borsäure in 5 ccm Wasser. Genauer beschrieben ist nur das Tartrat (Flächer). Behandelt man racemisches Adrenalin-d-bitartrat mit Methylalkohol, so löst sich d-Adrenalin-d-tartrat, während das l-Adrenalin-d-tartrat ungelöst zurückbleibt. Beim Erwärmen von d- oder l-Adrenalin oder d-Adrenalin mit überschüssiger Salzsäure auf 80° oder bei längerem Stehen in salzsaurer Lösung erfolgt Racemisation. Das d,l-Adrenalinhydrochlorid vom Schmelzpunkt 157° ist krystallinisch, ebenso das Oxalat. Die optische Drehung von l-Adrenalin beträgt $[\alpha]_D$—50,72° (Abderhalden und Guggenheim), —51,30° (Abel und Macht), —51,40° (Flächer), —52,00° (Weidlein), 53,3° (Bertrand).

Adrenalin ist eine ziemlich starke Base, löst sich leicht in etwas weniger als der berechneten Menge Mineralsäure (Gunn und Harrison). Als Phenol löst es sich auch in Ätzalkalien, jedoch nicht in Ammoniak und Soda. Die wäßrigen Lösungen oxydieren sich leicht unter Rotfärbung, die in Braun übergeht. Die Oxydation erfolgt in saurer Lösung langsamer als in alkalischer.

Zur Haltbarmachung von Adrenalinlösungen empfiehlt sich ein geringer Überschuß von Säure, eventuell auch ein Zusatz von schwefliger Säure (Macadie; Richard und Malmy). Natürliches l-Adrenalin soll sich beim Erhitzen (Sterilisieren) weniger leicht verändern als synthetisches d l-Suprarenin (Rowe). Das Adrenalin gibt als Brenzcatechinderivat in neutraler, wäßriger Lösung mit Eisenchlorid eine schöne smaragdgrüne Färbung, die durch vorsichtigen Zusatz von Soda bei einem gewissen Alkalinitätsgrad in Blau umschlägt. Ein Überschuß von Alkali bedingt Rotfärbung. Gegen Oxydationsmittel ist das Adrenalin sehr empfindlich. Verschiedene Oxydationsmittel (Jod, Brom und Chlorwasser, ammoniakalische Silbernitratlösungen, Ferricyankalium, Kaliumpersulfat, Wasserstoffsuperoxyd) beschleunigen die Oxydation des Adrenalins und bedingen das Auftreten von Farbstoffen, die zur colorimetrischen Bestimmung des Adrenalins dienen (vgl. S. 328).

Die Benzoylderivate (Abel; Pauly); das Tribenzolsulfoderivat (v. Fürth; Friedmann) und das Trichlor-p-benzoyl-derivat (Stolz) sind amorph. Alkaloidreagenzien geben keine Fällung. Beim Schmelzen mit Ätzkali entsteht Brenzcatechin und Protocatechusäure. Beim Erhitzen mit Säure oder wäßrigem Alkali wird Methylamin abgespalten. Bei der Methylierung und nachfolgender Oxydation mit $KMnO_4$ entsteht Veratrumsäure.

Mezkalin (Trimethoxyphenyläthylamin) $C_{11}H_{17}O_3N$, farblose, dicke, stark lichtbrechende Flüssigkeit, Siedepunkt 180—185° bei 12 mm.

Sulfat $(C_{11}H_{17}O_3N)_2H_2SO_4 \cdot 2\,H_2O$, Prismen, Schmelzpunkt 183—186°, ziemlich wenig löslich in kaltem Wasser, unlöslich in Alkohol. — Pikrat $C_{11}H_{17}O_3N \cdot C_6H_3N_3O_7$, gelbe Krystalle aus Alkohol, Schmelzpunkt 216 bis 218°. — Chloroplatinat $(C_{11}H_{17}O_3N)_2H_2 \cdot PtCl_6$, strohgelbe Nadeln aus Wasser, Schmelzpunkt 187—188° unter Gasentwicklung und Bräunung. — Chloraurat $C_{11}H_{17}O_3N \cdot HAuCl_4 \cdot H_2O$, orangefarbene Nadeln aus Wasser, Schmelzpunkt 140—141° unter Zersetzung. — Benzoat $C_{18}H_{21}O_4N$, farblose Krystalle aus Alkohol, Schmelzpunkt 120—121°.

Die systematische Aufteilung des Phosphorwolframsäureniederschlages, welche in den übrigen Gruppen die wesentliche methodische Grundlage darstellt, ist für die biogenen Amine der fettaromatischen Reihe nur ausnahmsweise angewendet worden. Für Adrenalin erweist sich dieses Verfahren von vornherein als unbrauchbar, da schon die Phosphorwolframsäure das leicht oxydable Brenzcatechinderivat zerstören würde. Phenyläthylamin und Oxyphenyläthylamin gehen unter den Bedingungen des Verfahrens von Kossel und Kutscher in die Lysinfraktion und müssen daraus durch fraktionierte Krystallisation ihrer Salze oder Doppelsalze abgetrennt werden.

Die Isolierung von Phenyläthylamin und p-Oxyphenyläthylamin aus der Lysinfraktion, die Winterstein und seinen Mitarbeitern in einigen Fällen gelungen ist, ist nicht nur sehr kompliziert, sondern voraussichtlich auch sehr verlustreich.

Phenyläthylamin ist mit Wasserdämpfen flüchtig. Eine Trennung von den anderen flüchtigen Basen, unter welchen namentlich Ammoniak und die proteinogenen Alkylamine (Methyl-, Äthyl-, Trimethyl- und Isoamylamin) in Betracht zu ziehen sind, kann auf Grund der verschiedenen Löslichkeit der Salze und Doppelsalze erfolgen. Nach dieser Methode gelang es z. B. Leprince, aus dem eingeengten sodaalkalischen Extrakte von Misteln eine Base $C_8H_{11}N$ überzudestillieren, die wahrscheinlich Phenyläthylamin war.

Barger und Walpole gewannen Phenyläthylamin aus gefaultem Fleisch, indem sie die schwach salzsauren Extrakte zur Trockne dampften, die Rückstände mit Sand aufsogen und mit Aceton erschöpften. Der von Fettsäure befreite Acetonrückstand wurde mit verdünnter Salzsäure ausgezogen, die Lösung alkalisch gemacht und mit Äther extrahiert. Der ätherische Extrakt enthielt Phenyläthylamin neben Isoamylamin, welche durch Krystallisation ihrer Oxalate voneinander getrennt wurden. Größere Mengen lassen sich auch durch fraktionierte Destillation der Basen reinigen.

Ist unter den Extraktivstoffen gleichzeitig noch Oxyphenyläthylamin anwesend, so läßt sich eine Abtrennung von Phenyläthylamin dadurch erzielen, daß man die wäßrige Lösung erst bei natronalkalischer, dann bei sodaalkalischer Reaktion mit Amylalkohol ausschüttelt. Bei natronalkalischer Reaktion bleibt das Oxyphenyläthylamin in der wäßrigen Lösung zurück, während das Phenyläthylamin in den Amylalkohol übergeht. Säuert man die natronalkalische Mutterlauge mit Salzsäure an und macht dann wieder sodaalkalisch, so läßt sich auch das Oxyphenyläthylamin mit Amylalkohol extrahieren.

Unter bestimmten Umständen, namentlich bei Anwesenheit anderer biogener Amine, ist es angebracht, die obige Trennung von Phenyläthylamin und Oxyphenyläthylamin erst nach vorhergegangener Sublimatfällung des alkoholischen basenhaltigen Extraktes vorzunehmen. Die Quecksilberverbindungen der Phenylalkylamine, welche ziemlich leicht löslich sind, verbleiben in der Mutterlauge, diese wird vom Quecksilber befreit und mit Amylalkohol in der angegebenen Weise fraktioniert extrahiert (Barger).

Zur Isolierung der Basen aus Harn empfiehlt Bain die Adsorption an Kohle. Schüttelt man den Harn mit Blutkohle, so gehen die Amine mit dieser eine adsorptive Bindung ein, die beim Kochen mit verdünnter Salzsäure wieder gelöst wird. Der so erhaltene salzsaure Extrakt ist farblos und eignet sich leichter zur Verarbeitung als der ursprüngliche Harn. Nach Hanke und Koeßler adsorbiert 1 g Pflanzenkohle aus 100 ccm einer wäßrigen Lösung, welche 0,05 g Tyrosin, Tyramin oder Kresol enthält, 0,0385 g Tyrosin, 0,0244 g Tyramin, 0,0484 g Phenol.

Die Isolierung von Tyramin aus Käse gelingt in einfacher Weise durch langdauernde Extraktion des schwach alkalischen wäßrigen Extraktes (Ehrlich und Lange, vgl. auch S. **276**). In ähnlicher Weise erfolgt auch die Isolierung von Oxyphenyläthylalkohol (Tyrosol) aus Gärprodukten (Wein und Bier).

Zum Nachweis des Hordenins in Malzkeimen extrahierte Torquati das Material mit verdünnter Weinsäure, dampfte bis zur Sirupdicke ein und nahm diesen mit Gips auf. Die pulverisierte Gipsmasse wurde mit Alkohol erschöpft. Der Alkoholextrakt wird bei saurer Reaktion mit Äther von Farbstoffen und Fettsäuren befreit, dann mit Kaliumcarbonat alkalisch gemacht und abermals mit Äther extrahiert. Aus diesem Auszug ließ sich reines Hordenin gewinnen.

Für den qualitativen Nachweis des Oxyphenyläthylamins können selbstverständlich alle colorimetrischen Methoden dienen, die zur Bestimmung von Phenolen angewendet werden. Mit Millons Reagens z. B. entsteht Rotfärbung je nach der Konzentration mit und ohne Niederschlagbildung; mit Mörners Reagens (formaldehydhaltige Schwefelsäure) Grünfärbung; mit Folins Reagens (salzsaure Lösung von Phosphorwolframsäure und Phosphormolybdänsäure) Blaufärbung, ebenso mit Fröhdes Reagens. Selbstverständlich sind diese Farbreaktionen nur wenig spezifisch und deuten nur an gereinigten Präparaten, bei welchen die Anwesenheit anderer Phenolderivate (Tyrosin, Phenol, Oxyphenylessigsäure, Tyrosol) ausgeschlossen ist, auf das Vorhandensein von p-Oxyphenyläthylamin oder Hordenin.

Eine spezielle Ausarbeitung hat die colorimetrische Reaktion erhalten, welche verschiedene Phenole mit einer alkalischen Lösung von p-Diazobenzolsulfosäure geben (Hanke und Koeßler).

Phenole mit freier p-Stellung (Phenol, o- und m-Kresol) kuppeln sehr schnell und geben gelbe Farben; solche mit einem anderen NH_2-freien Substituenten (p-Kresol), p-Oxyphenylessig-, -propion- und -milchsäure) kuppeln langsamer und mit vorwiegend roter Farbe. Tyrosin und Tyramin zeigen bei Kupplung in Sodalösung zunächst rötliche Färbung, die aber bald zu einem Gelb von unbeständiger Intensität wird. Das Gelb wird zwar durch NaOH etwas verstärkt, aber die Intensität der Färbungen ist auch dann nicht proportional dem Gehalte an den betreffenden Phenolen. Wird aber nun wenig salzsaures Hydroxylamin zugefügt, so entstehen intensiv blaurote Färbungen, deren Intensität dem Gehalte an Tyrosin oder Tyramin direkt proportional ist. Zur Verwendung dieser Farbreaktion für die Bestimmung von phenolhaltigen Substanzen, wie sie z. B. bei der bakteriellen Zersetzung von Tyrosin entstehen, wird folgendermaßen vorgegangen:

Die flüchtigen Phenole (Kresole und Phenol) werden abdestilliert und im Destillat bestimmt. Aromatische Oxysäuren werden aus der nach der Destillation angesäuerten wäßrigen Lösung durch Äther ausgezogen und in den Extrakten bestimmt. Die restierende wäßrige Lösung wird mit Na_2CO_3 alkalisiert und durch Ausschütteln mit Amylalkohol vom Tyramin befreit, das in diesem Extrakt bestimmt wird. Die Bestimmung des Tyrosins erfolgt in der verbleibenden wäßrigen Lösung. Die angegebenen Trennungen sind quantitativ, die colorimetrischen Bestimmungen in den einzelnen Fraktionen auf 0,5—1,5% genau.

Die Alkalisalze der gewöhnlichen anorganischen oder organischen Säuren beeinflussen diese colorimetrischen Vorgänge nicht. NH_4-Salze und Aminosäuren geben bei dem Verfahren zur Bestimmung von Tyrosin und Tyramin intensiv gelbe Farbe und bei genügender Konzentration zu hohe Werte. H_2O_2 und Formaldehyd unterdrücken die Färbung mit Tyrosin. Acetaldehyd, Aceton, Acetessigsäure geben qualitativ gleiche Färbungen wie Tyrosin und Tyramin von großer Intensität. Gegenwart der gewöhnlichen Alkohole veranlaßt zu hohe Ergebnisse, wahrscheinlich infolge Anwesenheit von Aldehyden oder Ketonen.

Die direkte Isolierung des Adrenalins (vgl. S. 287) eignet sich wohl zur Gewinnung größerer Quantitäten der Base aus Nebennieren, ist aber für den Nachweis kleiner Mengen, der namentlich bei physiologischen Versuchen oft in Frage kommt, kaum verwertbar (vgl. z. B. Richaud). Mit Hinblick auf die große Veränderlichkeit des Adrenalins wird man in diesen Fällen überhaupt von einer gravimetrischen Bestimmung absehen und zu den colorimetrischen oder biologischen Methoden greifen. Der colorimetrische Nachweis von Adrenalin beruht einerseits auf der grünen Eisenchloridreaktion des Brenzcatechinrestes, d. h. auf Komplexsalzbildung, andererseits auf der rosa bis roten Oxydationsfärbung, welche das Adrenalinmolekül unter dem Einfluß verschiedener Agenzien annimmt, und schließlich auf der Reduktionsfärbung, die das sauerstoffgierige Adrenalin an Lösungen von Metallsalzen (Goldchlorid, ammoniakalisches Silbernitrat) und Säuren (Phosphorwolframsäure, Phosphormolybdänsäure) hervorruft.

Die Eisenchloridreaktion. Neutrale oder schwachsaure Lösungen von Adrenalin geben mit einer verdünnten Eisenchloridlösung wie andere Brenzcatechinderivate eine intensive Smaragdgrünfärbung. Sie ist noch in einer Verdünnung 1:30000—1:100000 bemerkbar. Unter bestimmten Bedingungen kann die Empfindlichkeitsgrenze bis auf 1:10000000 gesteigert werden (Zechner und Wischo). Gegenwart von freier Säure vermindert jedoch die Empfindlichkeit, vorsichtiger Zusatz von Alkali bedingt erst einen Umschlag in Blau, dann in Violett und Rot. Zur Ausführung colorimetrischer Bestimmungen mittels der Eisenchloridreaktion müssen daher die zu vergleichenden Adrenalinlösungen stets annähernd dieselbe Wasserstoffionenkonzentration besitzen, eine Bedingung, die nicht immer leicht zu erfüllen ist. Dazu kommt die Unbeständigkeit der grünen Färbung. Alle diese Umstände bedingen, daß die Eisenchloridreaktion sich mehr zum qualitativen als zum quantitativen Nachweis des Adrenalins eignet. Auch die Modifikation von Fürths, welche die beständige Rotfärbung in sodaalkalischer Lösung zum Nachweis herbeizieht, macht die Methode wohl empfindlicher aber nicht exakter. Das gleiche gilt auch von der Abänderung Bayers, welcher durch Zugabe von Sulfanilsäure die grüne Farbe in eine rotbraune oder braungelbe verändert und dabei gleichzeitig die Empfindlichkeit um das Zehnfache erhöht.

Oxydationsfärbung. Das Adrenalin nimmt unter dem Einfluß von Oxydationsmitteln eine Rosa- bis Rotfärbung an. Diese erfolgt an neutralen Lösungen schon unter der Einwirkung des Luftsauerstoffs, rascher und intensiver unter dem Einfluß von Oxydasen — Tyrosinase aus Russula delica (Abderhalden und Guggenheim) und aus Kartoffeln (Ransom), Oxydase aus Sepia (Neuberg) — wobei sich die Färbung bis ins Braun vertieft. Sehr charakteristisch ist der Übergang von Adrenalin in ein schwarzes Pigment durch Sarkomextrakte (Neuberg). Schwache Oxydationsmittel, wie verdünnte Jodlösungen (Vulpian; Abelous, Soulié und Toujan; Krauß; Fränkel und Allers), Persulfate (Ewins), Sublimat (Comessatti; Ewins), Mangandioxyd (Seidell; Zanfrognini) verschärfen diese Oxydationsfärbungen und eignen sie für quantitative Bestimmungen.

Für die Verwendung der mit Kaliumjodat entstehenden Oxydationsfärbung wird folgende Vorschrift angegeben:

Zu 20 ccm destilliertem Wasser gibt man 5 ccm 1%iger KJO_3-Lösung und 0,25 ccm n-HCl. Nachdem man auf 38° erwärmt hat, versetzt man mit 0,5 ccm der zu prüfenden Lösung, erwärmt $^1/_4$ Stunde auf 38° und vergleicht die Intensität der entstehenden Färbung mit einer Standardlösung, welche man gewinnt, wenn man zu einer in gleicher Weise und gleichzeitig vorbereiteten Jodatlösung 0,5 ccm einer Standardlösung fügt, die in 50 ccm 0,05 g reines Adrenalin +0,5 ccm n-HCl enthält. Statt dieser Adrenalinlösung kann man auch eine ammoniakalische Lösung von Kobaltchlorid

$COCl_2 + 6 H_2O$ als Vergleichslösung benützen. Zur Bestimmung des Adrenalins in getrockneten Nebennieren digeriert man 0,1 g $^1/_2$ Stunde bei 38° mit 20 ccm Wasser, welche mit 5 ccm KJO_3-Lösung und 0,25 ccm n-HCl versetzt sind, filtriert und vergleicht mit der Standardlösung. Enthält die zu prüfende Lösung Natriumbisulfit, so versetzt man die Standardlösung mit 0,05 g $NaSHO_3$

Wesentlich für die von den verschiedenen Autoren auf Grund dieses Verhaltens ausgearbeiteten colorimetrischen Verfahren ist die Vermeidung eines zu starken Oxydationsmittels oder eines zu großen Überschusses desselben, weil beide Umstände die Oxydationsfarbe zu zerstören oder zu verdecken vermögen.

Auch verschiedene andere Dioxyphenylalkamine geben die beschriebenen Oxydationsfärbungen. Die Empfindlichkeitsgrenze ist für die einzelnen Substanzen verschieden (Ewins). Von Interesse ist, daß die Ketonbasen Aminoaceto-, Methylaminoaceto-, Äthylaminoaceto-, Propylaminoacetobrenzcatechin und Aminoacetopyrogallol die beschriebenen Oxydationsreaktionen nicht zeigen. Auch bei den primären und sekundären Dioxyphenylalkylaminen und -Alkanolaminen, welche die Reaktion geben, zeigen sich Verschiedenheiten in der Geschwindigkeit, mit welcher die Oxydationsfärbung unter den verschiedenen Bedingungen auftritt. Diese Differenzen, welche mit der Oxydabilität der Verbindungen in keinem direkten Zusammenhang stehen, verdienen Beachtung mit Hinblick auf die Spezifität, die bei biologischen Oxydationsprozessen im allgemeinen und bei der von Bloch studierten fermentativen Veränderung von Brenzcatechinderivaten im besonderen festgestellt worden ist.

Reduktionsfärbung. Hier ist namentlich die Reaktion von Folin, Cannon und Denis zu nennen. Sie beruht auf der Reduktion der Phosphorwolframsäure zu einer intensiv blaugefärbten niedrigeren Oxydationsstufe. Die Reaktion ist sehr empfindlich und zeigt $^1/_{300}$—$^1/_{400}$ mg Adrenalin an. Sie ist jedoch nicht spezifisch. Auch andere reduzierende Substanzen wie Phenol und Harnsäure, geben mit dem Phosphorwolframräurereagens eine Blaufärbung, die geringe Beständigkeit der Reduktionsfärbung kann die Resultate ebenfalls trüben. Immerhin sind die mit dieser Methode erzielten Resultate relativ genau und stimmen mit den durch die Blutdruckbestimmung ermittelten Adrenalinwerten ziemlich gut überein. Als Vergleichslösung für die colorimetrische Bestimmung nach Folin, Cannon und Denis wird von Takata eine Lösung von Wasserblau vorgeschlagen.

Der Umstand, daß die Intensität der S. 292 u. ff. beschriebenen pharmakodynamischen Wirkungen des Adrenalins unter gewissen Bedingungen proportional der Adrenalinmenge ist, gewährt eine vielfache Möglichkeit, um diese Base mit Hilfe biologischer Testobjekte nachzuweisen und zu bestimmen. Die Wirkungen auf den Blutdruck, auf die überlebenden Gefäße, auf den isolierten Uterus, auf das enucleierte Froschauge, auf den Zuckerstoffwechsel, sie alle stellen sowohl in quantitativer, wie in qualitativer Hinsicht einen Maßstab für das Vorhandensein von Adrenalin dar. Während aber die Messung der Uteruswirkung (Fränkel), der Mydriasis der Froschpupillen (Meltzer; Ehrmann; Abderhalden und Thieß; Schultz; Comessatti), der Glucosurie (Abderhalden und Kautzsch; Waterman) sich für genaue Bestimmungen weniger gut eignen (vgl. z. B. Borberg), erwiesen sich die steigernde Wirkung auf den Karotisblutdruck narkotisierter oder decerebrierter Tiere (Dale; Elliott) als ziemlich sichere Grundlagen einer physiologischen Adrenalinbestimmung (vgl. z. B. Richaud; Tiffenau).

Die vasokonstringierende Eigenschaft, welche von Adrenalinlösungen auf die isolierten Froschgefäße ausgeübt wird (Trendelenburg) ist nicht spezifisch und wird auch durch adrenalinfreie Organextrakte hervorgerufen (O'Connor). Zur Unterscheidung kann man in einzelnen Fällen auch die tonussenkende Wirkung auf den Meerschweinchendarm herbeiziehen (Guggenheim und Löffler). An diesem Testobjekt zeigt sich die Wirkung ebenfalls noch in sehr großer Verdünnung (1:200 Millionen bis 1:500 Millionen), jedoch scheint die pharmakologische Grenzkonzentration je nach dem Zustand des Testobjektes zu variieren.

IX. Gruppe.

Das Indoläthylamin.

Der natürliche Mittelpunkt aller Betrachtungen über biogene Indolderivate ist die von Hopkins und Cole entdeckte Indolaminopropionsäure, das Tryptophan

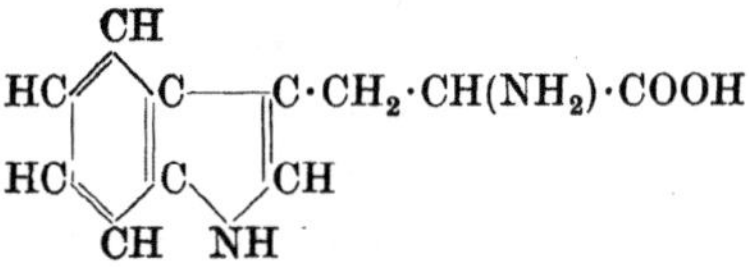

Der natürliche Aufbau dieser eigenartig konstituierten Aminosäure ist uns ebensowenig bekannt, wie ihre spezielle biologische Funktion; wir wissen nur, daß sie in verschiedenen Eiweißkörpern als Baustein auftritt, und zwar in weit geringerer Menge als die meisten anderen Aminosäuren, doch ist ihre Anwesenheit offenbar unbedingt notwendig, wenn ein für den Tierkörper vollwertiges Eiweiß aufgebaut werden soll. Was wir von nächstliegenden Umwandlungsprodukten des Tryptophans außer der Kynurensäure

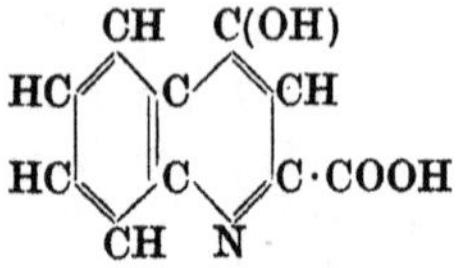

sicher kennen, sind bakterielle Stoffwechselprodukte bezw. ihre Derivate. Auch die Kynurensäure deutet wahrscheinlich nur einen Seitenweg der Tryptophanverwertung im Tierkörper an. Sie ist bis jetzt nur als Stoffwechselprodukt des Hundes und des südamerikanischen Steppenwolfes nachgewiesen worden, und auch bei diesen kennzeichnet sie nach den Arbeiten von Homer nur die Richtung, in welcher ein für das Bedürfnis des Organismus nicht verwertbarer Überschuß der Aminosäure eliminiert wird. Sie ist keineswegs eine für die Bildung lebenswichtiger Substanzen notwendige Zwischenstufe. Auch Kaninchen, welche normalerweise keine Kynurensäure ausscheiden, produzieren dieselbe nach Tryptophanverabreichung (Ellinger und Matsuoka).

Die Umwandlung des Tryptophans in Kynurensäure erfolgt wahrscheinlich unter intermediärer Bildung von Indolbrenztraubensäure gemäß folgender Formel:

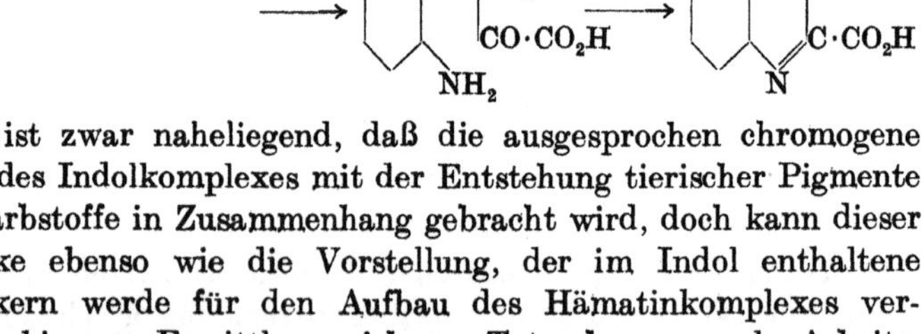

Es ist zwar naheliegend, daß die ausgesprochen chromogene Natur des Indolkomplexes mit der Entstehung tierischer Pigmente und Farbstoffe in Zusammenhang gebracht wird, doch kann dieser Gedanke ebenso wie die Vorstellung, der im Indol enthaltene Pyrrolkern werde für den Aufbau des Hämatinkomplexes verwertet, bis zur Ermittlung sicherer Tatsachen nur als Arbeitshypothese aufgefaßt werden.

Auch über die Entstehung des Indolkerns im pflanzlichen Organismus besitzen wir keine Anhaltspunkte. Wir wissen noch nicht, ob die Indoxylbildung indigoführender Pflanzen (Isatis tinctoria, Indigofera species) den Weg über das Tryptophan nimmt, auch die Herkunft der in vielen Blumendüften exhalierten Indolderivate (Indol, Skatol) ist ungeklärt. Nur in der tropischen Erythrina Hypaphorus ist ein Umwandlungsprodukt des Tryptophans, das Hypaphorin (vgl. S. 242), aufgefunden worden, doch ist die hier vorliegende erschöpfende Methylierung des Tryptophans zweifellos ein Ausnahmefall.

Während das biochemische Verhalten des Tryptophans in den höheren Organismen nur in wenigen Punkten aufgeklärt ist, sind im Stoffwechsel der Mikroorganismen eine Reihe von Abbauprodukten, das Indol, die Indolcarbonsäure, die Indolessigsäure, die Indolpropionsäure, das Skatol, die Indolmilchsäure, der Indoläthylalkohol, bekannt geworden. Zu diesen hat sich in neuester Zeit auch ein Amin, das Indoläthylamin gesellt. Das Indoläthylamin oder Tryptamin ist das einzige Abbauprodukt, welches ausgesprochenen basischen Charakter besitzt. Ein Indolderivat mit amphoteren Eigenschaften ist nach Kendall das Tyroxin, ein jodhaltiges Produkt, das die wesentlichen, spezifischen Eigenschaften des Schilddrüsenhormons besitzen soll. Da aber die Indolnatur dieser Verbindung nur sehr mangelhaft bewiesen wurde, soll sie erst im letzten Abschnitt 349 als unbekanntes biogenes Amin näher beschrieben werden.

Eine nur unvollkommen charakterisierte Indolbase ist das **Skatosin** $C_{10}H_{12}O_2N_2$, von Baum und von Swain aus autolysiertem Pankreas nach umständlichem Verfahren als Benzoylderivat isoliert. Das Hydrochlorid $C_{10}H_{16}O_2N_2 \cdot 3HCl$ (?) schiefwinklige Blättchen aus konzentrierter, wäßriger Lösung vom Schmelzpunkt 345—355°. Die Benzoylverbindung $C_{10}H_{12}O_2N_2 (C_6H_5CO)_4$ schmilzt bei 169°, wenig löslich in Äther, unlöslich in Benzol.

Das Indoläthylamin bildet sich aus Tryptophan durch Abspaltung des endständigen Carboxyls

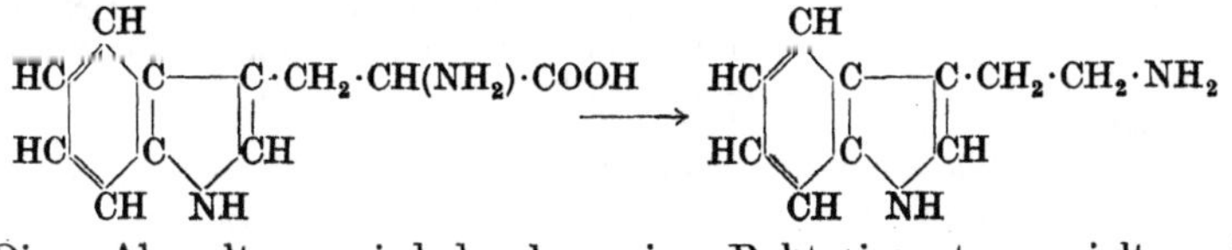

Diese Abspaltung wird durch gewisse Bakterienarten erzielt, und zwar sind hierzu besonders solche Organismen befähigt, welche auch das Histidin und das Tyrosin zu decarboxylieren vermögen (Ewins und Laidlaw).

Unter der Einwirkung des Bacillus mesentericus entsteht Tryptamin in caseinhaltigen Nährböden neben Putrescin und Cadaverin und den primären Hydrolysenprodukten (Grimmer und Wiemann). Eine geringe Menge konnte aus 40 Liter konzentrierten Harns Pellagrakranker isoliert werden. Es fand sich dort in dem Filtrat des Phosphorwolframsäureniederschlages, aus welchen es mit Alkohol extrahiert und als Pikrat isoliert wurde (Sullivan).

Eine intermediäre Bildung von Indoläthylamin kann man jedoch auch bei jenen biologischen Prozessen annehmen, bei welchen es gelungen ist, Indoläthylalkohol, Tryptophol:

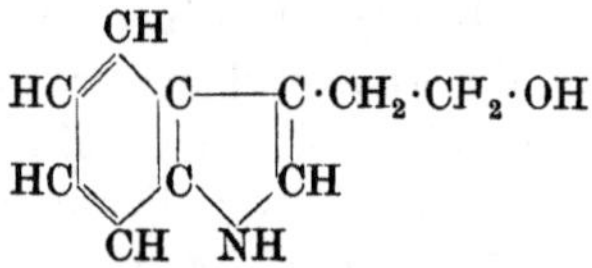

nachzuweisen, da die Bildung dieses Körpers möglicherweise über die Aminstufe erfolgt (F. Ehrlich). Auch die in den Fäulnisprodukten und auch im Harn höherer Tiere und des Menschen nachgewiesene Indolessigsäure

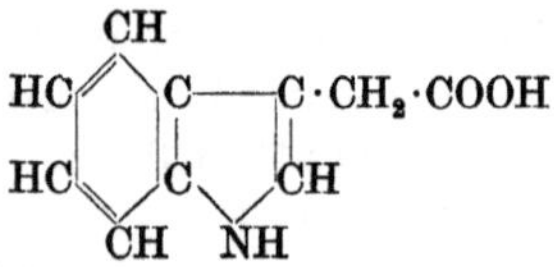

mag in einzelnen Fällen als Indikator für intermediär gebildetes Indoläthylamin aufgefaßt werden.

Durch Erhitzen über den Schmelzpunkt gelingt es unter geeigneten Bedingungen, das Tryptophan in das entsprechende Amin zu verwandeln. Die Indolaminopropionsäure verhält sich also in dieser Hinsicht gleich wie das Tyrosin.

Ein Derivat des Indoläthylamins ist das Evodiamin $C_{19}H_{17}ON_3$, ein in der Rutace (Evodia rutaecarpa) vorkommendes Alkaloid, das sich beim Erhitzen mit alkoholischer Salzsäure in Isoevodiamin umwandelt. Letzteres wird durch Kochen mit alkoholischem Kali in Methylanthranilsäure, CO_2 und Indoläthylamin zerlegt. Bei letzterem Produkt findet sich die Aminoäthylseitenkette nicht in der β-Stellung des Indolringes wie beim Abbauprodukt des Tryptophans, sondern in der α-Stellung (Asahina und Fujita).

Die Darstellung des β-Indoläthylamins gelang Ewins in Anlehnung an die Fischersche Indolsynthese.

Das Amin bildet farblose Nadeln aus Alkohol + Benzol. Schmelzpunkt 145—146°, sehr leicht löslich in Alkohol, Aceton, fast unlöslich in Wasser, Äther, Chloroform. Es zersetzt sich beim Erhitzen unter gewöhnlichem Druck. Gibt mit Glyoxylsäure und konzentrierter H_2SO_4 die blauviolette

Färbung des Tryptophans noch bei einer Verdünnung von 1:300000; die Bromreaktion des Tryptophans bleibt aus.

Das Chlorhydrat $C_{10}H_{12}N_2 \cdot HCl$, farblose Prismen aus 95%igem Alkohol + Äther. Schmelzpunkt 256°, löslich in ca. 12 Teilen Wasser bei 18°, sehr leicht löslich in heißem Wasser. Das Pikrat $C_{10}H_{12}N_2 \cdot C_6H_3O_7N_3$ bildet dunkelrote Krystalle aus verdünntem Aceton, Schmelzpunkt 242 bis 243° unter Zersetzung, fast unlöslich in Wasser, sehr wenig löslich in Alkohol, Chloroform, Essigester, leicht löslich in Aceton. Das Pikrolonat, chromgelbe Prismen aus Wasser, schmilzt bei 231° unter Zersetzung. Phosphorwolframat $(C_{10}H_{12}N_2)_3H_3PO_4$, $12WO_3$, fällt aus verdünnter Lösung als amorpher Niederschlag, der sich beim Stehen in Aggregate roter Nadeln umwandelt. Wenig löslich in Wasser, leicht löslich in Aceton, ziemlich löslich in Alkohol (Drummond).

Analog dem Phenyläthylamin und dem Tyramin (vgl. S. 288) erfolgt der Abbau des Indoläthylamins im Organismus der Säugetiere über den Indoläthylalkohol zur Indolessigsäure. Ewins und Laidlaw haben dies in Perfusionsversuchen an der überlebenden Leber und in Fütterungsversuchen am Hund in eindeutiger Weise demonstriert. Auch der als Zwischenprodukt entstehende Indoläthylalkohol konnte nachgewiesen werden (Guggenheim und Löffler). Die gebildete Indolessigsäure wird im Organismus an Glykokoll gekuppelt und gelangt als Indolacetursäure zur Ausscheidung. Die in pathologischen Harnen auftretende Uroroseinreaktion (Rotfärbung bei Zusatz von $^1/_{10}$ Volumen 25%iger Salzsäure bei Gegenwart eines Oxydationsmittels) ist durch die Anwesenheit dieser gepaarten Indolsäure bedingt (vgl. auch Herter; Ewins und Laidlaw).

Ein Teil der Indolessigsäure wird jedoch weiter oxydiert und gelangt nicht zur Ausscheidung. Je nach den Bedingungen mögen hierbei verschiedene Abbaustufen, Skatol, Indol, Indolcarbonsäure, Indolaldehyd passiert werden. Im Säugetierorganismus scheint eine völlige Aufspaltung des Indolringes zu erfolgen, da neben der Indolessigsäure kein anderes Indolderivat im Harn ausgeschieden wird. Offenbar geht der Abbau auch nicht über die Kynurensäure (Ewins und Laidlaw).

Indoläthylamin wird von den Versuchstieren in ziemlich großen Dosen vertragen. Einem Hund konnten 0,5 g per os verabreicht werden. Größere Dosen bewirkten Erbrechen. Subkutane Dosen rufen an Kaninchen und Katzen in kleineren Gaben keine merklichen Symptome hervor; nach Dosen von 100 mg konnten an Katzen bisweilen schnellerer Herzschlag, Nausea und Salivation beobachtet werden. Nach intravenöser Eingabe von 10 mg zeigten sich bei einem Kaninchen spastische Kontraktionen der Glieder, denen ein Tremor folgte. Die Erscheinungen gingen in etwa einer Minute wieder vorüber. Injektion von 20 mg verursachte an einer kleinen Katze innerhalb 30 Sekunden heftige tonische und klonische Krämpfe, Tremor, Dilatation der Pupille und Speichelsekretion. Die Vergiftung erreichte ihren Höhepunkt in einer Minute, das Tier erholte sich nach 3 Minuten. Die krampferregende Wirkung, die auch an Kaltblütern zutage tritt, beruht auf einer Reizung des Zentralnervensystems; sie bleibt aus nach dessen Zerstörung. Der Blutdruck der Katze wird von Indoläthylamin bei intravenöser Injektion erheblich vermehrt. Der rapide und rasch vorübergehende Anstieg wird begleitet von einer Zunahme des Herzschlages. Die Blutdruckerhöhung ist zum Teil zentraler Natur und auf die krampferregende Wirkung zurückzuführen, welche eine Erhöhung des Abdominaldruckes bedingt. An ätheranästhesierten Tieren ist die Blutdrucksteigerung weniger hoch als an decerebrierten. Bei jenen wird schon nach relativ kleinen Dosen (5 mg) die Respiration stillgestellt, eine Wirkung, die vorzugsweise der Beeinflussung des Respirationszentrums durch das Narkoticum zuzuschreiben ist.

Die Blutdruckwirkung wird namentlich durch Gefäßverengerung und vermehrte Herztätigkeit (Beschleunigung des Herzschlages und des Koronarkreislaufes) bedingt. Die gefäßverengernde Wirkung beruht auf einer Beeinflussung der glatten Muskulatur und zeigt sich auch noch nach Eingabe von großen Dosen Atropin und Curare. Nicotin verringert die Gefäßwirkung auf etwa die Hälfte. Auch Ergotoxin setzt die drucksteigernde Wirkung herab.

Gleichzeitig mit der Blutdrucksteigerung zeigt sich eine Erschlaffung des Uterus, welche auch nach Durchschneidung des Hypogastricus weiter besteht. Dagegen wird am ausgeschnittenen Katzenuterus, sowohl am graviden als auch am nichtgraviden, eine motorische Wirkung ausgelöst. Am Kaninchen- und Meerschweinchenuterus ist die Base ohne ausgesprochenen Effekt.

Der Darm und die Blase der Katze werden durch Indoläthylamin in geringem Maße erregt; ebenso der isolierte Retractor penis. Die Pankreassekretion wird nicht beeinflußt. Eine Förderung der Speichelsekretion ist zentralen Ursprungs.

Nach intravenöser Eingabe von 10—20 mg an eine decerebrierte Katze erfolgt maximale Pupillenverengerung, die eine Minute lang anhält. Eine weitere Dose von 20 mg bewirkt Erweiterung, die wieder in eine Myosis übergeht. Atropin verhindert diese Myosis nicht, sie ist offenbar eine direkte Muskelwirkung. Die Dilatation bei Reinjektion beruht auf einem zeitweisen Vorwiegen eines motorischen Effektes auf den Dilatator über die gleichzeitig ausgeübte, aber erst nachher zur Geltung kommende motorische Wirkung auf den Sphinkter. An einer anästhesierten Katze wird diese Wirkung nicht beobachtet, auch nicht nach subkutaner Verabreichung der Base (Laidlaw).

Biogene Amine unbekannter Konstitution.

Bei der Untersuchung von Extraktivstoffen tierischer und pflanzlicher Herkunft, bei der Analyse von Inkreten und Exkreten, sowie beim Studium des Stoffwechsels der Mikroorganismen gelangte man wiederholt zur Isolierung von stickstoffhaltigen Substanzen, die auf Grund ihrer chemischen oder pharmakologischen Eigenschaften als Amine angesprochen wurden, ohne daß es möglich war, ihre Konstitution aufzuklären. Diese Basen, welche von ihren Entdeckern vielfach mit besonderen Namen belegt worden sind, haben, soweit sie mit bekannten chemischen Verbindungen identifiziert werden konnten, bereits in früheren Kapiteln Erwähnung gefunden.

Die in der älteren und neueren Literatur beschriebenen basischen Substanzen, die in chemischer Hinsicht sehr mangelhaft charakterisiert sind, sollen aber hier erst dann eingehender behandelt werden, wenn bestimmte Angaben über ihre chemische Natur vorliegen oder wenn sich Beziehungen zu anderen bekannten biogenen Aminen erkennen lassen. Zwei Prinzipien sollen jedoch eine nähere Besprechung erfahren, die zwar dieser Voraussetzung durchaus nicht genügen, die aber wegen ihrer großen physiologischen Bedeutung nicht wohl übergangen werden können. Es handelt sich um das aktive Prinzip der Schilddrüse und der Hypophyse. Nachdem man aus der Nebenniere das Adrenalin isoliert und als Dioxyphenyläthanolmethylamin erkannt hatte, war es ein naheliegender Gedanke, auch in den anderen Blutdrüsen ähnliche physiologisch wirksame Sekretionsprodukte zu vermuten. Die verschiedensten Organe — Nebennierenrinde (Hunt; Kutscher und Lohmann), Milz (Rothlin und Stern; Berlin), Hoden (Totani; Kinoschita), Darm (Schering; Popielski), Pankreas und Duodenum (Bayliß und Starling) — sind mit den für die Isolierung und Trennung von Aminen gebräuchlichen Methoden systematisch untersucht worden. Es war aber nicht möglich, biogene Amine zu isolieren, die als spezifisch wirksame Bestandteile angesprochen werden durften. Wo dies anfänglich der Fall schien, wie z. B. in dem aus dem Dünndarm isolierten Hormonal (Zuelzer), in dem Lienin der Milz von Stern und Rothlin, dem Vasodilatin von Popielski, dem Sekretin (vgl. S. 202), dem Gastrin (Keeton, Koch und Luckhardt), so zeigte sich bei genauerem Zusehen, daß allgemein verbreitete Amine, wie Cholin, Histamin oder Amingemische vorlagen, die mit der charakteristischen physiologischen Funktion der betreffenden Organe in keinem Zusammenhang stehen. Wenn auch die Opotherapie und das physiologische Experiment unzweifelhaft erwiesen haben, daß in diesen drüsigen Organen spezifisch wirksame Substanzen enthalten sind, so fehlt bis heute jeglicher Beweis, daß diese Stoffe zu den biogenen Aminen gehören (hierzu vgl. S. 7). Nur bei der Hypophyse und der Schilddrüse besitzt man Anhaltspunkte, welche auf das Vorkommen spezifischer aminartiger Substanzen hinweisen. Wie stark diese begründet sind, möge aus nachfolgenden Ausführungen hervorgehen.

Das Hypophysenprinzip.

Die pharmakologisch-aktive Substanz, die im letzten Jahrzehnt so ausgedehnte therapeutische Verwendung gefunden hat, stammt aus demjenigen Teil der Hypophyse, den man als Hinterlappen (Pars posterior) oder Infundibularteil bezeichnet. Man hat zwar auch im Vorderlappen wiederholt nach physiologisch wirksamen Stoffen gesucht. Die betreffenden Arbeiten sollen hier aber nicht näher besprochen werden, da weder das pharmakologische Experiment noch die chemische Untersuchung darauf hindeuten, daß in diesem Drüsenteil eine in die Gruppe der biogenen Amine gehörende spezifische Substanz enthalten ist. Das von Robertson aus dem Vorderlappen isolierte Tethelin, das als Wachstumshormon angesprochen wurde, ist ein unreines Phosphatid (Drummond).

Auf das Vorkommen eines charakteristischen, auf den Blutdruck wirksamen Prinzips im Infundibularteil der Hypophyse sind zuerst Oliver und Schäfer aufmerksam geworden. Die nähere Analyse dieser Wirkung (Howell; Schäfer und Vincent) und die eingehende pharmakologische Untersuchung (Dale) lenkte die Aufmerksamkeit schließlich auch auf die für die therapeutische Verwertung hauptsächlich in Betracht kommende Uteruswirkung. Seitdem hat man sich zwar verschiedentlich bemüht, die Substanz in krystallisiertem oder reinem Zustand darzustellen. Obgleich diese Isolierungsversuche bis jetzt nicht zu einem abschließenden Ergebnis führten, haben sie doch unsere Kenntnisse über die chemische Natur dieser eigenartigen Substanz in mancher Beziehung aufgeklärt. Nachdem das pharmakologische Studium und die verschiedenen tastenden Vorversuche (Houssay; Baudouin; Ancel und Bouin) darauf hingedeutet hatten, daß das aktive Prinzip ein proteinogenes Amin oder ein Gemisch verschiedener Amine sei, erstrebte Fühner gemeinsam mit den wissenschaftlichen Laboratorien der Höchster Farbwerke eine Reindarstellung dieser Substanz durch Isolierung der Phosphorwolframsäureverbindungen und fraktionierte Krystallisation der daraus gewonnenen freien Basen. Nach dieser Untersuchung sind im Hypophysenextrakt 8 verschiedene, aktive Substanzen enthalten, wovon 4 mit Phosphorwolframsäure fällbar sind und für die pharmakologische Wirkung (Wirkung auf den Blutdruck, Uterus, Respiration) vorzugsweise in Betracht kommen. Vier weitere, weniger oder kaum aktive Substanzen finden sich im Filtrat des Phosphorwolframsäureniederschlages.

Die vier aktiven, mit Phosphorwolframsäure fällbaren Substanzen wurden nach Zerlegung des Phosphorwolframsäureniederschlages mit Baryt durch fraktionierte Krystallisation voneinander getrennt, drei davon geben positive Paulysche sowie Biuretreaktion. Sie drehen das polarisierte Licht nach links; eine vierte Substanz gibt weder Paulysche noch Biuretreaktion und ist rechtsdrehend. Die isolierten Substanzen sind basischer oder neutraler Natur. Im Gesamteffekt dieser vier mit Phosphorwolframsäure fällbaren Substanzen sollte die pharmakologische Wirksamkeit des Extraktes bedingt sein.

Fühner beschreibt die Gesamtheit der mit Phosphorwolframsäure fällbaren Basen, die als F. 60, 61, 62, 63, 63a, 64, 65, 54 bezeichnet werden, als gelbliche, krystallisierte Substanz, welche in Wasser leicht und mit schwach saurer Reaktion löslich ist, wenig löslich in Aceton, Alkohol und Äther mit positiver Paulyscher und Biuretreaktion. Mit Natronlauge wird schon in der Kälte Trimethylamin abgespalten.

Durch fraktionierte Krystallisation wurde erhalten:

F. 60. Leicht lösliches Sulfat von neutraler Reaktion. Wenig löslich in Aceton, Alkohol und Essigäther. $[\alpha]_D = -54{,}2^0$. Pauly- und Biuretreaktion positiv. Pikrat wenig löslich.

F. 61. Sulfat, leicht löslich in Wasser. Reaktion schwach sauer. Schwer löslich in Alkohol, Aceton und Essigäther. $[\alpha]_D = -27{,}17^0$. Schmelzpunkt unter Zersetzung 198—200°. Pauly- und Biuretreaktion positiv. Pikrat leicht löslich. Mit Alkalien wird eine flüchtige Base abgespalten.

F. 62. Sulfat, schwach gelb gefärbt. Leicht löslich in Wasser und Methylalkohol mit schwach saurer Reaktion. Schwer löslich in absolutem Alkohol, Aceton und Essigester. $[\alpha] = -39{,}25^0$. Schmelzpunkt 185—186° ohne Zersetzung. Pauly- und Biuretreaktion positiv. Pikrat leicht löslich.

F. 63. Rückstand der Mutterlauge von F. 60, 61 und 62. Spröde, glasartige, hygroskopische Masse. Leicht löslich in Wasser und Methylalkohol. Wenig löslich in Aceton und Essigäther. $[\alpha]_D = -21{,}26^0$. Paulys Reaktion positiv. Biuretreaktion negativ.

F. 63a. Findet sich im Filtrat des Phosphorwolframsäureniederschlages. Neutral krystallisiert, leicht löslich in Wasser und Alkohol, wenig löslich in Äther, Aceton und Essigäther. $[\alpha]_D = +5{,}99^0$. Paulys und Biuretreaktion negativ. Schmelzpunkt 95—96° unter Zersetzung. Pikrat schwer löslich in Wasser.

F. 64. Nicht fällbar mit Phosphorwolframsäure. Farbloser, in Wasser, Alkohol und Äther schwer löslicher Körper. Reaktion neutral. Schmelzpunkt 283° unter Zersetzung. Paulys Reaktion positiv. Biuretreaktion negativ. Linksdrehend.

F. 65. Sulfat, schwach gelb gefärbt. Leicht löslich in Wasser mit schwach saurer Reaktion. Schwer löslich in Alkohol, Aceton. Schmelzpunkt 234—235° unter Zersetzung. Linksdrehend. Fällt mit Phosphorwolframsäure, löst sich im Überschuß des Fällungsmittels.

F. 54. Säure gut krystallisierend, leicht löslich in Wasser, Alkohol, Äther und Essigäther. In Säuren und Alkalien löslich. Gibt Paulys Reaktion nicht. Linksdrehend. Fällt mit Quecksilberacetat aus wäßriger Lösung, jedoch nicht mit Phosphorwolframsäure. Schmelzpunkt 152—154° unter Zersetzung.

F. 66. Aus der Mutterlauge des Phosphorwolframsäurefiltrats durch Eindampfen. Gelb, spröd, hygroskopisch. Leicht löslich in Wasser und Alkohol. Schwer löslich in Essigäther und Aceton. Linksdrehend. Mit Phosphorwolframsäure: Niederschlag, der sich im Überschuß des Fällungsmittels wieder löst.

Nach einem anderen ebenfalls von den Höchster Farbwerken patentierten Verfahren wird der von Eiweiß befreite Extrakt der Hypophyse mit Quecksilbersulfat gefällt, der Niederschlag zersetzt und die Zersetzungsflüssigkeit zur Trockne gebracht. Eine 1%ige Lösung dieses Substanzgemisches wird als Hypophysin Höchst in den Handel gebracht.

Die Darstellung des Hypophysins und die von Fühner daraus gezogenen Schlüsse stellten aber keine befriedigende Lösung des Hypophysenproblems dar, da dabei verschiedene Umstände, wie die leichte Zersetzlichkeit und leichte Adsorptionsfähigkeit nicht genügend berücksichtigt worden waren (vgl. z. B. Guggenheim; Abel und Pincoffs; Abel und Kubota; Dudley). Deshalb wurde die Aufgabe in den letzten Jahren von verschiedener Seite erneut in Angriff genommen.

Bei der Beurteilung der benützten Verfahren und der erreichten Ergebnisse muß man vor allem die quantitativen Verhältnisse berücksichtigen. Wenn es nach irgendeiner Methode gelingt, eine mehr oder weniger definierte Substanz zu isolieren, welche die charakteristischen pharmakologischen Wirkungen des Hypophysenprinzips besitzt, so lassen sich daraus noch keine bindenden Schlüsse ziehen, wenn nicht die pharmakologische Wirksamkeit der isolierten Substanz mit derjenigen des Ausgangsmaterials messend verglichen wird. In dieser Hinsicht haben sich verschiedene biologische Meßmethoden sehr wertvoll erwiesen, nach welchen die Aktivität der Hypophysenextrakte am überlebenden Meerschweinchenuterus mit derjenigen von Histaminchlorhydrat verglichen wird (vgl. Dale und Laidlaw; Roth; Trendelenburg und Borgmann; Kochmann; Burn und Dale).

Die Aktivität von 1 g frischer Hinterlappensubstanz entspricht nach Trendelenburg und Borgmann der Wirksamkeit von 0,17 g Histaminchlorhydrat. Die Werte variieren zwischen 0,018—0,42 g. Der ca. 0,30 bis 0,33 g wiegende Infundibularteil einer Rinderhypophyse liefert demgemäß nach zweckmäßiger Vorbehandlung einen Extrakt, der die gleiche Uteruswirkung besitzt wie 50—60 mg Histaminchlorhydrat. Eine Feststellung, welche durch die Arbeit von Abel und Rouillier bestätigt wurde. Hypophysen von Kühen, Stieren und Schweinen zeigen keine merklichen Unterschiede; wachsende Tiere sollen einen etwas höheren Gehalt an aktiver Substanz besitzen (Fenger).

Überblickt man von diesem quantitativen Gesichtspunkte aus die verschiedenen Isolierungsversuche, die hier nicht im einzelnen angeführt werden können, so gelangt man zu folgenden Feststellungen:

In der Drüse scheint die wirksame Substanz verknüpft mit einem Eiweißkomplex. Sie ist in dieser Bindung unlöslich in Äther, Petroläther, Chloroform und fast unlöslich in absolutem Alkohol, wenig löslich in 95%igem Alkohol, leicht löslich in Wasser und Methylalkohol (Crawford; Fenger und Hull). Der uteruswirksame Teil des aktiven Prinzips ist in schwach saurer Lösung mit Butylalkohol extrahierbar und unlöslich in Chloroform (Dudley), aus einer Verreibung mit entwässerter Soda löslich in Alkohol

(Abel und Rouillier). Er fällt aus wäßriger Lösung nicht mit Bleiacetat (Houssay), kolloidalem Eisenhydroxyd (Dudley), Uranylacetat (Crawford), wohl aber mit Phosphorwolframsäure (Ancel und Bouin; Höchst), mit Phosphormolybdänsäure (Crawford und Ostenberg) und mit Quecksilbersalzen (Höchst), speziell mit Sublimat (Crawford; Abel und Rouillier). Aus diesen Fällungen kann die aktive Substanz in üblicher Weise wieder in wäßrige Lösungen übergeführt werden. Pikrinsäure erzeugt unmittelbar keine schwer löslichen Niederschläge. Hat man die Substanz jedoch durch anderweitige Vorbehandlung gereinigt, so können unlösliche Pikrate abgeschieden werden (Höchst; Abel und Rouillier). Auch mit Tetranitroanilin entstehen schwer lösliche Niederschläge (Abel und Nagayama). Es ist möglich, daß die Fällungen zum Teil keine Salze oder Doppelsalze, sondern schwer lösliche Adsorptionsverbindungen darstellen, zumal auch Alkalisalze das aktive Prinzip aus wäßriger Lösung abscheiden sollen (Clover), und die aktive Substanz auch sonst gegenüber feinen Niederschlägen — Bleisulfid, Kohle, Talkum — ein großes Adsorptionsvermögen zeigt (Dudley). Nach Schäfer und Herring ist die blutdrucksteigernde Substanz dialysierbar. Durch dichtes Pergamentpapier sollen jedoch nur die Spaltstücke diffundieren, während die unzersetzte Substanz im Dialysator bleibt (Crawford und Ostenberg).

Die Reindarstellung des aktiven Prinzips erschwert sich namentlich durch seine große Empfindlichkeit. Ihre Wirkung soll bereits durch den Luftsauerstoff abgeschwächt werden (Fenger). Eine rasche Zersetzung wird durch Alkalien herbeigeführt (Guggenheim). Eine verdünnte Lösung von Barythydrat und Natronlauge inaktiviert bei Zimmertemperatur die Substanz fast augenblicklich. Gegenüber Säuren ist sie weniger empfindlich. Eine geringe Acidität scheint im Gegenteil zu stabilisieren, indem bei $P_H = 5$ keine Abschwächung erfolgt (Adams). $^1/_2$stündiges Kochen mit $0,5\,^0/_0$iger Salzsäure hebt die blutdrucksteigernde Wirkung vollständig auf. Die Wirkung auf die glatte Muskulatur bleibt jedoch in geringem Maße erhalten (Abel und Nagayama; Dale und Dudley). Trypsin und Erepsin vernichten die blutdrucksteigernde und uteruserregende Wirksamkeit. Pepsin und Papain sind ohne Einwirkung.

Auf Grund aller dieser Tatsachen ist man zu sehr verschiedenen Vorstellungen über die chemische Natur des aktiven Prinzips gelangt. Ob die typischen pharmakologischen Eigenschaften eines unzersetzten Hypophysenextraktes — Uterus-, Blutdruck- und Respirationswirkung — einer einzelnen Verbindung zuzuschreiben sind, ist zwar noch nicht eindeutig entschieden, jedoch sehr wahrscheinlich. Dafür spricht schon der Umstand, daß alle diese Wirkungen bei der Inaktivierung durch Alkali fast gleichzeitig verschwinden, bezw. auf einen kleinen Bruchteil herabgesetzt werden (Guggenheim). Daß der Inaktivierungsvorgang beim Erhitzen den Verlauf einer monomolekularen Reaktion zeigt (Adams) und daß hochaktive, d. h. weit gereinigte Präparate erhalten werden konnten, welche die Gesamtheit dieser typischen Eigenschaften besitzen (Abel und Rouillier). Dudley zerlegte jedoch ein hochaktives Präparat in eine acetonunlösliche, blutdrucksteigernde und uterustonisierende und in eine acetonlösliche, blutdrucksenkende Fraktion. Da sich im acetonunlöslichen Anteil die drucksteigernde von der uterustonisierenden Koponente trennen ließ, vermutet er, daß das aktive Prinzip aus mindestens drei Individuen besteht.

Daß das aktive Prinzip nicht identisch ist mit Histamin, ergibt sich aus den vorstehenden Ausführungen von selbst (vgl. auch S. 203). Abel, der diese Ansicht eine Zeitlang vertreten hatte (vgl. Abel und Kubota), hat sie später dann dahin modifiziert, daß er annahm, das Hypophysenprinzip sei eine Verbindung aus Histamin und einer histaminähnlichen Komponente (Abel und Nagayama). Aus den Versuchen von Dale und Dudley geht jedoch hervor, daß auch diese Auffassung wenig begründet ist. Die Paulysche Reaktion, die von mehr oder minder gereinigten Hypophysenextrakten oder einzelnen Fraktionen desselben gezeigt wird (Aldrich), ist wenig beweisend, da sie sehr wohl von unwirksamen Beimengungen herrühren kann und da sehr wirksame Präparate erhalten wurden, welche diese Reaktion ebensowenig zeigten wie die Millonsche Reaktion (Crawford). Dagegen scheint die Biuretreaktion dem aktiven Prinzip eigentümlich zu sein. Sie war jedoch in dem oben erwähnten, stark wirksamen Präparat Dudley's negativ.

Es muß also weiteren Arbeiten vorbehalten werden, vollständige Klärung in diese schwierige Frage zu bringen. Nach privaten Mitteilungen aus der Chemischen Fabrik F. Hoffmann-La Roche & Co. ist es im dortigen biochemischen Laboratorium gelungen, nach einem schonenden Verfahren aus frischen Infundibularteilen eine einheitlich erscheinende Substanz zu isolieren, deren pharmakologische Aktivität am überlebenden Meerschweinchenuterus ungefähr 100mal größer ist als diejenige des Histamins. Die Substanz stellte ein farbloses, kaum hygroskopisches Pulver dar, leicht löslich in Wasser, wenig löslich in absolutem Äthylalkohol und gibt stark positive Biuretreaktion. Die Biuretreaktion war stark positiv. Diese Befunde stehen in Übereinstimmung mit den neuesten Feststellungen von Abel und Rouiller, die nach der Wirksamkeit einer aus Infundibularextrakten isolierten Quecksilberverbindung und deren Gehalt an organischer Substanz auch ebenfalls auf eine Aktivität schließt, welche diejenige des Histaminphosphates um das 50fache übertrifft.

Die aktive Verbindung ist auf jeden Fall zusammengesetzter Natur. Sie ist vielleicht das Acylderivat eines Alkanolamins (Guggenheim) oder besitzt die Struktur eines Polypeptides, welches sehr leicht in inaktive, bezw. wenig aktive Spaltstücke zerfällt (Crawford; Leschke). Beide Ansichten würden sehr wohl die Fällbarkeit durch Schwermetallsalze, durch Phosphorwolframsäure und die leichte Hydrolysierbarkeit durch Alkalien, Säuren und Fermente erklären, während die Aussalzbarkeit das geringe Difusionsvermögen mit einer Albumosennatur in Einklang stünden.

Auf synthetischem Wege gelang es bis jetzt nicht, für die eine oder andere Hypothese eine Entscheidung zu finden. Dipeptide, aus einer Aminosäure und einem biogenen Amin, sog. Peptamine, wie Glycyl-p-oxyphenyläthylamin (vgl. S. 317), Glycyl-β-imidazolyläthylamin (vgl. S. 224) besitzen keine dem aktiven Hypophysenprinzip analogen Eigenschaften (Guggenheim), ebensowenig wie Aminoacetylcholin $H_2N \cdot CH_2 \cdot CO \cdot OCH_2 \cdot CH_2 \cdot N(CH_3)_3 \cdot OH$, eine esterartige Verbindung aus Glykokoll und Cholin (Dudley).

Pharmakologische Wirkung. Injiziert man einem Säugetier einen aktiven Hypophysenextrakt in die Blutbahn, so zeigt sich eine charakteristische Beeinflussung der Atmung und der Kreislaufsorgane. Die Wirkung auf den Blutdruck, sowohl die primäre kurz dauernde Senkung wie die nachfolgende andauernde Steigerung wird durch Atropin oder Vagusdurchschneidung nicht oder nur wenig beeinflußt. Sie ist unabhängig von jeder Innervation und hat ihren Angriffspunkt voraussichtlich direkt in der glatten Muskulatur selbst (Dale; Airila). In dieser Hinsicht besteht große Ähnlichkeit mit der Histaminwirkung, doch existieren andererseits charakteristische Unterschiede, die sich besonders bei der Reinjektion geltend machen (Fühner; Borutteau und Niculescu). Injiziert man nämlich kurze Zeit nach der ersten Injektion eine zweite Dosis, so fällt die bei einer ersten Injektion vor der Steigerung auftretende primäre Senkung weg. Auch die steigernde Wirkung ist bedeutend schwächer und rasch vorübergehend. Eine dritte Injektion kann vollständig wirkungslos sein (Howell). Bisweilen rufen Extrakte, die primär eine Steigerung verursachten, bei der Reinjektion eine Senkung hervor (Abel und Rouillier).

Die gefäßverengernde Wirkung der Hypophysenextrakte läßt sich sowohl am isolierten Gefäßstreifen (Pal; de Bonis und Susanna; Rothlin), wie bei der Durchströmung verschiedener Gefäßgebiete demonstrieren. Die gefäßverengernde Wirkung gibt sich auch am Lungen- und Coronarkreislauf, d. h. Gefäßgebieten, die nicht mit fördernden, sympathischen Fasern innerviert sind, durch eine Verringerung der Durchströmungsgeschwindigkeit zu erkennen (Dale). Beim künstlich durchströmten Säugetierherz wird die Kammertätigkeit verlangsamt und verstärkt (Oliver und Schäfer; Schäfer und Vincent; Werschinin), zum Teil wahrscheinlich durch direkte Beeinflussung der Muskulatur, zum Teil auch indirekt infolge des verminderten Zustroms aus den Coronararterien (Dale; Tigerstedt und Airila; H. Müller). Am isolierten Froschherzen bewirken kleine Dosen eine Steigerung, größere eine Abnahme der Frequenz (Einis; Fühner) und eine Erweiterung der Amplitude. Auch die Herzwirkung läßt sich durch Atropin nicht vermindern.

Trotzdem sich unter dem Einfluß des Hypophysenextraktes das Nierenvolumen vergrößert und die Harnsekretion vermehrt (Schäfer und Herring; Magnus und Schäfer) zeigt sich auch bei der Durchströmung der isolierten Niere eine Gefäßverengerung und Verminderung des Ausflusses. Die Diurese, die durch Injektion von Hypophysenextrakten an intakten Tieren hervorgerufen wird, ist durch verschiedene, gleichzeitig zusammenwirkende Faktoren bedingt (King und Stoland; Houssay, Galan und Negrete; Cushny und Lambie). Von therapeutischem Interesse ist die Diuresehemmung, welche die Injektion von Hypophysenextrakt an Patienten mit Diabetes insipidus hervorruft (v. Konschegg und Schuster; Hoppe-Seyler; Aschner; Brunn; Houssay und Hug).

Am Froschgefäßpräparat wirkt Hypophysensubstanz dilatierend (Fröhlich und Pick). Der arterielle Blutdruck der Taube wird infolge Erweiterung der peripheren Arterien herabgesetzt, die Herztätigkeit angeregt (Paton und Watson). Beim Menschen sinkt der Venendruck nach intravenöser Injektion von 0,5—2 ccm allmählich. In seltenen Fällen wurde auch eine Steigerung beobachtet (Rosenow). Die Blutfülle in den Extremitäten zeigt eine kurzdauernde Zunahme.

Die Beckenorgane — Uterus, Blase — kontrahieren sich unter dem Einfluß des Hypophysenextraktes, ersterer in allen funktionellen Stadien (Dale). Die verschiedenen Tierarten — Hund, Meerschweinchen, Katze, Kaninchen, Ratte — zeigen in dieser Hinsicht keinen Unterschied. Beim menschlichen Uterus wird die Tuba fallopii nicht beeinflußt (Gunn). Atropin und Ergotoxin bewirken keine Hemmung. Neben der direkten Muskelwirkung besteht wahrscheinlich eine gesteigerte Reizbarkeit der parasympathischen Fasern der Blase und der sympathischen des Uterus (von Frankl-Hochwart und Fröhlich) und eine Sensibilisierung, die vielleicht auch eine physiologische Funktion der Hypophyse ist (Cow).

Die Peristaltik und der Tonus des Darmes werden ebenfalls angeregt, wenn auch nicht so ausgesprochen wie beim Uterus (Zondek; Pirig). Auch die Kontraktionen des Magens werden erregt und verstärkt (Galan). Beim Kaninchen bewirkt Injektion von Hypophysenextrakt vorübergehend Atemstillstand, der gleichzeitig mit der Blutdrucksteigerung auftritt (Fühner; Pankow). Die Wirkung beruht auf Bronchokonstriktion (Hallion). Beim Meerschweinchen ist diese Atemwirkung bedingt durch eine Erregung der Vagusendigungen in der Bronchialmuskulatur; sie kann durch ausgiebige Atropinisierung nicht, aber durch Durchschneidung des Vagusstammes verhindert werden (Fröhlich und Pick). Daneben bestehen noch Atemstörungen zentraler Natur, welche durch Amylnitrit behoben werden können.

Die Speichel- und die Pankreassekretion wird nicht gesteigert (Schäfer und Herring; Dale; Solem und Lommen), wohl aber die Sekretion der Milchdrüse (Ott und Scott; Simpson und Hill; Maxwell und Rothera) und der Cerebrospinalflüssigkeit (Weed und Cushing). Die fördernde Wirkung auf die Milchabsonderung wird von einer Phase der Sekretionsverminderung gefolgt und zeigt sich namentlich während der Laktationsperiode (Pal; Rothlin, Plimmer und Husband), während die Niere und die Magendrüsen bei abnorm gesteigerter Funktion eine Hemmung erleiden. Intramuskuläre Injektion bewirkt die Absonderung eines salzsäurearmen, fast eiweißfreien Magensaftes, welcher wahrscheinlich aus den Gefäßen der Magenwand stammt (Hoffmann). Die Wirkung auf die Verdauungsdrüsen ist jedoch keine regelmäßige (Gorke und Deloch). Die Pupille des ausgeschnittenen Froschauges wird erweitert (Cramer), die Säugetierpupille dagegen bleibt unverändert (Dale). Die kontrahierende Wirkung auf die Melanophoren gewisser Kaltblüter ist als Meßmethode für die Wirksamkeit von Hypophysenextraktion empfohlen worden (Hogben und Winton).

Trotz der großen Wirksamkeit kann das Hypophysenprinzip als relativ ungiftig bezeichnet werden. Eine letale Dosis ist nicht festgestellt worden. Von dem S. 343 erwähnten hochaktiven isolierten Prinzip vertrug ein Kaninchen subkutan eine Dosis, welche in bezug auf Wirksamkeit am Uterus 1,8 g Histamin entsprach. Die fast sofort nach der Injektion auftretenden Lähmungserscheinungen gingen bald vorüber. Nach intravenöser Injektion wird ein wesentlicher Teil der aktiven Substanz im Harn unverändert ausgeschieden (Dale). Subkutane Injektion von Pituitrin ist beim Kaninchen ohne Einfluß auf den Blutzuckergehalt und bewirkt keine Glucosurie. Die blutzuckersteigernde Wirkung von Adrenalin wird im Gegenteil durch vorhergehende Pituitrininjektion gehemmt (Stenström). Erst bei intravenöser Injektion großer Dosen erfolgt Hyperglucämie und Glucosurie. Masi beobachtete dagegen nach subkutaner Injektion von wäßrigen und Glycerinextrakten der Hypophyse eine deutliche Glucosurie (vgl. auch Partos und Katz-Klein).

Injiziert man Personen, welche mit Typhusimpfstoff vorbehandelt wurden, nach 2—4 Wochen Hypophysenextrakt, so steigert sich der Agglutinintiter beträchtlich (Borchardt). Das Blutbild wird im Sinne einer Hyperleukocytose verändert (Gorke und Deloch).

Das Schilddrüsenprinzip.

Die als Morbus Basedowii und Myxödem (Kachexia thyreopriva) bekannten, pathologischen Erscheinungen, welche durch eine krankhafte Steigerung oder den Ausfall der Schilddrüsenfunktion ausgelöst werden, hatten zuerst darauf hingewiesen, daß in diesem Organ ein oder mehrere Stoffe gebildet und in den Kreislauf abgegeben werden, welche den Stoffwechsel und die Leistungen des tierischen Organismus in fundamentaler Weise zu beeinflussen vermögen. Der von Baumann entdeckte Jodgehalt der Schilddrüse legte es nahe, den Träger dieser spezifischen Funktion in einer jodhaltigen Substanz zu suchen.

Der Jodgehalt der Schilddrüse ist in hohem Maße vom Alter und der Ernährung abhängig. Bei Kindern ist er bedeutend geringer als bei Erwachsenen (Baumann). Nach Herzfeldt und Klinger fehlt das Jod bei Neugeborenen, nach Fenger ist es dagegen in Drüsen der unentwickelten Foeten anwesend. Jolin fand bei Kindern von 1—10 Jahren durchschnittlich 0,28%, bei älteren Personen durchschnittlich 1,56%. In gewissen Gegenden, namentlich in solchen, wo endemischer Kropf herrscht, zeigen die Schilddrüsen einen relativ niedrigen Jodgehalt, während in anderen Gegenden, speziell in der Nähe des Meeres, der durchschnittliche Jodgehalt bedeutend größer ist (Baumann). Besonders hohe Werte zeigen sich an Personen, welche mit anorganischen oder organischen Jodpräparaten vorbehandelt wurden, da das resorbierte Jod in der Schilddrüse festgehalten wird.

Schon Baumann und Roos bemühten sich, diese jodhaltige Verbindung darzustellen. Im Jodothyrin glaubten sie das aktive Prinzip gefunden zu haben.

Zu seiner Darstellung kocht man 1 Teil frischer entfetteter Schilddrüse mit 4 Teilen 10%iger Schwefelsäure. Das Jodothyrin bleibt größtenteils im ungelösten Rückstand, eine geringe Menge findet sich in der Lösung und läßt sich nach Entfernung der Schwefelsäure durch Konzentration abscheiden. Dem unlöslichen Niederschlag entzieht man das Jodothyrin mit Alkohol. Der Alkoholrückstand wird durch Petroläther von Fettsäuren befreit, mit Natronlauge gelöst und mit Säuren wieder abgeschieden. Weniger gefärbte Produkte erhält man, wenn man die Schilddrüse statt durch Schwefelsäure, durch peptische Verdauung hydrolysiert, wobei nach 2 Tagen die Schilddrüsensubstanz in Lösung geht, während das Jodothyrin ungelöst zurückbleibt (Baumann und Roos).

Das Jodothyrin ist ein bräunliches Pulver, unlöslich in Wasser, löslich in heißem Alkohol, leicht löslich in Ätzalkalien. Die Substanz enthält ca. 10% Jod, welche durch Alkali nur schwer abgespalten werden. Es ist fraglich, ob dem Jodothyrin die volle Wirksamkeit der Schilddrüsensubstanz zukommt (vgl. hierzu Pick und Pineles; Romeis). Auf jeden Fall kann es nicht als chemisches Individuum angesprochen werden. Auch ist es wahrscheinlich nicht als solches in der Schilddrüse vorgebildet, sondern ein sekundäres Umwandlungsprodukt oder Spaltprodukt.

Das in der Drüse vorgebildete spezifische Sekretionsprodukt ist nach Oswald das Jodthyreoglobulin, ein Eiweißkörper von Globulincharakter, der aus den Auszügen der Schilddrüse mit Ammonsulfat abgeschieden werden kann und sich durch Dialyse reinigen läßt. Es zeigt einen wechselnden Jodgehalt — 0,46% beim Schwein, 0,86% beim Ochsen, 0,34% beim Menschen. Bei jungen Tieren, die kein Jod in der Drüse haben, ist das Thyreoglobulin jodfrei. Durch Zufuhr von Jodsalzen läßt sich der Jodgehalt des Thyreoglobulins steigern.

Die Schwierigkeiten, welche der Reindarstellung von Eiweißkörpern entgegenstehen, lassen es nicht ausgeschlossen erscheinen, daß in dem Jodthyreoglobulin von Oswald kein chemisches Individuum vorliegt und daß sowohl der Jodgehalt wie die ihm eigene physiologische Wirksamkeit einem einfacheren Komplex zukommt, welcher bei der Isolierung des Globulins von demselben nicht getrennt werden kann. Kendall scheint nun in neuester Zeit die Isolierung des aktiven Prinzips geglückt zu sein. Es gelang ihm nämlich, aus Schilddrüsen das Thyroxin, eine krystallisierte, jodhaltige Verbindung darzustellen, welcher er folgende Struktur zuschreibt:

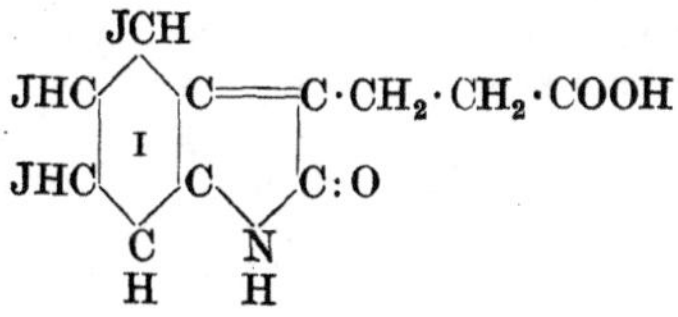

Diese merkwürdige Verbindung bezeichnet er als 4,5,6 Trihydro-4,5,6-trijod-β-indolpropionsäure, ein Name, der allerdings nicht ganz richtig sein dürfte, da infolge der partiellen Hydrierung und der Anlagerung der Pyrrolbindung kein eigentlicher Indolring mehr vorliegt. Durch Umlagerung von Wasser und durch Aufspaltung des hydrierten Pyrrolringes bildet das Thyroxin verschiedene Modifikationen, denen folgende Struktur zugeschrieben wird:

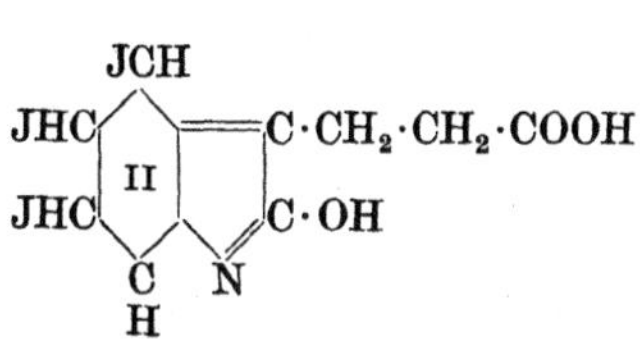

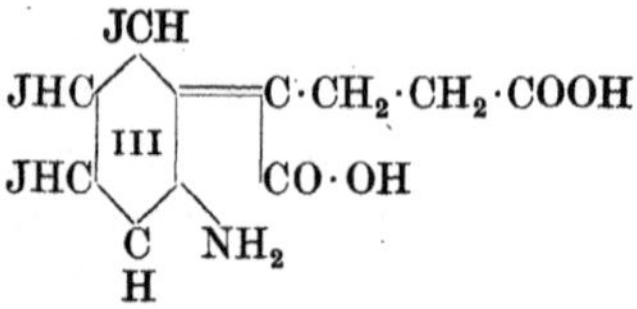

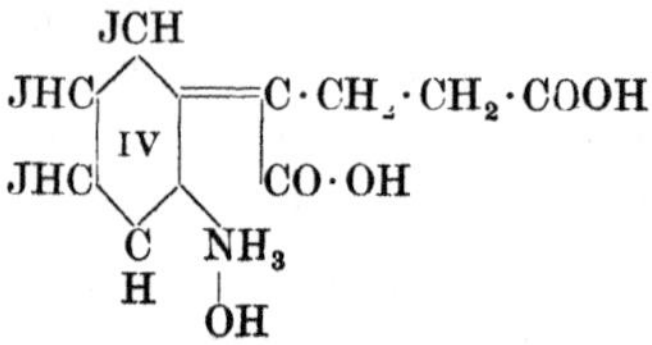

Alle vier Verbindungen will Kendall zusammen mit Osterberg isoliert haben. Trotz der zweifelhaften Konstitution dieser verschiedenen Thyroxinformen sollen deren Eigenschaften und Verhalten näher beschrieben werden, weil sich auf diese Angaben die eigenartige Strukturformel, sowie die sehr verwickelte, um nicht zu sagen verworrene Vorschrift zur Darstellung des Thyroxins gründet.

Ketoform $C_{11}H_{10}O_3NJ_3$ (Formel I), farblose, mikroskopische Krystalle aus wäßrig-alkoholischen Lösungen, Schmelzpunkt 250°, wenig löslich in Wasser, unlöslich in organischen Lösungsmitteln, löslich in Alkohol bei Gegenwart von Mineralsäuren oder Alkalihydroxyd. Es bildet ein Mono- und Dinatriumsalz, Monosalze sind wenig löslich in Wasser, leicht löslich in Alkohol; Bariumsalz, zu Bündeln vereinigte Nadeln, löslich in heißem Wasser, auch mit Magnesium, Calcium, Zink und Kupfer entstehen Salze, die aber leicht dissoziieren. Das Di-Silbersalz zeigt infolge Dissoziation nur 92% des theoretisch berechneten Silbergehaltes. Mit Jodmethyl entsteht daraus ein Dimethylester, löslich in Alkohol, unlöslich in Wasser. Mit Mineralsäuren entstehen leicht dissoziierbare Salze. Das Hydrochlorid krystallisiert in rechteckigen Nadeln oder sternförmigen Prismen, die alle bei 204° schmelzen. Löslich in Ätzalkalien und Ammoniak, wenig löslich in kalter, löslich in heißer Soda.

Mit Essigsäureanhydrid entsteht ein N-Acetylderivat, gebogene Nadeln, Schmelzpunkt etwas niedriger als beim Thyroxin. Leicht löslich in Alkohol, Äther, Essigester und verdünntem wäßrigem Ammoniak und Pyridin. Mit HOCN entsteht ein Ureid, gebogene Nadeln.

Die Enolform (II) entsteht bei der Hydrolyse des Dinatriumsalzes der Ketoform. In Bündeln oder Rosetten angeordnete Nadeln, welche kürzer sind als diejenigen der Ketoform. Schmelzpunkt 204°. Löslich in Chinolin, Pyridin und wäßrigem Pyridin (Unterschied von der Ketoform). Nach van Slyke werden etwa 70% des Stickstoffs abgespalten, während die Ketoform keinen N entwickelt.

Offenringform (III) bildet sich beim Kochen der mineralsauren Salze der Ketoform, Bündel von langen Platten, Schmelzpunkt 225°. Die Öffnung des Ringes erfolgt am leichtesten, wenn der Stickstoff des Pyrrolringes sich im 5wertigen Zustand befindet. In den Drüsen findet sich das Thyroxin hauptsächlich in der Offenringform. Die Ringschließung wird durch die Anwesenheit anderer Stoffe verhindert und begünstigt, wenn man die Substanz mit Alkali + Alkohol löst, CO_2 einleitet und vom ausgeschiedenen Na_2CO_3 abfiltriert. Beim Stehenlassen der alkoholischen Lösung scheidet sich dann das Mononatriumsalz der Enolform II ab.

Hydratform (IV), entsteht, wenn man eine alkalisch-wäßrige Lösung von Thyroxin mit Ammonchlorid versetzt. Schmelzpunkt 216°.

Mit Zink spaltet das Thyroxin in alkalischer oder saurer Lösung Jod ab. Beim Erhitzen mit Metallen in saurer Lösung erfolgt Reduktion. Milde Oxydationsmittel sind ohne Einwirkung. Brom und Permanganat zerstören das Molekül. In alkalischer Lösung erfolgt mit Jod Zersetzung unter Bildung eines braunen Niederschlages. Die Enolform scheint viel weniger beständig wie die Ketoform. Im Sonnenlicht verändert sich eine alkalische Lösung unter Dunkelfärbung und Entwicklung eines nicotinähnlichen Geruches. Bei Zimmertemperatur ist Thyroxin auch gegen konzentrierte Alkalien beständig. Beim Erhitzen auf 110° erfolgt Abspaltung von Jodnatrium und Bildung von Indol, welches sich mit der Fichtenspanreaktion nachweisen läßt. Mit Säuren erfolgt leicht Zersetzung unter Bildung harzartiger, braun gefärbter Polymerisationsprodukte.

Zur Darstellung des Thyroxins hydrolysiert man die Schilddrüsen mit 5%iger Natronlauge. Nach dem Erkalten entfernt man die abgeschiedenen Fette und säuert mit verdünnter Salzsäure an. Der abgeschiedene Niederschlag enthält das gesamte Thyroxin. Er wird mit Natronlauge gelöst und mit Salzsäure gefällt. Der abgeschiedene Niederschlag wird getrocknet. Er enthält neben verschiedenen Verunreinigungen das Thyroxin in der Offenringform als Hydrochlorid. Man löst in Alkohol und neutralisiert mit Natronlauge bis die Lösung nahezu lackmusneutral reagiert. Von dem gebildeten braunen Niederschlag wird abfiltriert. Das Thyroxin bleibt in Lösung. In das alkoholische Filtrat gibt man eine heiß gesättigte Barytlösung und kocht. Es bildet sich dann ein brauner Niederschlag, der verschiedene Verunreinigungen entfernt und auch etwas Thyroxin mitreißt. Die Hauptmenge Thyroxin bleibt jedoch in dieser unreinen Form als Bariumsalz in Lösung. Zum Filtrat gibt man etwas Natronlauge und leitet Kohlensäure ein. Das abgeschiedene Barium und Natriumcarbonat wird abfiltriert. Das alkoholisch-wäßrige Filtrat enthält ein Mononatriumsalz der Offenringform, bei welchen bei Anwesenheit anderer Stoffe die Umwandlung in das schwer lösliche Natriumsalz der Enolform verhindert wird. Man verjagt den Alkohol und säuert die zurückbleibende Lösung mit Salzsäure an. Der gebildete Niederschlag wird in natronalkalischem Alkohol gelöst, die Lösung mit Kohlensäure behandelt, vom ausgeschiedenen Natriumcarbonat abfiltriert und der Alkohol verdampft. Bei längerem Stehen scheidet sich das Natriumsalz des Thyroxins ab. Dieses wird nochmals in alkalischem Alkohol gelöst, mit Kohlendioxyd behandelt. Dann läßt man das Natriumsalz wie beschrieben krystallisieren. Aus der alkalisch-alkoholischen Lösung kann man das freie Thyroxin mit Essigsäure ausfällen. Durch mehrmaliges Umfällen aus der alkoholisch-alkalischen Lösung erhält man reines Thyroxin.

Die Ausbeute aus 6650 Pfund betrug 33 g, während der Gehalt von 150 g Trockendrüsen zu 10 mg angenommen wird.

Die Feststellungen Kendalls über die chemische Natur des Thyroxins können einer sachlichen Kritik nicht standhalten. Die Synthese des Thyroxins wurde bereits 1919 mit folgenden Worten angezeigt:

The empirical and structural formulas were determined during the summer of 1917, In December 1917, Mr. Osterberg succeeded in synthesezing a small amount of thyroxin. The synthesis was repeated and the structural formula confirmed in April 1919.

Tatsächlich fehlt heute noch ein richtiger Konstitutionsbeweis. Bis dieser geleistet wird, besteht kein Grund, dem Thyroxin die Formel einer partiell hydrierten und jodierten Indolinonpropionsäure zuzuschreiben und im aktiven Prinzip der Schilddrüse ein Derivat des Tryptophans zu erblicken. Es ist sogar zweifelhaft, ob es überhaupt ein Indolderivat ist.

Ganz unabhängig von diesen chemischen Überlegungen darf man aber nach den bisher ausgeführten physiologischen und therapeutischen Versuchen wohl nicht daran zweifeln, daß es Kendall gelungen ist, aus der Schilddrüse eine sehr aktive, jodhaltige Verbindung zu isolieren. Das Thyroxin besitzt vor allem die der Schilddrüse eigentümliche charakteristische Stoffwechselwirkung, welche sich in allen Geweben und Zellen betätigt und eine Erhöhung des Grundumsatzes herbeiführt. Zu diesen Feststellungen gelangte man hauptsächlich durch klinische Versuche (Plummer).

Nach dem Jodgehalt berechnet, soll das Gesamtgewebe des Körpers mit Ausnahme der Schilddrüse etwa 14 mg Thyroxin enthalten, wovon täglich etwa 0,5—1 mg verbraucht werden. Danach wird von einer normalen Schilddrüse täglich ca. 1 mg Thyroxin an das Blut und die Gewebe abgegeben. Bei Hyperthyreoidismus ist die Thyroxinsekretion abnorm gesteigert, bei Hypothyreoidismus vermindert. Bei schilddrüsenlosen Myxödematösen fehlt das Thyroxin vollständig. Verabreicht man einem solchen Kranken 22 mg Thyroxin intravenös, so wird der niedere Grundumsatz derart gesteigert, daß er in 10—12 Tagen die normale Höhe erreicht. Nach etwa 10 Tagen sinkt der Grundumsatz wieder langsam ab, um innerhalb 5—7 Wochen wieder auf den vorherigen Zustand zurückzukehren. Die einmalige Verabreichung von 1 mg Thyroxin erhöht den Grundumsatz um 2—3%. 2—3 mg halten den Basalstoffwechsel 20—30%, 3 mg 50% über dem normalen Niveau. Den Patienten mit exophthalmischen Kropf, bei denen der Basalstoffwechsel +65% beträgt, wird durch Verabreichung von 15 mg keine merkliche Veränderung herbeigeführt. Dagegen verschwindet der Kolloidkropf unter dem Einfluß der Thyroxinmedikation, ohne daß eine allgemeine Stoffwechselveränderung stattfindet. Nach monatelanger Verabreichung von 1 mg Thyroxin täglich, zeigt der Basalstoffwechsel keine merkliche Abweichung von den Normalwerten. Bei oraler Verabreichung ist die Resorption des Thyroxins unregelmäßig, da ein Teil desselben im Darm zersetzt wird. Um den Grundumsatz eines Myxödematösen auf normaler Höhe zu halten, müssen per os täglich 1,6 mg verabreicht werden. Bisweilen zeigt der Grundumsatz durch orale Verabreichung von 2—3 mg Thyroxin oder 20 g getrockneter Schilddrüsen kaum eine merkliche Schwankung. Dieses Versagen der Thyroxinwirkung wird auf eine mangelhafte Resorption oder übermäßige Zerstörung zurückgeführt und besteht bei Personen mit diffusem Kolloidkropf oder abnorm niedrigem Grundumsatz. Bei großen Energieleistungen der Gewebe erfolgt eine rasche Erschöpfung des im Tierkörper vorhandenen Thyroxinvorrates, wodurch die Schilddrüse zu vermehrter Abgabe und zur Hypersekretion veranlaßt wird, als deren Folge sich unter ungünstigen Verhältnissen ein Hyperthyreodismus ausbilden kann.

An jungen Ratten verursacht Thyroxin ebenso wie Schilddrüsentrockensubstanz Abnahme der Wachstumsgeschwindigkeit, Hypertrophie des Herzens, der Leber, der Nieren und Nebennieren. Bei oraler Verabreichung ist jedoch die Thyroxinwirkung infolge bakterieller Zerstörung bedeutend geringer als diejenige einer in bezug auf den Jodgehalt entsprechenden Menge Schilddrüsensubstanz (Cameron und Carmichael; Hunt; Hildebrandt).

Eingehender studiert ist auch die Wirkung des Thyroxins auf die Entwicklung von Kaulquappen und von Axolotln (Romeis). Das Thyroxin bewirkt hier ähnlich wie frische Schilddrüsen oder daraus hergestellte Präparate — Jodothyrin, Jodthyreoglobulin — eine Beschleunigung der Metamorphose, Verlangsamung des Wachstums und Erhöhung des Stoffwechsels, der zu einer erheblichen Gewichtsabnahme führt. Diese Wirkungen treten bereits in sehr verdünnter Lösung — 1:1000000 und 1:10000000 — auf.

Diese sind jedoch nicht ganz spezifisch, da auch andere Jodpräparate — Jodeiweiß, Dijodtyramin, namentlich aber Dijodtyrosin — einen ähnlichen Einfluß ausüben (Abelin; Abderhalden und Kahn). Dijodtyrosin beeinflußt aber erst in einer Konzentration von 1:3000 bis 1:5000 die Kaulquappen ebenso stark wie Thyroxin in einer Lösung von 1:1000000. Romeis hat auch nach einer von dem Kendallschen Verfahren abweichenden Methode aus frischen Schilddrüsen eine in Wasser und wäßrigem Alkohol lösliche, in Äther unlösliche, auf Kaulquappen sehr aktive Substanz isoliert. Diese war in einem Falle sogar jodfrei und gab keine Indolreaktion. Sie deutet darauf hin, daß in der Schilddrüse neben dem Thyroxin noch andere aktive Substanzen enthalten sind, Tyramin, Histamin und andere proteinogene Amine scheinen jedoch in frischen Schilddrüsen nicht in nennenswerter Menge enthalten zu sein (Samartino).

Literaturverzeichnis.

Zur Vermeidung von Fehlern sind fast sämtliche Literaturstellen nochmals mit den Originalen verglichen worden. Die Arbeiten, bei denen dies nicht möglich war, sind mit einem * bezeichnet. Die kursiv gedruckten Zahlen verweisen auf die Seiten dieses Buches, wo die betreffende Arbeit zitiert ist.

Abderhalden, E.: Hydrolyse des krystallisierten Oxyhämoglobins aus Pferdeblut. Zeitschr. f. physiol. Chem. Bd. 37, S. 484—494. 1903. *133, 146, 148, 149, 206.*

— Familiäre Cystindiathese. Zeitschr. f. physiol. Chem. Bd. 38, S. 557—561. 1903. *124.*

— Notizen. Versuche über das Verhalten von spinalen Nerven- und Sympathicusfasern, ferner von quergestreiften und glatten Muskelfasern gegenüber l-d- und d-l-Adrenalin (Suprarenin). Zeitschr. f. physiol. Chem. Bd. 78, S. 159—163. 1912.

— Weitere Versuche über den Stickstoffwechsel. Langfristige Versuche über den Ersatz des Nahrungseiweißes durch das aus diesem darstellbare Aminosäuregemisch. Zeitschr. f. physiol. Chem. Bd. 96, S. 1—147. 1915. *136.*

— und P. Bergell: Zur Kenntnis des Epinephrins (Adrenalins). Ber. d. Dtsch. Chem. Ges. Bd. 37, S. 2022—2024. 1904. *281.*

— C. Brahm und A. Schittenhelm: Vergleichende Studien über den Stoffwechsel verschiedener Tierarten. 1. Mitteil. Zeitschr. f. physiol. Chem. Bd. 59, S. 32—34. 1909. *248.*

— und H. Einbeck: Studien über den Abbau des Histidins im Organismus des Hundes. Zeitschr. f. physiol. Chem. Bd. 62, S. 322—332. 1909. *212, 228.*

— — und J. Schmid: Studien über den Abbau des Histidins im Organismus des Hundes. Zeitschr. f. physiol. Chem. Bd. 68, S. 395—399. 1910. *212, 228.*

— und G. Ewald: Gibt es lebenswichtige, bisher unbekannte Nahrungsstoffe? Zeitschr. f. d. ges. exp. Med. Bd. 5, S. 1—98, 1916. *221.*

— und A. Fodor: Versuche über die bei der Fäulnis von l-Asparaginsäure entstehenden Abbaustufen. Eine neue Methode zum Nachweis von β-Alanin. Zeitschr. f. physiol. Chem. Bd. 85, S. 112—130. 1913. *252. 266.*

— — Über den Abbau von d-Glukosamin durch Bakterien. Zeitschr. f. physiol. Chem. Bd. 87, S. 214—219. 1913. *108.*

Abderhalden, E., G. Fromme und P. Hirsch: Die Bildung von γ-Aminobuttersäure und d-Glutaminsäure unter dem Einfluß von Mikroorganismen. Zeitschr. f. physiol. Chem. Bd. 85, S. 131—135. 1913. *250.*

— und M. Guggenheim: Weitere Versuche über die Wirkung der Tyrosinase aus Russula delica auf tyrosinhaltige Polypeptide und auf Suprarenin. Zeitschr. f. physiol. Chem. Bd. 57, S. 329—330. 1908. *292, 325, 329.*

— und K. Kautzsch: Weitere Studien über das physiologische Verhalten von l- und d-Suprarenin. IV. Mitteil. Zeitschr. f. physiol. Chem. Bd. 61, S. 119—123. 1909. *250, 255, 264, 266.*

— — Zur Kenntnis der Glutaminsäure und der Pyrrolidoncarbonsäure. Zeitschr. f. physiol. Chem. Bd. 64, S. 447—459. 1910. *250.*

— — Weitere Beiträge zur Kenntnis von methylierten Polypeptiden, Betain des Diglycylglycins. Zeitschr. f. physiol. Chem. Bd. 75, S. 19—29. 1911. *255.*

— — und F. Müller: Weitere Studien über das physiologische Verhalten von l- und d-Suprarenin. Zeitschr. f. physiol. Chem. Bd. 62, S. 404—409. 1909. *75, 309.*

— und F. Müller: Über das Verhalten des Blutdruckes nach intravenöser Einführung von l-, d- und d, l-Suprarenin. Zeitschr. f. physiol. Chem. Bd. 58, S. 185—188. 1908. *309, 310.*

— — Die Blutdruckwirkung des reinen Cholins. Zeitschr. f. physiol. Chem. Bd. 65, S. 420—430. 1910. *73, 75.*

— — Weitere Beiträge über die Wirkung des Cholins (Cholinchlorhydrat) auf den Blutdruck. Zeitschr. f. physiol. Chem. Bd. 74, S. 253—272. 1911. *73, 75.*

— und F. Samuely: Die Zusammensetzung des „Gliadins" des Weizenmehles. Zeitschr. f. physiol. Chem. Bd. 44, S. 276—283. 1905. *145.*

— und H. Schaumann: Beitrag zur Kenntnis von organischen Nahrungsstoffen mit spezifischer Wirkung. Pflügers Arch. f. d. ges. Physiol. Bd. 172, S. 1—274. 1918. *111, 240.*

— und O. Schiffmann: Studien über die von einzelnen Organen hervorgebrachten Substanzen mit spezifischer Wirkung. 4. Mitteil. Pflügers Arch. f. d. ges. Physiol. Bd. 183, S. 197—209. 1920. *354.*

— und A. Schittenhelm: Ausscheidung von Tyrosin und Leucin in einem Falle von Cystinurie. Zeitschr. f. physiol. Chem. Bd. 45, S. 468—472. 1905. *124.*

— und Gr. J. Slavu: Weitere Studien über das physiologische Verhalten von l- und dl-Suprarenin. 3. Mitteil. Zeitschr. f. physiol. Chem. Bd. 59, S. 129—137. 1909. *293, 309.*

— und F. Thieß: Weitere Studien über das physiologische Verhalten von l-, d- und d, l-Suprarenin. Zeitschr. f. physiol. Chem. Bd. 59, S. 22—28, 1909. *309, 331.*

— und A. Voitinovici: Hydrolyse des Keratins aus Horn und aus Wolle. Zeitschr. f. physiol. Chem. Bd. 52, S. 348—367. 1907. *133, 147.*

— und A. Weil: Spaltung des racemischen Histidins in seine optisch aktiven Komponenten. Zeitschr. f. physiol. Chem. Bd. 77, S. 435—453. 1912. *228.*

Abderhalden, E. und A. Weil: Über die Identifizierung der aus Proteinen der Nervensubstanz gewonnenen Aminosäuren von der Zusammensetzung $C_6H_{13}NO_2$. 2. Mitteil. Zeitschr. f. physiol. Chem. Bd. 88, S. 272—275. 1913. *38.*

Abe, K.: Effects of the restriction of the pulmonary artery on the blood pressure and on the volume of some organs and the cause of the fall of the arterial blood pressure, due to the so-called "paradoxical vasodilatory substances". The Tohoku Jl. of exper. Med. Vol. 1. S. 398—447. 1920. *217.*

Abel, J. J.: Über den blutdruckerregenden Bestandteil der Nebennieren. Zeitschr. f. physiol. Chem. Bd. 28, S. 318—362. 1889. *281, 287, 325.*

— Weitere Mitteilungen über das Epinephrin. Ber. d. Dtsch. Chem. Ges. Bd. 36, S. 1839—1847. 1903. *287, 325.*

— Darstellungen und Eigenschaften eines Abbauproduktes des Epinephrins. Ber. d. Dtsch. Chem. Ges. Bd. 37, S. 368—381. 1904. *325.*

— und W. W. Ford: On the poisons of Amanita phalloides. Journ. of biol. chem. Vol. 2, p. 273—288. 1906. *92.*

— and S. Kubota: On the presence of histamine (β-iminazolylethylamine) in the hypophysis cerebri and other tissues of the body and its occurence among the hydrolytic decomposition products of proteins. Journ. of pharmacol. a. exp. therap. Vol. 13, p. 243—300. 1919. *202, 203, 341, 342.*

— and D. I. Macht: The poison of the tropical toad, Bufo Agua. Journ. of the Americ. med. assoc. Vol. 56, S. 1531—1536. 1911. *287, 325.*

— — Two crystalline pharmacological agents obtained from the tropical toad Bufo Agua. Journ. of pharmacol. a. exp. therap. Vol. 3, p. 319—377. 1912. *287.*

— — Histamine and pituitary extract. Journ. of pharmacol. a. exp. therap. Vol. 14, p. 279—293. 1919. *219.*

— and T. Nagayama: On the presence of histamine in extracts of the posterior lobes of the pituitary gland and on preliminary experiments with the pressor constituent. Journ. of pharmacol. a. exp. therap. Vol. 15, p. 347—399. 1920. *203, 342, 343.*

— and M. C. Pincoffs: On the presence of albumoses in extracts of the posterior lobe of the hypophysis cerebri. Proc. of the nat. acad. of sciences (U. S. A.) Vol. 3, p. 507—517. 1917. *341.*

— and Ch. A. Rouiller: Evaluation of the hormone of the infundibulum of the pituitary gland in terms of histamine, with experiments on the action of repeated injections of the hormone on the blood pressure. Journ. of pharmacol. a. exp. therap. Vol. 20, p. 65—84. 1923. *341.*

Abelin, J.: Beiträge zur Kenntnis der physiologischen Wirkung der proteinogenen Amine auf den Stickstoffwechsel schilddrüsenloser Hunde. Biochem. Zeitschr. Bd. 93, S. 128—148. 1918. *13, 46.*

— Beiträge zur Kenntnis der physiologischen Wirkung der proteinogenen Amine. 2. Mitteil. Biochem. Zeitschr. Bd. 101, S. 197—238. 1919. *13, 46, 75.*

Abelin, J.: 4. Mitteil. Einfluß von Dijodtyramin und Tyramin auf die Entwicklung von Froschlarven. Biochem. Zeitschr. Bd. 102, S. 58—88. 1919. *315, 354.*

— 5. Mitteil. Vegetatives Nervensystem und Stoffwechsel. Biochem. Zeitschr. Bd. 129, S. 1—49. 1922. *13, 46.*

— und J. Jaffé: 3. Mitteil. Über den Einfluß proteinogener Amine, Phenyl- und p-Oxyphenyläthylamin auf den Kohlenhydratstoffwechsel der Leber. Biochem. Zeitschr. Bd. 102, S. 39—57. 1919. *13, 315.*

Abelous, J. E., et E. Bardier: De l'action hypotensive et myotique de l'urine humaine normale. Cpt. rend. hebdom. des séances de l'acad. des sciences. Tome 148, p. 1471—1472. 1909. *43.*

— — L'action comparé de l'urohypotensine et de la triméthylamine. Cpt. rend. des séances de la soc. de biol. Tome 66, p. 347—348. 1909. *43.*

— Action de l'uro-hypotensine sur la pression artérielle. Cpt. rend. hebdom. des séances de l'acad. des sciences. Tome 149, p. 142—143. 1909. *43.*

— et L. C. Soula: Adrénaline active et adrénaline virtuelle. Cpt. rend. des séances de la soc. de biol. Tome 86, p. 749—750. 1922. *286, 292.*

— A. Soulié et G. Toujan: Dosage colorimétrique par l'iode de l'adrénaline. Cpt. rend. des séances de la soc. de biol. Tome 58, p. 301—302. 1905. *282, 283, 329.*

— — — Sur la formation de l'adrénaline par les glandes surrénales. Cpt. rend. des séances de la soc. de biol. Tome 58, p. 533—534. 1905. *282.*

— — — Sur l'origine de l'adrénaline. Cpt. rend. des séances de la soc. de biol. Tome 58, p. 574—576. 1905. *283.*

Abramow, S., und S. Mischennikow: Über die Entgiftung bakterieller Toxine durch Adrenalin. Zeitschr. f. Immunitätsforsch. u. exp. Therap. Bd. 20, S. 253—259. 1913. *304.*

Achelis, W.: Über das Vorkommen von Methylguanidin im Harn. Zeitschr. f. physiol. Chem. Bd. 50, S. 10—20. 1906. *175, 176.*

— und F. Kutscher: Der Nachweis organischer Basen im Pferdeharn. Zeitschr. f. physiol. Chem. Bd. 52, S. 91—94. 1907. *249.*

Ackermann, D.: Nachweis von Guanidin. Zeitschr. f. physiol. Chem. Bd. 47, S. 366—367. 1906.

— Notiz zur Kenntnis des Putrescins. Zeitschr. f. physiol. Chem. Bd. 53, S. 545—546. 1907. *122, 131, 140, 253.*

— Ein Beitrag zur Chemie der Fäulnis. Zeitschr. f. physiol. Chem. Bd. 54, S. 1—31. 1907. *9, 21, 120, 137, 180, 252.*

— Ein Fäulnisversuch mit Arginin. Zeitschr. f. physiol. Chem. Bd. 56, S. 305—315. 1908. *9, 123, 253, 266.*

— Über die Entstehung von Fäulnisbasen. Zeitschr. f. physiol. Chem. Bd. 60, S. 482—501. 1909. *9, 30, 34, 123, 252, 266.*

— Ein Fäulnisversuch mit lysinfreiem Eiweiß. Zeitschr. f. physiol. Chem. Bd. 64, S. 91—94. 1919. *9, 123.*

— Über den bakteriellen Abbau des Histidins. Zeitschr. f. physiol. Chem. Bd. 65, S. 504—510. 1910. *9, 11, 200, 203, 204.*

— Über ein neues auf bakteriellem Wege gewinnbares Aporrhegma. Zeitschr. f. physiol. Chem. Bd. 69, S. 273—281. 1910. *9, 11, 250.*

Ackermann, D.: Über das β-Alanin als bakterielles Aporrhegma. Zeitschrift f. Biol. Bd. 56, S. 87—90. 1911. *9, 11, 252.*

— Die Sprengung des Pyrrolidinrings durch Bakterien. Zeitschr. f. Biol. Bd. 57, S. 104—111. 1911. *9, 36.*

— Über die Darstellung von ω-Aminosäuren aus Eiweiß auf biologischem Wege. Dtsch. med. Wochenschr. 1912. S. 391—392. *9, 11, 250, 252.*

— Über das Vorkommen von Trigonellin und Nikotinsäure im Harn nach Verfütterung von Nikotinsäure. Zeitschr. f. Biol. Bd. 59, S. 17—22. 1912. *256.*

— Über einen neuen basischen Bestandteil der Muskulatur des Hundes und seine Beziehungen zum Hexamethylornithin. Zeitschr. f. Biol. Bd. 59, S. 433—440. 1913. *131, 238, 243, 261.*

— Weitere Beiträge zur Kenntnis des Myokynins. Zeitschr. f. Biol. Bd. 61, S. 373—378. 1913. *243, 261.*

— Über den fermentativen Abbau des Kreatinins. Zeitschr. f. Biol. Bd. 62, S. 208—216. 1913. *9, 168.*

— Über den fermentativen Abbau des Kreatins. Zeitschr. f. Biol. Bd. 63, S. 78—82. 1913. *9, 168.*

— Über das Verhalten der Betaine bei der Fäulnis. Zeitschr. f. Biol. Bd. 64, S. 44—50. 1914. *9, 33, 256.*

— Über die Extraktstoffe von Melolontha vulgaris. Zeitschr. f. Biol. Bd. 71, S. 193—202. 1920. *125.*

— Kurze Bemerkungen über Curare-Ersatzpräparate. Münch. med. Wochenschrift 1921. S. 12. *41, 46, 128.*

— Über die Extraktstoffe von Mytilus edulis. Zeitschr. f. Biol. Bd. 74, S. 67—76. 1921. *107, 240.*

— R. Engeland und F. Kutscher: Die Synthese der δ-Guanidinovaleriansäure. Zeitschr. f. Biol. Bd. 57, S. 179—182. 1911. *156.*

— und F. Kutscher: Über Krabbenextrakt. I. Zeitschr. f. Unters. d. Nahrungs- u. Genußm. Bd. 13, S. 180—184. 1907. *107, 109, 135, 152, 238, 241, 249.*

— — Über die Aporrhegmen. Zeitschr. f. physiol. Chem. Bd. 69, S. 265—272. 1910. *9.*

— — Untersuchungen über die physiologische Wirkung einer Secalebase und des Imidazolyläthylamins. Zeitschr. f. Biol. Bd. 54, S. 387—394. 1910.

— — Über das Vorkommen von Lysin im Harn bei Cystinurie. Zeitschr. f. Biol. Bd. 57, S. 355—359. 1911. *135.*

— — Über einige methylierte Aminosäuren und methylierte Aporrhegmen, sowie ihr Verhalten im Tierkörper. Zeitschr. f. Biol. Bd. 72, S. 177—186. 1920. *224, 235, 249.*

— und H. Schütze: Über die Bildung von Trimethylamin durch Bacterium prodigiosum. Zentralbl. f. Physiol. Bd. 24, S. 210—211. 1910. *9, 30, 32, 76.*

— — Über Art und Herkunft der flüchtigen Basen von Kulturen des Bacterium prodigiosum. Arch. f. Hyg. Bd. 73, S. 145—152. 1910. *9, 30, 76.*

Ackroyd, H., and F. G. Hopkins: Feeding experiments with deficiencies in the amino-acids supply; arginine and histidine as possible precursors of purines. Biochem. journ. Vol. 10, p. 551—576. 1916. *154, 212.*

Adams, H. S.: The thermal decomposition of the oxytocic principle of pituitary solution. Journ. of biol. chem. Vol. 30, p. 435—442. 1917. *342, 343.*

Adler, L.: Beiträge zur Pharmakologie der Beckenorgane. Arch. f. exp. Pathol. u. Pharmakol. Bd. 83, S. 248—256. 1918. *75, 298, 299, 314.*

— Schilddrüse und Wärmeregulation (Untersuchungen an Winterschläfern). Arch. f. exp. Pathol. u. Pharmakol. Bd. 86, S. 159—224. 1920. *315. 318.*

— Untersuchungen über die Funktion des Pankreas. Arch. f. exp. Pathol. u. Pharmakol. Bd. 91, S. 110—124. 1921. *315.*

— und W. Lipschitz: Die Wirkung von Hormonen auf die Zelloxydationen und den Wärmehaushalt des Organismus. Arch. f. exp. Pathol. u. Pharmakol. Bd. 95, S. 181—191. 1922. *222.*

Adsersen, V.: Über die angebliche Tetanustoxin neutralisierende Wirkung des Neurins und des Betains. Zeitschr. f. Immunitätsforsch. u. exp. Therap. 1. Orig.-Teil. Bd. 17, S. 135—140. 1913. *257.*

Agfa-Aktiengesellschaft für Anilinfabrikation, D.R.P. 269338, Kl. 12q; D.R.P. 281056, 12q (Zus.-Pat. zu 276489); D.R.P. 269701, 12q; D.R.P. 269451, 12q; *241.*

Airila, Y.: Zur Kenntnis der Pituitrinwirkung. Skand. Arch. f. Physiol. Bd. 31, S. 381—387. 1914. *344.*

Albrecht, G. P.: Chemical study of several marine mollusks of the pacific coast. Journ. of biol. chem. Vol. 45, p. 395—405. 1921. *158.*

Aldrich, T. B.: A preliminary report on the active principle of the suprarenal gland. Americ. journ. of physiol. Vol. 5, p. 457—461. 1901. *281, 324.*

— On the presence of histidine-like substances in the pituitary gland (posterior lobe). Journ. of the Americ. chem. soc. Vol. 37, p. 203—208. 1914. *343.*

Allers, R.: Der Stoffwechsel bei der progressiven Paralyse. Biochem. Zeitschr. Bd. 96, S. 106—116. 1919. *175.*

*Amato, A.: Einfluß des Alkohols auf die Ausscheidung der Kreatinkörper. Ann. di clin. med. Vol. 10, p. 43—59. 1920. *169.*

Amatsu, H., und M. Tsudji: Über den Abbau von dl-Phenylalanin durch Bacillus subtilis. Act. Schol. Med. Univ. Kioto. Bd. 2, S. 447—457. 1918. *11, 274.*

Amsler, C.: Über inverse Adrenalinwirkung. Pflügers Arch. f. d. ges. Physiol. Bd. 185, S. 86—92. 1920. *296.*

— und E. P. Pick: Pharmakologische Studien am isolierten Splanchnicusgefäßgebiet des Frosches. Arch. f. exp. Pathol. u. Pharmakol. Bd. 85, S. 61—90. 1919.

Ancel, P., et P. Bouin: Sur une deuxième méthode d'extraction du principe actif du lobe postérieur hypophysaire. Cpt. rend. des séances de la soc. de biol. Tome 76, p. 110. 1914. *339.*

Andrlík, K.: Gewinnung von Betain aus den Abfallaugen von der Melasseentzuckerung mittels Strontian. Zeitschr. f. Zuckerindustrie in Böhmen Bd. 28, S. 404—406. 1903. *240, 255.*

—, A. Velich und Vl. Staněk: Über Betain in physiologisch-chemischer Beziehung. Zeitschr. f. Zuckerindustrie Böhmen. Bd. 27 (1902). S. 161—180. *255.*

Arai, M.: Über die sekretionserregende Wirkung der salzsauren Aminosäuren auf das Pankreas. Biochem. Zeitschr. Bd. 121, S. 175—179. 1921. *299.*

— Über den bakteriellen Abbau des l-Leucins. Biochem. Zeitschr. Bd. 122, S. 251—257. 1921. *11, 37.*

— Cholin als Hormon der Darmbewegung. 6. Mitteil. Experimentelle Therapie der Magendarmlähmung nach Peritonitis und Laparotomie. Pflügers Arch. f. d. ges. Physiol. Bd. 193, S. 359—395. 1921.

Argiris, A.: Zur Kenntnis des Neurokeratins. Zeitschr. f. physiol. Chem. Bd. 54, S. 86—94. 1907. *133, 147.*

Arnoldi, W.: Der Einfluß der Kohlensäure auf die Blutgefäße, sowie die Beziehungen der Kohlensäure zur vasokonstriktorischen Blutkomponente (Adrenalin). Zeitschr. f. exp. Pathol. u. Therap. Bd. 18, S. 304—308. 1916.

Arnstein, A., und H. Schlesinger: Ungewöhnliche Wirkungen des Adrenalins in höheren Lebensaltern. Wien. klin. Wochenschr. 1919. S. 1179—1180. *294.*

Aronson, H., und P. Sommerfeld: Die Giftigkeit des Harns bei Masern und anderen Infektionskrankheiten. Dtsch. med. Wochenschr. 1912. S. 1733—1735.

Asahina, Y.: Notiz über Seneciosäure. Arch. d. Pharmazie. Bd. 251, S. 355—356. 1913. *237.*

*— und M. Asano: Über Spilanthol, das scharfe Prinzip der Parakresse. Journ. Pharm. Soc. Japan. 1922. Nr. 480. *36.*

*— und A. Fujita: Über die Konstitution von Rutaecarpin. Journ. Pharm. Soc. Japan. 1921. Nr. 476, S. 1—5. *334.*

Aschner, L.: Hypophyse und Diabetes insipidus. Münch. med. Wochenschr. 1917. S. 81. *346.*

Autenrieth, W., und G. Müller: Über die kolorimetrischen Bestimmungen des Zuckers, Kreatins und Kreatinins im Harn. Münch. med. Wochenschr. 1911. S. 899—902. *194.*

— und H. Quantmeyer: Über die Bestimmung des Adrenalins in der Nebenniere und der Harnsäure im Blute. 14. Mitteil. Über kolorimetrische Bestimmungsmethoden. Münch. med. Wochenschr. 1921. S. 1007—1009.

Auvermann, H.: Zur Kenntnis der Wirkungen des Imidazols. Arch. f. exp. Pathol. u. Pharmakol. Bd. 84, S. 155—175. 1918. *215, 224.*

v. Babo, L., und M. Hirschbrunn: Über das Sinapin. Liebigs Ann. d. Chem. Bd. 84, S. 10—32. 1852. *58.*

Backman, L. E.: Die Wirkung einiger stickstoffhaltiger, in Blut und Harn physiologisch vorkommender organischer Stoffwechselprodukte auf den Blutdruck. Zentralbl. f. Physiol. Bd. 26, S. 166—169. 1912. *168.*

Backman, L. E.: Die Erregung des überlebenden Uterus und Darmes durch Organextrakte und Dialysate (besonders aus dem Uterus). Pflügers Arch. f. d. ges. Physiol. Bd. 189, S. 261—281. 1921. *65, 75.*
Baehr, G., und E. P. Pick: Pharmakologische Studien an der Bronchialmuskulatur der überlebenden Meerschweinchenlunge. Arch. f. exp. Pathol. u. Pharmakol. Bd. 74, S. 41—64. 1913. *75, 219, 314.*
— — Beiträge zur Pharmakologie der Lungengefäße. Arch. f. exp. Pathol. u. Pharmakol. Bd. 74, S. 65—72. 1913. *74, 300.*
— — Über den Angriffspunkt der Blutdruckwirkung der Phenolbasen. Arch. f. exp. Pathol. u. Pharmakol. Bd. 80, S. 161—163. 1916. *295, 313, 316.*
Bain, W.: Further work on the pressor bases of urine. Lancet. 1910, I p. 1190—1194. *37, 40, 327.*
— The pressor bases of normal urine. Quart. journ. of exp. physiol. Vol. 8, p. 229—243. 1914. *37, 40, 327.*
Bainbridge, F. A.: and J. W. Trevan: Some actions of adrenalin upon the liver. Journ. of physiol. Vol. 51, p. 460—468. 1917. *298.*
Bálint, R., und B. Molnàr: Experimentelle Untersuchungen über gegenseitige Wechselwirkung innerer Sekretionsprodukte. Berl. klin. Wochenschrift 1911. S. 289—292. *314.*
Barbour, H. G.: Die Struktur verschiedener Abschnitte des Arteriensystems in Beziehung auf ihr Verhalten zum Adrenalin. Arch. f. exp. Pathol. u. Pharmakol. Bd. 68, S. 41—58. 1912. *218.*
— Action of some derivatives of Phenylethylamin. Journ. of pharmacol. a. exp. therap. Vol. 8, p. 126—127. 1916. *319, 323.*
— and E. M. Frankel: The action of phenylethylamin on the heart. Journ. of pharmacol. a. exp. therap. Vol. 7, p. 511—527. 1915. *320.*
— and A. Hjort: The action of ethylenediamine. Journ. of laborat. a. clin. med. Vol. 5, p. 477—489. 1920. *127.*
— and L. Maurer: Tyramine as a morphine antagonist. Journ. of pharmacol. a. exp. therap. Vol. 15, p. 305—330. 1920. *315.*
— and A. L. Prince: The influence of Epinephrin upon the coronary circulation of the monkey. Journ. of exp. med. Vol. 21, p. 330—337. 1915. *296.*
Barcroft, J., and H. Piper: The gaseous metabolism of the submaxillary gland with reference especially to the effect of adrenalin and the time relation of the stimulus to the oxidation process. Journ. of physiol. Vol. 44, p. 359—373. 1912. *308.*
Bardier, E.: Hémorragie et adrénaline. Remarques sur la réaction vasculaire aux doses infinitésimales. Cpt. rend. des séances de la soc. de biol. Tome 82, p. 758—760. 1919. *295.*
— Hémorragie et adrénaline. Remarques sur la réaction cardio-vasculaire aux fortes doses. Cpt. rend. des séances de la soc. de biol. Tome 82, p. 760—763. 1919. *295.*
— A propos des injections intra-veineuses d'adrénaline dans le traitement des hémorragies. Cpt. rend. des séances de la soc. de biol. Tome 83, p. 91—94. 1920. *295.*
— et A. Stillmunkès: Glycosurie adrénalinique, ses rapports avec la voie d'administration. Cpt. rend. des séances de la soc. de biol. Tome 84, p. 613—615. 1921. *305.*

Barger, G.: Bemerkung zum Aufsatz von Herrn D. Ackermann: Über die Entstehung von Fäulnisbasen. Zeitschr. f. physiol. Chem. Bd. 61, S. 188. 1909. *120.*

— Isolation and synthesis of p-hydroxyphenylethylamine, an active principle of ergot, soluble in water. Journ. of the chem. soc. London. Vol. 95, p. 1123—1128. 1909. *277, 279, 327.*

— Synthesis of hordenine, the alkaloid from barley. Journ. of the chem. soc. London. Vol. 95, p. 2193—2197. 1909. *280.*

— and H. H. Dale: The water-soluble active principle of ergot. Journ. of physiol. Vol. 38, p. LXXVII—LXXVII. 1909. *37.*

— — Die physiologische Wirkung einer Secalebase und deren Identifizierung als Imidazolyläthylamin. Zentralbl. f. Physiol. Bd. 24, S. 885—889. 1910. *199.*

— — Chemical structure and sympatho-mimetic action of amines. Journ. of physiol. Vol. 41, p. 19—59. 1910. *44, 128, 292, 310, 311, 312, 317, 318, 320.*

— — A third active principle in ergot-extracts. Preliminary note. Proc. of the chem. soc. Vol. 26, p. 128—129. 1910. *199.*

— — 4-β-Aminoethylglyoxaline (β-Iminazolylethylamine) and the other active principles of ergot. Journ. of the chem. soc. Vol. 97, p. 2592—2595. 1910. *199.*

— — β-Iminazolylethylamine, a depressor constituent of intestinal mucosa. Journ. of physiol. Vol. 41, p. 499—503. 1911. *201.*

— and F. H. Carr: The Alkaloids of ergot. Journ. of the chem. soc. London. Vol. 91, p. 337—353. 1907. *200.*

— and H. D. Dakin: Note on some experiments with glyoxaline derivatives. Biochem. journ. Vol. 10, p. 376—381. 1916. *214.*

— and A. J. Ewins: Some phenolic derivatives of β-Phenylethylamine. Journ. of the chem. soc. London. Vol. 97, p. 2253—2261. 1910.

— — The constitution of Ergothioneine, a betaine related to histidine. Journ. of the chem. soc. London. Vol. 99, p. 2336—2341. 1911. *214, 242, 260.*

— — The identity of trimethylhistidine (histidine-betaine) from various sources. Biochem. journ. Vol. 7, p. 204—206. 1913. *242.*

— und H. A. D. Jowett: The synthesis of substances allied to epinephrine. Journ. of the chem. soc. London Vol. 87, p. 967—974. 1905. *287, 288.*

— and Fr. Tutin: Carnosine, constitution and synthesis. Biochem. journ. Vol. 12, p. 402—407. 1918. *209.*

— and G. S. Walpole: Further syntheses of p-hydroxyphenylethylamine. Journ. of the chem. soc. London. Vol. 95, p. 1720—1724. 1909. *280, 336.*

— — Isolation of the pressor principles of putrid meat. Journ. of physiol. Vol. 38, p. 343—352. 1909. *22, 37, 55, 273, 276.*

Batelli, F., und L. Stern: Die Aldehydase in den Tiergeweben. Biochem. Zeitschr. Bd. 29, S. 130—151. 1910. *61.*

*Baudouin, A.: Untersuchungen über das aktive Prinzip der Hypophyse. Cpt. rend. des séances de la soc. de biol. Vol. 74, p. 1138—1140. 1914. *339.*

Bauer, J., und A. Fröhlich: Die Wirkung von Gefäßmitteln nach Adrenalinvergiftung (Versuche am Laewen-Trendelenburgschen Froschapparat). Arch. f. exp. Pathol. u. Pharmakol. Bd. 84, S. 33—51. 1918. *299.*

Bauer, K.: Der chemische Nachweis der degenerativen Nervenkrankheiten. Beitr. z. chem. Physiol. u. Pathol. Bd. 11, S. 502—514. 1908. *33, 54.*

— Methode zur quantitativen Bestimmung des Ammoniaks und Trimethylamins. Zeitschr. f. physiol. Chem. Bd. 86, S. 107—121. 1913. *54.*

Bauer, M.: Über die Krystallformen des Histidinchlorhydrats. Zeitschr. f. physiol. Chem. Bd. 22, S. 285—287. 1896. *228.*

Baum, Fr.: Über ein neues Produkt der Pankreasselbstverdauung. Beitr. z. chem. Physiol. u. Pathol. Bd. 3, S. 439—441. 1903. *333.*

Baumann, A.: Über den stickstoffhaltigen Bestandteil des Kephalins. Biochem. Zeitschr. Bd. 54, S. 30—39. 1913. *57, 78.*

Baumann, E.: Die aromatischen Verbindungen im Harn und die Darmfäulnis. Zeitschr. f. physiol. Chem. Bd. 10, S. 123—133. 1886. *9.*

— Über das normale Vorkommen von Jod im Tierkörper. Zeitschr. f. physiol. Chem. Bd. 21, S. 319—330. 1896. 348.

— Über den Jodgehalt der Schilddrüsen von Menschen und Tieren. Zeitschr. f. physiol. Chem. Bd. 22, S. 1—17. 1896. *348.*

Baumann, L., und H. M. Hines: Determination of creatine in muscle. 2. Journ. of biol. chem. Vol. 24, p. 439—442. 1912. *172.*

— — The origin of creatine. 2. Journ. of the biol. chem. Vol. 31, p. 549—559. 1917. *173, 179.*

— and Th. Ingvaldsen: The determination of creatine in muscle. 3. Journ. of biol. chem. Vol. 25, p. 195—200. 1916. *173.*

— — Concerning histidine and carnosine. The synthesis of carnosine. Journ. of biol. chem. Vol. 35, p. 263—276. 1918. *209, 215.*

— — An oxidation product of creatine. Journ. of biol. chem. Vol. 35, p. 277—280. 1918. *175, 176, 187.*

— and J. Marker: On the origin of creatine. Journ. of biol. chem. Vol. 22, p. 49—53. 1915. *170, 173.*

Baur, E., und G. Trümpler: Über die colorimetrische Bestimmung von Kreatin. Zeitschr. f. Unters. d. Nahrungs- u. Genußm. Bd. 27, S. 697—713. 1914. *159.*

Bayer, F., & Co.: Farbenfabriken Elberfeld, Verfahren zur Darstellung von Oxyphenyläthylaminen und Derivaten. D.R.P. Kl. 12q, Nr. 230043. 1911. *280.* Friedländer, Bd. X, S. 1228.

— Verfahren zur Darstellung von Oxyphenyläthyldialkylaminen. D.R.P. Kl. 12q, Nr. 233069. 1911. *280.* Friedländer, Bd. X, S. 1226.

Bayer, G.: Methoden zur Verschärfung von Adrenalin- und Brenzcatechinreaktionen. Biochem. Zeitschr. Bd. 20, S. 178—188. 1909. *329.*

— Über den Calciumgehalt des Blutes bei der Guanidinvergiftung. Zeitschr. f. d. ges. exp. Med. Bd. 27, S. 119—126. 1922.

Bayliss, W. M., and E. H. Starling: The mechanism of pancreatic secretion. Journ. of physiol. Vol. 28, p. 325—353. 1902. *337.*

Bebeschin, K:. Zur Kenntnis der Extraktivstoffe der Ochsennieren. Zeitschr. f. physiol. Chem. Bd. 72, S. 380—386. 1911. *241, 251.*

Becht, F. C.: Studies on the cerebrospinal fluid. Americ. journ. of physiol. Vol. 51, p. 1—125. 1920. *295.*

Behre, J. A., and St. R. Benedict: Studies in creatine and creatinine metabolism. 4. On the question of the occurence of creatinine and creatine in blood. Journ. of biol. chem. Vol. 52, p. 11—33. 1922. *167, 194.*

*Behring: Dtsch. med. Wochenschr. 1888. Zitiert nach J. Pohl, Arch. f. exp. Pathol. u. Pharmakol. Bd. 41, S. 97. 1898. *128.*

Beker, J. C.: Die Verteilung des Kreatins im Säugetierkörper. Zeitschr. f. physiol. Chem. Bd. 87, S. 21—37. 1913. *159, 160, 168.*

Benedict, F. G., and A. R. Diefendorf: The analysis of urine in a starving woman. Americ. journ. of physiol. Vol. 18, p. 362—376. 1907.

— and V. C. Myers: The elimination of creatinine in women. Americ. journ. of physiol. Vol. 18, p. 377—396. 1907.

Benedict, St. R.: Studies in creatine and creatinine metabolism. 1. The preparation of creatine and creatinine from urine. Journ. of biol. chem. Vol. 18, p. 183—190. 1914. *174.*

— 2. The estimation of creatine. Journ. of biol. chem. Vol. 18, p. 191—194. 1914.

— A method for the purification of picric acid and for creatinine determinations. Journ. of biol. chem. Vol. 54, p. 239—241. 1922. *193.*

— and E. Osterberg: 3. On the origin of urinary creatine. Journ. of biol. chem. Vol. 18, p. 195—214. 1914. *165.*

Benelli, A.: Colina e Guanina nella terapia ipotensiva. Arch. di farmacol. sperim. e scienze aff. Vol. 17, p. 193—215. 1914. *73.*

*Beresin, W. J.: Über die Wirkung des Adrenalins und des Histamins auf das Herz und die Gefäße. Russki Wratsch. 1913. S. 1538. *219, 297.*

*— Über die Wirkung von Giften auf die Lebergefäße. Russki Wratsch. 1914. S. 805. *218.*

Bergh, E.: Untersuchungen über die basischen Spaltungsprodukte des Elastins. Zeitschr. f. physiol. Chem. Bd. 25, S. 337—343. 1898. *134, 145.*

v. Bergmann, G.: Die Überführung von Cystin in Taurin im tierischen Organismus. Beitr. z. chem. Physiol. u. Pathol. Bd. 4. S. 192—211. 1903. *60.*

Bergmann und O. Schmiedeberg: Über das schwefelsaure Sepsin (das Gift faulender Substanzen). Zeitschr. f. d. med. Wissensch. 1868. S. 497. *8.*

Berlin, E.: Eine neue Synthese des γ-Homocholins. Zentralbl. f. Physiol. Bd. 24, S. 779—780. 1910. *74, 76, 77.*

— Homocholin und Neosin. Zeitschr. f. Biol. Bd. 57, S. 1—74. 1911. *74, 109.*

— Ein Beitrag über die wirksamen Substanzen der Blutgefäßdrüsen. Zeitschrift f. Biol. Bd. 68, S. 371—390. 1917. *337.*

— und F. Kutscher: Untersuchungen von bei Meningitis cerebrospinalis epidemica gewonnener Lumbalflüssigkeit auf toxische Substanzen. Zeitschr. f. Hyg. u. Infektionskrankh. Bd. 82, S. 506—510. 1916.

Berlinerblau, J.: Über Muscarin. Ber. d. Dtsch. Chem. Ges. Bd. 17, S. 1139—1145. 1884. *45, 90, 97, 106.*

Bernstein, S.: Über den Blutzuckergehalt bei Addisonscher Krankheit. Berl. klin. Wochenschr. 1911. 1794—1796. *306, 307.*
*— und W. Falta: Über die Einwirkung von Adrenalin, Pituitrinum infundibulare und glandulare auf den respiratorischen Stoffwechsel. Zentralbl. f. d. ges. inn. Med. u. ihre Grenzgeb. Bd. 3, S. 569. 1912. *308.*
Bertheaume, J.: Sur la séparation de l'ammoniaque et des amines au moyen de l'alcool absolu bouillant. Cpt. rend. hebdom. des séances de l'acad. des sciences. Tome 146, p. 1215—1217. 1908. *52.*
— Chloroplatinates et periodures de di- et de triméthylamine: critique de leur emploi pour la séparation de ces bases. Cpt. rend. hebdom. des séances de l'acad. des sciences. Tome 150, p. 1063—1065. 1910. *48.*
— Sur une nouvelle méthode de dosage des trois méthylamines et de l'ammoniaque mélangées. Cpt. rend. hebdom. des séances de l'acad. des sciences. Tome 150, p. 1251—1253. 1910. *53.*
— Sur le dosage des méthylamines mélangées dans une grande masse d'ammoniaque. Cpt. rend. hebdom. des séances de l'acad. des sciences. Tome 151, p. 146—149. 1910. *53.*
Berthelot, A.: Recherches sur la flore intestinale. Isolement des microbes qui attaquent spécialement les produits ultimes de la digestion des protéiques. Cpt. rend. hebdom. des séances de l'acad. des sciences. Tome 153, p. 306—309. 1911. *277.*
*— Recherches sur quelques caractères de Proteus vulgaris. Laval. 1913. *9.*
— Ptomaines et plaies de guerre. Cpt. rend. hebdom. des séances de l'acad. des sciences. Tome 166, p. 187—189. 1918. *9.*
— et D. M. Bertrand: Recherches sur la flore intestinale. Isolement d'un microbe capable de produire de la β-imidazolyléthylamine aux dépens de l'histidine. Cpt. rend. hebdom. des séances de l'acad. des sciences. Tome 154, p. 1643—1645. 1912. *9, 13, 200, 203.*
— — Sur quelques propriétés biochimiques du Bacillus aminophilus intestinalis. Cpt. rend. hebdom. des séances de l'acad. des sciences. Tome 154. p. 1826—1828. 1912. *9, 13, 200.*
— — Contribution à l'étude de la toxicité de la β-imidazolyléthylamine. Cpt. rend. hebdom. des séances de l'acad. des sciences. Tome 155, p. 360—362. 1912. *9.*
— — Recherches sur la flore intestinale. Sur la production possible de ptomaines en milieu acide. Cpt. rend. hebdom. des séances de l'acad. des sciences. Tome 156, p. 1027—1030. 1913. *9, 13, 200.*
— — Recherches sur la flore intestinale. Sur l'action pathogène d'une association microbienne: Proteus vulgaris et Bacillus aminophilus intestinalis. Cpt. rend. hebdom. des séances de l'acad. des sciences. Tome 156, p. 1567—1570. 1913. *9, 13, 200.*
Berthelot, M.: Production des alcalis éthyliques par le chlorhydrate d'ammoniaque. C. R. Acad. Sciences. Vol. 34, p. 802—803. 1852. *3.*
Bertram und H. Walbaum: Über das Resedawurzelöl. Journ. f. prakt. Chem. Bd. 158, S. 555—561. 1894. *274.*
Bertrand, D. M., and A. Berthelot: Ptomaine producing bacteria in the human intestinal flora. Lancet. 1913. S. 523—524. *13.*
Bertrand, G.: Sur la composition chimique et la formule de l'adrénaline. Ann. de l'inst. Pasteur. Tome 18, p. 672—677. 1904. *284, 287, 324, 325.*

Bertrand, G.: Sur les caractères physiques de l'adrénaline. Bull. de la soc. chim. de France. [3], Tome 31, p. 1289—1292. 1904. *284, 287, 325.*
— et G. Weißweiller: Sur la composition de l'essence de café: présence de la pyridine. Cpt. rend. hebdom. des séances de l'acad. des sciences. Tome 157, p. 212—213. 1913. *248.*
Besthorn, E: Über die Kynurensäure. Ber. d. Dtsch. Chem. Ges. Bd. 54, S. 1330—1334. 1921.
Beumer, H.: Über die Wirksamkeit peroraler Adrenalinanwendung bei gleichzeitiger Zufuhr von Traubenzucker. Berl. klin. Wochenschr. 1921. S. 206—207.
— Über die Kreatintoleranz des Säuglings. Zeitschr. f. Kinderheilk. Bd. 31, S. 236—246. 1921. *164.*
Bickel, A., und M. Pawlow: Untersuchungen zur pharmakologischen Wirkung des p-Oxyphenyläthylamins. Biochem. Zeitschr. Bd. 47, S. 345—354. 1912. *313.*
Biedl, A.: Innere Sekretion. Ihre Grundlagen und ihre Bedeutung für die Pathologie. Berlin 1916. Bd. 2, S. 13. *285.*
— und R. Kraus: Die Kriterien der anaphylaktischen Vergiftung. Zeitschr. f. Immunitätsforsch. u. exp. Therap. 1. Teil. Orig. Bd. 15, S. 447—474. 1912. *221.*
Bienstock: Untersuchungen über die Ätiologie der Eiweißfäulnis. Arch. f. soz. Hyg. Bd. 36, S. 355—390. 1899. *9.*
— 2. Mitteil. Milchfäulnis, Verhinderung der Fäulnis durch Milch, Darmfäulnis. Arch. f. soz. Hyg. Bd. 39, S. 390—427. 1901. *9.*
Bierry, H., et L. Fandard: Adrénaline et glycémie. Cpt. rend. hebdom. des séances de l'acad. des sciences. Tome 156. p. 480—482. 1913. *285, 306.*
— P. Portier et L. Randoin-Fandard: Sur le mécanisme des lésions et des troubles physiologiques présenté par les animaux atteinte d'avitaminose. Cpt. rend. des séances de la soc. de biol. Tome 83, p. 845—847. 1920. *285.*
Bigelow, W. D., und R. F. Bacon: Tin salts in canned foods of low acid content with special reference to canned shrimp. Journ. of Industriel a. Engin. chem. Vol. 3, p. 832—834. 1912. *30.*
Bijlsma, U. G.: Hat Einspritzung von Adrenalin einen Einfluß auf die Fähigkeit zur Antikörperbildung? Zentralbl. f. Bakteriol. u. Parasitenk. 1. Abt. Bd. 86 Orig., S. 246—247. 1921. *304.*
Billigheimer, E.: Über einen Antagonismus zwischen Pilokarpin und Adrenalin. Beitrag zur Innervation der Schweißdrüsen. Arch. f. exp. Pathol. u. Pharmakol. Bd. 88, S. 172—178. 1920. *308.*
— Der Calciumspiegel im Blute und seine Beeinflussung durch verschiedene Gifte. Klin. Wochenschr. 1922. I. S. 256—258. *308.*
Binet, Deffins und Rathery: De l'influence de la présence dans l'urine d'acide Acétylacétique sur le dosag excate de la créatine par la méthode colorimétrique de Folin. Cpt. rend. des séances de la soc. de biol. Tome 77, p. 479—482. 1914. *194.*
Bisseger, W.: Inaug.-Diss. Zürich 1907. *133, 147, 148.*
Blaha, S.: Beitrag zur Kenntnis des Fettes vom Wasserhuhne (Fulica atra), der Grund des eigentümlichen Geruches und Geschmackes des Fleisches dieser Tiere. Zeitschr. f. physiol. Chem. Bd. 89, S. 456—464. 1914. *32.*

Blair, J. S., and J. M. Braham: Mechanism of guanidine formation in fused mixtures of dicyanodiamide and ammonium salts. Journ. of the Americ. chem. soc. Vol. 44, p. 2342—2352. 1922. *185.*

Blau, H.: Ein Beitrag zur Kenntnis des Surinamins. Zeitschr. f. physiol. Chem. Bd. 58, S. 153—155. 1908. *278.*

Bloch, B.: Chemische Untersuchungen über das spezifische pigmentbildende Ferment der Haut, die Dopaoxydase. Zeitschr. f. physiol. Chem. Bd. 98, S. 226—254. 1916. *283, 330.*

— Das Problem der Pigmentbildung in der Haut. Arch. f. Dermatol. u. Syphilis. Bd. 74, S. 129—208. 1917. *283, 330.*

— Zur Pathogenese der Vitiligo. Arch. f. Dermatol. u. Syphilis. Bd. 74, S. 209—232. 1917. *283.*

— und W. Loeffler: Untersuchungen über die Bronzefärbung der Haut bei Addisonscher Krankheit. Dtsch. Arch. f. klin. Med. Bd. 121, S. 262—291. 1916. *283.*

— und P. Ryhiner: Histochemische Studien im überlebenden Gewebe über fermentative Oxydation und Pigmentbildung. Zeitschr. f. d. ges. exp. Med. Bd. 5, S. 179. 1917. *283.*

Bloom, W.: Histamine as an inflammatory agent. Bull. of Johns Hopkins hosp. Vol. 33, p. 185—188. 1922. *220.*

Blum, F.: Über Nebennierendiabetes. Dtsch. Arch. f. klin. Med. Bd. 71, S. 146—167. 1901. *305.*

— und A. V. Marx: Zur Physiologie der Schilddrüse und der Epithelkörperchen. 1. Mitteil. Schilddrüse, Epithelkörperchen und Adrenalinglucosurie. Pflügers Arch. f. d. ges. Physiol. Bd. 159, S. 393—413. 1914. *307.*

Bocklisch, O.: Über Fäulnisbasen (Ptomaine) aus Fischen. Ber. d. Dtsch. Chem. Ges. Bd. 18, S. 86—89; 1922—27. 1885. *30, 32, 40, 53, 263.*

Bode, J.: Über einige Abkömmlinge des Neurins und Cholins. Liebigs Ann. d. Chem. Bd. 267, S. 268—299. 1892. *63, 112.*

Bödtker, E.: Beitrag zur Kenntnis der Cystinurie. Zeitschr. f. physiol. Chem. Bd. 45, S. 393—404. 1905. *124, 404.*

Boehm, R.: Beitrag zur Kenntnis der Hutpilze in chemischer und toxikologischer Beziehung. Arch. f. exp. Pathol. u. Pharmakol. Bd. 19, S. 60—86. 1885. *64, 87, 91.*

— Über das Vorkommen und die Wirkungen des Cholins und die Wirkungen der künstlichen Muscarine. Arch. f. exp. Pathol. u. Pharmakol. Bd. 19, S. 87—100. 1885. *64, 67, 71.*

— Über die Wirkungen des Curarin und Verwandtes. Arch. f. exp. Pathol. u. Pharmakol. Bd. 63, S. 177—227. 1910. *72, 116.*

Börner, H.: Ursache der Steigerung der Adrenalinwirkung auf den Kaninchenblutdruck durch Hypophysenextrakte. Arch. f. exp. Pathol. u. Pharmakol. Bd. 79, S. 218—249. 1915. *306.*

Böttcher, K.: Eine neue Synthese des Suprarenins und verwandter Verbindungen. Ber. d. Dtsch. Chem. Ges. Bd. 42, S. 253—266. 1909. *124, 287, 288.*

Bókay, A.: Über die Verdaulichkeit des Nucleins und Lecithins. Zeitschrift f. physiol. Chem. Bd. 1, S. 157—164. 1877. *59.*

de Bonis, V., und V. Susanna: Über die Wirkung des Hypophysenextraktes auf isolierte Blutgefäße. Zentralbl. f. Physiol. Bd. 23, S. 169—175. 1909. *345.*

Bontemps, H.: Über Auflösungsversuche von Tuberkelbazillen in Neurin und verschiedenen anderen Alkalien und Säuren. Zeitschr. f. Immunitätsforsch. u. exp. Therap. 1. Teil. Orig. Bd. 15, S. 436—446. 1913. *112.*

Borberg, N. C.: Das Adrenalin und der Nachweis desselben. Skand. Arch. f. Physiol. Bd. 27, S. 341—420. 1912. *331.*

Borchardt, L.: Fäulnisversuche mit Glutamin und Asparaginsäure. Zeitschrift f. physiol. Chem. Bd. 59, S. 86—100. 1909. *250, 252.*

— Über leistungssteigernde Wirkungen des Adrenalins und Hypophysins. Münch. med. Wochenschr. 1919. S. 870—872. *304, 347.*

Bornstein, A.: Über Adrenalinglykämie. Biochem. Zeitschr. Bd. 114, S. 157—164. 1920.

— Atropin und Adrenalin als Gegengifte des Morphiums. Dtsch. med. Wochenschr. 1921. S. 647. *301.*

— und R. Vogel: Parasympathicusgifte und Blutzucker. Biochem. Zeitschr. Bd. 122, S. 274—284. 1921.

Boruttau, H., und H. Cappenberg: Beiträge zur Kenntnis der wirksamen Bestandteile des Hirtentäschelkrautes (Herba capsella bursae Pastoris). Arch. d. Pharmazie. Bd. 259, S. 33—52. 1921. *100.*

Bottazzi, F.: Recherches sur la „glande salivaire postérieure" de l'octopus macropus. Arch. internat. de physiol. Tome 18, p. 313—331. 1921. *203.*

Bouchard: Leçons sur les autointoxications. Paris 1887. *12.*

Boyenval, L.: Les phénomènes d'avitamnose sont-ils modifiés par l'administration d'histamine chez le rat blanc? Arch. internat. de pharmacodyn. et de thérap. Tome 26, p. 359—373. 1922. *221.*

Brabant, V.: Étude chimique et physiologique de la muscarine et de quelques uns de ses dérivés. Arch. internat. de pharmacodyn. et de thérap. Tome 25, p. 295—320. 1920. *78, 99.*

Brasch, W.: Über den bakteriellen Abbau primärer Eiweißspaltprodukte. Biochem. Zeitschr. Bd. 18, S. 380—390. 1909.

v. Braun, J.: Die Einwirkung von Bromcyan auf tertiäre Amine. Ber. d. Dtsch. Chem. Ges. Bd. 33, S. 1438—1452. 1900. *18.*

— Überführung von Piperidin in Pentamethylendiamin (Cadaverin). Ber. d. Dtsch. Chem. Ges. Bd. 37, S. 3583—3588. 1904. *127, 140.*

— Synthese des inaktiven Lysins aus Piperidin. Ber. d. Dtsch. Chem. Ges. Bd. 42, S. 839—846. 1909. *136.*

— Synthese von Oxybasen und homologen Cholinen. Ber. d. Dtsch. Chem. Ges. Bd. 49, S. 966—977. 1916. *77.*

— H. Gruber und G. Kirschbaum: Über Benzo-polymethylen-Verbindungen. 7. Pharmakologische Analoga des ac-β-Aminotetrahydronaphthalins. Ber. d. Dtsch. Chem. Ges. Bd. 55, S. 3664—3674. 1922. *322.*

— und Z. Köhler: Oxybasen und homologe Choline. Ber. d. Dtsch. Chem. Ges. Bd. 51, S. 100—108. 1917. *320.*

— und C. Müller: Synthese des Hexamethylendiamins und Heptamethylendiamins aus Piperidin. Ber. d. Dtsch. Chem. Ges. Bd. 38, S. 2203—2207. 1905. *141.*

v. Braun, J. und E. Müller: Allyl-betain und Allyl-homocholin. Ber. d. Dtsch. Chem. Ges. Bd. 50, S. 290—293. 1917. *77.*

Brauns, D. H., und J. A. Mac Laughlin: The quantitative estimation of phosphatides. Journ. of the Americ. chem. soc. Vol. 42, p. 2238—2250. 1920. *90.*

Brieger, L.: Über Ptomaine. 1. Berlin 1885. *9, 24, 32, 53, 120, 122, 175.*

— 2. Berlin 1885. *9, 24, 32, 53, 120, 122, 175.*

— 3. Berlin 1886. *9, 24, 32, 53, 120, 122, 141, 143, 175, 240, 251, 253, 258, 263, 265, 276.*

— Die Quelle des Trimethylamins im Mutterkorn. Zeitschr. f. physiol. Chem. Bd. 11, S. 184—185. 1886. *32, 64.*

— Zur Kenntnis der Ätiologie des Wundstarrkrampfes nebst Bemerkungen über das Cholerarot. Dtsch. med. Wochenschr. 1887. S. 303—305. *9, 30.*

— Über die Entstehung des Choleraroths, sowie über Ptomaine aus Gelatine. Dtsch. med. Wochenschr. 1887. S. 469—470.

— Zur Kenntnis der Stoffwechselprodukte des Cholerabacillus. Berl. klin. Wochenschr. 1887, S. 817—820. *9, 122, 124, 138, 175.*

Brigl, P.: Über das Verhalten des Histidins gegen Pikrolonsäure. Zeitschr. f. physiol. Chem. Bd. 64, S. 337—340. 1910.

Brochet, A., et R. Cambier: Préparation de la monométhylamine. Bull. de la soc. chim. de Paris. [III.] Tome 13, p. 533—537. 1895. *3, 55.*

Brown, A. C. und T. R. Fraser: On the connection between chemical constitution and physiological action. Proc. of the roy. soc. of Edinburgh. Vol. 6. 1869. p. 556. *43.*

Browning, C. H., J. B. Cohen, R. Gaunt and R. Gulbransen: Relationships between antiseptic action and chemical constitution with special reference to compounds of the pyridine, quinoline, acridine and phenazine series. Proc. roy. soc., London, Series B. Vol. 93, p. 329—366. 1921. *257.*

Brown, T. G. and E. P. Cathcart: The effect of work on the creatin content of muscle. Biochem. Journ. Vol. 4, p. 420—426. 1909. *158, 162.*

Brugsch, Th., und N. Masuda: Über das Verhalten des Dünndarmsaftes und -extraktes, ferner des Extraktes einiger Bacillen (Coli, Streptokokken) gegenüber Casein, Lecithin, Amylum. Ein Beitrag zur functionell-diagnostischen Prüfung der Fäces auf Fermente des Pankreas. Zeitschr. f. exp. Pathol. u. Therap. Bd. 8, S. 617—623. 1910. *59.*

Brunn, F.: Beiträge zur Diuresefrage. 2. Mitteil. Über diuresehemmende und diuretische Wirkung des Pituitrins. Zentralbl. f. inn. Med. Bd. 41, S. 674—679. 1920. *346.*

Brunton, T. L., and F. W. Tunnicliffe: On the physiological action of pyridine. Journ. of physiol. Vol. 17, S. 272—276. 1894. *259.*

Bry, G.: Über die respirationserregende Wirkung von Phenyläthylaminderivaten. Zeitschr. f. exp. Pathol. u. Therap. Bd. 16, S. 186—193. 1914. *313, 316, 323.*

Bubanović, F.: Über den Carnosingehalt des normalen und pathologisch veränderten menschlichen Herzmuskels. Biochem. Zeitschr. Bd. 92, S. 125—128. 1918. *210.*

Buchheim, R.: Über die pharmakologische Gruppe des Piperins. Arch. f. exp. Pathol. u. Pharmakol. Bd. 5, S. 455–462. 1876. *260.*

Bürger, M.: Beiträge zum Kreatininstoffwechsel. 3. Über die Ausscheidung von Kreatinin im Fieberanfall. Zeitschr. f. d. ges. exp. Med. Bd. 12, S. 1—27. 1921. *169.*

— Der Kreatin-Kreatininstoffwechsel des Menschen und seine Störungen. Klin. Wochenschr. 1923. S. 33—35 u. 87—90. *169.*

Buglia, G., und A. Costantino: Beiträge zur Muskelchemie. 2. Mitteil. Der Stickstoff einiger Extraktivstoffe und der Purinbasen in der glatten, der quergestreiften und der Herzmuskulatur der Säugetiere. Zeitschr. f. physiol. Chem. Bd. 81, S. 120—129. 1912. *159.*

Burge, W. E.: The effect of adrenalin, desiccated thyroid and certain inorganic salts on catalase production. Americ. journ. of physiol. Vol. 50, p. 165—173. 1919. *301.*

Burn, J. H.: Herzig and Meyer's reaction applied to proteins and amino-acids. Biochem. Journ. Vol. 8, p. 154—156. 1914. *30.*

— and H. H. Dale: Reports on biological standards. I. Pituitary Extracts. Journ. of med. research. 1922. p. 1—52. *341.*

Burns, D.: On the precursor of creatine in chick muscle. Biochem. Journ. Vol. 10, p. 263—279. 1916. *151, 191.*

— A clinical method for the quantitative determination of the creatinine-creatine content of urine. Journ. of physiol. Vol. 54. p. 47—48. 1920. *194.*

— A note on the effect of purgation on the creatinine content of urine. Biochem. Journ. Vol. 14, p. 94—97. 1920. *169.*

— and J. B. Orr: The influence of flesh-feeding on urinary creatinine. Biochem. Journ. Vol. 10, p. 495—503. 1916. *161.*

— and A. Mc L. Watson: The effect of thyro-parathyreodectomy on the heart and circulation. Journ. of physiol. Vol. 52, p. 88—94. 1918. *182, 301.*

— — Guanidine and Adrenaline. Journ. of physiol. Vol. 53, p. 99—100. 1920. *183, 184.*

Buschmann, E.: Über die basischen Bestandteile von Helianthus annuus L. Arch. d. Pharmazie. Bd. 249, S. 1—6. 1911. *64, 240.*

Busson, B. und P. Kirschbaum: Studien über Anaphylaxie. Zentralbl. f. Bakteriol. Orig. Bd. 65, S. 507—514. 1912. *214.*

Cabella, M.: Über den Gehalt an Kreatin der Muskeln verschiedener Tiere und in den verschiedenen Arten des Muskelgewebes. Zeitschr. f. physiol. Chem. Bd. 84, S. 29–38. 1913. *159.*

Cameron, A. T., and J. Carmichael: Contributions to the biochemistry of Iodine. 4. The effect of thyroxin on growth in white rats and in rabbits. Journ. of biol. chem. Vol. 46, p. 35—52. 1921. *353.*

Campbell, J. A.: Nitrogen partition in the urine of the races in Singapore. Biochem. Journ. Vol. 13, p. 239—247. 1919. *168.*

Camus, L.: Action du sulfate d'hordénine sur la circulation. Cpt. rend. hebdom. des séances de l'acad. des sciences. Tome 142, p. 237—239. 1906. *316.*

Camus, L.: Action du sulfate d'hordénine sur les ferments solubles et sur les microbes. Cpt. rend. hebdom. des séances de l'acad. des sciences. Tome 142, p. 350—355. 1906. *316.*

— L'Hordénine dans le traitement des affections adynamiques. Cpt. rend. des séances de la soc. de biol. Tome 78, p. 577—579. 1915. *316.*

*— und K. Porak: Nebenniereninsuffizienz und Empfindlichkeit gegen Gifte. Wirkung eines Gemisches von Adrenalin und Strychnin. Gaz. des Hôpitaux. Tome 72, p. 1180. 1913. *303.*

Cannon, W. B., J. C. Aub and C. A. L. Binger: A note on the effect of nicotine injection on adrenal secretion. Journ. of pharmacol. a. exp. therap. Vol. 3, p. 379—385. 1912. *285, 305.*

— and H. Gray: Factors affecting the coagulation time of blood. 2. The hastening or retarding of coagulation by adrenalin injections. Americ. journ. of physiol. Vol. 34, p. 232—242. 1914. *303.*

— and H. Lyman: The depressor effect of adrenalin on arterial pressure. Americ. journ. of physiol. Vol. 31, p. 376—398. 1913. *295, 299.*

— and L. B. Nice: The effect of adrenal secretion on muscular fatigue. Americ. journ. of physiol. Vol. 32, p. 44—60. 1913. *302.*

— and D. de la Paz: Emotional stimulation of adrenal secretion. Americ. journ. of physiol. Vol. 28, p. 64—70. 1911. *285, 306.*

— T. Shohl and W. S. Wright: Emotional glycosuria. Americ. journ. of physiol. Vol. 29, p. 280—287. 1911. *306.*

Cappenberg, H.: Bemerkungen zur „Wertbestimmung von Capsella Bursa Pastoris" von Dr. C. C. Grimme. Pharmaz. Zentralhalle. Bd. 62, S. 560—562. 1921. *100.*

— Über die Ursachen der unsicheren Wirkung von Hirtentäschelpräparaten. Pharmaz. Zentralhalle. Bd. 62, S. 751—754. 1921. *100.*

Carbone, T.: Über die von Proteus vulgaris erzeugten Gifte. Zentralbl. f. Bakteriol. Bd. 8, S. 768—773. 1890. *32, 263.*

Carlson, A. J., und L. M. Martin: Contribution to the Physiology of Lymph. XVII. The supposed presence of the secretion of the hypophysis in the cerebrospinal fluid. Americ. journ. of physiol. Vol. 29, p. 64—75. 1911.

Carnot, P., W. Koskowski et E. Libert: Action de l'histamine sur les sucs digestifs chez l'homme. Cpt. rend. des séances de la soc. de biol. Tome 86, p. 670—673. 1922. *220.*

Carracido, J. R., und A. Madinaveitia: Estudio quimico de la salicaria. An. soc. espanola fis. quim. [2], Vol. 19, p. 148—151. 1921. *64.*

Carter, W. S.: The physiological action of three poisonous toadstools — Amanita muscaria, Amanita verna or bulbosa, and Amanita phalloides. Americ. journ. of physiol. Vol. 5, p. 158—174. 1901. *91.*

Cathcart, E. P.: Das Verhalten von Glukosamin und Chitose im Tierkörper. Zeitschr. f. physiol. Chem. Bd. 39, S. 423—433. 1903. *107.*

— P. S. Henderson and D. N. Paton: On the creatin content of skeletal muscle in degeneration following denervation. Journ. of physiol. Vol. 52, p. 70—74. 1918.

— and M. Ross Taylor: The influence of carbohydrate and fat on protein metabolism. 2. The effect of phloridzin glycosuria. Journ. of physiol. Vol. 41, p. 276—284. 1910. *165.*

Caton, F. W., A. C. O. Hann and F. Tutin: Syntheses in the epinephrine series. Journ. of the chem. soc. London. Vol. 95, p. 2113—2126. 1909.

Cervello, V.: Sur l'action physiologique de la neurine. Arch. ital. de biol. Tome 7, p. 173. 1886. *71, 75.*

Chapman, A. Ch.: The nitrogenous constituents of hops. Journ. of the chem. soc. London. Vol. 105, p. 1895—1907. 1914. *63, 240.*

Chapman, H. G., and J. M. Petrie: The hexone bases from egg-white. Journ. of physiol. Vol. 39, p. 341—345. 1909. *147.*

Charitschkow, K.: Zur Chemie der substituierten Merkuriammoniumverbindungen. Journ. Russ. Phys. Chem. Ges. Bd. 39, S. 230—240. 1907. *51.*

Chevreul, M.: Sur la composition chimique du bouillon de viandes (Extrait d'un rapport fait à l'académie des sciences par M. Chevreul). Journ. de pharmac. et des Sciences acces. Tome 21, p. 231—242. 1835. *157.*

Chick, H., and E. M. Hume: The production in monkeys of symptoms closely resembling those of pellagra, by prolonged feeding on a diet of low protein content. Biochem. Journ. Vol. 14, p. 135—146. 1920. *137, 154, 211.*

Ciamician, G., und C. Ravenna: Ricerche sulla genesi degli alcaloidi nelle piante. Atti d. Reale Accad. dei Lincei [5], Vol. 20, I, p. 614—624. 1911. *38, 125.*

— — Considerazioni intorno alla funzione degli alcaloidi nelle piante. Atti d. Reale accad. dei Lincei [5], Vol. 29, I, p. 416—420. 1920. *40, 64.*

— — Sul contegno di alcune sostanze organiche nei vegetali. 13. Gazz. chim. ital. Vol. 51, p. 200—223. 1921. *40, 64.*

— und P. Silber: Chemische Lichtwirkungen. 31. Autoxydationen. VIII. Ber. d. Dtsch. Chem. Ges. Bd. 48, S. 181—187. 1915. *30.*

*Ciovini, M.: Hyperleukocytose infolge Änderungen der Blutgase, der Hypophyse, Schilddrüse und Milz. Arch. di farmacol. sperim. e scienze aff. Vol. 20, p. 38—48. 1915.

Clark, A.: The clinical application of ergotamine (tyramine). Biochem. Journ. Vol. 5, p. 236—242. 1910. *315.*

Claude, H., et A. Baudouin: Sur les effets de certains extraits hypophysaires. Cpt. rend. hebdom. des séances de l'acad. des sciences. Tome 153, p. 1513—1515. 1911.

Clerc, A., und C. Pezzi: Adrénaline et Quinine; leur antagonisme. Journ. de physiol. et de pathol. gén. Tome 18, p. 1174—1181. 1920. *301.*

Clewer, H. W. B., St. J. Green and F. Tutin: The constituents of Gloriosa superba. Journ. of chem. soc. London. Vol. 107, p. 835—846. 1915. *64.*

Clifford, W. M.: A method for the colorimetric estimation of carnosine. Biochem. journ. Vol. 15, p. 400—406. 1921. *210.*

— The distribution of carnosine in the animal kingdom. Biochem. journ. Vol. 15, p. 725—735. 1921. *210, 215.*

— The effect of cold storage on the carnosine content of muscle. Biochem. journ. Vol. 16, p. 341—343. 1922. *210, 215.*

Cloetta, M., und E. Anderes: Besitzen die Lungen Vasomotoren? Arch. f. exp. Pathol. u. Pharmakol. Bd. 76, S. 125—148. 1914. *218, 296.*

— — Zur Kenntnis der Lungenvasomotoren. Arch. f. exp. Pathol. u. Pharmakol. Bd. 77, S. 251—257. 1914. *281, 296.*

— und E. Waser: Über die Beziehungen zwischen Konstitution und Wirkung beim alicyclischen Tetrahydro-β-Naphthylamin und seinen Derivaten. Arch. f. exp. Pathol. u. Pharmakol. Bd. 73, S. 398—435. 1913. *321.*

— — Über das Adrenalinfieber. (Zur Kenntnis des Fieberanstiegs.) Arch. f. exp. Pathol. u. Pharmakol. Bd. 79, S. 30—41. 1915. *301, 321, 322.*

*Clover, A. M.: Verfahren zur Herstellung eines Organextraktes. A.P. 1 373 551. 1913, ausgel. 5. 4. 1921. Chem. Zentralbl. 1921. IV, S. 82. *342.*

Cockcroft, W. L.: Loewi's adrenalin mydriasis as a sign of pancreatic insufficiency. Brit. med. journ. 1920, 1, p. 669. *299.*

Cohn, R.: Über das Verhalten einiger Pyridin- und Naphthalinderivate im tierischen Stoffwechsel. Zeitschr. f. physiol. Chem. Bd. 18, S. 112—130. 1893. *248, 249, 257, 259, 260.*

Cohnheim, O.: Weitere Mitteilungen über Eiweißresorption. Versuche an Oktopoden. Zeitschr. f. physiol. Chem. Bd. 35, S. 396—415. 1902. *134, 137, 149, 206.*

— Versuche über Eiweißresorption. Zeitschr. f. physiol. Chem. Bd. 59, S. 239—246. 1909. *134, 137, 149.*

Collip, J. B.: Antagonism of inhibitory action of adrenalin and depression of cardiac vagus by a constituent of certain tissue extracts. Americ. journ. of physiol. Vol. 53, p. 345—354. 1920.

— Antagonism of depressor action of small doses of adrenalin by tissue extracts. Americ. journ. of physiol. Vol. 53, p. 477—482. 1920.

— Reversal of depressor action of small doses of adrenalin. Americ. journ. of physiol. Vol. 55, p. 450—454. 1920.

Comessatti, G.: Über den Wert der Froschbulbus-Reaktion und einige Eigenschaften des Adrenalins. Arch. f. exp. Pathol. u. Pharmakol. Bd. 60, S. 233—242. 1909. *331.*

— Pankreasextrakt und Adrenalin. Arch. f. exp. Pathol. u. Pharmakol. Bd. 60, S. 243—247. 1909. *291.*

— Systematische Dosierungen des Nebennierenadrenalins in der Pathologie. Arch. f. exp. Pathol. u. Pharmakol. Bd. 62, S. 190—200. 1910. *284, 329.*

Connet, H.: The effect of adrenalin on venous blood pressure. Americ. journ. of physiol. Vol. 54, S. 96—121. 1920.

Constabel, F.: Über den Kreatingehalt des menschlichen Herzmuskels bei verschiedenen Krankheitszuständen. Biochem. Zeitschr. Bd. 122, S. 152—153. 1921. *163.*

Coppola, F.: Sulla piridincolina, piridinneurina e piridinmuscarina, e sulla funzione fisiologica dell' etile, dell' idrossetile, del diidrossetile e del vinile nelle basi quaternarie. Gazz. chim. Vol. 15, p. 330—345. 1886. *76, 117.*

*Costantino, A.: Methode zur Extraktion von Kreatin und Kreatinin aus den Geweben und Flüssigkeiten. Arch. di farmacol. sperim. e scienze aff. Vol. 19, p. 254. 1915. *194.*

Cousin, H.: Sur la nature des produits azotés formés dans la decomposition de la céphaline. Journ. pharm. et chim. [6], Tome 25, p. 177—180. 1907. *57.*
Cow, D.: Some reactions of surviving arteries. Journ. of physiol. Vol. 42, p. 125—143. 1911. *314.*
— The suprarenal bodies and diuresis. Journ. of physiol. Vol. 48, p. 443—452. 1914. *297.*
— On pituitary secretion. Journ. of physiol. Vol. 49, p. 367—377. 1915. *346.*
— Diuresis. The pituitary factor. Journ. of physiol. Vol. 49, p. 441—451. 1915. *346.*
— Action of suprarenals on renal secretion. Proc. Royal. Soc. Med.; Therap. and Pharmacol. Section. Vol. 8, p. 1—3. 1915. *297.*
— Histamine and pituitary extract. Journ. of pharmacol. a. exp. therap. Vol. 14, p. 275—277. 1919. *203, 219.*
— Adrenalin and Pituitrin. A study in interaction and interrelation. Journ. of physiol. Vol. 52, p. 301—314. 1919.
Cramer, W.: On Protagon, Cholin and Neurin. Journ. of physiol. Vol. 31, p. 30—37. 1904. *115, 116, 347.*
Crawford, A. C.: The pressor action of an American mistletoe. Journ. of Americ. med. assoc. Vol. 57, p. 865—868. 1911. *274.*
— A pressor compound from the pituitary gland. Journ. of Pharmacol. and exp. Therap. Vol. 15, p. 81—84. 1920.
— and Z. Ostenberg: Contribution to the chemistry of the pituitary pressor compounds. Americ. journ of pharmacy. Vol. 86, p. 291—306. 1914. *341, 343, 344.*
— and W. K. Watanabe: Parahydroxyphenylethylamine, a pressor compound in an American mistletoe. Journ. of biol. chem. Vol. 19, p. 303—304. 1914. *274.*
— — The occurence of p-hydroxyphenylethylamine in various mistletoes. Journ. of biol. chem. Vol. 24, p. 169—172. 1915. *274.*
*Cremer, M., und R. Seuffert: Beiträge zur Frage der Zuckerbildung. Beitr. z. Physiol. Bd. 1, S. 255. 1915. *67, 70.*
Crowdle, J. H., and C. P. Sherwin: Synthesis of ornithine in the fowl. Journ. of biol. chem. Vol. 55. 4—5. 1923.
— — Synthesis of amino-acids in the animal organism. 2. The synthesis of ornithine in the body of the fowl. Journ. of biol. chem. Vol. 55, p. 365—371. 1923.
Cullis, W., and E. M. Tribe: Distribution of nerves in the heart. Journ. of physiol. Vol. 46, p. 141—150. 1913. *94.*
Cushny, A. R.: Über die Wirkung des Muscarins auf das Froschherz. Arch. f. exp. Pathol. u. Pharmakol. Bd. 31, S. 432—453. 1893. *94.*
— On the movements of the uterus. Journ. of physiol. Vol. 35, p. 1—19. 1906. *298, 301.*
— Synthetic suprarenin or adrenin. Pharm. Journ. Vol. 80, p. 668. 1908. *293, 310.*
— Further note on adrenalin isomers. Journ. of physiol. Vol. 38, p. 259—262. 1909. *310.*
— and C. G. Lambie: The action of diuretics. Journ. of physiol. Vol. 55, p. 276—286. 1921. *297, 345.*

Cusmano, G.: Sul principi ipotensivi de "Viscum album". Gazz. chim. ital. Vol. 49, II, p. 225—228. 1919.

Cybulski, N.: Weitere Untersuchungen über die Funktion der Nebenniere. Bull. intern. de l'acad. des sciences de Cracovie: Classe de sc. math. et nat. 1895. S. 82—91. *294.*

Czapek, F.: Untersuchung über die Stickstoffgewinnung und Eiweißbildung der Pflanzen. Beitr. z. chem. Physiol. u. Pathol. Bd. 1, S. 538—560. 1902. *39.*

— Untersuchungen über die Stickstoffgewinnung und Eiweißbildung der Schimmelpilze. 2. Über die Verwendbarkeit von Aminen, Amiden und Ammoniaksalzen zum Eiweißaufbau bei Aspergillus niger van Tiegh. Beitr. z. chem. Physiol. u. Pathol. Bd. 2, S. 557—590. 1902. *39.*

Czernecki, W.: Zur Kenntnis des Kreatins und Kreatinins im Organismus. Zeitschr. f. physiol. Chem. Bd. 44, S. 294—308. 1905. *167.*

Czubalski, F.: Asphyxie und Adrenalin. Zentralbl. f. Physiol. Bd. 27, S. 580—581. 1913. *167*

Dale, H. H.: On some physiological actions of ergot. Journ. of physiol. Vol. 34, p. 163—206. 1906. *295, 300.*

— The action of extracts of the pituitary body. Biochem. Journ. Vol. 4, p. 427—447. 1909. *286, 339, 344, 345, 346, 347.*

— The occurence in ergot and action of acetyl-choline. Journ. of physiol. Vol. 48, p. 3—4. 1914. *101.*

— The actions of certain esters and ethers of choline, and their relation to muscarine. Journ. of pharmacol. a. exp. therap. Vol. 6, p. 147—190. 1914. *101, 102.*

— Chemical structure and physiological action. Bull. of Johns Hopkins hosp. Vol. 31, p. 373—380. 1920.

— and W. E. Dixon: The action of pressor amines produced by putrefaction. Journ. of physiol. Vol. 39, p. 25—44. 1909. *45, 313, 315.*

— and H. W. Dudley: On the pituitary active principles and histamine. Journ. of pharmacol. a. exp. therap. Vol. 18, p. 27—42. 1921. *203, 342, 343.*

— — The physiological action of N-methylhistamine and of tetrahydropyrido-3,4-iminazole („Imidazolisopiperidin" of Fränkel). Journ. of pharmacol. a. exp. therap. Vol. 18, p. 103—110. 1921. *223, 226.*

— and A. J. Ewins: Choline-esters and muscarine. Journ. of physiol. Vol. 48, p. 24—25. 1914. *102, 104, 105.*

— and P. P. Laidlaw: The physiological action of β-iminazolylethylamine. Journ. of physiol. Vol. 41, p. 318—344. 1910. *214, 216, 218, 220.*

— — A method of standardizing pituitary (infundibular) extracts. Journ. of pharmacol. a. exp. therap. Vol. 4, p. 75—96. 1911. *341.*

— — Further observations on the action of β-iminazolylethylamine. Journ. of physiol. Vol. 43, p. 182—195. 1912. *214, 215.*

— — A method of preparing secretion. Journ. of physiol. Vol. 44, p. 10—12. 1912. *202.*

— — The significance of the supra-renal capsules in the action of certain alkaloids. Journ. of physiol. Vol. 45, p. 1—26. 1912. *298.*

Dale, H. H. and P. P. Laidlaw: Histamineshock. Journ. of physiol. Vol. 52, p. 355—390. 1919. *215, 217, 221.*

— and A. N. Richards: The vasodilator action of histamine and of some other substances. Journ. of physiol. Vol. 52, p. 110—165. 1918. *102, 217, 218.*

— und K. Spiro: Die wirksamen Bestandteile des Mutterkorns. Arch. f. exp. Pathol. u. Pharmakol. Bd. 95, S. 337—350. 1922. *200.*

Dakin, H. D.: The synthesis of a substance allied to adrenalin. Proc. of the roy. soc. of London. Vol. 76, Serie B. p. 491—497. 1905. *288, 311.*

— On the physiological activity of substances indirectly related to adrenalin. Proc. of the roy. soc. of London. Vol. 76, Series B., p. 498—503. 1905. *71, 311.*

— The formation of glyoxylic acid. Journ. of biol. chem. Vol. 1, p. 271 —278. 1906. *187.*

— The action of arginase upon creatin and other guanidin derivatives. Journ. of biol. chem. Vol. 3, p. 435—441. 1907. *168, 181.*

— The oxidation of amino-acids to cyanides. Biochem. Journ. Vol. 10, p. 319—323. 1916. *204.*

— Amino-acids of gelatin. Journ. of biol. chem. Vol. 44, p. 499—529. 1920. *148, 206.*

— and A. J. Wakeman, The catabolism of histidine. Journ. of biol. chem. Vol. 10, p. 499—502. 1911. *212.*

Darrah, J. E., and C. G. Mc Arthur: Nitrogenous constituents of brain lecithin. Journ. of the Americ. chem. soc. Vol. 38, p. 922—930. 1916. *57.*

Davis, T. L.: Preparation of guanidine nitrate. Journ. of the Americ. chem. soc. Vol. 43, p. 2234—2238. 1921.

*Dazzi, A.: Die Wirkung des Adrenalins auf das Blut. Morgagni. Bd. 64, S. 93—112. 1921. *303.*

Debus, H.: Die Einwirkung des Ammoniaks auf Glyoxal. Liebigs Ann. d. Chem. Bd. 107, S. 199—208. 1858. *199.*

*Decker: Verfahren zur Darstellung von Dihydroisochinolinderivaten. Zus.-Pat. zu Nr. 234850 vom 11. 5. 1910, Kl. 12 o, Nr. 245095 vom 30. 7. (26. 3. 1912). *266.*

Dehn, W. M.: Fallicies in colorimetry. Journ. of the Americ. chem. soc. Vol. 39, p. 1392—1398. 1917. *194.*

Deleano, N. T., und G. Trier: Über das Vorkommen von Betain in grünen Tabakblättern. Zeitschr. f. physiol. Chem. Bd. 79, S. 243—246. 1912. *240.*

— Untersuchungen über die in Weinblättern enthaltenen Kohlenhydrate und stickstoffhaltigen Körper. Zeitschr. f. physiol. Chem. Bd. 80, S. 79—94. 1912. *64.*

Delépine, M.: Sur une nouvelle méthode de séparation des méthylamines. Cpt. rend. hebdom. des séances de l'acad. des sciences. Tome 122, p. 1064 —1066. 1896. *54.*

Delezenne, C., et E. Fourneau: Constitution du phosphatide hémolysant (Lysocithine) provenant de l'action du venin de cobra sur le vitellus de l'oeuf de poule. Bull. de la soc. chim. de France. [IV], Tome 15, p. 421—434. 1914. *59, 101.*

Demant, B.: Zur Kenntnis der Extraktivstoffe der Muskeln. Zeitschr. f. physiol. Chem. Bd. 3, S. 381—390. 1879. *165.*

Demjanowski, S.: Zur Kenntnis der Extraktivstoffe der Muskeln. Über die Fällbarkeit einiger stickstoffhaltiger Extraktivstoffe durch Phosphorwolframsäure und Quecksilberoxydsalze. Zeitschr. f. physiol. Chem. Bd. 80, S. 212—217. 1912. *186, 188, 196, 251.*

— Über die Gewinnung des Histidins aus dem Blute. Zeitschr. f. physiol. Chem. Bd. 122, S. 93—97. 1922. *208.*

Denis, W.: Creatine in human muscle. Journ. of biol. chem. Vol. 26, p. 379—386. 1916. *160.*

— The determination of creatinine and creatine in blood. Journ. of biol. chem. Vol. 35, p. 513—516. 1918. *194.*

— J. G. Kramer and A. S. Minot: The influence of protein intake on creatine excretion in children. Journ. of biol. chem. Vol. 30, p. 189—196. 1917. *164, 166.*

— and A. S. Minot: The influence of the protein intake on the excretion of creatine in man. Journ. of biol. chem. Vol. 30, p. 47—51. 1917. *164, 166.*

— — The production of creatinuria in normal addults. Journ. of biol. chem. Vol. 31, p. 561—566. 1917. *164.*

— — Creatinuria and acidosis. Journ. of biol. chem. Vol. 37, p. 245—252. 1919. *166, 194.*

Desgrez, A.: De l'influence de la choline sur les sécrétions glandulaires. Cpt. rend. hebdom. des séances de l'acad. des sciences. Tome 135, p. 52—54. 1902. *75.*

— et J. Chevalier: Action de la choline sur la pression artérielle. Cpt. rend. hebdom. des séances de l'acad. des sciences. Tome 146, p. 89—91. 1908. *73, 75.*

— et G. Dorléans: Influence du groupement aminé sur la pression artérielle. Cpt. rend. hebdom. des séances de l'acad. des sciences. Tome 156, p. 823—824. 1913. *43, 128.*

— — Antagonisme des propriétés de la guanine et de l'adrénaline. Cpt. rend. hebdom. des séances de l'acad. des sciences. Tome 157, p. 946—947. 1913. *307.*

— et R. Moog: Influence de quelques bases organiques et de leur chlorhydrate sur l'activité de l'amylase pancréatique. Cpt. rend. hebdom. des séances de l'acad. des sciences. Tome 172, p. 551—553. 1921. *44.*

— P. Regnier et R. Moog: Influence du chlorhydrate de triméthylamine sur les échanges nutritifs. Cpt. rend. hebdom. des séances de l'acad. des sciences. Tome 153, p. 1238—1241. 1911. *44.*

Dessaignes: Triméthylamine obtenue de l'urine humaine. C. R. de l'Acad. Vol. 43, p. 670. 1856. — Liebigs Ann. d. Chem. Bd. 100, S. 218. 1856. *33.*

*Dezani, S.: Die Proteinbasen, welche im Sperma und in den Eierstöcken des Thunfisches enthalten sind und die Produkte ihrer Hydrolyse. Giorn. d. r. accad. di med. di Torino. Vol. 14, H. 3—5, 9 p. 1908. *148.*

*Diakonow: Jahresber. f. d. Fortschr. d. Chem. Bd. 29. 1876. S. 804. Chem. Zentralbl. 1876. S. 554. *62.*

Dietrich, M.: Zur Kenntnis der Extraktivstoffe der Muskeln. 16. Mitteil. Über die Isolierung des Carnosins durch Quecksilberoxydsulfat. Zeitschrift. f. physiol. Chem. Bd. 92, S. 212–213. 1914. *209.*

*Distler: Diss. Erlangen 1887, zit. nach A. Heffter: Handb. d. exp. Pharmakol. II, 1. Hälfte, S. 3. *257, 259.*

Dittler, R.: Über die Wirkung des Blutes auf den isolierten Dünndarm. 2. Mitteil. Zeitschr. f. Biol. Bd. 68, S. 223–256. 1917.

Dörr, R.: Über Anaphylaxie. Wien. klin. Wochenschr. 1912. S. 331–340.

Dombrowski, S.: Sur la mannite, les azotates et les alcaloides des urines normales. Cpt. rend. hebdom. des séances de l'acad. des sciences. Tome 135, p. 244—246. 1902. *124, 256.*

Donath, J.: Das Vorkommen und die Bedeutung des Cholins in der Cerebrospinalflüssigkeit bei Epilepsie und organischen Erkrankungen des Nervensystems, nebst weiteren Beiträgen zur Chemie derselben. Zeitschr. f. physiol. Chem. Bd. 39, S. 526—544. 1903. *66, 83.*

— Über den Einfluß der Nebennierenexstirpation und des d-Suprarenins auf die Blutkonzentration bei Katzen. Arch. f. exp. Pathol. u. Pharmakol. Bd. 77, S. 1—15. 1914. *303.*

Dorée, C., and F. Golla: Trimethylamine as a normal constituent of human blood, urine and cerebrospinal fluid. Biochem. Journ. Vol. 5, p. 306—323. 1910. *33, 51, 54.*

Dorner, G.: Zur Bildung von Kreatin und Kreatinin im Organismus, besonders der Kaninchen. Zeitschr. f. physiol. Chem. Bd. 52, S. 225—278. 1907. *169, 172, 193.*

Douetteau, R.: Sur les dioxy-2,3- et 3,4-benzylamines. Bull. de la soc. chim. de France. [IV], Tome 9, p. 932—938. 1911. *288.*

Downs, A. W.: The influence of internal secretions on blood pressure and the formation of bile. Americ. journ. of physiol. Vol. 52, p. 498—507. 1920. *300.*

Dox, A. W., and L. Yoder: Esterification of creatine. Journ. of biol. chem. Vol. 54, p. 671—673. 1922. *187.*

Drechsel, E.: Der Abbau der Eiweißstoffe. Arch. f. pathol. Anat. u. Physiol. Physiol. Abt. 1891. S. 248–278. *22, 134, 149.*

— Über die Abscheidung des Lysins. Ber. d. Dtsch. Chem. Ges. Bd. 28, S. 3189—3190. 1895. *22, 136.*

*— Zeitschr. f. Biol. Bd. 33, S. 90. 1896. *133, 147.*

Dresel, K., und A. Peiper: Zur Frage des experimentellen Diabetes. Beeinflussung der Zuckermobilisation durch Adrenalin und Pankreasextrakt in der künstlich durchbluteten Leber. Zeitschr. f. exp. Pathol. u. Therap. Bd. 16, S. 327—335. 1914. *307.*

Dreyfus, L.: De la toxicité des ptomaines. Cpt. rend. des séances de la soc. de biol. Tome 83, p. 481—483. 1920. *72, 128.*

Drummond, J. C.: A study of the distribution of nitrogen in the proteins of tumours and normal tissues. Biochem. journ. Vol. 10, p. 473—494. 1916. *152, 207.*

— The nitrogenous extractives of tumours. Biochem. journ. Vol. 11, p. 246—254. 1917. *152, 207.*

— A comparative study of tumour and normal tissue growth. Biochem. journ. Vol. 11, p. 325—377. 1917. *152, 207.*

Drummond, J. C.: Observations on the phosphotungstates of certain bases and amino-acids. Biochem. journ. Vol, 12, p. 5—24. 1917. *20, 49, 78, 79, 139, 140, 185, 186, 248, 261, 323, 335.*

— and R. K. Cannon: Tethelin, the alleged growth-controlling substance of the anterior lobe of the pituitary gland. Biochem. journ. Vol. 16, p. 53—59. 1922. *338.*

— and C. Funk: The chemical investigation of the phosphotungstate precipitate from rice-polishings. Biochem. journ. Vol. 8, p. 598—615. 1914. *240.*

Dudley, H. W.: Some observations on the active principles of the pituitary gland. Journ. of pharmacol. a. exp. therap. Vol. 14, p. 295—312. 1919. *203, 341, 342.*

— Aminoacylcholine-esters. 1. Glycylcholine. Journ. of the chem. soc. London. Vol. 119, p. 1256—1260. 1921. *104, 344.*

— On the active principles of the pituitary gland. Journ. of pharmacol. a. exp. therap. Vol. 21, p. 103—122. 1923. *341, 342, 343.*

Dupré, Ad.: Über den alkaloidartigen Körper im Organismus. Ber. d. Dtsch. Chem. Ges. Bd. 7, S. 1491—1492. 1874. *8.*

Eberhard, A.: Über die Synthese des inaktiven Ephedrins bzw. Pseudoephedrins. Arch. d. Pharmazie. Bd. 258, S. 97—129. 1920.

Ederer, St.: Die Kreatininausscheidung bei Säuglingen und Kindern. Monatsschr. f. Kinderheilk. Bd. 23, S. 157—168. 1922. *164.*

Edlbacher, S.: Das Vorkommen der Arginase im tierischen Organismus und ihr Nachweis mittels der Formoltitration. Zeitschr. f. physiol. Chem. Bd. 95, S. 81—87. 1915. *129, 155.*

— Versuche über Wirkung und Vorkommen der Arginase. Zeitschr. f. physiol. Chem. Bd. 100, S. 111—116. 1917. *129, 155.*

Edmunds, Ch. W.: Further study of the relation of the adrenals to pancreatic activity. Journ. of pharmacol. a. exp. therap. Vol. 2, p. 529—579. 1911. *299.*

— and G. B. Roth: The point of attack of certain drugs acting on the periphery. 1. Action on the bladder. Journ. of pharmacol. a. exp. therap. Vol. 15, p. 189—199. 1920. *299.*

Edwards, D. J.: The arterial pressure curve as influenced by the occlusion of certain vascular areas and by histamine. Americ. journ. of physiol. Vol. 52. p. 284—295. 1920. *218.*

Ehrenberg, A.: Über einige in einem Falle von sogenannter „Wurstvergiftung" aus dem schädlichen Material dargestellte Fäulnisbasen. Zeitschr. f. physiol. Chem. Bd. 11, S. 239. 1886. *30, 32, 35.*

Ehrlich, F.: Über die Spaltung racemischer Aminosäuren mittels Hefe, II. Über asymmetrische und symmetrische Einwirkung von Hefe auf Racemverbindungen natürlich vorkommender Aminosäuren. Biochem. Zeitschr. Bd. 8, S. 438—466. 1908. *9, 10, 211.*

— Über das natürliche Isomere des Leucins. Ber. d. Dtsch. Chem. Ges. Bd. 40, S. 2538—2562. 1907. *10, 11, 38, 50.*

*— Breslauer chem. Ges. 11. Febr. 1910. *9, 213.*

Ehrlich, F.: Über die Vergärung des Tyrosins zu p-Oxyphenyläthylalkohol (Tyrosol). Ber. d. Dtsch. Chem. Ges. Bd. 44, S. 139—146. 1911. *9, 11.*

— Über Tryptophol (β-Indoläthylalkohol), ein neues Gärprodukt der Hefe aus Aminosäuren. Ber. d. Dtsch. Chem. Ges. Bd. 45, S. 883—889. 1912. *9, 11, 334.*

— Über den biochemischen Abbau sekundärer und tertiärer Amine durch Hefen und Schimmelpilze. Biochem. Zeitschr. Bd. 75, S. 417—431. 1916. *9, 30, 32, 39, 257.*

— Über die Vegetation von Hefen und Schimmelpilzen auf heterocyclischen Stickstoffverbindungen und Alkaloiden. Biochem. Zeitschr. Bd. 79, S. 152—161. 1916. *9.*

— Über den Nachweis von Tyrosol und Tryptophol in verschiedenen Gärprodukten. Biochem. Zeitschr. Bd. 79, S. 232—240. 1916. *290.*

— und F. Lange: Über die biochemische Umwandlung von Betain in Glykolsäure. Ber. d. Dtsch. Chem. Ges. Bd. 46, S. 2746—2752. 1913. *9, 11, 33, 276.*

*— — Über die Einwirkung von Mikroorganismen auf Betain. Zeitschr. d. Ver. Dtsch. Zuckerind. 1914. S. 158—171. *9, 33, 256.*

— — Zur Kenntnis der Biochemie der Käsereifung. 1. Über das Vorkommen von p-Oxyphenyläthylamin im normalen Käse und seine Bildung durch Milchsäurebakterien. Biochem. Zeitschr. Bd. 63, S. 156—169. 1914. *9, 37, 276, 327.*

— und P. Pistschimuka: Überführung von Aminen in Alkohole durch Hefe- und Schimmelpilze. Ber. d. Dtsch. Chem. Ges. Bd. 45, S. 1006—1012. 1912. *41, 279.*

Ehrmann, R.: Über eine physiologische Wertbestimmung des Adrenalins und seinen Nachweis im Blute. Arch. f. exp. Pathol. u. Pharmakol. Bd. 53, S. 97—111. 1905. *285, 299, 330.*

— Zur Physiologie und experimentellen Pathologie der Adrenalinsekretion. Arch. f. exp. Pathol. u. Pharmakol. Bd. 55, S. 39—46. 1906. *286.*

Ehrström, R.: Über ein neues Histon aus Fischsperma. Zeitschr. f. physiol. Chem. Bd. 32, S. 350—354. 1901. *133, 134, 148, 206.*

*Einis, W.: Über die Wirkung des Pituitrins und β-Imidazolyläthylamins (Histamin) auf die Herzaktion. Inaug. Diss. Berlin 1913. *210, 345.*

— Über die Wirkung des Pituitrins und β-Imidazolyläthylamins (Histamins) auf die Herzaktion. Biochem. Zeitschr. Bd. 52, S. 96—117. 1913. *219.*

Elias, H., und U. Sammartino: Über die Rolle der Säure im Kohlenhydratstoffwechsel. 4. Mitteil. Die Beziehungen von Säure und Alkali zur Adrenalinglykosurie. Biochem. Zeitschr. Bd. 117, S. 10—40. 1921. *305.*

— und St. Weiß: Die Wirkung des Phosphorsäureions auf den Blut- und Harnzucker des Menschen. Wiener Arch. f. inn. Med. Bd. 4, S. 29—58. 1922. *305.*

Ellinger, A.: Die Konstitution des Ornithins und des Lysins, zugleich ein Beitrag zur Chemie der Eiweißfäulnis. Zeitschr. f. physiol. Chem. Bd. 29, S. 334. 1900. *9, 11, 122, 129.*

Ellinger, A. und Z. Matsuoka: Zur Frage der Entstehung von Kynurensäure aus Tryptophan im Tierkörper. Zeitschr. f. physiol. Chem. Bd. 109, S. 259—271. 1920. *332.*

— — Darstellung von Phenylglykocyamidinen, ihr Verhalten gegen Alkalien nebst Versuchen über die Veränderungen des Kreatins durch verdünntes Alkali. Zeitschr. f. physiol. Chem. Bd. 89, S. 441—455. 1914. *168.*

Ellinger, Ph.: Über die Verteilung injizierten Cholins im Tierkörper. Münch. med. Wochenschr. 1914. S. 2336—2338. *67, 68.*

Elliott, T. R.: The action of adrenalin. Journ. of physiol. Vol. 32, p. 401—467. 1905. *285, 331.*

— The control of the suprarenal glands by the splanchnic nerves. Journ. of physiol. Vol. 44, p. 374—409. 1912. *285.*

— Note on the quantitative estimation of adrenaline. Journ. of physiol. Vol. 46, p. 15—17. 1913. *284, 331.*

— and H. E. Durham: On subcutaneous injections of adrenaline. Journ. of physiol. Vol. 34, p. 490—498. 1906. *308.*

Embden, G., und O. v. Fürth: Über die Zerstörung des Suprarenins (Adrenalins) im Organismus. Beitr. z. Physiol. u. Pathol. Bd. 4, S. 421—429. 1904. *291, 293.*

Emde, H.: Beiträge zur Kenntnis des Ephedrins und Pseudoephedrins. Arch. d. Pharmazie. Bd. 244, S. 241—255. 1906. *275, 323.*

Emerson, R. L.: Über das Auftreten von Oxyphenyläthylamin bei Pankreasverdauung und über fermentative CO_2-Abspaltung. Beitr. z. chem. Physiol. u. Pathol. Bd. 1, S. 501—506. 1902. *125, 276.*

Emmerling, O.: Beitrag zur Kenntnis der Eiweißfäulnis. Ber. d. Dtsch. Chem. Ges. Bd. 29, S. 2721—2726. 1896. *9, 32, 53, 274.*

— Die Zersetzung von Fibrin durch Streptococcen. Ber. d. Dtsch. Chem. Ges. Bd. 30, S. 1863—1868. 1897. *30, 53, 273.*

— und O. Reiser: Zur Kenntnis eiweißspaltender Bakterien. Ber. d. Dtsch. Chem. Ges. Bd. 35, S. 700—702. 1902. *30, 32.*

Engel, H.: Chemotherapeutische Versuche mit Adrenalin und ähnlich konstituierten Stoffen bei tumorkranken Tieren. Zeitschr. f. exp. Pathol. u. Therap. Bd. 11, S. 9—39. 1912. *313.*

Engeland, R.: Über den Nachweis organischer Basen im Harn. Zeitschr. f. physiol. Chem. Bd. 57, S. 49—64. 1908. *25, 143, 175, 180, 186, 195, 207, 212.*

— Über das Verhalten des Carnitins im tierischen Stoffwechsel. Zeitschr. f. Unters. d. Nahrungs- und Genußm. Bd. 16, S. 664—666. 1908. *251, 256, 264.*

— Über Liebigs Fleischextrakt. Zeitschr. f. Unters. d. Nahrungs- u. Genußmittel. Bd. 16, S. 658—664. 1908. *109, 252.*

— Die Konstitution des Stachydrins. Arch. d. Pharmazie. Bd. 247, S. 463—466. 1909. *244.*

— Zur Kenntnis der Bestandteile des Fleischextraktes. Ber. d. Dtsch. Chem. Ges. Bd. 42, S. 2457—2462. 1909. *175, 180, 186, 253.*

— Über Hydrolyse von Casein und den Nachweis der dabei entstandenen Monoaminosäuren. Ber. d. Dtsch. Chem. Ges. Bd. 42, S. 2962—2969. 1909. *244.*

Engeland, R: Bemerkung zu den Arbeiten von E. Schulze und G. Trier: Über die in den Pflanzen vorkommenden Betaine und über das Stachydrin. Zeitschr. f. physiol. Chem. Bd. 67, S. 403—404. 1910.
— Zur Kenntnis des Carnitins; die Synthese der β-Oxy-γ-Trimethylamino-Buttersäure. Ber. d. Dtsch. Chem. Ges. Bd. 43, S. 2705—2707. 1910. *251.*
— Zur Kenntnis des Carnitins. Ber. d. Dtsch. Chem. Ges. Bd. 54, S. 2208—2213. 1921. *251, 252.*
— und W. Biehler: Über einige Extraktivstoffe des menschlichen Skelettmuskels. Zeitschr. f. physiol. Chem. Bd. 123, S. 290—294. 1922. *107, 243, 251.*
— und F. Kutscher: Über eine zweite wirksame Secalebase. Zentralbl. f. Physiol. Bd. 24, S. 479—480. 1910. *179, 184.*
— — Über ein methyliertes Aporrhegma des Tierkörpers. Zeitschr. f. physiol. Chem. Bd. 69, S. 282—285. 1910. *251, 263.*
— — Über einige Bestandteile des Extractum Secalis cornuti. Zentralbl. f. Physiol. Bd. 24, S. 589—591. 1910. *186.*
— — Über einige physiologisch wichtige Substanzen. Zeitschr. f. Biol. Bd. 57, S. 527—533. 1912. *65, 75.*
— — Die Methylierung von Histidin, Arginin, Lysin. 1. Mitteil. Zeitschr. f. Biol. Bd. 59, S. 415—419. 1912. *242.*
— — Versuche zur Synthese des Herzynins. Zentralbl. f. Physiol. Bd. 26, S. 569—570. 1912. *242.*

Eppinger, H., W. Falta und C. Rudinger: Über die Wechselbeziehungen der Drüsen mit innerer Sekretion. Zeitschr. f. klin. Med. Bd. 66, S. 1—52. 1908. *305.*
— — — Über die Wechselwirkung der Drüsen mit innerer Sekretion. Zeitschr. f. klin. Med. Bd. 67, S. 380—398. 1909. *305, 307.*
— und J. Guttmann: Zur Frage der vom Darm ausgehenden Intoxikationen. Zeitschr. f. klin. Med. Bd. 78, S. 399—412. 1913. *220.*
— und L. Hess: Zur Pathologie des vegetativen Nervensystems. Zeitschr. f. klin. Med. Bd. 67, S. 345—351. 1909. *305.*

Eppler, J.: Untersuchungen über Phosphatide, insbesondere über die im Eigelb vorhandenen. Zeitschr. f. physiol. Chem. Bd. 87, S. 233—254. 1913. *89.*

Erb, W.: Experimentelle und histologische Studien über Arterienerkrankung nach Adrenalininjektion. Arch. f. exp. Pathol. u. Pharmakol. Bd. 53, S. 173—212. 1905.

Erdmann, C. C.: On alkylamines as products of the Kjeldahl digestion. Journ. of biol. chem. Vol. 8, p. 41—55. 1910. *31.*
— On the alleged occurence of trimethylamine in urine. Journ. of biol. chem. Vol. 8, p. 57—60. 1910. *18, 31, 32.*

Erlandsen, A.: Untersuchungen über die lecithinartigen Substanzen des Myocardiums und der quergestreiften Muskeln. Zeitschr. f. physiol. Chem. Bd. 51, S. 71—155. 1907. *57, 58.*

Eschweiler, W.: Ersatz von an Stickstoff gebundenen Wasserstoffatomen durch die Methylgruppe mit Hilfe von Formaldehyd. Ber. d. Dtsch. Chem. Ges. Bd. 38, S. 880—882. 1905. *55.*

Evans, C. L., and S. Ogawa: The effect of adrenalin on the gaseous metabolism of the isolated mammalian heart. Journ. of physiol. Vol. 47, p. 446—459. 1914. *308.*

Ewan, Th., and J. H. Young: The preparation of guanidine salts and of nitroguanidine. Journ. of soc. chem. Ind. Vol. 40, p. 109—112. 1921. *185.*

van Eweyk, C. und M. Tennenbaum, Sekretinstudien. Biochem. Zeitschr. Bd. 125, S. 238—245. 1922. *202.*

— — II. Biochem. Zeitschr. Bd. 125, S. 246—252. 1922. *202.*

Ewins, A, J.: Some colour reactions of adrenine and allied bases. Journ. of physiol. Vol. 40, p. 317—326. 1910. *329, 330.*

— The synthesis of 3-β-Aminoethylindole. Journ. of the chem. soc. London. Vol. 99, p. 270—273. 1911. *223, 334.*

— Some derivatives of 4 (or 5)-Methylglyoxaline. Journ. of chem. soc. London. Vol. 99, p. 2052—2059. 1911. *223.*

— Acetylcholine, a new active principle of ergot. Biochem. Journ. Vol. 8, p. 44—49. 1914. *86, 100.*

— The constitution of pseudomuscarine („synthetic muscarine") Biochem. journ. Vol. 8, p. 209—215. 1914. *86, 100.*

— Note on the isolation of methyl-guanidine by the silver method. Biochem. journ. Vol. 10, p. 103—107. 1916. *176, 187.*

— and P. P. Laidlaw: The alleged formation of adrenine from tyrosine. Journ. of physiol. Vol. 40, p. 275—278. 1910. *282.*

— — The synthesis of 3-β-Aminoethylindole and its formation from tryptophane (Preliminary note). Proc. of the chem. soc. Vol. 26, p. 343. 1910. *9, 333.*

— — The fate of parahydroxyphenylethylamine in the organism. Journ. of physiol. Vol. 41, p. 78—87. 1910. *288.*

— — The fate of indolethylamine in the organism. Biochem. journ. Vol. 7, p. 18—25. 1912. *325.*

— and F. L. Pyman: Experiments on the formation of 4 (or 5)-β-Aminoethylglyoxaline from histidine. Journ. of chem. soc. London. Vol. 99, p. 339—344. 1911. *204, 227, 228.*

Exner, S.: Monatsh. f. Chem. Bd. 7, S. 241, siehe auch Niemilowcz, L. 1886. *78.*

Fabian, E.: Über das Verhalten des salzsauren Glycosamins im Tierkörper. Zeitschr. f. physiol. Chem. Bd. 27, S. 167—177. 1899. *107.*

Fahrig, C.: Über die Vergiftung durch Pilze aus der Gattung Inocybe (Rißpilze und Faserköpfe). Arch. f. exp. Pathol. u. Pharmakol. Bd. 88, S. 227—246. 1920. *91.*

Falta, W.: Studien über den Purinstoffwechsel. 1. Mitteil. Zeitschr. f. exp. Pathol. u. Therap. Bd. 15, S. 356—358. 1914. *308.*

— und L. Ivcović: Über die Wirkungsweise des Adrenalins bei verschiedener Applikation und das Auftreten desselben im Harn. Wien. klin. Wochenschr. 1909. S. 1780—1782. *292.*

Faltis, F., und F. Neumann: Alkaloide der Pareirawurzel. 2. Das Isochondodendrin. Monatsh. f. Chem. Bd. 42, S. 311—376. 1922. *270.*

Fargher, R. G., and F. L. Pyman: 4-β-Methylaminoethylglyoxaline. Journ. of chem. soc. London. Vol. 119, p. 734—740. 1921. *223.*

Feigl, J.: Gesamtreduktion und Restreduktion des Blutes in Beziehung zu den reduzierenden Komponenten des Reststickstoffes. Beitrag zur Frage der Bestimmung des Blutzuckers unter physiologischen und pathologischen Verhältnissen. Biochem. Zeitschr. Bd. 77, S. 189—231. 1916. *167.*

— Über das Vorkommen von Kreatinin und Kreatin im Blute bei Gesunden und Kranken. Biochem. Zeitschr. Bd. 81, S. 14—79. 1917. *167, 194.*

— 2. Mitteil. Beobachtungen bei Jugendlichen. Weitere Bemerkungen über die Ausgestaltung der Methodik. Biochem. Zeitschr. Bd. 84, S. 264—280. 1917. *167.*

— 3. Mitteil. Weitere Beiträge zur Kenntnis der Norm, insonderheit bezüglich des höheren Lebensalters. Biochem. Zeitschr. Bd. 87, S. 1—22. 1917. *167.*

— Neue Beiträge zur Kenntnis des Reststickstoffs der Blutflüssigkeit, der Kritik einschlägiger Methoden, der Beurteilung und Anwendung in Klinik und Pathologie. 4. Mitteil. Kreatinin, Kreatin und Harnsäure unter physiologischen Verhältnissen und in Beziehung zum Lebensalter, sowie über die Beteiligung dieser Stoffe am Aufbau des Reststickstoffs im nüchternen Blute. Arch. f. exp. Pathol. u. Pharmakol. Bd. 83, S. 271—298. 1918. *167.*

— Über das Vorkommen von Kreatinin und Kreatin im Blute bei Gesunden und Kranken. 4. Mitteil. Revision der bisherigen Methoden und Ergebnisse. Vergleichende Methodologie. Biochem. Zeitschr. Bd. 105, S. 255—281. 1920. *167.*

Felix, K.: Über die Beziehung der freien Aminogruppen zum Lysingehalt der Proteine. Zeitschr. f. physiol. Chem. Bd. 110, S. 217—228. 1920. *137.*

Fenger, F.: On the presence of active principles in the thyroid and suprarenal glands before and after birth. Journ. of biol. chem. Vol. 11, p. 489—492. 1912. *248.*

— Second Paper. Journ. of biol. chem. Vol. 12, p. 55—59. 1912. *248.*

— On the composition and physiological activity of the pituitary body. Journ. of biol. chem. Vol. 21, p. 283—288. 1915. *341, 342.*

— Second Paper. Journ. of biol. chem. Vol. 25, p. 417—422. 1916. *341, 342.*

— und M. Hull: A study of the separation of the physiologically active portion of the posterior lobe of the pituitary body. Journ. of biol. chem. Vol. 24, p. 153—158. 1920. *341.*

Filippi, F., de: Das Trimethylamin als normales Produkt des Stoffwechsels nebst einer Methode für dessen Bestimmung im Harn und Kot. Zeitschr. f. physiol. Chem. Bd. 49, S. 433. 1906. *33, 53.*

Findlay, L. and J. S. Sharpe: Adult tetany and methylguanidin; a metabolic study. Quart. journ. of med. Vol. 13, p. 433—436. 1920. *177.*

Fischer, E.: Über den Amidoacetaldehyd. II. Ber. d. Dtsch. Chem. Ges. Bd. 26, S. 464—471. 1898. *90, 97, 106.*

— Über den Amidoacetaldehyd. III. Ber. d. Dtsch. Chem. Ges. Bd. 27, S. 166—172. 1894. *90, 97, 106.*

Fischer, E.: Oxydationen des 1,7-Dimethylguanins zu Methylguanidin. Ber. d. Dtsch. Chem. Ges. Bd. 30, S. 2414—2415. 1897. *179.*

— Synthese der α-δ-Diaminovaleriansäure. Ber. d. Dtsch. Chem. Ges. Bd. 34, S. 454—464. 1901. *129, 130.*

— Über eine neue Aminosäure aus Leim. Ber. d. Dtsch. Chem. Ges. Bd. 35, S. 2660—2665. 1902. *244.*

— Reduktion des Glykokollester. Ber. d. Dtsch. Chem. Ges. Bd. 41, S. 1019—1023. 1908. *97.*

— und E. Abderhalden: Notizen über Hydrolyse von Proteinstoffen. Zeitschr. f. physiol. Chem. Bd. 42, S. 540—544. 1904. *120.*

— und R. Boehner: Bildung von Prolin bei der Hydrolyse von Gelatine mit Baryt. Zeitschr. f. physiol. Chem. Bd. 65, S. 118—123. 1910.

— und A. Göddertz: Synthese der γ-Amino-α-Oxybuttersäure und ihres Trimethylderivates. Ber. d. Dtsch. Chem. Ges. Bd. 43, S. 3272—3280. 1910. *252.*

— und A. Skita: Über das Fibroin und den Leim der Seide. Zeitschr. f. physiol. Chem. Bd. 35, S. 221—226. 1902. *134, 147, 206.*

— und U. Suzuki: Synthese von Polypeptiden. 10. Mitteil. Polypeptide der Diamino- und Oxyaminosäuren. Ber. d. Dtsch. Chem. Ges. Bd. 38, S. 4173—4196. 1905. *153.*

— und F. Weigert: Neue Synthese der α-ε-Diaminocapronsäure (inaktives Lysin). Ber. d. Dtsch. Chem. Ges. Bd. 35, S. 3772—3778. 1902. *136.*

— und G. Zemplén: Neue Synthese von Aminooxysäuren und von Piperidonderivaten. Ber. d. Dtsch. Chem. Ges. Bd. 42, S. 4878—4892. 1909. *130.*

Fischer, W. A.: Beitrag zur Frage der für den Menschen tödlichen Suprarenindosis. Münch. med. Wochenschr. 1920. S. 872—873. *294.*

Flächer, F.: Über die Umwandlung des Ephedrins in Pseudoephedrin. Arch. d. Pharmazie. Bd. 242, S. 380—383. 1904.

— Über die Spaltung des synthetischen dl-Suprarenins in seine optischaktiven Komponenten. Zeitschr. f. physiol. Chem. Bd. 58, S. 189—194. 1908. *281, 287, 324.*

Fleck, H.: The separation of trimethylamine from ammonia. Journ. of the Americ. chem. soc. Vol. 18, p. 670—672. 1896. *52.*

*Florence, A.: Neues Verfahren zum Nachweis von Samenflocken. Chem. Zentralbl. 1897, II. S. 1161. *83.*

Folin, O.: Beitrag zur Chemie des Kreatinins und Kreatins im Harne. Zeitschrift f. physiol. Chem. Bd. 41, S. 223—242. 1904. *31, 157, 193.*

— On the occurence and formation of alkyl ureas and alkyl amines. Journ. of biol. chem. Vol. 3, p. 83—86. 1907. *15, 18, 42.*

— On the preparation of creatine, creatinine and standard creatinine solutions. Journ. of biol. chem. Vol. 17, p. 462—467. 1914. *174, 194.*

— On the determination of creatinine and creatine in blood, milk and tissue. Journ. of biol. chem. Vol. 17, p. 475—481. 1914. *194.*

— and F. C. Blanck: The preparation of creatinine from urine. Jl. of biol. chem. Vol. 8. p. 395—397. 1910.

— and T. E. Buckman: On the creatine content of muscle. Journ. of biol. chem. Vol. 17, p. 483—486. 1914. *159, 160.*

Folin, O., W. B. Cannon and W. Denis: A new colorimetric method for the determination of epinephrine. Journ. of biol. chem. Vol. 13, p. 477—483. 1913. *284, 330.*

— and W. Denis: The preparation of creatinine from creatine. Journ. of biol. chem. Vol. 8, p. 399—400. 1910. *187.*

— — On creatine in urine of children. Journ. of biol. chem. Vol. 11, p. 253—256. 1912. *164.*

— — Protein metabolism from the standpoint of blood and tissues analysis. 3. Paper. Further absorption experiments with especial reference of urea to the behavior of creatine and creatinine and to the formation. Journ. of biol. chem. Vol. 12, p. 141—162. 1912. *168.*

— — On phosphotungstic-phosphomolybdic compounds as color reagents. Journ. of biol. chem. Vol. 12, p. 239—243. 1912. *284, 330.*

— — On the creatinine and creatine content of blood. Journ. of biol. chem. Vol. 17, p. 487—491. 1914.

— — Protein metabolism from the standpoint of blood and tissue analysis. Journ. of biol. chem. Vol. 17, p. 493—502. 1914.

— and E. A. Doisy: Impure picric acid as a source of error in creatine and creatinine determination. Journ. of biol. chem. Vol. 28, p. 349—356. 1916. *194.*

— and J. L. Morris: On the determination of creatinine and creatine in urine. Journ. of biol. chem. Vol. 17, p. 469—473. 1914. *194.*

Fornet, B.: Studien über die Gefäßwirkung des Adrenalins beim Menschen. Arch. f. exp. Pathol. u. Pharmakol. Bd. 92, S. 165—172. 1922. *294.*

Forschbach, J.: Über den Glykosaminkohlensäureäthylester und sein Schicksal im Stoffwechsel des pankreasdiabetischen Hundes. Beitr. z. chem. Physiol. u. Pathol. Bd. 8, S. 313—325. 1906. *108.*

Fourneau, E.: Ephédrines synthétiques. Journ. de pharmacie et de chim. [6], Tome 25, p. 593—602. 1907. *288.*

— und A. González: Separación del β-aminoetilalcohol en mezclas con colina. Ann. soc. espagnola fis. quim. [2], Tome 19, p. 151—155. 1921.

— et H. J. Page: Sur les éthers de la choline. Bull. de la soc. chim. de France. [4], Tome 15, p. 544—553. 1914. *102.*

Fränkel, A.: Über den Gehalt des Blutes an Adrenalin bei chronischer Nephritis und Morbus Basedowii. Arch. f. exp. Pathol. u. Pharmakol. Bd. 60, S. 395—407. 1909. *286, 298, 330.*

Fränkel, S.: Darstellung und Konstitution des Histidins. Monatsh. f. Chem. Bd. 24, S. 229—243. 1903. *208, 228, 229.*

— und R. Allers: Über eine neue charakteristische Adrenalinreaktion. Biochem. Zeitschr. Bd. 18, S. 40—43. 1909. *329.*

— und M. Cornelius: Zur Kenntnis des β-Aminoäthylalkohols und seiner Derivate. Ber. d. Dtsch. Chem. Ges. Bd. 51, S. 1654—1662. 1918. *79.*

— und L. Dimitz: Über Lipoide. 8. Mitteil. Über die Spaltungsprodukte des Kephalins. Biochem. Zeitschr. Bd. 21, S. 337—347. 1909.

— und A. Elfer: Über das Trocknen von Geweben und Blut für die Darstellung von Lipoiden. Biochem. Zeitschr. Bd. 40, S. 138—144. 1912. *22.*

— und E. Fürer: Kritische Studien zur experimentellen Therapie maligner Neoplasmen. 3. Mitteil. Kritisch-experimentelle Studien zur Chemotherapie des Krebses. Wien. klin. Wochenschr. 1916. S. 96—98. *79.*

Fränkel, S. und E. Neubauer: 7. Mitteil. Über das Kephalin. Biochem. Zeitschr. Bd. 21, S. 321—336. 1909. *57.*
— und G. Rainer: Über das Vorkommen von cyclischen Aminosäuren im Secale cornutum. Biochem. Zeitschr. Bd. 74, S. 167—169. 1916. *207.*
— und K. Zeimer: Über das Imidazolisopiperidin und seine Derivate. Biochem. Zeitschr. Bd. 110, S. 234—244. 1920. *226.*
*Franchini: Untersuchungen über Lecithin, Cholin und Ameisensäure. Arch. di farmacol. sperim. e scienze aff. Vol. 7, p. 371—389. 1908. *69.*
François, M.: Sur une méthode exacte de séparation de l'ammoniaque et de la monométhylamine. Cpt. rend. hebdom. des séances de l'acad. Tome 144, p. 567—569. 1907. *51, 52, 53.*
— Sur la recherche et le dosage de l'ammoniaque dans la monométhylamine et ces amines grasses très volatiles. Cpt. rend. hebdom. des séances de l'acad. des sciences. Tome 144, p. 857—859. 1907. *51, 52.*
— Sur le phosphate double de magnésie et de monométhylamine. Cpt. rend. hebdom. des séances de l'acad. des sciences. Tome 146, p. 1284—1287. 1908. *51, 52.*
Frank, E.: Über den gegenwärtigen Stand der Lehre von der Vagotonie und Sympathikotonie. Dtsch. med. Wochenschr. 1921. S. 159—161.
— und S. Isaac: Die Bedeutung des Adrenalins und des Cholins für die Erforschung des Zuckerstoffwechsels. Zeitschr. f. exp. Pathol. u. Therap. Bd. 7, S. 326—338. 1909. *76, 306.*
— und R. Stern: Zur Lehre vom Muskeltonus. 2. Über den Angriffspunkt des Guanidins und Methylguanidins bei der Erzeugung motorischer Reizerscheinungen (Guanidin-Kokain-Antagonismus). Arch. f. exp. Pathol. u. Pharmakol. Bd. 90, S. 168—179. 1921. *182.*
— — und M. Nothmann: Die Guanidin- und Dimethylguanidintoxikose des Säugetiers und ihre physio-pathologische Bedeutung. Zeitschr. f. ges. exp. Med. Bd. 24, S. 341—370. 1921. *177, 178, 182, 183.*
— — — Das klinische Bild der Vergiftung mit Guanidinen beim Säugetier und seine physio-pathologische Bedeutung. Verhandl. d. 33. Kongr. d. Dtsch. Ges. f. inn. Med., Wiesbaden 1921. S. 369—374. *177, 178, 182, 183.*
v. Frankl-Hochwart, L., und A. Fröhlich: Zur Kenntnis der Wirkung des Hypophysins (Pituitrins, Parke Davis & Co.) auf das sympathische und autonome Nervensystem. Arch. f. exp. Pathol. u. Pharmakol. Bd. 63, S. 347—356. 1910. *346.*
Franzen, H., und A. Schneider: Über die Trennung aliphatischer Amine voneinander und von Ammoniak. Biochem. Zeitschr. Bd. 116, S. 195—207. 1921. *53.*
Freudenberg, K.: Über das Guvacin. Ber. d. Dtsch. Chem. Ges. Bd. 51, S. 976—982. 1918. *247.*
Freund, E. und C. Kaminer: Über biologische Beeinflussung der Haut durch carcinombegünstigende Agentien (wie Tabaksaft, Teer, Ruß). Biochem. Zeitschr. Bd. 112, S. 124—138. 1920. *257.*
Freund, H.: Über die Entstehung von Giften im Blute. (Ein Beitrag zur Frage der „Proteinkörpertherapie".) Med. Klinik. 1920. S. 437—449. *7, 222.*

Freund, H., Zur Pharmakologie des Blutserums. Bemerkungen zu dem Referat von H. Handovsky. Klin. Wochenschr. 1922. S. 2092. *7, 222, 286.*

— und R. Gottlieb: Über die Bedeutung von Zerfallsprodukten für den Ablauf pharmakologischer Reaktionen. Münch. med. Wochenschr. 1921. S. 383. *7, 222, 286.*

Frey, E.: Findet im Körper eine Zerstörung von Adrenalin durch Jod statt? Arch. f. exp. Pathol. u. Pharmakol. Bd. 76, S. 65—88. 1914. *292.*

Frey, W.: Zur Frage der funktionellen Milzdiagnostik mittels Adrenalins. Zeitschr. f. d. ges. exp. Med. Bd. 3, S. 416—440. 1914. *303.*

— und S. Lury: Adrenalin zur funktionellen Diagnostik der Milz? Untersuchungen an klinischem Material. Zeitschr. f. d. ges. exp. Med. Bd. 2, S. 50—64. 1913. *303.*

Friedberger, E.: Bemerkung zu vorstehender Arbeit von Massini. Über die anaphylaktische Reaktion des Meerschweinchendarms. Zeitschr. f. Immunitätsforsch. u. exp. Therap. [1], Orig. Bd. 25, S. 183. 1916. *221.*

— Z. Szymanowski, T. Kumugai und Odaira A. Lura: Die Spezifizität der Antianaphylaxie und ihre Beziehungen zur Resistenz bei einigen der Anaphylaxie ähnlichen Vergiftungen. Zeitschr. f. Immunitätsforsch. u. exp. Therap. [1], Orig. Bd. 14, S. 371—411. 1912. *221.*

Friedmann, E.: Beiträge zur Kenntnis der physiologischen Beziehung der schwefelhaltigen Eiweißabkömmlinge. 1. Mitteil. Über die Konstitution des Cystins. Beitr. z. chem. Physiol. u. Pathol. Bd. 3, S. 1—46. 1902. *60.*

— Zur Kenntnis des Adrenalins (Suprarenins). Beitr. z. chem. Physiol. u. Pathol. Bd. 6, S. 92—93. 1904. *281, 325.*

— Die Konstitution des Adrenalins. Beitr. z. chem. Physiol. u. Pathol. Bd. 8, S. 95—120. 1906. *325.*

— und S. Gutmann: Über die N-Methylderivate des Phenylalanins und des Tyrosins. Biochem. Zeitschr. Bd. 27, S. 491—497. 1910. *231.*

Fröhlich, A.: Eine neue physiologische Eigenschaft des d-Suprarenins. Zentralbl. f. Physiol. Bd. 23, S. 254—256. 1909. *309.*

— Weitere Untersuchungen über die physiologische Wirkung des d-Suprarenins. Zentralbl. f. Physiol. Bd. 25, S. 1—8. 1911. *309.*

— und E. P. Pick: Die Folgen der Vergiftung durch Adrenalin, Histamin, Pituitrin, Pepton, sowie der anaphylaktischen Vergiftung in bezug auf das vegetative Nervensystem. Arch. f. exp. Pathol. u. Pharmakol. Bd. 71, S. 23—61. 1912. *219, 309, 314.*

— — Zur Kenntnis der Wirkungen der Hypophysenpräparate. 1. Mitteil. Wirkung auf Lunge und Atmung. Arch. f. exp. Pathol. u. Pharmakol. Bd. 74, S. 92—106. 1913. *346.*

— — 2. Mitteil. Wirkung auf die Blutgefäße des Frosches. Arch. f. exp. Pathol. u. Pharmakol. Bd. 74, S. 107—113. 1913. *346.*

— — 3. Mitteil. Beeinflussung der Ergotoxinwirkung durch Hypophysin. Arch. f. exp. Pathol. u. Pharmakol. Bd. 74, S. 114—118. 1913.

— und L. Pollak: Über Zuckermobilisierung in der überlebenden Kaltblüterleber. Archiv f. exp. Pathol. u. Pharmakol. Bd. 77, S. 265—298. 1914. *307.*

Fuchs, A.: Experimentelle Enzephalitis. Wien. med. Wochenschr. 1921. S. 710—715. *178.*

Fuchs, B.: Über das Vorkommen der Arginase im gesunden und kranken Organismus. Zeitschr. f. physiol. Chem. Bd. 114, S. 101—107. 1921. *155.*

Fuchs, D., und N. Róth: Untersuchungen über die Wirkung des Adrenalins auf den respiratorischen Stoffwechsel. Zeitschr. f. exp. Pathol. u. Therap. Bd. 10, S. 187—190. 1912. *307, 308.*

— — Untersuchungen über die Wirkung des Adrenalins auf den Respirationsstoffwechsel. II. Zeitschr. f. exp. Pathol. u. Therap. Bd. 14, S. 54—60. 1913. *307, 308.*

— — Über die Wirkung des Adrenalins auf die Atmung. Zeitschr. f. exp. Pathol. u. Therap. Bd. 12, S. 568—571. 1914. *307, 308.*

Fuchs, W.: Zur Paralysebehandlung. Münch. med. Wochenschr. 1921. S. 1084—1085.

Fühner, H.: Curarestudien. Arch. f. exp. Pathol. u. Pharmakol. Bd. 58, S. 1—49. 1907. *181, 182.*

— Die quantitative Bestimmung des synthetischen Muskarins auf physiologischem Wege. Arch. f. exp. Pathol. u. Pharmakol. Bd. 59, S. 179—185. *105.*

— Über den Angriffsort der peripheren Guanidinwirkung. Arch. f. exp. Pathol. u. Pharmakol. Bd. 65, S. 401—427. 1911. *182.*

— Das Pituitrin und seine wirksamen Bestandteile. Münchn. med. Wochenschrift 1912. S. 852—853. *340, 345, 346.*

— Pharmakologische Untersuchungen über die wirksamen Bestandteile der Hypophyse. Zeitschr. f. d. ges. exp. Med. Bd. 1, S. 397—443. 1913. *340, 346.*

— Pharmakologische Untersuchungen über die Wirkung des Hypophysins (zugleich eine Erwiderung). Biochem. Zeitschr. Bd. 76, S. 232—247. 1916. *340.*

— Die quantitative Bestimmung des Cholins auf biologischem Wege. Biochem. Zeitschr. Bd. 77, S. 408—414. 1916. *85, 103, 105.*

— Die Hypophyse und ihre wirksamen Bestandteile. Therap. Monatsh. Bd. 34, S. 437—442. 1920. *340.*

— Untersuchungen über den Synergismus von Giften. 5. Guanidin-Barytmischungen. Arch. f. exp. Pathol. u. Pharmakol. Bd. 88, S. 179—191. 1920. *183.*

v. Fürth, O.: Zur Kenntnis der brenzkatechinähnlichen Substanz in den Nebennieren. 1. Mitteil. Zeitschr. f. physiol. Chem. Bd. 24, S. 142—158. 1897. *293, 325, 328.*

— 2. Mitteil. Zeitschr. f. physiol. Chem. Bd. 26, S. 15—47. 1898. *325.*

— 3. Mitteil. Zeitschr. f. physiol. Chem. Bd. 29, S. 105—123. 1899. *325.*

— Zur Kenntnis des Suprarenins. Beitr. z. chem. Phys. u. Pathol. Bd. 3, S. 243—251. 1901. *281.*

— Zur Kenntnis des Suprarenins (Adrenalins). Monatsh. f. Chem. Bd. 24, S. 261—290. 1903. *281.*

— Über die Diazoreaktion des normalen Menschenharnes und die Abhängigkeit des Diazowertes von der Ernährungsart. Biochem. Zeitschr. Bd. 96, S. 269—296. 1919. *208.*

v. Fürth, O. und T. Hryntschak: Über den Karnosingehalt der Säugetiermuskeln. Biochem. Zeitschr. Bd. 64, S. 172–94. 1914. *210.*

— und K. Schwarz: Über die Einwirkung des Jodothyrins auf den Zirkulationsapparat. Pflügers Arch. f. d. ges. Physiol. Bd. 124, S. 113—156. 1908.

— — Über die Natur der blutdruckerniedrigenden Substanzen in der Schilddrüse. Pflügers Arch. f. d. ges. Physiol. Bd. 124, S. 361–368. 1908. *65.*

— — Zusatz zu der Abhandlung: Über die Natur der blutdruckerniedrigenden Substanz in der Schilddrüse. Pflügers Arch. f. d. ges. Physiol. Bd. 125, S. 506. 1908. *65.*

Fujinami, M.: Anlagerung von Cyanamid an Aminosäuren und Polypeptide. Zugleich ein Beitrag zur Kenntnis der Kreatinbildung im tierischen Organismus. Dissert. Basel 1919. 62 S. *173.*

Funk, C.: On the chemical nature of the substance which cures polyneuritis in birds induced by a diet of polished rice. Journ. of physiol. Vol. 43, p. 395—400. 1911. *64.*

— Studies on beri-beri. 7. Chemistry of the vitamine fraction from yeast and rice polishings. Journ. of physiol. Vol. 46, p. 173—179. 1913. *64, 240.*

Gabriel, S.: Über Vinylamin. Ber. d. Dtsch. Chem. Ges. Bd. 21, S. 1049 –1057. 1888. *119.*

— Über Vinylamin und Bromäthylamin. Ber. d. Dtsch. Chem. Ges. Bd. 21, S. 2664–2669. 1888. *110.*

— Über Amidomercaptan. Ber. d. Dtsch. Chem. Ges. Bd. 22, S. 1137 —1139. 1889.

— Synthese der Homopiperidinsäure und der Piperidinsäure. Ber. d. Dtsch. Chem. Ges. Bd. 23, S. 1767–1773. 1890.

— und G. Eschenbach: Darstellung des Allylamins. Ber. d. Dtsch. Chem. Ges. Bd. 30, S. 1124–1125. 1897. *110, 120.*

— — Notizen über Bromäthylamin und Vinylamin. Ber. d. Dtsch. Chem. Ges. Bd. 30, S. 2494–2497. 1897. *110, 120.*

— und Th. A. Maass: Über ε-Amidocapronsäure. Ber. d. Dtsch. Chem. Ges. Bd. 32, S. 1266–1272. 1899. *265.*

Gadamer, J.: Über die Bestandteile des schwarzen und des weißen Senfsamens. Arch. d. Pharmazie. Bd. 235, S. 44—114. 1897. *58, 64.*

— Über rechtsdrehendes sec. Butylamin. 2. Mitteil. Arch. d. Pharmazie. Bd. 242, S. 48. 1904. *36, 50.*

— Über die Isomerie von Ephedrin und Pseudoephedrin. Arch. d. Pharmazie. Bd. 246, S. 566—574. 1908. *275.*

— Zur Kenntnis der Chelidoniumalkaloide. Vorläufige Mitteil. Arch. d. Pharmazie. Bd. 257, S. 298—303. 1919. *271, 272.*

Gaebel, G. O.: Über das Hordenin. Arch. d. Pharmazie. Bd. 244, S. 435 —441. 1906. *278.*

Gaehwyler, M.: Experimentelle Beiträge zur chemischen Wirkung der Röntgenstrahlen. Inaug.-Diss. Basel 1917.

Galan, J. C.: Action des extraits d'hypophyse sur la motricité gastrique. Cpt. rend. des séances de la soc. de biol. Tome 85, p. 32—33. 1921. *345, 346.*

Gamble, J. L., and S. Goldschmidt: A study of creatinuria in infants. 1. Relation of creatinuria to acidosis. The elimination of ingested creatine and creatinine. Journ. of biol. chem. Vol. 40, p. 199—213. 1919. *164.*

— — 2. Relation of protein intake to urinary creatine. Journ. of biol. chem. Vol. 40, p. 215—225. 1919. *164.*

Garcia, S. A.: Über Ptomaine, welche bei der Fäulnis von Pferdefleisch und Pankreas entstehen. Zeitschr. f. physiol. Chem. Bd. 17, S. 543 554. 1892. *120, 123, 141.*

*Garino, M.: Über die Giftigkeit des Guanidins und seiner Amidoverbindungen. Arch. di farmacol. sperim. e scienze aff. Vol. 22, p. 229—244. 1916. *185.*

Garrod, A. E., and W. H. Hurtley: Concerning cystinuria. Journ. of physiol. Vol. 34, p. 217—223. 1906. *124.*

Gautier, A.: Sur la découverte des alcaloides dérivés des matières protéiques animales. Cpt. rend. hebdom. des séances de l'acad. des sciences. Tome 94, p. 1119—1122. 1882. *37, 55.*

— Cours de chimie. III. Chimie biologique. 1892. p. 261—270. *273.*

— Sur les tyrosamines. Bull. de la soc. chim. de France. [3], Tome 35, p. 1195—1197. 1906. *278.*

— et A. Etard: Sur le mécanisme de la fermentation putride et sur les alcaloides qui en résultent. Cpt. rend. hebdom. des séances de l'acad. des sciences. Tome 94, p. 1598—1601. 1882. *273, 274.*

— — Sur le mécanisme de la fermentation putride des matières protéiques. Cpt. rend. hebdom. des séances de l'acad. Tome 94, p. 1357—1360. 1882. *37, 55.*

— — Sur les produits dérivés de la fermentation bactérienne des albuminoides. Cpt. rend. hebdom. des séances de l'acad. des sciences. Tome 97, p. 263—267. 1883. *32, 274.*

— et L. Mourgues: Sur les alcaloides de l'huile de foie de morue. Cpt. rend. hebdom. des séances de l'acad. des sciences. Tome 107, p. 110—115. 1888. *32, 35, 39.*

Gautier, Cl. présenté par S. Bonnamour: Action de l'adrénaline sur le glycogène hépathique et sur le poids et le volume du foie chez la grenouille. Cpt. rend. des séances de la soc. de biol. Tome 87, p. 157—159. 1922.

Gautrelet, J.: De rôle hypotenseur de la choline dans l'organisme. Cpt. rend. hebdom. des séances de l'acad. des sciences. Tome 148, p. 995—996. 1909. *65, 73, 75.*

— et L. Thomas: Action hypotensive du sérum de chien privé de surrénales. Cpt. rend. hebdom. des séances de l'acad. des sciences. Tome 149, p. 149—150. 1909. *65.*

Geiger, E., und O. Loewi: Über Änderung des Cholingehaltes der Froschmuskulatur durch elektrische Reizung. Biochem. Zeitschr. Bd. 127, S. 174—180. 1921. *66.*

Gerard, R. W.: Chemical studies on intestinal intoxication. 1. The presence and significance of histamine in an obstructed bowel. Journ. of biol. chem. Vol. 52, p. 111—124. 1922. *202.*

Geret, L.: Über die colorimetrische Bestimmung von Kreatinin. Zeitschr. f. Unters. d. Nahrungs- u. Genußm. Bd. 33, S. 35—38. 1917.

Gerngroß, O.: Über Benzoylderivate des Histidins und Histamins. Zeitschrift f. physiol. Chem. Bd. 108, S. 50—63. 1919.

Gettler, A. O., and R. Oppenheimer, Factors involving the accuracy of creatinine determinations in human blood. Journ. of biol. chem. Vol. 29, p. 47—56. 1916. *194.*

Gibson, R. B., and F. T. Martin: Some observations on creatine formation in a case of progressive pseudohypertrophic muscular dystrophy. Journ. of biol. chem. Vol. 49, p. 319—326. 1921. *165.*

Gley, E.: Du rôle des glandes surrénales dans l'action des substances vaso-constrictives. Les substances vaso-constrictives indirectes. Cpt. rend. hebdom. des séances de l'acad. des sciences. Tome 158, p. 2008—2111. 1914. *285.*

— et A. Quinquaud: Influence de la sécrétion surrénale sur les actions vasomotrices dépendant du nerf splanchnique. Cpt. rend. hebdom. des séances de l'acad. des sciences. Tome 157, p. 66—69. 1913. *285.*

— — La sécrétion surrénale d'adrénaline n'est pas nécessaire au maintien de la pression artérielle. Cpt. rend. des séances de la soc. de biol. Tome 82, p. 1175—1178. 1919. *285.*

— — Remarques sur les relations admises entre la function du nerf splanchnique et la sécrétion surrénale d'adrénaline. Bull. de l'acad. roy. de Belgique. Classe des Sciences. 1919. p. 315—316. *285.*

— — Contribution à l'étude des interrelations humorales. I. Action de l'extrait thyrcïdien et en général des extraits d'organes sur la sécrétion surrénale. Bull. de l'acad. roy. de Belgique, Classe des sciences. 1923. p. 888—910. *307.*

Goldschmiedt, G.: Über das Ratanhin. Monatsh. f. Chem. Bd. 33, S. 1379—1388. 1912. *278.*

— Die Struktur des Ratanhins. Monatsh. f. Chem. Bd. 34, S. 659—664. 1913. *278.*

Golla, F. L., and W. L. Symes: The reversible action of adrenaline and some kindred drugs on the bronchioles. Journ. of pharmacol. a. exp. therap. Vol. 5, p. 87—103. 1913. *300.*

Golowinski, J. W.: Zur Frage der Cholinwirkung auf das Froschherz. Pflügers Arch. f. d. ges. Physiol. Bd. 157, S. 136—146. 1914. *74.*

— Über die Wirkung des Cholins auf den Zirkulationsapparat warmblütiger Tiere. Pflügers Arch. f. d. ges. Physiol. Bd. 159, S. 93—118. 1914. *74.*

Goodson, J. A.: Constituents of the bark of Zanthoxylum macrophyllum, Oliver. Biochem. Journ. Vol. 15, p. 123—128. 1921. *36.*

— and H. W. B. Clewer: Examination of the bark of Croton gubouga. Isolation of 4-hydroxyhygric acid. Journ. of the chem. soc. London. Vol. 115, p. 923—933. 1919. *245.*

Goris, A., et A. Larsonneau: Sur la composition chimique des feuilles de belladonne. Journ. de pharmacie et de chim. Tome 23, p. 475. 1921. *125, 245.*

*Gorke, H., und E. Deloch: Über den Einfluß von Hypophysenextrakten auf den Magendarmtraktus und das Blut des Menschen. Arch. f. Verdauungskrankh. Bd. 29, S. 149. 1922. *347.*

Gortner, R. A., and A. J. Wuertz: Comparative analysis of fibrin from different animals. Journ. of the Americ. chem. soc. Vol. 39, p. 2239—2242. 1917. *134*, *206.*

Gottlieb, R.: Über die Wirkung der Nebennierenextrakte auf Herz und Blutdruck. Arch. f. exp. Pathol. u. Pharmakol. Bd. 38, S. 99—112. 1897. *295*, *296.*

— Über die Wirkung des Nebennierenextraktes auf Herz- und Blutgefäße. Arch. f. exp. Pathol. u. Pharmakol. Bd. 43, S. 286—304. 1899. *295*, *296.*

— und R. Stangassinger: Über die Bildung und Zersetzung des Kreatins bei der Durchblutung überlebender Organe. Zeitschr. f. physiol. Chem. Bd. 55, S. 322—337. 1908. *166*, *167*, *168.*

Gottschalk, A.: Untersuchungen über den Mechanismus der Adrenalin-Hyperglykämie. — Über den genetischen Zusammenhang zwischen Wasserstoffionenkonzentrationsverschiebung im Pfortaderblut und Hyperglykämie. Klin. Wochenschr. 1922. S. 1281. *305.*

— und E. Pohle: Untersuchungen über den Mechanismus der Adrenalinhyperglykämie. Klin. Wochenschr. 1922. S. 1310. *305.*

Gramenitzki, M.: Blut und Harnzucker bei kontinuierlicher Adrenalininfusion. Biochem. Zeitschr. Bd. 46, S. 186—209. 1912. *296.*

Grandis, V.: Sulla composizione della base che si trova cristallizzata dentro il nucleo della cellule epatiche. Rend. d. R. Accad. dei Lincei. [IV], Vol. 6, II, p. 230—235. 1890. *140.*

Grant, M. H.: The effect of varying the hydrogen ion concentration and of guanidin sulphate on the excitability of the neuro-myon of the frog. Journ. of physiol. Vol. 54, p. 79—83. 1920. *182.*

Greenwald, I.: The estimation of creatinine and creatine in diabetic urines. Journ. of biol. chem. Vol. 14, p. 87—93. 1913. *194.*

— Observations on the significance of glycollic acid, glyoxal, glycol aldehyde, and amino-aldehyde in intermediary metabolism. Journ. of biol. chem. Vol. 35, p. 461—472. 1918. *98.*

— The supposed occurence of methylguanidine in meat, with observations on the oxidation of creatine by mercuric acetate. Journ. of the Americ. chem. soc. Vol. 41, p. 1109—1115. 1919. *176.*

— and G. Mc Guire: The estimation of creatinine and of creatine in the blood. Journ. of biol. chem. Vol. 34, p. 103—118. 1918. *194.*

Gregor, A.: Beiträge zur Physiologie des Kreatinins. Zeitschr. f. physiol. Chem. Bd. 31, S. 98—118. 1900. *162.*

Gregory, W.: Über den Gehalt einiger Fleischarten an Kreatin. Liebigs Ann. d. Chem. Bd. 64, S. 100—108. 1848. *157.*

Greshoff, M.: Mededeelingen uit's Lands Plantentuin. 25. Batavia-Haag. 1898. *242.*

Griess, P., und G. Harrow: Über das Vorkommen des Cholins im Hopfen. Ber. d. Dtsch. Chem. Ges. Bd. 18, S. 717—719. 1885. *63*, *79.*

Griffiths, A. B.: Sur une nouvelle ptomaine de putrefaction, obtenue par la culture du bacterium allii. Cpt. rend. hebdom. des séances de l'acad. des sciences. Tome 110, p. 416—418. 1890. *12.*

— Ptomaines extraits des urines dans quelques maladies infectieuses. Cpt. rend. de l'acad. hebdom. des séances des sciences. Tome 113, p. 656—657. 1891. *12.*

— Les ptomaines dans quelques malades infectueuses. Cpt. rend. hebdom. des séances de l'acad. Tome 114, p. 496—498. 1892. *12.*

— Recherches sur les ptomaines dans quelques maladies infectieuses. Cpt. rend. hebdom. des séances de l'acad. des sciences. Tome 114, p. 1382—1384. 1892. *12.*

— Sur une nouvelle leucomaine. Cpt. rend. hebdom. des séances de l'acad. des sciences. Tome 115, p. 185—186. 1892. *12.*

— Ptomaines extraits des urines dans l'érisypèle et dans la fièvre puerpérale. Cpt. rend. hebdom. des séances de l'acad. des sciences. Tome 115, p. 667—669. 1892. *174.*

— Ptomaines extraits des urines dans l'eczéma. Cpt. rend. hebdom. des séances de l'acad. des sciences. Tome 116, p. 1205—1206. 1893. *12.*

— et R. S. Ladell: Sur une ptomaine extraite de l'urine dans la grippe. Cpt. rend. hebdom. des séances de l'acad. des sciences. Tome 117, p. 744. 1893. *12.*

Grimme, C.: Zur Wertbestimmung von Capsella bursa pastoris. Pharmaz. Zentralhalle Bd. 62, S. 495—498. 1921. *100.*

*Grimmer, W., und B. Wiemann: Beiträge zur Mikrochemie der Mikroorganismen. 1. Mitteil. Zur Biochemie des Bacillus mesentericus vulgatus. Forsch. a. d. Geb. d. Milchwirtsch. u. d. Molkereiw. Bd. 1, S. 2—18. 1921. *125, 333.*

Grindley, H. S., and H. S. Woods: Methods for the determination of creatinine and creatine in meats and their products. Journ. of biol. chem. Vol. 2, p. 309—315. 1906. *158, 159.*

Groer, F. v., und A. F. Hecht: Zur Kenntnis des Adrenalins. 1. Über die Änderung der blutdrucksteigernden Wirkung des Adrenalins nach Behandlung desselben mit bakteriellen Produkten. Biochem. Zeitschr. Bd. 102, S. 1—12. 1919. *304.*

— und J. Matula: 2. Über die Änderung der gefäßerregenden Wirkung des Adrenalins unter dem Einfluß verschiedener Wasserstoffionenkonzentrationen und nach Behandlung desselben mit verschiedenen bakteriellen Produkten und Eiweißkörpern. Biochem. Zeitschr. Bd. 102, S. 13—38. 1920. *291, 304.*

Groß, E. G., and H. Steenbock: Creatinuria. 2. Arginine and cystine as precursors of creatine. Journ. of biol. chem. Vol. 47, p. 33—43. 1921. *171.*

— — 3. The effect of thyroid feeding upon creatinuria. Journ. of biol. chem. Vol. 47, p. 45—52. 1921. *171.*

Gruber, C. M.: Studies in fatigue. 2. The relation of adrenalin to curare and fatigue in normal and denervated muscles. Americ. journ. of physiol. Vol. 34, p. 89—96. 1914. *302.*

Gruber, C. M.: Further studies on the effect of adrenalin upon muscular fatigue. Americ. journ. of physiol. Vol. 43, p. 530—544. 1917. *302.*
— A note on the action of pilocarpine, atropine and adrenaline upon the tonus waves in the terrapin heart. Journ. of pharmacol. a. exp. therap. Vol. 15, p. 23—28. 1920. *286.*
— 4. The antagonistic actions of epinephrin and potassium chloride on the tonus and tonus waves in the excised terrapin auricles. Journ. of pharmacol. a. exp. therap. Vol. 15, p. 271—277. 1920. *286.*
— 5. Further studies on the antagonistic action of epinephrin to certain druzs upon the tonus and tonus waves in the terrapin auricles. Journ. of pharmacol. a. exp. therap. Vol. 15, p. 405—413. 1921. *286.*
— and O. S. Kretschmer: 8. The effect of adrenalin upon the fatigue produced by the injection of the fatigue products, lactic acid and acid potassium phosphate. Americ. journ. of physiol. Vol. 47, p. 178—184. 1918. *302.*
— and C. Markel: 1. Tonus waves from the sino-auricles muscle preparation of the terrapin as affected by adrenalin. Journ. of parmacol. a. exp. therap. Vol. 12, p. 43—51. 1918. *286.*
— — Tonus waves in the terrapin auricles as affected by pilocarpine, atropine and adrenaline. Journ. of pharmacol. a. exp. therap. Vol. 12, p. 52—57. 1918. *286.*
Guareschi, J., und A. Mosso: Die Ptomaine, chemische, physiologische und gerichtlich-medicinische Untersuchung. Journ. f. prakt. Chem. Bd. 27, S. 425—432. 1883; Bd. 28, S. 504—512.
Guarrigues, A.: Les touraillons d'orge et l'hordénine. Bull. gén. de Thérap. Tome 172, p. 229—255. 1921. *278.*
*Gubary, A.: Über die klinische Untersuchung des Blutserums auf vasokonstringierende Substanzen. Zentralbl. f. d. ges. Med. u. ihre Grenzgeb. 1913. S. 392.
Guber, A.: Adrenalin (Suprarenin) als physiologisches Gegengift für Morphin. Arch. f. exp. Pathol. u. Pharmakol. Bd. 75, S. 333—346. 1914. *303.*
Guggenheim, M.: Proteinogene Amine: Glycyl-p-oxyphenyläthylamin, Alanyl-p-oxyphenyläthylamin, Glycyl-β-imidazolyläthylamin. Biochem. Zeitschr. Bd. 51, S. 369—387. 1913. *317, 344.*
— Dioxyphenylalanin, eine neue Aminosäure aus Vicia faba. Zeitschr. f. physiol. Chem. Bd. 88, S. 276—284. 1913. *267, 283.*
— Beitrag zur Kenntnis des wirksamen Prinzips der Hypophyse. Biochem. Zeitschr. Bd. 65, S. 189—218. 1914. *203, 341, 342, 343, 344.*
— Wirkung des β-Imidazolyläthylamins (Imido „Roche") am menschlichen Uterus. Therap. Monatsh. Bd. 28, S. 174—175. 1914. *219, 224.*
— und W. Löffler: Biologischer Nachweis proteinogener Amine in Organextrakten und Körperflüssigkeiten. Biochem. Zeitschr. Bd. 72, S. 303—324. 1915. *45, 128, 222, 230, 286, 298, 314, 331.*
— — Das Schicksal proteinogener Amine im Tierkörper. Biochem. Zeitschrift. Bd. 72, S. 325—350. 1916. *37, 40, 286, 288, 298, 318, 335.*
— — Über das Vorkommen und Schicksal des Cholins im Tierkörper. Eine Methode zum Nachweis kleiner Cholinmengen. Biochem. Zeitschr. Bd. 74, S. 209—218. 1916. *34, 65, 66, 67, 68, 74, 85, 103, 214.*

Gulewitsch, W.: Über Cadaverin und Cholin aus faulem Pferdefleisch. Zeitschr. f. physiol. Chem. Bd. 20, S. 287—305. 1894. *65, 140.*

— Über Cholin und einige Verbindungen desselben. Zeitschr. f. physiol. Chem. Bd. 24, S. 513—541. 1898. *21, 65, 79, 80.*

— Über Neurin und einige Verbindungen desselben. Zeitschr. f. physiol. Chem. Bd. 26, S. 175—188. 1898. *21, 112, 113, 115, 116.*

— Über die Leukomatine des Ochsengehirns. Zeitschr. f. physiol. Chem. Bd. 27, S. 50—82. 1899. *112.*

— Über das Arginin. Zeitschr. f. physiol. Chem. Bd. 27, S. 178—215. 1899. *147, 153, 188, 189.*

— Zur Kenntnis der Extraktivstoffe der Muskeln. 3. Mitteil. Über das Methylguanidin. Zeitschr. f. physiol. Chem. Bd. 47, S. 471—475. 1906. *175, 196.*

— 6. Mitteil. Über die Identität des Ignotins mit dem Carnosin. Zeitschr. f. physiol. Chem. Bd. 50, S. 204—208. 1906. *209.*

— 8. Mitteil. Über die Bildung des Histidins bei der Spaltung von Carnosin. Zeitschr. f. physiol. Chem. Bd. 50, S. 535—537. 1907. *209.*

— 12. Mitteil. Über die Konstitution des Carnosins. Zeitschr. f. pysiol. Chem. Bd. 73, S. 434—446. 1911. *209, 210, 228.*

— 14. Mitteil. Über das Carnosin und Carnosinnitrat. Zeitschr. f. physiol. Chem. Bd. 87, S. 1—11. 1913. *209.*

— und S. Amiradzibi: Zur Kenntnis der Extraktivstoffe der Muskeln. Zeitschr. f. physiol. Chem. Bd. 30, S. 565—573. 1900. *209.*

— und A. Jochelsohn: Zur Frage nach dem Chemismus der vitalen Harnstoffbildung. Zeitschr. f. physiol. Chem. Bd. 30, S. 533—538. 1900. *152.*

— und R. Krimberg: Zur Kenntnis der Extraktivstoffe. 2. Mitteil. Über das Carnitin. Zeitschr. f. physiol. Chem. Bd. 45, S. 326—330. 1905. *251, 264.*

Gundermann, K.: Über die pharmakologische Wirkung einiger halogensubstituierter Imidazole. Arch. f. exp. Pathol. u. Pharmakol. Bd. 65, S. 259—283. 1911. *224.*

Gunn, J. A.: The antagonism between adrenine and chloroform, chloral etc., on the heart; and the induction of rhythmic contractions in the quiescent heart by adrenine. Quart. Journ. of exp. physiol. Vol. 7, p. 75—85. 1913. *297, 300.*

— The action of certain drugs on the isolated human uterus. Proc. of the roy. soc. of London. Vol. 87, Serie B, p. 551—556. 1914. *298, 346.*

— and F. B. Chavasse: The action of adrenin on veins (Preliminary Communication). Proc. of the roy. soc. of London. Series B. Vol. 86, p. 192 — 197. 1913. *297.*

— and E. F. Harrison: A new charakteristic reaction of adrenaline. Pharmaceutical journ. [4], Vol. 24, p. 718. 1907. *325.*

György, P., und H. Vollmer: Beeinflussung der Guanidinvergiftung durch Säurezufuhr. Arch. f. exp. Pathol. u. Pharmakol. Bd. 95, S. 200 —205. 1922. *178.*

Hahn, A., und G. Barkan: Über die gegenseitige Umwandlung von Kreatin und Kreatinin. 1. Mitteil. Zeitschr. f. Biol. Bd. 72, S. 25—36. 1920. *187, 188, 193.*

Hahn, A. und G. Barkan: 2. Mitteil. Zeitschr. f. Biol. Bd. 72. S. 305—313. 1920. *187, 188, 193.*

Halle, W. L.: Über die Bildung des Adrenalins im Organismus. Beitr. z. chem. Physiol. u. Pathol. Bd. 8, S. 276—280. 1906. *282.*

Halliburton, W. D.: Die Biochemie der peripheren Nerven. Ergebn. d. Physiol. Bd. 4, S. 23—83. 1905. *65, 66, 73.*

Hallion, L.: Action de l'extrait hypophysaire sur les muscles bronchiques. Cpt. rend. des séances de la soc. de biol. Tome 83, p. 1587—1590. 1920. *346.*

— Réaction vasomotrice de la surrénale à l'adrénaline. Cpt. rend. des séances de la soc. de biol. Tome 85, p. 146—149. 1921. *297.*

Halpern, J.: Über experimentelle Erzeugung von gefäßerweiternden Stoffen. Arch. f. exp. Pathol. u. Pharmakol. Bd. 73, S. 347—354. 1913. *308.*

Hammarsten, E.: Einige Versuche über Katalase in Froschmuskeln. Skandinav. Arch. f. Physiol. Bd. 29, S. 46—59. 1913. *75, 168.*

Hammett, F. S.: Creatinine and creatine in muscles extracts. 1. A comparison of the picric acid and the tungstic acid methods of deproteinization. Journ. of biol. chem. Vol. 48, p. 127—131. 1921. *158, 163, 194.*

— 2. The influence of the reaction of the medium on the creatinine-creatine balance in incubated extracts of muscle tissue of the albino rat. Journ. of biol. chem. Vol. 48, p. 133—141. 1921. *158, 194.*

— Studies of the thyroid apparatus. 4. The influence of parathyroid and thyroid tissue on the creatinine-creatine balance in incubated extracts of muscle tissue of the albino rat. Journ. of biol. chem. Vol. 48, p. 143—152. 1921.

— Creatine and muscle tonus in man. Journ. of the Americ. med. assoc. Vol. 76, p. 502—503. 1921.

— Creatinine and creatine in muscle extracts. 3. Concerning the presence of enzymes in muscle tissue which have creatine and creatinine as their substrates. Journ. of biol. chem. Vol. 53, p. 323. 1922. *158, 194.*

Handelsman, J.: Experimentelle und chemische Untersuchungen über das Cholin und seine Bedeutung für die Entstehung epileptischer Krämpfe. Dtsch. Zeitschr. f. Nervenheilk. Bd. *35*, S. 428—452. 1908.

Handovsky, H.: Zur Pharmakologie des Blutserums. Klin. Wochenschr. 1922. S. 1752. *7.*

— und E. P. Pick: Über die Entstehung vasokonstriktorischer Substanzen durch Veränderung der Serumkolloide. Arch. f. exp. Pathol. u. Pharmakol. Bd. 71, S. 62—88. 1912. *218, 221.*

— — Untersuchungen über die pharmakologische Beeinflußbarkeit des peripheren Gefäßtonus des Frosches. Arch. f. exp. Pathol. u. Pharmakol. Bd. 71, S. 89—101. 1913. *218, 314, 315.*

Hanke, M. T., and K. K. Koessler: Studies on proteinogenous amines. 6. The preparation of histidine from blood corpuscle paste. Journ. of biol. chem. Vol. 43, p. 521—526. 1920. *208.*

— — 7. The quantitative colorimetric estimation of histidine in protein and protein-containing matter. Journ. of biol. chem. Vol. 43, p. 527—542. 1920. *210, 233.*

Hanke, M. T. and K. K. Koessler: 8. A method for the quantitative colorimetric estimation of histamine in protein and protein- containing matter. Journ. of biol. chem. Vol. 43, p. 543—556. 1920. *210, 233.*
— — 9. Is histamine a normal constituent of the hypophysis cerebri? Journ. of biol. chem. Vol. 43, p. 557—565. 1920. *203.*
— — 10. The relation of histamine to peptone shock. Journ. of biol. chem. 43, p. 567—577. 1920. *221.*
— — 12. The production of histamine and other imidazoles from histidine by the action of microorganisms. Journ. of biol. chem. Vol. 50, p. 131—191. 1921. *200, 201, 229, 233.*
— — 14. A microchemical colorimetric method for estimating tyrosine, tyramine and other phenols. Journ. of biol. chem. Vol. 50, p. 235—270. 1922. *327, 328.*
— — 15. A quantitative method for the separation and estimation of phenols including phenol, o-, m-, and p-cresols, p-oxyphenylacetic p-oxyphenylpropionic and p-oxyphenylactic acids, tyrosine and tyramine. Journ. of biol. chem. Vol. 50, p. 271—288. 1922. *327, 328.*
(Vgl. auch Koeßler und Hanke.)
Hanzlik, P. J.: The pharmacology of some amines. Journ. of pharmacol. a. exp. therap. Vol. 17, p. 327—328. 1921. *44.*
— Toxicity and actions of the normal butylamins. Journ. of pharmacol. a. exp. therap. Vol. 20, p. 435—449. 1923. *44.*
Harden, A. and D. Norris: The diacetyl reaction for proteins. Journ. of physiol. Vol. 42, p. 332—336. 1911. *189, 193.*
Harding, V. J. and Ch. A. Fort: The amino-acids of mature human placenta. Journ. of biol. chem. Vol. 35, p. 29—41. 1918. *150.*
— and O. H. Gaebler: On the constancy of the creatine-creatinine excretion in children on a high protein diet. Journ. of biol. chem. Vol. 54, p. 579—587. 1922. *164.*
— and R. M. Mac Lean: The ninhydrin reaction with amines and amides. Journ. of biol. chem. Vol. 25, p. 337—350. 1916. *16, 154.*
— and E. G. Young: Placental feeding and purine metabolism. Journ. of biol. chem. Vol. 40, p. 227—242. 1919. *154.*
Hári, P.: Über den Einfluß des Adrenalins auf den Gaswechsel. Biochem. Zeitschr. Bd. 38, S. 23—45. 1911. *305, 308.*
Harmsen, E.: Zur Toxikologie des Fliegenschwammes. Arch. f. exp. Pathol. u. Pharmakol. Bd. 50, S. 301—452. 1903. *91, 92.*
Harnack, E. und H. Meyer: Untersuchungen über die Wirkungen der Jaborandi-Alkaloide nebst Bemerkungen über die Gruppe des Nicotins. Arch. f. exp. Pathol. u. Pharmakol. Bd. 12, S. 366—400. 1880. *259.*
Hart, E.: Über die quantitative Bestimmung der Spaltungsprodukte von Eiweißkörpern. Zeitschr. f. physiol. Chem. Bd. 33, S. 347—362. 1901. *133, 137, 147, 148, 206.*
— V. E. Nelson and W. Pitz: Synthetic capacity of the mammary gland. 1. Can this gland synthesize lysine? Journ. of biol. chem. Vol. 36, p. 291—307. 1918. *137.*
Hartman, F. A.: The differential effects of adrenalin on splanchnic and peripheral arteries. Americ. journ. of physiol. Vol. 38, p. 438—455. 1915. *295, 302.*

Hartman, F. A. and R. S. Lang: Action of adrenalin on the spleen. Journ. of pharmacol. a. exp. therap. Vol. 13, p. 417—427. 1919.
— R. H. Waite and E. F. Powell: The relation of the adrenals to fatigue. Americ. journ. of physiol. Vol. 60, p. 255—269. 1921. *302.*
Hasebroek, K.: Über das Schicksal des Lecithins im Körper und eine Beziehung desselben zum Sumpfgas im Darmcanal. Zeitschr. f. physiol. Chem. Bd. 12, S. 148—195. 1887. *30, 40, 70, 112.*
Hashimoto, M.: Über den Einfluß unmittelbarer Erwärmung und Abkühlung des Wärmezentrums auf die Temperaturwirkungen von verschiedenen pyrogenen und antipyretischen Substanzen. Arch. f. exp. Pathol. u. Pharmakol. Bd. 78, S. 394—444. 1915. *301.*
Haslam, C. H.: Quantitative Bestimmung der Hexonbasen in Heteroalbumose und Pepton. Zeitschr. f. physiol. Chem. Bd. 32, S. 54—58. 1900. *133, 147, 148, 206.*
Hatiegan, J.: Untersuchungen über die Adrenalinwirkung auf die weißen Blutzellen. Wiener klin. Wochenschr. 1917. S. 1541—1547. *303.*
Hausmann, W.: Über die Verteilung des Stickstoffs im Eiweißmolekül. Zeitschr. f. physiol. Chem. Bd. 27, S. 95—108. 1899. *191.*
Hedin, S. G.: Über die Bildung von Arginin aus Proteinkörpern. Zeitschr. f. physiol. Chem. Bd. 21, S. 155—168. 1895. *145, 147, 149, 189.*
— Eine Methode, das Lysin zu isolieren, nebst einigen Bemerkungen über das Lysatinin. Zeitschr. f. physiol. Chem. Bd. 21, S. 296—305. 1895. *134, 206.*
— Einige Bemerkungen über die basischen Spaltungsprodukte des Elastins. Zeitschr. f. physiol. Chem. Bd. 25, S. 344—349. 1898. *134, 145.*
Heffter, A.: Über zwei Cacteenalkaloide. Ber. d. Dtsch. Chem. Ges. Bd. 27, S. 2975—2979. 1894. *100, 278.*
— Über Cacteenalkaloide. 2. Mitteil. Ber. d. Dtsch. Chem. Ges. Bd. 29, S. 216—227. 1896. *100, 278.*
— — 3. Mitteil. Ber. d. Dtsch. Chem. Ges. Bd. 31, S. 1193—1199. 1898. *100, 278.*
Heinekamp, W. J. R.: The action of adrenalin on the heart. 3. The modification of the action of adrenalin by chloroform. Journ. of pharmacol. a. exp. therap. Vol. 16, p. 247—257. 1920. *302.*
Henderson, P. S.: The guanidin content of muscle in tetania parathyreopriva. Journ. of physiol. Vol. 52, p. 1—5. 1918. *177.*
Henderson, Y.: Ein Beitrag zur Kenntnis der Hexonbasen. Zeitschr. f. physiol. Chem. Bd. 29, S. 320—328. 1900. *142.*
Henze, M.: Zur Chemie des Gorgonins und der Jodgorgosäure. Zeitschr. f. physiol. Chem. Bd. 38, S. 60—79. 1903. *206.*
— Über das Vorkommen des Betains bei Cephalopoden. Zeitschr. f. physiol. Chem. Bd. 70, S. 253—255. 1910. *240.*
— p-Oxyphenyläthylamin, das Speicheldrüsengift der Cephalopoden. Zeitschrift f. physiol. Chem. Bd. 87, S. 51—58. 1913. *277.*
— Über das Vorkommen des Trimethylaminoxyds bei Cephalopoden. Zeitschr. f. physiol. Chem. Bd. 91, S. 230—232. 1914. *34.*
Hermanns, L. und P. Sachs: Über das Wesen der Ehrlichschen Diazoreaktion. 1. Mitteil. Zeitschr. f. physiol. Chem. Bd. 114, S. 77—79. 1921. *208.*

Hermanns, L. und P. Sachs: 2. Mitteil. Zeitschr. f. physiol. Chem. Bd. 114, S. 88—93. 1921. *208*.

— 3. Mitteil. Zeitschr. f. physiol. Chem. Bd. 122, S. 98—103. 1922. *208*.

Herter, C. A.: On bacterial processes in the intestinal tract in some cases of advanced anaemia, with especial reference to infection with B. aerogenes capsulatus (B. Welchii). Journ. of biol. chem. Vol. 2, p. 1—70. 1906. *13, 335*.

— The relation of nitrifying bacteria to the uroroseine reaction of Nencki and Sieber. Journ. of biol. chem. Vol. 4, p. 239—251. 1908. *335*.

Herzfeld, E., und R. Klinger: Untersuchungen über den Jodgehalt der Schilddrüse. Schweiz. med. Wochenschr. 1922. S. 724—727. *348*.

Herzig, siehe H. Meyer: Analyse und Konstitutionsermittlung organischer Verbindungen. Berlin: Julius Springer. *18*.

Herzog, R. O.: Über den Nachweis von Lysin und Ornithin. Zeitschr. f. physiol. Chem. Bd. 34, S. 525—527. 1902. *142*.

Heß, K., und F. Leibbrandt: Synthese von Methyltetrahydropyridincarbonsäure. 1. Eine neue Bildungsweise des Arecaidins und des Arecolins. Zur Aufklärung der Konstitutionen des Guvacins und des Arecains. Ber. d. Dtsch. Chem. Ges. Bd. 51, S. 806—820. 1918. *247*.

— — Über das Guvacin. Ber. d. Dtsch. Chem. Ges. Bd. 52, S. 206—212. 1919. *247*.

Heß, L., und H. Müller: Über Anämien. Wien. klin. Wochenschr. 1904. S. 261. *222*.

— — Über Anämien. Anämien durch enterogene Eiweißabbauprodukte. Wiener klin. Wochenschr. 1918. S. 293—295. *13, 222*.

Heß, O.: Zur Adrenalinämie-Frage. Münch. med. Wochenschr. 1922. S. 1297—1300.

Heß, W. R., und R. Gundlach: Der Einfluß des Adrenalins auf die Sekretion des Magensaftes. Pflügers Arch. f. d. ges. Physiol. Bd. 185, S. 122—136. 1920. *300*.

Heudorfer, K.: Über das Hautpigment und seine Beziehung zur Addisonschen Krankheit. Münch. med. Wochenschr. 1921. S. 266—267. *283*.

Le Heux, J. W.: Cholin als Hormon der Darmbewegung. Pflügers Arch. f. d. Physiol. Bd. 173, S. 8—27. 1918. *65, 75, 101*.

— Cholin als Hormon der Darmbewegung. 2. Mitteil. Zur Erklärung der wechselnden Wirkung des Atropins auf den Darm. Pflügers Arch. f. d. ges. Physiol. Bd. 179. S. 177—194. 1919. *75, 101*.

— The action of atropin on the intestine depending on its amonnt of cholin. Proc. Kon. Acad. v. Wetensch. Amsterdam. Vol. 32, p. 438—446. 1920. *101*.

*— Experimentelle Therapie der Magendarmlähmung. Verhandl. d. dtsch. pharmakol. Ges. Nr. 1, 11. 1921. *65, 75*.

— Cholin als Hormon der Darmbewegung. 3. Mitteil. Die Beteiligung des Cholins an der Wirkung verschiedener organischer Säuren auf den Darm. Pflügers Arch. f. d. ges. Physiol. Bd. 190, S. 280—300. 1921. *65, 101*.

— 4. Mitteil. Über den Einfluß des Cholins auf die normale Magendarmbewegung. Pflügers Arch. f. d. ges. Physiol. Bd. 190, S. 301—310. 1921. *75, 101*.

Heyde, M.: Über den Verbrennungstod und seine Beziehungen zum anaphylaktischen Schock. Zentralbl. f. Physiol. Bd. 25. S. 441—444. 1911. *175, 184, 221.*

— Weitere Untersuchungen über die Beziehung der Guanidine und Albumosen zum parenteralen Eiweißzerfall und anaphylaktischen Schock. Zentralbl. f. Physiol. Bd. 26, S. 401—404. 1912. *175, 184, 221.*

Heyl, F. W.: The protein extract of ragweed pollen. Journ. of the Americ. chem. soc. Vol. 41, p. 670—682. 1919. *132, 145.*

—, M. C. Hart and J. M. Smith: An examination of the leaves of Adonis vernalis. Journ. of the Americ. chem. soc. Vol. 40, p. 436—453. 1918. *64.*

— and H. H. Hopkins: The ragweed pollen proteins. Journ. of the Americ. chem. soc. Vol. 42, p. 1738—1743. 1920. *132, 145.*

Hibbert, H., and A. Wise: A new method for the separation of tertiary from secondary and primary amines. Journ. of the chem. soc. of London. Vol. 101, p. 344—347. 1912. *55.*

Hildebrandt, F.: Über die Wirkung des Thyroxins und kleinster Jodmengen auf den Stoffwechsel. Arch. f. exp. Pathol. u. Pharmakol. Bd. 96, S. 292—304. 1923. *353.*

Hildebrandt, H.: Untersuchungen über die Wirkungsweise einiger sekundärer Amine der Fettreihe und ihre Beeinflussung durch Einführen von Atomkomplexen der aromatischen und aliphatischen Reihe. Arch. f. exp. Pathol. u. Pharmakol. Bd. 54, S. 125—134. 1906. *23.*

— Über einen Antagonismus zwischen Atropin und Adrenalin am Gefäßapparat des Frosches. Arch. f. exp. Pathol. u. Pharmakol. Bd. 86, S. 225—237. 1920. *297.*

Hilz, K.: Vergleichende experimentelle Untersuchungen über die Einwirkung von p-Oxyphenyläthylamin (Tyramin) und Suprarenin auf den überlebenden Darm und Uterus verschiedener Säugetiere. Arch. f. exp. Pathol. u. Pharmakol. Bd. 94, S. 129—148. 1922. *298.*

Hinsberg, O.: Verfahren zur Darstellung von im Arylkern hydroxylierten Derivaten der β-Chlor-α-oxy-α-aryläthane und der β-Chlor-α-bis-aryläthane. Patentanm. H. 86 374 IV/12 q Gr. 14, angem. 25. 7. 1921. *288.*

— und J. Keßler: Über die Trennung der primären und secundären Aminbasen. Ber. d. Dtsch. Chem. Ges. Bd. 38, S. 906—911. 1905. *55.*

Hirai, K.: Über die Bildung von p-Oxyphenylessigsäure und p-Oxyphenylacrylsäure aus l-Tyrosin durch Bakterien. Biochem. Zeitschr. Bd. 114. S. 71—80. 1920. *11, 277.*

— Über die Tyrosolbildung aus l-Tyrosin durch Bakterien. Act. Schol. med. Univ. Kioto. Vol. 2, p. 425—432. 1918. *11.*

— Über die Bildung der d-β-Imidazolyl-Milchsäure aus l-Histidin durch Bakterien. Act. Schol. med. Univ. Kioto. Vol. 3, p. 1—5. 1919. *11, 213.*

Hirsch, R.: Adrenalin und Wärmehaushalt. Zeitschr. f. exp. Pathol. u. Therap. Bd. 13, S. 142—163. 1913. *301.*

His, W.: Über das Stoffwechselprodukt des Pyridins. Arch. f. exp. Pathol. u. Pharmakol. Bd. 22, S. 253—260. 1887. *248, 249, 259.*

Hoagland, D., und C. N. Mc Bryde: Effect of autolysis upon muscle creatin. Journ. of agric. research. Vol. 6, p. 535—547. 1916. *158.*

Höchst, Farbwerke: Verfahren zur Darstellung des in den Hypophysen enthaltenen therapeutisch wirksamen Bestandteils in krystallisierter Form. D.R.P. Kl. 30 h Nr. 268 841 vom 4. 4. 1912. *287*, *342*.

Hoesslin, H. v.: Über den Abbau des Cholins im Tierkörper. Beitr. z. chem. Physiol. u. Pathol. Bd. 8, S. 27—37. 1906. *69*.

Hoffmann, H.: Der Einfluß von Hinterlappenextrakt der Hypophyse auf die Wasserabscheidung der Magenwand. Zeitschr. f. d. ges. exp. Med. Bd. 12, S. 134—142. 1921. *347*.

Hofmann K. A., und K. Höbold: Die Perchlorate der Cholin- und Neuringruppe. Nachweis von Cholin und Neurin. Ber. d. Dtsch. Chem. Ges. Bd. 44, S. 1766—1771. 1911. *80*.

*Hofmeister, H., und O. v. Fürth: Verfahren zur Darstellung der den Blutdruck steigernden Substanz der Nebennieren. D.R.P. 103 865, Kl. 30 vom 16. Juli 1898. *287*.

*— — Darstellung der Eisenverbindung der blutdrucksteigernden Substanz der Nebenniere. D.R.P. 113 811, Kl. 30 vom 14. Dezember 1899. *287*.

Hogan, A. C.: The nutritive properties of kafirin. Journ. of biol. chem. Vol. 33, p. 151—155. 1917. *137*.

Hogben, L. T., und Fr. R. Winton: Studies on the pituitary. 1. The melanophore stimulant in posterior lobe extracts. Biochem. Journ. Vol. 16, p. 619—630. 1922. *347*.

Holm, G. E.: A modification of the apparatus for the determination of arginine nitrogen by van Slyke's method. Journ. of the Americ. chem. soc. Vol. 42, p. 611—612. 1920. *191*.

*Holmes: The adrenalin reaction in gastric crisis of tabes and the significance of β-Imidazolylethylamine in the feces. Official Bull. of the Chicago med. soc. Vol. 15, p. 16. 1915. *201*.

*— The proximal colon and its relation to the production of toxic amines. The Lancet Clinic. 1916. p. 93. *201*.

Homer, A.: The relation between the administration of tryptophane to dogs and the elimination of kynurenic acid in their urine. Journ. of biol. chem. Vol. 22, p. 391—405. 1915. *332*.

Honda, J.: Über Fliegenpilzalkaloide und das künstliche Muscarin. Arch. f. exp. Pathol. u. Pharmakol. Bd. 65, S. 454—466. 1911. *92*, *97*.

Hoogenhuyze, C. van, und H. Verploegh: Beobachtungen über die Kreatinausscheidung beim Menschen. Zeitschr. f. physiol. Chem. Bd. 46, S. 415—471. 1905. *159*, *161*, *162*, *168*, *169*, *170*, *193*.

— — Weitere Beobachtungen über die Kreatininausscheidung beim Menschen. Zeitschr. f. physiol. Chem. Bd. 57, S. 161—266. 1908. *161*, *162*, *165*, *167*, *169*.

— — Über den Einfluß von Sauerstoffarmut auf die Kreatininausscheidung. Zeitschr. f. physiol. Chem. Bd. 59, S. 101—111. 1909. *161*, *162*.

Hooper, C. W., F. S. Robscheit and G. H. Whipple: Blood regeneration following simple anemia. V. The influence of Blaud's pills aid hemoglobin. Americ. journ. of physiol. Vol. 53, p. 263—282. 1920. *211*.

Hopkins, Fr. G.: On an autoxydisable constituent of the cell. Biochem. journ. Vol. 15, p. 286—305. 1921. *215*.

Hopkins, Fr. G. and S. W. Cole: A contribution to the chemistry of proteids. Journ. of physiol. Vol. 29, p. 451—466. 1903. *331.*

Hopkins, H. S.: Protoplasmic effects of papaverine, histamine and other drugs in relation to the theory of smooth muscle contraction. Americ. journ. of physiol. Vol. 61, p. 551—561. 1922. *222.*

Hoppe-Seyler, G.: Über die Beziehung des Diabetes insipidus zur Hypophyse und seine Behandlung mit Hypophysenextrakt. Münch. med. Wochenschr. 1915. S. 1633—1635. *346.*

— Über die Beziehung des Diabetes insipidus zur Hypophyse und seine Behandlung mit Hypophysenextrakt. Münch. med. Wochenschr. 1916. S. 47. *346.*

Hoshiai, Z.: Über das Verhalten des Pyridins im Organismus des Huhns. Zeitschr. f. physiol. Chem. Bd. 62, S. 118—119. 1909. *249.*

Hoskins, E. R. and M. M. Hoskins: The interrelation of the thyroid and hypophysis in the growth and development of frog larvae. Endocrinology. Vol. 4, p. 1—32. 1920.

Hoskins, R. G.: The sthenic effect of epinephrin upon intestine. Americ. journ. of physiol. Vol. 29, p. 363—366. 1912. *299.*

— The reaction to epinephrin administered by rectum. Journ. of pharmacol. a. exp. therap. Vol. 18, p. 207—211. 1921. *294.*

— and R. E. L. Gunning: The effects of adrenin on the distribution of the blood. 2. Volumes changes and venous discharge in the spleen. Americ. journ. of physiol. Vol. 43, p. 298—303. 1917. *297.*

— — 3. Volume changes and venous discharge in the kidney. Americ. journ. of physiol. Vol. 43, p. 304—310. 1917. *297.*

— — and E. L. Berry: 1. Volum changes and venous discharge in the limb. Americ. journ. of physiol. Vol. 41, p. 513—528. 1916. *297.*

— and W. C. Mc Clure: The comparative sensitiveniss of blood pressure and intestinal peristalsis to epinephrin. Americ. journ. of physiol. Vol. 31, p. 59—63. 1912. *299.*

— und C. Mc Peek: Is the pressor effect of pituitrin due to adrenal stimulation? Americ. journ. of physiol. Vol. 32, p. 241—244. 1913.

Houdas, J.: De la présence de la choline ou de bases voisines dans la salive du cheval. Cpt. rend. hebdom. des séances de l'acad. des sciences. Tome 156, p. 824—826. 1913. *65.*

*Houssay, B. A.: Le principe actif des extraits hypophysaires. Rev. de la soc. méd. Argentina. 1911. p. 268. *339.*

— Sur la polyurie soi-disant hypophysaire. Cpt. rend. des séances de la soc. biol. de Tome 81, p. 381—384. 1918. *345.*

— Décharges d'adrénaline par excitation du nerf splanchnique. Cpt. rend. des séances de la soc. de biol. Tome 83, p. 1279—1281. 1920. *285, 306.*

— Les contradictions dans les études sur les actions des extraits hypophysaires. Cpt. rend. des séances de la soc. de biol. Tome 85, p. 33—34. 1921.

— Les surrénales n'ont aucun rôle dans la production des effets vasculaires de l'extrait d'hypophyse. Cpt. rend. des séances de la soc. de biol. Tome 85, p. 35—36. 1921.

— und L. Cervera: Ponction du bulbe et décharges d'adrénaline. Cpt. rend. des séances de la soc. de biol. Tome 83, p. 1281. 1920.

Houssay, B. A., J. C. Galan et J. Negrete: Action des extraits hypophysaires sur la diurèse chez les chiens et les lapins. Cpt. rend. des séances de la soc. de biol. Tome 83, p. 1248—1250. 1920. *345.*

— et E. Hug: Action des extraits d'hypophyse sur la polyurie cérébrale. Cpt. rend. des séances de la soc. de biol. Tome 85, p. 681—683. 1921. *346.*

Howard, C. C., und W. Marckwald: Über Trimethylenimin. Ber. d. Dtsch. Chem. Ges. Bd. 32, S. 2031—2035. 1899. *110.*

— — Konstitution des Vinylamins. Ber. d. Dtsch. Chem. Ges. Bd. 32, S. 2036. 1899. *110.*

Howell, W. H.: The physiological effects of extracts of the hypophysis cerebri and infundibular body. Journ. of. exp. med. Vol. 3, p. 245—258. 1898. *338.*

Hüssy, P.: Die moderne Erklärung der Schwangerschaftstoxikosen. Schweiz. med. Wochenschr. 1920. S. 857—864; 884—888; 918—921. 857, 884, 918. *14.*

— Die Bedeutung der biogenen Amine für die Geburtshilfe und Gynäkologie. Schweiz. Rundschau f. Med. Bd. 21, S. 133—136. 1921. *14.*

Hugounenq, L.: Sur une albumine extraite des oeufs de poisson; comparaison avec la vitelline de l'œuf de poule. Cpt. rend. hebdom. des séances de l'acad. des sciences. Tome 143, p. 693—694. 1906. *133, 147.*

— und J. Galimard: Sur les acides diaminés derivés de l'ovalbumine. Cpt. rend. hebdom. des séances de l'acad. des sciences. Tome 143, p. 242—243. 1906. *132, 147.*

Hull, M.: Some observations on the excretion of creatinine by women. Journ. of the Americ. chem. soc. Vol. 36, p. 2146—2151. 1914. *168.*

Hunt, R.: Note on a blood pressure lowering body in the suprarenal gland. Americ. journ. of physiol. Vol. 3, p. 18. 1899. *66, 283, 337.*

— A physiological test for choline and some of its applications. Journ. of pharmacol. a. exp. therap. Vol. 7, p. 301—337. 1915. *34, 65, 66, 77, 78, 85, 86.*

— Vasodilator reactions. 1. Americ. journ. of physiol. Vol. 45, p. 197—230. 1917. *102.*

— 2. Americ. journ. of physiol. Vol. 45, p. 231—267. 1917. *102.*

— The acetonitril test for thyroid and of some alterations of metabolism. Americ. journ. of physiol. Vol. 58, p. 257—298. 1923. *353.*

— and R. de M. Taveau: On the relation between the toxicity and chemical constitution of a number of derivatives of choline and analogous compounds. Journ. of pharmacol. a. exp. therap. Vol. 1, p. 303—339. 1910. *76, 102, 103, 104.*

Hunter, A.: On urocanic acid. Journ. of biol. chem. Vol. 11, p. 537—545. 1912. *214.*

— and W. R. Campbell: A hitherto neglected factor affecting the determination of minute quantities of creatinine. Journ. of biol. chem. Vol. 28, p. 335—348. 1916. *194.*

— — The probably accuracy, in whole blood and plasma, of colorimetric determination of creatinine and creatine. Journ. of biol. chem. Vol. 32, p. 195—231. 1917. *160.*

— — The amount and the distribution of creatinine and creatine in normal blood. Journ. of biol. chem. Vol. 33, p. 169—191. 1917. *160.*

Hunter, A. and W. R. Campbell: The placental transmission of creatinine and creatine. Journ. of biol. chem. Vol. 34, p. 5—15. 1918.
Hunter, G.: The diazo-reaction, with especial reference to urine in measles. Brit. med. journ. 1922, 11. p. 751—752. *125, 208.*
— The estimation of carnosine in muscle extract. Preliminary Note. Biochem. journ. Vol. 15, p. 689—694. 1921. *210.*
Husemann, A., und W. Marmé: Über Lycin. Liebigs Ann. d. Chem. III. Suppl.-Bd. S. 245—249. 1864. *239, 240.*

*Ingier, A., und G. Schmorl: Über den Adrenalingehalt der Nebennieren. Dtsch. Arch. f. klin. Med. Bd. 104, H. 1—2. 1911. *284.*
Inouje, K.: Über die Entstehung des Kreatins im Tierkörper. Zeitschr. f. physiol. Chem. Bd. 81, S. 71—79. 1912. *170.*
— Über den Nachweis des Histidins. Zeitschr. f. physiol. Chem. Bd. 83, S. 79—82. 1912. *231.*
Iseke, C.: Kreatinstoffwechsel und Schilddrüse. Monatsschr. f. Kinderheilk. Bd. 21, S. 337—350. 1921. *171.*
Isenschmid, R.: Über die Wirkung der die Körpertemperatur beeinflussenden Gifte auf Tiere ohne Wärmeregulation. 2. Mitteil. Tetrahydro-β-Naphthylamin und Schweinerotlaufbazillen mit Bemerkungen über Adrenalin, Kokain und Caffein. Als Beitrag zur Kenntnis des Stoffwechsels im Fieber. Arch. f. exp. Pathol. u. Pharmakol. Bd. 85, S. 271—299. 1920. *301.*
Itami, S.: The action of carbon dioxide on the vascular system. Journ. of physiol. Vol. 45, p. 338—344. 1912. *285.*
Iwao, T.: Beiträge zur Kenntnis der intestinalen Autointoxikation. 1. Mitteil. Über den Einfluß von p-Oxyphenyläthylamin auf das Meerschweinchenblut. Biochem. Zeitschr. Bd. 59, S. 436—443. 1914.
— Über die experimentelle Hämosiderosis infolge der intravenösen Injektion von p-Oxyphenyläthylamin bei Kaninchen. Act. Schol. Med. Univ. Kioto. Vol. 1, p. 263—280. 1916.
Iwanoff, N.: Über die flüchtigen Basen der Hefeautolyse. Biochem. Zeitschr. Bd. 58, S. 217—224. 1913. *30.*

Jackson, D. E.: The peripheral action of certain drugs with special reference to the lungs. Journ. of pharmacol. a. exp. therap. Vol. 4, p. 291—320. 1913. *317.*
— The pulmonary action of the adrenal glands. Jl. of pharmacol. and exper. therap. Vol. 4, p. 59—74. 1912.
Jacobj, C.: Zur Frage der Lokalisation und Erklärung einiger spezifischer Nerven- und Muskelgiftwirkungen. Münch. med. Wochenschr. 1921. S. 37—39. *46.*
Jacobs, W. A.: A note on the removal of phosphotungstic acid from aqueous solutions. Journ. of biol. chem. Vol. 12, p. 429—430. 1912. *23.*
Jacoby, M., und K. Frankenthal: Die Bedeutung der Hämoglobin-Aminosäuren für die Züchtung der Influenzabacillen. Biochem. Zeitschrift. Bd. 122, S. 100—104. 1921. *211.*
Jaeger, Ed.: Etude pharmacodynamique de l'adrénaline. Action vasoconstrictive et respiratoire, effets sécrétoires. Cpt. rend. des séances de la soc. de biol. Tome 85, p. 432—433. 1921. *311.*

Jaeger, Ed.: Etude pharmacodynamique de l'adrénaline. Siège de l'action vasoconstrictive et effects de l'adrénalone en présence de diverses drogues vasomotrices. Cpt. rend. des séances de la soc. de biol. Tome 85, p. 910—912. 1921. *311.*
Jäger, Fr.: Ein neuer, für die Praxis brauchbarer Secaleersatz (Tenosin). Münch. med. Wochenschr. 1913. S. 1714—1715. *219.*
Jaffé, M.: Über einen neuen Bestandteil des Hundeharns. Ber. d. Dtsch. Chem. Ges. Bd. 7, S. 1669—1673. 1874. *213.*
— Über die Urocaninsäure. Ber. d. Dtsch. Chem. Ges. Bd. 8, S. 811—813. 1875. *213, 229.*
— Über das Verhalten der Benzoesäure im Organismus der Vögel. Ber. d. Dtsch. Chem. Ges. Bd. 10, S. 1925—1930. 1877. *142.*
— Weitere Mitteilungen über die Ornithursäure und ihre Derivate. Ber. d. Dtsch. Chem. Ges. Bd. 11, S. 406—409. 1878. *129, 141, 142.*
— Über den Niederschlag, welchen Pikrinsäure im normalen Harn erzeugt und über eine neue Reaktion des Kreatinins. Zeitschr. f. physiol. Chem. Bd. 10, S. 391—400. 1886. *193.*
— Untersuchungen über die Entstehung des Kreatins im Organismus. Zeitschr. f. physiol. Chem. Bd. 48, S. 430—468. 1906. *170, 172.*
Jahns, E.: Über die Alkaloide des Bockshornsamens. Ber. d. Dtsch. Chem. Ges. Bd. 18, S. 2518—2523. 1885. *63, 87, 247.*
— Über die Alkaloide der Arecanuß. 2. Ber. d. Dtsch. Chem. Ges. Bd. 23, S. 2972—2978. 1890. *64.*
— Vorkommen von Betain und Cholin im Wurmsamen. Ber. d. Dtsch. Chem. Ges. Bd. 26, S. 1493—1496. 1893. *64, 240.*
— Vorkommen von Stachydrin in den Blättern von Citrus vulgaris. Ber. d. Dtsch. Chem. Ges. Bd. 29, S. 2065—2068. 1896. *243.*
— Über die Anwendung des Kalium-Wismutjodids zur Darstellung organischer Basen. Arch. f. Pharmazie. Bd. 235, S. 151—156. 1897. *87.*
Janney, N. W., and N. R. Blatherwick: The quantitative determination of creatine in muscle and other organs. Journ. of biol. chem. Vol. 21, p. 567—582. 1915. *193.*
Jansen, B. C. P.: Extraktivstoffe aus den Schließmuskeln von Mytilus edulis. Zeitschr. f. physiol. Chem. Bd. 85, S. 231—232. 1913. *207, 241.*
— Eene methode vor de nauwkeurige quantitative bepaling van Arginine in Eiwitten. Chem. Weekblad. Bd. 14, S. 125—159. 1917. *192.*
Januschke, H., und L. Pollak: Zur Pharmakologie der Bronchialmuskulatur. Arch. f. exp. Pathol. u. Pharmakol. Bd. 66, S. 205—220. 1911. *300.*
*Jarokin, Virchows Arch. f. pathol. Anat. u. Physiol. Bd. 28, S. 544. 1863. *162.*
Jeanneret, J.: Untersuchungen über die Zersetzung von Gelatine und Eiweiß durch die geformten Pankreasfermente bei Luftausschluß. Journ. f. prakt. Chem. Bd. 15, S. 353—389. 1877. *273.*
Jodlbauer, A.: Über die Wirkung von Tetramethylammoniumchlorid. Arch. internat. de pharmacodyn et de thérap. Tome 7, p. 183—202. 1900. *47.*
Johns, C. O., and A. J. Finks: Lysin as a hydrolytic product of hordein. Journ. of biol. chem. Vol. 38, p. 63—66. 1919. *132.*

Johns, C. O. and D. B. Jones: The proteins of the peanut, Arachis hypogaea. 1. The globulin arachin and conarachin. Journ. of biol. chem. Vol. 28, p. 77—87. 1916. *132, 146, 205.*

— — Some amino-acids from the globulin of the coconut as determined by the butyl alcohol extraction method of Dakin. Journ. of biol. chem. Vol. 44, p. 283—290. 1920. *132, 206.*

Johnson, T. B., and G. C. Bailey: Researches on amines. 5. The structure of vitiatine. Synthesis of methylethylenediamine. Journ. of the Americ. chem. soc. Vol. 38, p. 2135—2145. 1916. *180.*

— and H. B. Guest: Researches on amines: synthesis of methylphenylethylamine. Americ. chem. journ. Vol. 42, p. 340—353. 1909. *275.*

— — Researches on amines: syntheses of 4-nitrophenylethylamin and 2,4-dinitrophenylethylamin. Americ. chem. journ. Vol. 43, p. 310—322. 1910. *275.*

— and B. H. Nicolet: Researches on hydantoins. A new method of synthesizing glycocyamidine compounds and the conversion of glycocyamidine into isomers of creatinine. Journ. of the Americ. chem. soc. Vol. 37, p. 2416—2426. 1915. *174.*

Jolin, S.: Hammarsten-Festschrift 1906. Zitiert nach O. Hammarsten, Lehrbuch der physiologischen Chemie. 9. Aufl., S. 296. 1922. *348.*

Jones, D. B. and C. O. Johns: Hydrolysis of the globulin of the coconut, Cocos nucifera. Journ. of biol. chem. Vol. 44, p. 291—301. 1920. *132.*

— and H. C. Waterman, The basic amino-acids of glycinin, the globulin of the soy bean, Soja hispida, as determined by van Slykes method. Journ. of biol. chem. Vol. 46, p. 459—462. 1921. *206.*

Jones, H. M.: A detailed method for the preparation of histidine. Journ. of biol. chem. Vol. 33, p. 429—431. 1918.

Jonescu, D.: Pharmakologische Untersuchungen über Tetrahydronaphthylamin. Arch. f. exp. Pathol. u. Pharmakol. Bd. 60, S. 345—359. 1908. *321.*

Jordan, H. E.: Beiträge zur Kenntnis der pharmakologischen Gruppe des Muscarins. Arch. f. exp. Pathol. u. Pharmakol. Bd. 8, S. 15—30. 1878. *118.*

Kageyama, M.: Experimentelle Untersuchungen über die Wirkung von p-Oxyphenyläthylamin, mit besonderer Berücksichtigung der Lehre von der intestinalen Autointoxikation. 1. Über die experimentelle Tyraminglycosurie. Act. Schol. med. Univ. Kioto. Bd. 1, S. 215—227. 1916. *316.*

— 2. Über den Einfluß von p-Oxyphenyläthylamin auf die Pankreassekretion in den Darmkanal. Act. Schol. med. Kioto. Bd. 1, S. 229—249. 1916. *314.*

Kahn, R.: Zur Frage des Serumgehaltes an adrenalinähnlichen Substanzen. Münch. med. Wochenschr. 1912. S. 692—694. *296.*

— Beiträge zur Lehre vom Muskeltonus. 1. Über den Zustand der Muskeln der vorderen Extremitäten des Frosches während der Umklammerung. Pflügers Arch. f. d. ges. Physiol. Bd. 177, S. 294—303. 1919. *194.*

Kappen, H.: Düngungsversuch mit Umwandlungsprodukten des Kalkstickstoffs. Landw. Versuchsstat. Bd. 86, S. 115—136. 1915. *181.*

Karrer, P., W. Karrer, H. Thomann, E. Horlacher und W. Mäder: Gewinnung von Aminoalkoholen und Cholinen aus natürlichen Aminosäuren. Helv. Chim. Acta. Bd. 4, S. 76—99. 1921. *60, 104.*

— in Gemeinschaft mit M. Gisler, E. Horlacher, F. Locher, W. Mäder und H. Thomann: Über proteinogene Aminoalkohole und Choline. 2. Helv. Chim. Acta. Bd. 5, S. 469—489. 1922. *60, 104, 318, 320.*

— und E. Horlacher: Der Zerfall proteinogener Choline in Alkohole vom Styrontypus. Helv. Chim. Acta. Bd. 5. S. 571—575. 1922. *104, 290.*

Kato, T., und M. Watanabe: The paradoxical action of adrenaline on the pupil of the eye in animals after repeated treatment with that drug. Tohoku Journ. of exp. med. Vol. 1, p. 73—82. 1920. *299, 310.*

Katz, G.: Tenosin in der Frauenpraxis. Therap. d. Gegenw. Bd. 62. S. 198—199. 1921. *219.*

Kauffmann, M.: Über das angebliche Vorkommen von Cholin in pathologischer Lumbalflüssigkeit. Zeitschr. f. physiol. Chem. Bd. 66, S. 343—344. 1910. *65, 66, 85.*

— Über den Befund von Cholin im Ochsengehirn. Zeitschr. f. physiol. Chem. Bd. 74, S. 175—178. 1911. *65.*

— und D. Vorländer: Über den Nachweis des Cholins nebst Beiträgen zur Kenntnis des Trimethylamins. Ber. d. Dtsch. Chem. Ges. Bd. 43. S. 2735—2743. 1910. *49, 83, 85.*

Kaufler, F.: Über eine Schmelzpunktregelmäßigkeit bei den aliphatischen Diaminen. Chemiker-Zeit. Bd. 25, S. 133. 1901. *139.*

Kaufmann, P.: Über den Einfluß der Organextrakte auf die Blutgefäße. Zentralbl. f. Physiol. Bd. 27, S. 530—532. 1913. *221.*

— Über die Wirkung des Witte-Peptons auf die Blutgefäße. Zentralbl. f. Physiol. Bd. 27, S. 724—725. 1913. *221.*

— Über den Einfluß der Organextrakte auf die Blutgefäße. Zentralbl. f. d. ges. inn. Med. u. ihre Grenzgeb. Bd. 7, S. 686. 1913. *221.*

Kawashima, K.: Zur Kenntnis der Rindensubstanz der Nebennieren. Biochem. Zeitschr. Bd. 28, S. 332—339. 1910. *283.*

Keeton, R. W., and F. C. Becht: The relation of hypophysis to glycogenolysis. Americ. journ. of physiol. Vol. 49, p. 248—253. 1919.

— F. C. Koch and A. B. Luckhardt: Gastrin studies. 3. The response of the stomach mucosa of various animals to gastrin bodies. Americ. journ. of physiol. Vol. 51, p. 454—468. 1920. *202, 338.*

— — — 4. The response of the stomach mucosa to food and gastrin bodies as influenced by atropine. Americ. journ. of physiol. Vol. 51, p. 469—483. 1920. *202, 338*; s. auch Koch, Luckhardt und Keeton.

Kehrer, E.: Physiologische und pharmakologische Untersuchungen an den überlebenden und lebenden inneren Genitalien. Arch. f. Gynäkol. Bd. 81, S. 160—210. 1907. *298.*

— Der überlebende Uterus als Testobjekt für die Wertigkeit der Mutterkornpräparate. Arch. f. exp. Pathol. u. Pharmakol. Bd. 58, S. 366—385. 1908. *298.*

Kellaway, C. H.: The hyperglycaemia of asphyxia and the part played therein by the suprarenals. Journ. of physiol. Vol. 53, p. 211—235. 1919. *306.*

Kellaway, C. H. and S. J. Cowell: The antagonism between histamine and adrenaline. Journ. of physiol. Vol. 56, p. 20. 1922. *216, 222.*

— — On the concentration of the blood and the effects of histamine in adrenal insufficiency. Journ. of physiol. Vol. 57, p. 82—99. 1922. *216.*

Kendall, E. C.: Isolation of the iodine compound which occurs in the thyroid. Journ. of biol. chem. Vol. 39, p. 125—147. 1919. *33, 349, 352.*

— and A. E. Osterberg: The chemical identification of thyroxin. 2. Paper. Journ. of. biol. chem. Vol. 40, p. 265—334. 1919. *350.*

Kepinow, L.: Über den Synergismus von Hypophysenextrakt und Adrenalin. Arch. f. exp. Pathol. u. Pharmakol. Bd. 67, S. 247—274. 1912. *306.*

Kiesel, A.: Versuche mit dem Staněkschen Verfahren zur quantitativen Bestimmung des Cholins. Zeitschr. f. physiol. Chem. Bd. 53, S. 215—239. 1907. *67, 84.*

— Über den fermentativen Abbau des Arginins in Pflanzen. Zeitschr. f. physiol. Chem. Bd. 75. S. 169—196. 1911. *155.*

— Zur Frage über das Vorkommen von Ornithin in Pflanzen. Zeitschr. f. physiol. Chem. Bd. 118, S. 254—266. 1921. *129, 142.*

— Über den fermentativen Abbau des Arginins in Pflanzen. 2. Abhandl. Zeitschr. f. physiol. Chem. Bd. 118, S. 267—276. 1921. *155.*

— Synthese und Eigenschaften des Tetramethylendiguanidins. Zeitschr. f. physiol. Chem. Bd. 118, S. 277—283. 1921. *180.*

— Über die Wirkung der Arginase auf Agmatin und Tetramethylendiguanidin. Ein Beitrag zur Kenntnis der Spezifität der Fermente. Zeitschrift f. physiol. Chem. Bd. 118, S. 284—300. 1921. *155, 181, 184, 186.*

— Zur Kenntnis des Hefeeiweißes. Zeitschr. f. physiol. Chem. Bd. 118, S. 304—306. 1921. *134, 145, 207.*

Kikkoji, T., und C. Neuberg: Über das Verhalten von Aminoacetaldehyd im tierischen Organismus. Biochem. Zeitschr. Bd. 20, S. 463—467. 1909. *98.*

King, H.: The isolation of muscarin, the potent principle of Amanita muscaria. Transact. of the chem. soc. Vol. 121, p. 1743—1753. 1922. *91.*

King, J. H.: Zur Frage der Vermeidbarkeit der Adrenalinglucosurie durch Nicotin. Zeitschr. f. exp. Pathol. u. Therap. Bd. 12, S. 152—154. 1912. *306.*

— and O. O. Stoland: The effect of pituitary extract upon renal activity. Americ. journ. of physiol. Vol. 32, p. 405—416. 1913. *345.*

Kinoshita, T.: Über das Auftreten und die quantitative Bestimmung des Trimethylamins im menschlichen Harn. Zentralbl. f. Physiol. Bd. 24, S. 776—779. 1910. *34.*

— Über den Cholingehalt tierischer Gewebe. Pflügers Arch. f. d. ges. Physiol. Bd. 132, S. 607—631. 1910. *65, 88, 337.*

Kirste, H.: Über den Synergismus von Atropin und Blutserum am muscarinvergifteten Froschherz. Arch. f. exp. Pathol. u. Pharmakol. Bd. 89, S. 106—110. 1921. *96.*

Kitagawa, F., und H. Thierfelder: Notiz betreffend das Sphingosin. Zeitschr. f. physiol. Chem. Bd. 48, S. 80. 1906. *109.*

*Kleczkowski, Das Vorhandensein von Adrenalin im Blutserum der Glaukomkranken. Klin. Monatsbl. f. Augenheilk. 1911. *286.*

Kleeblatt, F.: Über Suprareninvergiftung. Münch. med. Wochenschr. 1922. S. 970. *294.*

Kleinschmitt, A.: Hydrolyse des Hordeins. Zeitschr. f. physiol. Chem. Bd. 54, S. 110—118. 1907. *132, 145, 205.*

Kleissel, R.: Ein Beitrag zur Abhängigkeit der Adrenalinwirkung von der Alkaleszenz des Blutes. Wiener med. Wochenschr. 1912. S. 455—460. *305.*

Klercker, K. O. af: Zur Frage der Kreatin- und Kreatininausscheidung beim Menschen. Beitr. z. chem. Physiol. u. Pathol. Bd. 8, S. 59—61. 1906. *161.*

Kligermann, N. R.: Pharmakologische Untersuchungen an der überlebenden Uterus- und Tubenmuskulatur. Inaug.-Diss. Bern 1913. *299.*

Klinger, R.: Beiträge zur pharmakologischen Wirkung der Guanidins. Ar h. f exp Pathol. u. Pha-makol Bd. 90, S. 129—142. 1921. *183, 184.*

Kneier, G.: Über intrakardiale Adrenalininjektion bei akuter Herzlähmung. Dtsch. med. Wochenschr. 1921. S. 1490—1491.

Kniebe, I. L.: Der Einfluß verschiedener Fettsäuren und fettsaurer Salze, sowie des Cholesterins und Cholins auf Wachstum und Entwicklung von Froschlarven. Zeitschr. f. Biol. Bd. 71, S. 165—192. 1920. *75.*

Knoop, F.: Abbau und Konstitution des Histidins. Beitr. z. chem. Physiol. u. Pathol. Bd. 10, S. 111—119. 1907. *208, 229.*

— Über den physiologischen Abbau der Säuren und die Synthese einer Aminosäure im Tierkörper. Zeitschr. f. physiol. Chem. Bd. 67, S. 489—502. 1910. *155.*

— Physiologische Adrenalin-bildung und Phenyl-serinsynthese. Ber. d. Dtsch. Chem. Ges. Bd. 52, S. 2266—2269. 1919. *283.*

— Zur Theorie der Adrenalinbildung. Erwiderung auf die Bemerkungen von K. Rosenmund und H. Dornsaft. Ber. d. Dtsch. Chem. Ges. Bd. 53, S. 716—718. 1920. *283.*

— und A. Windaus: Die Konstitution des Histidins. Beitr. z. chem. Physiol. u. Pathol. Bd. 7, S. 144—147. 1905. *229.*

Knorr, L.: Über den Aminoäthylalkohol (1,2-Äthanolamin). Ber. d. Dtsch. Chem. Ges. Bd. 30, S. 909—918. 1897. *62.*

Knudsen, P.: Zur Plöchelschen Reaktion zwischen Formaldehyd und Ammoniak. Ber. d. Dtsch. Chem. Ges. Bd. 47, S. 2694—2698. 1914. *55.*

Kobert, R.: Über die Deutung der Muscarinwirkung am Herzen. Arch. f. exp. Pathol. u. Pharmakol. Bd. 20, S. 92—115. 1886. *97.*

*— Über Pilzgifte. Sitzungsber. Dorpater Naturforschervers. Bd. 9, H. 3. 1892. *64, 97.*

Koch, A., und A. Oelsner: Über die Betainspaltung durch die Bakterien des Melasseschlempedüngers „Guanol". Biochem. Zeitschr. Bd. 94, S. 139—162. 1919. *256.*

Koch, F. C.: On the presence of histidine in pig thyreoglobulin. Journ. of biol. chem. Vol. 9, p. 121—122. 1911. *206.*

— A. B. Luckhardt und R. W. Keeton: Gastrin studies. 5. Chemical studies on gastrin bodies. Americ. journ. of physiol. Vol. 52, p. 508—520. 1920. *202, 338.*

Koch, W.: Zur Kenntnis des Lecithins, Kephalins und Cerebrins aus Nervensubstanz. Zeitschr. f. physiol. Chem. Bd. 36, S. 134—140. 1902. *57.*

Koch, W. F.: Toxic bases in the urine of parathyreoidectomized dogs. Journ. of biol. chem. Vol. 15, p. 43—63. 1913. *175, 180, 196, 203.*

Kocher, R. A.: The hexone bases of malignant tumors. Journ. of biol. chem. Vol. 22, p. 295—303. 1915. *150, 207.*

Kochmann, M.: Zur Wertbestimmung der Hypophysenpräparate und anderer Wehenmittel. Zeitschr. f. physiol. Chem. Bd. 115, S. 305—310. 1921. *341.*

Koehler, A. E.: Modification of the van Slyke method for determining arginine. Journ. of biol. chem. Vol. 42, p. 267—268. 1920. *191.*

Körner, G. und A. Menozzi: Trasformazione dell' acido aspartico in acido fumarico. Gazz. chim. ital. Vol. 11, p. 258—259. 1881.

Koessler, J. H.: Studies on pollen and pollen disease. 1. The chemical composition of ragweed pollen. Journ. of biol. chem. Bd. 35, p. 415—424. 1917. *205.*

Koessler, K. K., and M. T. Hanke: Studies on proteinogenous amines. 1. The synthesis of β-imidazolylethylamine (histamine). Journ. of the Americ. chem. soc. Vol. 40, p. 1716—1726. 1918. *205.*

— — 2. A microchemical colorimetric method for estimating imidazole derivatives. Journ. of biol. chem. Vol. 39, p. 497—519. 1919. *210.*

— — 3. A quantitative method for separating histamine from histidine. Journ. of biol. chem. Vol. 39, p. 521—538. 1919. *233.*

— — 4. The production of histamine from histidine by bacillus coli communis. Journ. of biol. chem. Vol. 39, p. 539—584. 1919. *203.*

— — 5. The preparation of p-hydroxyphenylethylamine-hydrochloride (Tyramin-hydrochloride). Journ. of biol. chem. Vol. 39, p. 585—592. 1919. (Vgl. auch Hanke und Koessler.)

Kohlrausch, A.: Untersuchungen über das Verhalten von Betain, Trigonellin und Methylpyridylammoniumhydroxyd im tierischen Organismus. Zeitschr. f. Biol. Bd. 57, S. 273—308. 1911. *33, 255, 256.*

Kolm, R., und E. P. Pick: Über das Vasomotorenzentrum des Kaltblüters. Arch. f. exp. Pathol. u. Pharmakol. Bd. 87, S. 135—147. 1920. *103, 296.*

— — Über Änderung der Adrenalinwirkung nach Erregung der vagalen Endapparate. Pflügers Arch. f. d. ges. Physiol. Bd. 184, S. 79—103. 1920. *296, 299.*

— — Über inverse Herzwirkungen parasympathischer Gifte. Pflügers Arch. f. d. ges. Physiol. Bd. 190, S. 108—117. 1921. *96, 103, 296.*

Konishi, M.: Untersuchungen über die Acetessigsäurebildung aus Urocaninsäure in der überlebenden Leber. Zeitschr. f. physiol. Chem. Bd. 122, S. 237—240. 1922. *214.*

Konschegg, A. v.: Über die Zuckerdichtigkeit der Nieren nach wiederholter Adrenalininjektion. Arch. f. exp. Pathol. u. Pharmakol. Bd. 70, S. 311—322. 1912. *306.*

— und E. Schuster: Über die Beeinflussung der Diurese durch Hypophysenextrakte. Dtsch. med. Wochenschr. 1915. S. 1091—1095. *345.*

Korndörfer, G.: Über das Isokreatinin. Arch. f. Pharmazie. Bd. 242, S. 373—379. 1904. *174, 188.*

Koskowski, W.: L'action de l'histamine sur la sécrétion du suc gastrique chez les pigeons. Cpt. rend. hebdom. des séances de l'acad. des sciences. Tome 174, p. 247—248. 1922. *220.*

— L'action antinévritique de l'histamine chez les pigeons nourris au riz poli. Arch. internat. de pharmacodyn. et de thérap. Tome 26, p. 367—373. 1922. *221.*

Kossel, A.: Über die Darstellung und den Nachweis des Lysins. Zeitschr. f. physiol. Chem. Bd. 26, S. 586—587. 1899. *136.*

— Einige Bemerkungen über die Bildung der Protamine im Tierkörper. Zeitschr. f. physiol. Chem. Bd. 44, S. 347—352. 1905. *148, 149, 150, 207.*

— Über das Agmatin. Zeitschr. f. physiol. Chem. Bd. 66, S. 257—261. 1910. *179, 180.*

— Zur Chemie der Protamine. Zeitschr. f. physiol. Chem. Bd. 69, S. 138—142. 1910. *134.*

— Weitere Mitteilung über die Proteine der Fischspermien. Zeitschr. f. physiol. Chem. Bd. 88, S. 163—185. 1913.

— und A. T. Cameron: Über die freien Amidogruppen der einfachsten Proteine. Zeitschr. f. physiol. Chem. Bd. 76, S. 457—463. 1912. *129, 151.*

— und H. D. Dakin: Beiträge zum System der einfachsten Eiweißkörper. Zeitschr. f. physiol. Chem. Bd. 40, S. 565—571. 1904. *129, 134, 147, 206.*

— und S. Edlbacher: Über einige Spaltungsprodukte des Thynnins und Percins. Zeitschr. f. physiol. Chem. Bd. 88, S. 186—189. 1913.

— — Einige Bemerkungen über das Histidin. Zeitschr. f. physiol. Chem. Bd. 93, S. 396—400. 1915. *211.*

— — Beiträge zur chemischen Kenntnis der Echinodermen. 1. Über die Dissoziation des Spermakerns bei Echinodermen. Zeitschr. f. physiol. Chem. Bd. 94, S. 264—283. 1915. *206.*

— — Über die Trennung von Histidin und Arginin. Zeitschr. f. physiol. Chem. Bd. 110, S. 241—244. 1920. *189, 191, 230.*

— und N. Gawrilow: Weitere Untersuchungen über die freien Amidogruppen der Proteinstoffe. Zeitschr. f. physiol. Chem. Bd. 81, S. 274—279. 1912. *151.*

— und E. L. Kennaway: Über Nitroclupein. Zeitschr. f. physiol. Chem. Bd. 72, S. 486—489. 1911. *192.*

— und F. Kutscher: Über die Bildung von Arginin aus Elastin. Zeitschr. f. physiol. Chem. Bd. 25, S. 551—552. 1898. *134, 145, 147.*

— — Über das Histidin. Zeitschr. f. physiol. Chem. Bd. 28, S. 382—387. 1899. *136, 205, 208, 228.*

— — Beiträge zur Kenntnis der Eiweißkörper. Zeitschr. f. physiol. Chem. Bd. 31, S. 165—214. 1900. *23, 131, 132, 133, 134, 145, 148 190, 205, 206.*

— und A. S. Patten: Zur Analyse der Hexonbasen. Zeitschr. f. physiol. Chem. Bd. 38, S. 39—45. 1903. *132, 146, 205, 208, 230.*

— und H. Pringle: Über Protamine und Histone. (I. Über das Scombrin.) Zeitschr. f. physiol. Chem. Bd. 49, S. 301—321. 1906. *133, 148, 191.*

— und F. Weiß: Über den Nachweis des Ornithins unter den Spaltungsprodukten der Proteinstoffe. Zeitschr. f. physiol. Chem. Bd. 68, S. 160—164. 1910. *142.*

Kossel, A. und F. Weiß: Über das Sturin. Zeitschr. f. physiol. Chem. Bd. 78, S. 402—413. 1912. *137*, *151*.
— — Über einige Nitroderivate von Proteinen. Zeitschr. f. physiol. Chem. Bd. 84, S. 1—10. 1913. *121*, *192*.
*Kossowicz, A.: Die Assimilation von Guanin und Guanidin durch Schimmelpilze. Zeitschr. f. Gärungsphysiol., allg. landw. u. techn. Mykologie. Bd. 2, S. 84—86. 1912. *180*.
Kotake, Y., und M. Konishi: Über die Bildung der Urokaninsäure aus Histidin im Hundeorganismus. Zeitschr. f. physiol. Chem. Bd. 122, S. 230—236. 1922. *212*, *214*.
Kraft, F.: Über das Mutterkorn. Arch. d. Pharmazie. Bd. 244, S. 336—359. 1906. *64*, *87*, *200*, *240*.
Krause, R. A., und W. Cramer: The occurence of creatine in diabetic urine. Journ. of physiol. Vol. 40, p. 61. 1910. *165*.
Krauß, L.: Die Jodsäurereaktion des Adrenalins. Biochem. Zeitsch. Bd. 22, S. 131. 1909. *329*.
Krawkow, N. P.: Über die Wirkung der Gifte auf die Kranzgefäße des Herzens. Pflügers Arch. f. d. ges. Physiol. Bd. 157, S. 501—530. 1914. *296*.
Kreis, Th.: Recherches cliniques sur la vagotonie et la sympathicotonie. Cpt. rend. des séances de la soc. de biol. Tome 85, p. 114—115. 1921. *294*.
Kretschmer, W.: Dauernde Blutdrucksteigerung durch Adrenalin und über den Wirkungsmechanismus des Adrenalins. Arch. f. exp. Pathol. u. Pharmakol. Bd. 57, S. 423—437. 1907. *296*.
— Über die Beeinflussung der Adrenalinwirkung durch Säure. Arch. f. exp. Pathol. u. Pharmakol. Bd. 57, S. 438—440. 1907. *291*.
Krimberg, R.: Zur Kenntnis der Extraktivstoffe der Muskeln. Über das Vorkommen des Carnosins, Carnitins und Methylguanidins im Fleisch. Zeitschr. f. physiol. Chem. Bd. 48, S. 412—418. 1906. *175*, *251*.
— 2. Mitteil. Zur Frage über die Konstitution des Carnitins. Zeitschr. f. physiol. Chem. Bd. 49, S. 89—95. 1906. *251*.
— Über einige Verbindungen des Carnitins Zeitschr. f. physiol. Chem. Bd. 50, S. 361—373. 1906. *251*.
— Zur Frage über die Konstitution des Carnitins. Zeitschr. f. physiol. Chem. Bd. 53, S. 514—525. 1907. *251*.
— Zur Kenntnis der Extraktivstoffe der Muskeln. 10. Mitteil. Über die Identität des Novains mit dem Carnitin. Zeitschr. f. physiol. Chem. Bd. 55, S. 466—480. 1908. *135*.
— Über die Beziehung des Oblitins zum Carnitin. Zeitschr. f. physiol. Chem. Bd. 56, S. 417—424. 1908. *135*.
— Bemerkungen zum Aufsatz des Herrn R. Engeland: Über Bestandteile des Fleischextraktes. Ber. d. Dtsch. Chem. Ges. Bd. 42, S. 3878—3880. 1909.
Krosz: Über Erfahrungen mit Tenosin. Zentralbl. f. Gynäkol. Bd. 37, S. 1587—1590. 1913. *219*.
Krüger, M., und P. Bergell: Zur Synthese des Cholins. Ber. d. Dtsch. Chem. Ges. Bd. 36. S. 2901—2904. 1903. *63*.
Kühlewein, M. v.: Cholin als Hormon der Darmbewegung. 5. Mitteil. Experimentelle Therapie der Magendarmlähmung nach Chloroformnarkose. Pflügers Arch. f. d. ges. Physiol. Bd. 191, S. 99—107. 1921.

Külz, F.: Quantitative Untersuchungen über die Wirksamkeit homologer quartärer Ammoniumbasen. Pflügers Arch. f. d. ges. Physiol. Bd. 195, S. 623—625. 1922. *47.*
Küng, A.: Die Synthese des Betonicins und Turicins. Zeitschr. f. physiol. Chem. Bd. 85, S. 217—224. 1913. *244.*
— Über einige basische Extraktivstoffe des Fliegenpilzes (Amanita muscaria). Zeitschr. f. physiol. Chem. Bd. 91, S. 241—250. 1914. *125, 240.*
— und G. Trier: Über Betonicin und Turicin. Zeitschr. f. physiol. Chem. Bd. 85, S. 209—216. 1913. *244.*
Kuno, Y.: On the alleged influence of adrenaline and of the sympathetic nervous system on the tonus of skeletal muscle. Journ. of physiol. Vol. 49, p. 139—146. 1915. *302.*
Kunz, H.: Über den Alkaloidgehalt des Extractum belladonnae. Arch. d. Pharmazie. Bd. 223, S. 701—709. 1885. *64, 87.*
Kurajeff, D.: Über das Protamin aus den Spermatozoen der Macrele. Zeitschr. f. physiol. Chem. Bd. 26, S. 524—534. 1898. *206.*
Kuriyama, S.: The influence of thyroid feeding upon carbohydrate metabolism. 2. The epinephrine content of the adrenals of thyroid.-fed rats. Journ. of biol. chem. Vol. 33, p. 207—213. 1917. *307.*
— 3. The acidosis in experimental hyperthyreodism and its relation to epinephrine in the blood and the decrease of liver glycogen. Journ. of biol. chem. Vol. 33, p. 215—227. 1917. *307.*
— The adrenals in relation to carbohydrate metabolism. 1. The influence of repetition of epinephrine injection upon the intensity of glycosuria and hyperglycemia and the glycogen content of the liver. Journ. of biol. chem. Vol. 34, p. 269—285. 1918. *307.*
— 2. The influence of adrenalectomy upon the glycogenetic power of the liver. Journ. of biol. chem. Vol. 34, p. 287—297. 1918. *307.*
— 3. The epinephrine content of the adrenals in various experimental conditions. Journ. of biol. chem. Vol. 34, p. 299—319. 1918. *307.*
*Kutscher, F.: Die Endprodukte der Trypsinverdauung. Diss. Marburg 1899. *133, 147, 206.*
— Über das Antipepton. Zeitschr. f. physiol. Chem. Bd. 28, S. 88—97. 1899. *154, 206.*
— Chemische Untersuchungen über die Selbstgärung der Hefe. Zeitschr. f. physiol. Chem. Bd. 32, S. 59—78. 1900. *135.*
— Die Oxydationsprodukte des Arginins. Zeitschr. f. physiol. Chem. Bd. 32, S. 413—418. 1901. *191.*
— Die Überführung des rechtsdrehenden Arginins in die optisch inactive Modifikation. Zeitschr. f. physiol. Chem. Bd. 32, S. 476—478. 1901. *154.*
— Zur Kenntnis von Liebigs Fleischextrakt. Zentralbl. f. Physiol. Bd. 19, S. 504—508. 1905. *109, 251, 252.*
— Über Liebigs Fleischextrakt. I. Zeitschr. f. Unters. d. Nahrungs- u. Genußm. Bd. 10, S. 528—537. 1905. *109, 252.*
— Über Liebigs Fleischextrakt. II. Zeitschr. f. Unters. d. Nahrungs- u. Genußm. Bd. 11, S. 582—584. 1906. *251, 252.*
— Die Spaltung des Oblitins durch Bakterien. Zeitschr. f. physiol. Chem. Bd. 48, S. 331—333. 1906. *256.*

Kutscher, F.: Notiz zur Kenntnis des Novains. Zeitschr. f. physiol. Chem. Bd. 49, S. 484. 1906. *251.*

— Zweite Notiz zur Kenntnis des Novains. Zeitschr. f. physiol. Chem. Bd. 50, S. 250. 1906. *251.*

— Der Nachweis toxischer Basen im Harn. 4. Mitteil. Zeitschr. f. physiol. Chem. Bd. 51, S. 457—463. 1907. *21, 25, 111, 180.*

— Zur Kenntnis von Liebigs Fleischextrakt. Zentralbl. f. Physiol. Bd. 21, S. 33—35. 1907. *180.*

— Die physiologische Wirkung einer Secalebase und des Imidazolyläthylamins. Zentralbl. f. Physiol. Bd. 24, S. 163—165. 1910. *199.*

— Die basischen Extraktivstoffe des Champignons (Agaricus campestris). Zentralbl. f. Physiol. Bd. 24, S. 775—776. 1910. *149, 240, 241, 242.*

— Über einige Extraktivstoffe des Flußkrebses. Zeitschr. f. Biol. Bd. 64, S. 240—246. 1914. *152, 158, 241.*

— und A. Lohmann: Die Endprodukte der Pankreas- und Hefeselbstverdauung. Zeitschr. f. physiol. Chem. Bd. 39, S. 313—317. 1903. *59, 126, 133, 207.*

— — Die Endprodukte der Pankreasselbstverdauung. Zeitschr. f. physiol. Chem. Bd. 44, S. 381—387. 1905. *126, 133, 135, 207.*

— — Der Nachweis toxischer Basen im Harn. Zeitschr. f. physiol. Chem. Bd. 48, S. 1—8. 1906. *112, 175, 195, 251.*

— — 2. Mitteil. Zeitschr. f. physiol. Chem. Bd. 48, S. 422—424. 1906. *112, 175, 195, 251.*

— — 3. Mitteil. Zeitschr. f. physiol. Chem. Bd. 49, S. 81—87. 1906. *112, 175, 195, 251.*

— — Die physiologische Wirkung von einigen aus Rindermuskeln gewonnenen organischen Basen. Pflügers Arch. f. d. ges. Physiol. Bd. 114, S. 553—568. 1906. *224, 337.*

— — Das Vorkommen von Pyridinmethylchlorid im menschlichen Harn und seine Beziehungen zu den Genußmitteln Tabak und Kaffee. Zeitschr. f. Unters. d. Nahrungs- u. Genußm. Bd. 13, S. 177—179. 1907. *249, 257.*

— und J. Otori: Der Nachweis des Guanidins unter den bei der Selbstverdauung des Pankreas entstehenden Körpern. Zeitschr. f. physiol. Chem. Bd. 43, S. 93—108. 1904. *195.*

— und M. Schenck: Die Oxydation von Eiweißstoffen mit Calciumpermanganat. Ber. d. Dtsch. Chem. Ges. Bd. 37, S. 2928—2931. 1904. *157, 179, 191.*

— und J. Seemann: Die Oxydation der Thymusnucleinsäure mit Calciumpermanganat. Ber. d. Dtsch. Chem. Ges. Bd. 36, S. 3023—3026. 1903. *179, 191.*

Kyes, P.: Lecithin und Schlangengifte. Zeitschr. f. physiol. Chem. Bd. 41, S. 273—277. 1904. *59.*

Ladenburg, A.: Piperidin aus Pentamethylendiamin. Ber. d. Dtsch. Chem. Ges. Bd. 18, S. 3100—3102. 1885. *126.*

— Über die Identität des Cadaverin mit dem Pentamethylendiamin. Ber. d. Dtsch. Chem. Ges. Bd. 19, S. 780, 2585—2586. 1886. *126.*

Ladenburg, A. und J. Abel: Über das Äthylenimin (Spermin?). Ber. d. Dtsch. Chem. Ges. Bd. 21, S. 758—766. 1888. *121.*

— und C. Oelschlägel: Über das Pseudoephedrin. Ber. d. Dtsch. Chem. Ges. Bd. 22, S. 1823—1827. 1889. *275, 319.*

Läwen, A.: Quantitative Untersuchungen über die Gefäßwirkung von Suprarenin. Arch. f. exp. Pathol. u. Pharmakol. Bd. 51, S. 415—441. 1904. *297.*

Laidlaw, P. P.: The physiological action of indolethylamine. Biochem. journ. Vol. 6, p. 141—150. 1911. *337.*

Lamson, P. D.: The rôle of the liver in acute polycythaemia. 2. The effect of epinephrin and emotional stimuli on the red corpuscle content of the blood in rabbits. Journ. of pharmacol. a. exp. therap. Vol. 8, p. 167—173. 1916. *303.*

— and J. Roca: The liver as a blood concentration organ. Journ. of pharmacol. a. exp. therap. Vol. 17, p. 481—497. 1921. *303.*

Lang, E.: Versuche über die Durchlässigkeit der Froschhaut für Gifte. Arch. f. exp. Pathol. u. Pharmakol. Bd. 84, S. 1—32. 1918. *95, 294.*

Lange, H.: Über die Einwirkung des Adrenalins auf die Permeabilität von Muskelfasergrenzschichten. Klin. Wochenschr. 1922. S. 70. *302.*

Langendorff, O.: Über die Innervation der Koronargefäße. Zentralbl. f. Physiol. Bd. 21, S. 551—557. 1907. *296.*

Langley, J. N.: Observations on the physiological action of extracts of the suprarenal bodies. Journ. of physiol. Vol. 27, p. 237—256. 1901. *296, 299.*

— The action of sodium sulphocyanide on muscle. Journ. of physiol. Vol. 50, p. 408—420. 1916. *182.*

Langstein, L.: Zur Kenntnis der Endprodukte der peptischen Verdauung. Beitr. z. chem. Physiol. u. Pathol. Bd. 1, S. 507—523. 1902. *125, 276.*

Lapicque, M., et M. Nattau-Larrier: Action de l'adrénaline sur l'excitabilité musculaire et sur la fatigue. Cpt. rend. des séances de la soc. biol. Tome 86, p. 474—476. 1922. *302.*

Larson, J. A.: On the functional correlation of the hypophysis and the thyroid. Americ. journ. of physiol. Vol. 49, p. 55—89. 1919.

— Further evidence on the functional correlation of the hypophysis and the thyroid. Americ. journ. of physiol. Vol. 53, p. 89—100. 1920.

Lathrop, E. C.: The organic nitrogen compounds of soils and fertilizers. Journ. Franklin Inst. Vol. 183, p. 303—321; 465—498. 1917. Chem. News. Vol. 115, p. 220—222; 229—232. 1917. *173.*

Launoy, L., et B. Menguy: Sur la sensibilité de l'essai physiologique de l'adrénaline; constantes d'action. Cpt. rend. des séances de la soc. de biol. Tome 83, p. 1510—1511. 1920. *293.*

Laurin, E.: Ergotoxin und Adrenalinhyperglykämie. Biochem. Zeitschr. Bd. 82, S. 87—95. 1917. *306.*

Lauritzen, M.: Kreatinurie und Acidose bei Diabetes. Zeitschr. f. klin. Med. Bd. 90, S. 376—385. 1921. *165.*

Lautenschläger, C. L.: Über die titrimetrische Bestimmung des Histidins und anderer Imidazolderivate. Zeitschr. f. physiol. Chem. Bd. 102, S. 226—243. 1918. *205, 206, 232.*

Lawrow, D.: Über die Wirkung des Arginins auf tryptische Verdauung der Eiweißkörper. Zeitschr. f. physiol. Chem. Bd. 28, S. 303—306. 1899. *154.*

— Über die Spaltungsprodukte des Histons von Leucocyten. Zeitschr. f. physiol. Chem. Bd. 28, S. 388—398. 1899. *206.*

— Über Benzoylierung der Hexonbasen. Zeitschr. f. physiol. Chem. Bd. 28, S. 585—586. 1899. *142.*

— Zur Kenntnis des Chemismus der peptischen und tryptischen Verdauung der Eiweißkörper. Zeitschr. f. physiol. Chem. Bd. 33, S. 312—328. 1901. *125, 134.*

Leeuwen van, W. Storm and A. v. Szent-Györgyi: On the influence of colloids on the action of non-colloidal drugs. 3. Journ. of pharmacol. a. exp. therap. Vol. 18, p. 257—291. 1921.

— — Über die Verstärkung der Giftwirkung bei Versuchen an überlebenden Organen. Arch. f. exp. Pathol. u. Pharmakol. Bd. 96, S. 334—343. 1922.

Lefmann, G.: Beiträge zum Kreatininstoffwechsel. Zeitschr. f. physiol. Chem. Bd. 57, S. 476—514. 1908. *167.*

Léger, E.: Sur l'hordénine: alcaloide nouveau retiré des germes, dits touraillons de l'orge. Cpt. rend. hebdom. des séances de l'acad. des sciences. Tome 142, p. 108—110. 1906. *278.*

Lehmann, G.: Die Blutdruckveränderung nach Adrenalininjektionen als Gradmesser für den Tonus im autonomen und sympathischen Nervensystem. Dtsch. med. Wochenschr. 1921. S. 41—42.

Leprince, M.: Contribution à l'étude chimique du Gui (Viscum album). Cpt. rend. d. Soc. Biol. Tome 145. p. 940—941. 1907. *274.*

Leschke, E.: Über die Beziehungen zwischen Anaphylaxie und Fieber, sowie über die Wirkungen von Anaphylatoxin, Histamin, Organextrakten und Pepton auf die Temperatur. Zeitschr. f. exp. Pathol. u. Therap. Bd. 14, S. 151—166. 1913. *215.*

— Die Wirkung des Hypophysenextraktes, insbesondere eines aus dem Hypophysenhinterlappen isolierten Polypeptides auf die Harnabsonderung. Biochem. Zeitschr. Bd. 96, S. 50—72. 1919. *344.*

Lesné: De l'administration de l'adrénaline par la voie digestive. Bull. et mém. de la soc. méd. des hôp. de Paris. Tome 44, p. 800—801. 1920. *297.*

Lesser, E. J.: Die Zuckerabgabe der Froschleber bei kontinuierlicher Durchströmung mit Ringerlösung. Biochem. Zeitschr. Bd. 102, S. 294—303. 1919. *307.*

— Der Mechanismus der Zuckermobilisierung durch das Adrenalin. Biochem. Zeitschr. Bd. 102, S. 304—319. 1919. *307.*

Letsche, E.: Beiträge zur Kenntnis der organischen Bestandteile des Serums. Zeitschr. f. physiol. Chem. Bd. 53, S. 31—112. 1907. *65.*

Levene, P. A., and C. L. Alsberg: The cleavage products of vitellin. Journ. of biol. chem. Vol. 2, p. 127—133. 1906. *133, 147, 206.*

— and T. Ingvaldsen: The estimation of aminoethanol and of choline appearing on hydrolysis of phosphatides. Journ. of biol. chem. Vol. 43, p. 355—358. 1920. *89.*

Levene, P. A. and W. A. Jacobs: On sphingosine. Journ. of biol. chem. Vol. 11, p. 547—554. 1912. *110, 111.*

— — On the cerebrosids on the brain tissue. Journ. of biol. chem. Vol. 12, p. 389—398. 1912. *110, 111.*

— and L. Kristeller: Factors regulating the creatinin output in man. Americ. journ. of physiol. Vol. 24, p. 45—65. 1909. *165.*

— and I. P. Rolf: Lecithin. 4. Lecithin of the brain. Journ. of biol. chem. Vol. 46, p. 353—365. 1921. *57, 89.*

— and J. K. Senior: The preparation of guanidine sulfate. Journ. of biol. chem. Vol. 25, p. 623—624. 1916. *185.*

— und D. D. van Slyke: Hydrolyse von Wittepepton. Biochem. Zeitschr. Bd. 13, S. 440—457. 1908. *147.*

— and C. J. West: Lecithin. 1. „Hydrolecithin" and its bearing on the constitution of cephalin. Journ. of biol. chem. Vol. 33, p. 111—117. 1917. *89.*

Lewis, H. B., and L. E. Root: Amino-acid synthesis in the animal organism. Can nor-leucine replace lysine for the nutritive requirements of the white rat? Journ. of biol. chem. Vol. 43, p. 79—87. 1920. *136.*

Libbrecht, W.: L'adrénaline et ses rapports avec les ions K et Ca. Arch. internat. de physiol. Tome 15, p. 353—360. 1920.

Liebermann, C., und G. Cybulski: Nachträgliches zum Cuskhygrin. Ber. d. Dtsch. Chem. Ges. Bd. 29, S. 2050—2051. 1896. *258.*

Liebig, J.: Über die Bestandteile der Flüssigkeiten des Fleisches. Liebigs Ann. d. Chem. Bd. 62, S. 257—369. 1847. *157, 161.*

Liebreich, O.: Über die chemische Beschaffenheit der Gehirnsubstanz. Liebigs Ann. d. Chem. Bd. 134, S. 29—44. 1865. *62, 111.*

Limpricht, H.: Über Leucin und Alanin. Liebigs Ann. d. Chem. Bd. 101, S. 295—299. 1857. *34.*

Lippich, E.: Über Uramidosäuren. 2. u. 3. Mitteil. Ber. d. Dtsch. Chem. Ges. Bd. 41, S. 2953—2974; 2977—2983. 1908. *197.*

Lippmann, E. O. v.: Über einige organische Bestandteile des Rübensaftes. Ber. d. Dtsch. Chem. Ges. Bd. 20, S. 3201—3209. 1887. *64, 242.*

— Über stickstoffhaltige Bestandteile der Rübensäfte. Ber. d. Dtsch. Chem. Ges. Bd. 29, S. 2645. 1896. *242.*

— Ein Vorkommen von Indol und Scatol. Ber. d. Dtsch. Chem. Ges. Bd. 49, S. 106—107. 1916. *242.*

Llosa, J. B. und B. A. Houssay: Action vasculaire comparée de l'histamine et de l'extrait d'hypophyse associés à l'adrénaline. Cpt. rend. des séances de la soc. de biol. Tome 83, p. 1358. 1920.

Loeb, J. and H. Wasteneys: The relative influence of weak and strong bases upon the rate of oxidation in the unfertilized egg of the sea urchin. Journ. of biol. chem. Vol. 14, p. 355—361. 1913. *44.*

Löb, W.: Die Methylierung des Glykokolls mittels Formaldehyd. Biochem. Zeitschr. Bd. 51, S. 116—127. 1913. *4.*

Löffler, K., und C. Freytag: Eine neue Bildungsweise von N-alkylierten Pyrrolidinen. Ber. d. Dtsch. Chem. Ges. Bd. 42, S. 3427—3431. 1909. *42, 258.*

Löffler, W.: Desaminierung und Harnstoffbildung im Tierkörper. Biochem. Zeitschr. Bd. 85, S. 230—294. 1918. *41.*

Löffler, W. und K. Spiro: Milieu und Arzneiwirkung. Kolloid. Zeitschrift. Bd. 26, S. 27—28. 1920. *220, 304.*

Loening, H., und H. Thierfelder: Untersuchungen über die Cerebroside des Gehirns. 2. Mitteil. Zeitschr. f. physiol. Chem. Bd. 77, S. 202—215. 1912. *109.*

Loew, O.: Über die Natur der Giftwirkung des Suprarenins. Biochem. Zeitschr. Bd. 85, S. 295—306. 1917. *292.*

Loewe, S.: Ist die perorale Darreichung von Nebennierenpräparaten sinnvoll? Therap. Monatsh. Bd. 32, S. 89—92. 1918. *293.*

— Über zyklische Seitenkettenäthylamine. Zeitschr. f. d. ges. exp. Med. Bd. 6, S. 335—349. 1918. *322.*

— Über Konstitution und Wirkung organischer Basen und deren Verknüpfbarkeit durch den Alkaloidbegriff. Zeitschr. f. d. ges. exp. Med. Bd. 9, S. 424—432. 1919. *322.*

Loewi, O.: Über eine Funktion des Pankreas und ihre Beziehungen zum Diabetes mellitus. Arch. f. exp. Pathol. u. Pharmakol. Bd. 59, S. 83—94. 1908. *294, 299.*

— — Über die Beziehungen Herzmittel- und physiologischer Kationenwirkung. 5. Mitteil. Über die Wirkung von Lipoiden auf die Hypodynamie und deren Beziehung zum Kalium. Pflügers Arch. f. d. ges. Physiol. Bd. 187, S. 123—131. 1920. *74.*

— und H. Meyer: Über die Wirkung synthetischer, dem Adrenalin verwandter Stoffe. Arch. f. exp. Pathol. u. Pharmakol. Bd. 53, S. 213—226. 1905. *311.*

Loewit, M.: Anaphylaxiestudien. 4. Mitteil. Die anaphylaktische und anaphylaktoide Vergiftung beim Meerschweinchen. Arch. f. exp. Pathol. u. Pharmakol. Bd. 73, S. 1—32. 1913. *184, 221.*

— Anaphylaxiestudien. Ein Anaphylatoxin pflanzlichen Ursprungs. Biochem. Zeitschr. Bd. 82, S. 72—86. 1917. *184, 221.*

Loewy, A., und C. Neuberg: Über Cystinurie. Zeitschr. f. physiol. Chem. Bd. 43, S. 338—354. 1904. *124.*

— — Zur Kenntnis der Diamine. Zeitschr. f. physiol. Chem. Bd. 43, S. 355—357. 1904. *139, 143.*

Lohmann, A.: Über die Verteilung des blutdruckherabsetzenden Cholins in der Nebenniere. Zentralbl. f. Physiol. Bd. 21, S. 139—141. 1907. *66, 112.*

— Cholin, die den Blutdruck erniedrigende Substanz der Nebenniere. Pflügers Arch. f. d. ges. Physiol. Bd. 118, S. 215—227. 1907. *66, 112, 283.*

— Über die antagonistische Wirkung der in den Nebennieren enthaltenen Substanzen, Suprarenin und Cholin. Pflügers Arch. f. d. ges. Physiol. Bd. 122, S. 203—209. 1908. *75, 79, 112, 283, 296.*

— Über einige Bestandteile der Nebennieren, Schilddrüsen und Hoden. Zeitschr. f. Biol. Bd. 56, S. 1—31. 1911. *79, 112, 283.*

Luckhardt, A. B., and A. J. Carlson: Studies on the visceral sensory nervous system. 8. On the presence of vasomotor fibres in the vagus nerve to the pulmonary vessels of the amphibian and the reptilian lung. Americ. journ. of physiol. Vol. 56, p. 72—112. 1921. *218, 296.*

Luckhardt, A. B. and A. J. Carlson: 4. The action of certain drugs on the lung motor mechanism of the reptilia (Turtle, Snake). Americ. journ. of physiol. Vol. 55, p. 13—30. 1920. *296.*

Lüdin, M.: Über die Einwirkung der Röntgenstrahlen auf das Adrenalin. Strahlentherapie. Bd. 8, S. 1—7. 1918. Sep. v. Verf.

Lussana, F.: Action de l'adrénaline et de la choline sur les réflexes de la moelle épinière chez la tortue. Arch. internat. de physiol. Tome 12, p. 119—141. 1912. *296, 302.*

Luzzatto, R.: Ricerche farmacologiche sulla Vinilamina e su alcuni suoi prodotti di trasformazione. Arch. di farmacol. sperim. e scienze aff. Vol. 17, p. 455—480. 1914. *119.*

Lyman, J. F., and J. C. Trimby: The excretion of creatine and creatinine parenterally introduced. Journ. of biol. chem. Vol. 29, p. 1—5. 1916. *161.*

MacAdam, W.: The relationship of creatinuria to changes in the sugar content of the blood. Biochem. journ. Vol. 9, p. 229—239. 1915. *165.*

Macadie, W.: The colouration of solution of natural adrenine. Pharmac. Journ. Bd. 85, S. 660. 1910. *325.*

MacArthur, C. G., F. G. Norbury and W. G. Karr: The nitrogenous hydrolysis products of heart lecithin. Journ. of the Americ. chem. soc. Vol. 39, p. 768—777. 1917. *57.*

Macht, D. I.: Demonstration by the use of arterial rings of the inhibitory action of certain drugs on the vaso-constriction produced by epinephrin. Journ. of pharmacol. a. exp. therap. Vol. 6, p. 591—594. 1914.

— On the pharmacology of the ureter. 2. Action of drugs affecting the sacral autonomics. Journ. of pharmacol. a. exp. therap. Vol. 8, p. 261—271. 1916. *75, 97, 260.*

— 4. Action of hydrastin, hydrastinin, cotarnin, emetin and some pyridin derivatives, with a further analysis of the opium action. Journ. of pharmacol. a. exp. therap. Vol. 9, p. 287—303. 1917. *260.*

MacLean, H.: Weitere Versuche zur quantitativen Gewinnung von Cholin aus Lecithin. Zeitschr. f. physiol. Chem. Bd. 55, p. 360—370. 1908. *62, 89.*

— Versuche über den Cholingehalt des Herzmuskellecithins. Zeitschr. f. physiol. Chem. Bd. 57, S. 296—303. 1908. *57, 58, 89, 90.*

— The phosphatides of the kidney. Biochem. journ. Vol. 6, p. 333—354. 1912. *57, 89.*

— The composition of „lecithin“ together with observations on the distribution of phosphatides in the tissues and methods for their extraction and purification. Biochem. journ. Vol. 9, p. 351—378. 1915. *57, 89, 90.*

— and W. J. Griffiths: Cuorin. Biochem. journ. Vol. 14, p. 615—617. 1920.

Madinaveitia, A.: Dérivés de la naphtyl-β-éthylamine. Bull. de la soc. chim. de France. Tome 25, [4] p. 601—610. 1919. *232.*

*— Beitrag zum Studium der auf dem Sympathicus wirkenden Amine. Ann. soc. espagnole fis. quim. [2] Vol. 18, p. 66—78. 1920. *232.*

*Magnus, R.: Cholin als Hormon der Darmbewegung. Naturwissenschaften. Bd. 8, S. 383—388. 1920. *65, 298.*

Magnus, R. and E. A. Schäfer: The action of pituitary extracts upon the kidney. Journ. of physiol. Vol. 27, p. 9—10. 1901. *345.*

*Malenchini, V.: Über Ptomaine im Käse. Zeitschr. f. Nahrungsmittel u. Hyg. Bd. 7, S. 7. 1892. *32.*

Malengreau, F., und A. Lebailly: Über die synthetisierten Homocholine. Zeitschr. f. physiol. Chem. Bd. 67, S. 35—41. 1910. *83, 109.*

— und G. Prigent: Über Hydrolyse und Konstitution des Lecithins. Zeitschr. f. physiol. Chem. Bd. 77, S. 107—120. 1912. *62.*

Mallèvre, A.: Untersuchung über die giftige Wirkung des Amidoacetals. Pflügers Arch. f. d. ges. Physiol. Bd. 49, S. 484—492. 1891. *99.*

Mann, F. C., and L. C. Mc Lachlin: The action of adrenalin in inhibiting the flow of pancreatic secretion. Journ. of pharmacol. a. exp. therap. Vol. 10, p. 251—259. 1917. *299.*

Mannich, C.: Studien in der Reihe des Adrenalins. Arch. d. Pharmazie. Bd. 248, S. 127—171. 1910. *287, 288, 310.*

— und W. Jacobsohn: Über Oxyphenylalkylamine und Dioxyphenylalkylamine. Ber. d. Dtsch. Chem. Ges. Bd. 43, S. 189—197. 1910. *288.*

— und E. Thiele: Über l-Phenyl-l-Äthanol-amin 2 und verwandte Verbindungen. Arch. d. Pharmazie. Bd. 253, S. 181—195. 1915. *275.*

Mansfeld, G.: Über den Donathschen Nachweis von Cholin in Fällen von Epilepsie. Zeitschr. f. physiol. Chem. Bd. 42, S. 157—164. 1904. *66.*

— und B. Purjesz: Über die Unwirksamkeit der Antipyretika gegenüber dem Adrenalin. Pflügers Arch. f. d. ges. Physiol. Bd. 161. S. 506—515. 1915. *306.*

Marfori, P.: E l'adrenalina un ormone? Arch. internat. de pharmacodyn. et de thérap. Tome 26, p. 137—149. 1922. *286.*

Marie, A.: Glandes surrénales et toxi-infections. Annales de l'Institut Pasteur. Vol. 27, p. 294—306. 1913. *304.*

— Action de l'adrénaline sur les toxines végétales. Cpt. rend. des séances de la soc. de biol. Tome 78, p. 330—331. 1915. *304.*

— Glandes surrénales et toxi-infections. Ann. de l'inst. Pasteur. Tome 32, p. 97—110. 1918. *304.*

— Du mode d'action de l'adrénaline sur les toxines bactériennes. Ann. de l'inst. Pasteur. Tome 33, p. 645—656. 1919. *304.*

— Du mode d'action de l'adrénaline vis-à-vis des toxines solubles. Cpt. rend. des séances de la soc. de biol. Tome 82, p. 581—583. 1919. *304.*

Marine, D., and C. H. Lenhart: The influence of glands with internal secretions on the respiratory exchange. 1. Effect of the subcutaneous injections of adrenalin on normal and thyreodectomized rabbits. Americ. journ. of physiol. Vol. 54, p. 248—260. 1920. *308.*

Marino-Zuco, F., und V. Dutto: Chemische Untersuchungen über die Addisonsche Krankheit. Moleschotts Untersuchungen zur Naturlehre. Bd. 14, S. 617—622. 1892. *112.*

Markwald, W., und F. Struwe: Über einige Guanidoniumsalze. Ber. d. Dtsch. Chem. Ges. Bd. 55, S. 457—463. 1922. *185.*

Marshall, E. K.: The influence of diuresis on the elimination of urea, creatinine and chlorides. Journ. of pharmacol. a. exp. therap. Vol. 16, p. 141—154. 1920. *169.*

Marshall, E. K. und D. M. Davis: The influence of the adrenals on the kidneys. Journ. of pharmacol. and exp. therap. Vol. 8, p. 525—550. 1916.

*Masi, O.: Über die Funktion der Hypophyse auf den Kohlehydratstoffwechsel. Arch. di farmacol. sperim. e scienze aff. Vol. 20, p. 450—466. 1915. *347.*

Massini, R.: Über die anaphylaktische Reaktion des Meerschweinchendarms. Zeitschr. f. Immunitätsforsch. u. exp. Therap. Teil 1, Orig. Bd. 25, S. 179—183. 1916. *221.*

Matanovitch, M.: Der Cholingehalt des Harns unter pathologischen Bedingungen. Diss. Basel 1918. S. 1—28. *66.*

Matheson, A. R., and S. E. Ammon: Observations on the effect of histamine on the human gastric secretions. The Lancet. 1922. 11, p. 482. *220.*

Matsuoka, Z.: The relation between nutrition and the formation of kynurenic acid from tryptophane. Journ. of biol. chem. Vol. 35, p. 333—339. 1918. *332.*

Mauthner, M.: Über den Carnosingehalt der Säugetiermuskeln. Monatsh. f. Chem. Bd. 34, S. 883—900. 1913. *210, 228.*

Mautner, H., und E. P. Pick: Über die durch Schockgifte erzeugten Zirkulationsstörungen. Münch. med. Wochenschr. 1915. S. 1141—1143. *217, 303.*

— — 2. Das Verhalten der überlebenden Leber. Biochem. Zeitschr. Bd. 127, S. 72—93. 1921. *218, 303.*

Maxwell, A. L. I., and A. C. H. Rothera: The action of pituitrin on the secretion of milk. Journ. of physiol. Vol. 49, p. 483—491. 1915. *346.*

Mayeda, M.: Über das Amyloidprotein. Zeitschr. f. physiol. Chem. Bd. 58, S. 469—484. 1908. *133, 148.*

— und M. Ogata: Über das Verhalten des Pyridins im Organismus des Frosches. Zeitschr. f. physiol. Chem. Bd. 89, S. 251—253. 1914. *249.*

Mayer, A., et G. Schaeffer: Extension aux cas des microbes de la notion d'acides aminés indispensables. Rôle de l'arginine et de l'histidine dans la culture du bacille de Koch sur milieux chimiquement définis. Cpt. rend. des séances de la soc. de biol. Tome 82, p. 113—115. 1919. *154, 211.*

*Mazza, S.: Die Ausscheidung des Kreatinins in verschiedenen Krankheiten. Morgagni. Vol. 63, p. 345—353. 1920. *169.*

Mc Collum, E. V., N. Simmonds and W. Pitz: Is lysine the limiting amino acid in the proteins of wheat, maize, or oats? Journ. of biol. chem. Vol. 28, p. 483—499. 1916. *136.*

Mc Cord, C. P.: The occurence of pituitrin and epinephrin in fetal pituitary and suprarenal glands. Journ. of biol. chem. Vol. 23, p. 435—438. 1915.

Mc Crudden, F. H., and C. S. Sargent: The influence of the color from the sodium picrate in the determination of creatinine in blood and urine. Journ. of biol. chem. Vol. 26, p. 527—533. 1916. *194.*

Mc Guigan, H., and E. G. Hyatt: The primary depression and secondary rise in blood pressure caused by epinephrine. Journ. of pharmacol. a. exp. therap. Vol. 12, p. 59—69. 1918.

Meakins, J., and C. R. Harington: The relation of histamine to intestinal intoxication. 1. The presence of histamine in the human intestine. Journ. of pharmacol. a. exp. therap. Vol. 18, p. 455—465. 1921. *201.*
— — II. The absorption of histamine from the intestine. Journ. of Pharmacol. and exper. Therap. Vol. 20, p. 45—64. 1922.
Meek, W. J., and J. A. E. Eyster: The effect of adrenalin on the heart-rate. Americ. journ. of physiol. Vol. 38, p. 62—66. 1915. *297.*
Meighan, J. S.: Some observations on the action of guanidine on frog's muscle. Journ. of physiol. Vol. 51, p. 51—58. 1917. *182.*
*Meißner, G.: Zeitschr. f. rat. Med. [III.] Bd. 31, S. 144—223; 234—349. 1868. *162.*
Mellanby, E.: Creatine and creatinine. Journ. of physiol. Vol. 36, p. 447—487. 1908. *169.*
*— Quart. journ. of med. Vol. 9, p. 165. 1916. *158, 160, 162, 169.*
— and F. W. Twort: On the presence of β-Imidazolylethylamine in the intestinal wall; with a method of isolating a bacillus from the alimentary canal which converts histidine into this substance. Journ. of physiol. Vol. 45, p. 53—60. 1912. *9, 13, 200, 203.*
Meltzer, S. J., and J. Auer: On the duration of constriction of blood vessels by epinephrin. Journ. of pharmacol. a. exp. therap. Vol. 17, p. 177—196. 1921.
— und K. Meltzer-Auer: Über den Einfluß der Nebennierenextrakte auf die Pupille des Frosches. Zentralbl. f. Physiol. Bd. 18, S. 317—318. 1904. *299, 331.*
Mendel, L. B., and C. S. Leavenworth: Chemical studies on growth. IX. Notes on the composition of embryonic muscular and nervous tissues. Americ. journ. of physiol. Vol. 21, p. 99—104. 1908. *160.*
— and W. C. Rose: Experimental studies on creatine and creatinine. 1. The rôle of the carbohydrates in creatine-creatinine metabolism. Journ. of biol. chem. Vol. 10, p. 213—253. 1911. *164, 165, 166.*
— — 2. Inanition and the creatine content of muscle. Journ. of biol. chem. Vol. 10, p. 255—264. 1911. *164, 165, 166.*
— und F. P. Underhill: The physiological action of cholin. Zentralbl. f. Physiol. Bd. 24, S. 251—253. 1910. *73.*
Menge, G. A.: Some new compounds of the choline type. Journ. of biol. chem. Vol. 10, p. 399—406. 1911. *76.*
Menten, M. L.: The action of adrenalin on the blood. Americ. journ. of physiol. Vol. 44, p. 176—191. 1917.
Merk, E.: Chem. Zentralbl. 1894. I, S. 470. *275.*
Metchnikoff, E., et E. Wollmann: Sur quelques essais de désintoxication intestinale. Ann. de l'inst. Pasteur. Tome 26, p. 825—851. 1912. *13.*
Metzger, L.: Zur Lehre von Nebennierendiabetes. Münch. med. Wochenschrift 1902. S. 478—479. *305.*
Meyer, F.: Zur Frage der Adrenalinwirkung auf den Coronarkreislauf. Berl. klin. Wochenschr. Bd. 50, S. 920—922. 1913. *296.*
*Meyer, H.: Analyse und Konstitutionsermittlung organischer Verbindungen. Berlin, Julius Springer.

Meyer, H. H.: Über Herz und Gefäßmittel. Wien. klin. Wochenschr. 1921. S. 69—70. *97, 296.*

Meyer, K.: Zum bakteriellen Abbau des d-Glucosamins. Biochem. Zeitschr. Bd. 58, S. 415—416. 1913. *108.*

Meyer, K. H., und H. Hopff: Über Dimethylvinylamin. Ber. d. Dtsch. Chem. Ges. Bd. 54, S. 2274—2282. 1921. *79, 113, 116.*

Meyer, O. B.: Über einige Eigenschaften der Gefäßmuskulatur mit besonderer Berücksichtigung der Adrenalinwirkung. Zeitschr. f. Biol. Bd. 48. S. 352—397. 1906. *286.*

Miculicich, M.: Über Glykosuriehemmung. Arch. f. exp. Pathol. u. Pharmakol. Bd. 69, S. 128—132. 1912. *306.*

Mills, C. A.: A note on the question of the secretory function to the thyroid gland. Americ. journ. of physiol. Vol. 50, p. 174—176. 1919. *299.*

— G. Raap and D. E. Jackson: The relation between the blood coagulating and the smooth muscle contracting properties of tissue extracts. Journ. of pharmacol. a. exp. therap. Vol. 17, p. 341—342. 1921. *286, 299.*

Mitjukoff: Arch. f. Gynäkol. Bd. 49. 1895. *149.*

Mito, T.: Über die asymmetrische Spaltung der razemischen Polypeptide durch abgetötete Bakterien. 1. Mitteil. Acta Schol. Med. Univ. Imper. Kioto. Vol. 1, p. 433—438. 1917. *10.*

Miura, S.: Über die Beziehung der Thyreoparathyreodektomie zum Kohlenhydratstoffwechsel. Biochem. Zeitschr. Bd. 51, S. 423—442. 1913. *307.*

Miyaka, K.: On the presence of choline in the shoots of aralia cordata. Journ. of biol. chem. Vol. 21, p. 661—662. 1915. *64.*

M'Kendrick und Dewar: Physiologische Wirkung der Chinolin- und Pyridinbasen. Ber. d. Dtsch. Chem. Ges. Bd. 7, S. 1458. 1874. *259.*

Mochizuki, J., und Y. Kotake: Über die Autolyse der Stierhoden. Zeitschrift f. physiol. Chem. Bd. 43, S. 163—169. 1904. *135.*

Modrakowski, G.: Über die physiologische Wirkung des Cholins. Pflügers Arch. f. d. ges. Physiol. Bd. 124, S. 601—632. 1908. *74.*

— Über die Grunderscheinungen des anaphylaktischen Schocks. Arch. f. exp. Pathol. u. Pharmakol. Bd. 69, S. 67—78. 1912. *221.*

Moerly, H. F.: Isopropylen-Neurin. Ber. d. Dtsch. Chem. Ges. Bd. 13, S. 1805—1806. 1880. *109.*

Moerner, C. Th.: Über ein eigentümliches Nahrungsmittel nebst einigen Beobachtungen über darin angetroffene Fäulnisbasen. Zeitschr. f. physiol. Chem. Bd. 22, S. 514—521. 1897. *30, 32.*

Molliard, M.: Les amines constituent-elles des aliments pour les végétaux supérieurs? Cpt. rend. hebdom. des séances de l'acad. des sciences. Tome 148, p. 685—687. 1909. *40.*

Monari, A.: Mutamenti della composizione chimica dei muscoli nella fatica. Ann. di chim. e di farmacol. Ser. 4. Vol. 10, p. 84, zitiert nach Malys Jahresbericht. Bd. 19, S. 296—298. 1889. *162.*

Moog, O.: Über den gegenseitigen Synergismus von normalem Serum und Adrenalin am Froschgefäß. Arch. f. exp. Pathol. u. Pharmakol. Bd. 77, S. 346—360. 1914. *286.*

Moore, B. and R. Row: A comparison of the physiological actions and chemical constitution of piperidine, coniine and nicotine. Journ. of physiol. Vol. 22, p. 273—295. 1898. *260.*

Moore, C. W.: α-p-Hydroxy-m-methoxyphenylethylamine and the resolution of α-p-hydroxyphenylethylamine. Journ. chem. soc. London Vol. 99, p. 416—421. 1911. *370.*

Morita, S.: Pharmakologische Untersuchungen an den Portalgefäßen der Froschleber. Arch. f. exp. Pathol. u. Pharmakol. Bd. 78, S. 232—244. 1915. *218.*

— Untersuchungen über die zuckertreibende Wirkung adrenalinähnlicher (sympathomimetischer) Substanzen. Arch. f. exp. Pathol. u. Pharmakol. Bd. 78, S. 244—276. 1915. *305, 306, 311, 321.*

Morris, J. L.: Creatinine and creatine determinations. The occurence of creatine. Journ. of biol. chem. Vol. 21, p. 201—208. 1915. *194.*

Moruzzi, G.: Versuche zur Gewinnung von Cholin aus Lecithin. Zeitschr. f. physiol. Chem. Bd. 55, S. 352—359. 1908. *62.*

Mott, F. W., and W. D. Halliburton: The physiological action of choline and neurine. Phil. Trans. Vol. 191, B., p. 211—267. 1899. *83, 85.*

Müller, Fr.: Beiträge zur Analyse der Cholinwirkung. Pflügers Arch. f. d. ges. Physiol. Bd. 134, S. 289—310. 1910. *73, 74, 75.*

Müller, H.: Eine neue Methode zur Messung der Leistungsfähigkeit des rechten Ventrikels und deren Beeinflussung durch Medikamente. Arch. f. exp. Pathol. u. Pharmakol. Bd. 81, S. 219—246. 1917. *345.*

Müller: Über die Fäulnisprodukte der Hefe. Journ. f. prakt. Chem. Bd. 70, S. 65—69. 1857. *32, 34, 37, 38.*

Münzer, H.: Colorimetrische Kreatinin- und Indikanbestimmungen im Harn der Haustiere nach Autenrieth und Königsberger. Pflügers Arch. f. d. ges. Physiol. Bd. 158, S. 41—83. 1914.

Munoz, J. M.: Action de l'adrénaline sur la courbe hypercalcémique. Cpt. rend. des séances de la soc. de biol. Tome 85, p. 954—955. 1921. *308.*

Mutch, M.: The formation of β-iminazolylethylamine in the ileum of certain constipated subjects. Quart. journ. of med. Vol. 7, p. 427—443. 1914. *201.*

Myers, V. C., and M. S. Fine: The creatine content of muscle under normal conditions. Its relations to the urinary creatinine. Journ. of biol. chem. Vol. 14, p. 9—26. 1912. *158, 159, 160, 161.*

— — The influence of starvation on the creatine content of muscle. Journ. of biol. chem. Vol. 15, p. 283—304. 1913. *161, 165.*

— — The influence of carbohydrates feeding upon the creatine content of muscle. Journ. of biol. chem. Vol. 15, p. 305—310. 1913.

— — The influence of the administration of creatine and creatinine on the creatine content of muscle. Journ. of biol. chem. Vol. 16, p. 169—186. 1913. *161, 167.*

— — A note on the determination of creatine and creatinine in muscle. Journ. of biol. chem. Vol. 17, p. 65—69. 1913. *160, 193, 194.*

— — The non-protein nitrogenous compounds of the blood in nephritis with special reference to creatinine and uric acid. Journ. of biol. chem. Vol. 20, p. 391—402. 1915.

— — The metabolism of creatine and creatinine. 7. The fate of creatine when administered to man. Journ. of biol. chem. Vol. 21, p. 377—381. 1915. *165.*

Myers, V. C. and M. S. Fine: 8. The presence of creatinine in muscle. Journ. of biol. chem. Vol. 21, p. 383—387. 1915. *160, 165.*
— — 9. The creatine content of the muscle of rats fed on isolated proteins. Journ. of biol. chem. Vol. 21, p. 389—393. 1915. *170.*
— — Comparative distribution of urea, creatinine, uric acid and sugar in the blood and spinal fluid. Journ. of biol. chem. Vol. 37, p. 239—244. 1918. *194.*
— and C. Voegtlin: The chemical isolation of vitamins. Journ. of biol. chem. Vol. 42, p. 199—205. 1920. *201.*
— and G. O. Volovic: The influence of fever on the elimination of creatinine. Journ. of biol. chem. Vol. 14, p. 489—508. 1913. *169.*

*Nagai, N.: Pharmaz. Zeit. 1888. S. 700. *275.*
Nagayama, N.: On histamine and a histamine-like substance as decomposition products of albumoses. Journ. of pharmacol. a. exp. therap. Vol. 15, p. 401—414. 1920. *203.*
*Nardelli, G.: Einfluß der Temperatur auf die Adrenalinglucosurie. Arch. di farmacol. sperim. e scienze aff. Vol. 17, p. 486—502. 1914. *305.*
Natrass, F. J., and J. S. Sharpe: Adolescent tetany and its relation to guanidin. Brit. med. journ. 1921. 11, p. 238—239. *177.*
Nebelthau, E.: Über die Wirkungsweise einiger aromatischer Amide und ihre Beeinflussung durch Einführung der Methyl- oder Äthylgruppe. Arch. f. exp. Pathol. u. Pharmakol. Bd. 36, S. 451—466. 1895. *43.*
Nelken, L.: Über den Einfluß der Guanidinvergiftung auf den Calcium- und Phosphatgehalt des Blutes. Klin. Wochenschr. 1923. S. 261. *178.*
Nelson, E. E.: The physiological assay of pituitary extracts. Journ. of pharmacol. a. exp. therap. Vol. 19, p. 270. 1922.
Nelson, E. K.: The constitution of capsaicin, the pungent principle of capsicum. Journ. of the Americ. chem. soc. Vol. 41, p. 1115—1121. 1919. *273.*
— Vanyllyl-acyl amides. Journ. of the Americ. chem. soc. Vol. 41, p. 2121—2130. 1919. *273.*
*Nencki, M.: Über die Zersetzung der Gelatine und des Eiweißes bei der Fäulnis mit Pankreas. Festschrift f. 40jähriges Jubiläum des Prof. Valentin 1876. Bern. *9, 11, 273.*
— Zur Geschichte der basischen Fäulnisprodukte. Journ. f. prakt. Chem. Bd. 26, S. 47—52. 1882. *9, 11, 37.*
— Untersuchungen über die Zersetzung des Eiweißes durch anaerobe Spaltpilze. Monatsh. f. Chem. Bd. 10, S. 506—525. 1889. *9, 11.*
Neubauer, C.: Über quantitative Kreatin- und Kreatininbestimmung im Muskelfleisch. Zeitschr. f. angew. Chem. Bd. 2, S. 22. 1863. *194.*
— Über Kreatinin und Kreatin. Liebigs Ann. d. Chem. Bd. 137, S. 288—298. 1866. *194.*
— Über einige Verbindungen des Kreatins mit Metallsalzen. Liebigs Ann. d. Chem. Bd. 137, S. 298—301. 1899. *194.*
Neubauer, E.: Über die Wirkung antiglucosurischer Mittel und über Leberglucosurie. 3. Die Durchblutung der Leber unter dem Einfluß verschiedener Agenzien. Biochem. Zeitschr. Bd. 52, S. 118—141. 1913. *298.*

Neubauer, E.: Beiträge zur Kenntnis der Gallensekretion. Biochem. Zeitschr. Bd. 109, S. 82—102. 1920. *300.*

Neubauer, O.: Verwendung von Kreatinin zur Prüfung der Nierenfunktion. Münch. med. Wochenschr. 1914. S. 857—859. *167.*

*Neuberg, C.: Über Amyloid. Verhandl. d. dtsch. pathol. Ges. 1904. S. 19—32. *134, 148.*

— Reduktion von Aminosäuren zu Aminoaldehyden. Ber. d. Dtsch. Chem. Ges. Bd. 41, S. 956—963. 1908. *97.*

— Enzymatische Umwandlungen von Adrenalin. Biochem. Zeitschr. Bd. 8, S. 383—386. 1907. *292, 329.*

— Verhalten von racemischer Glutaminsäure bei der Fäulnis. Biochem. Zeitschr. Bd. 18, S. 431—434. 1909. *10.*

— Über eine Beziehung des Pyridins zu den Zuckerarten. Biochem. Zeitschrift Bd. 20, S. 526—530. 1909. *38.*

— Abbau einiger Di- und Oxyaminosäuren. Biochem. Zeitschr. Bd. 20, S. 531—536. 1909.

— Verhalten von racemischer Asparaginsäure bei der Fäulnis. Archivio di Fisiologia. Vol. 7, p. 87—90. 1909. *9.*

*— Zur Frage der Pigmentbildung. Zeitschr. f. Krebsforsch. Bd. 8, S. 11. 1910. *329.*

— Wismutjodidjodwasserstoffsäure als Basenfällungsmittel. (Kleinere Mitteilungen verschiedenen Inhalts.) Biochem. Zeitschr. Bd. 24, S. 434—435. 1910. *20, 24.*

— Biochemische Umwandlung von α-Pyrrolidincarbonsäure in n-Valeriansäure und δ-Aminovaleriansäure. Biochem. Zeitschr. Bd. 37, S. 490—500. 1911. *9, 11, 36, 253.*

— Über die Herkunft der optisch-aktiven Valeriansäure bei der Eiweißfäulnis. Biochem. Zeitschr. Bd. 37, S. 501—506. 1911. *9, 10, 11.*

— Wird d-Ornithin bei der Fäulnis racemisiert? Biochem. Zeitschr. Bd. 37, S. 507—509. 1911. *9, 10.*

— Kleinere Mitteilungen verschiedenen Inhalts. Biochem. Zeitschr. Bd. 56, S. 495—501. 1913. *16.*

— 4. Beobachtungen über die Triketohydrindenreaktion. Biochem. Zeitschr. Bd. 56, S. 500—506. 1913. *16.*

— Über Triketohydrindenreaktion. Biochem. Zeitschr. Bd. 67, S. 56—58. 1914. *16.*

— und E. Ascher: Notiz über Desaminocystin und Aminoäthandisulfid. 1. Verwandlung von Cystin in das Disulfid der optisch-aktiven α-Oxy-β-Thiopropionsäure. Biochem. Zeitschr. Bd. 5, S. 451—455. 1907. *60.*

— und F. Blumenthal: Über die Bildung von Isovaleraldehyd und Aceton aus Gelatine. Beitr. z. chem. Physiol. u. Pathol. Bd. 2, S. 238—250. 1902. *9, 10.*

— und B. Brahn: Über Inosinsäure. Ber. d. Dtsch. Chem. Ges. Bd. 41, S. 3376—3381. 1908. *187.*

— und W. Brasch: Biochemische Umwandlung der Glutaminsäure in n-Buttersäure. Biochem. Zeitschr. Bd. 13, S. 299—304. 1908. *10, 11.*

— und C. Cappezzuoli: Biochemische Umwandlung von Asparagin und Asparaginsäure in Propionsäure und Bernsteinsäure. Biochem. Zeitschr. Bd. 18, S. 424—430. 1909. *9, 11, 252.*

Neuberg, C. und E. Hirschberg: Über die α-Naphthylisocyanatverbindungen einiger physiologisch wichtigen Substanzen. Biochem. Zeitschrift Bd. 27, S. 339—347. 1910. *109, 110.*

— und L. Karczag: Verhalten von d, l-α-Aminoisovaleriansäure (d, l-Valin) bei der Fäulnis. Biochem. Zeitschr. Bd. 18, S. 435—439. 1909. *9, 10, 36.*

— und J. Kerb: Über ein Fällungsmittel für Aminosäuren. Biochem. Zeitschr. Bd. 40, S. 498—512. 1912. *9.*

— und F. F. Nord: Phytochemische Reduktionen. 4. a) Über die Bildung von n-Amylalkohol durch Hefe. b) Beobachtung über natürliches Vorkommen von n-Amylalkohol. Biochem. Zeitschr. Bd. 62, S. 482—488. 1914.

— und W. H. Peterson: Die Valeraldehyd- und Amylalkoholgärung der Methyläthylbrenztraubensäure. Biochem. Zeitschr. Bd. 67, S. 32—45. 1914. *9, 10.*

— und B. Rewald: Einfache Umlagerungen in der Reihe der Glykole und ihrer stickstoffhaltigen Abkömmlinge. 1. Die Bildung von Acetaldehyd aus Äthylenglykol, Äthylendiamin, Colamin, Serin und Isoserin. Biochem. Zeitschr. Bd. 67, S. 127—136. 1914. *66.*

— und P. F. Richter: Über das Vorkommen von freien Aminosäuren (Leucin, Tyrosin, Lysin) im Blute bei akuter Leberatrophie. Dtsch. med. Wochenschr. 1904. S. 499—501. *135.*

— und E. Rosenberg: Über die bei der Eiweißfäulnis auftretenden Fettsäuren sowie über die optisch-aktive Valeriansäure und Capronsäure. Biochem. Zeitschr. Bd. 7, S. 178—190. 1907. *9, 10.*

— und O. Schewket: Polarimetrische Bestimmung des Glucosamingehaltes von Ovomucoid und Pseudomucin. Biochem. Zeitschr. Bd. 44, S. 491—494. 1912. *109.*

— und H. Steenbock: Über die Bildung höherer Alkohole aus Aldehyden durch Hefe. 1. Übergang von Valeraldehyd in Amylalkohol. Biochem. Zeitschr. Bd. 52, S. 494—503. 1913. *9, 10.*

— — 2. Weiteres über die Entstehung von Amylalkohol aus Valeraldehyd, insbesondere über die enzymatische Natur dieser Reaktion. Biochem. Zeitschr. Bd. 59, S. 188—192. 1913. *9, 10.*

— und E. Welde: Phytochemische Reduktionen. 2. Umwandlung aliphatischer Nitrokörper in Aminoverbindungen. Biochem. Zeitschr. Bd. 62, S. 470—476. 1914. *32.*

— — 3. Umwandlungen aromatischer und fettaromatischer Aldehyde in Alkohole. Biochem. Zeitschr. Bd. 62, S. 477—481. 1914. *9.*

— und H. Wolff: Über den Nachweis von Chitosamin. Ber. d. Dtsch. Chem. Ges. Bd. 34, S. 3840—3846. 1901. *109, 110.*

Neumann, J.: Über fermentähnliche und Fermentreaktionen des Blutserums während der Gravidität. Biochem. Zeitschr. Bd. 50, S. 347—361. 1913. *292.*

Nice, L. B., J. L. Rock and R. O. Courtright: The influence of adrenalin on respiration. Americ. journ. of physiol. Vol. 34, p. 326—331. 1914. *300.*

Niculescu, P., und H. Borutteau: Über die Beziehungen der physiologischen Wirkungen von Hypophysenextrakt, Adrenin, sowie Mutterkornpräparaten und Imidazoläthylamin. Zeitschr. f. exp. Pathol. u. Therap. Bd. 15, S. 1—12. 1914. *306, 345.*

Niderehe, W.: Über cyclische Seitenkettenäthylamine. 2. Zeitschr. f. d. ges. Med. Bd. 6, S. 350—424. 1918. *322.*

Niemilowicz, L.: Zur Kenntnis einiger cholinartiger Verbindungen. Monatsschr. f. Chem. Bd. 7, S. 241—254. 1886. (Physiologische Wirkung des Koprinchlorids von S. Exner, S. 247.) *78.*

Nishi, M: Über den Mechanismus der Diuretinglucosurie. Arch. f. exp. Pathol. u. Pharmakol. Bd. 61, S. 401—417. 1909. *306.*

Nivière, J.: Contribution à l'étude de la civette. Bull. de la soc. chim. de France. [4], Tome 27, p. 794—797. 1920. *34.*

Njegovan, V.: Beiträge zur Kenntnis der pflanzlichen Phosphatide. Zeitschrift f. physiol. Chem. Bd. 76, S. 1—26. 1911. *58, 122, 139.*

Nord, F. F.: Biochemische Bildung von Aminoäthylalkohol aus Serin. Biochem. Zeitschr. Bd. 95, S. 281—285. 1919. *59.*

Nothmann, M.: Weitere Untersuchungen über die Guanidintoxikosen. Klin. Wochenschr. 1922. S. 1329. *182.*

Nothnagel, G.: Über Cholin und verwandte Verbindungen, mit besonderer Berücksichtigung des Muscarins. Arch. d. Pharmazie. Bd. 232, S. 261—306. 1894. *91, 92, 93, 97, 99, 106, 107.*

O'Brien, R. A., zitiert nach G. Barger: Abderhaldens Handb. d. Biochem. Arbeitsmethoden. Bd. VIII. S. 266. 1915. *200.*

O'Connor, J. M.: Über Adrenalinbestimmung im Blute. Münch. med. Wochenschr. 1911. S. 1439—1442. *286, 331.*

— Über den Adrenalingehalt des Blutes. Arch. f. exp. Pathol. u. Pharmakol. Bd. 67, S. 195—232. 1911. *286.*

— Über die Abhängigkeit der Adrenalinsekretion vom Splanchnicus. Arch. f. exp. Pathol. u. Pharmakol. Bd. 68, S. 383—393. 1912. *285.*

Oechsner de Coninck: Contribution à l'étude des ptomaines. Cpt. rend. hebdom. des séances de l'acad. des sciences. Tome 106, p. 858—861. 1888; Tome 108, p. 58—59. 1889; Tome 110, p. 1339—1341. 1890; Tome 117, p. 1097—1098. 1893. *9, 273.*

*— Sur les produits de la fermentation bactérienne des poulpes marins. Association franc. pour l'avanc. d. scienc. Cpt. rend. 15iéme session, Nancy, le part. p. 112—113. 1886. *9, 274.*

— Sur les ptomaines. Cpt. rend. hebdom. des séances de l'acad. des sciences. Tome 112, p. 584—585. 1891. *9.*

— Sur une oxyptomaine. Cpt. rend. hebdom. des séances de l'acad. des sciences. Tome 126, p. 651—653. 1898. *9.*

Oehme, C.: Über die Wirkungsweise des Histamins. Arch. f. exp. Pathol. u. Pharmakol. Bd. 72, S. 76—96. 1913. *214.*

Ogawa, S.: Beiträge zur Gefäßwirkung des Adrenalins. Arch. f. exp. Pathol. u. Pharmakol. Bd. 67, S. 89—110. 1912. *295, 297.*

Okuda, Y.: Quantitative determination of creatine, creatinine and amino acids in certain fishes, Mollusca and Crustacea. Journ. Coll. Agric. Tokyo. Bd. 5, S. 25—31. 1912. *157, 159.*

Olivecrona, H.: The action of histamine and peptone on the isolated small intestine. Journ. of pharmacol. a. exp. therap. Vol. 17, p. 141—167. 1921. *219.*

Oliver, G., and E. A. Schäfer: On the physiological action of extracts of the suprarenal capsules. Journ. of physiol. Vol. 16, p. 1—4. 1894. *294, 345.*

— — The physiological effects of extracts of the suprarenal capsules. Journ. of physiol. Vol. 18, p. 230—276. 1895. *294, 345.*

— — On the physiological action of extracts of pituitary body and certain other glandular organs. Journ. of physiol. Vol. 18, p. 277—279. 1895. *338.*

Omeliansky, W. L., und N. O. Sieber: Zur Frage nach der chemischen Zusammensetzung der Bakterienkörper des Azotobacter. chroococcum. Zeitschr. f. physiol. Chem. Bd. 88, S. 445—459. 1913. *134, 149, 207.*

Orglmeister, G.: Über die Bestimmung des Arginins mit Permanganat. Beitr. z. chem. Physiol. u. Pathol. Bd. 7, S. 21. 1906. *147, 148, 149, 151, 192.*

*Orlow, N.: Betain als Bestandteil der Wurzel von Althaea officinalis. Pharm. Zeitschr. f. Rußland. Bd. 36, S. 631—632. 1897. *240.*

Osborne, Th. B. and S. H. Clapp: The chemistry of the protein bodies of the wheat kernel. Part III. Americ. journ. of physiol. Vol. 17, p. 231—265. 1906. *146.*

— — Hydrolysis of Excelsin. Americ. journ. of physiol. Vol. 19, p. 53—60. 1907. *146.*

— — Hydrolysis of the crystalline globulin of the squash seed (Cucurbita maxima). Americ. journ. of physiol. Vol. 19, p. 475—481. 1907. *146.*

— — Hydrolysis of legumin from the pea. Journ. of biol. chem. Vol. 3, p. 219—225. 1907. *205.*

— — Hydrolysis of amandin from the almond. Americ. journ. of physiol. Vol. 20, p. 470—476. 1908. *132, 145, 146.*

— — Hydrolysis of the proteins of maize, Zea Mays. Americ. journ. of physiol. Vol. 20, p. 477—493. 1908. *146.*

— and F. W. Heyl: Hydrolysis of vignin of the cow-pea (Vigna sinensis). Americ. journ. of physiol. Vol. 22, p. 362—372. 1908. *146.*

— — Hydrolysis of vetch legumin. Americ. journ. of physiol. Vol. 22, p. 423—432. 1908. *146, 205.*

— — Hydrolysis of chicken meat. Americ. journ. of physiol. Vol. 22, p. 433—439. 1908. *133, 148.*

— — Hydrolysis of fish muscle. Americ. journ. of physiol. Vol. 23, p. 81—89. 1908. *134, 148.*

— — Hydrolysis of vicilin from the pea (Pisum sativum). Journ. of biol. chem. Vol. 5, p. 187—195, 1908. *132, 133, 146, 205.*

— and D. B. Jones: Hydrolysis of vitellin from the hen's egg. Americ. journ. of physiol. Vol. 24, p. 153—160. 1909. *148.*

— — Hydrolysis of the muscle of scallop (Pecten irradians). Americ. journ. of physiol. Vol. 24, p. 161—169. 1909. *133, 148.*

— — Some modifications of the method in use for determining the quantity of mono-amino-acids yielded by proteins when hydrolyzed with acids. Americ. journ. of physiol. Vol. 26, p. 212—228. 1910. *145.*

Osborne, Th. B., C. S. Leavenworth and C. A. Brautlecht: The different forms of nitrogen in proteins. Americ. journ. of physiol. Vol. 23, p. 180—200. 1908. *132, 146.*
— and L. B. Mendel: The growth of rats upon diets of isolated food substances. Biochem. Journ. Vol. 10, p. 534—538. 1916. *136.*
— — The amino-acid minimum for maintenance and growth, as exemplified by further experiments with lysine and tryptophane. Journ. of biol. chem. Vol. 25, p. 1—12. 1916. *136.*
— — E. L. Ferry and A. J. Wakeman: Amino-acids in nutrition and growth. Journ. of biol. chem. Vol. 17, p. 325—349. 1914. *136.*
— — — — The comparative nutritive value of certain proteins in growth and the problem of the protein minimum. Journ. of biol. chem. Vol. 20, p. 351—378. 1915. *136.*
— D. D. van Slyke, Ch. S. Leavenworth and M. Vinograd: Some products of hydrolysis of gliadin, lactalbumin and the protein of the rice kernel. Journ. of biol. chem. Vol. 22, p. 259—280. 1915. *132, 134, 145, 146, 147, 205, 206.*
— and A. J. Wakeman: Some new constituents of milk. Journ. of biol. chem. Vol. 21, p. 539—550. 1915. *57.*
Oswald, A.: Zur Kenntnis des Thyreoglobulins. Zeitschr. f. physiol. Chem. Bd. 32, S. 121—144. 1901. *349.*
— Weiteres über das Thyreoglobulin. Beitr. z. chem. Physiol. u. Pathol. Bd. 2, S. 545—556. 1902. *349.*
— Neue Beiträge zur Kenntnis der Bindung des Jods im Jodthyreoglobulin nebst einigen Bemerkungen über das Jodothyrin. Arch. f. exp. Pathol. u. Pharmakol. Bd. 60, p. 115—130. 1908. *349.*
— Zur Klärung der Jodothyrinfrage. Pflügers Arch. f. d. ges. Physiol. Bd. 129, S. 103—106. 1909. *349.*
— Neue Beiträge zur Kenntnis der Bindung des Jods im Jodthyreoglobulin. 2. Mitteil. Arch. f. exp. Pathol. u. Pharmakol. Bd. 63, S. 263—269. 1910. *349.*
Otori, J.: Die Spaltung des Pseudomucins durch starke siedende Säuren. 1. Mitteil. Zeitschr. f. physiol. Chem. Bd. 42, S. 453—460. 1904. *133, 147.*
— 2. Mitteil. Zeitschr. f. physiol. Chem. Bd. 43, S. 74—85. 1904. *147.*
— Die Oxydation des Pseudomucins und Caseins mit Calciumpermanganat. Zeitschr. f. physiol. Chem. Bd. 43, S. 86—92. 1904. *121, 147, 191.*
— Die Pikrolonate einiger physiologisch wichtiger Verbindungen. Zeitschr. f. physiol. Chem. Bd. 43, S. 305—315. 1904. *48, 49.*
Otsuka, I.: Über den Abbau einiger Polypeptide durch Bakterien. 4. Mitteil. Untersuchungen mit abgetöteten Bakterien und Kulturfiltraten. Acta Scholae Med. Univ. Imper., Kioto. Bd. 1, S. 199—214. 1916. *10.*
— Über den Einfluß verschiedener Metallsalze auf die Bildung bakterieller Abbauprodukte von Aminosäuren. Biochem. Zeitschr. Bd. 114, S. 81—97. 1920.
Ott, E., und K. Zimmermann: Über natürliche und künstliche Pfefferstoffe und die Beziehung zwischen chemischer Konstitution und Pfeffergeschmack. Liebigs Ann. d. Chem. Bd. 425, S. 314—337. 1921. *273.*

*Ott, J., and J. C. Scott: The action of animal extracts upon the secretion of the mammary gland. Therap. Gazette. Vol. 35, p. 589—591. 1911. *346.*

Pal, J.: Zur Kenntnis der Cholinwirkung. Zentralbl. f. Physiol. Bd. 24, S. 1—2. 1910. *73, 74, 75.*

— Über die Wirkung des Cholins und des Neurins. Ein Beitrag zur Kenntnis der Gefäßgifte. Zeitschr. f. exp. Pathol. u. Therapie Bd. 9, S. 191—206. 1911. *73, 74, 116, 219.*

— Über die Wirkung des Coffeins auf die Bronchien und die Atmung. Dtsch. med. Wochenschr. 1912. S. 1774—1776. *219.*

— Über die Wirkung der Hypophysenextrakte auf die Magensaftausscheidung und die Drüsensekretion im allgemeinen. Dtsch. med. Wochenschr. 1916. S. 1030—1033. *347.*

Palladin, A., und A. Kudrjawzeff: Über den Einfluß der Abkühlung auf das Muskelkreatin. Biochem. Zeitschr. Bd. 133, S. 89—96. 1922. *163.*

— et L. Wallenburger: Contribution à l'étude de la formation de la créatine dans l'organisme animal. Cpt. rend. des séances de la soc. de biol. Tome 78, p. 111—113. 1915. *172.*

Palmer, W. W., J. H. Means and J. L. Gamble: Basal metabolism and creatinine elimination. Journ. of. biol. chem. Vol. 19, p. 239—244. 1914. *168.*

Parnas, J.: Über fermentative Beschleunigung der Cannizzaroschen Aldehydumlagerung durch Gewebssäfte. Biochem. Zeitschr. Bd. 28, S. 274—294. 1910. *61.*

— Über die gesättigte Fettsäure des Kephalins. Biochem. Zeitschr. Bd. 56, S. 17—20. 1913. *57.*

Partheil, A.: Über einige Abkömmlinge des Allyl-Trimethylammoniumhydroxyds. Liebigs Ann. d. Chem. Bd. 268, S. 152—197. 1892. *109.*

Partos, A., und F. Katz - Klein: Über den Einfluß des Pituitrins auf den Blutzucker. Zeitschr. f. d. ges. exp. Med. Bd. 25, S. 98—100. 1921.

Paton, D. N.: Creatin excretion in the bird and its significance. Journ. of physiol. Vol. 39, p. 485—504. 1910. *166.*

*— and Findley: Quart. journ. of exp. physiol. Vol. 10. 1916. *177.*

— and W. C. Mackie: The liver in relation to creatine metabolism in the bird. Journ. of physiol. Vol. 45, p. 115—118. 1912. *166.*

— and A. Watson: The actions of pituitrin, adrenalin and barium on the circulation of the bird. Journ. of physiol. Vol. 44, p. 413—424. 1912. *346.*

*Patta, A., und A. Varisco: Untersuchungen über die cardiovasculäre Wirkung des Cholins. Arch. di farmacol. sperim. e scienze aff. Vol. 19, p. 102—137. 1915. *73, 74.*

Patterson, S. W.: The antagonistic action of carbon dioxide and adrenalin on the heart. Proc. of the roy. soc. of London, Series B. Vol. 88, p. 371—396. 1914. *296.*

Paukow, O.: Über Wirkungen des Pituitrins (Parke Davis & Co.) auf Kreislauf und Atmung. Pflügers Arch. f. d. ges. Physiol. Bd. 147, S. 89—99. 1912. *346.*

Paul, J. R.: The relation of histamin to leucocytosis. Bull. of Johns Hopkins hosp. Vol. 32, p. 20—21. 1921. *222.*

Pauly, H.: Zur Kenntnis des Adrenalins. Ber. d. Dtsch. Chem. Ges. Bd. 36, S. 2944—2949. 1903. *281, 325.*

— 2. Mitteil. Ber. d. Dtsch. Chem. Ges. Bd. 37, S. 1388—1402. 1904. *281, 325.*

— Über die Konstitution des Histidins. Zeitschr. f. physiol. Chem. Bd. 42, S. 508—518. 1904. *231.*

— Über die Einwirkung von Diazoniumverbindungen auf Imidazole. Zeitschrift f. physiol. Chem. Bd. 44, S. 159—160. 1905. *231.*

— Bemerkungen zu der Abhandlung des Herrn Böttcher: Eine neue Synthese des Suprarenins und verwandter Verbindungen. Ber. d. Dtsch. Chem. Ges. Bd. 42, S. 484. 1909. *281.*

— Über jodierte Abkömmlinge des Imidazols und des Histidins. Ber. d. Dtsch. Chem. Ges. Bd. 43, S. 2243—2261. 1910. *211, 233.*

— Zur Kenntnis der Diazoreaktion des Eiweißes. Zeitschr. f. physiol. Chem. Bd. 94, S. 284—290. 1915. *231.*

— Zum Problem der natürlichen Peptidsynthese. Zeitschr. f. physiol. Chem. Bd. 99, S. 161—165. 1917. *18.*

— und E. Ludwig: Glucosamin als Bildner heterocyclischer Verbindungen. Zeitschr. f. physiol. Chem. Bd. 121, S. 170—176. 1922. *198.*

— und K. Neukam: Über einige Derivate des Äthylbrenzkatechins. Ber. d. Dtsch. Chem. Ges. Bd. 41, S. 4151—4161. 1908. *287, 288.*

Pechstein, H.: Zur Frage des experimentellen Diabetes. 1. Mitteil. Zuckermobilisation durch Adrenalin in Leberdurchblutungsversuchen. Zeitschr. f. exp. Pathol. u. Therap. Bd. 12, S. 380—388. 1913.

Peiser, B.: Der Einfluß der Erkrankungen auf die Adrenalinbildung in den Nebennieren. Med. Klinik. 1922. S. 597. *284.*

— Störungen der Adrenalinbildung in den Nebennieren unter äußeren Einflüssen und ihre biologische Bedeutung. Zeitschr. f. d. ges. exp. Med. Bd. 27, S. 234—264. 1922. *284.*

Pekelharing, C. A.: Die Kreatininausscheidung beim Menschen unter dem Einfluß von Muskeltonus. Zeitschr. f. physiol. Chem. Bd. 75, S. 207—215. 1911. *162.*

— und J. Harkink: The excretion of creatinin in man under the influence of muscular tonus. Proc. kon. Akad. v. Wetensch. Amsterdam, Natk. Afdeeling. Bd. 14, S. 310—314. 1911. *162, 163.*

— und C. J. van Hoogenhuyze: Die Bildung des Kreatins im Muskel bei Tonus und bei der Starre. Zeitschr. f. physiol. Chem. Bd. 64, S. 262—293. 1909. *162, 167.*

— — Die Ausscheidung von parenteral zugeführtem Kreatin bei Säugetieren. Zeitschr. f. physiol. Chem. Bd. 69, S. 395—407. 1910. *162, 167.*

Pentimalli, F.: Azione dell' adrenalina e della paraganglina sulla meccanica respiratoria. Arch. per le scienze med. Vol. 37, p. 83—96. 1913. *300.*

*— und Quercia: Die Wirkung des Adrenalins, des Extraktes der Nebenkörper und der Hypophyse auf die Niere. Zentralbl. f. d. ges. inn. Med. u. ihre Grenzgeb. Bd. 11, S. 642. 1912.

Pétényi, G., und H. Lax: Über die Wirkung des Adrenalins auf den Blutzucker. Biochem. Zeitschr. Bd. 125, S. 272—282. 1921.

Peters, J. P., and H. R. Geyelin: The relation of adrenalin hyperglycemia to decreased alkali reserve of the blood. Journ. of biol. chem. Vol. 31, p. 471—481. 1917. *305.*

Pettenkofer, M.: Vorläufige Notiz über einen neuen stickstoffhaltigen Körper im Harne. Liebigs Ann. d. Chem. Bd. 52, S. 97—100. 1844. *157.*

Pfeiffer, P.: Zur Theorie der Betaine. Chem.-Zeit. Bd. 45, S. 376. 1921. *236.*

Pick, E. P.: Über paradoxe Wirkungen von Herzgiften und ihre Ursachen. Wien. klin. Wochenschr. 1920. S. 1081—1085. *96, 296.*

— und F. Pineless: Untersuchungen über die physiologisch wirksame Substanz der Schilddrüse. Zeitschr. f. exp. Pathol. u. Therapie Bd. 7, S. 518—531. 1910. *348.*

— und R. Wasicky: Zur pharmakologischen Analyse des Emetins. Arch. f. exp. Pathol. u. Pharmakol. Bd. 80, S. 147—160. 1916.

Pick, Fr.: Über Beeinflussung der ausströmenden Blutmenge durch die Gefäßweite ändernde Mittel. Arch. f. exp. Pathol. u. Pharmakol. Bd. 42, S. 399—452. 1899. *260.*

Pictet, A.: La structure moléculaire et la vie. Arch. des sciences physiques et naturelles. Tome 40. p. 181—198. 1915. *4, 126.*

— und T. Q. Chou: Bildung von Pyridin und Isochinolinbasen aus Casein. Ber. d. Dtsch. Chem. Ges. Bd. 49, S. 376—381. 1916. *4, 248.*

— und G. Court: Über einige neue Pflanzenalkaloide. Ber. d. Dtsch. Chem. Ges. Bd. 40, S. 3771—3783. 1907. *127, 245.*

— und M. Finkelstein: Synthese des Laudanosins. Ber. d. Dtsch. Chem. Ges. Bd. 42, S. 1979—1989. 1909. *269, 298.*

— und A. Gams: Synthese des Papaverins. Ber. d. Dtsch. Chem. Ges. Bd. 42, S. 2943—2952. 1909. *286.*

— — Über eine neue Methode zur synthetischen Darstellung der Isochinolinbasen. Ber. d. Dtsch. Chem. Ges. Bd. 43, S. 2384—2391. 1910. *267, 269.*

— und Th. Spengler: Über die Bildung von Isochinolinderivaten durch Einwirkung von Methylal auf Phenyläthylamin, Phenylalanin und Tyrosin. Ber. d. Dtsch. Chem. Ges. Bd. 44, S. 2030—2036. 1911. *267, 269.*

Pirig, W.: Zur Frage der darmperistaltischen Wirkung der Hypophysenpräparate. Münch. med. Wochenschr. 1921. S. 553. *346.*

*Pitini, A., und M. Paterno: Experimentelle Untersuchungen über das neue Mydriaticum Phenomydrol (Pitini). Arch. di farmacol. sperim. e scienze aff. Vol. 20, p. 540. 1915. *320.*

Planta, A. v., und E. Schulze: Über die organischen Basen der Wurzelknollen von Stachys tuberifera. Arch. d. Pharmazie. Bd. 231, S. 305—313. 1893. *243.*

— — Über Stachydrin. Ber. d. Dtsch. Chem. Ges. Bd. 26, S. 939—942. 1893.

Plimmer, R. H. A.: The analysis of proteins. 1. The estimation of arginine by decomposition with alkali. Biochem. journ. Vol. 10, p. 115—119. 1916. *191.*

— M. Dick and C. C. Lieb: A metabolism experiment with special reference to the origin of uric acid. Journ. of physiol. Vol. 39, p. 98—117. 1909. *161.*

Plummer, H. S.: Interrelationship of function of the thyroid gland and of its active agent, thyroxin, in the tissues of the body. Journ. of the Americ. med. assoc. Vol. 77, p. 243—247. 1921. *352.*
Pohl, J.: Über die Oxydation des Methyl- und Äthylalkohols im Tierkörper. Arch. f. exp. Pathol. u. Pharmakol. Bd. 31, S. 281—302. 1893. *41.*
— Über Synthesenhemmung durch Diamine. Arch. f. exp. Pathol. u. Pharmakol. Bd. 41, S. 97—113. 1898. *128.*
— Über den Purinstoffwechsel nach Giften. Biochem. Zeitschr. Bd. 78, S. 200—223. 1916. *308.*
Pohle, E.: Über Änderungen der Wasserstoffionenkonzentration im zu- und abführenden Lebervenenblut nach Adrenalininjektion. Klin. Wochenschrift 1922. S. 1281.
Pollak, L.: Experimentelle Studien über Adrenalindiabetes. Arch. f. exp. Pathol. u. Pharmakol. Bd. 61, S. 149—173. 1909. *305.*
— Zur Frage der Adrenalingewöhnung. Zeitschr. f. physiol. Chem. Bd. 68, S. 69—74. 1910. *305.*
Polstorff, K.: Über das Vorkommen von Betain und von Cholin im Coffein und Theobromin enthaltenden Drogen. Festschr. Otto Wallach. Göttingen 1909. S. 569—578. *63, 87, 240.*
— Über den Gehalt einiger eßbarer Pilze an Cholin. Festschr. Otto Wallach. Göttingen 1909. S. 579—583. *63, 87.*
Pommerrenig, E.: Über Guanidinzersetzung im Tierkörper. Beitr. z. chem. Physiol. u. Pathol. Bd. 1, S. 561—566. 1901. *181.*
Popielski, L.: Über die physiologische Wirkung von Extrakten aus sämtlichen Teilen des Verdauungskanales (Magen, Dick- und Dünndarm), sowie des Gehirns, Pankreas und Blutes und über die chemischen Eigenschaften des darin wirkenden Körpers. Arch. f. d. ges. Physiol. Bd. 128, S. 191—221. 1909. *74, 202, 337, 338.*
— Über die Blutdruckwirkung des Cholins. Zeitschr. f. physiol. Chem. Bd. 70, S. 250—252. 1910. *74.*
— Erscheinungen bei direkter Einführung von chemischen Körpern in die Blutbahn. Zentralbl. f. Physiol. Bd. 24, S. 1102—1104. 1911. *74.*
— Zur Frage des Magensekretins. Bemerkungen zu der Arbeit von B. E. Maydell mit dem gleichen Titel. Pflügers Arch. f. d. ges. Physiol. Bd. 152, S. 168—170. 1913. *220.*
— β-Imidazolyläthylamin und die Organextrakte. 1. Teil. Pflügers Arch. f. d. ges. Physiol. Bd. 178, S. 237—259. 1919. *202, 337.*
— 2. Teil. Księga pamiatk. 25. letn. istn. Wydz. Lek. Lwów (Lemberg) 1920. *202, 337.*
Porak, R.: L'action cardiovasculaire de l'adrénaline chez l'homme. Différence de l'effet physiologique à l'état sain et à l'état pathologique. Journ. de physiol. et de pathol. gén. Tome 18, p. 1194—1202. 1920. *294.*
Porges, O.: Über Hypoglykämie bei Morbus Addisonii, sowie bei nebennierenlosen Hunden. Zeitschr. f. klin. Med. Bd. 69, S. 341—349. 1909. *306.*
Pouchet, A. G.: Recherches sur les ptomaines et composés analogues. Cpt. rend. hebdom. des séances de l'acad. des sciences. Tome 97, p. 1560—1562. 1883. *12.*

Poulsson, E.: Untersuchungen über Caltha palustris. Arch. f. exp. Pathol. u. Pharmakol. Bd. 80, S. 173—182. 1916. *64.*

Power, F. B., and H. Browning jun.: The constituents of the flowers of Anthemis nobilis. Journ. of the chem soc. London. Vol. 105, p. 1829—1845. 1914. *65.*

— and A. H. Salway: Chemical examination of wheat germ. Pharm. Journ. Vol. 91, p. 117—120. 1913. *58, 64, 100, 239.*

— F. Tutin and H. Rogerson: The constituents of hops. Journ. of the chem. soc. London. Vol. 103, p. 1267—1292. 1913. *63.*

Powis, F., and H. St. Raper: Creatinuria in children. Biochem. journ. Vol. 10, p. 363—375. 1916. *164, 165.*

Pregl, F.: Über die Eihäute von Scyllium stellare Günth. und ihre Abbauprodukte. Zeitschr. f. physiol. Chem. Bd. 56, S. 1—10. 1908. *133, 147.*

Pringsheim, H.: Zur Methylierung der Glucosaminsäure. (Ein Weg vom Zucker zum Betain.) Ber. d. Dtsch. Chem. Ges. Bd. 48, S. 1158—1161. 1915. *108.*

Putzeys, F. und A. Swaen: Über die physiologische Wirkung des schwefelsauren Guanidins. Pflügers Arch. f. d. ges. Physiol. Bd. 12, S. 597—635. 1876. *182.*

Pyman, F. L.: Iso-quinoline derivatives. Part. 4. Ortho-dihydroxy-bases. The conversion of 1-keto-6 : 7-dimethoxy-2-alkyl-tetrahydroisoquinolines into 3 : 4-dihydroxyphenylethylalkylamines. Journ. of the chem. soc. London. Vol. 97, p. 264—280. 1910. *288.*

— A new synthesis of 4 (or 5)-β-aminoethylglyoxaline, one of the active principles of ergot. Journ. of the chem. soc. London. Vol. 99, p. 668—682. 1911. *204.*

— The synthesis of histidine. Journ. of the chem. soc. London. Vol. 99, p. 1386—1401. 1911. *208, 229.*

— Aminoalkylglyoxalines. Journ. of the chem. soc. London. Vol. 99, p. 2172—2183, 1911. *223.*

— The relation between chemical constitution and physiological action. Journ. of the chem. soc. London. Vol. 111, p. 1103—1128. 1917. *223.*

Rabe, P.: Über das Ephedrin und das Pseudoephedrin. Ber. d. Dtsch. Chem. Ges. Bd. 44, S. 824—827. 1911. *275.*

Rabuteau, M.: Des effets toxiques des iodures de tétraméthylammonium et de tétramylammonium. Cpt. rend. hebdom. des séances de l'acad. des sciences. Tome 76, p. 887—890. 1873. *43, 47.*

Raistrick, H.: On a new type of chemical change produced by bacteria. The conversion of histidine into urocanic acid by bacteria of the colityphosus group. Biochem. journ. Vol. 11, p. 71—77. 1917. *213.*

— Studies on the cycloclastic power of bacteria. Part. 1. A quantitative study of the aerobic decompositions of histidine by bacteria. Biochem. journ. Vol. 13, p. 446—458. 1919. *213.*

— and A. B. Clark: Part. 2. A quantitative study of the aerobic decomposition of tryptophan and tyrosin by bacteria. Biochem. journ. Vol. 15, p. 76—82. 1920.

Ransom, F.: The action of potato-tyrosinase on adrenalin. Proc. Royal. Soc. Med. Therap. and Pharmac. Section. Vol. 5, p. 19—25. 1911. *292, 329.*

Rassers, S. R. F.: Over de op adrenalin gelijkende stoffen in bloedserum. Nederlandsch Tijdschr. v. Geneesk. [I], Bd. 64, S. 785—791. 1920. *281.*

Rebello, S., et M. B. M. Pereira: L'adrénaline est-elle conduite le long des nerfs? Cpt. rend. des séances de la soc. de biol. Tome 85, p. 1163—1165. 1921.

— — Sur le mécanisme de l'action à distance de l'adrénaline. Cpt. rend. des séances de la soc. de biol. Tome 85, p. 1166. 1921.

Reed, H. S.: The formation of hexone and purine bases in the autolysis of glomerella. Journ. of biol. chem. Vol 19, p. 257—262. 1914. *135.*

Reiner, P.: Krystallographische Untersuchungen des inaktiven Ornithinmonopikrats. Zeitschr. f. physiol. Chem. Bd. 73, S. 192—193. 1911.

Renall, M. H.: Über den stickstoffhaltigen Bestandteil des Kephalins. Biochem. Zeitschr. Bd. 55, S. 296—300. 1913. *57.*

Renshaw, R. R.: Preparation of choline and some of its salts. Journ. of the Americ. chem. soc. Vol. 32, p. 128—130. 1910. *63, 79.*

Rettger, L. F.: Studies on putrefaction. Journ. of biol. chem. Vol. 2, p. 71—86. 1906. *9, 13.*

— Further studies on putrefaction. Journ. of biol. chem. Vol. 4, p. 45—55. 1907. *9, 13.*

Reuter, C.: Beiträge zur Kenntnis der stickstoffhaltigen Bestandteile der Pilze. Zeitschr. f. physiol. Chem. Bd. 78, S. 167—245. 1912. *38, 79, 125, 207, 240, 241, 242, 274.*

Reuter, I.: Untersuchungen über einige Extraktstoffe von Cryptobranchus japonicus. Zeitschr. f. Biol. Bd. 72, S. 129—140. 1920. *158, 176.*

Rich, A. R.: Condition of the capillaries in histamine shock. Journ. of exp. med. Vol. 33, p. 287—298. 1921. *217.*

Richard, F., et M. Malmy: Sur la préparation et la conservation des solutions d'adrénaline. Journ. de pharm. et de chim. Tome 23, p. 209—214. 1921. *325.*

Richaud, A.: Sur la teneur en adrénaline des capsules surrénales déterminée par la méthode chimique et par la méthode physiologique. Cpt. rend. des séances de la soc. de biol. Tome 86, p. 26. 1922. *328, 331.*

— Remarques sur quelques points de technique dans la méthode de contrôle physiologique des produits adrénaliniques. Journ. de pharmacie et de chim. Tome 25, p. 289—298. 1922. *328.*

— Sur les limites d'exactitude de la methode de contrôle physiologique des adrénalines. Journ. de pharmacie et de chim. Tome 25, p. 369—373. 1922. *328, 331.*

Rieder, K.: Über die Undurchlässigkeit der Froschhaut für Adrenalin. Arch. f. exp. Pathol. u. Pharmakol. Bd. 60, S. 408—419. 1909.

*Rieländer: Einige neue Bestandteile des Extractum secalis cornuti. Sitzungsber. ges. Naturw. Marburg Nr. 7, 5. August 1908. *125, 240.*

Ries, A.: Die Pikrate der Stickstoffbasen der Alkoholradikale. Zeitschr. f. Krystallogr. Bd. 55, S. 454—522. 1921. *48.*

Riesser, O.: Zur Kenntnis der optischen Isomeren des Arginins und Ornithins. Zeitschr. f. physiol. Chem. Bd. 49, S. 210—246. 1906. *129, 142, 152, 154, 189.*

Riesser, O.: Theoretisches und Experimentelles zur Frage der Kreatinbildung im tierischen Organismus. Versuche über Kreatinbildung aus Betain und Cholin. Zeitschr. f. physiol. Chem. Bd. 86, S. 415—453. 1913. *69, 70, 172, 173, 255.*

— Weitere Beiträge zur Frage der Kreatinbildung aus Cholin und Betain. Zeitschr. f. physiol. Chem. Bd. 90, S. 221—235. 1914. *69, 70, 172, 255.*

— Über Tonus und Kreatingehalt der Muskeln in ihren Beziehungen zu Wärmeregulation und zentral-sympathischer Erregung. Arch. f. exp. Pathol. u. Pharmakol. Bd. 80, S. 183—230. 1916. *163, 302.*

— Beiträge zur Physiologie des Kreatins. Zeitschr. f. physiol. Chem. Bd. 120. S. 189—206. 1922. *159, 160.*

— Kreatin und Kreatinin. Abderhaldens Handbuch der biol. Arbeitsmethoden. Abt. 1. Chemische Methoden. Teil 7. Eiweißabbauprodukte. S. 864. *187.*

— und S. M. Neuschloß: Physiologische und kolloidchemische Untersuchungen über den Mechanismus der durch Gifte bewirkten Contractur quergestreifter Muskeln. 1. Über die durch Acetylcholin bewirkte Erregungscontractur des Froschmuskels und ihre antagonistische Beeinflussung durch Atropin, Novocain und Curare (von O. Riesser). Arch. f. exp. Pathol. u. Pharmakol. Bd. 91, S. 342—365. 1921. *103.*

— und W. Steinhausen: Über das elektrische Verhalten des Muskels bei Einwirkung von Acetylcholin. Pflügers Arch. f. d. ges. Physiol. Bd. 197, S. 288—299. 1922. *103.*

— und H. Thierfelder: Über das Cerebron. 1. Mitteil. Zeitschr. f. physiol. Chem. Bd. 77, S. 508—515. 1912. *110.*

Ringer, A. I., E. M. Frankel and L. Jonas: The chemistry of gluconeogenesis. 4. The fate of succinic, malic and malonic acids in the diabetic organism, with consideration of the intermediary metabolism, of aspartic and glutamic acids proline, lysine, arginine and ornithine. Journ. of biol. chem. Vol. 14, p. 539—550. 1913. *131, 157.*

— und G. W. Raiziss: The excretion of creatinine by human individuals on a prolonged creatine free diet. Journ. of biol. chem. Vol. 19, p. 487—492. 1914.

Ritthausen, H., und F. Weger: Über Betain der Preßrückstände der Baumwollsamen. Journ. f. prakt. Chem. Bd. 30, S. 32—37. 1884. *240.*

Ritzmann, H.. Über den Mechanismus der Adrenalinglucosurie. Arch. f. exp. Pathol. u. Pharmakol. Bd. 61, S. 231—255. 1909. *294.*

Roberts, Fr.: The effect of adrenalin upon respiration. Journ. of physiol. Vol. 55, p. 346—355. 1921. *300.*

Robertson, T. B.: Experimental studies on growth. 3. The influence of the anterior lobe of the pituitary body upon the growth of the white mouse. Journ. of biol. chem. Vol. 24, p. 385—396. 1916. *338.*

— On the isolation and properties of tethelin, the growth controlling principle of the anterior lobe of the pituitary body. Journ. of biol. chem. Vol. 24, p. 409—421. 1916. *338.*

— Tethelin. A growth-controlling substance obtainable from the anterior lobe of the pituitary body. Biochem. journ. Vol. 17, p. 77—82. 1923. *338.*

Robinsohn, R.: L'action de l'adrénaline et de la choline sur la détermination du sexe de quelques mammifères (technique et résultats). Cpt. rend. hebdom. des séances de l'acad. des sciences. Tome 154, p. 1634—1636. 1912. 76.

Robinson, R.: A theory of the mechanism of the phyto-chemical synthesis of certain alkaloids. Journ. of the chem. soc. London. Vol. 111, p. 876—899. 1917. *126, 138, 248.*

Rogers, J., H. C. Coombs and J. M. Rahe: The effect of organ extracts upon the contraction of voluntary muscle. Americ. journ. of physiol. Vol. 45, p. 97—110. 1917. *302.*

Rolle, J.: Nachteilige Wirkung der Rübenfütterung auf die Milch. Zeitschr. f. Unters. d. Nahrungs- u. Genußm. Bd. 30, S. 361—362. 1915. *255.*

Romburgh, P. van: Hypaphorine and the relation of this substance with tryptophane. Koninkl. akad. van Wetensch. Amsterdam, Wisk. en Natk. Afdl. Vol. 13, p. 1177—1180. 1911. *243.*

— and G. Barger: Preparation of the betaine of tryptophan and its identity with the alkaloid hypaphorine. Transact. of the chem. soc. Vol. 99, p. 2068—2071. 1911. *243.*

Romeis, B.: Experimentelle Untersuchungen über die Wirkung innersekretorischer Organe. 3. Biologische Versuche über die Wirksamkeit verschiedener Thyreoideapräparate. Zeitschr. f. d. ges. exp. Med. Bd. 4, S. 379—406. 1916. *348, 353, 354.*

— 4. Zeitschr. f. d. ges. exp. Med. Bd. 5, S. 99—124. 1916. *348, 353, 354.*

— 5. Die Beeinflussung von Wachstum und Entwicklung durch Fett-, Lipoid- und Eiweißstoffe, sowie eiweißfreie Extrakte der Schilddrüse und der Thymus. Zeitschr. f. d. ges. exp. Med. Bd. 6, S. 101—288. 1917. *348, 353, 354.*

— 6. Weitere Versuche über den Einfluß von Fett- und Lipoidsubstanzen, sowie von enteiweißten Extrakten der Schilddrüse auf Entwicklung und Wachstum. Pflügers Arch. f. d. ges. Physiol. Bd. 173, S. 422—497. 1919. *348, 353, 354.*

— Versuche zur Isolierung des Schilddrüsenhormones. 1. Teil. Arch. f. Entwicklungsmech. d. Organismen. Bd. 50, S. 410—467. 1922. *348, 353, 354.*

Roos, E.: Über das Vorkommen von Diaminen bei Krankheiten. Zeitschr. f. physiol. Chem. Bd. 16, S. 192—200. 1891. *125.*

— Über die Einwirkung der Schilddrüse auf den Stoffwechsel nebst Versuchen über die Art der wirksamen Substanz in derselben. Zeitschr. f. physiol. Chem. Bd. 21, S. 19—41. 1895. *348.*

— Über die Wirkung des Thyrojodins. Zeitschr. f. physiol. Chem. Bd. 22, S. 18—61, 1896. *348.*

— Zur Kenntnis des Jodothyrins. Zeitschr. f. physiol. Chem. Bd. 25, S. 1—15. 1898. *348.*

Rose, M. S.: Creatinuria in women. Journ. of biol. chem. Vol. 32, p. 1—6. 1917. *161, 165.*

Rose, W. C.: Experimental studies in creatine and creatinine. 3. Excretion of creatine in infancy and childhood. Journ. of biol. chem. Vol. 10, p. 265—270. 1911. *164, 165.*

Rose, W. C.: 4. The estimation of creatine in the presence of sugar. Journ. of biol. chem. Vol. 12, p. 73—80. 1912. *164, 165.*

— 5. Protein feeding and creatine elimination in pancreatic diabetes. Journ. of biol. chem. Vol. 26, p. 331—338. 1916. *194.*

— and H. L. Bartlett: 8. The alleged exogenous origin of urinary creatine in the protein of the diet. Journ. of biol. chem. Vol. 34, p. 601—612. 1918. *170.*

— and P. N. Cheatham: 6. Protein feeding and creatine elimination in fasting man. Journ. of biol. chem. Vol. 26, p. 339—344. 1916. *161, 167, 168.*

— and F. W. Dimmitt: 7. The fate of creatine and creatinine when administered to man. Journ. of biol. chem. Vol. 26, p. 345—353. 1916. *161.*

Rosedale, J. L.: VI. The amino-acid of flesh. The diamino-acid content of rabbit, chicken, ox, horse, sheep and pig muscle. Biochem. journ. Vol. 16, p. 27—30. 1921. *134.*

Rosenberg, M.: Über Hyperkreatininämie der Nephritiker und ihre prognostische Bedeutung. Münch. med. Wochenschr. 1916. S. 928—931. *160.*

Rosenheim, O.: Choline in the cerebrospinal fluid. Journ. of physiol. Vol. 35, p. 465—472. 1907. *65, 84.*

— The pressor principles of placental extracts. Journ. of physiol. Vol. 38. p. 337—342. 1909. *37.*

Rosenmund, K. W.: Über p-Oxyphenyläthylamin. Ber. d. Dtsch. Chem. Ges. Bd. 42, S. 4778—4783. 1909. *280.*

— Die Synthese des Hordenins, eines Alkaloids aus Gerstenkeimen und über (α)-p-Oxyphenyläthylamin. Ber. d. Dtsch. Chem. Ges. Bd. 43, S. 306—313. 1910. *280.*

— und H. Dornsaft: Über die Muttersubstanz des Adrenalins (Erwiderung auf die Bemerkungen von F. Knoop zu der gleichnamigen Arbeit). Ber. d. Dtsch. Chem. Ges. Bd. 53, S. 317—318. 1920. *283.*

Rosenow, G.: Über die Wirkung von Gefäßmitteln auf den Venendruck des Menschen. 1. Mitteil. Adrenalin, Papaverin, Strychnin. 2. Mitteil. Hypophysenextrakte. Zeitschr. f. d. ges. exper. Med. Bd. 10. S. 333—343; 344—351. 1920. *346.*

— Über die Wirkung des Methylguanidins und Guanidins auf das isolierte Froschherz. Zeitschr. f. d. ges. exp. Med. Bd. 12, S. 263—268. 1921. *184.*

Roth, G. B.: A new standard for the determination of the strength of pituitary extracts. Journ. of pharmacol. a. exp. therap. Vol. 5, p. 559—570. 1914. *341.*

— Pituitary standardization. A comparison of the physiological activity of some commercial pituitary preparations. Hygienic Laboratory, U. S. Public Health Service, Bull. Nr. 100, p 1—42. 1914. *341.*

— Pituitary standardization. The relative value of infundibular extracts made from different species of mammals and a comparison of their physiological activity with that of certain commercial preparations. Hyg. Labor. Bull. Nr. 109. Washington 1917. *341.*

Rothlin, E.: Experimentelle Studien über allgemeine und spezielle Eigenschaften überlebender Gefäße unter Anwendung der chemischen Reizmethode. Habilitationsschr. Zürich 1920. *218, 222, 345.*

Rothlin, E.: Über die Einwirkung des Milzextraktes (Lienins) auf die Tätigkeit des Froschherzens in situ und des isoliert durchströmten Säugetierherzens. Pflügers Arch. f. d. ges. Physiol. Bd. 185, S. 111—121. 1920.
— Experimentelle Untersuchungen über die Wirkungsweise einiger chemischer, vasotonisierender Substanzen organischer Natur auf überlebende Gefäße. 2. Biochem. Zeitschr. Bd. 111, S. 257—298. 1920. *218, 222.*
— et R. Gundlach: Etude expérimentale de l'influence de l'histamine sur la sécrétion gastrique. Arch. internat. de physiol. Tome 17, p. 59—84. 1922. *202, 220.*
— R. H. A. Plimmer and A. D. Husband: II. The action of hypophysin, ergamine and adrenaline upon the secretion of the mammary gland. Biochem. Journ. Vol. 16, p. 3—10. 1921. *221, 347.*
Rothmann, A.: Über das Verhalten des Kreatins bei der Autolyse. Zeitschrift f. physiol. Chem. Bd. 57, S. 131—142. 1908. *167, 193.*
Rowe, A. H.: On the creatin-splitting enzyme of the parathyroids and the adrenals. Americ. journ. of physiol. Vol. 31, p. 169—173. 1912. *168, 325.*
Ruckert, A.: Über die Einwirkung von Oidium lactis und Vibrio cholerae auf Cholinchlorid. Arch. d. Pharmazie. Bd. 246, S. 676—691. 1908. *71, 112.*
Rübsamen, W.: Klinisch-experimentelle Untersuchungen (externe Hysterographie) zur Frage des synthetischen Mutterkornersatzes. Münch. med. Wochenschr. 1921. S. 328. *219.*

Sabatier, P., et E. Mailhe: Sur l'application à la pyridine de la méthode d'hydrogénation directe par le nickel. Cpt. rend. hebdom. des séances de l'acad. des sciences. Tome 144, p. 784—786. 1907. *38, 248.*
— — Nouvelle méthode générale de préparation des amines alcooliques. Cpt. rend. hebdom. des séances de l'acad. des sciences. Tome 148, p. 898—901. 1909. *3.*
Saccardi, P. Pirrolo e Melanuria. Gazz. chim. ital. Vol. 50, I, p. 222—226. 1920.
— 3. Nota. Gazz. chim. ital. Vol. 50, II. p. 118—128. 1920.
Saiki, T.: A chemical study of non-striated mammalian muscle. Journ. of Biol. Chem. Vol. 4, p. 283—293. 1908. *159.*
Salkowski, E.: Über den Vorgang der Harnstoffbildung im Tierkörper und den Einfluß der Ammoniaksalze auf denselben. Zeitschr. f. physiol. Chem. Bd. 1, S. 1—59. 1877. *42.*
— Über die Entstehung der Ameisensäure im Organismus. Zeitschr. f. physiol. Chem. Bd. 104, S. 161—174. 1918. *69.*
— und H. Salkowski: Über das Verhalten der aus dem Eiweiß durch Fäulnis entstehenden aromatischen Säuren im Tierkörper. Zeitschr. f. physiol. Chem. Bd. 7, S. 161—177. 1882. *9, 288.*
— — Über die Entstehung der Homologen der Benzoesäure bei der Fäulnis. Zeitschr. f. physiol. Chem. Bd. 7, S. 450—459. 1883. *9, 288.*
— — Über basische Fäulnisprodukte. Ber. d. Dtsch. Chem. Ges. Bd. 16, S. 1191—1195. 1883. *9, 252.*

Salkowski, H.: Über die δ-Aminovaleriansäure. Ber. d. Dtsch. Chem. Ges. Bd. 31, S. 776—783. 1898. *252.*

Samelson, S.: Über gefäßverengernde und -erweiternde Substanzen nach Versuchen an überlebenden Froschgefäßen. Arch. f. exp. Pathol. u. Pharmakol. Bd. 66, S. 347—351. 1911. *74, 117.*

Samojloff, A.: Über den Einfluß des Muskarins auf das Elektrokardiogramm des Froschherzens. Zentralbl. f. Physiol. Bd. 27, S. 7—11. 1913. *94.*

Santesson, C. G.: Über den Einfluß einiger Thyreoideapräparate auf die Adrenalinempfindlichkeit. Skand. Arch. f. Physiol. Bd. 37, S. 185—215. 1919. *307.*

— und G. Koraen: Über die Curarewirkung einiger einfacher Basen. Skand. Arch. f. Physiol. Bd. 10, S. 203—206. 1900. *47.*

Sasaki, T.: Über den Abbau einiger Polypeptide durch Bakterien. 1. Untersuchung mit Bact. coli commune. Biochem. Zeitschr. Bd. 41, S. 174—179. 1912. *9, 10, 11.*

— 2. Untersuchungen mit nicht verflüssigenden Bakterien. Biochem. Zeitschrift Bd. 47, S. 462—471. 1912. *9, 10, 11.*

— 3. Untersuchungen mit verflüssigenden Bakterien. Biochem. Zeitschr. Bd. 47, S. 472—481. 1912. *9, 10, 11.*

*— Zur Kenntnis des Cholinstoffwechsels. Intern. Beitr. z. Pathol. u. Therap. d. Ernährungsstörung Bd. 5, S. 337. 1914. *68.*

— Über die biochemische Umwandlung primärer Eiweißspaltprodukte durch Bakterien. 1. Mitteil. Das Verhalten von Tyrosin gegen Bact. coli commune. Eine einfache biochemische Darstellungsmethode von p-Oxyphenyläthylamin. Biochem Zeitschr. Bd. 59, S. 429—435. 1914. *9, 11, 277.*

— 2. Ein optisch differenter Abbau des l-Tyrosins durch Proteus bezw. Subtilis. Act. Schol. Med. Kioto. Bd. 1, S. 103—113. 1916. *9, 11.*

— The influence of conditions of bacterial cleavage of proteins on the cleavage products. Journ. of biol. chem. Vol. 32, p. 527—532. 1917. *9, 10.*

— Über d, l-β-(Furyl-2-)α-alanin. Ber. d. Dtsch. Chem. Ges. Bd. 54, S. 2056—2059. 1921.

— und J. Kinose: Über den Abbau des d, l-α-Naphthylalanins durch Proteusbakterien. Biochem. Zeitschr. Bd. 121, S. 171—174. 1921. *9, 274.*

— and I. Otsuka: The stereochemistry of bacterial decomposition of albumin. Journ. of biol. chem. Vol. 32, p. 533—538. 1917. *9.*

— — Über den Abbau des l-Tryptophans durch Proteusbakterien. Biochem. Zeitschr. Bd. 121, S. 167—170. 1921. *9.*

Satani, Y.: Experimental studies of the ureter. Americ. journ. of physiol. Vol. 49, p. 474—495. 1919. *299.*

Satta, G.: Osservazioni e ricerche sulla scomposizione della Colina. Arch. di farmacol. sperim. e scienze aff. Vol. 17, p. 337—349. 1914. *70.*

Savopol, A.: Action des rayons ultra-violets, sur la propriété nécrotisante de l'adrénaline. Cpt. rend. des séances de la soc. de biol. Tome 77, p. 459—460. 1914. *304.*

Savopol, A.: Disparition de la propriété neutralisante de l'adrénaline sur la toxine tétanique à la suite de l'irradiation par les rayons ultraviolets. Cpt. rend. des séances de la soc. de biol. Tome 77, p. 460—461. 1914. *304.*
Scaffidi, V.: Über das Verhalten des Muskelkreatins bei der Ermüdung. Biochem. Zeitschr. Bd. 50, S. 402—417. 1913. *158, 162.*
Schäfer, E. A., and P. T. Herring: The action of pituitary extracts upon the kidney. Phil. Transact. of the roy. soc. Vol. 199, B. p. 1—29. 1906. *345, 346.*
— and S. Vincent: The physiological effects of extracts of the pituitary body. Journ. of physiol. Vol. 25, p. 87—97. 1899. *337.*
Schenck, M.: Zur Kenntnis einiger physiologisch wichtiger Substanzen. Zeitschr. f. physiol. Chem. Bd. 43, S. 72—73. 1904. *239.*
*— Über Selbstverdauung einiger Hefearten (obergäriger Hefe, Brennereihefe, Kahmhefe). Wochenschr. f. Brauerei. 1905. S. 221—227. *125.*
— Über das Guanidinpikrolonat. Zeitschr. f. physiol. Chem. Bd. 44, S. 427. 1905.
— Zur Kenntnis der methylierten Guanidine. Zeitschr. f. physiol. Chem. Bd. 77, S. 328—393. 1912. *175.*
Schenk, P.: Das Blutbild bei Störungen des vegetativen Nervensystems und seine pharmakologische Beeinflussung. Dtsch. med. Wochenschr. 1920. S. 1192—1193. *222, 303.*
— Über die Wirkung des β-Imidazolyläthylamins (Histamins) auf den menschlichen Organismus. Arch. f. exp. Pathol. u. Pharmakol. Bd. 89, S. 332—339. 1921. *215, 216, 217, 220, 222.*
— Über die Wirkungsweise des β-Imidazolyläthylamins(Histamins). 2. Mitteil. Arch. f. exp. Pathol. u. Pharmakol. Bd. 92, S. 34—51. 1922. *215, 216, 217, 220, 222.*
— Der Einfluß der Schilddrüse auf den Kreatin-Kreatininstoffwechsel. Arch. f. exp. Pathol. u. Pharmakol. Bd. 95, S. 45—63. 1922. *164, 171, 173.*
Schering, E.: Chemische Fabrik auf Aktien, Berlin, Verfahren zur Gewinnung eines die Darmperistaltik in spezifischer Weise anregenden Präparats. Klasse 10 h, Nr. 229 168 vom 27. 10. 1908, [2. 12. 1910]. *337.*
Schiff, E., und A. Balint: Über Kreatin- und Kreatininausscheidung beim Säugling. Arch. f. Kinderheilk. Bd. 69, S. 439—450. 1921. *164.*
— und R. Kochmann: Zur Pathogenese der Ernährungsstörungen beim Säugling. Chemische Leistungen der Colibakterien. Jahrb. f. Kinderheilk. u. phys. Erziehung. Bd. 99, S. 181—208. 1922. *13.*
— und A. Peiper: Über den Einfluß von Adrenalin und Pilokarpin auf den Kalkumsatz im Säuglingsalter. Jahrb. f. Kinderheilk. u. phys. Erziehung. Bd. 93, S. 160—166. 1920. *308.*
Schiffer, J.: Über das Vorkommen und die Entstehung von Methylamin und Methylharnstoff im Harn. Zeitschr. f. physiol. Chem. Bd. 4, S. 237—247. 1880. *31.*
Schittenhelm, A., und F. Schröter: Über die Spaltung der Hefenukleinsäure durch Bakterien. Zeitschr. f. physiol. Chem. Bd. 39, S. 203—207. 1903. *30.*
Schlaudraff, W.: Beitrag zur Kenntnis des Neurin-tuberkulins. Zeitschr. f. Immunitätsforsch. u. exp. Therap. 1. Teil, Bd. 12, S. 91—126. 1912. *112.*

Schlesinger, H., and W. Ford: On the chemical properties of amanita toxin. Journ. of biol. chem. Vol. 3, p. 279—283. 1907. *92.*
Schmiedeberg, O.: Über das Verhältnis des Ammoniaks und der primären Monaminbasen zur Harnstoffbildung im Tierkörper. Arch. f. exp. Pathol. u. Pharmakol. Bd. 8, S. 1—14. 1878. *42.*
— Bemerkungen über die Muscarinwirkung. Arch. f. exp. Pathol. u. Pharmakol. Bd. 14, S. 376—378. 1881. *91, 98.*
— und E. Harnack: Über die Synthese des Muscarins und über muscarinartig wirkende Ammoniumbasen. Arch. f. exp. Pathol. u. Pharmakol. Bd. 6, S. 101—112. 1877. *47, 64, 90, 92, 93, 99, 106.*
*— und R. Koppe: Das Muscarin. Leipzig 1869. S. 171—179. *90, 91, 92, 96, 106.*
Schmidt, A. K. E.: Beitrag zur Untersuchung zentraler und peripherer Gefäßwirkungen am Frosche. Arch. f. exp. Pathol. u. Pharmakol. Bd. 85, S. 137—151. 1919. *77, 118.*
Schmidt, C. L. A., and G. L. Foster: The separation of the hexone bases from certain hydrolysates by electrolysis. Journ. of biol. chem. Vol. 55, p. 16. 1923. *191.*
Schmidt, E.: Über Cholin, Neurin und verwandte Verbindungen. I. Liebigs Ann. d. Chem. Bd. 267, S. 249—254. 1891. II. Bd 337, S. 37—121. 1904.
— Über das Cholin. Arch. d. Pharmazie. Bd. 220, S. 181. 1891. *70, 76, 101.*
— Über die Beziehungen zwischen chemischer Konstitution und physiologischer Wirkung einiger Ammoniumbasen. Arch. d. Pharmazie. Bd. 242, S. 705—714. 1904. *76, 101, 105, 117.*
— Versuche zur Synthese des Ephedrins. Arch. d. Pharmazie. Bd. 243, S. 73—78. 1905. *275.*
— Über Ephedrin und Pseudoephedrin. Arch. d. Pharmazie. Bd. 246, S. 210—214. 1908. *275.*
— Über das Kreatinin. Arch. d. Pharmazie. Bd. 248, S. 568—578. 1910. *174.*
— Ephedrin und Pseudoephedrin. Arch. d. Pharmazie. Bd. 249. S. 305—310. 1911. *275.*
*— Über das Kreatinin. Apotheker-Zeit. Bd. 27, S. 157. 1912. *174.*
— Über das Glykocyamidin. Arch. d. Pharmazie. Bd. 251, S. 557—562. 1913. *174.*
— Über das Ephedrin und Pseudoephedrin. Arch. d. Pharmazie. Bd. 252, S. 89—138. 1914. II. Bd. 253, S. 52—61. 1915. *275.*
— Versuche zur Überführung des Cholins in Neurin. Arch. d. Pharmazie. Bd. 252, S. 708—711. 1914. *70.*
Schönfeld, H.: Der Kreatingehalt des Froschmuskels im Zustande der hypnotischen Starre. Pflügers Arch. f. d. ges. Physiol. Bd. 191, S. 211—216. 1921. *163.*
Schoorl, N.: Mikrochemische Reakties op Choline. Pharmac. Weekblad. Bd. 55, S. 363—369. 1918. *83.*
Schotten, C.: Über das Verhalten des Tyrosins und der aromatischen Oxysäuren im Organismus. Zeitschr. f. physiol. Chem. Bd. 7, S. 23—34. 1882. *288.*
— Über die flüchtigen Säuren des Pferdeharns und das Verhalten der flüchtigen Fettsäuren im Organismus. Zeitschr. f. physiol. Chem. Bd. 7, S. 375—383. 1883. *41, 288.*

Schreiner, O., and E. C. Shorey: The presence of arginine and histidine in soils. Journ. of biol. chem. Vol. 8, p. 381—384. 1910. *207, 257.*

Schreiner, P.: Über eine neue organische Basis in tierischen Organismen. Liebigs Ann. d. Chem. Bd. 194, S. 68—84. 1878. *121, 138.*

Schröder, R.: Zur Kenntnis der Proteinsubstanzen der Hefe. Beitr. z. chem. Physiol. u. Pathol. Bd. 2, S. 389—403. 1902. *134, 145, 207.*

Schultz, W. H.: Experimental criticism of recent results in testing adrenalin. Journ. of pharmacol. a. exp. therap. Vol. 1, p. 291—302. 1909. *293, 310, 330.*

— Quantitative pharmacological studies: Adrenalin and adrenalinlike bodies. Hygienic labor. Bull. Nr. 55. 1909. Washington. *293, 310, 330.*

Schulz, W.: Der Verlauf der Kreatininausscheidung im Harn des Menschen mit besonderer Berücksichtigung des Einflusses der Muskelarbeit. Pflügers Arch. f. d. ges. Physiol. Bd. 186, S. 126—172. 1920. *169.*

Schulze, E.: Über das Vorkommen von Cholin in Keimpflanzen. Zeitschr. f. physiol. Chem. Bd. 11, S. 365—372. 1887. *64.*

— Über einige stickstoffhaltige Bestandteile der Keimlinge von Soja hispida. Zeitschr. f. physiol. Chem. Bd. 12, S. 405—415. 1888. *64, 125.*

— Über basische Stickstoffverbindungen aus den Samen von Vicia sativa und Pisum sativum. Zeitschr. f. physiol. Chem. Bd. 15, S. 140—160. 1891. *64, 125, 134, 178, 239, 247.*

— Über das Vorkommen von Guanidin im Pflanzenorganismus. Ber. d. Dtsch. Chem. Ges. Bd. 25, S. 658—661. 1892. *178.*

— Zum Nachweis des Guanidins. Ber. d. Dtsch. Chem. Ges. Bd. 25, S. 661—662. 1892. *178.*

— Über einige stickstoffhaltige Bestandteile der Keimlinge von Vicia sativa. Zeitschr. f. physiol. Chem. Bd. 17, S. 193—216. 1892. *64, 125, 149.*

— Untersuchungen über die zur Klasse der stickstoffhaltigen organischen Basen gehörenden Bestandteile einiger landwirtschaftlich benutzten Samen, Ölkuchen und Wurzelknollen, sowie einiger Keimpflanzen. Landwirtschaftl. Vers.-Stationen, Bd. 46, S. 23—77. 1896. *64, 239.*

— Über die Spaltungsprodukte der aus Coniferensamen darstellbaren Proteinstoffe. 2. Mitteil. Zeitschr. f. physiol. Chem. Bd. 25, S. 360—362. 1898. *146.*

— Über das Vorkommen von Histidin und Lysin in Keimpflanzen. Zeitschr. f. physiol. Chem. Bd. 28, S. 465—470. 1899.

— Über den Umsatz der Eiweißstoffe in der lebenden Pflanze. Zeitschr. f. physiol. Chem. Bd. 30, S. 241—312. 1900. *146.*

— Über das Vorkommen von Hexonbasen in den Knollen der Kartoffel (Solanum tuberosum) und der Dahlie (Dahlia variabilis). Landwirtschaftl. Vers.-Stationen, Bd. 59, S. 331—343. 1904. *64, 151, 247.*

— Neue Beiträge zur Kenntnis der Zusammensetzung und des Stoffwechsels der Keimpflanzen. Zeitschr. f. physiol. Chem. Bd. 47, S. 507—569. 1906. *64, 146, 237.*

— Über die zur Darstellung von Cholin, Betain und Trigonellin aus Pflanzen verwendbaren Methoden und über die quantitative Bestimmung dieser Basen. Zeitschr. f. physiol. Chem. Bd. 60, S. 155—179. 1909. *26, 265, 266.*

Schulze, E.: Über das Vorkommen von Betain in den Knollen des Topinamburs (Helianthus tuberosus). Zeitschr. f. physiol. Chem. Bd. 65, S. 293—294. 1910. *64, 151, 207, 239.*

— und J. Barbieri: Ber. d. Dtsch. Chem. Ges. Bd. 12, S. 1924. 1879. *273.*

— — und E. Boßhard: Untersuchungen über die Amidosäuren, welche bei der Zersetzung der Eiweißstoffe durch Salzsäure und durch Barytwasser entstehen. Zeitschr. f. physiol. Chem. Bd. 9, S. 63—126. 1885. *273.*

— und N. Castoro: Beiträge zur Kenntnis der Zusammensetzung und des Stoffwechsels der Keimpflanzen. Zeitschr. f. physiol. Chem. Bd. 38, S. 199—258. 1903.

— — Beiträge zur Kenntnis der in ungekeimten Pflanzensamen enthaltenen Stickstoffverbindungen. Zeitschr. f. physiol. Chem. Bd. 41, S. 455—473. 1904. *145.*

— und S. Frankfurt: Über das Vorkommen von Betain und Cholin in Malzkeimen und im Keim des Weizenkorns. Ber. d. Dtsch. Chem. Ges. Bd. 26, S. 2151—2155. 1893. *64, 239.*

— und A. Likiernik: Über das Lezithin der Pflanzensamen. Zeitschr. f. physiol. Chem. Bd. 15, S. 405—414. 1891.

— und U. Pfenniger: Untersuchungen über die in den Pflanzen vorkommenden Betaine. I. Zeitschr. f. physiol. Chem. Bd. 71, S. 174—185. 1911. *67, 255.*

— und E. Steiger: Über den Lezithingehalt der Pflanzensamen. Zeitschr. f. physiol. Chem. Bd. 13, S. 365—384. 1889. *144, 151.*

— und G. Trier: Über das Stachydrin. Zeitschr. f. physiol. Chem. Bd. 59, S. 233—235. 1909. *243, 266.*

— — Über die Konstitution des Stachydrins. Ber. d. Dtsch. Chem. Ges. Bd. 42, S. 4654—4659. 1909. *243, 244, 266.*

— — Über die in den Pflanzen vorkommenden Betaine. Zeitschr. f. physiol. Chem. Bd. 67, S. 46—58. 1910. *54, 240, 247.*

— — Über das Stachydrin und über einige neben ihm in den Stachysknollen und in den Orangeblättern enthaltenen Basen. Zeitschr. f. physiol. Chem. Bd. 67, S. 59—96. 1910. *64, 243, 248, 266.*

— — Untersuchungen über die in den Pflanzen vorkommenden Betaine. 2. Mitteil. Zeitschr. f. physiol. Chem. Bd. 76, S. 258—290. 1912. *240, 243, 247, 253.*

— — 3. Mitteil. Zeitschr. f. physiol. Chem. Bd. 79, S. 235—242. 1912. *240, 243, 247, 253.*

— — Über die allgemeine Verbreitung des Cholins. Zeitschr. f. physiol. Chem. Bd. 81, S. 53—58. 1912. *64.*

— und E. Winterstein: Über die Bildung von Ornithin bei der Spaltung des Arginins und über die Konstitution dieser beiden Basen. Zeitschr. f. physiol. Chem. Bd. 26, S. 1—14. 1898. *129, 130, 141, 153.*

— — Über die Konstitution des Arginins. Ber. d. Dtsch. Chem. Ges. Bd. 32, S. 3191—3194. 1899. *129, 153.*

— — Nachweis von Histidin und Lysin unter den Spaltungsprodukten der aus Coniferensamen dargestellten Proteinsubstanzen. Zeitschr. f. physiol. Chem. Bd. 28, S. 459—464. 1899. *131, 132, 205.*

Schulze, E. und E. Winterstein: Über die Ausbeute an Hexonbasen, die aus einigen pflanzlichen Eiweißstoffen zu erhalten ist. Zeitschr. f. physiol. Chem. Bd. 33, S. 547—573. 1901. *132, 146, 205.*

— — Beiträge zur Kenntnis des Arginins und des Ornithins. Zeitschr. f. physiol. Chem. Bd. 34, S. 128—147. 1901. *129, 130, 142, 150.*

— — Beiträge zur Kenntnis der aus Pflanzen darstellbaren Lezithine. Zeitschr. f. physiol. Chem. Bd. 40, S. 100—119. 1903.

Schumoff-Simanowski, C., und N. Sieber: Das Verhalten des Lezithins zu fettspaltenden Fermenten. Zeitschr. f. physiol. Chem. Bd. 49, S. 50—63. 1906. *59.*

Schwanert, H.: Über einige Zersetzungen des Leucins. Liebigs Ann. d. Chem. Bd. 102, S. 221—236. 1857.

Schwarz, C.: Ein Beitrag zur Wirkung des Cholins auf die Pankreassekretion. Zentralbl. f. Physiol. Bd. 23, S. 337—340. 1909. *66, 75.*

— und R. Lederer: Über das Vorkommen von Cholin in der Thymus, in der Milz und in den Lymphdrüsen. Pflügers Arch. f. d. ges. Physiol. Bd. 124, S. 353—360. 1908. *65.*

Schwarz, G.: Über die Wirkung der Radiumstrahlen. Pflügers Arch. f. d. ges. Physiol. Bd. 100, S. 532—546. 1904. *66.*

Scoville, W. L.: The colorimetric es imation of adrenaline. Journ. of industr. a. engin. chem. Vol. 12, p. 769—771. 1920.

Seemann, J.: Über die Oxydation von Leim- und Hühnereiweiß mit Calciumpermanganat. Zeitschr. f. physiol. Chem. Bd. 44, S. 229—264. 1905. *179.*

— Beitrag zur Frage der Kreatininbildung. Zeitschr. f. Biol. Bd. 49, S. 333—344. 1907. *166.*

Seidell, A.: Colorimetric determination of epinephrine in desiccated suprarenal glands. Journ. of biol. chem. Vol. 15, p. 197—212. 1913. *329.*

— and F. Fenger: Variation in the epinephrine content of suprarenal gland. Bull. Nr. 100. Hyg. Labor. Washington 1914. p. 55—66.

*Selmi: Gazz. chim. 1872—1881. *8.*

Shaffer, P.: The excretion of kreatinin and kreatin in health and diesase. Americ. journ. of physiol. Vol. 23, p. 1—22. 1908. *165, 166, 169.*

Shanks, W. F.: Cholin as an precursor of creatin. 1. Journ. of physiol. Vol. 55, p. 8—9. 1921. *70, 173.*

Sharpe, J. S.: The action of guanidine on the neuro-myal system of decapod crustacea. Journ. of physiol. Vol. 51, p. 159—163. 1917. *182.*

— The guanidine content of faeces in idiopathic tetany. Biochem. journ. Vol. 14, p. 46—47. 1920. *177.*

— A method for the quantitative estimation of choline in blood. Biochem. journ. Vol. 17, p. 41—42. 1923. *88.*

Shiga, K.: Über einige Hefefermente. Zeitschr. f. physiol. Chem. Bd. 42, S. 502—507. 1904. *155.*

Shimizu, T.: Zur Kenntnis der chemischen Zusammensetzung des Gehirns. Biochem. Zeitschr. Bd. 117, S. 252—262. 1921. *65.*

— Verhalten des Pyrrols im Tierkörper. 1. Mitteil. Biochem. Zeitschr. Bd. 117, S. 266—268. 1921. *249.*

Shiple, G. J., and C. P. Sherwin: The fate of some of the phenylacetylated amino-acids in the animal organism. Journ. of biol. chem. Vol. 53, p. 463—478. 1922. *130.*

Shorey, E. C.: The isolation of creatinine from soils. Journ. of the Americ. chem. soc. Vol. 34, p. 99—107. 1912. *173.*

Sieburg, E.: Zur Kenntnis des Imidazolyläthylamins (Histamin). Dtsch. med. Wochenschr. 1914. S. 2038—2039. *215, 216.*

Siegfried, M.: Über Urocaninsäure. Zeitschr. f. physiol. Chem. Bd. 24, S. 399—409. 1898. *213, 229.*

— Notiz über Lysin. Zeitschr. f. physiol. Chem. Bd. 43, S. 363—364. 1904. *144.*

— Über Lysinplatinchlorid. Zeitschr. f. physiol. Chem. Bd. 76, S. 234—237. 1912. *144.*

Simpson, S., and R. L. Hill: The effect of repeated injections of pituitrin on milk secretion. Americ. journ. of physiol. Vol. 36, p. 347—351. 1915. *346.*

Sjollema, B., und I. J. Rinkes: Die Hydrolyse des Kartoffeleiweiß. Zeitschr. f. physiol. Chem. Bd. 76, S. 369—384. 1911. *132, 145, 205.*

Skita, A., und W. A. Meyer: Über die Hydrierung von Aldehyden und Ketonen, sowie von aromatischen und heterocyklischen Stoffen in kolloiden Lösungen. Ber. d. Dtsch. Chem. Ges. Bd. 45, S. 3589—3595. 1912. *248.*

Skórczewski, W., und P. Wasserberg: Besteht ein Zusammenhang zwischen der Reizung des Nervus vagus und des Nervus sympathicus einerseits und der unter der Wirkung spezifischer Gifte veränderten Zusammensetzung des Blutes andererseits? Zeitschr. f. exp. Pathol. u. Therap. Bd. 10, S. 330—338. 1912. *308.*

Skworzow, W.: Zur Kenntnis der Extraktivstoffe der Muskeln. 11. Mitteil. Eine vergleichende Untersuchung der stickstoffhaltigen Extraktivstoffe des Kalb- und Rindfleisches. Zeitschr. f. physiol. Chem. Bd. 68 S. 26—39. 1910. *196, 209.*

Slowtzoff, B.: Über die Resorption des Lecithins aus dem Darmkanal. Beitr. z. chem. Physiol. u. Pathol. Bd. 7, S. 508—513. 1906.

Slyke, D. D. van: Die gasometrische Bestimmung von primärem aliphatischen Aminostickstoff und ihre Anwendung auf physiologisch-chemischem Gebiete. Abderhaldens Handb. d. biolog. Arbeitsmethoden. Abt. I, Teil 7, S. 263—288. *191.*

— The analysis of proteins by determination of the chemical groups characteristic of the different amino-acids. Journ. of biol. chem. Vol. 10, p. 15—55. 1911. *23, 90, 190.*

— and F. J. Birchard: The nature of the free amino-groups in proteins. Journ. of biol. chem. Vol. 16, p. 539—547. 1914. *137.*

Slyke, L. L. van and E. B. Hart: The relation of carbon dioxide to proteolysis in the ripening of Cheddar cheese. Americ. chem. journ. Vol. 30, p. 8—24. 1903. *276.*

Smith, M. I.: Studies in Anaphylaxis. The relation of certain drugs to the anaphylactic reaction, and the bearing thereof on the mechanism of anaphylactic shock. Journ. of immunol. Vol. 5, p. 239—257. 1920. *221,*

Smorodinzew, J.: Über die stickstoffhaltigen Extraktivstoffe der Leber. Zeitschr. f. physiol. Chem. Bd. 80, S. 218—231. 1912. *65, 79, 87.*

— Zur Kenntnis der Extraktivstoffe der Muskeln. 15. Mitteil. Über das Vorkommen des Carnosins, Methylguanidins und Carnitins im Pferdefleisch. Zeitschr. f. physiol. Chem. Bd. 87, S. 12—20. 1913. *158, 175, 196, 209, 251.*

— Zur Methodik der Fleischextrakt-Untersuchung. Zeitschr. f. physiol. Chem. Bd. 92, S. 214—220. 1914. *196.*

— Über das Vorkommen des Carnosins, Methylguanidins und Carnitins im Schaffleisch. Zeitschr. f. physiol. Chem. Bd. 92, S. 221—227. 1914. *175, 196, 209, 251.*

— Über die Gewinnung des Carnosins bei der beim Sterilisieren des Fleisches mit Wasserdampf im Hönneck-Fleischdämpfer sich bildenden Brühe. Zeitschr. f. physiol. Chem. Bd. 92, S. 228—230. 1914. *209, 251.*

Snyder, Ch. D., and E. C. Andrus: On the relation between tonus and smooth muscle in the terrapin heart. Journ. of pharmacol. a. exp. therap. Vol. 14, p. 1—16. 1919. *296.*

Söhngen, N. L.: Microben-lipase. Verhandel. d. Koninkl. akad. v. Wetenschap. Amsterdam, Wis. en Naturkd. Afd. Bd. 19, S. 1263—1274. 1911. *44.*

— Lipase produced by microbes. Kon. Akad. van Wetensch. Amsterdam. Proc. Section of sciences. Vol. 13, p. 1200—1210. 1911.

Sörensen, S. P. L.: Über Synthesen von α-Aminosäuren durch Phthalimidmalonester. Zeitschr. f. physiol. Chem. Bd. 44, S. 448—460. 1905. *129, 130, 136.*

— Über die Synthese des dl-Arginins (α-Amino-δ-guanido-n-valeriansäure) und der isomeren α-Guanido-δ-amino-valeriansäure. Ber. d. Dtsch. Chem. Ges. Bd. 43, S. 643—651. 1910. *142, 151, 153.*

— und A. C. Andersen: Läßt sich der Stickstoffgehalt in Lysin und ähnlichen Verbindungen nach Kjeldahl bestimmen? Zeitschr. f. physiol. Chem. Bd. 44, S. 429—447. 1905. *18, 189.*

Solem, G. O., and P. A. Lommen: The influence of the extract of the posterior lobe of the hypophysis upon the secretion of saliva. Americ. journ. of physiol. Vol. 38, p. 339—349. 1915. *346.*

Sollmann, T.: Endermic reactions. 2. Urticaria by amins and aromatic and urea derivatives. Journ. of pharmacol. a. exp. therap. Vol. 9, p. 391—392. 1917. *220, 319.*

— 3. Further experiments on local urticaria. Journ. of pharmacol. a. exp. therap. Vol. 10, p. 147—157. 1917. *220, 319.*

— and J. D. Pilcher: Endermic reactions. 1. Journ. of pharmacol. a. exp. therap. Vol. 9, p. 309—340. 1917. *294, 319.*

Le Sourd, L. et Ph. Pagniez: De l'action vaso-constrictive des extraits de plaquettes sur les artères isolées. Cpt. rend. des séance de la soc. de biol. Tome 76, p. 587—589. 1914.

Späth, E.: Über die Anhalonium-Alkaloide. 1. Anhalin und Mezcalin. Monatsh. f. Chem. Bd. 40, S. 129—154. 1919. *267, 270.*

— Die Synthese des Sinapins. Monatsh. f. Chem. Bd. 41, S. 271—285. 1920. *59, 107.*

Späth, E.: Zur Konstitution der Kynurensäure. Monatsh. f. Chem. Bd. 42, S. 89—95. 1921.
— Über die Anhalonium-Alkaloide. 2. Die Konstitution des Pellotins, des Anhalonidins und des Anhalamins. Monatsh. f. Chem. Bd. 42, S. 97—115. 1921. *270.*
— 3. Konstitution des Anhalins. Monatsh. f. Chem. Bd. 42, S. 263—266. 1921. *278.*
— und R. Göhring: Die Synthesen des Ephedrins, des Pseudoephedrins, ihrer optischen Antipoden und Razemkörper. Monatsh. f. Chem. Bd. 41, S. 319—338. 1920. *275.*
— und G. Koller: Die Konstitution des Ricinins. Ber. d. Dtsch. Chem. Ges. Bd. 56, S. 880—887. 1923. *247.*
— und N. Lang: Über die Umwandlung des Berberins in das Palmatin. Ber. d. Dtsch. Chem. Ges. Bd. 54, S. 3064—3074. 1921. *371.*
— und Ph. Sobel: Neue Synthesen des Hordenins. Monatsh. f. Chem. Bd. 41, S. 77—90. 1920. *280.*
— und E. Tschelnitz: Die Konstitution des Ricinins. Monatsh. f. Chem. Bd. 42, S. 251—262. 1921. *247.*
Spaeth, R. A., and H. G. Barbour: The action of epinephrin and ergotoxin upon single, physiologically isolated cells. Journ. of pharmacol. a. exp. therap. Vol. 9, p. 431—440. 1917. *299.*
Spiro, K.: Die aromatische Gruppe des Leims. Beitr. z. chem. Physiol. u. Pathol. Bd. 1, S. 347—350. 1902. *273.*
— und A. Stoll: Über die wirksamen Substanzen des Mutterkorns. Schweiz. med. Wochenschr. 1921. S. 1—13. *200, 219.*
Ssadikow, W. S.: Biologische Spaltung des Glutins. Biochem. Zeitschr. Bd. 41, S. 287—297. 1912. *30.*
Staněk, V.: Über das Cholinjodid und die quantitative Fällung von Cholin durch Kaliumtrijodid. Zeitschr. f. physiol. Chem. Bd. 46, S. 280—285. 1905. *84, 87, 88.*
— Über die quantitative Bestimmung von Cholin und Betain in pflanzlichen Stoffen und einige Bemerkungen über Lecithine. Zeitschr. f. physiol. Chem. Bd. 48, S. 334—346. 1906. *60, 63, 67, 87, 239, 253, 266.*
— Über die Lokalisation von Betain in Pflanzen. Zeitschr. f. physiol. Chem. Bd. 72, S. 402—409. 1911. *239, 240, 253, 266.*
— Über die Darstellung großer Betainperjodidkrystalle. Zeitschr. f. Zuckerindustrie in Böhmen. Bd. 36, S. 577. 1912. *266.*
— und K. Domin: Über das Vorkommen von Betain in den Chenopodiaceen. Zeitschr. f. Zuckerindustrie in Böhmen. Bd. 34, S. 297—304. 1910. *240.*
— und O. Miškoský: Kann Betain als Stickstoffnährsubstanz der Hefe betrachtet werden? Zeitschr. f. d. ges. Brauwesen. Bd. 30, S. 566—568. 1907.
Starkenstein, E.: Der Mechanismus der Adrenalinwirkung. (Studien über den Reizzustand des Sympathicus.) Zeitschr. f. exp. Pathol. u. Therap. Bd. 10, S. 78—119. 1911. *306.*
Stearns, G., and H. B. Lewis: Diet and sex as factors in the creatinuria of man. Americ. journ. of physiol. Vol. 56, p. 60—71. 1921. *165.*
Steenbock, H.: Isolation and identification of stachydrin from alfalfa hay. Journ. of biol. chem. Vol. 35, p. 1—13. 1918. *243.*

Steenbock, H. and E. G. Groß: Creatinuria. 1. Exogenous origin of urinary creatine. Journ. of biol. chem. Vol. 36, p. 265—289. 1918. *171.*

Stenström, T.: Das Pituitrin und die Adrenalinhyperglykämie. Biochem. Zeitschr. Bd. 58, S. 472—482. 1914. *306*, *347.*

— 2. Biochem. Zeitschr. Bd. 58, S. 472—482. 1914. *306*, *347.*

Stern, L., et E. Rothlin: Action des extraits de tissus animaux sur les organes à fibres musculaires lisses. Journ. de physiol. et de pathol. gén. Tome 18, p. 441—485. 1919. *66*, *338.*

— — Action des extraits de rate sur les organes à fibres musculaires lisses. Préparation et nature du principe actif. Journ. de physiol. et de pathol. gén. Tome 18, p. 753—780. 1919. *66*, *338.*

Steudel, H.: Eine neue Methode zum Nachweis von Glukosamin und ihre Anwendungsweise auf die Spaltungsprodukte der Mucine. Zeitschr. f. physiol. Chem. Bd. 34, S. 353—384. 1902. *110.*

— Das Verhalten der Hexonbasen zur Pikrolonsäure. Zeitschr. f. physiol. Chem. Bd. 37, S. 219—220. 1902. *189.*

— Eine einfache Methode zur Darstellung von Kreatin aus Fleischextrakt. Zeitschr. f. physiol. Chem. Bd. 112, S. 52—54. 1921. *187.*

— und R. Freise: Zur Frage nach der Herkunft des Kreatins und des Kreatinins. Zeitschr. f. physiol. Chem. Bd. 120, S. 244—248. 1922. *173*, *198*, *212.*

Stewart, C. P.: The synthesis of iminazolylglycine, the lower homologue of histidine. Biochem. journ. Vol. 17, p. 130—133. 1923. *207.*

Stewart, G. N. and J. M. Rogoff: The spontaneous liberation of epinephrin from the adrenals. Journ. of pharmacol. a. exp. therap. Vol. 8, p. 479—524. 1916. *285.*

— — Quantitative experiments of the liberation of epinephrin from the adrenals after section of their nerves, with special reference to the question of the indispensability of epinephrin for the organism. Journ. of pharmacol. a. exp. therap. Vol. 10, p. 1—48. 1917. *285.*

— — The influence of asphyxia upon the rate of liberation of epinephrin from the adrenals. Journ. of pharmacol. a. exp. therap. Vol. 10, p. 49—72. 1917. *285.*

— — The output of epinephrin in shock. Americ. journ. of physiol. Vol. 48, p. 22—44. 1918. *285.*

— — The action of drugs upon the output of epinephrin from the adrenals. 1. Strychnine. Journ. of pharmacol. a. exp. therap. Vol. 13, p. 95—166. 1919. *285.*

— — The action of drugs on the output of epinephrin from the adrenals. 6. Atropine, Pilocarpine. Journ. of pharmacol. a. exp. therap. Vol. 16, p. 71—107. 1920. *285.*

— — Post-operative depletion of the epinephrin store of the adrenals. Americ. journ. of physiol. Vol. 56, p. 220—230. 1921. *285.*

— — The action of drugs upon the output of epinephrin from the adrenals. 7. Physostigmine. Journ. of pharmacol. a. exp. therap. Vol. 17, p. 227—248. 1921. *285.*

— — 8. Morphine. Journ. of pharmacol. a. exp. therap. Vol. 19, p. 59—85. 1921. *285.*

Stewart, G. N. and J. M. Rogoff: The influence of morphine on normal cats and on cats deprived of the greater part of the adrenals, with special reference to body temperature, pulse and respiratory frequency and blood sugar content. Journ. of pharmacol. a. exp. therap. Vol. 19, p. 97—130. 1921. *285.*

Stewart, H. A.: The mode of action of adrenalin in the production of cardiac hypertrophy. Journ. of pathol. and bacteriol. Vol. 17, p. 64—81. 1912.

Stieger, A.: Untersuchungen über die Verbreitung des Asparagins, des Glutamins, des Arginins und des Allantoins in den Pflanzen. Zeitschr. f. physiol. Chem. Bd. 86. S. 245—269. 1913.

Stolz, F.: Über Adrenalin und Alkylaminoacetobrenzkatechin. Ber. d. Dtsch. Chem. Ges. Bd. 37, S. 4149—4154. 1904. *281, 287, 325.*

Straub, W.: Zur chemischen Kinetik der Muscarinwirkung und des Antagonismus Muscarin-Atropin. Pflügers Arch. f. d. ges. Physiol. Bd. 119, S. 127—151. 1907. *95.*

Strecker, A.: Beobachtungen über die Galle verschiedener Tiere. Liebigs Ann. d. Chem. Bd. 70, S. 149—197. 1849. *62, 65.*

— Untersuchungen über die chemischen Beziehungen zwischen Guanin, Xanthin, Theobromin, Caffein und Kreatinin. Liebigs Ann. d. Chem. Bd. 118, S. 151—177. 1861. *179.*

— Über einige neue Bestandteile der Schweinegalle. Liebigs Ann. d. Chem. Bd. 123, S. 353—360. 1862. *62, 65.*

— Jahresber. üb. d. Fortschr. d. Chem. 1868. S. 686. *173, 187.*

— Über das Lecithin. Liebigs Ann. d. Chem. Bd. 148, S. 77—90. 1868. *62.*

Struve, H.: Beobachtungen über das Vorkommen und über verschiedene Eigenschaften des Cholins. Zeitschr. f. analyt. Chem. Bd. 41, S. 544—550. 1902. *64.*

— Cholin in pflanzlichen und tierischen Gebilden. Liebigs Ann. Bd. 330, S. 374—379. 1903. *64.*

Stübel, H.: Die Wirkung des Adrenalins auf das in der Leber gespeicherte Eiweiß. Pflügers Arch. f. d. ges. Physiol. Bd. 185, S. 74—85. 1920. *308.*

Stutzer, M. J.: Über die Wirkung von Adrenalin auf Bakterien und Diphtherietoxin. Zeitschr. f. Immunitätsforsch. u. exp. Therap. I. Teil. Bd. 22, S. 372—380. 1914. *304.*

Sudborough, J. J., and H. Hibbert: Estimation of primary, secondary and tertiary amines. Part. I. Journ. of the chem. soc. of London. Vol. 95, p. 477—480. 1909. *55.*

Sugimoto, T.: Pharmakologische Untersuchung am überlebenden Meerschweinchenuterus. Arch. f. exp. Pathol. u. Pharmakol. Bd. 74, S. 27—40. 1914.

Sullivan, M. X.: The origin of creatinine in soils. Journ. of the Americ. chem. soc. Vol. 33, p. 2035—2042. 1911. *173.*

— Indolethylamine in the urine of pellagrin. Journ. of biol. chem. Vol. 50, p. 39—40. 1922. *334.*

Sullivan, W. K.: Jahresber. üb. d. Fortschr. d. Chem. 1858. S. 231. *34.*

Suto, K.: Über die Oxydation von Aminen. Biochem. Zeitschr. Bd. 71, S. 169—173. 1915. *66, 78, 97.*

Suwa, A.: Untersuchungen über die Organextrakte der Selachier. I. Die Muskelextraktstoffe des Dornhais (Acanthias vulgaris). Pflügers Arch. f. d. ges. Physiol. Bd. 128, S. 421—426. 1909. *34, 40, 241.*
— II. Über das aus den Muskelextraktstoffen des Dornhais gewonnene Trimethylaminoxyd. Pflügers Arch. f. d. ges. Physiol. Bd. 129, S. 231—239. 1909. *40, 41.*
Suzuki, U., und S. Matsunaga: Über das Vorkommen von Nikotinsäure (m-Pyridin-carbonsäure) in der Reiskleie. Journ. Coll. Agric. Tokyo. Bd. 5, S. 59—61. 1912.
— M. Mihata, S. Otsuki, R. Inouye, K. C. Bharatkar, Y. Okuda, S. Odake, K. Yoshimura und Y. Tanaka: Über die Extraktivstoffe des Fischfleisches und der Muscheln. Journ. Coll. Agric. Tokyo. Bd. 5 S. 1—24. 1913. *121, 135, 201.*
— C. Yoneyama und S. Odake: Über die chemische Zusammensetzung des „Salzbreies" von Bonito („Shiokara"). Journ. Coll. Agric. Tokyo. Bd. 5, S. 33—41. 1912. *135, 208.*
*— K. Yoshimura und S. Fuji: Über die Eiweißstoffe aus Reissamen. Journ. Coll. Agric. Tokyo. Bd. 1, S. 77—88. 1909. *145.*
— — M. Jamakawa und Y. Irie: Über die Extraktivstoffe des Fischfleisches. Zeitschr. f. physiol. Chem. Bd. 62, S. 1—35. 1909. *133, 135, 148, 152, 159, 207, 210, 240.*
Swain, R. E.: Weiteres über Skatosin. Beitr. z. chem. Physiol. u. Pathol. Bd. 3, S. 442—445. 1903. *333.*
Swetschnikow, W. A.: Über die verschiedenen Bedingungen der Adrenalinwirkung auf die peripheren Gefäße. Pflügers Arch. f. d. ges. Physiol. Bd. 157, S. 471—485. 1914.

Tafel, J., und E. P. Frankland: Diaminosäuren aus Desoxyxanthinen. Ber. d. Dtsch. Chem. Ges. Bd. 42, S. 3138—3146. 1909. *121.*
Takamine, J.: Adrenalin, the active principle of the suprarenal glands and its mode of preparation. Americ. journ. of Pharm. Vol. 73, p. 523—531. 1901. *281.*
— The isolation of the active principle of the suprarenal gland. Journ. of physiol. Vol. 27, p. 29—30. 1901. *281, 287.*
Takata, M.: Étude sur la simplification de la méthode colorimétrique par l'utilisation des matières colorantes. Tohoku journ. of exp. med. Vol. 1, p. 460—474. 1920. *330.*
Takeda, K.: Der Nachweis von Trimethylamin im Harn. Pflügers Arch. f. d. ges. Physiol. Bd. 129. S. 82—88. 1909. *33.*
— Untersuchungen über einige nach Phosphorvergiftung im Harn auftretende Basen. Pflügers Arch. d. ges. Physiol. Bd. 133, S. 365—396. 1910. *251, 258, 263.*
Tamura, S.: Zur Chemie der Bakterien. 1. Mitteil. Zeitschr. f. physiol. Chem. Bd. 87, S. 85—114. 1913. *207.*
— 2. Mitteil. Zeitschr. f. physiol. Chem. Bd. 88, S. 190—198. 1913. *207.*
— 3. Mitteil. Über die chemische Zusammensetzung der Diphtheriebacillen. Zeitschr. f. physiol. Chem. Bd. 89, S. 289—303. 1914. *134, 149, 207.*
— 5. Mitteil. Über die chemische Zusammensetzung eines Wasserbacillus. Zeitschr. f. physiol. Chem. Bd. 90, S. 286—290. 1914. *134, 149, 207.*

Tannhauser, S. J., und Weiß: Über die Vorstufe des Pigments bei melanotischen Tumoren. Klin. Wochenschr. 1922. S. 1184. *290.*

Tanret, Ch.: Sur une base nouvelle retirée du seigle ergoté, l'ergothionéine. Journ. de pharm. et de chim. Tome 30 [6], p. 145—153. 1909. *242.*

Tanret, G.: Sur un alcaloide retiré du Galéga officinalis. Bull. de la soc. chim. de France. [IV], Tome 15, p. 613—625. 1914; Cpt. rend. hebdom. des séances de l'acad. des sciences. Tome 158, p. 1182—1184. 1914. *246, 259.*

— Sur la constitution de la galégine. Cpt. rend. hebdom. des séances de l'acad. des sciences. Tome 158, p. 1426—1429. 1914. *246, 263.*

— Sur quelques propriétés physiologiques du sulfate de galégine. Cpt. rend. hebdom. des séances de l'acad. des sciences. Tome 159, p. 108—111. 1914. *246, 263.*

Tatum, A. L.: Epinephrine hyperglycaemia. Journ. of pharmacol. a. exp. therap. Vol. 17, p. 395—413. 1921. *305.*

Tawara, S.: Du mode d'action de l'adrénaline et des acides vis-à-vis des toxines bactériennes. Cpt. rend. des séances de la soc. de biol. Tome 85, p. 401—402. 1921. *304.*

Taylor, A. E.: Über das Vorkommen von Spaltungsprodukten der Eiweißkörper in der degenerierten Leber. Zeitschr. f. physiol. Chem. Bd. 34, S. 580—584. 1902. *207.*

— Über Eiweißspaltung durch Bakterien. Zeitschr. f. physiol. Chem. Bd. 36, S. 487—492. 1902. *135, 207.*

— and R. M. Pearce: The nature of the depressor substance of the dog's urine and tissues. Journ. of biol. chem. Vol. 15, p. 213—216. 1913.

Taylor, M. R.: Creatin and creatinin excretion in diabetes mellitus. Biochem. journ. Vol. 5, p. 362—377. 1911. *166.*

Teschendorf, W.: Über die Gefäßwirkung organischer Kationen und ihre Beeinflussung durch anorganische Ionen. Biochem. Zeitschr. Bd. 118, S. 267—285. 1921. *74, 182.*

Tezner, O., und M. Turold: Pharmakologische und physiologische Studien am überlebenden menschlichen Magen. Zeitschr. f. d. ges. exp. Med. Bd. 12, S. 275—287. 1921. *299.*

Thesen, J. E.: Über Isokreatinin, eine neue stickstoffhaltige Verbindung im Fischfleisch. Zeitschr. f. physiol. Chem. Bd. 24, S. 1—17. 1897. *174.*

Thierfelder, H.: Untersuchungen über die Cerebroside des Gehirns. 3. Mitteil. Zeitschr. f. physiol. Chem. Bd. 85, S. 35—58. 1913. *109.*

— 4. Mitteil. Zeitschr. f. physiol. Chem. Bd. 89, S. 236—241. 1914. *109.*

— 5. Mitteil. Zeitschr. f. physiol. Chem. Bd. 89, S. 247—250. 1914. *109.*

— 6. Mitteil. Zeitschr. f. physiol. Chem. Bd. 91, S. 107—114. 1914. *109.*

— und O. Schulze: Ein neues Verfahren zur Abtrennung von Äthanolamin (Colamin) aus Phosphatidhydrolysaten. Zeitschr. f. physiol. Chem. Bd. 96, S. 296—308. 1915. *60, 89.*

Thomas, K.: Über die Herkunft des Kreatins im tierischen Organismus. Zeitschr. f. physiol. Chem. Bd. 88, S. 465—477. 1913. *155.*

Thomas, K. und M. G. H. Goerne: 2. Mitteil. Das Verhalten der ε-Guanido-, ε-Ureido-, ε-Amino-n-capronsäure im Organismus des Kaninchens. Zeitschr. f. physiol. Chem. Bd. 92, S. 163—176. 1914. *155.*

— — Weitere Untersuchungen über die Herkunft des Kreatins. Zeitschr. f. physiol. Chem. Bd. 104, S. 73—87. 1918. *155, 171.*

— J. Kapfhammer und B. Flaschenträger: Über δ-Methylornithin und δ-Methylarginin. Zeitschr. f. physiol. Chem. Bd. 124, S. 75—102. 1922. *121, 135, 171.*

— und H. Thierfelder: Über das Cerebron. 6. Mitteil. Zeitschr. f. physiol. Chem. Bd. 77, S. 511—515. 1912. *110.*

Thomé, L. G.: Über die optisch-activen Formen des secundären Butylamins. Ber. d. Dtsch. Chem. Ges. Bd. 36, S. 582—584. 1903. *36, 50.*

Thompson, W. H.: The physiological effects of peptone and allied products. Part. 7. The metabolism of arginin. Journ. of physiol. Vol. 33, p. 106—124. 1905. *170, 181.*

— The formation of creatine. Effects on the excretion of creatine in the bird produced by paraformaldehyde and hexamethylenetetramine given separately and combined with arginine carbonate and other substances. Biochem. journ. Vol. 11, p. 307—318. 1917. *4, 170, 172, 173.*

— The metabolism of arginine. 3. Paper. Arginine and creatine formation. Journ. of physiol. Vol. 51, p. 111—153. 1917. *170, 172, 173.*

— 4. Paper. The effects on the excretion of total creatinine in the urine: of 1. arginine given in combination with methyl and methyl-amino compounds, 2. of certain substances known to be methylated in the animal body. Journ. of physiol. Vol. 51, p. 347—376. 1917. *170, 172, 173.*

— T. A. Wallace and H. R. S. Clotworthy: Observations on the use of the Folin method for the estimation of creatine and creatinine. Biochem. journ. Vol. 7, p. 445—465. 1913. *193, 194.*

Thoms, H.: Über das Vorkommen von Cholin und Trigonellin in Strophanthussamen und über die Darstellung von Strophantin. Ber. d. Dtsch. Chem. Ges. Bd. 31, S. 271—277. 1898. *64, 87, 248.*

— Cholin und Trigonellin in den Samen von Strophantus Kombé. Ber. d. Dtsch. Chem. Ges. Bd. 31, S. 404. 1898. *64, 87, 248.*

— und F. Thümen: Über das Fagaramid, einen neuen stickstoffhaltigen Stoff aus der Wurzelrinde von Fagara xanthoxyloides Lam. Ber. d. Dtsch. Chem. Ges. Bd. 44, S. 3717—3730. 1911. *36.*

Thudichum, J. L. W.: Die chemische Konstitution des Gehirns des Menschen und der Tiere. Tübingen 1901. *57, 109.*

Thunberg, T.: Zur Kenntnis des Kreatins. Zentralbl. f. Physiol. Bd. 25, S. 915—916. 1911. *168.*

— Studien über die Beeinflussung des Gasaustausches der überlebenden Froschmuskulatur durch verschiedene Stoffe. 2. Mitteil. Die Einwirkung von aromatischen und anderen cyklischen Verbindungen. Skand. Arch. f. Physiol. Bd. 29, S. 1—28. 1913. *168.*

Tiffeneau, M.: Sur la monométhyl- et la diméthyl-3 4-dioxybenzylamine. Bull. de la soc. chim. de France. [4] Tome 9, p. 928—932. 1911. *310.*

Tiffeneau, M.: Sur les groupements actifs dans la série de l'adrénaline. Influence de la position des oxhydriles sur l'activité des dioxybenzylamines ortho-méta (1. 2. 3.) et méta-para (1. 3. 4.). Mélanges biologiques. Jubilé du professeur Charles Richet. Paris 1912. p. 399—412. *310.*

— Comparaison des diverses adrénalines et de leurs homologues d'après leur action sur la pression artérielle chez le chien atropinisé. Cpt. rend. hebdom. des séances de l'acad. des sciences. Tome 161, p. 36—39. 1915. *310.*

— L'adrénaline et ses groupements atomiques physiologiquement actifs. Paris médical. Tome 10, p. 390—394. 1920. *310.*

— Nécéssité du contrôle physiologique de l'adrénaline et des préparations de surrénales. Journ. de pharm. et de chim. [VII], Tome 23, p. 313—317; 366—375. 1921. *331, 366.*

Tigerstedt, C., und Y. Airila: Über die Einwirkung des Pituitrins auf die durch die Aorta strömende Blutmenge. Skandinav. Arch. f. Physiol. Bd. 30, S. 302—308. 1913. *345.*

Tomita, M.: Über die Methylierung im tierischen Organismus. 1. Über die Methylierung des Pyridins im Organismus des Kaninchens. Biochem. Zeitschr. Bd. 116, S. 48—54. 1921. *249.*

— 2. Über den Ort der Methylierung des Pyridins im tierischen Organismus. Biochem. Zeitschr. Bd. 116, S. 55—58. 1921. *249.*

— Synthese der γ-Amino-β-Oxybuttersäure. Zeitschr. f. physiol. Chem. Bd. 124, S. 253—258. 1922.

Toppelius, M., und H. Pommerehne: Über Kreatinine verschiedenen Ursprungs. Arch. d. Pharmazie. Bd. 234, S. 380—397. 1896. *174, 188.*

Torquati, T.: Ricerche sulla formazione dell' ordenina durante la germogliazione dei semi d' orzo. Arch. di farmacol. sperim. e scienze aff. Vol. 10, p. 62—71. 1911. *22, 278, 327.*

— Sulla presenza di una sostanza azotata nei germogli dei semi di Vicia Faba. Arch. di farmacol. sperim. e scienze aff. Vol. 15, p. 213—223. 1913. *267.*

— Sulla presenza di una sostanza azotata nel bacello verde dei frutti di Vicia Faba. Arch. di farmacol. sperim. e scienze aff. Vol. 15, p. 308—312. 1913. *267.*

Totani, G.: Über das Vorkommen von Cholin in Stierhoden. Zeitschr. f. physiol. Chem. Bd. 68, S. 86—87. 1910. *65, 337.*

Über die basischen Bestandteile der Bambusschößlinge. Zeitschr. f. physiol. Chem. Bd. 70, S. 388—390. 1910. *64, 240.*

— On the diazo reactions of histidine and tyrosine. Biochem. journ. Vol. 9, p. 385—392. 1915. *231.*

— und Z. Hoshiai: Über das Methylpyridinammoniumpikrat. Zeitschr. f. physiol. Chem. Bd. 68, S. 85. 1910. *249.*

— und K. Katsuyama: Über das Vorkommen von Arginin in den Stierhoden. Zeitschr. f. physiol. Chem. Bd. 64, S. 345—347. 1910. *149, 152.*

Tournade, A., et M. Chabrol: Influence de la décapsulation totale, puis de la transfusion de sang veineux surrénal, sur la pression artérielle, réalité d'une sécrétion d'adrénaline en dehors de toute excitation artificielle du nerf splanchnique. Cpt. rend. des séances de la soc. de biol. Tome 86, p. 840—841. 1922. *286.*

Tournade, A. et M. Chabrol: Reviviscence d'un chien décapsulé par transfusion du sang veineux surrénal. Cpt. rend. des séances de la soc. de biol. Tome 86, p. 842—843. 1922. *286.*
— — Le procès de l'adrénalinémie physiologique: le pour et le contre. Cpt. rend. des séances de la soc. de biol. Tome 86, p. 778—780. 1922. *286.*
Towles, C., and C. Voegtlin: Creatine and creatinine metabolism in dogs during feeding and inanition, with especial reference to the function of the liver. Journ. of biol. chem. Vol. 10, p. 479—497. 1911. *161, 167.*
Tracy, M., and E. E. Clark: The excretion of creatinine by normal women. Journ. of biol. chem. Vol. 19, p. 115—117. 1914. *168.*
Trendelenburg, P.: Bestimmung des Adrenalingehaltes im normalen Blut sowie beim Abklingen der Wirkung einer einmaligen intravenösen Adrenalininjektion mittels physiologischer Meßmethode. Arch. f. exp. Pathol. u. Pharmakol. Bd. 63, S. 161—176. 1910. *285, 297, 331.*
— Zur Physiologie der Nebennieren. 1. Mitteil. Einfluß des Blutdruckes auf die Adrenalinsekretion. Zeitschr. f. Biol. Bd. 57, S. 90—103. 1911. *285.*
— Zur Bestimmung des Adrenalingehaltes im Blut. Münch. med. Wochenschrift 1911. S. 1919. *285, 286, 297, 331.*
— Physiologische und pharmakologische Untersuchungen an der isolierten Bronchialmuskulatur. Arch. f. exp. Pathol. u. Pharmakol. Bd. 69, S. 79—107. 1912. *219, 300.*
— Über die Adrenalinkonzentration im Säugetierblut. Arch. f. exp. Pathol. u. Pharmakol. Bd. 79, S. 154—189. 1915. *285, 297, 331.*
— und E. Borgmann: Titrierung von Hypophysenextrakten am ausgeschnittenen Uterus. Biochem. Zeitschr. Bd. 106, S. 239—253. 1920. *341.*
Trier, G.: Über die Umwandlung des Stachydrins in den isomeren Hygrinsäuremethylester. Zeitschr. f. physiol. Chem. Bd. 67 ,S. 324—331. 1910. *244, 245.*
— Aminoäthylalkohol, ein Produkt der Hydrolyse des Lecithins (Phosphatids) der Bohnensamen. Zeitschr. f. physiol. Chem. Bd. 73, S. 383—388. 1911. *57, 61, 62.*
— Über die Gewinnung von Aminoäthylalkohol aus Eilecithin. Zeitschr. f. physiol. Chem. Bd. 76, S. 496—498. 1912. *57, 62.*
— Über einfache Pflanzenbasen und ihre Beziehungen zum Aufbau der Eiweißstoffe und Lecithine. Gebr. Bornträger, Berlin 1912. *31, 58, 61, 67.*
— Über die Umwandlung von Aminoäthylalkohol (Colamin) in Cholin. Zeitschr. f. physiol. Chem. Bd. 80, S. 409—411. 1912. *61, 67, 97.*
— Über die nach den Methoden der Lecithindarstellung aus Pflanzensamen erhältlichen Verbindungen. Zeitschr. f. physiol. Chem. Bd. 86, S. 1—32. 1913. *57.*
— Weitere Beiträge zur Kenntnis einfacher Pflanzenbasen. Zeitschr. f. physiol. Chem. Bd. 85, S. 372—391. 1913. *57, 78, 262.*
*Tsalapatani, L.: Nachweis der Methylamine neben Ammoniak. Bull. de la soc. de Steinte din Bucaresci. Tome 16, p. 67—69. 1907. *52.*
Tsudji, M.: Über die asymmetrische Spaltung des racemischen Tyrosins durch Bacillus proteus vulgaris und Bacillus subtilis. (Zugleich eine biologische Darstellungsmethode des d-Tyrosins.) Act. Schol. med. Univ. Kioto. Bd. 1, S. 439—448. 1917. *277.*

Tsudji, M.: Über den bakteriellen Abbau von d-Tyrosin, mit besonderer Berücksichtigung des stereochemischen Verhaltens der Abbauprodukte. Act. Schol. med. Univ. Kioto. Bd. 2, S. 115—123. 1918. *277.*

Tsuji, K.: The output of creatine in glycosuria. Biochem. journ. Vol. 9, p. 449—455. 1915. *165.*

Tunnicliffe, F. W., und O. Rosenheim: Die physiologische Wirkung einiger reducierter Pyrrolderivate (Pyrrolin, N-Methylpyrrolidin). Zentralbl. f. Physiol. Bd. 16, S. 93—97. 1902. *258.*

Turner, W. D., and A. M. Howald: Methyl amines from methyl alcohol and ammonium chloride. Journ. of the Americ. chem. soc. Vol. 42, p. 2663—2665. 1920. *3.*

Turolt, M.: Umkehr der Adrenalinwirkung auf den überlebenden Uterus durch Ionenverschiebung. Arch. f. Gynäkol. Bd. 115, S. 600—610. 1922. *299.*

Tutin, F.: Syntheses in the epinephrine series. Part. 2. The formation and properties of some 2 : 5 and 2 : 6 substituted pyrazines and their conversion into amino- and imino diketones. Journ. of the chem. soc. London. Vol. 97, p. 2495—2524. 1910. *288.*

Udránszky, L. v., und E. Baumann: Über das Vorkommen von Diaminen, sog. Ptomainen, bei Cystinurie. Zeitschr. f. physiol. Chem. Bd. 13, S. 562—594. 1889. *12, 124, 125, 127, 140, 141, 143.*

— — Weitere Beiträge zur Kenntnis der Cystinurie. Zeitschr. f. physiol. Chem. Bd. 15, S. 77—92. 1891. *12, 124, 125, 137, 140, 141, 143.*

Ullmann, A.: Über Tyramin (p-Oxyphenyläthylamin) als wirksamen Bestandteil der Droge Semina cardui mariae (Stechdistelkörner). Biochem. Zeitschr. Bd. 128, S. 402—406. 1921.

Ulpiani, C., e M. Cingolani: Sulla fermentazione della guanina. Atti d. R. Accad. dei Lincei Roma [5] Vol. 14, p. 596—600. 1905. *179.*

Ulrich, H. L., and H. Rypins: A Note on Adrenalin hyperglycemia in man. Journ. of pharmacol. a. exp. therap. Vol. 19, p. 215—220. 1922. *305.*

Underhill, F. P.: Studies in creatine metabolism. 1. Possible interrelations between acidosis and creatine elimination. Journ. of biol. chem. Vol. 27. p. 127—139. 1916. *166.*

— II. The influence of alkali upon creatine elimination during inanition. Journ. of biol. chem. Vol. 27, p. 141—146. 1916. *166.*

— and E. J. Baumanm: 3. The influence of alkali upon the creatinuria of phlorhizin glycosuria. Journ. of biol. chem. Vol. 27, p. 151—160. 1916. *166.*

— — 4. The relationship of creatinuria to carbohydrate metabolism and acidosis. Journ. of biol. chem. Vol. 27, p. 151—160. 1916. *166.*

— and S. C. Roth: The influence of water deprivation, pilocarpine and histamine upon changes in blood concentration in the rabbit. Journ. of biol. chem. Vol. 54, p. 607—616. 1922. *222.*

Urano, F.: Über die Bindungsweise des Kreatins im Muskel. Beitr. z. chem. Physiol. u. Pathol. Bd. 9, S. 104—115. 1907. *158.*

*Utz, F.: Beiträge zur Kenntnis giftiger Pilze. Apotheker-Zeit. Bd. 20, S. 993. 1905. *64.*

Vanýsek, F.: Beiträge zur physiologischen Wirkung einiger proteinogener Amine. Biochem. Zeitschr. Bd. 67, S. 221—231. 1914. *214, 314.*

Vas, B.: Beiträge zur Kreatin- und Kreatininausscheidung unter pathologischen Verhältnissen. Biochem. Zeitschr. Bd. 38, S. 65—76. 1911. *165.*

*Vautier, E.: Beitrag zur Bestimmung des Kreatinins. Mitteil. f. Lebensmittelunters. u. Hyg. Bd. 11, S. 37—44. 1920.

Velich, A.: Bemerkungen zum Studium des Betains. Zeitschr. f. Zuckerindustrie in Böhmen. Bd. 29, S. 14—25. 1904. *257, 295.*

— und Vl. Staněk: Über Betain in physiologisch-chemischer Beziehung. Zeitschr. f. Zuckerindustrie in Böhmen. Bd. 27, S. 161—180. 1902. *255.*

— — Über das Betain in physiologisch-chemischer Beziehung. Zeitschr. f. Zuckerindustrie in Böhmen. Bd. 29, S. 205—219. 1904. *255.*

*Venturoli, G., und G. F. Gallerani: Beitrag zum chemisch-toxikologischen Studium des Adrenalins. Giorn. di farmacol. chim. Vol. 60, p. 97—105. 1910.

Vincent, S.: On the general physiological effects of extracts of the suprarenal capsules. Journ. of physiol. Vol. 22, p. 111—120. 1897. *286, 293.*

— and W. Sheen: On the physiological action of extracts of nervous, muscular and other animal tissues. (Preliminary communication.) Journ. of physiol. Vol. 28, p. 19—21. 1902.

Viquerat, A.: Verfahren zur Darstellung von Kreatinin aus Harn. D.R.P. Kl. 12 p, Nr. 251 937 erteilt 16. 9. 1912. Friedländer Bd. XI, S. 937. *174.*

Voegelmann, S.: Niere und Nebenniere. Arch. f. exp. Pathol. u. Pharmakol. Bd. 74, S. 181—221. 1913. *286.*

Voegtlin, C., and D. Macht: Isolation of a new vaso-constrictor substance from the blood and the adrenal cortex. Journ. Amer. med. Assoc. Vol. 61, p. 2136—2138. 1913.

Völtz, W.: Untersuchungen über die Verwertung des Betains durch den Wiederkäuer (Schaf). Pflügers Arch. f. d. ges. Physiol. Bd. 116, S. 307—333. 1907. *255.*

Voit, C.: Über das Verhalten des Kreatins, Kreatinins und Harnstoffes im Tierkörper. Zeitschr. f. Biol. Bd. 4, S. 77—162. 1868. *162.*

*Volhard: Über die Synthese des Kreatins. Sitzungsber. d. kgl. bayr. Akad. d. Wiss. 1868. S. 472. *173, 187.*

Voswinkel, H.: Über eine neue Synthese des Hordenins. Ber. d. Dtsch. Chem. Ges. Bd. 45, S. 1004—1006. 1912.

Vulpian, M.: Note sur quelques réactions propres à la substance des capsules surrénales. Cpt. rend. hebdom. des séances de l'acad. des sciences. Tome 43, p. 663—665. 1856. *281, 329.*

Waddell, J. A.: The pharmacology of the seminal vesicles. Journ. of pharmacol. a. exp. therap. Vol. 9, p. 113—120. 1916. *298.*

— The pharmacology of the vas deferens. Journ. of pharmacol. a. exp. therap. Vol. 8, p. 551—559. 1916. *298.*

— The pharmacology of the uterus masculinus. Journ. of pharmacol. a. exp. therap. Vol. 9, p. 171—178. 1916. *298.*

— The pharmacology of the prostate. Journ. of pharmacol. a. exp. therap. Vol. 9, p. 179—186. 1916. *298.*

Waddell, J. A.: The pharmacology of the vagina. Journ. of pharmacol. a. exp. therap. Vol. 9, p. 411—426. 1917. *298.*

Wagner, R.: Über Nebennierencephalin und andere Lipoide der Nebennierenrinde. Biochem. Zeitschr. Bd. 64, S. 72—81. 1914. *57.*

Wallach, O.: Zur Kenntnis der Terpene und der ätherischen Öle XLII. Über Ringsprengung cyklischer Ketone. Liebigs Ann. d. Chem. Bd. 312, S. 171—210. 1900. *265.*

Waller, A. D., and S. C. M. Sowton: The action of choline, neurine, muscarine and betaine on isolated nerve and upon the excised heart. Proc. of the roy. soc. Vol. 72, p. 320—344. 1903. *257.*

— and R. H. A. Plimmer: The phyiological action of betaine extracted from raw beet-sugar. Proc. of the roy. soc. Vol. 72, p. 345—352. 1903. *257.*

Walpole, G. S.: The direct determination of creatine in pathological urine. Journ. of physiol. Vol. 42, p. 301—308. 1911. *193.*

Walterhöfer, G.: Die Veränderungen des weißen Blutbildes nach Adrenalininjektion. Dtsch. Arch. f. klin. Med. 1921. S. 208—223. *303.*

Wang, Ch. C., and M. L. Dentler: Creatinine and creatine in the blood. Journ. of biol. chem. Vol. 45, p. 237—243. 1920.

Waser, E.: Über die Beziehungen zwischen Konstitution und Wirkung beim ac-Tetrahydro-β-Naphthylamin und seinen Derivaten. Schweiz. chem. Zeit. Bd. 1, S. 12—15. 1917. *321.*

— und M. Lewandowski: Untersuchungen in der Phenylalaninreihe, 1. Synthese des 1-3, 4-Dioxy-phenylalanins. Helv. chim. acta. Bd. 4. S. 657—666. 1921.

— und H. Sommer: Untersuchungen in der Phenylalaninreihe. 2. Synthese des 3,4-Dioxy-phenyläthylamins. Helv. chim. acta. Bd. 6, S. 54—61. 1923.

*Wassiliew, N.: Eiweißbildung im reifenden Samen. Ber. d. Dtsch. Botan. Ges. Bd. 26a, S. 454—467. 1908. *149.*

Wastl, H.: Über die Wirkung des Adrenalins auf die Drüsen der Krötenhaut. Zeitschr. f. Biol. Bd. 74, S. 77—80. 1921. *300.*

Watanabe, C. K.: Studies in the metabolic changes induced by administration of guanidine bases. 1. Influence of injected guanidine hydrochloride upon blood sugar content. Journ. of biol. chem. Vol. 33, p. 253—265. 1917. *177.*

— 2. The influence of guanidine upon urinary ammonia and acid excretion. Journ. of biol. chem. Vol. 34, p. 51—63. 1918. *177, 184.*

— 3. The relation between the tetanoid symptoms of guanidine administration and the condition of acidosis. Journ. of biol. chem. Vol. 34, p. 65—72. 1918. *177, 184.*

— 4. The influence of the administration of calcium upon blood sugar content in rabbits with guanidine hypoglycemia. Journ. of biol. chem. Vol. 34, p. 73—76. 1918. *174, 184.*

— The change of phosphate and calcium content in serum in guanidine tetany and the relation between the calcium content and sugar in the blood. Journ. of biol. chem. Vol. 36, p. 531—546. 1918. *177.*

Watanabe, C. K. and A. C. Crawford: Does the pituitary gland contain epinephrin or a compound similar to it? Journ. of pharmacol. a. exp. therap. Vol. 8, p. 75—88. 1916.
*Waterman, H.: Die Stickstoffnahrung der Preßhefe. Fol. microbiol. Holländ. Beitr. z. ges. Mikrobiol. Bd. 2. 7 Seiten. 1913. *39.*
Waterman, N.: Über einige Versuche mit Rechtssuprarenin. Zeitschr. f. physiol. Chem. Bd. 63, S. 290—294. 1909. *305, 331.*
— Zur Frage der Adrenalinimmunität. Zeitschr. f. physiol. Chem. Bd. 74, S. 273—281. 1911. *305, 309, 331.*
Weber, E.: Neue Untersuchungen über experimentelles Asthma und die Innervation der Bronchialmuskeln. Arch. f. Anat. u. Physiol., Physiol. Abteil. 1914, S. 63—154. *219.*
— Über experimentelles Asthma. Med. Klinik. 1914. S. 112—113. *219.*
Weber, S.: Physiologisches zur Kreatininfrage. Arch. f. exp. Pathol. u. Pharmakol. Bd. 58, S. 93—112. 1908. *162.*
Wechsler, E.: Zur Technik der Phosphorwolframsäurefällungen. Zeitschr. f. physiol. Chem. Bd. 73, S. 138—143. 1911. *23, 145, 228.*
Weed, H. L., and H. Cushing: Studies on cerebro-spinal fluid. 8. The effect of pituitary extract upon its secretion (Choroidorrhoea). Americ. journ. of physiol. Vol. 36, p. 77—103. 1915. *346.*
Weichardt, W., und E. Schwenk: Über ermüdend wirkende Eiweißspaltprodukte und ihre Beeinflussung. Zeitschr. f. physiol. Chem. Bd. 83, S. 381—402. 1913. *185.*
Weidlein, E. R.: Epinephrin in the whale. Journ. of Ind. a. Egin. Chem. Vol. 4, p. 636—645. 1912. *284, 325.*
Weinberg, A. A.: The influence of the nervous system on the excretion of creatinine. Experiments on nervous and mental patients. Biochem. journ. Vol. 15, p. 306—311. 1921. *163.*
Weinhagen, A. B.: Beiträge zur Muscarinfrage. 1. Zur Kenntnis der Platindoppelsalze einiger Basen. Zeitschr. f. physiol. Chem. Bd. 105, S. 249—257. 1919. *99, 102, 106.*
— 2. Über Pseudo-Muscarin („Synthetisches Muscarin"). Zeitschr. f. physiol. Chem. Bd. 112, S. 13—27. 1921. *99, 102, 106.*
— Pseudo-muscarine (Synthetic muscarine). Journ. of the Americ. chem. soc. Vol. 42, p. 1670—1678. 1920. *106.*
Weiß, Fr.: Untersuchung über die Bildung des Lachsprotamins. Zeitschr. f. physiol. Chem. Bd. 52, S. 107—120. 1907. *133, 147, 148.*
— Über einige Salze des inaktiven Ornithins. Zeitschr. f. physiol. Chem. Bd. 59, S. 499—505. 1909. *130.*
— Über einige Salze des Arginins. Zeitschr. f. physiol. Chem. Bd. 72, S. 490—493. 1911. *189, 191.*
*Weiß, M.: Über Cholin und verwandte Verbindungen. Zeitschr. f. Naturwissenschaft. Bd. 60, S. 221. 1887. *109, 253.*
— und N. Ssobolew: Über ein colorimetrisches Verfahren zur quantitativen Bestimmung des Histidins. Biochem. Zeitschr. Bd. 58, S. 119—129. 1913. *231.*
Wellisch, J.: Über synthetische Alkaloide aus Tyrosin, Tryptophan und Histidin. Biochem. Zeitschr. Bd. 49, S. 173—194. 1913.

Werigo, B.: Über das Vorkommen des Pentamethylendiamins in Pankreasinfusen. Pflügers Arch. f. d. ges. Physiol. Bd. 51, S. 362—366. 1892. *125.*

Werner, E. A.: Methylation by means of formaldehyd 1. Part. I. The mechanism of the interaction of formaldehyde and ammonium chloride; the preparation of methylamine and of dimethylamine. Journ. of the chem. soc. of London. Vol. 111, p. 844—853. 1917. *3, 55.*

— und J. Bell: The preparation of methylguanidine, and of ββ-Dimethylguanidine by the interaction of dicyanodiamide, and methylammonium and dimethylammonium chlorides respectively. Journ. of the chem. soc. of London. Vol. 121, p. 1790—1794. 1922. *185, 186.*

Werner, R.: Zur lokalen Sensibilisierung und Immunisierung der Gewebe gegen die Wirkung der Radiumstrahlen. Dtsch. med. Wochenschr. 1905. S. 1072—1074. *66.*

— und St. Szécsi: Experimentelle Beiträge zur Chemotherapie der malignen Geschwülste. Zeitschr. f. Chemotherapie. Orig. Bd. 1, S. 357—405. 1913. *66.*

Werschinin, N.: Über die Herzwirkung des Pituitrins. Pflügers Arch. f. d. ges. Physiol. Bd. 155, S. 1—18. 1913. *345.*

Wheeler, H. L., and G. S. Jamieson: On some picrolonates: guanidines. Journ. of biol. chem. Vol. 4, p. 111—117. 1907. *186.*

Wicke, W.: Über das Vorkommen von Propylamin in den Blüten von Crataegus oxyacantha. Liebigs Ann. d. Chem. Bd. 91, S. 121—122. 1854. *33.*

Wieland, H., und R. Alles: Über den Giftstoff der Kröte. Ber. d. Dtsch. Chem. Ges. Bd. 55, S. 1789—1798. 1922. *149.*

Wiggers, C. J.: Further observations on the constricting action of adrenaline on the cerebral vessels. Journ. of phys. Vol. 48, p. 109—112. 1914. *296.*

Wilenko, G. G.: Über den Einfluß des Adrenalins auf den respiratorischen Quotienten und die Wirkungsweise des Adrenalins. Biochem. Zeitschr. Bd. 42, S. 44—58. 1912. *308.*

Willstätter, R.: Über Betaine. Ber. d. Dtsch. Chem. Ges. Bd. 35, S. 584—620. 1902. *260, 263.*

— und W. Heubner: Über eine neue Solanaceenbase. Ber. d. Dtsch. Chem. Ges. Bd. 40, S. 3869—3875. 1907. *125, 127, 128.*

— und W. Kahn: Über d-Trimethylvalerobetain. Ber. d. Dtsch. Chem. Ges. Bd. 37, S. 1853—1858. 1904. *253.*

Wilson, D. W.: The comparative chemistry of muscle: Betaine from the scallop, periwinkle and lamprey, Creatine from the lamprey. Journ. of biol. chem. Vol. 18, p. 17—20. 1914. *241.*

Windaus, A., und O. Dalmer: Furäthylamin und Tetrahydrofuräthylamin. Ber. d. Dtsch. Chem. Ges. Bd. 53, S. 2304—2308. 1920. *226.*

— W. Dörries und H. Jensen: Über das Verhalten einiger aus Imidazolen bereiteter Bis(acyl-amino)-äthylen-Derivate. Ber. d. Dtsch. Chem. Ges. Bd. 54, S. 2745—2755. 1921. *111, 122, 212.*

— und F. Knoop: Überführung von Traubenzucker in Methylimidazol. Ber. d. Dtsch. Chem. Ges. Bd. 38, S. 1166—1170. 1905. *198, 208, 227.*

— und H. Opitz: Synthese einiger Imidazolderivate. Ber. d. Dtsch. Chem. Ges. Bd. 44, S. 1721—1725. 1911. *227.*

Windaus, A. und W. Vogt: Synthese des Imidazolyläthylamins. Ber. d. Dtsch. Chem. Ges. Bd. 40, S. 3691—3695. 1907. *122, 204, 227.*

Winterstein, E.: Über eine Methode zur Abscheidung der organischen Basen aus den Phosphorwolframsäureniederschlägen und über das Verhalten des Cystins gegen Phosphorwolframsäure. Zeitschr. f. physiol. Chem. Bd. 34, S. 153—156. 1902. *190.*

— Über einige Bestandteile des Emmentaler Käses. 2. Mitteil. Zeitschr. f. physiol. Chem. Bd. 41, S. 485—504. 1904. *133, 135, 143, 152, 180, 276, 326.*

— Zur Kenntnis der aus Ricinussamen darstellbaren Eiweißsubstanzen. Zeitschr. f. physiol. Chem. Bd. 45, S. 69—76. 1905. *121, 135, 146.*

— Über die Konstitution des Surinamins. Zeitschr. f. physiol. Chem. Bd. 105, S. 20—24. 1919. *278.*

— Über die Bestandteile des Emmentaler Käses. 5. Zeitschr. f. physiol. Chem. Bd. 105, S. 25—30. 1919. *135, 152, 276.*

— und W. Bissegger: Zur Kenntnis der Bestandteile des Emmentaler Käses. 3. Mitteil. Versuche zur Bestimmung der stickstoffhaltigen Käsebestandteile. Zeitschr. f. physiol. Chem. Bd. 47, S. 28—57. 1906. *273.*

— und J. Hofmann: Zur Kenntnis der stickstoffhaltigen Bestandteile einiger Pilze. Beitr. z. chem. Physiol. u. Pathol. Bd. 2, S. 404—410. 1902. *132, 146.*

— und A. Küng: Über das Auftreten von p-Oxyphenyläthylamin im Emmentaler Käse. 4. Mitteil. Über die Bestandteile des Emmentaler Käses. Zeitschr. f. physiol. Chem. Bd. 59, S. 138—140. 1909. *276.*

— und C. Reuter: Über das Vorkommen von Histidinbetain im Steinpilz. Zeitschr. f. physiol. Chem. Bd. 86, S. 234—237. 1913.

— und E. Strickler: Die chemische Zusammensetzung des Colostrums mit besonderer Berücksichtigung der Eiweißstoffe. Zeitschr. f. physiol. Chem. Bd. 47, S. 58—82. 1906. *133, 147.*

— und J. Thöny: Beiträge zur Kenntnis der Bestandteile des Emmentaler Käses. Zeitschr. f. physiol. Chem. Bd. 36, S. 28—38. 1902. *135, 152, 207.*

— und A. B. Weinhagen: Beiträge zur Kenntnis der Nikotinsäurederivate. I. Zeitschr. f. physiol. Chem. Bd. 100, S. 170—184. 1917. *248.*

— — Beiträge zur Kenntnis der Arekaalkaloide. Über Guvacin und Isoguvacin. Arch. d. Pharmazie. Bd. 257, S. 1—12. 1919. *245, 247.*

Wishart, G. M.: The effect of injection of guanidin on the creatin-content of muscle. Journ. of physiol. Vol. 53, p. 440—445. 1920. *172, 181.*

Wörner, E.: Beiträge zur Kenntnis des Kreatinins. Zeitschr. f. physiol. Chem. Bd. 27, S. 1—13. 1899. *174, 188.*

Wohl, A., und E. Berthold: Über die Darstellung der aromatischen Alkohole und ihrer Acetate. Ber. d. Dtsch. Chem. Ges. Bd. 43, S. 2175—2185. 1910. *275.*

— und W. Marckwald: Über Kondensationsprodukte aus Amidoacetal. 1. Ber. d. Dtsch. Chem. Ges. Bd. 22, S. 568—580. 1889. *199, 204.*

Wohlgemuth, J.: Über die Herkunft der schwefelhaltigen Stoffwechselprodukte im tierischen Organismus. 1. Mitteil. Zeitschr. f. physiol. Chem. Bd. 40, S. 81—100. 1903. *152.*

— 2. Mitteil. Zeitschr. f. physiol. Chem. Bd. 43, S. 467—475. 1904. *152.*

Wohlgemuth, J.: Zur Kenntnis des Phosphorharns. Zeitschr. f. physiol. Chem. Bd. 44, S. 74—84. 1905. *152.*

Wolf, C. G. L., und E. Oesterberg: Eiweißstoffwechsel beim Hund. 2. Teil. Stickstoff- und Schwefelstoffwechsel während des Hungers und bei Unterernährung mit Eiweiß, Kohlehydraten und Fetten. Biochem. Zeitschr. Bd. 35, S. 329—362. 1911. *166.*

Wolff, P.: Weitere Beiträge zur Kenntnis der Capsella bursa pastoris. Pharmazeut. Zeit. 1922. S. 430. Dtsch. Pharm. Ges. *100.*

Wolffenstein, R., und E.: Über den Zusammenhang zwischen chemischer Konstitution und physiologischer Wirkung in der Piperidinreihe. Ber. d. Dtsch. Chem. Ges. Bd. 34, S. 2408—2410. 1901. *260.*

Woodward, H. E., and C. L. Alsberg: The detection of volatile alkylamines in the presence of ammonia and of volatile tertiary alkylamines in the presence of volatile primary and secondary alkylamines. Journ. of biol. chem. Vol. 46, p. 1—7. 1921. *52, 54.*

Wurtz, A.: Sur l'identité de la névrine artificielle avec la névrine naturelle. C. R. de l'Acad. Vol. 66, p. 772—776. 1868. *63.*

Wuth, O.: Über biologische Wirkungen proteinogener Amine. Biochem. Zeitschr. Bd. 116, S. 237—245. 1921. *316.*

Yoshimura, K.: Über Fäulnisbasen (Ptomaine) aus gefaulten Sojabohnen (Glycine hispida). Biochem. Zeitschr. Bd. 28, S. 16—22. 1910. *135, 201.*

— Beiträge zur Kenntnis der Zusammensetzung der Malzkeime. Biochem. Zeitschr. Bd. 31, S. 221—226. 1911.

— Über das Vorkommen einiger organischer Basen im Fleisch des Wildkaninchens. Biochem. Zeitschr. Bd. 37, S. 477—481. 1911. *159.*

— Über das Vorkommen einiger organischer Basen im getrockneten Rogen des Herings. Zeitschr. f. physiol. Chem. Bd. 86, S. 174—177. 1913. *32, 159.*

— Über die Verbreitung organischer Basen, insbesondere von Adenin und Cholin im Pflanzenreich. Zeitschr. f. physiol. Chem. Bd. 88, S. 334—345. 1913. *63, 64, 65.*

— und M. Kanai: Beiträge zur Kenntnis der stickstoffhaltigen Bestandteile des Pilzes Cortinellus shiitake. P. Henn. Zeitschr. f. physiol. Chem. Bd. 86, S. 178—184. 1913 *63.*.

— — Beiträge zur Kenntnis der stickstoffhaltigen Bestandteile des getrockneten Kabeljau (Gadus Brandtii). Zeitschr. f. physiol. Chem. Bd. 88, S. 346—351. 1913. *175, 241.*

— und G. Trier: Weitere Beiträge über das Vorkommen von Betainen im Pflanzenreich. Zeitschr. f. physiol. Chem. Bd. 77, S. 290—302. 1912. *243, 247, 266.*

Zanfrognini, A.: Eine neue colorimetrische Methode der Adrenalinbestimmung. Dtsch. med. Wochenschr. 1909. S. 1752—1753. *329.*

*Zechner, L., und F. Wischo: Über Adrenalinreaktionen. Pharmaz. Monatsh. Bd. 2, S. 141. 1921. *329.*

Zellner, J.: Zur Chemie der höheren Pilze. 7. Mitteil. Hypholoma fasciculare Huds. Monatsh. f. Chem. Bd. 32, S. 1057—1063. 1911. *64.*

Zellner, J.: 12. Mitteil. Über Lenzites sepiaria, Sw., Panus stypticus, Bull. und Exidia auricula Judae, Fr. Monatsh. f. Chem. Bd. 38, S. 319—330. 1917. *64.*

Zemplén, G.: Verhalten des Emulsins in Gegenwart von Pyridin. Zeitschr. f. physiol. Chem. Bd. 85, S. 415—426. 1913. *257.*

Zickgraf, G.: Die Oxydation des Leims mit Permanganaten. Zeitschr. f. physiol. Chem. Bd. 41, S. 259—272. 1904. *179, 191.*

Zimmermann, R.: Über Tenosin (ein neues Secaleersatzpräparat). Münch. med. Wochenschr. 1913. S. 2675—2676. *219.*

Zlataroff, A.: Bromatologie der Früchte von Cicer arietinum L. (Kichererbse). Zeitschr. f. Unters. d. Nahr.- u. Genußm. Bd. 31, S. 180—183. 1916. *64, 240.*

Zondek, B.: Der Einfluß des Hypophysenextraktes auf die Peristaltik. Pflügers Arch. f. d. ges. Physiol. Bd. 180, S. 68—74. 1919. *346.*

Zopf, W.: Zur Kenntnis der Flechtenstoffe. Ann. d. Chem. u. Pharmaz. Bd. 297, S. 271—312. 1897. *32.*

Zuckerstein, S.: Die Wirkung des Adrenalins auf die Gefäße verschiedener Abschnitte der Niere des Frosches und die Veränderungsfähigkeit dieser Wirkung. Nr. 13 Studien über antagonistische Nerven. Zeitschr. f. Biol. Bd. 67, S. 293—306. 1917. *297.*

Zülzer, G.: Zur Frage des Nebennierendiabetes. Berl. klin. Wochenschr, 1901. S. 1209—1210. *305, 307.*

— Experimentelle Untersuchungen über den Diabetes. Berl. klin. Wochenschrift 1907. S. 474—475. *305, 307.*

— Die Hormontherapie. 1. Das Peristaltikhormon „Hormonal". Therap. d. Gegenw. 1911. S. 197—202. *338.*

Zunz, E.: Sur la présence d'histamine dans les muscles atteints de gangrène gazeuse. Cpt. rend. des séances de la soc. de biol. Tome 82, p. 1078—1079. 1920. *200.*

Zwaardemaker, H.: On Sensibilization to Radioactivity by the action of hormones. Koninkl. akad. v. Wetensch. te Amsterdam. Proc. Section of Sciences. Vol. 23, p. 838—841. 1920. *74.*

Sachverzeichnis.

Nachträge und Berichtigungen.

Seite 75, Zeile 5 von oben soll es heißen Abwesenheit statt Anwesenheit.

Seite 304, Zeile 9 von oben soll es heißen (Marie; Abramow und Mischennikow; Sarapol) statt (Abramow und Mischennikow; Marie; Sarapol).

Seite 309, nach Zeile 6 (Absatz 1) ist einzufügen:

> Wiederholte intravenöse Adrenalininjektionen führen beim Kaninchen zu einer meist herdförmigen Zerstörung der glatten Muskelzellen der Media der Kaninchenaorta und haben rasch eine Verkalkung und charakteristische Veränderung an den elastischen Gewebsteilen zur Folge. Das histologische Bild ist von dem der menschlichen Arteriosklerose deutlich verschieden, ähnelt dagegen dem der Mediaverkalkung großer Extremitätenarterien (Erb).

Seite 310, Zeile 11 und 18 von oben soll es heißen Schultz statt Schulz.

Seite 317, Zeile 2 von unten soll es heißen wirksame Konzentration statt wirksame Dosis.

Seite 319, Zeile 3 von oben soll es heißen $C_6H_5 \cdot CH_2 \cdot CH_2 \cdot NH \cdot CH_2 \cdot C_6H_4 \cdot OH$ statt $C_6H_5 \cdot CH_2 \cdot NH \cdot CH_2 \cdot C_6H_4$.

Seite 319, Zeile 12 von unten soll es heißen Pilcher statt Pichler.

Seite 320, Zeile 3 von oben soll es heißen

$$\begin{array}{l} C_6H_5 \cdot CH_2 \cdot CH \cdot CH_2 \cdot OH \\ \qquad\qquad\quad | \\ \qquad\qquad\quad N(CH_3)_3OH \end{array} \quad \text{statt} \quad \begin{array}{l} C_6H_5 \cdot CH_2 \cdot CH \cdot CH_2OH \\ \qquad\qquad\quad N(CH_3)_3OH \end{array}$$

Seite 322 soll es heißen

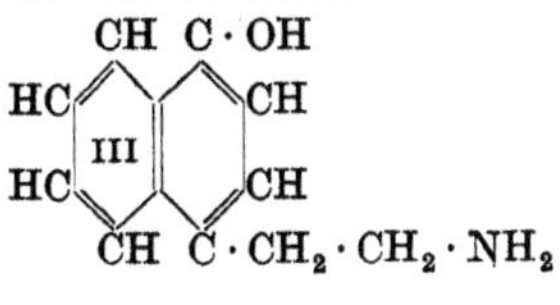

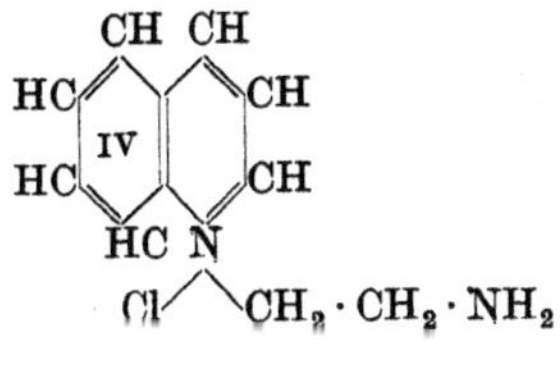

statt

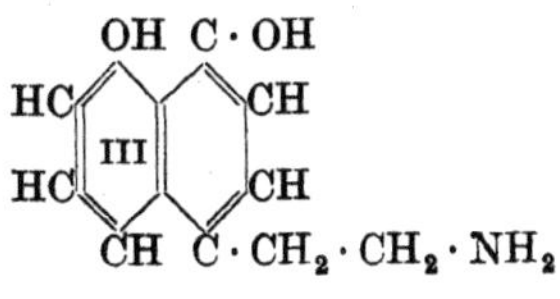

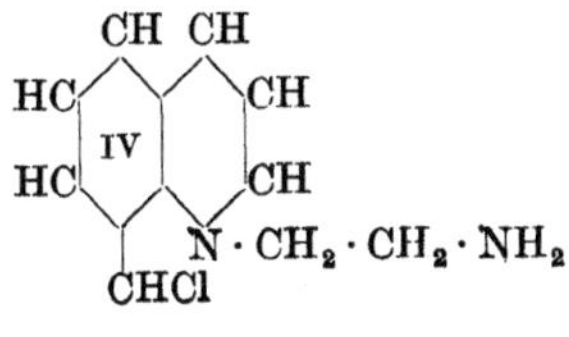

Seite 323, Zeile 4 von oben soll es heißen 1-β-Naphthyl-1-methoxy-2-methylaminoäthan statt β-Naphthyl-d-methylamino-β-methoxyäthan.

Seite 323, Zeile 5 von oben soll es heißen 1-Phenyl-2-methylaminoäthan statt β-Phenylmethylaminoäthan.

Seite 323, Zeile 6 von oben soll es heißen 1-Phenyl-1-methoxy-2-methylaminoäthan statt β-Phenyl-d-methylamino-β-methoxyäthan.

Seite 324, Zeile 9 von oben soll es heißen von schwachem angenehmen Geruch statt von schwachen angenehmen Geruch.

Seite 330, Zeile 6 von oben soll es heißen $NaHSO_3$ statt $NaSHO_3$.

Seite 333, Zeile 16 von oben soll es heißen Thyroxin statt Tyroxin.

Seite 334, Zeile 9 von unten soll es heißen: Bei letzterem Produkt findet sich die Aminoäthylenseitenkette ebenfalls in der β-Stellung des Indolringes (Privatmitteilung von Asahina an Barger, entgegen der früheren Annahme von Asahina und Mayeda).

Seite 337, Zeile 2 von unten soll es heißen Kinoshita statt Kinoschita.

Seite 341, Zeile 3 von oben soll es heißen Dudley statt Dudey.

GPSR Compliance

The European Union's (EU) General Product Safety Regulation (GPSR) is a set of rules that requires consumer products to be safe and our obligations to ensure this.

If you have any concerns about our products, you can contact us on ProductSafety@springernature.com

In case Publisher is established outside the EU, the EU authorized representative is:

Springer Nature Customer Service Center GmbH
Europaplatz 3
69115 Heidelberg, Germany

Batch number: 10682439

Printed by Printforce, the Netherlands